U0378744

北京高等教育精品教材

高分子材料加工

（第二版）

温变英　主编
陈雅君　王佩璋　参编

中国轻工业出版社

图书在版编目（CIP）数据

高分子材料加工/温变英主编. —2版. —北京：中国轻工业出版社，2016.6
北京高等教育精品教材
ISBN 978-7-5184-0947-1

Ⅰ.①高… Ⅱ.①温… Ⅲ.①高分子材料—高等学校—教材②高分子材料—生产工艺—高等学校—教材 Ⅳ.①TB324②TQ316

中国版本图书馆CIP数据核字（2016）第107571号

责任编辑：杨晓洁
策划编辑：王 淳 责任终审：孟寿萱 封面设计：锋尚设计
版式设计：宋振全 责任校对：燕 杰 责任监印：马金路

出版发行：中国轻工业出版社（北京东长安街6号，邮编：100740）
印 刷：北京君升印刷有限公司
经 销：各地新华书店
版 次：2016年6月第2版第1次印刷
开 本：787×1092 1/16 印张：22
字 数：507千字
书 号：ISBN 978-7-5184-0947-1 定价：42.00元
邮购电话：010-65241695 传真：65128352
发行电话：010-85119835 85119793 传真：85113293
网 址：http://www.chlip.com.cn
Email：club@chlip.com.cn

150322J1X201ZBW

前　言

（第二版）

本书第一版将“高分子材料”“塑料助剂”“高分子材料加工原理”等知识进行整合，选取其必要的概念、原理和知识点等，以简洁的风格全面介绍了聚合物树脂从材料到生产的全部过程。自2011年出版以来，被多所院校选用，多次重印，并且于2013年荣获北京高等教育精品教材。

在这几年的使用过程中也发现，第一版教材更适合于高分子合成、包装工程、复合材料、材料物理与化学、材料科学与工程、应用化学以及计算机辅助模具设计等非高分子加工类专业使用。由于大量压缩了篇幅，致使有些原理不能详述，有些方法也不能呈现，使得第一版教材对高分子加工类专业而言略显不足。因此，第二版着重扩充了成型加工方面的内容以满足高分子材料加工专业的教学需要。

此外，近年来高分子材料的成型方法进步显著，传统的加工技术得以完善，新的加工手段不断出现，为了更好地适应教学需求，使专业课教学跟上行业发展的步伐，第二版教材在第一版基础上也对新技术部分进行了充实。

对应于第一版，第二版教材主要调整的内容如下：

（1）在第2章高分子材料性能部分增加了测试标准，更加规范，也方便读者查阅，增加了教材的实用性；

（2）在第3章混炼方法部分增加了磨盘挤出，粒化部分增加了水下切粒；

（3）将原第4章拆分成第4章至第10章，较为完整地介绍了塑料成型的主要方法，并对一些新的发展和技术进行了简介；

（4）将原第5章至第7章简化整合为第11章；

（5）对原第8章的内容进行调整充实，新编为第12章。

本书扩充的部分内容由陈雅君博士编写，全书由温变英教授统稿。

限于篇幅，书末仅列出了主要参考文献，未能将所有参考文献一一列出，在此对所有作者一并致谢，并请求未能列出的作者谅解。

本书既可作为高分子材料与工程专业的专业必修课教材，也可作为其他相关或相近专业的选修课教材；还可以供相关专业工程技术人员参考。

本教材得到北京工商大学示范课程建设基金的资助，谨此致谢。

编　者

2016. 3

目　　录

第1章 绪　论

合成高分子材料是材料领域中的新秀，它的出现带来了材料领域中的重大变革。高分子材料具有原料来源丰富，制造方便，品种繁多，用途广泛，质轻价优等特点，现已形成一个庞大的工业体系，其应用遍及现代工业的各个领域和人民生活的衣食住行，有些甚至成为国民经济、国防建设和尖端科学中不可替代的材料。因此，世界各国都毫不例外地把高分子材料作为重点学科来加以发展，高分子材料也被认为是21世纪最有发展前途的材料。

1.1 高分子材料及高分子工业

1.1.1 高分子材料的类型

具有聚合反应能力的单体通过加成、缩合或配位聚合反应机理，借助本体聚合、溶液聚合、乳液聚合、界面聚合等工业技术，最终转化成为具有特定结构和性能的聚合物，这些聚合物也被称为高分子材料。聚合物有多种分类方法，具体如下文所示：

1）按生成聚合物的化学反应分为加聚物和缩聚物；

2）按聚合物的主链结构分为碳（均）链聚合物、杂键聚合物和元素有机聚合物；

3）按聚合物的物理构象分为结晶性聚合物和非结晶性聚合物；

4）按聚合物的热行为分为热塑性聚合物和热固性聚合物；

5）按聚合物的极性分为极性聚合物和非极性聚合物；

6）按聚合物的性质分为塑料、橡胶、纤维、涂料和黏合剂等；

7）按用途分为通用塑料、工程塑料、特种塑料，通用橡胶、特种橡胶等；

8）按单体类型分为聚烯烃类树脂、聚乙烯基树脂、聚苯乙烯类树脂、氟树脂、聚酰胺类树脂、聚醚类树脂以及热塑性聚酯等；

9）按聚合物的成分分为均聚物、共聚物和复合物等。

通常意义上的高分子材料是以聚合物（树脂）为基体，再配有其他添加剂（助剂）所构成的材料。一般而言，不同类型的高分子材料在结构、性能和加工方法上有较大区别，所以，掌握高分子材料的分类方法很有必要。

1.1.2 高分子工业的组成和发展

完整的高分子工业体系由高分子合成工业和高分子加工工业两大系统组成。前者通过人工合成的方法，生产具有特定的化学组成、链结构及凝聚态结构的高分子化合物，其目的是为加工提供性能可靠的原料；后者则是通过配方设计、混炼加工及挤出造粒等过程，使高分子化合物与各种配料形成具有高次聚集态结构或织态结构的高分子材料，然后采用各种成型方法，将高分子材料加工成为具有一定形状和使用价值的制品或型材。两个系统相辅相成、相互依赖。

高分子工业的发展大致经历了三个时期，即天然高分子的利用与加工，天然高分子的改性和合成，合成高分子的工业生产（高分子科学的建立）。19 世纪之前仅限于天然高分子的直接利用与机械加工。由天然高分子化学改性或由人工合成探索新高分子材料的近代高分子材料研究始于 19 世纪中叶。1844 年 Goodyear 发明天然橡胶硫化技术，开创了近代高分子材料的研究。1868 年出现了以樟脑为增塑剂用硝基纤维素酯制备赛璐珞的技术，从而出现了塑料。1890 年出现了用硝基纤维素酯以乙醇做溶剂进行湿法纺丝的成纤技术，从而出现了人造纤维。1895 年左右出现了用帆布增强硫化橡胶制轮胎的技术，是首次出现的近代技术上的复合材料。1907 年出现了酚醛树脂合成技术，这是工业化生产高分子的开始，标志着人类进入了合成高分子材料时代。

现在高分子科学已经形成了高分子化学、高分子物理、高分子工程三个领域。其中，高分子化学是高分子科学的反应理论基础，主要研究高分子化合物的分子设计、合成、改性等内容，担负着为高分子科学提供新化合物、新材料的任务。高分子物理是高分子科学的结构理论基础，主要研究高分子的结构与性能的关系，通过研究分子运动来揭示结构与性能之间内在联系以及它们的基本规律，从而对高分子的合成材料的成型加工、测试、改性提供理论依据。高分子工程包括聚合反应工程和聚合物加工工程，前者主要研究聚合反应方法、聚合工艺，后者主要研究各种材料所适应的加工方法和加工工艺，两者都是直接为生产服务的，可见，高分子工程是高分子科学和高分子工业之间的衔接点。20 世纪 50 年代是高分子化学大发展时期，其标志性成果是德国人齐格勒（Karl Ziegler）与意大利人纳塔（Giulio Natta）发明了配位阴离子聚合，分别用金属络合催化剂合成了聚乙烯与聚丙烯。这一时期前后，几乎所有被称为大品种的高分子（包括有机硅等）都陆续投入了生产。20 世纪 60 年代是高分子物理大发展时期。1960—1969 年，结晶高分子，高分子黏弹性，流变学研究的进一步开展，各种近代研究方法，如 NMR，GPC，IR，热谱，电镜等手段在高分子结构研究中被应用。20 世纪 70 年代，高分子工程科学得到大发展，高分子材料的生产走向高效化，自动化和大型化，大型聚合反应设备及新工艺的使用，大型加工设备的出现，同时，高分子共混物及共混理论迅速发展。20 世纪 80 年代，高性能材料和高分子的功能被广泛研究，精细高分子，功能高分子，生物医学高分子得到发展。20 世纪 90 年代后，高分子材料发展的主要趋势是高性能化、高功能化、复合化、精细化和智能化。

高分子科学的研究成果孕育和保证了高分子材料的开发，各种新型高分子材料的研制和开发，又反过来推动和促进了高分子科学的深化，使其发展到更高的水平。随着生产和科学技术的发展，材料要适应各种各样新的要求，高分子化学、高分子物理、高分子工程这三个分支不断交融、相互促进，使高分子科学发展成为一门研究内容极其丰富，研究范围更加广阔的整体学科。

1.2 高分子加工工业及其发展

任何一种材料，不管它具有多么优异的性能，如果不能被优质、高效、经济地成型加工制造成产品，则它的价值就不能够得到发挥。而一种产品的最终性能，不仅与其材料固有的性能有关，而且在很大程度上依赖这种材料采用的成型加工技术和经历的加工工艺过程。高分子材料成型加工就是利用一切可以实施的技术和手段使聚合物原料成为具有一定外形又有使用价值的物件或定型材料的工艺过程。不正确的成型加工方法，不仅得不到预期性能的产品，甚至会破坏原材料的性能。例如，过高的加工温度，会引起材料的分解，交联，甚至焦化，这就破坏了原材料的性能。所以，加工环节对保证产品的质量及产率而言至关重要。目前，国际上已不再将高分子材料加工视为单纯的物理成型过程，而是把它看成控制制品结构和性能的中心环节，加工成型已从一项实用技术变成一门应用科学。因此，从应用角度来讲，赋予高分子材料最终形状和使用方式的成型加工技术有着重要的意义。

1.2.1 高分子材料加工成型的过程和方法

高分子材料成型加工包含两方面的功用，一是赋予制品以外形（包括形状和尺寸），二是通过控制组分、配比以及加工工艺条件，对制品内部的结构和形态进行控制，以保证制品性能的需要。

一般制品的生产工序为：1）根据制品使用条件及用途，确定所用材料品种及型号；2）根据材料加工性能、制品要求及成型特点确定成型方法；3）选择成型设备，加工成型模具；4）实际加工调试，确定加工成型参数；5）大批量生产。

大多数情况下，高分子材料的成型加工过程包括四个阶段：1）原材料的准备，如聚合物和添加物的预处理、配料、混合等；2）使原材料产生变形或流动，并成为所需的形状；3）材料或制品的固化；4）后加工和处理，以改善材料或制品的外观、结构和性能。

粉料、粒料、溶液、分散体等是高分子材料常见的形态。成型加工技术不仅要适应被加工物料的形态，而且要适应材料在加工过程中发生的一系列化学或物理变化，故物料形态的不同决定了其成型方法的不同。成型加工通常有以下几种形式：

（1）聚合物熔体加工：熔体由粉料或粒料熔融而来，是聚合物加工最主要的物料形式，熔融加工包括了挤出、注射、压延、模压、层压、熔融纺丝、热固性塑料传递模塑、橡胶压出等多种方法，绝大多数的聚合物产品都经由这些方法而生产。

（2）聚合物溶液加工：如溶液法纺制化学纤维、流延法制薄膜；油漆、涂料和黏合剂等亦大多用溶液法加工。

（3）类橡胶状聚合物的加工：如采用真空成型、压力成型或其他热成型技术等制造各种容器、大型制件和某些特殊制品，纤维或薄膜的拉伸等。

（4）低分子聚合物或预聚物的加工：如丙烯酸酯类、环氧树脂、不饱和聚酯树脂以及浇铸聚酰胺等用该技术制造整体浇铸件或增强材料；化学反应法纺制聚氨酯弹性纤维等。

（5）聚合物分散体的加工：如聚氯乙烯糊以及橡胶乳、聚乙酸乙烯酯乳或其他胶乳等生产搪塑制品、多种胶乳制品、涂料、胶粘剂等；乳液法或悬浮法纺制化学纤维等。

（6）固态聚合物的机械加工：如塑料件的切削加工（车、铣、刨、钻）、粘合、装配；化学纤维的加捻、卷曲、变形等。

限于篇幅，本教材主要讲解聚合物熔体的各种加工方法，并对溶液和分散体的部分加工方法进行了简介。

1.2.2 高分子材料成型加工的发展概况

高分子材料最终是以制品的形式来实现其使用价值的，成型加工是聚合物从材料走向制品的必经环节。伴随着合成高分子材料一百多年的发展历史，成型加工技术经历了移植、改造和创新发展三个历史阶段。1870—1920 年为移植时期。在这个时期，合成高分子材料刚刚问世，没有现成的制品加工技术可供采用，因此，首先从金属、玻璃和陶瓷等传统材料的成型加工技术中移植。例如，热塑性塑料的中空吹塑技术，是从玻璃制造的吹瓶技术中移植而来；塑料的压延成型技术是从造纸工业的辊筒加工技术得到启发；塑料浇铸成型技术是借鉴金属的铸造技术。1920—1950 年为改造时期。在这一时期，大量聚合物品种相继出现，机械加工工业已能为聚合物制品部门提供多种专用设备，高分子成型加工理论的研究也已取得重大进展，聚合物制品从传统材料的替代品发展为一些工业部门不可缺少的零部件，这一切都促进了将传统材料成型技术和现有成型加工技术改造为高分子材料成型技术。例如，1936 年，将生产食品的机器改制成单螺杆挤出机，将金属粉末冶金技术改造为聚四氟乙烯等难熔塑料的冷压烧结成型技术，将金属的压铸技术改造为适合热固性塑料的“传递模塑”技术，将搪瓷制品的传统生产技术改造为糊塑料的“搪塑成型”技术。1950 年后为创新时期。这一时期，由于出现聚碳酸酯、聚甲醛、聚砜、聚酰亚胺、环氧树脂、不饱和树脂等一大批高性能的工程塑料，而这些工程塑料成型加工性能又各具特点，加上工业发展对塑料制品精度、性能要求更高，这两方面都要求塑料成型技术向更高阶段发展。机械加工技术、计算机自动控制技术及成型加工理论研究三方面的进一步发展，使塑料加工技术进入创新时期成为可能。例如，1956 年，螺杆式注射机问世，加上后来双螺杆挤出机的进步，使注射和挤出成型技术进入新的时期。滚塑成型使生产特大型中空容器成为可能，反应注塑使生产大型注塑制品成为现实，组合式成型技术成为发展趋势。

20 世纪末以来，伴随着聚合物工业的快速发展，成型加工技术不断创新，涌现出了一批极有价值的新型加工方法，如熔芯注射、层状注射、振动挤出、固态挤出、微纳层挤出、3D 打印等等，使聚合物成型加工技术更加多样化、更加先进、更加完善并更易于应用。本教材用主要篇幅介绍了成熟的聚合物加工技术，也用少量的篇幅简要介绍了部分新技术。

第2章　高分子材料概论

2.1　高分子材料的基本性能

材料的性能是由其组成和结构所决定的，不同的材料具有不同的性能。只有对材料的物性有了准确的认识和理解，才可能对其进行合理的应用。本节主要介绍高分子材料的基本性能（包括力学性能、热性能、电性能、光学性能、渗透性能、化学性能等）及其主要的表征方法。

2.1.1　力学性能

力学性能是材料最重要也是最基本的性能指标，高分子材料也不例外。因结构的特殊性，聚合物材料在力学性能上与金属材料和无机非金属材料有着显著的不同。

2.1.1.1　高分子材料力学性能的特点

（1）低强度和较高的比强度

高分子材料的抗拉强度一般为几十兆帕，增强后可以大于100MPa，比金属材料低得多，但是高分子材料的密度小，只有钢的1/4~1/6，所以其比强度并不比某些金属低。此外，聚合物的力学强度随自身的相对分子质量以及相对分子质量分布、结晶与取向、支化和交联等的变化而变化，因此，同一聚合物可能因牌号的不同而导致力学性能产生较大差异。

（2）高弹性和低弹性模量

高弹性是高分子材料极其重要的性能。橡胶是典型的高弹性材料，其弹性变形率为100%~1000%，弹性模量仅为1MPa左右。聚合物在高弹态都能表现出一定的高弹性，但并非都可以作为橡胶使用。

（3）黏弹性

聚合物的力学性质不仅对温度具有依赖性，而且还对应力作用的时间具有依赖性，表现出黏弹性行为，这种黏弹性又因所施载荷的不同而有静态和动态的不同。

所谓静态黏弹性是指聚合物在静态载荷的作用下所表现出的黏弹性行为，其典型表现是蠕变和应力松弛。蠕变是指在一定的温度和较小的恒定载荷作用下，材料的形变随时间增加而逐渐增大的现象。应力松弛是在一定的温度和应变保持恒定的条件下，聚合物内部的应力随时间延长而逐渐衰减的现象。蠕变和应力松弛都与温度有关，它们又都反映聚合物内部分子的运动情况，因此可利用其对温度的依赖性来研究高分子的分子运动和转变。

聚合物作为结构材料，在实际应用时，往往受到交变应力的作用。在交变应力作用下，处于高弹态的高分子，由于分子内摩擦的存在，使其形变的速度跟不上应力变化的速度，从而产生滞后现象，滞后是典型的动态黏弹行为。由于滞后，每一循环变化中就要消耗功，称为力学损耗，也称为内耗。

（4）高耐磨性

由于聚合物材料的黏弹特性，在摩擦引起的剪切过程中需要消耗更多的能量，所以，聚合物具有较高的耐磨性。聚合物的摩擦因数各不相同，内耗大的聚合物摩擦因数亦较大。表2-1列出了常见聚合物的滑动摩擦因数。

表2-1　常见聚合物的滑动摩擦因数

聚合物	摩擦因数 μ	聚合物	摩擦因数 μ
聚四氟乙烯	0.04~0.15	尼龙66	0.15~0.40
低密度聚乙烯	0.30~0.80	聚氯乙烯	0.20~0.90
高密度聚乙烯	0.08~0.20	聚偏二氯乙烯	0.68~1.80
聚丙烯	0.67	丁苯橡胶	0.50~3.00
聚苯乙烯	0.33~0.50	顺丁橡胶	0.40~1.50
聚甲基丙烯酸甲酯	0.25~0.50	天然橡胶	0.50~3.00
聚对苯二甲酸乙二醇酯	0.20~0.30		

从表2-1可以看出，塑料的摩擦因数小，有些塑料具有自润滑性能，如聚四氟乙烯，可以被用作轴承垫材料；橡胶的摩擦因数较大，常被用作轮胎和传输带等。

（5）相对分子质量依赖性

聚合物材料的力学强度远低于金属材料，并且随相对分子质量以及相对分子质量分布的变化而变化。一般对同种聚合物而言，相对分子质量高的强度较高，相对分子质量分布宽的韧性较好。因此，同一聚合物可能因牌号的不同而导致力学性能产生较大差异。

2.1.1.2　高分子材料力学性能的表征

材料性能的评价是一个非常复杂而庞大的课题。为了使材料的性能评价规范化和具有可比性，国际标准化组织（ISO）不断地在制订各种统一的国际标准，各国也参照这些国际标准，结合本国的实际情况制订了各自的国家标准，例如，我国的GB系列和美国的ASTM系列标准。这些标准对试验方法、测试条件以及所使用的仪器都做出了明确的规定，从而使材料的评价更加客观和科学，而且在使用和交流上更加方便。

衡量材料力学性能的指标一般包括强度和硬度两个方面。强度是材料抵抗外力破坏的能力。硬度是衡量材料表面抵抗机械压力能力的一种指标。对于各种破坏力，则有不同的强度指标；同样，硬度也因测量方法的不同而有不同的表达方法。下文介绍了一些常见的力学性能指标。

（1）拉伸强度

又称为抗张强度、抗拉强度，是指在规定的试验温度、湿度和拉伸速度下，沿试样的纵轴方向施加拉伸载荷，测定试样直至破坏时单位面积上所承受的最大载荷。国标GB 1040.1—2006（塑料　拉伸性能的测定　第1部分　总则）、GB 1040.2—2006（塑料　拉伸性能的测定　第2部分　模塑和挤塑塑料的试验条件）、GB 1040.3—2006（塑

料　拉伸性能的测定　第3部分　薄膜和薄片的试验条件)、GB 1040.4—2006（塑料　拉伸性能的测定　第4部分　各向同性和正交各向异性纤维增强复合材料的试验条件)、GB 1040.5—2006（塑料　拉伸性能的测定　第5部分　单向纤维增强复合材料的试验条件)、GB 8804—1—2003（热塑性塑料管材拉伸性能测定)、GB 8804—2—2003（热塑性塑料管材拉伸性能测定）及GB 8804—3—2003（热塑性塑料管材拉伸性能测定）中规定了不同性状的高分子材料拉伸强度的测试方法。拉伸强度按式（2-1）计算：

$$\sigma = \frac{P}{b \cdot d} \times 10^{-6} \tag{2-1}$$

式中：σ——拉伸强度，MPa

P——最大负荷或屈服负荷，N

b——试样宽度，m

d——试样厚度，m

断裂伸长率按式（2-2）计算：

$$\varepsilon = \frac{L - L_0}{L_0} \times 100\% \tag{2-2}$$

式中：ε——断裂伸长率,%；

L_0——试样原始标距，m

L——试样断裂时标线间距离，m

由于在整个拉伸过程中，高聚物的应力-应变关系不呈线性关系，只有当变形很小时，高聚物才可视为虎克弹性体，因此，拉伸模量（即杨氏模量）通常由拉伸初始阶段的应力与应变比例计算，如式（2-3）所示：

$$E = \frac{(\Delta F/bd)}{(\Delta L/L_0)} \tag{2-3}$$

式中：ΔF——形变较小时的载荷，N

ΔL——与ΔF相对应的变形值，m

（2）冲击强度

冲击强度又称为抗冲强度，是指标准试样受高速冲击作用断裂时，单位断面面积（或单位缺口长度）所消耗的能量。它描述了高分子材料在高速冲击作用下抵抗冲击破坏的能力和材料的抗冲击韧性，其量值与实验方法和实验条件有关。按试样的加持方式分为悬臂梁和简支梁两种，按试样的形状有缺口和无缺口之分。国标GB 1043.1—2008（塑料　简支梁冲击性能的测定）和国标GB 1843—2008（塑料　悬臂梁冲击强度的测定）分别规定了悬臂梁和简支梁的试验条件；另外GB 14152—2001（热塑性塑料管材——耐外冲击性能的测试——时针旋转法）还对管材的冲击性能测试方法做出了规定。

无缺口试样冲击强度按式（2-4）计算：

$$\alpha = \frac{A}{b \cdot d} \times 10^{-3} \tag{2-4}$$

式中：α——冲击强度，kJ/m²

A——试样破断所消耗的能量，J

d——试样厚度，m

b——试样宽度，m

缺口试样冲击强度按式（2-5）计算：

$$\alpha_k = \frac{A_k}{b_k \cdot d} \times 10^{-3} \tag{2-5}$$

式中：α_k——缺口试样简支梁冲击强度，kJ/m²

A_k——破坏试样所吸收的冲击能量，J

d——试样的厚度，m

b_k——试样缺口底部剩余宽度，m

（3）弯曲强度

又称为抗弯强度，是指在规定的试验温度、湿度和下压速度下，对试样在两个支点的中点施加集中载荷，使试样变形或直至破裂过程中承受的最大弯曲应力。国标 GB 9341—2008（塑料　弯曲性能的测定）给出了塑料弯曲性能的试验方法。

弯曲强度按式（2-6）计算：

$$\sigma = \frac{3P \cdot l}{2b \cdot d^2} \tag{2-6}$$

式中：σ——弯曲强度，MPa

P——最大负荷，N

l——试样长度，m

b——试样宽度，m

d——试样厚度，m

弯曲模量按式（2-7）计算：

$$E_f = \frac{P \cdot l^3}{4b \cdot d^3 \cdot \delta} \tag{2-7}$$

式中 δ 称为挠度（单位：m），是试样着力处的位移。

（4）压缩强度

是指在规定的试验温度、湿度和压缩速度下，在试样上施加压缩载荷直至破裂（对脆性材料而言）或产生屈服的强度（对非脆性材料而言）。压缩所施加压力的方向与拉伸正好相反，压缩强度的计算方法同拉伸强度。GB 1041—2008（塑料　压缩性能的测定）和 GB 8813—2008（硬质泡沫塑料　压缩性能的测定）对塑料压缩性能试验方法做出了规定。

（5）疲劳强度

是指在一个静态破坏力而有小量交变循环的环境下，使材料破坏的强度。疲劳载荷的来源有拉压、弯曲、扭转、冲击等。疲劳强度按式（2-8）计算：

$$\sigma_a = \sigma - k \cdot \lg N \tag{2-8}$$

式中：σ_a——疲劳强度，MPa

σ——静态强度，MPa

k——系数

N——交变应力的反复次数

实验表明，聚合物材料在周期性交变应力作用下会在低于静态强度的应力下破裂。多数聚合物存在疲劳极限，当疲劳强度小于疲劳极限时，即使 $N \to \infty$，材料也不破裂，这种情况下可认为材料的疲劳寿命为无限大。一般热塑性聚合物的疲劳极限为其静强度的1/4；增强聚合物材料的疲劳极限要高一些，例如，聚甲醛和聚四氟乙烯的比值可达到0.4～0.5。美国标准 ASTM D7774—2012 给出了塑料抗折疲劳性能的标准试验方法。

（6）摩擦与磨耗

摩擦和磨耗也是聚合物重要的力学性能，这种性能对橡胶制品而言更为重要。摩擦和磨耗是同一现象的两个方面，当相互摩擦接触面黏合和嵌入的形变因剪切而使材料从较软一侧的表面脱落时就形成磨耗。由于聚合物的黏弹性变形机理与金属有很大的不同，因此，摩擦力正比于负荷的 Amontons 定律不适用于高分子材料。一般而言，对发生黏弹性形变的聚合物，其摩擦因数符合下式：

$$\mu = K \cdot L^{n-1} \tag{2-9}$$

式中：μ——摩擦因数

K——与材料特性有关的常数

L——负荷

n——与摩擦面实际接触面积有关的负荷修正指数

$\frac{2}{3} < n < 1$，例如对聚四氟乙烯，$n = 0.85$。从式（2－9）可以看出，聚合物的摩擦因数随负荷增加而减小。

磨耗过程常决定于材料表面的性质，聚合物的磨耗也同样由其形变和破坏特性所决定。磨耗系数和耐磨性的定义分别由式（2－10）和式（2－11）所示：

$$A' = \frac{V}{D \cdot L} \tag{2-10}$$

$$\gamma = \frac{A'}{\mu} \tag{2-11}$$

式中：A'——磨耗系数

D——滑动距离

L——负荷

γ——耐磨性

μ——摩擦因数

V——因磨耗从试样表面上磨去材料的体积

国家标准对聚合物摩擦和磨损的测试也做出了规定，主要有塑料薄膜和薄片摩擦因数测定方法（GB 10006—1988）。

（7）邵氏硬度

是指在规定的压力、时间下计算压痕器的压针所压入的深度。邵氏压痕器可分为两类，即：A型（圆台型压头，施加负荷重量为1.0kg，H_A）、D型（圆锥型压针，施加负荷重量为5.0kg，H_D），压下时间为15s，A型适用于软质塑料，D型适用于半硬质塑料。硬度计读数度盘为0～100分度，测定范围在20～90之间有效。当用A型测出超过95%量程时，应改用D型，当D型测出超过95%量程时，则需要改用洛氏压痕。国家标准

GB 2411—2008（塑料和硬橡胶使用硬度计测定压痕硬度）规定了塑料邵氏硬度的试验方法。

（8）洛氏硬度

压头为满足一定硬度要求的钢球。用规定的压头，先施加初试验力，再施加主试验力，然后返回到初试验力，用前后二次初试验力作用下压头的压入深度差求得的值作为洛氏硬度。有R，L，M，E四种试验条件，分别称为R，L，M，E洛氏硬度标尺，相应的硬度记为HR R+数值，HR L+数值，HR M+数值，HR E+数值。根据材料软硬程度选择适宜的标尺，尽可能使洛氏硬度值在50~115之间。国家标准（GB/T 3398.2—2008 塑料硬度测定）规定了塑料洛氏硬度的试验方法。

2.1.2 热性能

聚合物是热的不良导体，这是因为聚合物一般是靠分子间力结合的，所以其导热性比靠自由电子热运动导热的金属材料要低得多。与聚合物热性能相关的指标介绍如下。

2.1.2.1 导热系数

又称热导率，是材料沿其长度或通过其厚度传导热能的速率，其数值由式（2-12）计算：

$$K = \frac{Q \cdot L}{A \cdot \Delta T} \tag{2-12}$$

式中：K——热导率，$W \cdot m^{-1} \cdot K^{-1}$

L——样品厚度，m

A——样品面积，m^2

ΔT——试样上下表面的温差，K^{-1}

Q——单位时间内样品温度达到稳态所需要的热量，W

聚合物的导热系数非常低，一般在$0.22W \cdot m^{-1} \cdot K^{-1}$，常被用作绝热材料。结晶聚合物比非晶聚合物的热导率稍高一些，非晶聚合物的热导率又随分子量的增加而增大，这是因为热量沿分子链的传递要比在分子间传递容易。由于气体的卷入，发泡聚合物材料的热导率非常低，一般在$0.03W \cdot m^{-1} \cdot K^{-1}$，并且随密度的下降而减小。国家标准对聚合物导热系数的测试也做出了规定，具体方法参见GB 10295—2008（绝热材料稳态热阻及有关特性的测定　热流计法）。

2.1.2.2 热扩散系数

材料沿平面传播热量的速率，其数值由式（2-13）计算。聚合物的热扩散系数非常低，常被用作保温材料。

$$\alpha = \frac{K}{C \cdot \rho} \tag{2-13}$$

式中：α——热扩散系数，$m^2 \cdot s^{-1}$

K——热导率，$W \cdot m^{-1} \cdot K^{-1}$

C——定压比热容，$J \cdot kg^{-1} \cdot K^{-1}$

ρ——密度，$kg \cdot m^{-3}$

一般聚合物由玻璃态至熔态的热扩散系数是逐渐下降的，但在熔态下的较大温度范围内几乎保持不变，其原因在于比热容随温度上升的趋势恰为密度随温度下降的趋势所抵消。热扩散系数测试标准同热导率。

2.1.2.3　线膨胀系数

材料受热时，温度每升高1℃在某方向上长度的变化率，其定义如式（2-14）所示。

$$\alpha = \frac{\Delta L}{L \cdot \Delta T} \tag{2-14}$$

式中：α——线膨胀系数，K^{-1}或$℃^{-1}$

ΔL——膨胀前后试样长度的变化，m

ΔT——升温前后的温差，K^{-1}或$℃^{-1}$

热塑性塑料的线膨胀系数大于金属和陶瓷，一般在$4\times10^{-5}\sim3\times10^{-4}℃^{-1}$之间，热固性塑料由交联程度决定。聚合物的热膨胀系数随温度的提高而增大，但并非温度的线性函数。国家标准对塑料线膨胀系数测定方法也做出了规定，详见GB/T 1036—1989。

2.1.2.4　熔融（化）热

单位质量的结晶聚合物在形成或熔化晶体时所需要的热，单位为$kJ \cdot kg^{-1}$。聚合物的熔融热是一个重要的参数，是用来计算聚合物结晶度的主要依据。熔融热可以通过差示扫描量热法GB 19466.3—2004（塑料　差示扫描量热法（DSC）熔融和结晶温度及热焓的测定）测得。

2.1.2.5　比热容

单位质量的物质每升高1℃所需要的热量，单位为$J \cdot kg^{-1} \cdot K^{-1}$；聚合物的比热容较金属高，对温度敏感。比热容也可用差示扫描量热法（DSC）测得。

2.1.2.6　热变形温度

试样浸在一种等速升温的合适液体传热介质中，在简支梁式的静弯曲负载（试样受载后最大弯曲正应力为$18.5kg/cm^2$或$4.6kg/cm^2$）作用下，试样弯曲变形达到规定值时的温度，单位为℃。测定热变形温度的国家标准为GB 1634.1—2004（塑料　负荷变形温度的测定）、GB 1634.2—2004（塑料　负荷变形温度的测定）和GB 1634.3—2004（塑料　负荷变形温度的测定）。

2.1.2.7　维卡软化温度（VST）

规定了四种试验条件，即：

A_{50}——使用10N的力，加热速率为50℃/h；

B_{50}——使用50N的力，加热速率为50℃/h；

A_{120}——使用10N的力，加热速率为120℃/h；

B_{120}——使用50N的力，加热速率为120℃/h；

在上述某一测试条件下，标准压针刺入热塑性塑料试样表面1mm深时的温度，单位为℃。

一些聚合物的热性能如表2-2所示。国家标准GB/T 1633—2000规定了热塑性塑料的维卡软化温度（VST）的测试方法。

表 2－2　一些聚合物的热性能

聚合物	线性热膨胀系数 $10^{-5}/K^{-1}$	比热容/ $kJ \cdot kg^{-1} \cdot K^{-1}$	热导率/ $W \cdot m^{-1} \cdot K^{-1}$	聚合物	线性热膨胀系数 $10^{-5}/K^{-1}$	比热容/ $kJ \cdot kg^{-1} \cdot K^{-1}$	热导率/ $W \cdot m^{-1} \cdot K^{-1}$
聚甲基丙烯酸甲酯	4.5	1.39	0.19	尼龙 6	6	1.60	0.31
聚苯乙烯	6～8	1.20	0.16	尼龙 66	9	1.70	0.25
聚氨基甲酸酯	10～20	1.76	0.30	聚对苯二甲酸乙二醇酯	—	1.01	0.14
PVC（未增塑）	5～18.5	1.05	0.16	聚四氟乙烯	10	1.06	0.27
PVC（含 35% 增塑剂）	7～25	—	0.15	环氧树脂	8	1.05	0.17
低密度聚乙烯	13～20	1.90	0.35	氯丁橡胶	24	1.70	0.21
高密度聚乙烯	11～13	2.31	0.44	天然橡胶	—	1.92	0.18
聚丙烯	6～10	1.93	0.24	聚异丁烯	—	1.95	—
聚甲醛	10	1.47	0.23	聚醚砜	5.5	1.12	0.18

从表 2－2 可以看出，聚合物的热导率都比较小，因此，对聚合物进行加热和冷却都不像对金属那么容易。

2.1.3　电学性能

聚合物的电性能是指聚合物在外加电压或电场作用下的行为及其表现出的各种物理现象，包括在交变电场中的介电性质，在弱电场中的导电性质，在强电场中的击穿现象以及发生在聚合物表面的静电现象等。

2.1.3.1　电传导性能

描述聚合物材料电传导性能的指标是电阻率，包括体积电阻率和表面电阻率。GB/T 1410—2006 规定了固体绝缘材料体积电阻率和表面电阻率试验方法。

（1）体积电阻率

在绝缘材料里面的直流电场强度与稳态电流密度之比，即单位体积内的体积电阻，单位为 $\Omega \cdot m$。用圆形电极测量时，其数值按式（2－15）计算：

$$\rho_v = R_v \frac{A_e}{t} \tag{2-15}$$

式中：ρ_v ——体积电阻率，$\Omega \cdot m$

R_v ——体积电阻，是试样的相对两表面上放置的两电极间所加直流电压与流过两个电极之间的稳态电流之比，该电流不包括沿材料表面的电流，Ω

t——试样厚度，m

A_e ——电极面积，m^2，由式（2－16）计算

$$A_e = \frac{\pi}{4}(d_1 + g)^2 \tag{2-16}$$

式中：d_1 ——测量电极直径，m

g——测量电极与保护电极之间的间隙，m

聚合物的体积电阻率随充电时间的延长而增加，因此，国标规定把充电 1min 时的数值作为统一的标准值。

（2）表面电阻率

在绝缘材料的表面层的直流电场强度与线电流密度之比，即单位面积内的表面电阻，其数值按式（2－17）计算：

$$\rho_s = \frac{R_s \pi (d_1 + g)}{g} \tag{2-17}$$

式中：ρ_s——表面电阻率，Ω

R_s——表面电阻测量值，Ω

其余符号的意义同体积电阻率。

式（2－17）中，R_s 是在试样的某一表面上两电极间所加电压与经过一定时间后流过两电极间的电流之比，该电流主要为流过试样表层的电流，也包括一部分流过试样体积的电流成分。

在以上两个指标中，体积电阻率是材料的本征参数，表面电阻率因受环境湿度以及表面污染等的影响较大，仅具有参考意义，在提到电阻率而又没有特别指明的地方通常就是指体积电阻率。

大多数聚合物的体积电阻率在 $10^{12}\Omega \cdot m$ 以上，是良好的绝缘材料，广泛被应用于电子电器材料。过去，为了使高分子材料获得导电性，一般是用导电性填料（如金属粉、金属纤维、金属丝、炭黑、石墨、碳纤维等）与之掺杂复合以制备导电复合材料。直到 1977 年，日本化学家白川英树教授合成出聚乙炔薄膜，首次发现了该材料的导电性，结构型导电高分子才被人们所认识。白川英树和美国科学家艾伦·黑格、艾伦·马克迪尔米德因在结构型导电高分子方面研究的成就而共同获得 2000 年度诺贝尔化学奖。纯粹的结构型导电聚合物至今还不是很多，除聚乙炔外，其代表性的产物有聚对苯撑、聚苯胺、聚吡咯、聚噻吩、聚吡啶和聚噻唑等。这些材料的共同特点是具有共轭结构，聚合物的合成工艺较复杂，成本较高，加工困难，实际应用还存在一定难度。

2.1.3.2　介电性能

电介质在外电场作用下发生极化是其内部分子和原子的电荷在电场中运动的宏观表现。聚合物内原子间主要由共价键连接，成键电子对的电子云偏离两成键原子中间位置的程度，决定了键的极性和极性的强弱。按照极化机理的不同，分子的极化可以分为电子极化、原子极化和取向极化三类。除此之外，如果介质是非均相结构，在外电场的作用下，电介质中的电子或离子在界面处产生堆积，从而产生界面极化。介电常数是衡量介质在外电场中极化程度的一个宏观物理量，材料的介电常数是上述几种因素产生介电分量的总和。

（1）介电强度

也称为击穿强度，是在规定试验条件下，在连续升高的电压下电极间试样被击穿时的电压与击穿处介质的厚度之比，单位：$V \cdot m^{-1}$。GB/T 1408.1—2006 规定了绝缘材料电气强度试验方法。纯粹均匀的固体绝缘聚合物的本征介电强度是很高的，可达 $1000MV \cdot m^{-1}$。

（2）介电常数

电极间及周围的空间全部充以绝缘材料时，其电容与同样构型的真空电容器的电容之比。GB/T 1409—1988 规定了固体绝缘材料在工频、音频、高频（包括米波长在内）下相对介电常数和介质损耗因数的试验方法。

（3）介质损耗因数

电介质在交变电场作用下，由于发热而消耗的能量称为介质损耗。介质损耗角是绝缘材料作为介质的电容器上所施加的电压与流过该电容器的电流之间相位差的余角，介质损耗角的正切值称为介质损耗因数。

引起材料介质损耗有偶极损耗、界面极化损耗和传导电流引起的损耗。它与频率、温度和湿度，以及添加剂使用有关。聚合物的介质损耗角的正切值通常都小于1，大多数在10^{-2}～10^{-4}范围内，极性聚合物的介电损耗大于非极性聚合物。当聚合物作为电工绝缘材料或电容器材料使用时，不允许有大量的损耗，否则，不仅浪费电能，而且可能导致聚合物的发热、老化甚至破坏，所以，介质损耗因数越小越好。但聚合物在高频干燥、高频焊接等需要高频热处理的时候，介质损耗因数大一些比较有利。

2.1.3.3　静电现象

当两种物体相互接触和摩擦时，因其内部结构中电荷载体的能量分布不同，其界面会发生电荷转移，从而使失去电子的物体带正电而得到电子的物体带负电，这种现象称为静电现象。电子克服原子核的作用从材料表面逸出所需要的最小能量，称为逸出功或功函数。

实验得知，两种电介质接触时，它们之间的接触电位差与它们的功函数之差成正比。接触起电的结果是功函数高的带负电，而功函数低的带正电。表 2－3 给出了若干聚合物对金测得的功函数。

表 2－3　一些聚合物的功函数

聚合物	功函数/（电子伏特）	聚合物	功函数/（电子伏特）	聚合物	功函数/（电子伏特）
聚四氟乙烯	5.75	聚砜	4.95	聚乙酸乙烯酯	4.38
聚三氟氯乙烯	5.30	聚苯乙烯	4.90	聚异丁烯	4.30
氯化聚乙烯	5.14	聚乙烯	4.90	尼龙 66	4.30
聚氯乙烯	5.13	聚碳酸酯	4.80	聚氧化乙烯	3.95
氯化聚醚	5.11	聚甲基丙烯酸甲酯	4.68		

当表 2－3 中的两种聚合物发生相互摩擦时，位列表中前面的聚合物总是带负电而位列表后面的聚合物必带正电，两者相距越远产生的电量越多。聚合物在生产、加工和使用过程中，免不了与其他材料或器件接触或摩擦，产生静电甚至是不可避免的，而其高电阻率使得电荷在其内部传导不易，可能造成大量电荷积累，例如，聚丙烯腈纤维可因摩擦而积聚 1500V 的静电压，导致电击、火灾等危险发生，因此，需要通过体积传导、表面传导等途径来消除静电积聚。工业上广泛采用添加抗静电剂的方法来降低静电积聚或消除静电现象。

2.1.3.4　聚合物驻极体和热释电流

将聚合物薄膜夹在两电极当中，加热到薄膜的成型温度，施加每厘米数千伏的电场使聚合物极化、取向；将其冷却至室温后再撤去电场，这时由于聚合物的极化和取向单元被冻结，偶极矩可长期保留，这种具有被冻结的寿命很长的非平衡偶极矩的电介质称为驻极体。例如，聚碳酸酯、涤纶和聚丙烯等聚合物超薄膜驻极体已在电容器传声隔膜和计算机存储器等领域获得了广泛应用。

若将驻极体加热激发其分子运动，储存在其内部的极化电荷被释放出来而形成热释电流。热释电流峰值的温度取决于聚合物的偶极取向机理，因而可用以研究聚合物的分子运动。

2.1.4　光学性能

2.1.4.1　折射

由于光线在两种不同物质里的传播速度不同，故在两种介质的交界处传播方向发生变化，这就是光的折射。根据光的折射定律，光从一种介质入射到另一种介质发生折射时，入射角的正弦与折射角的正弦比等于第二种介质相对于第一种介质的折射率，也称为折光指数，其定义如式（2-18）所示。

$$n_{21} = \frac{\sin\alpha}{\sin\gamma} \tag{2-18}$$

式中：n_{21} ——第二种介质相对于第一种介质的折射率，即所谓“相对折射率”。

α ——入射角

γ ——折射角

折射率和光在各介质中的传播速度有关，绝对折射率是光从真空进入某媒质的折射率，记为：

$$n = \frac{c}{v} \tag{2-19}$$

式中：n ——绝对折射率

c ——光在真空中的传播速度

v ——光在介质中的传播速度

因此，相对折射率又可表示为：

$$n_{21} = \frac{v_2}{v_1} = \frac{n_2}{n_1} \tag{2-20}$$

式中：v_1 ——光在介质1中的传播速度

v_2 ——光在介质2中的传播速度

n_1 ——介质1的绝对折射率

n_2 ——介质2的绝对折射率

介质的折射率有多种测量方法。对固体介质，常用最小偏向角法或自准直法；液体介质常用临界角法（阿贝折射仪）；气体介质则用精密度更高的干涉法（瑞利干涉仪）。

聚合物的折光指数是由分子的电子结构因辐射的光电场作用发生形变的程度决定的。无应力的非晶态聚合物在光学上是各向同性的，只有一个折光指数；结晶、取向及各向异性材料沿不同的主轴方向有不同的数值，具有双折射效应。因此，可以用聚合物的双折射现象来研究其取向度以及光弹性。国家军用标准 GJB/J 5463—2005 规定了光学薄膜折射率和厚度测试仪检定规程。

2.1.4.2 透射

透射是入射光经过折射穿过物体后的射出现象。物质的透光性质通常用透过后的光通量与入射光通量之比来表征，称为光透射率或透光度。而入射光方向上的散射光对所有透射光之比，则称雾度或混浊度。国家标准 GB 2410—2008 规定了透明塑料透光率和雾度的测定方法。

多数聚合物不吸收可见光谱，当其不含结晶、杂质和瑕疵时都呈现透明的特征，如聚碳酸酯、聚苯乙烯、聚甲基丙烯酸甲酯等。透明度的损失，除了光的反射和吸收外，主要是由于材料内部不均匀，如结晶、裂纹、填料、缺陷等引起的散射造成的。由于多数结晶型聚合物为半晶态结构，其内部的结构不均匀，光线在多晶体的晶界发生散射，所以，真正透明的聚合物不是特别多。

对透明材料，当光线垂直入射时，透过光强与入射光强之比 T 与折射率有如下关系：

$$T = \frac{(n-1)^2}{(n+1)^2} \tag{2-21}$$

聚合物的折光指数一般在 1.5 左右，按此估算，其透光度约为 92%。

2.1.5 渗透性能

一种材料在不损坏介质构造的情况下能使流体通过的能力，称为其渗透性能，包括透气性能和透湿性能两种。聚合物薄膜的渗透性分别用气体透过系数和水蒸气透过系数来表征。前者定义为在恒定温度和单位压力差下，在稳定透过时，单位时间内透过试样单位厚度、单位面积的气体体积。以标准压力和温度下的体积值表示，单位为 [$m^3 \cdot cm/m^2 \cdot s \cdot Pa$]；后者定义为在规定的温度、相对湿度环境中，单位时间内，单位水蒸气压差下，透过单位厚度，单位面积试样的水蒸气量，单位为 [$g \cdot cm/cm^2 \cdot s \cdot Pa$]。测定材料透气性能和透湿性能的国家标准有 GB/T 1038—2000（塑料薄膜和薄片气体透过性试验方法　压差法）和 GB 1037—1988（塑料薄膜和片材透水蒸气性试验方法　杯式法）。

聚合物的渗透性受其结构和物理状态的影响较大。一般而言，链的柔性增大使渗透性提高，结晶度提高时，渗透性减小。由于多数气体是非极性的，因此，当大分子链上引入极性基团时，气体的渗透性能下降。根据聚合物的渗透性，聚合物薄膜在包装、提纯、医学、海水淡化等方面获得了广泛的应用。

2.1.6 吸水性

吸水性是指材料能吸收水分的性质。国标 GB/T 1034—2008 规定了塑料吸水性的测试方法。

聚合物的吸水率定义为规定尺寸的试样浸入一定温度（25±2）℃的蒸馏水中，经过 24h 后所吸收的水分重量；常以% 表示。不同聚合物树脂的吸水率相差较大，其对材料成型加工性能和制品尺寸及形状稳定性的影响不同。例如，聚酯类、聚酰胺类树脂的吸水率较高，成型前必须进行干燥处理，否则，在高温下易发生水解反应。聚酰胺类树脂产品成型后还要进行调湿处理。

2.1.7　化学性能

2.1.7.1　老化性能

聚合物及其制品在使用或储存过程中受光、热、氧、潮湿、化学侵蚀、霉菌等环境因素的影响，使材料的物理化学性能和力学性能逐渐变差，以致最后失去使用价值的现象称为“老化”，其实质是由高分子降解成为各种无规小分子或发生了交联反应等结构的变化。这是一种不可逆的化学反应。老化现象在自然界是普遍存在的，如纸张、棉织品、木材、橡胶、涂料等因气候因素作用而发生的变色、脆化、开裂等。

所有的有机化合物对氧都是敏感的，高分子化合物键的离解能为 167 ~ 586kJ · mol^{-1}，紫外线的能量为 250 ~ 580kJ · mol^{-1}，因此，在可见光的范围内聚合物呈激发状态，但不会离解，不过，在氧的存在下，处于激发态的化学键易于发生光氧化，产生自动氧化降解过程，这种现象被称为聚合物的光氧化。如日常在户外使用的物品或材料，在环境中尤其是长时期受到太阳光的辐射，其老化速度比在户内快得多。工业上常加入光稳定剂以防止或延缓聚合物的光氧化过程，常用的光稳定剂有紫外线吸收剂（如二苯甲酮类，苯并三唑类和三嗪类，取代丙烯腈类，水杨酸酯类等化合物）、光屏蔽剂（如二氧化钛、氧化锌等）、紫外线淬灭剂［如硫代双酚、受阻酚取代酸、双（烷基硫代物）、苯并三酚、硫酸双酚、甘氨酸、氨基羟酸等的镍络合物］、受阻胺光稳定剂（如 LS—744 和 LS—770，GW - 540 等）。

热氧化是聚合物老化的另一种形式。热加速了聚合物的氧化，氧化物的分解又导致了主链断裂的自动氧化过程，其反应机理如下：

$$RH \xrightarrow{heat} R^{\cdot} + {}^{\cdot}H$$

$$RH + O_2 \xrightarrow{heat} ROO^{\cdot} + {}^{\cdot}H$$

$$R^{\cdot} + O_2 \longrightarrow ROO^{\cdot}$$

$$ROO^{\cdot} + RH \xrightarrow{heat} ROOH + R^{\cdot}$$

$$ROOH \longrightarrow RO^{\cdot} + {}^{\cdot}OH$$

$$2ROOH \longrightarrow RO^{\cdot} + ROO^{\cdot} + H_2O$$

$$RO^{\cdot} + RH \longrightarrow ROH + R^{\cdot}$$

$$RH + {}^{\cdot}OH \longrightarrow H_2O + R^{\cdot}$$

为获得对热氧老化稳定的聚合物制品，常需要加入抗氧剂和热稳定剂。常用的抗氧剂有仲芳胺类、受阻酚类、苯醌类、叔胺以及亚磷酸酯等；热稳定剂有铅盐类、金属皂类、有机锡类等。

国家标准对聚合物老化性能的测试也做出了规定，主要有塑料自然日光气候老化、玻璃过滤后日光气候老化和菲涅耳镜加速日光气候老化的暴露试验方法（GB 3681—2011）、塑料实验室光源暴露试验方法（GB 16422.1—2006 和 GB 16422.2—2014）及塑料实验室光源暴露试验方法（GB 16422.3—2014）。

2.1.7.2　燃烧性能

燃烧是物质在较高的温度下与空气中的氧发生剧烈反应并发出光和热的现象。物质产生燃烧的必要条件是可燃、周围存在空气和热源，使材料着火的最低温度称为燃点或着火点。聚合物归属于有机物，大多数聚合物都是可燃的。聚合物的燃烧过程包括受热、热解、氧化和着火等步骤。在加热阶段，聚合物受热软化、熔融进而发生分解，产生可燃性气体和不燃性气体。当产生的可燃性气体与空气混合达到可燃浓度范围时即着火燃烧。不同聚合物间的燃烧发热值差别较大，一般而言，烃类聚合物燃烧热较大，含氧聚合物的燃烧热较小。表 2 -4 列出了一些材料的燃烧发热值。

表 2 -4　一些材料的燃烧发热值

聚合物	燃烧发热值/（kJ/g）	聚合物	燃烧发热值/（kJ/g）
甲烷	50.01	PET	22.00
正丁烷	45.72	PC	29.72
PE	43.28	PA -6	29.58
PS	39.85	ABS	35.20
PMMA	24.98	棉	18.40
PVC	16.43	木材	17.76
PAN	30.36	煤	35.17

既然燃烧过程与环境中的含氧量密切相关，因此，可用氧指数来衡量聚合物燃烧的难易程度。所谓氧指数（GB/T 2406—2008）是在规定的试验条件下，试样在氧气和氮气混合气流中，维持聚合物燃烧所需要的最低氧气浓度，即混合气流中氧所占的体积百分数。显然，聚合物的氧指数越小越易燃。由于空气中的含氧量约为 21%，所以氧指数在 22 以下的属于易燃材料，在 22 ~27 的为难燃材料，在 27 以上的为高难燃材料。难燃材料一般具有自熄性。一些聚合物的氧指数如表 2 -5 所示。

表 2 -5　一些聚合物的氧指数

聚合物	氧指数	聚合物	氧指数	聚合物	氧指数	聚合物	氧指数
POM	15	PU	16.5	PBT	23	CPE	21.1
SBS	16.9	PP	17	PC	25	PTFE	79.5
PMMA	17.3	PE	17.4	PVC	45	PA	26.7
PS	18	PET	20.6				

从表 2 -5 看出，含有卤素、磷原子等聚合物的氧指数较高，具有较好的阻燃性，大多数聚合物是易燃的，这限制了其在工业生产中的广泛应用，常需要加入阻燃剂、无机填料等来提高聚合物的阻燃性。

2.2　高分子材料的成型性能

聚合物成型加工是将聚合物材料转变为实用材料或塑料制品的一门工程技术。在成型过程中，塑料将呈现出各种物理和化学变化行为，而这些行为与聚合物的结构有关。充分认识塑料在各种外在条件下所表现出的物理化学行为，对合理设计配方、发展工艺以及对成型设备提出技术要求，都是非常重要的。

2.2.1　高分子材料的熔融性能

聚合物材料会因所处环境温度的不同而表现出不同的力学状态。高分子物理学根据分子运动特征将其划分力学三态：对非晶高分子而言有玻璃态、高弹态和黏流态；对结晶高分子而言，情况较为复杂，在结晶度较低时，可能出现三态，而在结晶度高时，材料有可能直接从结晶态转变为黏流态。处于不同状态下的聚合物对外力的响应有很大的区别。玻璃态和结晶态是大多数高分子制品的使用状态，高弹态是橡胶类制品的使用状态，黏流态是大多数聚合物的加工状态，也有一些成型方法，如吹塑成型、双向拉伸等是在高弹态下进行的。

众所周知，传导、对流和辐射是热传递的三种形式。热传导是最常见和最重要的提高固体温度并使之熔融的方式。在传导熔融中，传热速率主要取决于热导率、温差以及热源和熔融固体间的有效接触面积。根据聚合物的物理特性、原料的形状和成型方法，将聚合物的熔融方法归为以下五类。

（1）无熔体移走的传导熔融

在这种场合，全部热量通过与热表面直接接触，或者通过对流辐射将热能提供给被熔融固体，熔融速率只由传导项决定。例如热成型中，片（板）被加热软化就是这种方式。

（2）有强制熔体移走

这是由拖曳或压力引起的传导熔融。在这种情况下，一部分热量由接触表面的以传导方式提供，一部分热量通过熔膜中的黏性耗散将机械能转变为热来提供。熔融速率由热传导速率以及熔体迁移和黏性耗散速率决定。例如固体物料在螺杆挤出机中的熔融。

（3）耗散混合熔融

这是依靠由转轴输入的机械能转化为熔融区的黏性耗散热以及固体（或粒子）区的机械变形和初始阶段粒子间摩擦转变成的热，辅以外壁上的热传导将固体熔融。如聚合物在密炼机、连续混合机、辊式混炼机和某些挤出机中就是用这种方式熔融。

（4）利用电的、化学的或其他能源的耗散熔融

如在固体中引入高频反复变形的超声波加热，它广泛用于局部加热和局部熔融，例如焊接、热合以及最近几年发展起来的振动加工。

（5）压缩熔融

它是由于单个粒子的变形以及粒子间的摩擦，从而在整个系统的体积中产生热而使粒子熔融。不过粒子间的摩擦严格地讲不是一个均匀源，因为它只发生在遍布系统的粒子界面上。只有粒子系统发生强烈变形才能产生足够的能量，这样要用到非常高的压力，因而限制了用这种熔融方法作为主要熔融方式，在实际应用中很少见。

聚合物的熔融性能对成型加工影响最大，因为大多数聚合物的成型加工都是在熔融态下进行的。聚合物在熔融状态下经过流动和变形成型为所希望的形状以后，又面临着凝固（冷却）的问题。聚合物的熔融速度取决于其热扩散系数。从表2-2可以看出，聚合物的热扩散系数都比较小，因此，对聚合物进行加热和冷却都不像对金属那么容易。加大温差固然可以提高传热速率，但有受到局部高温引起聚合物降解变质的限制；同样，在冷却过程中，如果熔体与冷却介质之间的温差太大，也会因冷却不匀而导致内应力的产生，从而

使制品的力学性能受到影响。加上聚合物组成和结构的复杂和多样性，使其熔融过程更加复杂。在成型过程中为求得被加热聚合物的各部分在相差不长的时间内都达到同一温度，常需要很复杂的设备或很大的劳动量。

由于聚合物的熔体黏度很大，因此，在成型过程中的熔体流动过程中会因摩擦而产生显著的热量。单位体积熔体因摩擦而产生的热量可用式（2－22）计算：

$$Q = \frac{1}{J}\tau \cdot \dot{\gamma} = \frac{1}{J}\eta_a \cdot \dot{\gamma}^2 \tag{2-22}$$

式中：Q——熔体因摩擦而产生的热量，J

J——热功当量

τ——剪切应力，Pa

$\dot{\gamma}$——剪切速率，s^{-1}

η_a——表观黏度，Pa·s

塑料注射机和挤出机中，通过螺杆的转动可产生较大的摩擦热。利用这种热量不仅使塑化均匀，而且可减小塑料熔体被烧焦的趋势。螺杆剪切摩擦引起塑料熔体的升温幅度可以用式（2－23）计算：

$$\Delta T = \frac{\pi \cdot D \cdot n \cdot \eta}{c \cdot H} \tag{2-23}$$

式中：ΔT——熔体因摩擦热而升高的温度，℃

D——螺杆直径，m

n——螺杆转速，r/min

H——螺槽深度，m

η——熔体黏度，Pa·s

c——塑料的比热，$kJ \cdot kg^{-1} \cdot K^{-1}$

聚合物晶体在受热转变为熔体时是具有相态转变的，这种转变需要较多的热量。将含有部分结晶的聚合物（如 PE）转变成熔体时，比转变非晶形聚合物（如 PS）时要消耗更多的热量；反过来，结晶性聚合物在冷却时要排出更多的热量。

2.2.2 高分子材料的流变性能

分析聚合物的加工过程可知，聚合物的加工实际上是将固体树脂经过加热转变为熔体后，熔体又经过了在流道和模具中的流动和变形，形成了制品的形状，最后经过冷却定型而成为固体制品。可见，聚合物常规的加工过程实质上是一个传热和流变的过程，流变性能对聚合物加工而言非常重要，也可以说，聚合物流变学是塑料加工和技术创新的理论基础。在聚合物成型过程中，除少数几种工艺外，均要求聚合物处于液态（包括熔体和分散体），以便改善其流动性和易于形变。聚合物液体流动时，以黏性形变为主，兼有弹性形变，故称之为黏弹体，它的流变行为强烈地依赖于聚合物本身的结构、相对分子质量及其分布、温度、压力、时间、作用力的性质和大小等外界条件的影响。

2.2.2.1 描述流体流变行为的主要参量

从高分子物理的知识我们了解到，纯黏性流体的流动流变行为可用牛顿定律（Newton's law）描述，理想弹性体的变形行为用虎克定律（Hooke's law）描述，真实的物质通常是既有黏性又有弹性，高分子材料是典型的黏弹性材料。描述流体流变行为的主要参量有应力、应变、应变速率、黏度和模量等，下面结合图 2－1 的简单剪切变形模型对这些参量的意义进行解释。

（1）应力

材料受外力作用后，内部产生与外力相平衡的力，称为应力，或定义为单位面积上所受的力。聚合物在加工过程中的形变是由于外力作用的结果，随受力方式的不同，应力通常分为三类，即剪切应力、拉伸应力和静压力。在图 2－1 中，剪切应力 τ 为剪切力 F 与其作用面积 A 的比值（$\tau = F/A$）。

（2）应变

材料受力后产生的形变（即几何形状的改变），称为应变。随受力方式的不同，应变也有拉伸应变和剪切应变之分。在图 2－1 中，剪切应变 $\gamma = x(t)/y_0$。

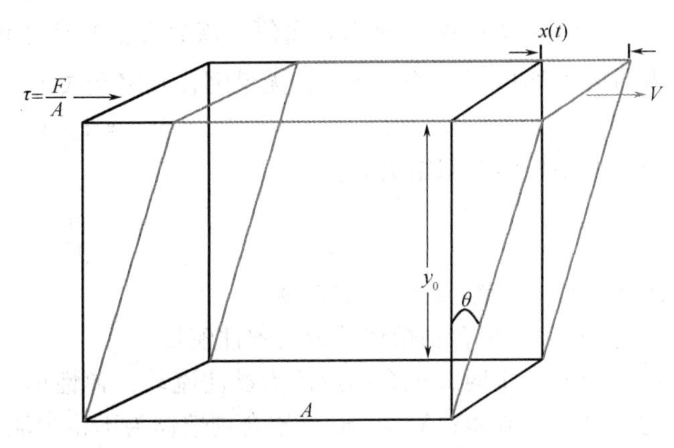

图 2－1　简单剪切变形模型

（3）应变速率

单位时间内的应变称为应变速率［单位：s^{-1}（$秒^{-1}$）］。在图 2－1 中，剪切应变速率 $\dot{\gamma} = V/y_0$。应变速率即速度梯度，故也可以写成 $\dot{\gamma} = dv_x/dy$。

（4）黏度

根据牛顿流动定律，液体流动时阻力的大小，与液层相互位移的速度成正比，这种阻力的增大是由于液体“缺乏润滑”所致，定义“缺乏润滑”的特性参数为黏度。

黏度是动力黏度、运动黏度和相对黏度的通称。动力黏度即剪切黏度（η），其定义如式（2－24）所示，是剪切应力（τ）和剪切速率（$\dot{\gamma}$）的比值，单位为 Pa · s。

$$\eta = \frac{\tau}{\dot{\gamma}} \tag{2-24}$$

运动黏度（υ）定义为动力黏度（η）与流体密度（ρ）的比值，其定义如式（2－25）所示，单位为 m^2/s。

$$\upsilon = \frac{\eta}{\rho} \tag{2-25}$$

相对黏度定义为流体的动力黏度与同温度下的水的动力黏度之比。对高分子溶液而言，相对黏度定义为高分子溶液的动力黏度与同温度下的纯溶剂的动力黏度之比。

在黏度的表示法中，剪切黏度应用最为广泛，我们习惯上把剪切黏度简称为黏度。

（5）模量

根据虎克定律，模量定义为应力与应变的比值。随受力方式的不同，模量也有拉伸模量和剪切模量之分。在图 2－1 中，剪切模量为剪切应力和剪切应变的比值（$G = \tau/\gamma$）。

2.2.2.2　流体流动的类型

区分流动类型将有助于掌握各种成型条件（流速、外部作用力形式、流道几何形状、热量传递情况）下的流动规律。聚合物熔体在不同的成型条件下，可表现出不同的流动类型。

（1）层流和湍流

聚合物熔体黏度高，例如 LDPE 的黏度约 $0.3\times10^{2}\sim1\times10^{3}$ Pa·s；而且流速较低，在加工过程中剪切速率一般不大于 $10^{4}\,s^{-1}$，所以，聚合物熔体在成型条件下的雷诺准数 Re 值很少大于 1，但不能据此就判断聚合物熔体处于层流状态。这是因为聚合物内部有分子缠结，聚合物熔体具有弹性，由于剪切应力过大等原因，会出现弹性湍流。因此，要借用“弹性雷诺数”来判断流体的流动状态。

弹性雷诺数 N_w 又称韦森堡值，该数（值）将熔体破裂的条件与分子本身的松弛时间 τ 和外界剪切速率 $\dot{\gamma}$ 关联起来，无量纲，其定义式为：

$$N_W = \tau \cdot \dot{\gamma} \tag{2-26}$$

其中松弛时间定义为：

$$\tau = \frac{\eta}{G} \tag{2-27}$$

式中：η ——聚合物熔体的黏度

G ——聚合物熔体的剪切弹性模量

当 $N_w<1$ 时，聚合物熔体为黏性流动，弹性形变很小；$N_w=1\sim7$ 时，聚合物熔体为稳态黏弹性流体；$N_w>7$ 时，聚合物熔体为不稳定流动或弹性湍流。

（2）稳定流动与不稳定流动

流体在任何部位的流动状况保持恒定，不随时间而变化（即一切影响流体流动的因素都不随时间而改变），此种流动称为稳定流动。例如正常操作的挤出机中，塑料熔体沿螺杆螺槽向前流动属稳定流动，其流速、流量、压力和温度分布等参数均不随时间而变动。

凡流体在输送通道中流动时，其流动状况都随时间而变化（即影响流动的各种因素都随时间而变动），此种流动称之不稳定流动。如在注射模塑的充模过程中，塑料熔体的流动属于不稳定流动，此时在模腔内的流动速率、温度和压力等各种影响流动的因素均随时间变化。通常把熔体的充模流动看作典型的不稳定流动。

（3）等温流动和非等温流动

等温流动是指流体在各处的温度保持不变情况下的流动，否则，则为非等温流动。在等温流动情况下，流体与外界可以进行热量传递，但传入和输出的热量应保持相等。在聚合物成型的实际条件下，聚合物流体的流动一般均呈现非等温状态。这一方面是由于成型工艺要求将流道各区域控制在不同的温度下；另一方面是由于黏性流动过程中有生热和热效应。这些都使其在流道径向和轴向存在一定的温度差。

（4）拉伸流动和剪切流动

流体流动时，即使其流动状态为层状稳态流动，流体内各处质点的速度并不完全相同。质点速度的变化方式称为速度分布。按照流体内质点速度分布与流动方向关系，可将聚合物加工时的熔体的流动分为拉伸流动和剪切流动。剪切流动是流体中一个平面在另一个平面的滑动；拉伸流动则是一个平面上两个质点间距离的拉长。拉伸流动中，质点速度的变化与流体流动方向一致的流动；剪切流动中，质点速度仅沿着与流动方向垂直的方向发生变化的流动。两种流动的速度分布如图 2－2 所示。

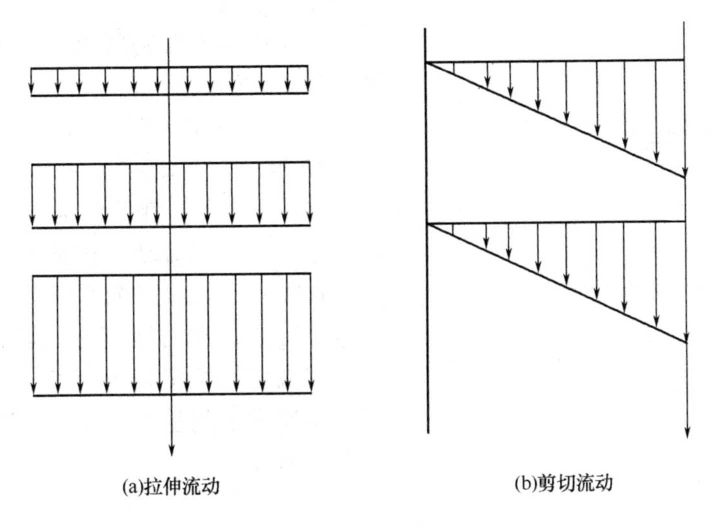

图 2－2　拉伸流动和剪切流动的速度分布

剪切流动几乎存在于所有聚合物的加工成型方法中，例如，聚合物熔体注射成型时，在流道内的流动属于压力梯度引起的剪切流动。拉伸流动有单轴拉伸和双轴拉伸之分。单轴拉伸的特点是一个方向被拉长，其余二个方向则相对缩短，如合成纤维的拉丝成型；双轴拉伸时两个方向被同时拉长，另一个方向则缩小，例如塑料的中空吹塑、薄膜生产等。

（5）拖曳流动和压力流动

所谓拖曳流动是指对流体不施加压力梯度，而是靠边界运动产生流动场，由于黏性作用使运动的边界拖着流体跟它一起运动，这种流动又称为库埃特（Couette）流动。如电线包覆成型中，导线从挤出机口模中穿插将带动聚合物熔体跟随它一起运动，从而将其包覆。

所谓压力流动是指体系的流动边界固定不动，流体因外力作用产生速度场而引起的流动。这种流动有时也被称为泊肃叶（Poiseuille）流动。如管材和棒材的挤出等都属于压力流动。

（6）一维流动、二维流动和三维流动

当流体在流道内流动时，由于外力作用方式和流道几何形状的不同，流体内质点的速度分布具有不同特征。一维流动是指流体内质点的速度仅在一个方向上变化，即在流道截面上任何一点的速度，这种流动只需用一维坐标系表示。如聚合物熔体在等截面圆管内作层状流动时，其速度分布仅是圆管半径的函数，是一种典型的一维流动。二维流动是指流道截面上各点的速度在两个互相垂直的方向上均发生变化，因此，需要二维平面坐标系表示。如流体在矩形截面通道中流动时，其流速在通道的高度和宽度两个方向均发生变化，是典型的二维流动。三维流动是指流体在截面变化的通道中流动，其质点速度不仅沿通道截面的纵横两个方向变化，而且也沿主流动方向变化，如流体在锥形通道中的流动，此时流体的流速要用三维立体坐标系来表示。

2.2.2.3 聚合物流体的黏性流变行为

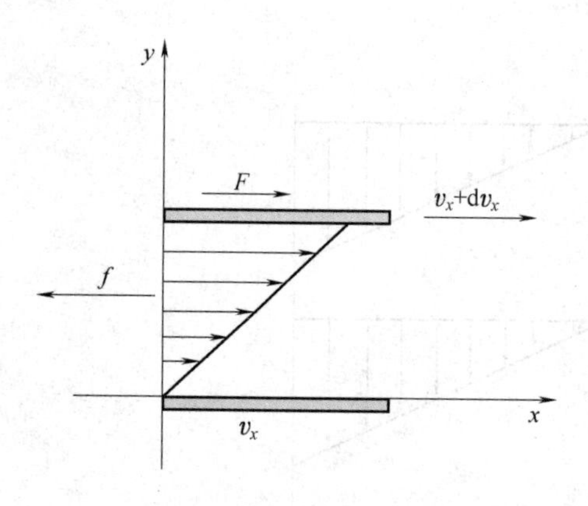

图 2-3 牛顿流动示意图

根据流动过程聚合物黏度与应力或应变速率的关系，可以将聚合物的流动行为分为牛顿流体和非牛顿流体两大类。

（1）牛顿流体与牛顿流动定律

1687 年，牛顿研究了液体流动时阻力的大小，提出了著名的牛顿流动定律，图 2-3 为牛顿流动示意图。牛顿流动定律指出，当有剪切应力 $\tau(\tau = F/A)$ 于定温下施加到两个相距为 dy 的流体平行层面并以相对速度 dv_x 运动时，液体流动时阻力与液层相互位移的速度成正比，即剪切应力与剪切速率之间呈直线关系，这种关系可用式（2-28）表示。

$$\tau = \eta \cdot \frac{dv_x}{dy} = \eta \cdot \dot{\gamma} \qquad (2-28)$$

式（2-28）中的比例系数即为牛顿黏度。牛顿黏度是液体本身所固有的属性，仅依赖于液体的分子结构和液体所处的温度，而与剪切应力和剪切速率无关。

据此定义凡是流动行为符合牛顿流动定律的流体称为牛顿流体，相应的流动称为牛顿型流动。牛顿流体的应变具有不可逆性质，应力解除后，应变以永久形变保存下来，这是理想液体流动的特点。真正属于牛顿流体的只有低分子化合物的液体或溶液，如水和甲苯等。

（2）非牛顿流体与幂率方程

凡是流动行为不符合牛顿流动定律的流体称为非牛顿流体，其流动行为称为非牛顿型流动。由于牛顿液体流动定律是研究低分子液体的流动行为时得出的结论，对于大多数聚合物熔体和溶液都不适用。对于聚合物熔体、分散体和溶液，除少数几种聚合物（如聚碳酸酯和偏二氧乙烯-氯乙烯共聚物熔体）与牛顿流体相近外，绝大多数聚合物只能在剪切应力很小或很大时表现为牛顿流体。

根据非牛顿流体应变时对时间的依赖性不同，非牛顿流体又可分为黏性系统和有时间依赖性系统。黏性系统在受到外力作用而发生流动时，剪切速率只依赖于所施加的应力的大小，而与剪切应力所施加时间长短无关，包括宾汉（姆）流体、假塑性体和膨胀性液体三种；时间依赖性流体流变特征除与剪切速率与剪切应力的大小有关外，还与施加应力的时间长短有关，有触变体和震凝体两种。

聚合物在成型过程中处于宽广的剪切速率范围（$\tau = 10 \sim 10^5 s^{-1}$）内，其剪切应力与剪切速率不再成正比关系，流体的黏度不是一个常数。因此，需要用其他方程来描述其本构关系。Ostwald 和 Dewaele 于 1925 年提出的经验方程（式 2-29），最为常用。

$$\tau = K\dot{\gamma}^n \qquad (2-29)$$

式中：τ ——剪切应力

K ——流体的稠度，相当于牛顿流体中的黏度，流体愈稠，K 值愈大

$\dot{\gamma}$ ——剪切速率

n ——偏离指数，或称非牛顿指数

当 $n < 1$ 时为假塑性流体；当 $n > 1$ 时为膨胀性流体；当 $n = 1$ 时，流体为牛顿流体。n 值离整数 1 愈远时，流体的非牛顿性就愈强。

上述方程以幂指数的方式出现，而且幂指数的大小与流体的流动类型密切相关，也被称为幂率方程。下文将对几种非牛顿流体的流动特点进行介绍，其相应的流动曲线如图 2－4 所示。

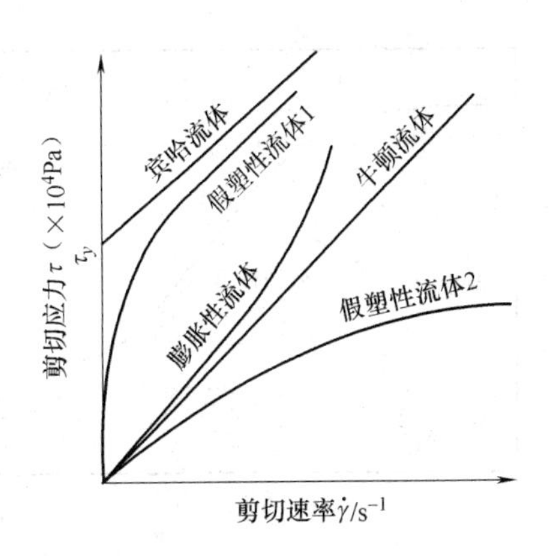

图 2－4　不同类型流体的流动曲线

1）宾哈（姆）流体　宾哈流体与牛顿流体的不同点在于它的流动只有当剪切应力高于某一屈服应力 τ_y 时才开始，一旦 $\tau > \tau_y$，流体表现出与牛顿流体相似的流变行为。这一现象表明，宾哈流体内部具有某种凝胶结构，当应力值小于 τ_y 时，这种结构能承受有限应力的作用而不引起任何连续的应变。其本构方程为：

$$\tau - \tau_y = \eta_p \dot{\gamma} \tag{2-30}$$

式中，τ_y 为屈服应力，η_p 为刚度系数。

从式（2－30）可以看出，这种流体的流动曲线是不通过坐标原点的直线，表明它的非牛顿黏度为一常数。在聚合物成型过程中，几乎所有的聚合物在其良性溶剂中的浓溶液和凝胶性糊塑料的流变行为都与这种液体很接近。像土木建筑中的稀泥巴，日常生活中的牙膏，也具有这种流动行为。宾哈流体因流动而产生的形变完全不能恢复而作为永久变形保存下来，即这种流动变形具有典型塑性形变的特征，故又常将宾哈流体称为塑性流体。

2）假塑性流体　假塑性流体是非牛顿型流体中最常见的一种，其流动特点是流体的黏度随着剪切应力或剪切速率的提高而降低，并且随剪切速率的变化要比剪切应力的变化快得多。假塑性流体的这种行为可形象地描述为“剪切变稀”。橡胶和绝大多数塑料的熔体和溶液都属于假塑性流体。大多数假塑性流体不存在屈服应力，其流动曲线如图 2－4 中的假塑性流体 2 所示，但当流体的零切黏度较大，并且只有当剪切应力高于某一屈服应力时才发生流动，其流动曲线会呈现图 2－4 中假塑性流体 1 的形式。假塑性流体 1 与宾哈流体的相似处在于都存在屈服应力，不同处在于克服屈服应力后，假塑性流体 1 的流动行为与假塑性流体 2 类似，而宾哈流体的流动行为与牛顿流体类似。

假塑性流体的流动行为用幂率方程进行描述，其中 $n < 1$。为了更清楚地表达假塑性流体的流动特性，需要引入表观黏度的概念。将幂率方程改写成：

$$\tau = K \cdot \dot{\gamma}^n = K \cdot \dot{\gamma}^{n-1} \cdot \dot{\gamma} \tag{2-31}$$

令

$$\eta_a = K\dot{\gamma}^{n-1} \tag{2-32}$$

则

$$\tau = \eta_a \cdot \dot{\gamma} \tag{2-33}$$

式（2－33）具有和牛顿流动定律相似的形式，因此，称 η_a 为表观黏度。从式（2－32）可见，表观黏度是随剪切速率的大小而变化的，我们实际测量的正是表观黏度。表观黏度比真实黏度来得小，这是由于其中包含了高弹形变。

前述假塑性聚合物流体流变行为的讨论仅局限于剪切速率范围较小的情况，而在宽广的剪切速率范围内聚合物流体的流动特性与前述之情况并不相同。在宽广剪切速率范围内

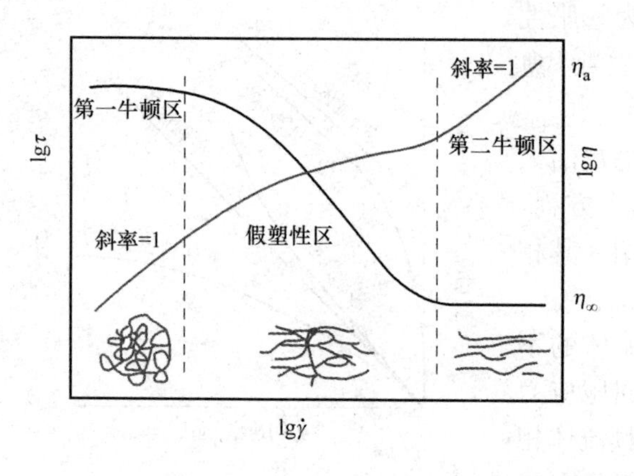

图 2－5　聚合物熔体的普适流动曲线

实验得到的聚合物流体的典型流动曲线如图 2－5 所示。

从图 2－5 可以看出，在宽广剪切速率范围内，聚合物熔体的流变行为分为三个典型的区域，即第一牛顿区、假塑性区和第二牛顿区。第一牛顿区出现在低切变速率区，此段曲线近似为直线，斜率 $n = 1$，黏度值较大而且不变，该区的黏度通常称为零切黏度。假塑性区（非牛顿区）出现在中等切变速率区，此段流动曲线的斜率 $n < 1$，该区的黏度为表观黏度 η_a，随着切变速率的增加，η_a 值变小。通常聚合物流体加工成型时所经受的切变速率正在这一范围内。第二牛顿区出现在高切变速率区，此段曲线近似为直线，斜率 $n = 1$，黏度值较小而且不变，该区的黏度通常称为无穷切黏度或极限黏度 η_∞。

上述流动行为的实质为分子链缠结破坏与形成的动态过程，可用链缠结理论进行解释。在第一牛顿区，由于切变速率足够小，高分子处于高度缠结的拟网结构，流动阻力大；缠结结构的破坏速度等于形成的速度，黏度保持不变，且最高。在假塑性区，随着切变速率的增大，缠结结构被破坏，破坏速度大于形成速度，黏度减小，表现出假塑性流体行为。在第二牛顿区，切变速率继续增大，高分子中缠结结构完全被破坏，来不及形成新的缠结，体系黏度恒定，表现牛顿流动行为。

3）膨胀性流体　膨胀性流体的流动行为与假塑性液体正好相反，其剪切黏度随剪切应力或剪切速率的增大而增加，并且随剪切速率的增大要比剪切应力的增加慢，也称为“剪切增稠的流体”。其流动曲线是非直线的，不存在屈服应力。大多数是固体含量高的悬浮液都属于这一类液体，例如处于高剪切速率下的 PVC 糊塑料以及其他含有填料的聚合物熔体等。膨胀性液体的“切力增稠”现象可解释为：当剪切速率增大时，破坏了原体系中粒子间的“紧密堆砌”，粒子间的空隙增大，悬浮体系的总体积增大，此时液体不能再充满增大了的空隙，粒子间移动时的润滑作用受限，阻力增大，液体表观黏度增大。

膨胀性流体的流动行为也可用幂率方程进行描述，其中 $n > 1$。

4）有时间依赖性的流体　这类流体的流变特征是流体的黏度除与剪切速率与剪切应力的大小有关外，还与施加应力的时间长短有关。其中在恒温、恒定的切变速率下，黏度随所施应力持续时间的增加而减小的流体称为触变性流体；在恒温、恒剪切力作用下，黏度随所施应力持续时间增加而增大的流体为震凝性流体。两类流体的流动曲线如图 2－6 所示。震凝性流体的例子有石膏的水溶液等，触变性流体的例子有油漆等。一般触变性材料必然是假塑性体，但假塑性材料不一定是触变体；震凝性材料必然是胀流体，但胀流性材料不一定是震凝体。

由于流体中的粒子或分子并未发生永久性的变化，所以，这种变化是可逆的。对给定应变来说，较低应力较长作用时间与较大应力较短作用时间是等效的。此外，当流体的弹性不可忽略时，其应变还表现出滞后效应，即在流体中增加应力与降低应力这两个过程的应变曲线不重合。目前，对这类流体流动机理的研究还不够充分，一般认为，产生触变行为是因为流体静置时聚合物粒子间形成了一种类似凝胶的非永久性的次价交联点，表现出很大黏度。当系统受到外力作用而破坏这一暂时交联点时，黏度即随着剪切持续时间而下降。产生震凝性的原因可以解释为：液体中的不对称粒子（椭球形线团）在剪切力场的速度作用下取向排列形成暂时次价交联点所致，这种缔合使黏度不断增加而形成凝胶状，一旦外力作用终止，暂时交联点也相应消失，黏度重新降低。

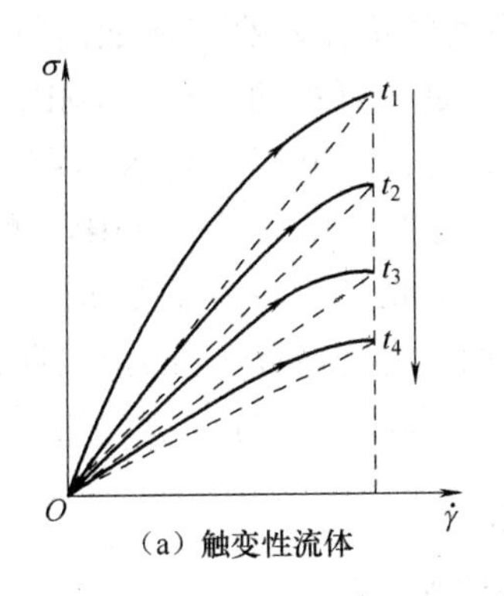

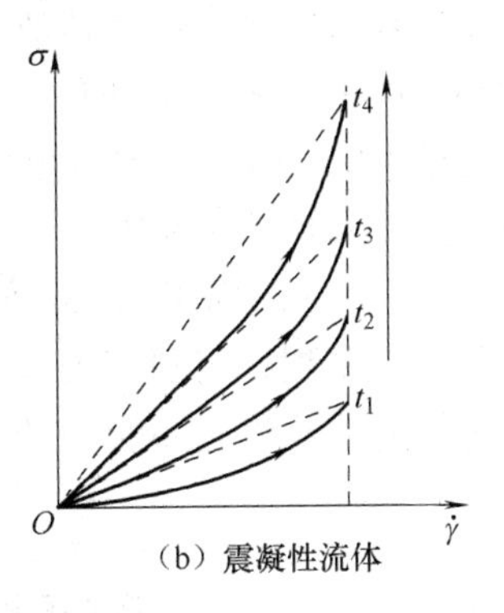

图 2－6　与流变时间相关的非牛顿流体的流变图

2.2.2.4　影响聚合物流变行为的因素

影响聚合物熔体黏度的因素主要是聚合物熔体内大分子长链之间的缠结程度以及自由体积的大小。前者决定了链段协同跃迁和分子位移的能力，后者决定了在跃迁链段的周围是否有可以接纳它跃入的空间。因此，凡能引起链段跃迁能力和自由体积增加的因素，都能导致聚合物熔体黏度下降。除前面讨论的剪切应力和剪切速率外，还有温度、压力等外在因素以及材料的内在因素（如链结构和链的极性、相对分子质量分布及聚合物的组成等）。

（1）温度对剪切黏度的影响

聚合物的成型加工多在黏流温度至分解温度之间进行，在这一温度区间内，黏度与温度的关系可用 Arrhenius 经验方程来表示：

$$\eta = A\exp(E_\eta/RT) \qquad (2-34)$$

式中，η 为剪切黏度，E_η 为黏流活化能，T 为温度，R 为普适气体常数。

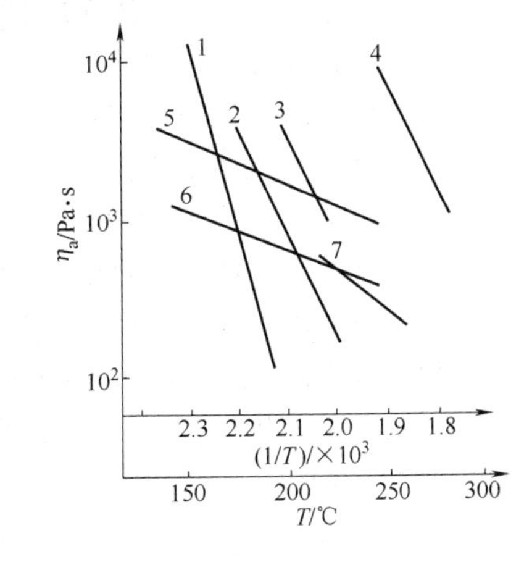

图 2－7　温度对聚合物熔体黏度的影响
1—CA　2—PS　3—PMMA
4—PC　5—PE　6—POM　7—PA

从式（2－34）可以看出，E_η 较大时，剪切黏度受温度的影响较大。一般分子链刚性较大的聚合物具有较高的 E_η，因此，其剪切黏度对温度敏感，而分子链柔性大的聚合物，其 E_η 较低，黏度对剪切速率敏感。加工时可根据聚合物熔体黏度的敏感性来针对性地设置加工工艺条件。温度对一些聚合物熔体黏度的影响见图 2－7。

当温度区间在 $T_g < T < T_g + 100℃$ 时，Arrhenius 经验方程不再适用，聚合物黏度与温度的关系可以用半经验的 WLF 方程计算：

$$\log \frac{\eta(T)}{\eta(T_g)} = \frac{-17.44(T - T_g)}{51.6 + (T - T_g)} \qquad (2-35)$$

（2）压力对剪切黏度的影响

压力对熔体剪切黏度的影响来自熔体的可压缩性，因为在加压时，聚合物的自由体积减小，熔体分子间的自由体积也减小，使分子间作用力增大，最后导致熔体剪切黏度增大。与低分子液体相比，聚合物因其长链大分子形状复杂，分子链堆砌密度较低，受到压力作用时，体积变化较大。聚合物熔体成型压力通常都比较高，例如注射成型时，聚合物在150℃下受压从0.35MPa到3MPa时，其压缩性是很可观的。在0.1MPa的压力下各种聚合物的压缩率不超过1%，而当压力增至0.7MPa时，压缩率可高达3～5个数量级。聚合物的压缩率不同，黏度对压力的敏感性也不同。例如，压力从3.7MPa增加到17MPa时，聚烯烃的黏度增加4～7倍，而PS的黏度增加100倍。某些聚合物加工时，压力增加过大，往往使黏度升高太剧烈，材料变硬，无法加工。黏度对压力的依赖性，表明了单纯通过压力来提高聚合物的流动性是不恰当的，应结合温度来进行调节。几种聚合物熔体的压缩率见表2－6。

表2－6　几种聚合物熔体的压缩率

聚合物	受压时温度/℃	加压压力/MPa	体积收缩率/%
聚甲基丙烯酸甲酯	150	自常压加至70	3.6
高压聚乙烯	150	自常压加至70	5.5
聚酰胺66	300	自常压加至70	3.5
聚苯乙烯	150	自常压加至70	5.1

（3）黏度对剪切应力（或剪切速率）的依赖性

在成型条件下，聚合物熔体多属非牛顿液体，其黏度随着剪切应力（或剪切速率）的增加而降低，但由于黏流活化能的不同，各种聚合物剪切应力（或剪切速率）降低的程度不同，例如PS、PE、PP、PVC等属于对剪切速率敏感的聚合物，而POM、PC、PA、PET属于对剪切速率不敏感的聚合物。

在塑料成型中，为了改善塑料的流动性，分别采用调整剪切速率和温度的方法来改善对剪切速率和温度敏感的聚合物的黏度。但应指出，黏度对剪切速率（或温度）敏感的聚合物，往往会在剪切速率（或温度）波动时，造成制品质量上的显著差别。对加工过程来说，如果聚合物熔体的黏度在很宽的剪切速率范围内都是可用的，则尽量选择黏度对剪切速率较不敏感的区域下操作更为合适，因为，此时剪切速率的波动不会造成制品质量的显著差别。

（4）黏度随时间的变化

聚合物完成熔融过程以后，流变性质应不随时间面改变。但实际上，许多聚合物的黏度均随时间而逐渐变化。引起这种变化的原因，其中有工艺的如加聚类聚合物的热降解和热氧化降解，缩聚类聚合物与低分子杂质（如水）之间的交联反应所造成的降解反应等。因此，在成型过程中聚合物熔体处于注射喷嘴、挤出口模或喷丝头高温区域的时间应尽可能缩短。

（5）聚合物的分子结构对黏度的影响

1）结构和极性对黏度的影响　聚合物分子链的刚性及分子间相互作用力越大，其黏度也越高，且对温度的敏感性也越大，如 PC，PA，PET 等，其黏度对温度敏感而受剪切应力的影响较小。反之，分子链的柔性越大，缠结点越多，链的解缠和滑移越困难，其黏度对剪切应力越敏感。例如，非极性的 PP 等，有较长的分子链，容易缠结，剪切黏度较大；但随着剪切速率的增加，其黏度较快地下降；而在高温（280℃）下，PP 分子链的螺旋结构随剪切速率的增加而伸展，致使黏度又迅速增加。

支化聚合物比同等相对分子质量的线性聚合物的黏度小，这主要是因为支化分子的无规运动在熔体中所弥漫的容积较同等相对分子质量的线性聚合物的小所致。短支链对聚合物黏度的影响不大。当相对分子质量相同时，支链短而数目多，会使分子间距离增大，分子间作用力减小，且自由体积增大，故黏度小。但当支链很长以至于支链本身也产生缠结，则流动变得复杂化，黏度也变得不确定。与无支链的同一聚合物相比，有支链的聚合物黏度对剪切速率敏感性要大。当支链中含有大量侧基时，聚合物的自由体积增大，黏度对温度和压力的敏感性也都增大。

2）相对分子质量对黏度的影响　随着相对分子质量的增大，不同链段偶然位移相互抵消的机会就多，因而分子链重心位移就越困难，黏度也就越高。在临界相对分子质量以下时，零切黏度与重均相对分子质量成线性关系，在临界相对分子质量以上时，零切黏度与重均相对分子质量的 3.5 次方成正比例。

在平均分子量相同时，相对分子质量分布窄的材料的黏度较大，对温度的敏感性增大，表现出更多的牛顿性特征；随着相对分子质量分布幅度的变宽，聚合物的黏度迅速下降，对剪切速率的敏感性增大，非牛顿性增强。相对分子质量分布幅度较宽的聚合物，流动性好，动力消耗少；但相对分子质量分布幅度过宽时，会给成型带来粘辊、溢料等现象乃至发生工艺条件不易控制的情况，同时会使制品的力学性能下降。

总之，成型时对聚合物相对分子质量的选择，由于存在着加工所需要的流动性与制品的物理力学性能之间的矛盾。因此，针对不同用途和不同加工方法，选择适当相对分子质量的聚合物是十分重要的。

（6）添加剂对聚合物黏度的影响

在塑料成型时，由于加工和使用性能的需要，常在主体聚合物中加入一些添加剂，这些添加剂将不同程度上影响聚合物的黏度。

当加入填料、色料、稳定剂等固体物质时，会使聚合物的黏度增大；而增塑剂、润滑剂等液体物质的加入能削弱聚合物分子间的作用力，使体系的黏度降低。

共混物或填料具有某种结构性（如炭黑）时，对黏度的影响较为复杂，应具体问题具体对待。

2.2.2.5　聚合物流体的弹性

大多数聚合物在流动中除表现出黏性行为外，还不同程度地表现出弹性行为。高聚物的弹性形变是由于大分子构象的变化产生的高弹形变，在外力的作用下，分子链伸展消耗能量，外力消失以后，高分子链又卷曲起来，恢复能量。具体过程可以示意表示如图 2－8。

由于聚合物链间的黏滞阻力较大，所以，在分子运动过程中，只有部分高弹形变是可以回复的，另有部分发生了黏性流动而形成永久形变，这部分形变不可回复。聚合物熔体的这种弹性形变及随后的松弛对制品的外观尺寸稳定性产生影响，主要表现为爬杆（weissenbreg 效应）、出模膨胀（Barus 效应）、不稳定流动和熔体破裂现象。

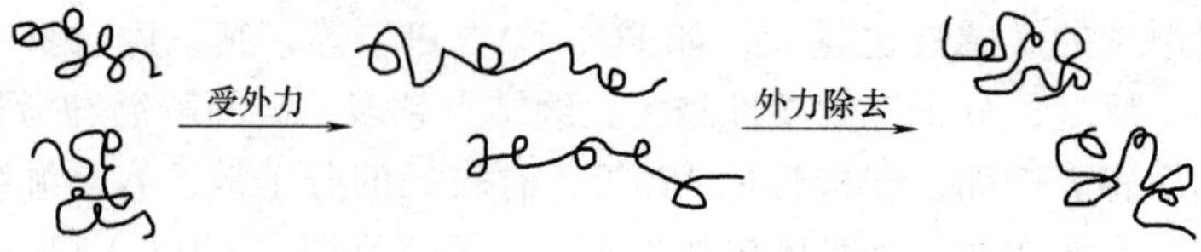

受外力　外力除去

图 2－8　高分子链的伸展与卷曲

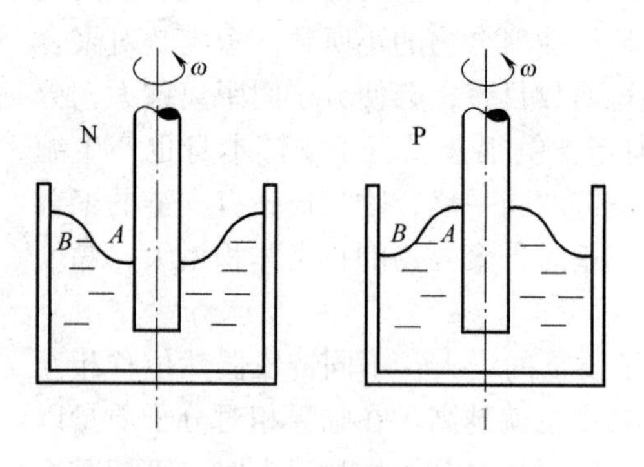

图 2－9　weissenbreg 效应示意图

（1）韦森堡效应

一般对牛顿液体进行电动搅拌时，由于离心力的作用，会出现液体外涌，即中间低四周高的现象（图 2－9 左）。当聚合物熔体或浓溶液在各种旋转黏度计中或在容器中进行电动搅拌时，受到旋转剪切作用，流体会沿内筒壁或轴上升，发生包轴或爬竿现象（图 2－9 右），这类现象统称为韦森堡（Weissenberg）效应。

尽管韦森堡效应有许多不同的表现形式，但它们都是法向应力效应的反映。在这种旋转运动中，流体流动的流线是轴向对称的封闭圆环。弹性液体沿圆环流动时，沿流动方向的法向应力 σ_{11} 在封闭圆环上产生拉力，对流体的运动起了限制作用，迫使液体在垂直于流层（同心圆筒形）的方向上的法向应力 σ_{22} 作用下，沿半径方向反抗离心力的作用向轴心运动直至平衡，同时在与轴平行方向上的法向应力 σ_{33} 的作用下反抗重力，垂直向上运动直至平衡。这三个法向应力分量的共同作用促使外层液体向内层液体挤压并向上运动，从而产生爬杆效应。

法向应力表示为：

$$N_1 = \sigma_{11} - \sigma_{22} = \psi_1(\dot{\gamma}) \cdot \dot{\gamma}^2 \quad (2-36)$$

$$N_2 = \sigma_{22} - \sigma_{33} = \psi_2(\dot{\gamma}) \cdot \dot{\gamma}^2 \quad (2-37)$$

式中，N_1 和 N_2 分别称为第一法向应力差和第二法向应力差，它们的大小依赖于剪切速率。ψ_1 和 ψ_2 分别为第一和第二法向应力系数。第一法向应力差通常为正值，且数值较大，称为主法向应力差，特别是当剪切速率大时，N_1 甚至可能超过剪切应力 σ_s，如图 2－10 所示。聚合物熔体的 N_1 为正值，说明大分子链的取向引起的拉伸力与流线平行。第二法向应力差 N_2 一般很小，且为负值。N_1 和 $|N_2|$ 都随切变速率的增加而增加，二者之比值在 0.1～0.3 之间。

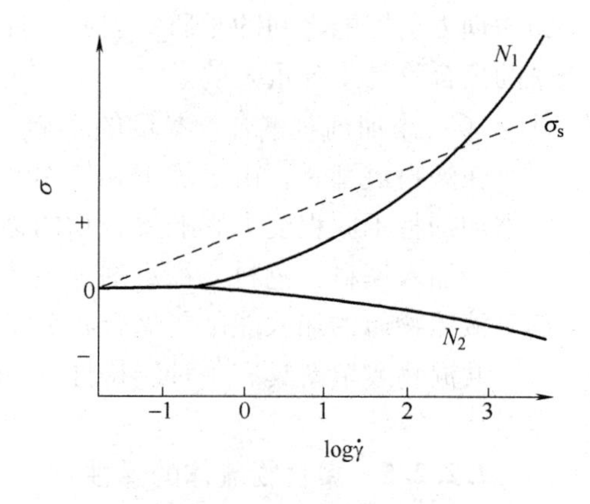

图 2－10　聚合物熔体剪切流动时第一、第二法向应力差与剪切速率的关系

法向应力差是高分子产生一系列奇异流变性质的主要原因。法向应力差一般用锥板流变仪来测量。

（2）入口效应和出模膨胀

聚合物熔体从大直径管道进入小直径管道时流线会发生收敛，出现收敛流动，同时也会产生明显的压力降，这种现象称为入口效应。入口端压力降突然增大的原因是：其一，熔体从大管进入小管时，为保持恒定流率，必须增大流速，从而增大剪切速率、增大动能，要消耗能量；其二，随剪切速率增大，大分子会更充分地伸展取向（产生弹性变形），为克服分子内和分子间的作用力，要消耗一定的能量；其三，熔体黏滞流动的流线在入口处产生收敛而引起能量损失。熔体从大直径管道进入小直径管道后须经一定距离 Le 后，才能形成稳态流动，Le 称为入口效应区长度。

除了入口有能量耗散外，熔体在流经口模以及在口模出口处都要损耗能量，也都要产生一定的压力降。如图 2－11 所示，当聚合物熔体从管道中挤出时，挤出物的直径会明显地大于模口尺寸，这种现象称作挤出物胀大现象、出模膨胀或称巴拉斯（Barus）效应。出模膨胀的程度可用膨胀比 B 来表征，$B = D_f/D$ ，是挤出物离开模口后自然流动（即无外力拉伸）时，膨胀所达到的最大直径 D_f 与口模直径 D 之比。

熔体流动过程中弹性行为是引起出模膨胀的主要原因。熔体通过 Le 段的收敛流动和通过 L_S 段的剪切流动后，大分子链在拉伸应力和剪切应力共同作用下沿流动方向伸展取向，前者引起拉伸弹性形变，后者引起剪切弹性形变。这两种高弹性质的形变都具有可逆性，只要应力消失，伸展取向的大分子链将恢复原有的卷曲构象，即出现弹性恢复。弹性恢复的程度与熔体的受力情况和松弛时间有关。若 L_S 段足够长，即（ L_S/D ）很大时，当熔体流过 L_S 段时，产生的弹性形变在通过 L_S 段时有充分的时间松弛，可使贮存在熔体中的拉伸弹性能在随后的流动中消散，出模膨胀就小。相反，若 L_S 段很短，即（ L_S/D ）很小时，产生的弹性形变在熔体流过 L_S 段时大部分未能松弛，出模膨胀就大。

假设物料从料筒端部进入口模到离开口模这段距离产生的压力降为 Δp ，那么，Δp 由图 2－12 所示的三部分组成：

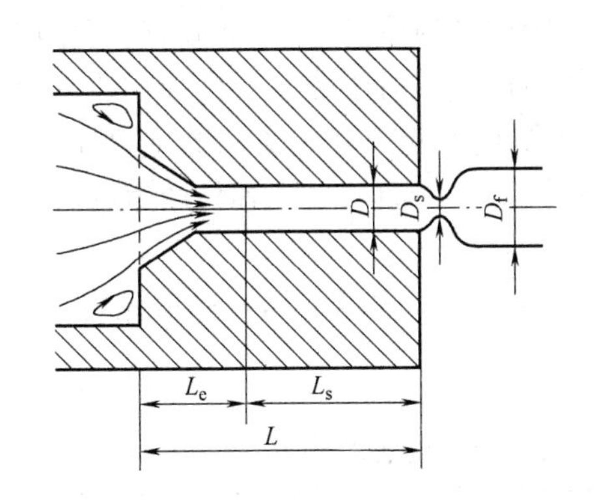

图 2－11　聚合物液体在管道入口区域和出口区域的流动

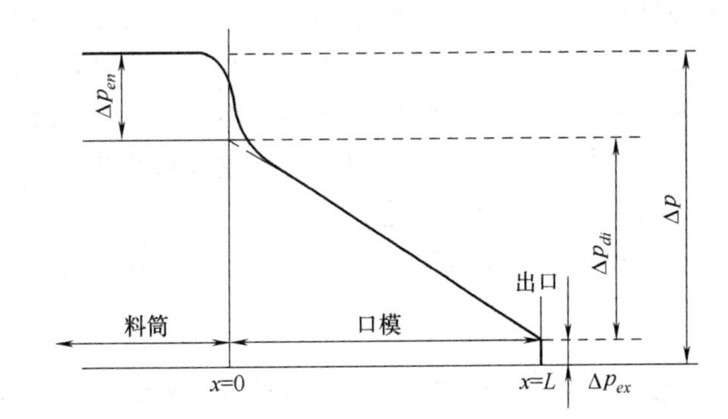

图 2－12　口模挤塑过程的压力分布

$$\Delta p = \Delta p_{en} + \Delta p_{di} + \Delta p_{ex} \tag{2-38}$$

式（2－38）中，Δp_{en} 为入口压力降，Δp_{di} 为口模内黏性流动产生的压力降，Δp_{ex} 为出口压力降。对于牛顿流体，$\Delta p_{ex} = 0$ ，等于大气压；对于非牛顿流体，$\Delta p_{ex} > 0$，这是因为入口处产生的弹性变形在流经口模后尚未全部松弛，至出口处仍残留部分内压力。相对而言，出口压力降比入口压力降要小得多。

大量实验表明，聚合物的分子量及分子量的分布、熔体中剪切应力或剪切速率的大小、熔体的温度、管道的几何形状与尺寸等都能影响入口效应和出模膨胀，换句话说，凡是能使流动过程中弹性应变成分增加的因素，都会使这两个效应更为明显。由于存在入口和出口压力降，用毛细管流变仪进行测量时，为了从测得的压力差 Δp 准确地求出完全发展的稳定流动区的压力梯度，需要对入口压力降进行 Bagley 修正，具体修正方法读者可参阅相关流变学书籍。

出模膨胀的程度可用膨胀比 B 来表征，$B = D_f/D$，是挤出物离开模口后自然流动（即无外力拉伸）时，膨胀所达到的最大直径 D_f 与口模直径 D 之比。

（3）不稳定流动和熔体破裂现象

聚合物熔体在挤出时，当剪切速率过大超过某临界值时，随剪切速率的继续增大，挤出物的外观将依次出现表面粗糙、不光滑、粗细不均，周期性起伏，直至破裂成碎块，这些现象统称为不稳定流动或弹性湍流，严重时发展为熔体破裂。不稳定流动挤出物的外观如图 2－13 所示。

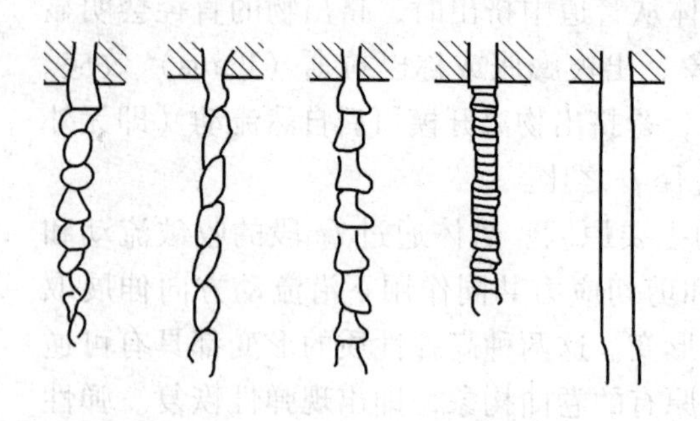
图 2－13　不稳定流动挤出物外观示意图

引起不稳定流动和熔体破裂现象的原因有聚合物熔体在管道内壁出现滑移和熔体受剪切力时的差异等。熔体在管壁处的剪切速率最大，因此管壁附近有最低的黏度，流动过程中的分级效应，使聚合物中低相对分子质量级分较多地集中到管壁附近，这两种作用都使管壁附近的熔体黏滞性降低，从而易引起熔体在管壁上滑移。另外，剪切速率分布的不均匀性，使熔体中弹性能的分布沿径向方向存在差异，管壁附近的黏滞力较低，导致该处最易于弹性回复，易出现不稳定流动。而由于熔体在入口区域和管内流动时，受到的剪切作用不一样，熔体中产生了不均的弹性回复也会导致流动的不稳定。对于非牛顿性强的线形聚合物，其流速分布曲线呈柱塞形，熔体流动时的剪切作用是引起不稳定流动的主要原因；对于非牛顿性较弱的聚合物，其流速分布曲线是近抛物线型，因而入口端容易产生旋涡流动，流动历史的差异是这类聚合物产生不稳定流动的主要原因。

几种聚合物不同温度下出现不稳定流动时的临界剪切应力和临界剪切速率值见表 2－7，各种聚合物的临界值均随温度的升高而增大。

表 2－7　某些聚合物产生不稳定流动时的临界剪切应力 τ_c 和临界剪切速率 $\dot{\gamma}_c$

聚合物	T/℃	τ_c/（$\times10^{-5}$Pa）	$\dot{\gamma}_c$/（s^{-1}）	聚合物	T/℃	τ_c/（$\times10^{-5}$Pa）	$\dot{\gamma}_c$/（s^{-1}）
低密度聚乙烯	158	0.57	140	聚丙烯	180	1.0	250
	190	0.70	405		200	1.0	350
	210	0.80	841		240	1.0	1000
高密度聚乙烯	190	3.6	1000		260	1.0	1200
聚苯乙烯	170	0.8	50				
	190	0.9	300				
	210	1.0	1000				

2.2.3　高分子材料的可加工性

2.2.3.1　可挤压性

可挤压性是指聚合物通过挤压作用形变时获得一定形状并保持这种形状的能力。在塑料成型过程中，常见的挤压作用有物料在挤出机和注射机料筒中、压延机辊筒间以及在模具中所受到的挤压作用。

衡量聚合物可挤压性的物理量是熔体的黏度（剪切黏度和拉伸黏度）。熔体黏度过高，则物料通过形变而获得形状的能力差（固态聚合物是不能通过挤压成型的）；反之，熔体黏度过低，虽然物料具有良好的流动性，易获得一定形状，但保持形状的能力较差。因此，适宜的熔体黏度，是衡量聚合物可挤压性的重要标志。

聚合物的可挤压性不仅与其分子结构、相对分子质量和组成有关，而且与温度、压力等成型条件有关。评价聚合物挤压性的方法，是测定聚合物的流动度（黏度的倒数）。通常简便实用的方法是测定聚合物的熔体流动速率。MFR 不能说明实际成型时聚合物的流动情况。由于方法简便易行，对成型塑料的选祥和适用性有参考价值。

2.2.3.2　可模塑性

聚合物在温度和压力作用下发生形变并在模具型腔中模制成型的能力，称为可模塑性。可模塑性主要取决于聚合物本身的属性（如流变性、热性能、物理力学性能以及热固性塑料的化学反应性能等），工艺因素（强度、压力、成型周期等）以及模具的结构尺寸。例如，注射、挤出、模压等成型方法对聚合物的可模塑性要求是：能充满模具型腔获得制品所需尺寸精度，有一定的密实度，满足制品合格的使用性能等。

聚合物的可模塑性通常用图 2－14 所示的螺旋流动试验来判断。聚合物熔体在注射压力作用下，由阿基米德螺旋形槽的模具的中部进入，经流动而逐渐冷却硬化为螺旋线，以螺旋线的长度来判断聚合物流动性的优劣。

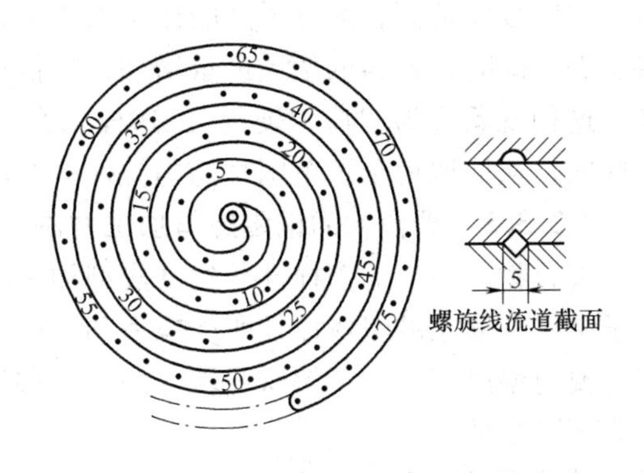

图 2－14　阿基米德螺旋形槽模具结构示意图

螺旋流动实验的意义在于帮助人们了解聚合物的流变性质，确定压力、温度、模塑周期等最佳工艺条件，反映聚合物相对分子质量和配方中各助剂的成分和用量以及模具结构，尺寸对聚合物可模塑性的影响。为求得较好的可模塑性，要注意各影响因素之间的相互匹配和相互制约的关系；在提高可模塑性的同时，要兼顾到诸因素对制品使用性能的影响。

2.2.3.3　可纺性

聚合物的可纺性是指聚合物材料经成型加工成为连续固态纤维的能力。常规的纺丝方法有熔融纺丝、湿法纺丝和干法纺丝三种。

聚合物具有可纺性的根本原因在于大分子之间的缠结、熔体巨大的拉伸黏度以及拉伸流动所导致的取向。可纺性主要决定于聚合物材料的流变性、熔体黏度、拉伸比、喷丝孔尺寸和形状、挤出丝条与冷却介质之间传质和传热的速率、熔体的热化学稳定性等。纺丝过程中，由高拉伸黏度形成的力可以显著地超过表面张力，使纺丝过程成为可能。由于拉伸定向以及随着冷却作用而使熔体增大，都有利于拉丝熔体强度的提高，从而提高熔体细流的稳定性。

在纤维工业中，还常用拉伸比（卷绕速度与熔体从板孔中流出速率的比值）的最大值来表示材料的可纺性。实验表明，最大拉伸比随聚合物数均分子量的增大而增大。当重均分子量值固定时，相对分子质量分布（M_w与M_n之比值）越小，则材料的可纺性就越强。

2.2.3.4 可延性

无定形或半结晶聚合物在受到压延或拉伸时变形的能力称为可延性。利用聚合物的可延性，通过压延和拉伸工艺可生产片材、薄膜和纤维。聚合物的可延性取决于材料产生塑性变形的能力和应变硬化作用。形变能力与固态聚合物的长链结构和柔性（内因）及其所处的环境温度（外因）有关：而应变硬化作用则与聚合物的取向程度有关。

玻璃态聚合物不能发生强迫高弹形变，只能发生因分子键长、键角变化所引起的高模量小变形（相对形变小于10%）的弹性行为，属于可恢复的普弹形变，几乎没有可延性。当温度高于脆化温度而仍低于玻璃化温度时，材料具有韧性，此时断裂应力大于屈服应力，在外力作用下，被冻结的高分子链段开始运动，出现了强迫高弹态所具有的不可恢复的大形变。当温度高于玻璃化温度而低于黏流温度时，材料在外力作用下产生宏观的不可恢复的塑性与延伸形变，在该形变过程中，材料被拉伸而变细、变薄。

结晶聚合物在拉伸过程中有时会出现截面形状突然变细的“细颈”现象。这种现象可解释为在拉伸时由于拉伸发热使温度升高材料变软而形变加速（称“应变软化”）所致。微观的解释是材料在屈服应力作用下，其结构单元（链段、大分子、微晶）因拉伸而取向；取向程度愈高，大分子间的作用力愈大，引起聚合物黏度升高，使形变趋于稳定而不再发展；此时，材料的杨氏模量增加，抵抗形变的能力增大，引起形变的应力也相应地提高；这种现象称为“应力硬化”。这样，在拉伸应力作用下，模量较低的取向部分会进一步取向，从而取得全长范围都均匀拉伸的制品。

2.2.3.5 聚合物的聚集态与加工方法

聚合物聚集态的多样性导致其成型加工的多样性。聚合物聚集态转变取决于聚合物的分子结构、体系的组成以及所受应力和环境温度。当聚合物及其组成一定时，聚集态的转变主要与温度有关。了解这些转变的本质和规律对合理选择成型方法和正确制定工艺条件是必不可少的。

玻璃态是聚合物的使用态，在玻璃化温度以下，聚合物是坚硬的固体。处于玻璃态的聚合物只能进行一些车、铣、削、刨、钻等机械加工。

高弹态是橡胶的使用态，是塑料在玻璃化温度与黏流温度之间的一种过渡态。处于高弹态的塑料可进行加压、弯曲、中空或真空成型等二次成型。由于高弹形变比普弹形变大一万倍左右，且属于与时间有依赖性的可逆形变，所以在成型加工中为求得符合形状、尺寸要求的制品，往往将制品迅速冷却到玻璃化温度以下。对结晶型聚合物，可在玻璃化温度至熔点的温度区间内进行薄膜吹塑和纤维拉伸。

黏流态是绝大多数聚合物的加工态。呈黏流态的聚合物熔体在黏流温度以上的温度范围内，可用来进行注射、挤出、压制、压延、吹塑、纺丝、贴合等成型。

因此，可根据聚合物本身的加工特性和制品要求来为其选择合适的加工方法。

2.3　高分子材料加工中结构的变化

聚合物是分子链很长的大分子，具有高度的结构不对称性，加工过程中因加工条件的变化会发生一系列的结构转化，如结晶、取向、降解和交联等，本节将对这些变化进行介绍。

2.3.1　取向

2.3.1.1　聚合物的取向过程和机理

聚合物分子和填充在其中的某些纤维状填料，由于结构上悬殊的不对称性，在成型过程中受到剪切流动或受力拉伸时不可避免地沿受力方向作平行排列，称为取向作用。取向态与结晶态都与大分子的有序性有关，但它们的有序程度不同，取向是一维或二维有序，而结晶则是三维有序。

聚合物大分子的取向形式有链段取向、大分子取向、晶片或晶带取向等。取向的结构单元只朝一个方向的称为单轴取向，取向单元同时朝两个方向的称为双轴取向或平面取向。链段取向可以通过单键的内旋转造成的链段运动来完成，在高弹态就可进行；而整个大分子链的取向需要大分子各链段的协同运动才能实现，只有在黏流态才能进行。

取向过程是链段运动的过程，必须克服聚合物内部的黏滞阻力，链段与大分子链两种运动单元所受的阻力大小不同，因而取向过程的速度也不同。在外力作用下最早发生的是链段的取向，进一步才发展成为大分子链的取向。取向过程是大分子链或链段的有序化过程，而热运动却是使大分子趋向紊乱无序，即解取向过程。取向需靠外力场的作用才得以实现，而解取向却是一个自发过程。取向态在热力学上是一种非平衡态，一旦除去外力，链段或分子链便自发解取向而恢复原状。因此，欲获得取向材料，必须在取向后迅速降温到玻璃化温度以下，将分子链或链段的运动冻结起来。当然，这种冻结属于热力学非平衡态，只有相对的稳定性，时间拉长、特别是温度升高或聚合物被溶剂溶胀时，仍然要发生解取向。

取向过程可分为两种，一是大分子链、链段和纤维填料在剪切流动过程中沿流动方向的流动取向，另一种是分子链、链段、晶片、晶带等结构单元在拉伸应力作用下沿受力方向的拉伸取向。

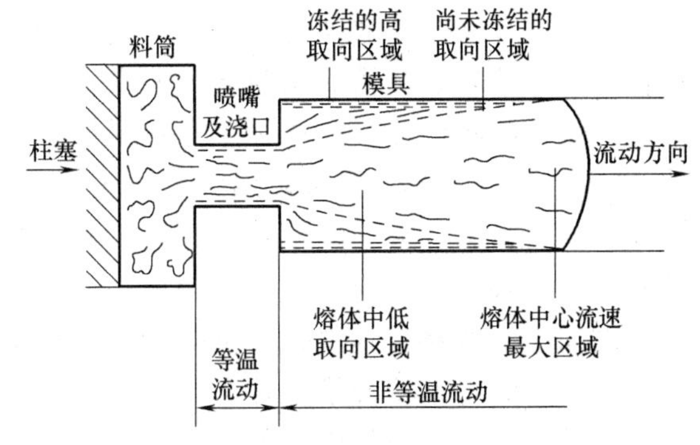

图 2-15　聚合物在成型设备的管道和模具型腔中的流动取向

流动取向是与剪切应力有关的流动的速度梯度诱导而成的。当外力消失或减弱时，分子的取向又会被分子热运动所摧毁，聚合物大分子的取向在各点上的差异是这两种对立效应的净结果。图 2-15 为聚合物在注射成型充模过程中的取向情况。从中可以看出，在等温流动区域，由于管道截面最小，管壁处速度梯度最大，紧靠壁附近的熔体中大分子取向程度最高。在非等温流动区域的模腔里，熔体进入截面尺寸较大的模腔后，压力逐渐降低，熔体中的速度梯度逐渐降低到料流前沿的最小值，熔体前沿区域分子取向程度较低。当这熔体首先与温度低得多的模壁接触时，即被迅速冷却而形成取向结构少的冻结层。但靠近冻结层的熔体仍然流动，且黏度升高，流动时速度梯度大，因此，有很高的取向程度。而模腔中心的熔体，流动中速度梯度小，取向程度低，同时由于温度高，冷却速度慢，分子的解取向能较充分进行，故最终的取向程度较低。所以，最终的结果是从横向看，取向程度由中心向四周递增，但取向最大处不是模壁的表层而是介于中心与表层的次表层；从纵向看，取向程度从浇口起顺着料流方向逐渐升高，达最大点（靠近浇口一边）后又逐渐减小。

如果在聚合物中加入纤维状或粉状填料，由于这些填料几何形状的不对称性，在注射模塑或传递模塑的流动过程中，也会发生取向。纤维轴与流动方向首先会形成一定夹角，由于其各部位所处的剪切应力不同，纤维会逐渐调整方向直至填料的长轴方向与流动方向完全相同为止。

当拉伸应力大于屈服应力时，塑性拉伸在玻璃化温度附近即可发生，此时，拉伸应力部分用于克服屈服应力，剩余应力是引起塑性拉伸的有效应力，它迫使高弹态下大分子作为独立结构单元发生解缠和滑移，使材料由弹性形变发展为塑性形变，从而得到高而稳定的取向结构。聚合物在拉伸定向过程中的变形可分三部分：①瞬时弹性变形，这是一种由分子键角的扭转、链段运动造成的可逆形变。在拉伸应力解除时，能全部恢复。②分子排直的变形，排直方向与拉伸应力方向相同。这种变形是分子的定向排列，制品温度降至 T_g 以下形变被冻结，应力解除后变形不能恢复。③黏性变形，这种变形是分子彼此滑动造成的，应力解除后也是不能恢复的。非晶态分子的拉伸取向机理如图 2-16 所示。

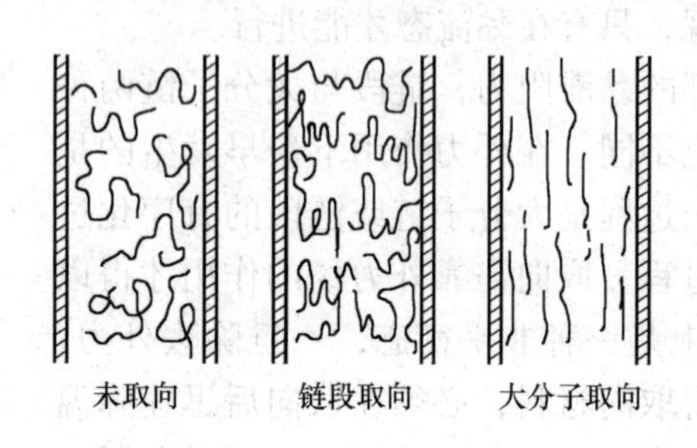

图 2-16　非晶态大分子的拉伸取向

拉伸过程中，材料变细，沿拉应力方向上的拉伸速度是递增的。在工程技术中，塑性拉伸多在玻璃化温度到熔融温度之间，随着温度的升高，材料的模量和屈服应力均降低，所以在较高的温度下可降低拉伸应力和增大拉伸率。

结晶聚合物拉伸取向通常在适当的温度下进行。由于结晶聚合物成型时要生长球晶，所以结晶聚合物的拉伸过程实际上是球晶的形变过程。如图 2-17 在受力初期弹性形变阶段，球晶形变而为椭球形。继续拉伸则为不可逆形变阶段，此时球晶变为带状，拉应力一方面使晶片之间产生滑移、倾斜并使部分片晶转而取向；另一方面将链状分子从片晶中拉出（球晶对形变的稳定性与片晶中链的方向和拉应力之间形成的夹角有关，当晶轴与拉应力方向相平行时，即链方向与拉应力方向垂直时，最不稳

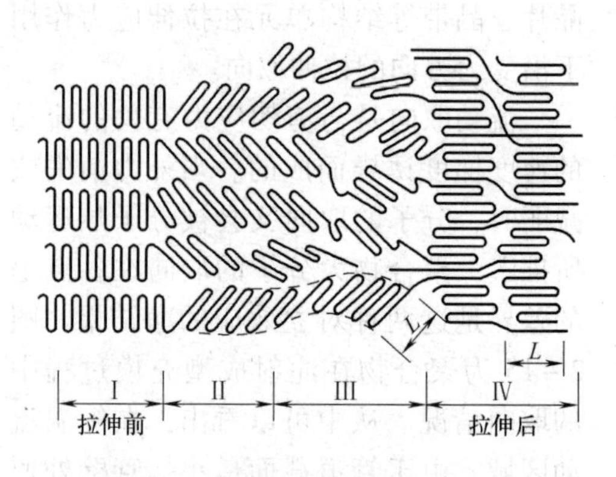

图 2-17　球晶中晶片取向过程

定），使这部分结晶熔化，并部分重排和重结晶，与已经取向的小晶片一起形成非常稳定的纤维结构。

由于结晶结构模型存在着争议，所以对结晶聚合物的取向过程首先发生在晶区还是在非晶区仍未取得一致意见。但是，从实验研究得出的一致看法是：晶区的取向比非晶区发展快，而且拉伸时所需的应力晶区比非晶区大。

经拉伸的聚合物，提高了取向聚合物的力学强度和韧性，这是因为伸直链段数目增多，而折叠链段的数目减小的缘故。

取向度可以通过声波传播法，光学双折射法、广角 x－射线衍射法及偏振荧光法等进行测定。

2.3.1.2　影响聚合物取向的因素

如前所述，取向过程是一个动态平衡过程，取向程度与成型条件（如温度、应力、时间、骤冷度、拉伸比、拉伸速率等）、聚合物的结构以及模具形状等密切相关。

（1）温度

温度对聚合物的取向和解取向有着相互矛盾的作用，当温度升高分子热运动加剧，可促使形变很快发展，但同时又会缩短松弛时间，加快解取向过程。聚合物的有效取向决定于两个过程的平衡条件，取向结构能否冻结下来，主要取决于冷却速度。冷却速度快，则松弛时间短，不利于解取向过程的发展，尤其是骤冷能冻结取向结构。聚合物从成型温度降低到凝固温度时，其温度区间的宽窄，冷却速度的大小以及聚合物本身的松弛时间，都直接影响聚合物的取向度。

温度梯度对拉伸取向有重要影响。例如，当降温和拉伸同时进行过程时，薄膜原来厚的部分比薄的部分降温慢，较厚的部分就会得到较大的黏性变形，从而降低了薄膜厚度波动的幅度。有结晶倾向的聚合物在拉伸时会产生热量，所以拉伸定向即使在恒温室内进行，当被拉的中间产品厚度不均或散热不良，则整个过程就不是等温的，由非等温过程制得的制品质量较差。因此，拉伸取向最好是在温度梯度下降的情况下进行。

纤维状填料的取向虽不会像大分子那样因分子热运动的加剧而解取向，但温度将通过聚合物的黏度对纤维状填料的取向产生影响。

（2）拉伸比和拉伸速率

在一定温度下，拉伸比愈大，则材料的取向程度也愈高。拉伸速率是通过松弛时间来影响取向作用的。在拉伸比较小的情况下，拉伸速率太大，松弛时间太小，主要是弹性变形；在拉伸比较大的情况下，拉伸速率越大越有利于取向，拉伸速率太小，松弛时间太长，主要是黏性变形；当拉伸速率适中时，较多的是大分子排直变形，有利于取向。在拉伸比和拉伸速率一定的前提下，拉伸温度越低（不低于玻璃化温度），抗张强度越高。

（3）聚合物的结构

在相同的拉伸条件下，一般结构简单、柔性大、分子量低的聚合物或链段的活动能力强，松弛时间短，取向比较容易；反之，则取向困难。晶态聚合物比非晶态聚合物在取向时需要更大的应力，但取向结构稳定。一般取向容易的，解取向也容易，除非这种聚合物能够结晶，否则取向结构稳定性差，如聚甲醛、高密度聚乙烯等。取向困难的，需要在较大外力下取向，其解取向也困难，所以取向结构稳定，如聚碳酸酯等。

（4）添加剂

能降低聚合物的玻璃化温度、缩短松弛时间，降低黏度的添加剂，如增塑剂、溶剂等，有利于加速形变，易于取向；但解取向速度也同时增大，取向后去除溶剂或使聚合物形成凝胶都有利于保持取向结构。

（5）模具

由于模具浇口的形状能支配物料流动的速度梯度，所以浇口的形状和位置是流动取向程度和取向方向的主要影响因素。在设计模具时，要考虑到制品在使用时的受力方向应与塑料在模腔内的流动方向相同。为减少分子定向程度，浇口最好设在型腔深度较大的部位。增加浇口长度，则料流充模时间长，即受力时间长，料温下降不易解取向，从而增大取向度。模腔深度大（即制品厚）则相对冷却时间长（这与模温、料温升高造成的解取向同理），不利于大分子取向。

2.3.1.3　取向对聚合物性能的影响

对于未取向的高分子材料，其中链段取向是随机的，材料性能各向同性。在取向高分子材料中，材料呈现各向异性。

非晶聚合物拉伸取向后，材料的力学性能如拉伸强度、冲击强度、断裂伸长率等沿取向方向大大提高，并且均随取向度的提高而增大，但垂直于取向方向的力学性能降低。

对有结晶倾向的聚合物而论，只取向而不结晶或结晶度不足，则制品收缩率大，若只结晶而不取向，则制品性脆且缺乏透明性。因此，为改善结晶聚合物制品的性能，不仅需要结晶，而且需要取向。结晶聚合物拉伸取向后的力学强度主要依赖于连接晶片的伸直链段数量，伸直链段越多，其力学强度也越高。晶片间伸直链段的存在还能使结晶聚合物的韧性和弹性得到改善。随着取向度的增加，结晶聚合物的密度和结晶度提高，强度也相应增加，而断裂伸长率则下降。

双轴取向可以克服单轴取向时力学强度弱的方面，使薄膜或薄片在平面内两个方向上都具有单轴取向的优良性质。

高分子材料的其他性质也因取向而发生变化。例如取向使光学的各向异性出现了双折射现象，从而改善了透明性，取向还使材料的玻璃化温度升高，如高度取向和高结晶度的聚合物，其玻璃化温度可提高25℃。此外，由于取向，使材料的线膨胀系数、弹性模量均出现各向异性。

当制品需要各向同性时，取向或取向程度的不均都会给制品使用性能带来恶劣的影响。实际生产中，对于需要单向或双向强度提高的单丝和薄膜类产品，在加工中要特意形成取向，而对于许多厚度较大的模塑制品，因取向不均会翘曲变形，则要特意消除其中的取向结构。

2.3.2　结晶

结晶聚合物的物理和化学性质与其结晶度、结晶形态及结晶体在材料中的织态有关，而这些结构的变化在很大程度上取决于成型条件。通过控制成型条件，就有可能在一定的范围内改变结晶聚合物的材料性能。聚合物在加工过程中形成的晶体形态一般是球晶。

2.3.2.1　成型温度对结晶的影响

具有结晶倾向的聚合物，在成型后的制品中能否形成结晶，结晶度多大，结晶形态和尺寸如何，制件各部分的结晶情况是否一致，这些问题在很大程度上取决于结晶温度和冷却速率。

成型温度低时，成核速率高，晶核数目多，形成多而小的球晶形态。这使得球晶之间存在着大量的无定形区域，使其在力学性能上具有了较好的延展性和低模量，而且光学性能均匀。成型温度高时，成核速率低，晶核数目少，晶体生长速率快，形成结构较为完善的大球晶，这样将得到高模量、易碎和光学性能不均匀的物质。

缓慢冷却实际上接近于静态等温过程，使生产周期延长，易生成大的球晶，使制品发脆，力学性能降低。快速冷却时，大分子链段重排的松弛过程滞后于温度变化的速度，致使聚合物的结晶温度降低，结晶不均匀，制品中出现内应力；制品中的过冷液体和微晶都具有不稳定性，后结晶会改变制品的力学性能和形状尺寸。一般中等冷却程度能够获得晶核数量与其生长速率之间最有利的比例关系，晶体生长好，结晶完整，结构稳定。总之，随着冷却速率的提高，聚合物的结晶时间减小，结晶度降低。

适当的热处理的方法可以使非晶相转变为晶相，提高结晶度和使小晶粒变为大晶粒。适当的热处理可提高聚合物的使用性能，但由于晶粒完善粗大往往使聚合物变脆，还能摧毁制品中分子定向作用、解除冻结应力。

2.3.2.2　应力对结晶的结构和形态的影响

压力作用下，分子运动受阻，熵趋向于减少，不仅使熔点提高，同时使玻璃化温度也增加了，从而导致结晶的稳定和结晶度的提高。在剪切应力和拉伸应力作用下，熔体中往往生成长串纤维状晶体。压力也能影响球晶的形状和大小，低压下易生成大而完整的球晶，高压下则生成小而形状不规则的球晶。成型中熔体受力方式也影响球晶的形状和大小，如螺杆式注射机生产的制品具有均匀的微晶结构，而柱塞式注射机生产的制品中则有小而不均匀的球晶。

2.3.2.3　成核剂的影响

成核剂发挥异相成核效用。加工中使用成核剂可控制制品中球晶的大小，这种体系一般可形成细而小的球晶，借以改善制品由内到外结晶的不均匀性。当成核剂的折射率与聚合物相近，或晶粒尺寸足够小时，对光学性能有利。

成核剂的种类和用量不同时，会使聚合物产生不同的结晶形态。例如，聚丙烯在常规冷却下易形成大而脆的 α 球晶，在其中添加 0.2% ~0.3% 含量的 β 成核剂后，可形成细而小的 β 晶。α 晶体密度较大，性质较脆，冲击韧性则较小，但强度、模量和屈服强度较大；而 β 晶体结构疏松，密度较低，其强度、模量和屈服强度没有 α 晶体高，但冲击韧性高。α - PP 与 β - PP 性能的重大差别主要是由于两者的晶体结构、形态的明显不同所致。扫描电子显微镜（SEM）图像表明，在 α - PP 中片晶是从球晶中心多向地沿径向向外放射性生长，而在 β - PP 中片晶由球晶中心成平行集结成束，然后向外支化生长，或螺旋状地向外生长，而后支化，如图 2 - 18 所示。除晶体结构不同外，α - PP 与 β - PP 的另一明显的差别就是球晶之间的界面特征不同。α - PP 球晶之间呈现明显的边界，这些边界是材料的薄弱点，容易被化学能或其他能量所蚀刻，导致材料破坏。β - PP 球晶之间没有明显的界面，在相邻球晶边界处，片晶互相交错，此外，在 β 相的多孔结晶区域中存在大量的连续分子链连接 β 晶，使得在材料破坏时可吸收较多能量，显示较好的延展性和韧性。

因此，可根据制品对性能的要求而决定是否添加成核剂或选用成核剂的品种和用量。

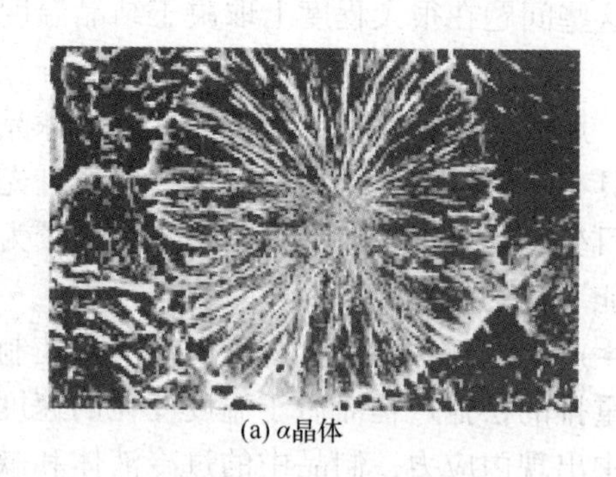
(a) α晶体

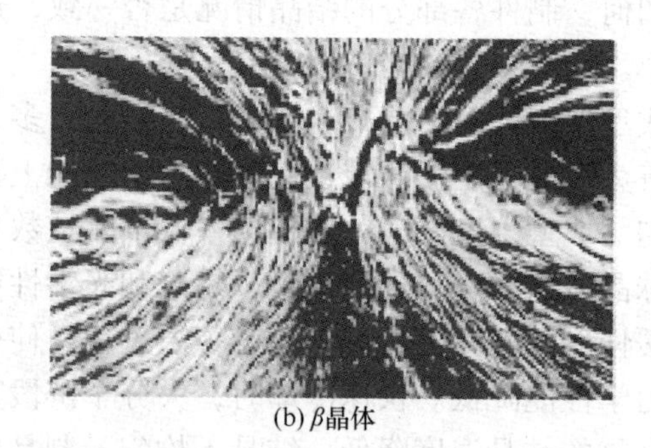
(b) β晶体

图2-18 聚丙烯晶体形态结构的显微镜照片

2.3.2.4 结晶对性能的影响

结晶过程中分子链的敛集作用使聚合物的体积收缩，密度增大。这就使得晶态聚合物的某些物理力学性能（如弹性模量、硬度、屈服强度等）随着结晶度的增加而提高；而聚合物的抗冲击强度和断裂伸长率则随结晶度的提高而降低。绝大多数晶态聚合物在玻璃化温度与熔点之间的温度区域内会出现屈服点，在拉伸时出现细颈现象；而结晶度小时则不出现屈服点，拉伸时也无细颈现象。

物质的折射率与密度有关，光线通过聚合物晶区时，在晶区表面上必然发生反射和折射而不能直接通过，因此，结晶与非晶两相并存的聚合物呈乳白色，不透明，如聚乙烯、尼龙等。当结晶度减小时，透明度增加。完全非结晶的聚合物通常是透明的，如有机玻璃，聚苯乙烯等。当然，并不是所有的含晶聚合物都不透明，例如某一种聚合物，其晶相密度与非晶相密度非常接近，或者当晶区的尺寸比可见光的波长还小，这时即使有结晶也是透明的，如聚-4甲基戊烯-1，在等规的聚丙烯中加入成核剂，可得到含小球晶的透明制品。

结晶度增大，不仅使材料变脆，而且还会改变聚合物的热性能。当结晶度达20%时，聚合物的“刚硬化”作用使大分子链非晶部分变短，链段的位移与取向难于进行；结晶度大于40%时，微晶形成了贯穿整个材料的连续晶相，使材料的软化点和热畸变温度等热性能均得到提高，材料的使用温度可以从玻璃化温度提高到结晶熔点。

结晶度的增加还会影响聚合物其他一系列的性能，如耐溶剂性，对蒸汽、气体、液体的渗透性，化学反应活性和模量等。

2.3.3 接枝和交联

接枝和交联都是聚合物进行化学反应的基本形式，其共同点是反应都需要引发，包括引发剂引发、热引发、光引发和辐射引发等。

所谓接枝或接枝共聚是指大分子链上通过化学键结合适当的支链或功能性侧基的反应，所形成的产物称作接枝共聚物。接枝共聚反应首先要形成活性接枝点，各种聚合的引发剂或催化剂都能为接枝共聚提供活性种，而后产生接枝点。如果活性点处于链的末端，聚合后将形成嵌段共聚物；如果活性点处于链段中间，聚合后才形成接枝共聚物。聚合物的接枝反应通常有两种方式：一是在高分子主链上引入引发活性中心引发第二单体聚合形成支链，包括有链转移反应法、大分子引发剂法和辐射接枝法等；二是通过反应把带功能基团的单体或支链连接到的大分子主链上。通过共聚，可将两种性质不同的聚合物接枝在一起，形成性能特殊的接枝物。因此，聚合物的接枝改性，已成为扩大聚合物应用领域，改善高分子材料性能的一种简单又行之有效的方法。目前接枝多以引入活性基团为目的，这类接枝物通常作增容剂使用，以增进复合材料的界面黏结，如聚丙烯接枝马来酸酐等。

接枝共聚物的性能决定于主链和支链的组成、结构、长度以及支链数。长支链的接枝物类似共混物，支链短而多的接枝物则类似于无规共聚物。

线形大分子链之间以新的化学键连接，形成三维网状或体型结构的反应称为交联。交联反应不仅可发生在热固性塑料的固化和橡胶的硫化过程中，也可以发生在热塑性塑料中，如交联聚乙烯管材。

通常热固性树脂和离子交换树脂等是通过缩聚反应（如酚醛树脂或脲醛树脂等）或加聚反应（如二胺类作固化剂使环氧树脂交联的反应）等化学的方法来实现交联的。

橡胶硫化有含双键橡胶的硫化和不含双键橡胶的硫化之分。含双键橡胶（如天然橡胶）的硫化工业上多采用硫或含硫有机化合物进行交联，不含双键橡胶（如乙丙橡胶）的硫化通常采用过氧化物作引发剂，在分子链上产生自由基，通过链自由基的耦合产生交联。

聚合物可在高能辐射下产生链自由基，链自由基耦合便产生交联。如聚乙烯、聚丙烯、聚丙烯酸甲酯、聚酯以及聚酰胺、聚二甲基硅氧烷等都可以进行辐射交联，产品有辐射交联电线电缆、辐射交联热收缩材料等。

聚合物之间也可通过形成离子键产生交联，如氯磺化的聚乙烯与水和氧化铅可通过形成磺酸铅盐产生交联。交联反应既可发生在分子间，也可在分子内进行。各种交联键的示意图如图2－19所示。

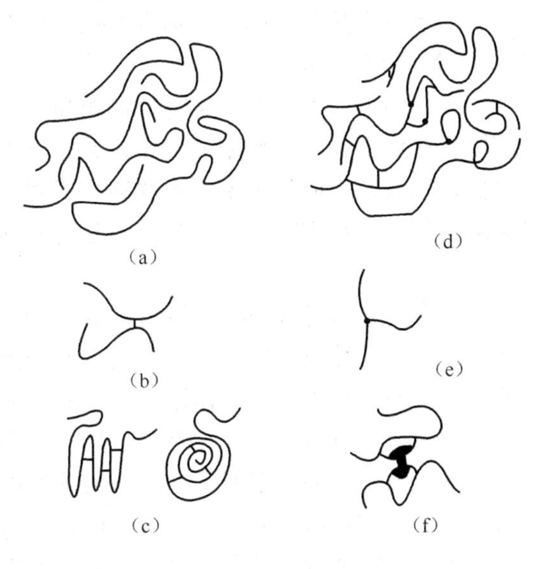

图2－19　各种类型交联键示意图

（a）未交联　（b）引入交联剂单元使分子间发生交联　（c）分子内发生交联　（d）分子间发生交联　（e）枝化　（f）通过第二相交联（如SBS）

2.3.4　降解

聚合物的降解是聚合度变小的化学反应的总称，其中包括解聚、无规断链、侧基和低分子物的脱除等反应。降解即可发生在成型过程中，也可发生在成型后制品的使用中。聚合物在成型过程中的降解比在贮存过程中遇到的外界作用要强烈，后者降解过程进行比较缓慢，又称为老化。老化是聚合物在使用过程中受到光、氧、空气、水分、热、机械力、化学药品、微生物等物理－化学因素的影响，发生断裂、交联、主链化学结构改变、侧基改变以及上述四种作用的综合，从而使聚合物性能变劣的现象。研究聚合物的降解机理，对聚合物降解反应有重要的理论和实际意义。它与防止聚合物在加工、使用过程中的防老化，制定防老化措施，开发各种稳定剂、抗氧剂等密切相关；与废弃聚合物材料的再资源化和无害化处理密切相关，这是当前紧迫而重大的课题。此外，聚合物的降解还应用于高分子合成。

2.3.4.1 聚合物降解的形式

（1）热降解

由过热而引起聚合物的降解称为热降解。热降解属自由基型连锁反应，首先从分子中薄弱的化学键开始。键的强度大小与聚合物分于的结构有关，读者可查阅相关化学键键能表。例如，关于下列化学键的强弱次序为：

C—C < C = C < C≡C；

C—F > > C—Cl > C—Br；

C—H > C—O > C—N > C—S；

仲碳原子 > 叔碳原子 > 季碳原子。

容易发生热降解的聚合物有 PVC、PVDC、POM 等。

（2）氧化降解

在常温下，绝大多数聚合物都能和氧气发生极为缓慢的作用，只有在热、紫外辐射等的联合作用下，氧化作用才比较显著。通常把热和氧联合作用下的降解称为热氧降解。降解历程很复杂，而且随聚合物的种类不同，反应的性质也不同。不过在大多数情况下，热氧降解的反应机理被认为都是自由基的连锁反应。

（3）力降解

聚合物成型过程中常与设备接触（如粉碎、搅拌、混炼、挤压、注射等）而反复受到剪切应力与拉伸应力的作用。当应力大于聚合物分子的化学键所能承受的强度时，则大分子断裂。通常在单纯应力作用下引起的降解称为力降解。事实上，力降解常伴随有热量的产生；在成型过程中，往往是力、热、氧等诸因素的联合作用。

由应力产生的降解通常都是自由基的连锁反应，反应的难易程度与结构有关外，还与材料所处的物理状态有关，大体上可归结为以下几点：

①含不饱和双键的聚合物比饱和聚合物容易断裂；

②聚合物相对分子质量越大，越容易发生力降解；

③剪切应力或剪切速率越大，降解速率也越大，而最终生成的断裂分子链段也越短。一定大小的应力，只能使聚合物分子链断裂到一定长度；

④在较低的温度下，聚合物黏度高，流动性差，所受的剪切作用越强烈降解也越强烈；

⑤聚合物中加入溶剂或增塑剂时，其流动性增大，力降解也减弱。

（4）水解

在成型温度下聚合物含微量水分所引起的降解反应称为水解。水解作用主要发生在聚合物大分子的碳－杂原子键上。聚合物中含有可水解的化学基团，如酰胺类、酯类、腈类、聚醚类、缩醛类以及某些酮类，或者当聚合物由于氧化而具有可水解的过氧化基团时，都可能为水所降解。

水解产物的分子结构和相对分子质量与发生水解时断链的位置有关：当水解基团位于侧链上时，聚合物水解发生化学组成的改变，对相对分子质量影响不大；当水解基团位于主链上时，则降解的聚合物的平均相对分子质量将降低，从而较大地影响聚合物的性能。

H^+或OH^-的存在能加速水解作用，所以酸和碱是水解过程的催化剂。

缩聚高分子聚合物水解属无规降解过程。

(5) 辐射降解

聚合物的辐射降解是聚合物在电离作用下主链断裂、分子量降低的现象。聚合物辐射降解属无规降解，主链断裂呈无规分布，导致平均分子量的减少和分子量分布的变化。与一般降解反应不同，辐射降解很少出现端基断裂和单体分子的生成。辐射降解的结果使聚合物在溶剂中的溶解度增加，而相应的热稳定性、机械性能降低。

2.3.4.2 防止降解的措施

大多数降解都使聚合物制品的外观变劣，使用性能下降、寿命缩短。因此，在成型过程中的降解，应采取各种措施，尽量避免和减少。通常采用以下措施：

①使用合格的原材料；

②加入稳定剂；

③对水敏感的原材料，在成型前进行干燥，使含水量降到所要求的含量以内；

④确定合理的工艺条件，针对各种聚合物对热和应力的敏感性的差异，合理选择成型温度、压力和时间，使各工艺条件达到最优匹配；

⑤设计模具和选用设备要求结构合理，尽量避免流道中存在死角及流道过长，改善加热与冷却装置的效率；

⑥避光保存。

2.3.4.3 降解的有效利用

除了传统的橡胶通过“塑炼”实现提高塑性（实质为降解）之目的外，聚合物的降解在高分子材料的再生利用以及环保方面展现出越来越重要的应用前景。

在再生利用方面，通过降解可使废旧高分子材料转化为有用的新材料或原材料，例如，聚碳酸酯在碱催化或离子液体的催化下可发生解聚，最终降解为单体双酚A重复利用；聚乙烯吡咯烷酮辐照降解为低相对分子质量代血浆、天然纤维素降解后水解再生成化工原料等。

近年来，生物降解材料异军突起，在人体组织工程和环境保护方面取得重要进展。如以聚乳酸为代表的可生物降解性聚酯制造的人造血管、手术缝合线等，以聚乙醇缩甲醛制造的包装材料和以聚丙烯酰胺等水溶性高分子制备的高分子絮凝剂等，它们的共同特点是在服役后都可以降解，生成对人体和环境无害的小分子产物。

辐射降解同样具有工业应用价值，可在废塑料的处理和橡胶的再生利用中获得应用，如聚四氟乙烯废料及加工后的边角料经辐射处理后，可用作润滑剂及耐磨性能改进剂等。

第3章　物料的混合与配制

聚合物的成型加工是将聚合物转变成实用材料或制品的一种工程技术。这些实用材料或制品往往不是纯粹由聚合物制成，而是以树脂为主，并辅以各种填料、助剂和着色剂等制成。在成型之前需要进行混合和配制。塑料成型用的物料有粉料、粒料、溶液和分散体等形态，不同形态的物料在组成和配制方法上各有差异，限于篇幅，本章将主要介绍在成型中占主导地位的粉料和粒料的混合和配制方法，其他形态物料的配制方法读者可参阅其他专著。

3.1　添加剂概论

添加剂是指合成材料和产品（制品）在生产和加工过程中，用以改善生产工艺和提高产品性能所添加的各种辅助化学品，也常被称为助剂或配合剂。从某种程度上讲，高分子材料之所以有现在空前的发展和应用，是助剂在其中发挥了巨大的作用。据统计，塑料助剂现有30多个功能类，200多种化合物，4000多个牌号，世界年消耗量达上千万吨。以我国为例，2000年助剂需求量与塑料总产量之比为18%，其中消耗量最大的是填料，其次为增塑剂、增强剂、阻燃剂、着色剂，它们的总量占助剂总量的90%以上。伴随着高分子材料的快速发展，助剂目前已发展成为一个独立的工业部门。本节内容不可能全面涉及，只对其中主要品种的原理和功能进行介绍。

3.1.1　常用助剂及其作用原理

表3-1　　助剂的类型及改性功能

助剂的类型	改性功能
抗氧剂、热稳定剂、光稳定剂、防霉剂、驱避剂等	稳定化
润滑剂、增塑剂、热稳定剂、脱模剂等	改善加工性能
增强剂、填充剂、偶联剂、抗冲击改性剂、交联剂等	改善力学性能
增塑剂、发泡剂等	柔软化、轻量化
增塑剂、防雾化剂、着色剂等	改善表面性能和外观
阻燃剂等	难燃化

高分子材料助剂品种繁多，功能各异，发展迅速，新的助剂不断涌现。表3-1给出了按照助剂改性功能划分的类别及其主要功能。

3.1.1.1　稳定剂

天然或合成高分子材料在制备、储存、加工和使用的各个阶段，由于受到热、氧、光等外界条件、化学因素或生物因素等的影响，使材料的物理化学性能和力学性能逐渐变差，以致最后失去使用价值，这种现象称为“老化”。高分子材料老化时的主要特征表现为：

1）外观逐渐变化：如材料变色、发黏、变硬、变脆、龟裂以至粉化。

2）物理性能的变化：如溶解性、流动性、耐热性、密度、玻璃化温度等。

3）机械性能变化：拉伸强度、伸长率、冲击强度、疲劳强度、弹性变差。

4）电性能变化：如绝缘电阻、介电常数、击穿电压等。

5）结构的变化：分子链断裂或交联，增加了羰基等。

从以上现象可以看出，老化的实质其实是高分子发生了降解或交联反应等结构变化，这是一种不可逆的化学反应。为了防止和抑制这种破坏作用而加入的物质统称为稳定剂。这类助剂包括热稳定剂、光稳定剂、抗氧剂、金属钝化剂、生物抑制剂等。

热稳定剂主要用于PVC塑料中，是PVC最主要的添加剂之一。其作用原理大致可分为两类：一是预防型的，如中和HCl、取代不稳定氯原子、钝化杂质、防止自动氧化等，二是补救型，如与不饱和部位反应和破坏碳正离子盐等。其中，铅盐类、金属皂类、有机锡类、稀土类、复合铅盐等常被用作主稳定剂，而亚磷酸酯类、环氧化合物类和多元醇类一般被用作辅助稳定剂。

光稳定剂是能够抑制光老化（主要是紫外线照射引发自动氧化反应而导致聚合物的降解），延长高分子材料使用寿命的物质，特别是在无色透明制品中使用较多。根据其作用机理的不同可细分为光屏蔽剂，如炭黑（高效，兼具抗氧剂作用）氧化锌、二氧化钛等；紫外线（UV）吸收剂，包括二苯甲酮类，苯并三唑类，三嗪类，猝灭剂，镍的有机化合物等；自由基捕获剂，如癸二酸双（2，2，6，6－四甲基哌啶）酯，苯甲酸2，2，6，6－四甲基哌啶酯等。

所有的有机化合物对氧都是敏感的，在通常的热老化和光老化中，大气中氧参与的氧化过程是最主要的过程。天然及合成高分子也多易被氧化，特别是在加工和应用过程中受到热或紫外线的作用时，其氧化反应更容易进行，逐渐导致高分子材料的老化。高分子的热氧化过程是按自由基连锁反应机理进行的，反应特征是自由基自动催化氧化，反应方程式组如式（3－1）至式（3－8）所示。

抗氧剂是一类可以延缓或抑制聚合物氧化过程的进行，从而阻止聚合物的老化并延长其使用寿命的化学物质，亦被称为“防老剂”。按其作用机理可分为两大类：

1）主抗氧剂：包括氢原子给予体、自由基捕捉体、电子给予体三种。这些物质有不稳定的H原子，可与自由基或增长链发生作用，阻止自由基或增长链从聚合物中夺取H原子，使氧化降解被终止。主要品种有仲芳胺类和受阻酚类。

2）辅助抗氧剂：其主要作用是分解氢过氧化物，故又称为氢过氧化物分解剂。这种物质能使氢过氧化物分解成非自由基型的稳定化合物，从而避免因氢过氧化物分解成自由基而引起的一系列降解反应。主要品种有硫代二羧酸酯、亚磷酸酯和二烷基二硫代氨基甲酸盐。

$$RH \xrightarrow{\text{热能}} R^{\cdot} + H^{\cdot} \tag{3-1}$$

$$RH + O_2 \xrightarrow{\text{热能}} R^{\cdot} + {}^{\cdot}OOH \tag{3-2}$$

$$R^{\cdot} + O_2 \longrightarrow ROO^{\cdot} \quad (3-3)$$

$$ROO^{\cdot} + RH \longrightarrow ROOH + R^{\cdot} \quad (3-4)$$

$$ROOH \longrightarrow RO^{\cdot} + {}^{\cdot}OH \quad (3-5)$$

$$2ROOH \longrightarrow RO^{\cdot} + ROO^{\cdot} + H_2O \quad (3-6)$$

$$RO^{\cdot} + RH \longrightarrow ROH + R^{\cdot} \quad (3-7)$$

$$HO^{\cdot} + RH \longrightarrow HOH + R^{\cdot} \quad (3-8)$$

金属离子钝化剂本身能够和重金属离子结合成最大配位数的向心配位体，好比蟹螯将金属离子抱住，这就是通常说的螯合作用。由于其螯合作用阻止了金属离子对氢过氧化物的催化分解作用，从而阻止了自由基的传递。

某些高分子材料，特别是添加了淀粉、纤维素等天然高分子的改性材料，很容易受到环境中细菌、霉菌、酵母菌等微生物的作用而发生降解，出现性能的劣化，必须使用生物抑制剂。常用的生物抑制剂有如下两类：

1）驱避剂：为了抵御、避免塑料制品在储存、使用过程中遭受老鼠、昆虫、细菌等的危害而加入的物质称为驱避剂，主要品种有有机锡类、抗菌素类和狄氏剂、艾氏剂等。

2）防霉剂：为了防止霉菌对塑料制品的侵害而添加的杀菌剂称为防霉剂。常用的防霉剂酚类化合物有苯酚、氯代苯酚，有机金属化合物，如有机汞、有机铜等。

生物抑制剂具有一定的毒性，使用时应严格控制其用量，并尽可能选用低毒、无臭味的产品。

3.1.1.2　增塑剂

能降低塑料的熔融温度或熔体黏度，从而改善其成型加工性能，并能增加产品柔韧性、耐寒性的一类物质称为增塑剂。增塑剂通常是对热和化学试剂都很稳定的一类有机化合物或聚合物，它们一般是在一定范围内能与聚合物相容而又不易挥发的液体；少数是熔点较低的固体。增塑过程可看作是聚合物和低分子物相互“溶解”的过程，但增塑剂与一般溶剂不同，溶剂是要在加工过程中挥发出去，而增塑剂则要求长期保留在聚合物中。

增塑剂也可分为非极性增塑剂和极性增塑剂。非极性增塑剂主要作用是通过聚合物－增塑剂间的溶剂化作用，增大分子间距离，从而削弱它们之间的作用力。极性增塑剂对极性聚合物的增塑作用在于增塑剂的极性基团与聚合物分子的极性基团相互作用，代替了聚合物极性分子间的作用（减少了联结点），从而削弱了大分子间的作用力。

以上所述的增塑作用称为外增塑。如果用化学方法，在分子链上引入其他取代基，或在分子链上或分子链中引入短的链段，从而降低了大分子间的吸引力，也可达到使刚性分子链变柔和易于活动的目的，这种增塑称为内增塑。

理想的增塑剂，必须在一定范围内能与聚合物很好的相容（所谓相容性，即聚合物能够容纳尽可能多的增塑剂并形成均一、稳定体系的性能），且挥发性、迁移性、溶浸性等要小，并有良好的耐热、耐光、不燃及无毒等性能，而且保证在混合和使用的温度范围内与聚合物形成“真溶液”。故引入增塑剂量应适当，若超过饱和溶液浓度，则多余的增塑剂会在成型和使用过程中慢慢离析出来，影响产品性能。聚氯乙烯是增塑剂的使用大户，其加入量最高可达70%。在塑料聚合物中加入增塑剂的方法很多，但通常是在一定温度下用强制性机械混合法分散在聚合物中。

表3-2　　增塑剂的主要品种及其特点

类　别	优　点	缺　点
邻苯二甲酸酯类	常用主增塑剂，相容性好，性能全面，价格便宜	—
脂肪族二元酸酯类	耐寒性辅助增塑剂	相容性较差，耐抽出、耐迁移性能差，价格贵
磷酸酯类	主增塑剂，阻燃性、相容性良好	耐寒性差
环氧酯类	光、热稳定性好，常用作耐气候性和耐寒性辅助稳定剂	相容性差
含氯增塑剂	辅助增塑剂，具有阻燃性，价格低	相容性及热稳定性较差
聚酯类	耐久性好，不被抽出，不挥发，耐迁移，无毒	相容性较差
脂肪酸酯类	辅助增塑剂，具有耐寒性，无毒	相容性差

3.1.1.3　润滑剂

为改进塑料熔体的流动性能，减少或避免对设备的粘附摩擦作用，使制品表面光洁，而加入塑料中的一类助剂称为润滑剂。一般聚烯烃、聚苯乙烯、聚酰胺、ABS、聚氯乙烯和醋酸纤维素在成型过程中都需要加入润滑剂，其中尤其以聚氯乙烯最为需要。通常把润滑剂分为内润滑剂和外润滑剂。内润滑剂与聚合物有一定的相容性，其作用在于减少聚合物分子间的内摩擦。常用的内润滑剂有硬脂酸及其盐类，如硬脂酸丁酯、硬脂酰胺、油酰胺等。外润滑剂与聚合物的相容性很小，在成型过程中，易从内部析出而粘附于与设备接触的表面，形成一润滑层，防止塑料熔体对设备的粘附。这类润滑剂有硬脂酸、石蜡、矿物油和硅油等。两者的区别仅在于与聚合物的相容性。

实际上“内润滑剂”和“外润滑剂”也只是相对而言，有不少润滑剂兼有内、外两种作用，仅少数只有单一性质。例如，硬脂酸钙作为聚氯乙烯润滑剂，既有外润滑性质，又有内润滑性质。另外，很多润滑剂不仅有润滑作用，而且像其他金属皂类一样，还有稳定作用。润滑剂的用量一般小于1%，使用过多，超过其相容限度时，容易由表面析出，即平常所说“起霜”，影响制品的外观。润滑剂用量过多会影响到物料的塑化，但用量太少又起不到润滑作用，故用量应适当。

3.1.1.4　填充剂

填充剂又称为填料，是为了提高制品的物理力学性能，或降低成本及树脂的消耗而加入的填充材料。加入适量的填料也可以改善塑料的成型性能。填充剂按化学组成可分为有机填充剂和无机填充剂；按其来源可分为矿性、植物性和合成填充剂；按其形状可分为粉状、纤维状和片状填充剂；按其在成型中所起的作用分为增强型和增量型填充剂。增强型填充剂可提高制品的物理及力学性能，又称为增强剂；增量型填充剂可增加制品的体积，降低成本。常用的粉状填料有木粉、碳酸钙、石棉粉、滑石粉、陶土、硅藻土、云母粉、石墨粉、炭黑粉等；纤维状填充剂有石棉和玻璃纤维等；片状填充剂有纸、棉布、玻璃布、玻璃毡（带）等。

3.1.1.5 增强剂

添加到塑料中使其物理力学性能得到提高的材料称为增强剂。它实际也是一种填充剂，由于性能上的差别和近年来得到了较大的发展，因此特单独将其列作一类。增强剂有纤维类（如石棉、玻璃纤维）和非纤维类（如白炭黑、陶土）两种，纤维类增强剂具有更明显的增强效果，大量用于各种塑料制品，例如环氧树脂、不饱和聚酯等与玻璃纤维或织物制成的玻璃钢。石棉纤维被作为优良耐热材料应用也较多。近年来更有一些高性能纤维，如碳纤维、芳纶加入增强纤维材料的行列，在宇航、化工、耐高温等方面具有重要意义。

3.1.1.6 偶联剂

偶联剂是一种在无机材料和高分子材料的复合体系中，能通过物理或化学作用把两者结合，使两者的亲和性得到改善，从而提高复合材料综合性能的一种物质。随着聚合物填充复合改性技术的进步，偶联剂在助剂中所占的地位越来越重要。按其化学结构，偶联剂可分为：硅烷偶联剂、钛酸酯偶联剂、锆酸酯偶联剂、铝酸酯偶联剂、双金属偶联剂（铝－锆酸酯、铝钛复合偶联剂）、稀土偶联剂、含磷偶联剂、含硼偶联剂等，其中硅烷偶联剂是偶联剂中使用量最大的品种。

3.1.1.7 发泡剂

发泡剂是一类使处于黏流状态的塑料形成蜂窝状泡孔结构的物质，它可以是固体、液体、气体或几种物体的混合物。发泡剂按化学组成不同分为无机发泡剂和有机发泡剂；按发泡过程中气泡产生的方式不同又可分为物理发泡剂和化学发泡剂。物理发泡剂在发泡过程中是靠本身物理状态的变化产生气泡的，如挥发性液体受热气化产生气泡，主要有压缩气体，如氮气、二氧化碳等。化学发泡剂是在发泡过程中，发生化学反应产生一种或多种气体而使塑料发泡的，有无机类的碳酸铵、碳酸氢铵和碳酸氢钠和有机类的偶氮化合物、亚硝基化合物和磺酰肼类等。

3.1.1.8 阻燃剂

大多数塑料是可燃烧的。塑料在建筑、汽车、飞机、船舶、电器、家具和日用品方面获得广泛应用，但都需要具有阻燃性，以保证安全使用，防止发生火灾。能够增加塑料等高分子材料的耐燃烧性能的物质统称为阻燃剂。含有阻燃剂的塑料大多数是自熄性的，也可以是难燃的或不燃的。

阻燃剂通常分为添加型和反应型两大类。添加型阻燃剂有磷酸盐、卤代烃和氧化锑等。它们在塑料成型时加入，使用方便，适应面广，一般适用于热塑性塑料。但对塑料的物理力学性能有影响，因此用量必须适当。反应型阻燃剂主要有卤代酸酐和含磷多元醇等。它们在聚合物制备过程中加入，作为一个组分参加反应而成为塑料聚合物分子链的一部分，从而赋予塑料阻燃性，主要用于热固性塑料。反应型阻燃剂对制品性能影响小，阻燃性持久。目前，阻燃剂的发展方向是低卤或无卤、低发烟、高效、低毒、廉价。水合氧化铝是一种无味、无毒、廉价的无机阻燃抑烟剂。还有复合型阻燃剂也能满足这方面的要求，如三氧化二锑与有机或无机阻燃剂并用。

3.1.1.9 着色剂

为使制品获得各种鲜艳夺目的颜色，增加美观而加入的一种物质称为着色剂。某些着色剂还兼有改进耐候老化性，延长制品的使用寿命的作用。着色剂分为颜料和染料两大类，颜料又分为油溶性的有机颜料和无机颜料。表3－3是颜料与染料基本性能比较。

表3－3　**颜料与染料基本性能比较**

比较项目	无机颜料	有机颜料	染料
来　源	天然或人工合成	人工合成	天然或人工合成
密度/g. cm^{-3}	3.5～5.0	1.3～2.0	1.3～2.0
有机溶剂或聚合物中溶解情况	不溶于普通溶剂	难溶或不溶	溶
在透明塑料中（遮盖力）	不能成透明体（遮盖力大）	低浓度时，少数半透明（遮盖力中等）	透明体（遮盖力小）
着色力	小	中等	大
颜色和亮度	小	中等	大
光稳定性	强	中等	大
耐热性	多在500℃以上分解	160～260℃分解	125～200℃分解
化学稳定性	高	中等	低
吸油量	小	大	－
迁移性	小	中等	大
适用性	主要用于苛刻条件下深暗色制品	大量用于一般鲜艳着色	用于透明色

从表3－3可以看出，不同的着色剂具有不同的特点和使用范围，使用时可根据具体情况进行选择。

3.1.1.10　其他助剂

上述各类助剂是比较重要的塑料助剂。但在某些特殊情况下，为满足特别需要，还要添加一些特殊助剂，如导电填料、抗静电剂、防雾剂、开口剂（滑爽剂）、化学交联剂、抗冲改性剂、成核剂等。

3.1.2　助剂选用中需要注意的问题

助剂在聚合物成型中的作用固然重要，但如果选择和应用不当，不仅不会发挥其应有的功效，而且还会适得其反，一般而言，应考虑以下几个方面的问题。

（1）助剂与聚合物的配伍性

助剂与聚合物的配伍性，实际上是指聚合物与助剂之间的相容性以及在稳定性方面的相互影响。一般而言，助剂必须长期、稳定、均匀地存在于制品中才能发挥其应有的效能，所以通常要求所选择的助剂与聚合物有良好的配伍性。如果相容性不好，助剂就容易析出。固体助剂的析出，俗称“喷霜”；液体助剂的析出，则称作“渗出”或“出汗”。助剂析出后不仅失去应有的作用，而且影响制品的外观和手感。

助剂和聚合物的相容性主要取决于它们的结构相似性。对于一些如无机填充剂等不溶于聚合物的助剂，由于它们与聚合物无相容性，则要求它们的粒度小、分散性好，在聚合物中是非均相分散而不会析出。助剂与聚合物配伍性的另一个重要问题是在稳定性方面的互相影响。如有些聚合物的分解产物带有酸碱性，会使一些助剂分解；也有一些助剂会加速聚合物的降解。

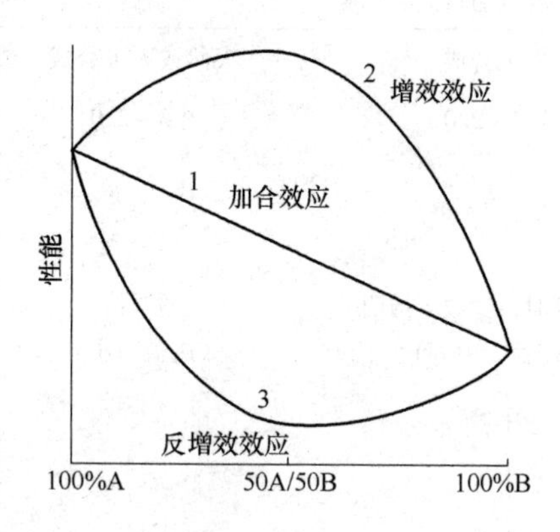

图 3－1　物料配合时的增效与反增效效应

（2）助剂配合中的协同效应和对抗效应

一种聚合物常常同时使用多种助剂，这些助剂同处在一个聚合物体系里，彼此之间有所影响。如果配合得当，不同助剂之间常常会相互增效，即起所谓的“协同效应”。配方选择不当，助剂之间会彼此削弱原有的性能，甚至发生化学反应或引起变色等不良后果，产生所谓“对抗效应”。物料在配合时的增效与反增效效应如图 3－1 所示。

从图 3－1 可以看出，当物质 A 和 B 混在一起且没有相互作用时，混合物的性能只是如曲线 1 所表示的两者性能的简单加合，即：A + B =（A + B）/2；当物质 A 和 B 的性质相辅时，性能混合物的性能出现曲线 2 所表示的 A + B >（A + B）/2 的现象，即两种添加剂一起加入时的效果高于其单独加入的平均值，这种现象称为协同效应；当物质 A 和 B 的性质相克时，性能混合物的性能出现曲线 3 所表示的 A + B <（A + B）/2 的现象，即两种添加剂一起加入时的效果低于其单独加入的平均值，这种现象称为对抗效应。所以在同一个配方体系中选择助剂的时候，应对其基本物性有所了解，以尽量产生协同作用而避免对抗作用。

（3）助剂的耐久性

聚合物材料在使用条件下，仍可保持原来性能的能力叫耐久性。保持耐久性就是防止助剂的损失。助剂的损失主要通过三条途径：挥发、抽出和迁移。挥发性大小取决于助剂本身的结构。一般来讲，分子量愈小，挥发性愈大。抽出性与助剂在不同介质中的溶解度直接相关。要根据制品的使用环境来选择适当的助剂品种。迁移性是指聚合物中某些助剂组分可以转移到与其接触的材料上的性质。迁移性大小与助剂在不同聚合物中的溶解度有关，同时要求助剂应具有耐水、耐油、耐溶剂的能力。

（4）助剂的加工适应性

某些聚合物的加工条件比较苛刻，如加工温度高、时间长等，因此必须考虑助剂能否适应。加工条件对助剂的要求最主要是耐热性，即要求助剂在加热条件下不分解、不易挥发和升华。另外还要注意助剂对模具和加工设备的腐蚀作用。

不同的加工方法和条件往往选择不同的助剂。

（5）产品用途对助剂的制约

助剂必须适应产品的最终用途。不同用途制品对所欲采用助剂的外观、气味、污染性、耐久性、电气性能、热性能、耐候性、毒性等都有一定的要求。助剂的毒性问题已经引起广泛的注意，特别是添加了助剂的食品和药物包装材料、水管、医疗器械、玩具等塑料和橡胶制品的卫生性更为人们所关切。因此，选择助剂一定要考虑用途的制约。

3.1.3 助剂的发展

长效化、高效化、多功能化并使其与树脂有良好的相容性是助剂发展的趋势。

近年来为达到上述目标，人们采取的措施主要有：

1）与树脂共聚；

2）制成聚合物；

3）嫁接其他助剂骨架；

4）引进长链烷基；

5）通过酯化、醚化、酰基化、引入芳基或杂环或与金属成盐或络合物；

6）超细化；

7）微胶囊化等。

3.2 配方设计

制品对性能的要求是多方面的，而制品的性能是通过加工它的原材料来提供的。因此，配方设计的主要目的就是寻求技术上先进、经济上合理的工艺，确定原材料和助剂的最优搭配和最佳配比。

3.2.1 配方设计的依据

配方设计的基础是基于制品的要求，这些要求可能来自于外观、性能、功能、经济性、法规等。为了满足上述要求，设计者在设计配方时，事先要对①制品性能；②原材料；③生产条件和成型设备这三项内容有充分的认识和了解。

3.2.1.1 对制品性能要求的了解

1）充分了解制品规定的各项性能指标；

2）了解制品使用环境、使用方法以及使用中可能出现的问题；

3）了解市场信息，消费者的兴趣、爱好及销售趋势。

例如，聚氯乙烯制品的应用范围十分广泛，由于使用的场合、条件、环境的差异，对制品的性能也就提出了不同的要求，如无毒、耐磨、耐热、电绝缘、耐化学腐蚀、耐大气老化等，根据产品的使用要求，选择树脂和助剂，进行合理设计。

3.2.1.2 对原材料的了解

（1）原材料的性质和作用

原材料既包括树脂也包括助剂。树脂要选择与改性目的性能最接近的品种，以节省加入助剂的使用量。所加入助剂应能充分发挥其预计功效，并达到规定指标。规定指标一般为产品的国家标准、国际标准，或客户提出的性能要求。

注意原材料配合时的相互影响，充分发挥原材料间的协同作用，避免对抗效应，获得最佳效果。

（2）原材料的规格及其用量

同一品种树脂的牌号不同，其性能差别也很大，应该选择与改性目的性能最接近的牌号，例如，不同改性目的配方要求树脂的流动性不同，要充分考虑到原材料的规格与制品性能、成型工艺的联系。同一种成分的助剂，其形态、粒度等不同，对改性作用的发挥影响很大。此外，原材料的用量也应考虑在内，有的助剂加入量越多越好如阻燃剂、增韧剂、磁粉、阻隔剂等。有的助剂加入量有最佳值，如偶联剂，表面包覆即可，多加无益。

（3）原材料的价格

在不影响产品质量的前提下，配方的价格越低越好。在具体选用助剂时，对同类助剂优先选低价格的种类。如在PVC稳定配方中，能选铅盐类稳定剂就不要选有机锡类稳定剂；在阻燃配方中，能选硼酸锌则不选三氧化二锑或氧化钼。具体应遵循以下原则：

1）尽可能选择价格低的原料——降低产品成本；

2）尽可能选库存原料——不用购买；

3）尽可能选用当地产的原料——运输费低，可减少库存量，节省流动资金；

4）尽可能选国产原料——进口原料受外汇、贸易政策、运输时间等因素影响大；

5）尽可能选通用原料——新原料经销单位少，不易买到，而且性能不稳定。

3.2.1.3　对生产条件和成型设备的认识

为明确的用户设计配方，一定要了解对方的生产条件和成型设备的基本情况，以尽可能利用用户的现有资源。其中，要考虑的因素包括：

1）物料在成型设备中的受热过程和受热行为；物料在成型设备中的受力方式、受力过程和受力行为；

2）物料在成型设备中停滞时间；

3）机头、模具的结构特点与物料流变行为的关系。

这些因素与配方中基体树脂和助剂的选择以及产品结构设计之间相互依存、相互制约、应予以重视。

3.2.2　配方设计的原则和步骤

3.2.2.1　配方设计的基本原则

一个好的配方，应不仅能够充分发挥各组分的性能，而且具有良好的成型加工性能，还应具有较低的成本，以提高经济效益。因此，在设计的时候应掌握以下原则：

1）满足制品的性能要求；

2）达到成型加工工艺的要求；

3）合理选材，原料易得、质量稳定可靠；

4）在满足上述三条的前提下，考虑经济的合理性；达到制品性能、加工性能及经济的综合平衡。

3.2.2.2　配方设计的一般步骤

配方设计的关键在于选材、搭配、用量、混合四大要素，具体而言，包括下列步骤：

1）在确定制品用途的基础上，收集资料；

2）初选材料，进行配方设计与小试实验，通过性能评定结果看是否能达到材料性能的基本要求；

3）进行实物模拟实验，以考查是否能生产出合格制品并达到制品的性能要求；

4）如若不能，应依据资料、实验数据再修改配方，必要时对制品结构或尺寸进行修改；

5）扩大实验以确定加工性能；

6）根据实验结果调整配方；

7）综合各种实验结果，最终确定材料、配方和制品结构。

3.2.3　配方的设计方法

3.2.3.1　配方中用量的表示方法

塑料配方中树脂和各种助剂的用量，经常用质量百分数来表示，也可用体积百分数来表示。

质量百分数有两种表示法：

1）以树脂为 100 份，其他助剂为树脂质量的百分之几；

2）以树脂和助剂的混合物为 100 份，树脂或助剂各为混合物质量的百分之几。

例：透明软聚氯乙烯薄膜配方

①以树脂为 100 份的配方

名称	数量（质量份数）
聚氯乙烯树脂	100
邻苯二甲酸二辛酯	40
癸二酸二辛酯	10
硬脂酸钡	1.8
硬脂酸镉	0.6
硬脂酸	0.3
合计	152.7

②以混合物为 100% 的配方

名称	数量（质量百分数）
聚氯乙烯树脂	65.5%
邻苯二甲酸二辛酯	26.2%
癸二酸二辛酯	6.6%
硬脂酸钡	1.2%
硬脂酸镉	0.4%
硬脂酸	0.2%
合计	100%

从以上例子可以看出，同一份配方，由于采用了不同的用量表示方法，他们在数值上表现出了很大的不同。前一种表明哪种助剂的数量对树脂的比例，使我们明确一定量的树脂需要添加多少助剂，便于记录，使用方便。后一种表明哪种组分占混合物总体的百分比，计算消耗量以及考查组分含量对材料性能的贡献时较方便。

3.2.3.2　试验设计中常用的术语

试验设计是数理统计学的一个重要的分支。多数数理统计方法主要用于分析已经得到的数据，而试验设计却是用于决定数据收集的方法。下列术语是试验设计中的基本要素，必须明确：

试验指标：指作为试验研究过程的因变量，常为试验结果特征的量（如得率、纯度、强度等）。

因素：指做试验研究过程的自变量，常常是造成试验指标按某种规律发生变化的那些原因（如温度、压力、组分用量等）。

水平：指试验中因素所处的具体状态或情况，又称为等级。例如温度用 T 表示，下标 1、2、3 表示因素的不同水平，分别记为 T_1、T_2、T_3。

3.2.3.3 试验设计方法

试验设计方法主要讨论如何合理地安排试验以及试验所得的数据如何分析等。可供选择的试验方法很多，各种试验设计方法都有其一定的特点。常用的试验设计方法有单因素轮换法，如爬山法、黄金分割法、平分法等和多因素交互法，如正交试验设计法、均匀试验设计法等。一般而言，所面对的任务与要解决的问题不同，选择的试验设计方法也应有所不同。限于篇幅，本教材只对常用的几种方法进行简单介绍。

（1）爬山法

爬山法是一种局部搜索算法，它一般只能得到局部最优，并且这种解还依赖于起始点的选取。起点和试验范围选得好，可以减少试验次数。步长一开始可以大，接近最佳点时适当缩小。在起点分别向变量增加的方向和减少的方向做两个试验，哪一点好，就朝哪一点的方向一步步改变做试验，直至爬到某点，再增加时效果反而下降，此点即为寻找的最佳点。此法适用于在已相对稳定的配方中对某一种因素的微量调整，得到改进的效果，对经验依赖较大。

（2）黄金分割

在试验范围的 0.618 处及其对应点 0.382 处分别作一试验，比较两个结果，舍去坏点以外的部分。在缩小的区间内，继续再进行黄金分割，再试验，再取舍，逐步达到目标。此法每次可去点试验范围的 0.382，可以做较少的试验就找出最佳的变量范围。适合在较大的范围，快速找出最佳点。

（3）平分法

此法每次试验都取在试验范围的中点，然后依据试验结果，去点试验范围的一半，再进行下次试验，直至逼近最佳点。该法试验速度快，去点也方便，适合在试验范围内，制品某一性能指标是单调增长的情况。

（4）正交设计

高分子材料应用指标考核项目较多，其助剂与性能间的关系不确定，同时各助剂间的协同作用较多，因而高分子材料的配方设计是一个典型的多因素多水平多指标配方实验，用多因素多水平的配方设计方法更为有利。

正交试验设计是利用“正交表”进行科学地安排与分析多因素试验的方法。其特点为：①完成试验要求所需的试验次数少；②数据点均匀分布、整齐可比；③可用相应的极差分析方法、方差分析方法、回归分析方法等对试验结果进行分析，引出许多有价值的结论。

使用正交设计方法进行试验方案的设计，就必须用到正交表。正交表名称的写法和意义示例如下：

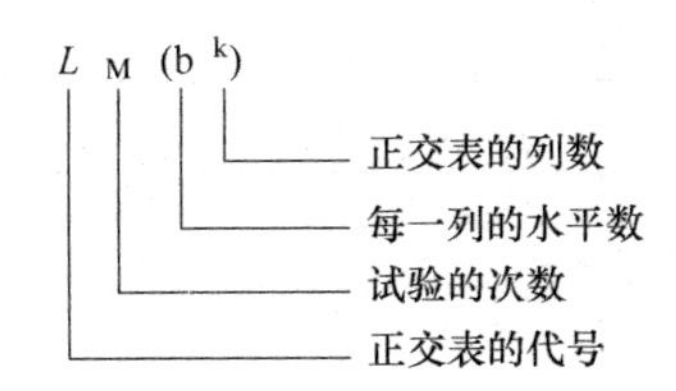

常用的正交表有：

二水平：L_4（2^3），L_8（2^7），L_{12}（2^{11}）等；

三水平：L_6（3^{43}），L_9（3^4），L_{18}（3^7）等；

四水平：L_{16}（4^5）等。

一般都是先确定试验的因素、水平和交互作用，后选择适用的L表。在确定因素的水平数时，主要因素宜多安排几个水平，次要因素可少安排几个水平。

正交试验方法之所以能得到科技工作者的重视并在实践中得到广泛的应用，其原因不仅在于能使试验的次数减少，而且能够用相应的方法对试验结果进行分析并引出许多有价值的结论。正交设计可以解决的问题有：①对指标的影响，要找出哪个因素主要，分清主次关系；②各个因素以哪个水平最好；③各因素用什么样的水平组合起来指标值最好。因此，用正交试验法进行试验，如果不对试验结果进行认真的分析，并引出应该引出的结论，那就失去用正交试验法的意义和价值。正交试验的结果分析包括极差分析和方差分析，与极差法相比，方差分析方法可以多引出一个结论：各列对试验指标的影响是否显著，在什么水平上显著，但方法烦琐，本教材只对极差分析进行介绍。

极差指的是各列中各水平对应的试验指标平均值的最大值与最小值之差。下面以表3-4为例讨论L_4（2^3）正交试验结果的极差分析方法。

从表3-4的计算结果可知，用极差法分析正交试验结果可引出以下几个结论：

1）在试验范围内，各列对试验指标的影响从大到小的排队。某列的极差最大，表示该列的数值在试验范围内变化时，使试验指标数值的变化最大。所以各列对试验指标的影响从大到小的排队，就是各列极差 D 的数值从大到小的排队。

2）试验指标随各因素的变化趋势。为了能更直观地看到变化趋势，也可将计算结果绘制成图。

3）使试验指标最好的适宜的操作条件（适宜的因素水平搭配）。

4）可对所得结论和进一步的研究方向进行讨论。

表3-4　　L_4（2^3）正交试验计算

列号		1	2	3	试验指标 y_i
试验号	1	1	1	1	y_1
	2	1	2	2	y_2
	3	2	1	2	y_3
	$n=4$	2	2	1	y_4
$Ⅰ_j$		$Ⅰ_1=y_1+y_2$	$Ⅰ_2=y_1+y_3$	$Ⅰ_3=y_1+y_4$	
$Ⅱ_j$		$Ⅱ_1=y_3+y_4$	$Ⅱ_2=y_2+y_4$	$Ⅱ_3=y_2+y_3$	

续表

列号	1	2	3	试验指标 y_i
k_j	$k_1=2$	$k_2=2$	$k_3=2$	
$Ⅰ_j/k_j$	$Ⅰ_1/k_1$	$Ⅰ_2/k_2$	$Ⅰ_3/k_3$	
$Ⅱ_j/k_j$	$Ⅱ_1/k_1$	$Ⅱ_2/k_2$	$Ⅱ_3/k_3$	
极差（D_j）	max {} －min {}	max {} －min {}	max {} －min {}	

注：

$Ⅰ_j$——第 j 列“1”水平所对应的试验指标的数值之和；

$Ⅱ_j$——第 j 列“2”水平所对应的试验指标的数值之和；

k_j——第 j 列同一水平出现的次数。等于试验的次数（n）除以第 j 列的水平数；

$Ⅰ_j/k_j$——第 j 列“1”水平所对应的试验指标的平均值；

$Ⅱ_j/k_j$——第 j 列“2”水平所对应的试验指标的平均值；

D_j——第 j 列的极差。等于第 j 列各水平对应的试验指标平均值中的最大值减最小值，即：

$D_j=\max\{Ⅰ_j/k_j,\ Ⅱ_j/k_j,\ \cdots\}-\min\{Ⅰ_j/k_j,\ Ⅱ_j/k_j,\ \cdots\}$。

3.3 混合过程和混合原理

3.3.1 混合的类型

(1) 按物料状态分类

如果按物料混合时的状态来进行分类，混合可分为固－固、液－液、固－液三种类型。所谓固－固混合是指粉状树脂之间、树脂与固态添加剂之间的混合；液－液混合是指低黏度中间体/单体或液体添加剂之间、熔体/熔体之间的混合；而固－液混合是指固态聚合物/液体添加剂、熔（液）态聚合物/固态添加剂之间的混合。

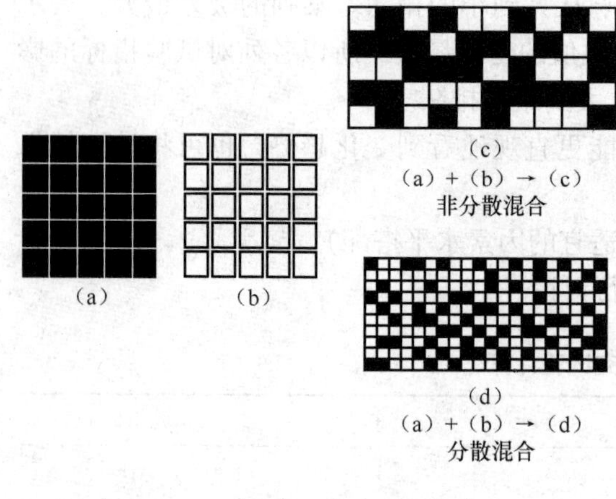

图 3－2 分散混合与非分散混合

(2) 按混合形式分类

如果按物料混合时的状态来进行分类，混合可分为非分散混合（简单混合）和分散混合。前者在混合时各组分作空间无规分布，即粒子只有相互位置的变化，无粒度变化；而后者在混合时粒子既有粒度减小的变化，也有位置的变化，是组分聚集尺寸减小的分散过程，如图 3－2 所示。

3.3.2 混合机理

混合是一种趋向于减少混合物非均匀性的操作过程。混合是在整个系统的全部体积内，各组分在其基本单元没有本质变化的情况下的细化和分布。混合一般包括两方面的含义，即混合和分散。混合系指将两种或多种组分相互分散在各自占有的空间中，使两种或多种组分所占空间的最初分布情况发生变化；分散系指混合中一种或多种组分的物理特性发生了一些内部变化的过程，如颗粒尺寸减小或溶于其他组分中。

混合过程是通过各组分的物理运动来完成的。对混合机理的解释存在不同的认识，Brodkey 混合理论认为，混合过程涉及分子扩散、涡流扩散和体积扩散三种运动形式。

分子扩散由浓度梯度驱使，各组分的微粒由浓度较大的区域迁移到浓度较小的区域。扩散速度为气 - 气 > 液 - 液 > 固 - 固。这种扩散难以在分子链巨长的聚合物间实现。涡流扩散即紊流扩散，是化工工程中流体的混合的主要形式。聚合物的黏度极大，达到紊流需要施加极高的剪切应力，既不易达到也会导致聚合物的降解，因而是不希望产生紊流的。体积扩散即对流混合，它是指流体质点、液滴或固体粒子由系统的一个空间位置向另一个空间位置运动，以期达到各组分的均布。因此，这一机理在聚合物混合中占支配地位。

对流混合是使两种或多种物料在相互占有的空间内发生流动，以期得到组分上的均匀。它有两种运行方式，其一称为体积对流混合，通过塞流对物料进行体积重排，不需要物料连续变形；其二称为层流对流混合，它发生在熔体间的混合中，通过层流而使材料变形，物料要受到剪切、伸长（拉伸）和挤压（捏合），如图 3 - 3 所示，是利用剪切力促进物料组分均匀的混合过程。

混炼是塑性物料在加热至熔融状态下的一种混合形式。这种混合是通过施加一定的外力对物料进行压缩、剪切，迫使其按一定规律发生分配置换而实现的，因此，压缩、剪切、分配置换又被称为混炼的三要素。这一过程如图 3 - 4 所示。

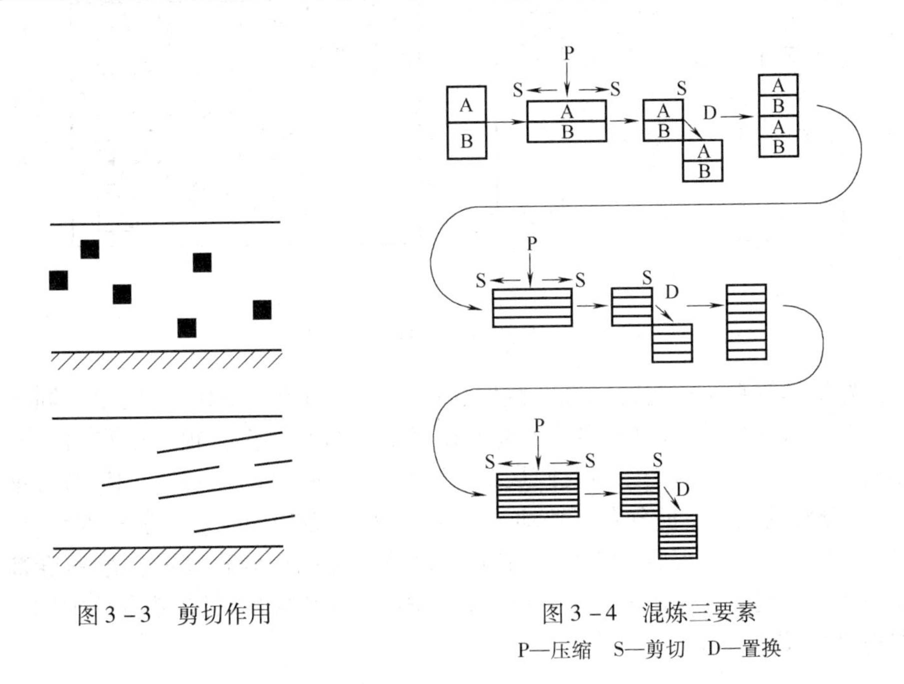

图 3 - 3 剪切作用

图 3 - 4 混炼三要素

P—压缩 S—剪切 D—置换

必须指出，共混物的分散是一个动态过程。在一定的剪切力场中，分散相被不断破碎，而在分子热运动的作用下，又重新聚集，在这个过程中，分散和聚集不断竞争，达到

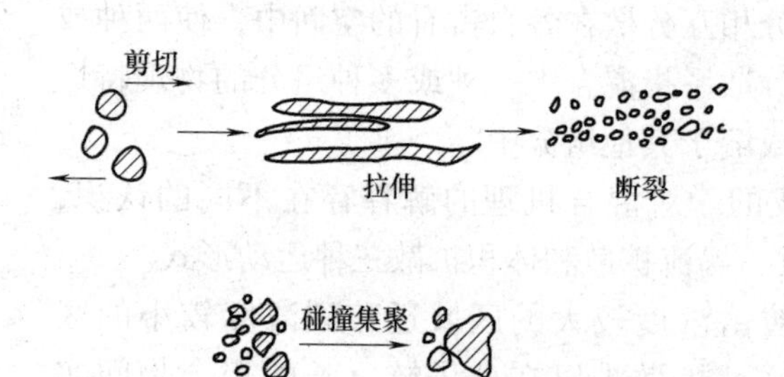

图3-5　共混分散过程示意图

动平衡后，分散相得到在该条件下的平衡粒径，具体过程如图3-5所示。

3.3.3　混合效果的评价

混合的目的是将原料各组分相互分散以获得成分均匀的物料，原料混合后的均匀程度直接影响制品质量。理想的均匀混合是达到分子水平的混合，这种情况在实际中几乎是不可能达到的。众所周知，即使是粗混物，如果用目测来分析，也会呈现均匀状，而用显微镜观测，就会发现是很不均匀的。因此，均匀只是在一定的检验规模或对比尺度下的一个相对概念。为了更充分地判定物料的混合状态，必须使用比粒子尺寸大得多的检验规模，这时混合物呈现为细小的分散样状态，在考查范围内粒子的数量也足够多，从而可以采用统计学的方法来进行测量。

混合是一个复杂的随机分布过程，如何对混合效果进行科学的评定是一个十分重要的课题。目前对混合效果的评定普遍采用两种方法，即直接评定和间接评定。

3.3.3.1　直接评定

所谓直接评定就是直接对混合物取样，用一定的方法观察其混合状态，如混合物的形态结构、各组分微粒的大小及其分布情况等，所用的方法有聚团计数法、视觉观察法、显微镜法和光电法等。

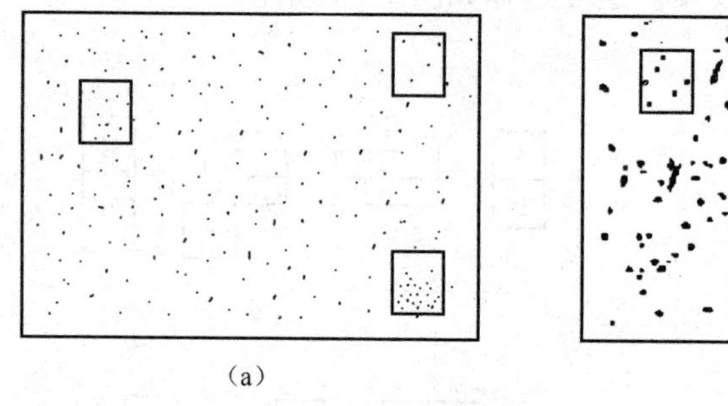

（a）

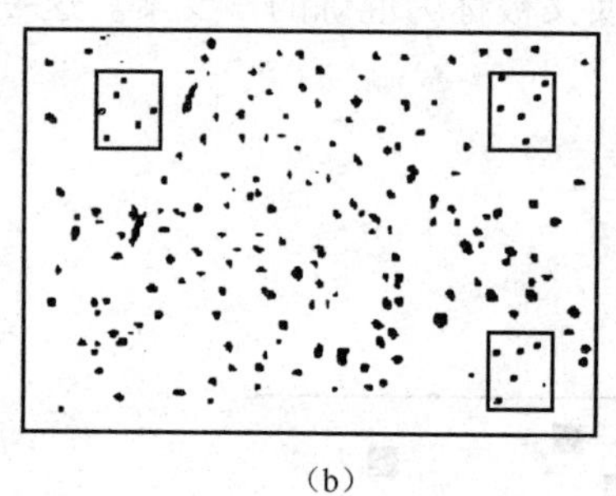

（b）

图3-6　不同均一性混合物示意图

为了更好地理解直接评定的标准，我们先来看一个例子。图3-6给出了同一物料的两种混合状态。从图3-6可以看出，若抽取试样的次数足够多，很可能得出（a），（b）的组成相同，分布均匀的结论，但我们从图上直观地看到，（a），（b）的混合程度是不同的，即（a）分散的较好，但分布不够均匀，而（b）分布均匀，但分散程度较差。因此，我们可以得出结论，即对混合状态的判定而言，单一考虑均匀程度或分散程度都是不够的，应该将两者一起考查才比较合理。所以，对固体及塑性物料混合效果评定的指标就有两个，即物料组成的均匀程度和分散程度。

$$\text{平均算术直径：}\bar{d}_n = \frac{\sum n_i d_i}{\sum n_i} \tag{3-9}$$

式中：d_i——分散相的粒径

n_i——分散相的粒子数

$$平均表面直径：\bar{d}_A = \frac{\sum n_i d_i^3}{\sum n_i d_i^2} \tag{3-10}$$

从概念上讲，均匀程度是指混入物所占物料的比率与理论或总体比率的差异；而分散程度是指混合体系中各个混入组分的粒子在混合后的破碎程度。破碎程度大，粒径小，其分散程度就高；反之亦是，故测量分散相的粒径就可以反映出其分散程度。平均粒径的统计有两种方法，一种是平均算术直径，另一种是平均表面直径，其表达式如式（3-9）和式（3-10）所示。

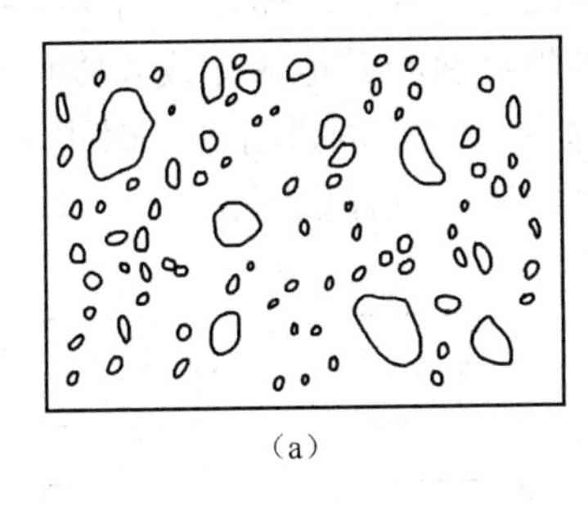

（a）

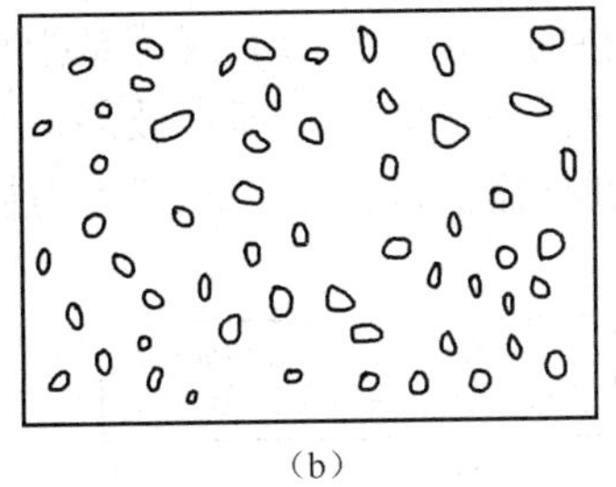

（b）

图3-7　平均粒径相近但分布不同的两种试样示意图
（a）粒径分布宽　（b）粒径分布窄

是不是只测量分散相的粒径大小就可以真实地反映物料的混合状态呢？我们再从图3-7展示的现象做出分析。从图3-7可以看出，只要取样次数多，取样点分布范围广，试样（a）和（b）都可以得出平均粒径接近的结果，但我们可以直观地看到，试样（a）远没有试样（b）分散的好。因此，在用粒径作为直接评定的评价标准的时候，仅考查粒径大小是不够的，还应考查其粒径分布。与图3-7相对应的分散相粒子的粒径分布如图3-8所示。从图3-8可以看出，a曲线的分布较宽，说明试样（a）中粒子的大小很不均匀，而b曲线的分布较窄，说明试样（b）中粒子的尺寸比较均匀。所以，以分散相粒子的平均粒径作为混合效果的判定标准时，既要考查平均粒径的大小，也要考查粒径的分布。

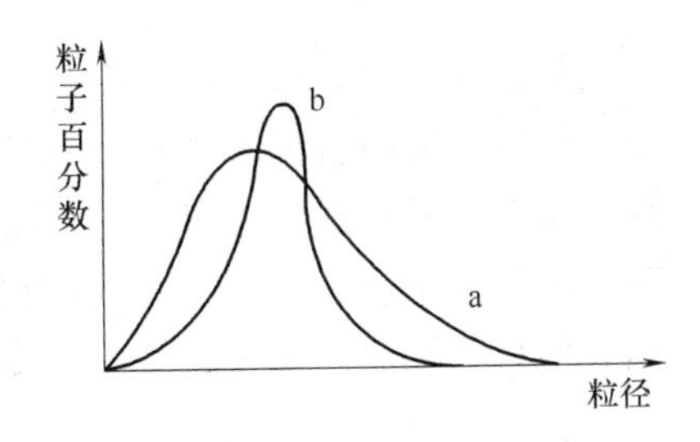

图3-8　分散相粒径分布示意图
a—粒径分布宽　b—粒径分布窄

3.3.3.2　间接评定

混合状态的间接评定是不直接检测其直观的混合状态，而是通过测定混合物与混合状态密切相关的物理、化学或力学等性能来间接反映混合状态。这些性能包括玻璃化转变温度法、熔点法、结晶度法等。例如，两种聚合物进行共混时，若只出现一个玻璃化转变温度，表示聚合物达到了分子水平的混合，呈均相体系；如果出现两个玻璃化转变温度，而且分别等于组分各自的玻璃化转变温度，则表示两者的相容性极差，内部出现明显的相分离，混合效果差；如果出现两个玻璃化转变温度，这两个温度都偏离了各自的玻璃化转变温度而彼此靠近，表示这两种聚合物有部分相容性，推测其内部虽为多相结构，但相分离没有第二种情况那么明显，混合效果良好。

3.4 配制方法及其设备

3.4.1 物料配制的一般方法

物料的配制方法因组分物料的形态以及配制完成以后最终的形态不同而分为混合、捏合和混炼三种。一般而言，混合是固体状粉料之间的复合，捏合是固体状粉料（或纤维状填料）与液体物料的浸渍、混合，混炼是指塑性物料与其他液体或固体状组分在熔融状态下进行的混合。为了增加混合或捏合效果，这两个过程的进行中有时也进行适当的加热，但温度一定控制在熔融温度以下。成型用物料配置的流程如图3-9。

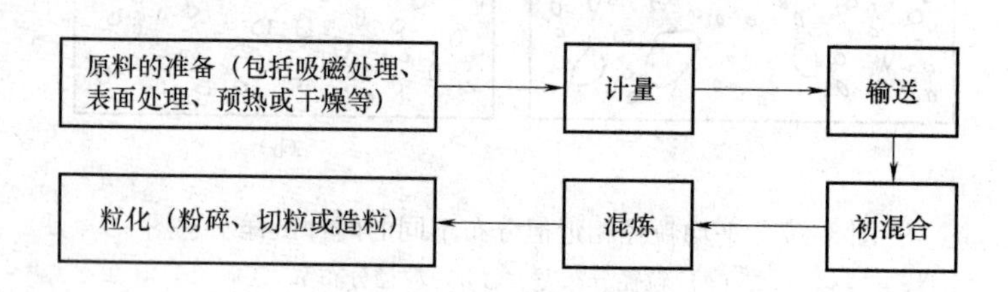

图3-9 物料配置的一般流程

如果混合物料最终的形态是粉料，只进行混合就够了；如果是粒料，需要先进行初混合，然后再进行混炼和造粒。具体方法将在下节结合混合、混炼和粒化的设备一起介绍。总体来看，粉料的配置易于进行组分和配方上的调节，混合过程简单，但粉尘大，对运输和加工的要求高一些；粒料的配置不易进行配方上的调整，混合过程复杂，成本也较粉料高，但可降低成型加工过程中的要求，同时易于运输。

3.4.2 混合设备

成型用物料的混合过程是通过混合设备来完成的，混合效果的好坏在很大程度上依赖于混合设备的性能。由于混合物料的种类、状态和性质不同，混合质量的指标不同，所以就出现了各种各样的混合设备。根据设备的操作方法，一般可为间歇式和连续式两大类。本教材挑选其中典型性的设备加以介绍。

（1）转鼓类混合器

转鼓类混合器顾名思义是利用混合室的旋转来达到混合之目的的。混合室的结构、混合室的安装形式、混合室的回转速度以及填充率都是影响混合效果的因素。为增加混合效果，混合室被加工成各种形式，如图3-10所示。混合室的回转速度原则上按小大大小设定，一般取3~30r/min。混合室的填充率太小时影响产量，太大时物料的分布空间受限，不利于对流和置换，一般粉料取0.3~0.4，粒料取0.7~0.8即可。

（2）螺带式混合机

有单螺带和双螺带之分，如图3-11所示。此混合机可用于干、湿两种物料的混合，

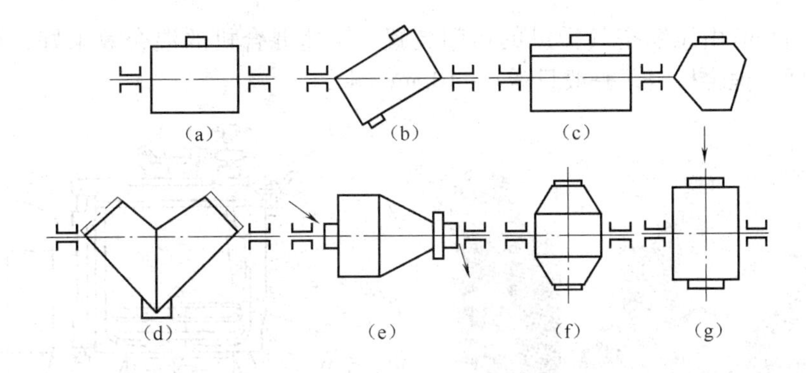

图 3－10　转鼓式混合机示意图

(a) 筒式　(b) 斜形筒式　(c) 六角形式　(d) 双筒式

(e) 锥式　(f) 双锥式　(g) 颠覆筒式

它是一个两端封闭的半圆槽形，槽上有可启闭的盖作装料之用，也可在盖上设加料口，槽体附夹套加热或冷却。在半圆槽形的混合室中设有结构坚固的一根或两根方向相反的螺带。当螺带转动时两根螺带各以一定方向将混合室内的物料推动，以使物料各部分的位移发生错乱，从而达到混合的目的。螺带的转速一般为 10～30r/min。混合室下部开有卸料口。

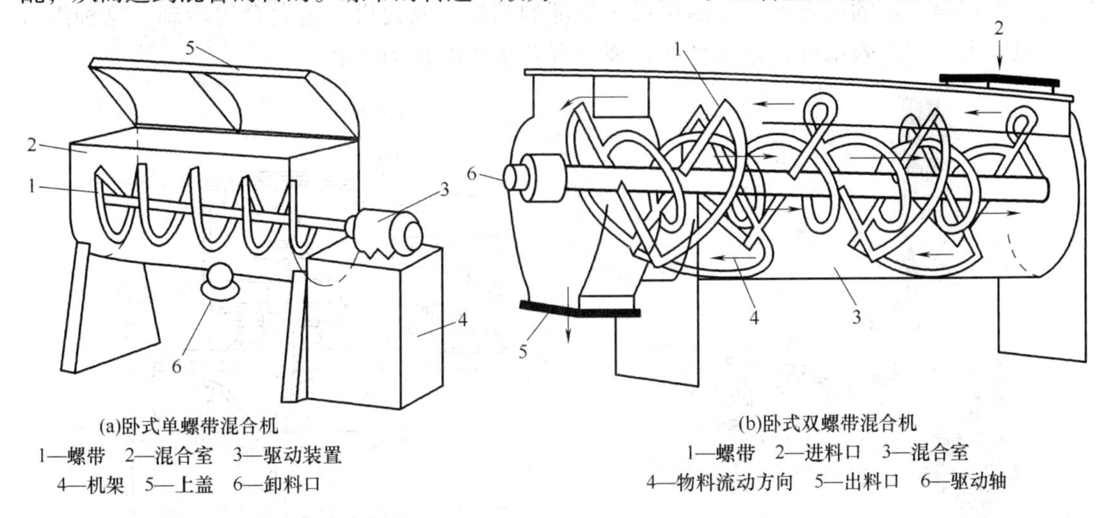

(a)卧式单螺带混合机
1—螺带　2—混合室　3—驱动装置
4—机架　5—上盖　6—卸料口

(b)卧式双螺带混合机
1—螺带　2—进料口　3—混合室
4—物料流动方向　5—出料口　6—驱动轴

图 3－11　螺带式混合机

(3) 高速混合机

高速混合机的结构见图 3－12 所示，由一个圆筒形混合室和一个设在混合室内的搅拌装置组成，搅拌装置包括位于混合室下部的快速叶轮和可以垂直调节高度的挡板。叶轮根据不同需要可装 1～3 组，分别装在同一转轴的不同高度上，每组叶轮通常为两片，叶轮一般有快慢两挡转速。这种混合设备兼用于干、湿两种物料的混合。混合时由于搅拌器的高速旋转，物料因离心力的作用抛向混合室壁下部，受室壁阻挡只能由混合室底部器侧壁上升，至旋转中心部位时降落，然后再上升和下降。循环过程中由于物料内部摩擦所产生的热量和来自外部加热套的热量而使物料温度升高。挡板的作用是使物料产生流态化运动，更有利于混合均匀。高速混合机的外加热视具体情况而定。混合机的加料口在混合室顶部，进出料均有由压缩空气操纵的启闭装置。高速混合机的混合效果好，混合效率较高，混合时间比捏合机短，一般只需 6～10min。

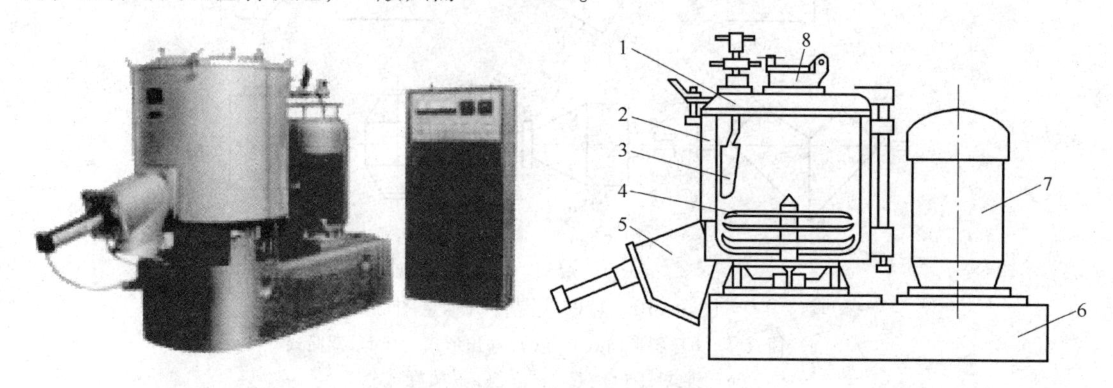

图 3－12　高速混合机

1—回转盖　2—容器　3—挡板　4—快转叶轮　5—出料口　6—机座　7—电机　8—进料口

（4）热－冷混合机

热－冷混合机实际上是高速混合机和螺带式混合机的组合，物料首先在高速混合机中热混，以获得一定的混合度，然后再进入下部的螺带式混合机，边混合边冷却，这种组合混合强度大，混合效果好，适用性广，属于混合机中的新型产品。

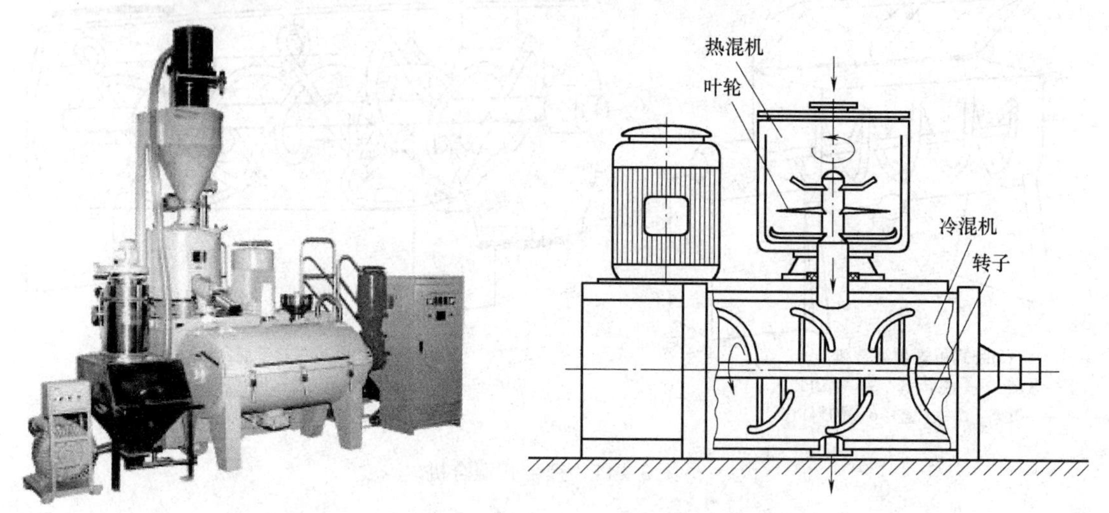

图 3－13　热－冷混合机

（5）Z 型捏合机

Z 型捏合机兼用于干、湿两种物料的混合，其结构见图 3－14 所示。主要结构是一个带有鞍形底钢槽的混合室和一对反向旋转的 Z 型搅拌器，混合室钢槽用不锈钢衬里，槽壁附有夹套，可加热或冷却。捏合机卸料是靠混合室的倾斜来完成，但也可以在混合室的底部开孔卸料。搅拌器的形状很多，最普通的是 S 型和 Z 型，捏合时物料借搅拌器的转动（两个搅拌器的转动方向相反，速度也可以不同，一般主轴 40r/min，副轴 20r/min，即速比 2∶1），沿混合室的侧壁上翻而在混合室的中间下落，这样物料受到重复的折叠和撕捏作用，从而达到均匀混合。

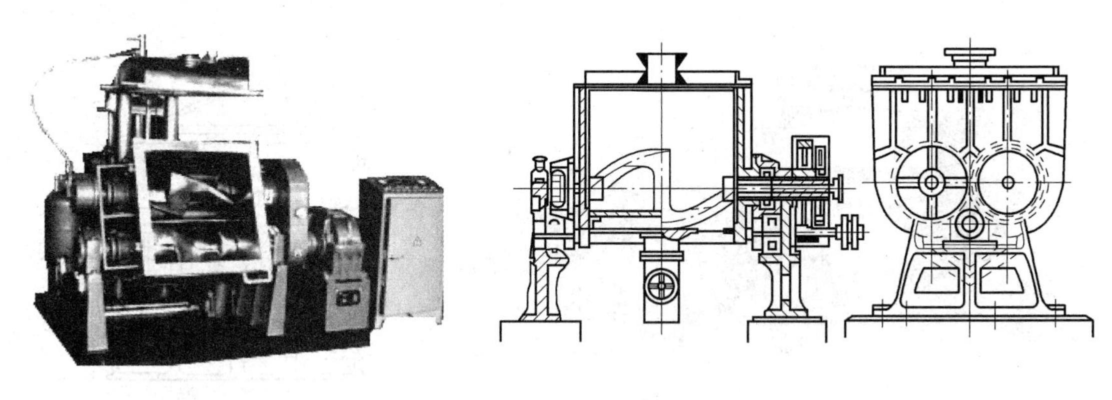

图3-14 Z型捏合机

3.4.3 混炼设备

通过初混合设备进行混合后所得粉料，可直接去成型制品或根据需要通过混炼、造粒后再成型制品。混炼的目的是为了改变物料的性质和状态，借助于加热和剪切力的作用使聚合物熔化、混合，同时驱出其中的挥发物，使混合物各组分分散更趋均匀，并使混合物达到适当的柔软度和可塑性，混炼后的物料更有利于制得性能一致的制品。

混炼是在聚合物流动温度以上和较大的剪切速率下进行的，有可能造成聚合物分子的热降解、力降解、氧化降解而降低其质量，因此，对不同的塑料品种应各有其相宜的混炼条件。混炼条件可根据塑料配方大体拟定，但仍需依靠实验来决定塑炼的温度和时间。混炼的终点可通过测定试样的均匀和分散程度，最好是测定塑料的撕力来判断。一般在生产中是凭经验决定，即用刀切开塑炼片来观察其截面。如截面不显毛粒，颜色和质量都很均匀即可认为合格。

混炼设备也有间歇式和连续式之分。间歇式混炼设备主要有开炼机和密炼机，连续式混炼设备主要指双螺杆挤出机、行星螺杆挤出机以及新发展的FMVX混炼机等。

3.4.3.1 开炼机

开炼机又称开放式炼塑机，其组成见图3-15所示，主要部件是一对能转动的平行辊筒。辊筒多由冷铸钢铸成，表面硬度很高，以减少磨损。辊筒靠电动机经减速箱、离合器，由两个互相啮合的齿轮带动，辊距可调。辊筒内设有加热或冷却载体的循环通道，两辊的转动轴系位于同一水平面并作相向的转动，一般为17～20r/min。为避免辊筒间隙中落入硬性物料而损坏设备或发生意外，设有紧急刹车装置控制临时停车。通常两辊筒的转速不等，一般速比为1.05～1.20，混炼时辊筒间的物料中存在有速度梯度，即产生了剪切应力，这种剪切力可对塑料起到混合塑炼作用，辊距越小时剪切作用越强，塑化效果越好，但对开炼机的生产能力有所降低。

开炼机两辊筒对物料的作用是单方向的剪切，对流作用较少，所以对物料大范围内混合均匀是不利的，为了克服这一缺点，在混炼操作中用切割装置或小刀不断地切开辊面物料使其交叉叠合即“打三角包”后进行辊压，其目的是不断改变物料受剪切力的方向以提高混合效果。混炼时辊筒温度要适当，操作一般在慢速辊筒上进行。其温度应较快速辊调高一些，以便物料能抱住慢速辊，便于操作。

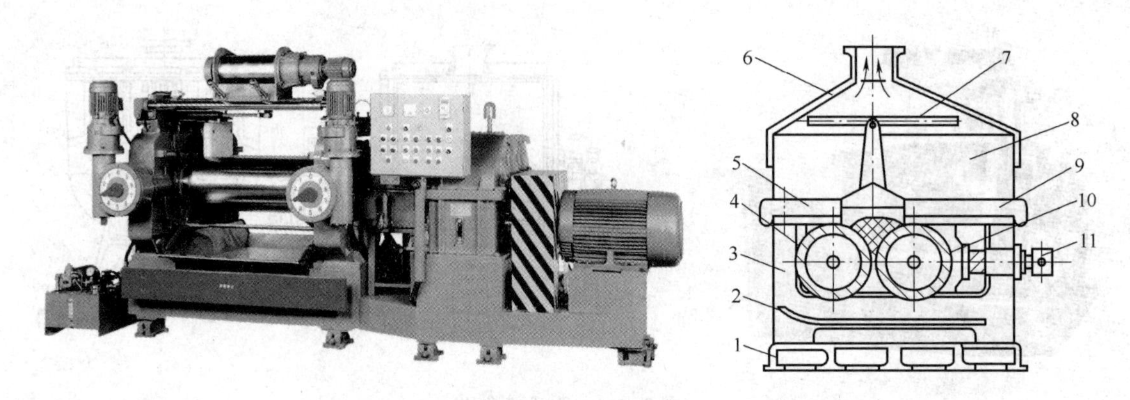

图 3－15　开炼机

1—机座　2—接料盘　3—机架　4—后辊筒　5—横梁　6—排风罩
7—事故停车装置　8—挡料板　9—前辊筒　10—轴承　11—调距装置

3.4.3.2　密炼机

密炼机的基本结构见图 3－16 所示。由混炼室、转子、压料装置、卸料装置、加热冷却装置及传动系统等组成。工作过程是：物料经加料斗进入混炼室，随着压料装置（上顶栓）的下降，以一定的压力作用于物料，物料在具有一定速比、相向旋转、横截面为椭圆形并以螺旋的形式沿着轴向排列的转子作用下，在混炼室内得到混合塑化。塑化好后即打开卸料装置的卸料门排出。根据不同品种塑料混炼的需要，可对混炼室壁、上下顶栓进行

图 3－16　密炼机

1—转子　2—混炼室夹套　3—上顶栓　4—下顶栓　5—加料斗
6—翻板门　7—气缸　8—活塞杆　9—机架　10—活塞

加热或冷却，如图3-17所示。

密炼机的转子设计了长短和倾斜角不同的凸棱，可使物料在径向运动的同时产生轴向运动，因而比开炼机的混合效果好。

3.4.3.3　双螺杆挤出机

为适应混合工艺的要求，特别是聚氯乙烯粉料加工的要求，各种双螺杆挤出机相继问世，目前已广泛应用于聚合物加工业，用来加工硬聚氯乙烯制品，如管、板、异型材等。双螺杆挤出机也可当作连续混合机，用于聚合物的共混改性、填充和增强以及反应挤出等。

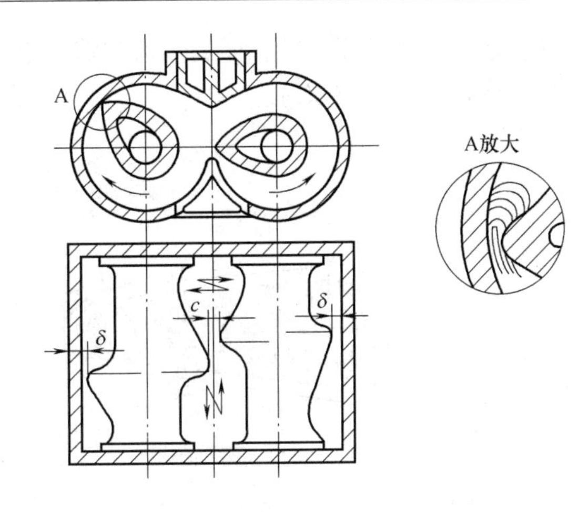

图3-17　椭圆形转子密炼机的工作原理

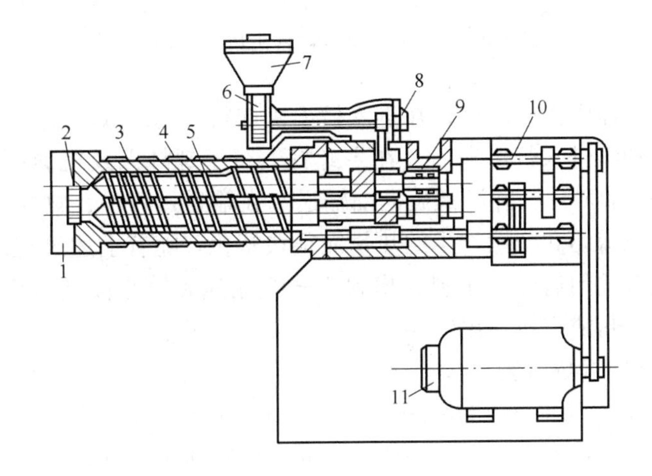

图3-18　双螺杆挤出机的基本结构

1—机头连接器　2—多孔板　3—机筒　4—加热器　5—螺杆　6—加料器
7—料斗　8—加料器电机　9—止推轴承　10—专用减速箱　11—电动机

双螺杆挤出机是极为有效的混合设备，主要部件是螺杆和料筒，当初混料被投入料斗后，即被转动的螺杆卷入料筒，并绕着螺杆向前移动，在移动过程中受料筒壁的加热和受剪切产生的摩擦热而逐渐升温和熔化。挤出机内物料的混炼是在受热与受剪切的作用下完成的，物料的混合作用强，塑化质量好。双螺杆挤出机的种类很多，工作原理也不尽相同。其中啮合异向旋转双螺杆挤出机广泛应用于挤出成型和配料造粒，啮合同向旋转双螺杆挤出机主要用于聚合物的共混、填充和纤维增强复合改性，非啮合型双螺杆挤出机主要用于反应挤出、着色和玻纤增强等，具体内容可参见第4章挤出成型部分。

3.4.3.4　行星螺杆挤出机

行星螺杆挤出机是一种多螺杆挤出机，其结构如图3-19所示。一般由三段组成，其中第一段为加料段，由一根常规螺杆加机筒组成，为强制喂料；第二段设计为混炼段，由主螺杆加6~18根与之啮合的小螺杆与带有内齿的机筒组成，与普通挤出机不同的是螺杆的螺纹断面为渐开线形，螺旋角为45°，当主螺杆转动时，行星螺杆被带动，它们除自转外，还绕主螺杆作公转，形成多道间隙。第三段因用途而设定，或再设一段单螺杆，或与另一台挤出机组成双阶。

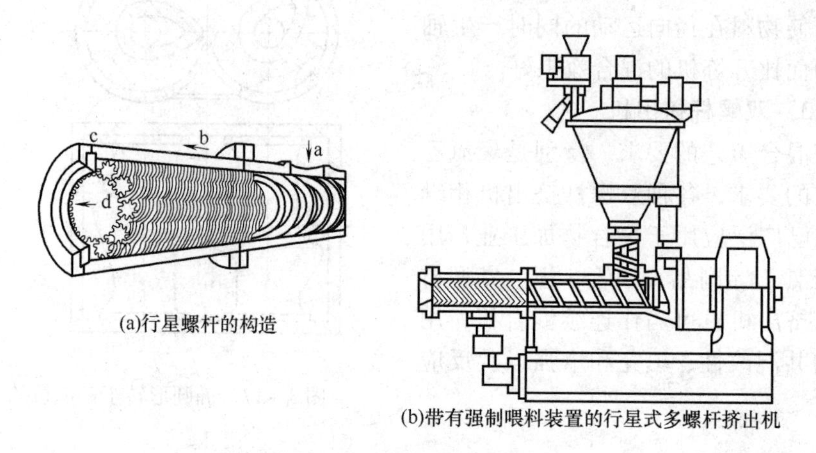

(a)行星螺杆的构造

(b)带有强制喂料装置的行星式多螺杆挤出机

图3－19　行星螺杆挤出机的结构

松散物料在加料器中得到压缩，在进入挤出机加料段后形成稳定的加料压力，由于摩擦，物料被预热。物料进入行星段后，在主螺杆、行星螺杆以及机筒的啮合齿的作用下，被压成0.2～0.4mm的薄片，并沿螺旋向前输送。在输送过程中，物料吸收由加热装置提供的热量和承受挤压剪切和摩擦产生的热量而很快塑化。随着上述过程的进行，物料被进一步混炼。塑化混合均匀后即可出料，出料方式视用途和第三段结构而定，可直接造粒，也可接着为压延机喂料或直接挤出制品。

3.4.3.5　FMVX混炼机组

该机组的英文全称为Farrel Mixing，Venting and Extruding，其结构如图3－20所示。它由一个连续喂料系统加一台带有上顶栓的异向旋转双转子密炼机和一台单螺杆挤出机组合而成。其中混炼的主要功能由密炼机完成，单螺杆挤出机的作用是进一步补充混炼和稳定挤出。该机组既具有密炼机良好的混炼效果，同时通过单螺杆挤出机的串联实现了物料

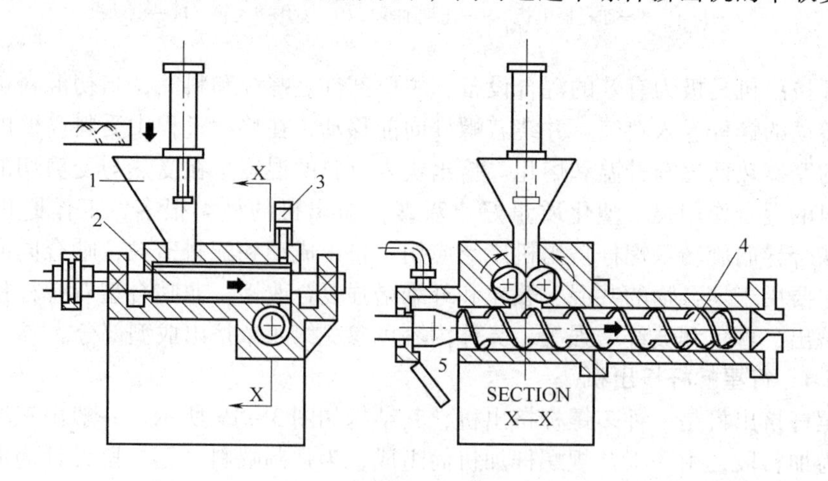

图3－20　FMVX混炼机组

1—料斗　2—混炼室　3—压料杆　4—螺杆　5—清料口

的连续输送和塑化，可谓设计巧妙。该机组配合热切机头后可用于填充母料的生产。

3.4.3.6　磨盘挤出机

磨盘挤出机不同于普通挤出机的关键在于它具有回转圆盘，物料在圆盘区的流动与在螺槽中的流动有很大区别。正是这种特殊的结构改善了机器的混炼效果，同时建立了一定的挤出压力。磨（圆）盘挤出机依 Weissenberg 效应的原理而设计。当具有黏弹性的熔融物料在两平行的圆盘间受到剪切作用时，会产生一个垂直于圆盘面的轴向作用力（即法向应力），此时，若在不动盘的中心开一个口，则处于两圆盘间的熔融物料就会在轴向应力的作用下挤出。常见磨盘的形状如图 3－21 所示。

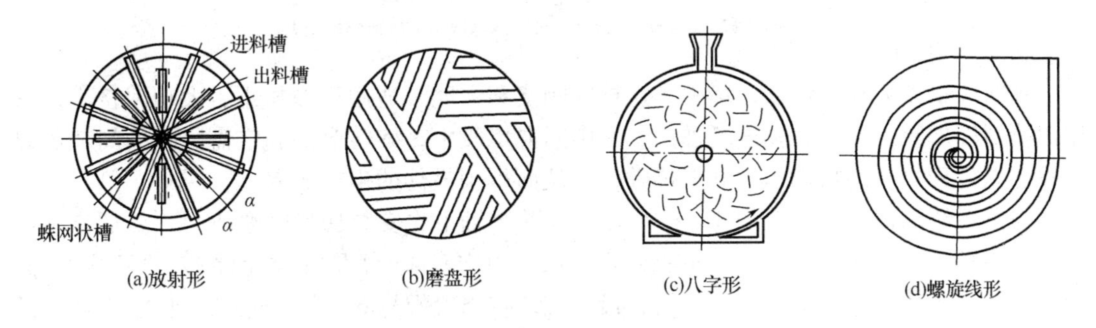

图 3－21　常见磨盘的形状

随着纳米材料的兴起，物料的分散问题日益突出，迫切需要开发具有强烈分散功能的新型混炼机，由于磨盘挤出机突出的混炼效果，其在混炼领域发展很快。各种带磨盘的挤出机，如独立式磨盘挤出机、串联式磨盘挤出机等被开发出来。下面以串联式磨盘挤出机为例，介绍其结构和工作原理。

（1）串联式磨盘挤出机结构和工作原理

串联式磨盘挤出机是将单螺杆挤出机的工作原理和独立式磨盘挤出机的工作原理有机结合起来进行设计的，主要由挤出系统、润滑冷却抽真空系统、加料系统、传动系统、电机等组成，其结构示意图如图 3－22 所示。

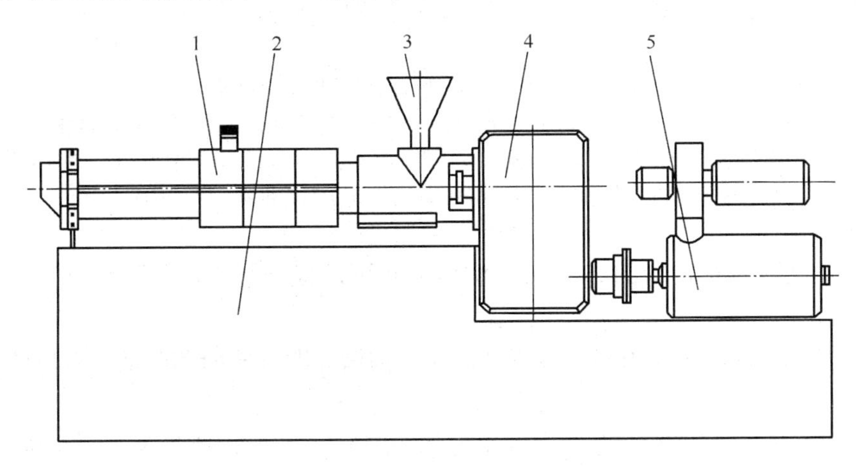

图 3－22　串联式磨盘挤出机结构示意图

1—挤出系统　2—润滑冷却抽真空系统　3—加料系统　4—传动系统　5—电机

挤出系统是该机型的核心，根据螺杆各区段功能的不同而分为固体输送段、熔融混炼段、排气段和挤出段4个区段，如图3－23所示。

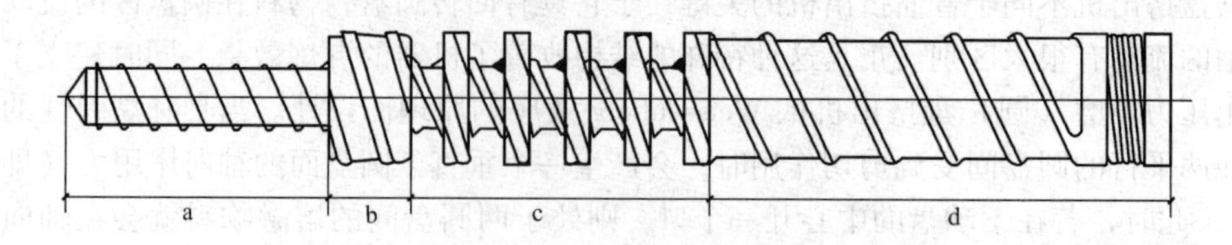

图3－23　挤出部件功能段的划分

a—挤出段　b—排气段　c—熔融混炼段　d—固体输送段

加料段采用大直径螺杆，增强了螺杆的刚度和强度，适用于高扭矩、大功率挤出；采用深槽螺杆加料，可以大幅度增加产量。中间混炼段中，旋转磨盘和定盘之间的间隙可以调整，以得到最佳的挤出压力和混炼效果，从而得到最佳的生产效率。

挤出系统的详细结构如图3－24所示。在花键轴上先安装加料段螺杆17，然后串联数个可与主轴一起旋转的动盘11和螺纹元件12，而定盘14就是螺纹元件12的机筒部分，之后串联一个排气段动盘8和固定盘，最后安装挤出段螺杆6。在装配时，动盘11和螺纹元件12交替安装，则动盘11和定盘14也交替安装。这些动盘11和定盘14之间形成锯齿状态的交错，一个动盘的两个端面分别与两个固定盘的端面之间形成加工面。

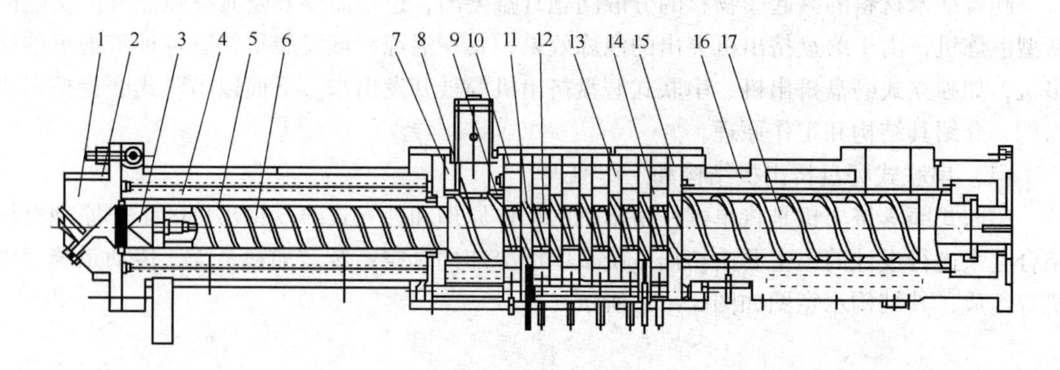

图3－24　串联式磨盘挤出机挤出系统结构

1—机头　2—加热器　3—螺杆头　4—挤出段机筒　5—挤出段衬套　6—挤出段螺杆
7—排气端机筒　8—排气段动盘　9—排气段衬套　10—定盘冷却套　11—动盘　12—螺纹元件
13—动盘机筒1　14—定盘　15—动盘机筒　16—加料段机筒　17—加料段螺杆

磨盘端面为沟槽结构（图3－25），沟槽形状可以根据加工的需要任意变化组合，以增进混炼效率。

磨盘的前后两个表面都开有规则形状的花纹沟槽，即有凹面和凸面，对应的一对磨盘展开后如图3－26所示。

当动盘旋转时，物料在两磨盘间发生剪切。同时，当两磨盘凹面与凹面相对运动时，两盘表面空腔中的物料发生置换；当两磨盘凹面与凸面相对运动时，相对空腔减小，物料发生压缩。动盘旋转一圈，物料将通过多个高剪切区，所以当高速回转磨盘时，通过调整动、定盘的间隙既可以保证高剪切区的高流率，又能够达到良好的分散混合效果。

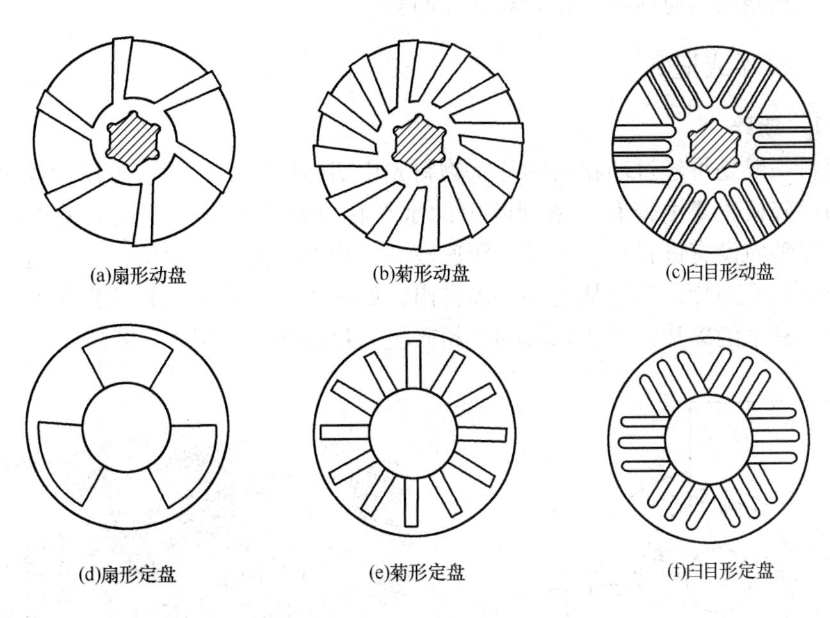

图3-25　磨盘结构形式

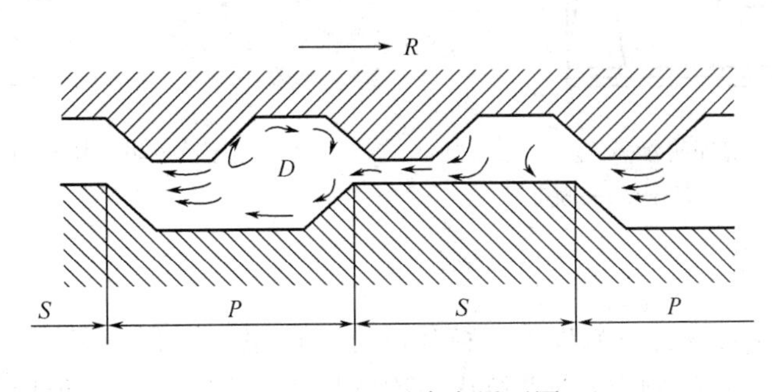

图3-26　一对磨盘展开图

串联式磨盘挤出机是一种具有高混炼性能的特种单螺杆挤出混炼设备，现已成为先进的连续混炼装置之一。其完整的工作过程是：物料经料斗加入，传动系统通过花键连接带动加料段螺杆旋转，将物料向前输送，并将物料部分塑化。当物料被输送到混炼段后，经过数对旋转磨盘和固定盘之间沟槽的剪切、破碎作用，使物料熔融、混合并向前输送，在法向应力的作用下进入挤出段，物料进一步均化、增压和排气，然后从机头挤出。

（2）串联式磨盘挤出机的特点及应用

1）混炼效果好。物料受到多组磨盘反复研磨，其破碎、分散、剪切、混合和塑化性能非常优越。同时，法向应力的作用使混合后的聚合物熔体或溶液具有纤维状的取向结构，并有利于增强拖曳操作时的稳定性，从而改善了制品的性能。

2）产量高，承受扭矩大。

3）应用范围广。磨盘和螺纹元件的形状和组合方式可以多种多样，以适应不同物料的连续混合。能够制备一般混合设备无法加工的特殊高分子合金材料和高填充物料、电子复写、传真用调色涂料、陶瓷、塑料和各种有机混合料、磁性材料、导电材料、热熔涂料、高黏度工程塑料、电池电极以及粉末涂料等。

3.4.4 粉碎或造粒

3.4.4.1 粉碎

粉状塑料一般是将经过塑化后的片状物料先用切碎机切碎，然后再用粉碎机粉碎而得到。通用的切碎机主要由带有一系列叶刀的水平转子和一个带有固定刀的柱形外壳对组成，沿外壳的轴向设有进料斗。转子的转速较高，片刀的交口间距则较小，进入的物料在两刀交口处被切成碎片，碎片从壳体底部排出，如图 3－27 所示。粉碎机带有波纹状沟槽的表面将夹在其中的碎片磨切成粉状物，粉碎机刀片的结构如图 3－28 所示。

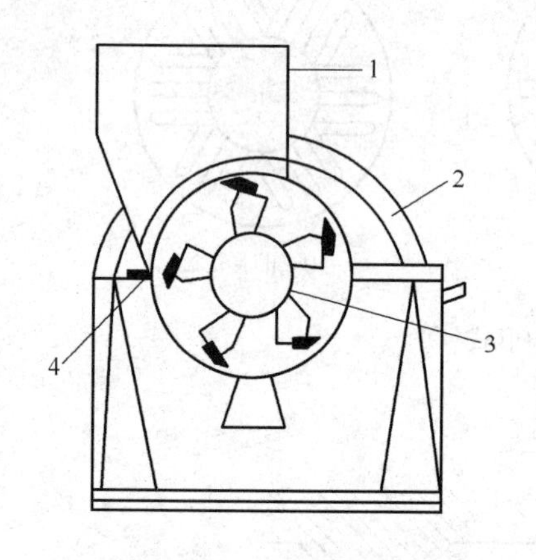

图 3－27　切碎机示意图

1—料斗　2—外壳　3—转子　4—固定刀

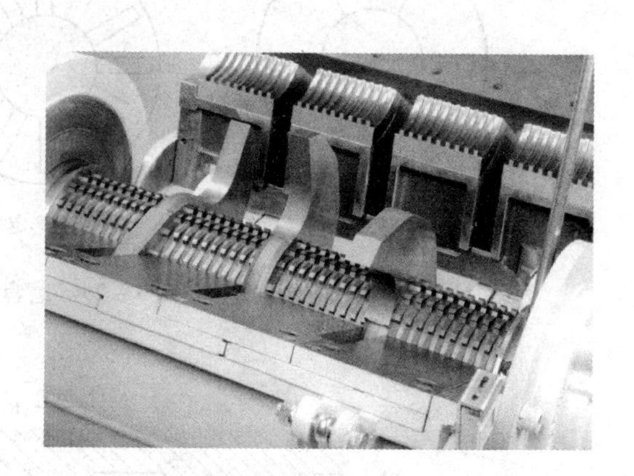

图 3－28　粉碎机刀片

3.4.4.2 粒化

粒化是物料混合的最后一个步骤。粒化的方法取决于来自于混炼工序的物料的状态。片状混合物一般用粉碎机或切碎机来粒化，连续片状混合物可用平板切粒机通过纵切、横切而成为方块状粒料，挤出机挤出可以通过冷切和热切造粒。

（1）开炼机轧片造粒

通过捏合机或密炼机的物料经开炼机塑炼成片，冷却后切粒。所用的切粒设备为平板切粒机。开炼机轧片造粒，如图 3－29 所示。一定宽度的料片进入平板切粒机，先经上、下圆辊刀纵向切割成条状，然后通过上、下侧流板经压料辊送入回转甩刀与固定底刀之间，横向切断成颗粒状。

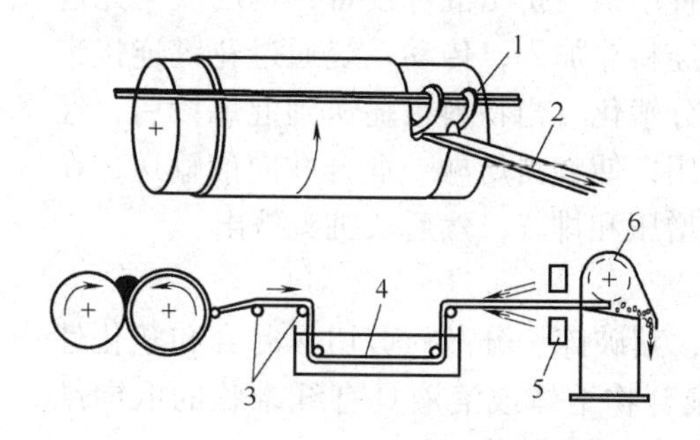

图 3－29　开炼机轧片造粒示意图

1—割刀　2—料片　3—导辊　4—冷却水槽　5—吹气干燥器　6—切粒机

（2）挤出机挤出料条冷切造粒

挤条冷切是热塑性塑料最普遍采用的造粒方法，设备和工艺都较简单。经挤出机塑化成条状挤出，圆条经风冷或水冷后，通过切粒机切成圆柱形颗粒。这种切粒机的结构如图3－30所示。牵条冷切粒设备通常与挤出机配合使用，主要适用于对PA、PE、ABS、PVC、PP、PS等物料的造粒、塑料共混、改性混合、增强混合后的造粒和非吸水性色母料的造粒。

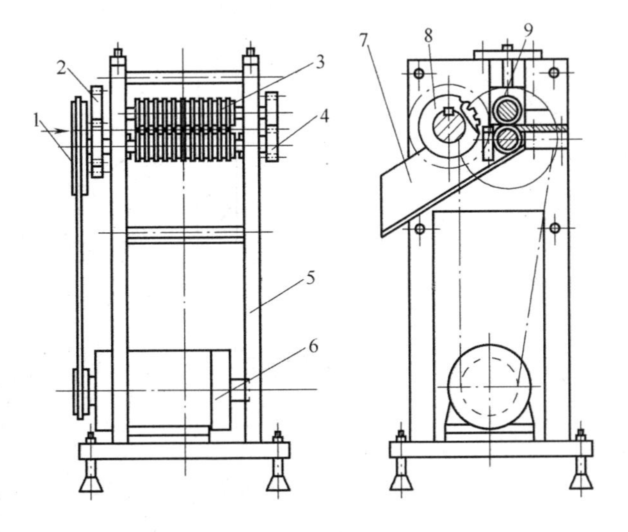

图3－30　切粒机结构示意图

1—传动系统　2、4—传动齿轮　3—纵向切条滚轴　5—机架　6—电动机　7—卸料槽　8—切粒盘　9—剪切板

（3）挤出机热切造粒

此法通过紧贴于挤出机机头的旋转切刀将从挤出机多孔口模中挤出的料条切断造粒。为了防止粒子粘连，切粒需在冷却介质中进行。冷却介质较多采用高速气流或喷水的形式。该机具有自动化程度高，生产效率高等优点。塑料挤出造粒生产机组及机头结构如图3－31所示。

图3－31　塑料挤出造粒生产机组及机头结构

（4）水下切粒

水下切粒是一种新型的高分子聚合物半成品加工工艺，由于它的切削过程是在水中进行的，由此而得名。在加工涤纶聚合物的切片粒子时常用到水下切粒工艺。

水下切粒机的结构如图3－32所示，主要部件包括铸带导向部分、切割头部分、电机驱动部分和仪表控制系统。其中切割头部分是主要部件，包括引料单元、切割装置和水系统三部分。

水下切粒的工艺过程如下：当带有一定压力的高温聚酯熔体从铸带头处挤出带条时，铸带条首先借重力作用浸没在切粒机启动板上的溢流水中进行冷却，而后流经带槽的导向板和切断板，在此过程中经喷淋水进一步冷却固化；最后，经前后两引料辊引入到动定刀之间的间隙处，经动刀螺旋刃的旋转作用将铸带条切断。由于切断后的粒子中心还没有完

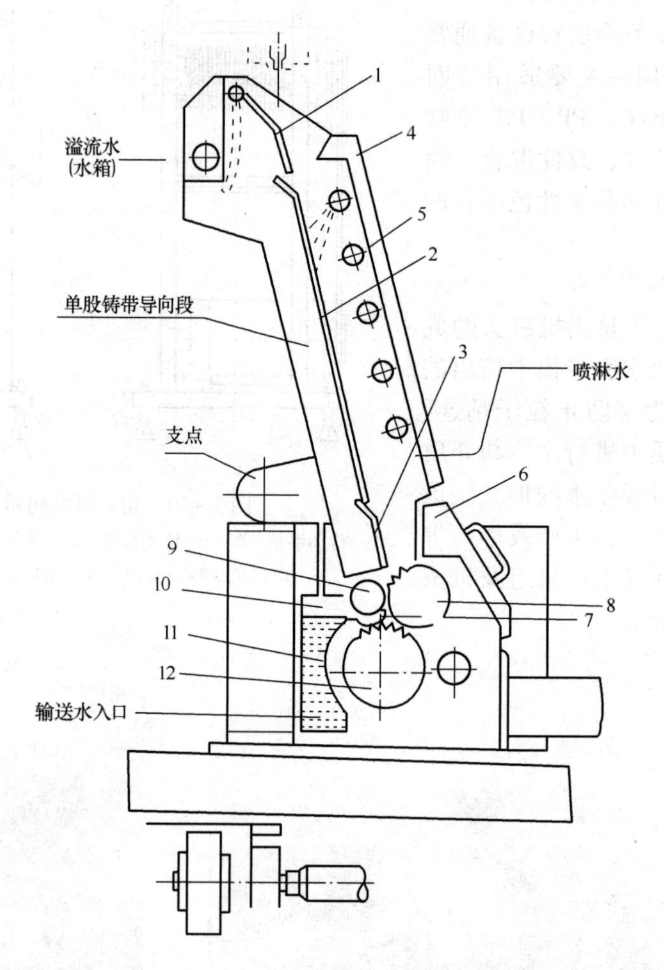

图 3－32　水下切粒机结构示意图

1—启动板　2—导向板　3—停车板　4—导向段罩盖　5—喷淋水　6—切割室盖子
7—剥离器　8—前引料辊　9—后引料辊　10—定刀　11—分配板　12—动刀

全冷却，而处于半熔融状态下，所以为防止粒子之间相互粘连还设有输送水。输送水进入切割头后，被分配板分为两股：一股用于冷却刚切下来的粒子；另一股则用来将切片粒子输送出切粒机，这样通过切粒机的连续运转达到不断切粒的目的，而粒子尺寸的大小根据生产需要而定。

铸带导向部分的主要部件是纵向开凹槽导向板，顶部装有气动操作的开车启动板。冷却水从入口进入后均匀地流过导向板的整个宽度，进入切割头部分。铸带束导向部分的底部装有停车板，在进料辊之间的间隙阻塞的情况下，切料机停车板可连锁停车。

切割头部分包括引料单元、切割装置和水系统。引料单元由两个引料辊组成，一个是平滑的（后引料辊），另一个是带螺旋齿的不锈钢辊子（前引料辊），两个辊有相同的线速度。切割装置由动刀（螺旋转刀）和定刀组成。水系统在切割室中被分为两股水流，一股是径向水流，其作用是以防刚切出的料子互相粘连；另一股沿旋转动刀的切线方向进入切割室，通称为切向水流，它的作用是要罩住切割室底部，使切割室底部保持约 5mm 的水深，以便对切片颗粒实行进一步的冷却，并将料子输送出切粒机。

水下切粒系统能够适用于绝大部分高分子材料加工的运用，尤其是其他切粒系统无法适用的一些物料如 TPU、TPV 等。其优点主要有：第一，切粒不会构成任何粉尘，且切粒形状规整；第二，只需控制好循环水的温度和流速，就可控制产品的结晶度，粒子的质量稳定，并且透明度、光泽度较高；此外，由于切粒在水下进行，能够防止制品在空气中的氧化。

第 4 章　挤 出 成 型

4.1　挤出成型概述

挤出成型亦称挤压模塑或挤塑，是在挤出机中通过加热塑化、借助螺杆的挤压作用使熔化的聚合物物料以流动状态通过具有一定形状的口模而冷却成为具有恒定截面的连续型材（如管材、异型材、板材、薄膜、单丝、电线电缆和挤出吹塑的型坯等）的加工成型方法。挤出成型的特点是塑化能力强、生产效率高、适应性强、用途广泛。挤出成型在塑料加工领域占很大比例，几乎所有的热塑性塑料都可以用挤出成型加工，全世界超过50%的热塑性塑料是经由挤出成型加工生产的。除了成型制品外，挤出还可用于塑料染色、混炼、塑化造粒以及共混改性等。近年来随着挤出成型设备的发展，挤出成型也用于部分热固性塑料的加工中。

4.2　挤出装备及其原理

4.2.1　单螺杆挤出机

4.2.1.1　结构和组成

单螺杆挤出机是由加料系统、挤压系统、加热和冷却系统、传动系统以及控制系统等几个部分组成，其基本结构如图 4－1 所示。

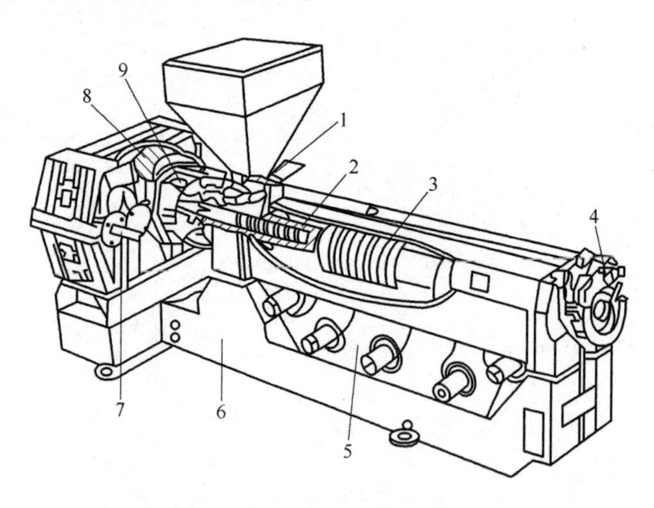

图 4－1　单螺杆挤出机的组成和结构

1—加料口　2—料筒和螺杆　3—料筒加热器　4—机头连接器
5—冷却系统　6—底座　7—传动马达　8—齿轮箱　9—止推轴承

（1）加料系统

加料装置的作用是能够保持连续、均匀地向挤出机料筒供料。挤出机一般都采用料斗加料。料斗内存有切断料流、标定料量和卸除余料等装置，其容量至少应能容纳1h的用料。粒状或粉状物料依靠自身的重量进入加料孔，加料孔的形状有矩形与圆形两种，一般多用矩形，其长边平行于轴线，长度为螺杆直径的1～1.5倍，在进料侧有7°～15°的倾斜角。加料孔周围应设有冷却夹套，以排除高温料筒向料斗传热，避免料斗中的物料因升温而发黏，以致引起加料不均或料流受阻。较好的料斗还设有定时、定量供料及内在干燥或预热等装置。此外，也有采用在减压下加料的，即真空加料装置，这种装置特别适用于加工易吸湿的塑料和粉状原料。另外，随着料层高度的改变，可能引起加料速度的变化，同时还可能产生"架桥"现象而使加料口缺料，因此在加料装置中设置搅拌器或螺杆输送强制加料器可克服此缺点。图4－2～图4－4给出了几种加料装置的结构。

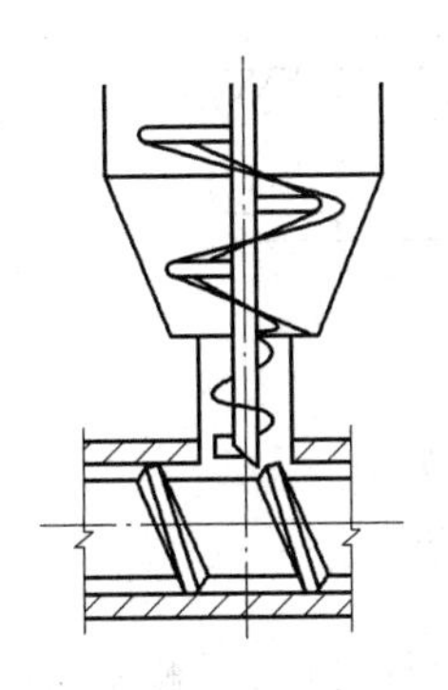

图4－2 螺旋强制加料器

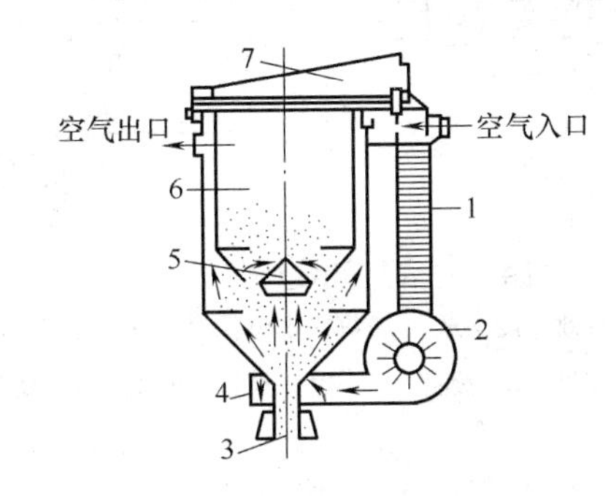

图4－3 带有干燥装置的加料斗

1—电热丝 2—鼓风机 3—阀门 4—空气过滤器 5—原料分散器 6—内层料斗 7—盖子

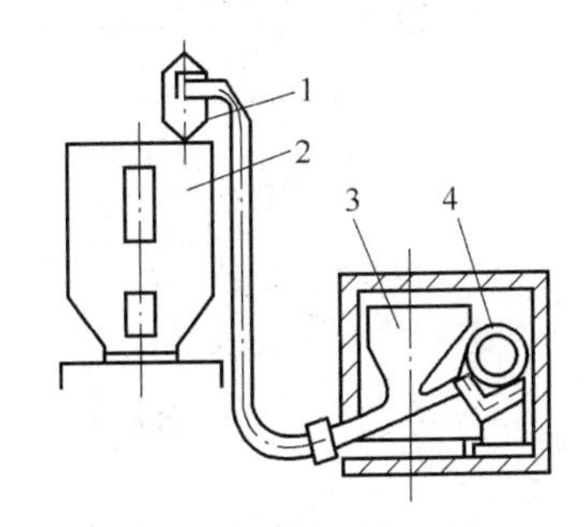

图4－4 鼓风上料器

1—旋风分离器 2—料斗 3—储料斗 4—鼓风机

（2）挤压系统

挤出系统主要由螺杆和机筒组成，是挤出机的关键部分，其功能是对物料进行连续的输送、塑化、均化和定压定量地挤出。

1）料筒 料筒又称为机筒，与螺杆一起构成物料塑化和受压的空间。由于在高温（工作温度一般为180～300℃）、高压（挤压压力可达55MPa）、磨损和一定的腐蚀条件下工作，因此制造料筒的材料须具有较高的强度、坚韧耐磨和耐腐蚀性，通常由钢制外壳和合金钢内衬组成。在料筒的外部设有分区加热和冷却装置。加热是原材料塑化的需要，常用的加热方法有电阻或电感加热等；冷却的目的主要是防止物料过热，或者是在停车时使之快速冷却，以免树脂降解或分解。料筒一般用空气或水冷却，某些挤出机的料筒或加热器上所附置的翼片就是为增加风冷的效率而设的，用冷水通过嵌在料筒上的铜管来冷却的效率较高，但易造成急冷，发生结垢、生锈等不良现象。

2）螺杆 螺杆是挤出机的关键性部件，它直接关系到挤出机的应用范围和生产率。通过螺杆转动对物料产生挤压作用，物料在料筒中才能产生移动、增压和从摩擦中取得部分热量，并得到混合和塑化。与料筒一样，螺杆也是用高强度、耐热和耐腐蚀的合金钢制成，其表面有很高的硬度和光洁度。大型螺杆的中心有孔道，内可通冷却水以防止螺杆因长期运转而过热损坏，同时也可保证使螺杆表面的温度略低于料筒温度而不至于粘附物料，提高熔料的输送效率。普通螺杆的结构及其特征参数如图4－5所示。

螺杆的主要功能包括输送固体物料，压紧和熔化固体物料，均化、计量和产生足够的压力以挤出熔融物料。根据物料在螺杆上运转的情况可将螺杆分为加料、压缩和计量三段。加料段是从物料入口向前延伸的一段距离，其长度为4～8*D*；主要功能是从料斗攫取物料传送给压缩段，同时使物料受热。这段螺槽较深，其深度H_1为0.10～0.15*D*。压缩段是螺杆中部的一段，物料在这段中受热向前移动，由粒状固体逐渐压实并转化为连续的熔体，为适应这一变化，螺槽深度逐渐减小。计量段是螺杆的最后一段，其长度为6～10*D*；这段的功能是使熔体进一步塑化均匀，并使物料熔体定量、定压地从机头口模挤出；这段螺槽较浅，其深度H_3为0.02～0.06*D*。

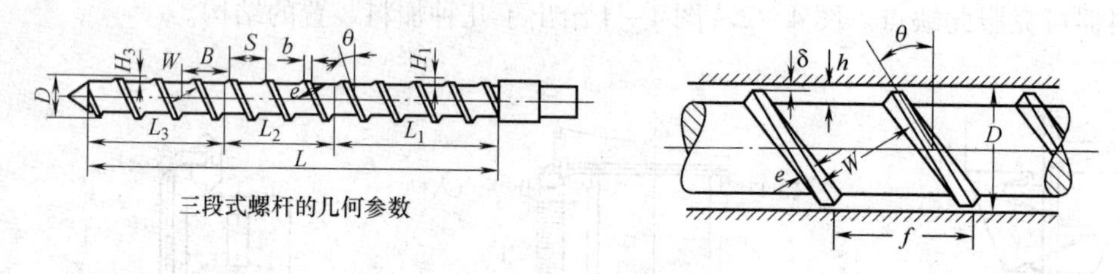

图4－5　螺杆示意图

D—螺杆直径　*L*—螺杆有效长度　H_1—加料段螺槽深度　H_3—计量段螺槽深度

θ—螺旋角　*e*—螺棱宽度　*S*—螺距　*δ*—螺杆与料筒间隙　*W*—螺槽宽度

表征螺杆结构的基本参数有螺杆直径、长径比、压缩比、螺距、螺槽深度、螺旋角、螺杆与料筒的间隙等。

螺杆直径（*D*）是螺杆的基本参数之一，单螺杆挤出机的规格就是用螺杆的直径来表示的。螺杆直径通常根据所制制品的形状大小及需要的生产率来决定。随着挤出机的改进，同一直径挤出机的挤出量都有增大的趋势，例如用螺杆直径为60mm的挤出机加工低密度聚乙烯时，其挤出产量可低至30kg/h，也可高达220kg/h或以上。衡量挤出机能量消耗的指标，常用挤出每1kg物料所需焦耳数（1kW·h＝3.6MJ）表示。因此，挤出机所需功率随挤出量的提高而增大。另外，螺杆的其他参数如长度、螺槽深度和螺棱宽度等均与直径有关，而且大多用它们与直径之比来表示。

螺杆的长径比（*L/D*）是螺杆的有效长度与其直径之比，是描述螺杆特性的另一重要参数。如果把螺杆仅看成为输送物料的一种手段，则螺杆的长径比是决定螺杆体积容量的主要因素。另外，长径比会影响热量从料筒壁传给物料的速率，这反过来影响由剪切所产生的热量、能量输入以及功率与挤出量之比。因此，增大长径比可使物料塑化更均匀，可提高螺杆转速以增大挤出量。目前，螺杆有增大长径比的趋势，但过长会给制造与装配带来一些困难。长径比一般以25左右居多。

螺杆的压缩比是加料段第一个螺槽的容积与计量段最后一个螺槽容积之比，即几何压缩比。在螺距不变的情况下，该压缩比也可用加料段第一个螺槽的深度（H_1）与计量段最后一个螺槽的深度（H_3）之比来代替。压缩比可以通过等距不等深、等深不等距、不等深不等距以及复合型螺杆等四种方式获得。压缩比的大小取决于所加工的物料种类、进料时的聚集状态，其值常为2～4。螺槽深度与物料的热稳定性有关，对剪切比较敏感的物料，如PE、PA等适合选择较浅的螺槽，对剪切速率不太敏感的高黏度物料，如PVC、PC等宜选择较深的螺槽。

螺旋角的大小与物料的形状有关。物料的形状不同，对加料段的螺旋角要求也不一样。理论和实验证明，30°的螺旋角最适合于细粉状塑料；15°左右适合于方块料；而17°左右则适合于球、柱状料。从螺杆的制造考虑，通常以螺距等于直径的最易加工，这时螺旋角为17.6°而且对产率的影响不大，螺杆的螺旋方向一般为右旋。

螺棱宽度（e）一般为0.08～0.12D，太小会使漏流增加，导致产量降低，太大则会增加螺棱上的动力消耗，有局部过热的危险；但在螺槽的底部则较宽，其根部应用圆弧过渡。此外，螺棱的截面形状也有矩形、锯齿形和双楔形之分以适应不同的功能区和不同物料对加工和塑化的需求。

螺杆与料筒间隙（δ）的大小影响挤出机的塑化能力和生产能力。间隙大，漏流多，生产效率低，也不利于热量的传导并降低剪切速率；但间隙太小时，强烈的剪切作用有可能引起物料出现热降解。一般对大直径螺杆，取$\delta=0.002D$，小直径螺杆，取$\delta=0.005D$。

螺杆头部形状一般呈钝尖的锥形，以避免物料在螺杆头部停滞过久而引起分解。但近年来，随着挤出加工技术的进步，具有不同种功能的螺杆头被开发出来，如图4－6所示。例如鱼雷头与料筒的间隙通常小于它前面螺槽的深度，其表面也可开成沟槽或滚成特殊的花纹，这种螺杆对塑料的混合和受热都会产生良好的效果，且有利于增大料流压力和消除脉动现象，常用来挤压黏度大、导热性不良或熔点较为明显的塑料。

图4－6 不同形状和功能的螺杆头

螺杆的几何参数、结构和类型等对螺杆的工作特性均有重大的影响。针对不同目的和用途，螺杆的种类非常多。

图4－7给出四种常用螺杆的形式。图4－7（a）为常用的三段式螺杆，加料段和计量段的螺槽深度恒定，压缩段螺槽深度由深到浅，其起始位置和尺寸与聚合物的熔化或软化特性相匹配；图4－7（b）为带有排气段的三段式螺杆，在排气段压力有所下降，这样就可以通过抽真空或直接向大气中排逸（在料筒壁上钻孔），将气体从熔体中排除；图4－7（c）为“渐变型”螺杆，用于聚氯乙烯等无定形聚合物的加工；图4－7（d）为“突变型”螺杆，用于尼龙等具有很窄熔程的结晶性聚合物的加工。除此之外，为适应特殊塑料或特殊混炼、加工工艺等的要求，分离型、分流型、波纹型、屏障型、组合型等多种新型螺杆不断被

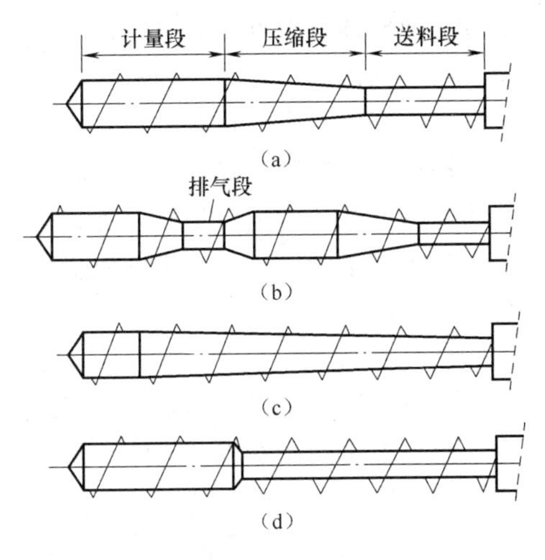

图4－7 四种常用螺杆形式示意图

开发使用，读者可参考相关专著了解，本教材不再赘述。

（3）温度控制系统

物料在挤出机中必须从固相转变为液相方能实现挤出成型，温度是产生状态变化的必要条件，同时，聚合物也只能在一定的加工温度范围成型，因此，温度控制系统也是挤出机的重要组成部分。

加热使得挤出机获得足以使聚合物熔融的能量以达到正常挤出所需要的温度。挤出机的加热方式包括电阻加热、电感加热和载体加热三种。电加热装置结构简单、安装方便，缺点是最大功率密度和最高操作温度受结构和材料限制；载体加热能使整个热传递区的温度均匀，避免局部过热，但结构复杂，需要增加一套载体循环系统，且大多数载体的工作温度较低，仅用于对温度变化敏感的物料或对制品质量有严格要求的场合。加热装置一般设在挤出机料筒的外部。

挤出过程中物料的熔融是料筒外部加热（外热）和螺杆旋转导致聚合物摩擦生热和黏性生热（内热）共同作用的结果。在生产中，如果温度过高，即使停止外部加热器的工作，摩擦和黏性生热还会使料温继续升高，发生热分解或导致黏度下降明显，为了避免这种情况发生，挤出机还需要冷却装置。冷却可以从三个位置进行：一是对料筒冷却以从外部降低温度，冷却方式可以是水冷或风冷；二是采用空心螺杆，从内部通冷却介质（水或油）进行冷却；三是对料斗座进行冷却，以防止物料过热产生“架桥”而影响加料。风冷的优点是比较柔和，缺点是冷却速度慢、体积大、噪声大，易受外界温度的影响；水冷比风冷速度快、噪声低，但易造成急冷和水管结垢；油冷可以克服上述缺点，但成本高。

对挤出温度的监测一般采用热电偶温度传感器进行，通过通-断控制来实现。

（4）传动与控制系统

传动装置是带动螺杆转动的部分，通常由电动机、减速机构和轴承等组成，同时应设有良好的润滑系统和迅速制动的装置。在传统的螺杆挤出机系统中，螺杆由直流电机驱动。其中直接传动方式为螺杆直接由齿轮箱驱动；间接传动方式为螺杆由皮带和牵引盘驱动。直流电机本身存在着一定的缺点：例如直流电机的电刷每个月就要更换一次，在多粉尘或腐蚀性环境中直流电机需要经常清洗；间接传动存在皮带滑差，会造成一定的能量损失。新型的传动装置用无刷永磁直流电动机代替了普通电动机直接驱动螺杆，这种电动机无需齿轮减速，由变频器控制，无级调速，从而增强了挤出的稳定性。

挤出机的控制系统主要由电器、仪表和执行机构组成，其主要作用为：①控制主、辅机的拖动电机，满足工艺要求所需的转速和功率，并保证主、辅机能协调地运行；②控制主、辅机的温度、压力、流量和制品的质量；③实现整个机组的自动控制。其动作由传动系统实现。

（5）机头和口模

机头和口模是挤出塑料制品的成型部分。机头是指连接口模和料筒间的过渡连接部分，而口模是制品的成型部件。由于许多机头的特性是相当复杂的，很难将机头和口模截然分开，因此，习惯上把安装在料筒的整个组合装置称为机头或口模，即挤出机的模具部分。不同的制品采用不同的机头，如管材挤出机头、片材挤出机头、吹塑薄膜机头、异型材机头、造粒机头等。图4-8给出了几种不同类型的机头。

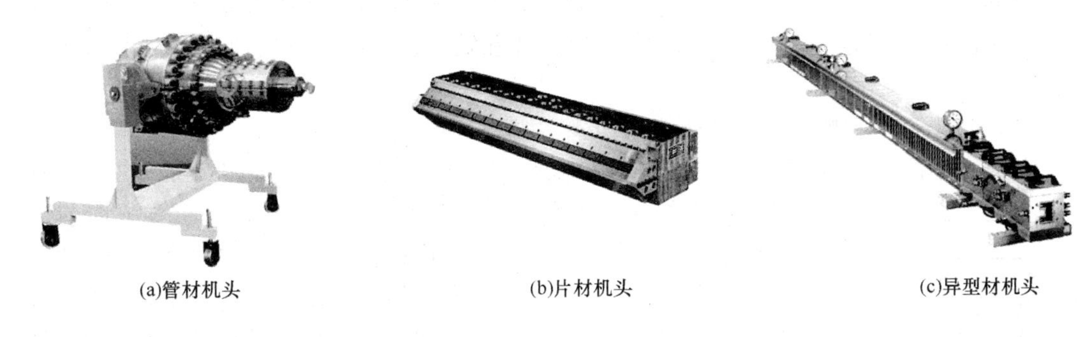

图4－8　不同类型的机头

在料筒前端与口模之间安装有分流板和过滤网。如图4－9所示，分流板是一块多孔的金属圆板，其作用是使物料由旋转运动变为直线运动，阻止杂质和未塑化的物料通过以及增加机头压力，使制品更加密实。分流板的另一作用是支撑过滤网。过滤网为2～3层铜丝或不锈钢丝网，其作用是使物料进一步得到过滤，并能改进物料的混合效果。但是，过滤网也能使工艺过程产生波动，导致背压和熔融物料温度上升，有时还会减少产量。挤出黏度大、热敏性塑料（如RPVC）时一般不用过滤网。

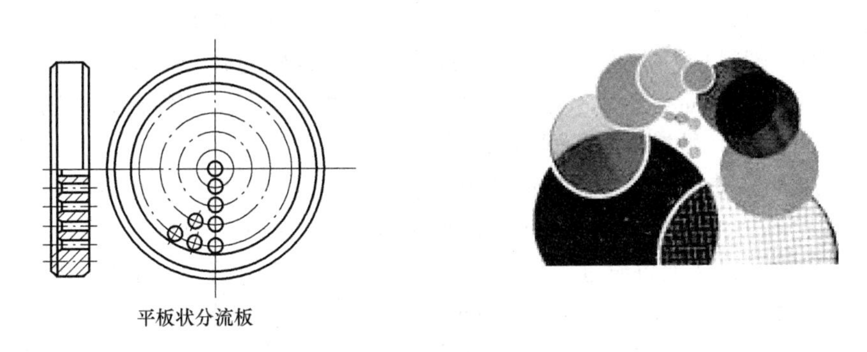

图4－9　分流板和过滤网

口模的作用使挤出物获得规定的横截面形状和尺寸大小。口模的类型有很多，如管材口模、扁平式口模、异型材口模等，挤出机可以通过更换口模来生产不同的制品。口模是挤出制品的关键部件，应遵循下列设计原则：①流道的流线型过渡。所有与流道有关的部件应尽量成流线型，不能有死角存在，为了有利于物料的流动，所有熔融物料所经过的通道应尽量光滑。通常机头的扩张角与压缩角均不应大于90°，而压缩角应小于扩张角。②机头定型部分的横截面积的大小，必须保证物料有足够的压力，以使制品密实。③在满足制品强度的条件下，机头结构应紧凑，机头与料筒的连接应严密，防止挤出时物料泄出，但它们的连接还应考虑到易于装拆。④机头的材料由硬度较高的合金钢制成，也可以用硬度较高的碳钢。为防止气体或其他物质腐蚀，挤出机头和口模的表面应镀铬并抛光。

4.2.1.2　工作原理

在挤出成型过程中，塑料经历了固体—弹性体—黏流（熔融）体的形变过程，在螺杆和料筒之间，塑料沿着螺槽向前流动。在此过程中，塑料有温度、压力、黏度，甚至化学结构的变化，因此挤出过程中塑料的状态变化和流动行为相当复杂。多年来，许多学者进行了大量的实验研究工作，提出了多种描述挤出过程的理论，有些理论已基本上获得应用。但是各种挤出理论都存在不同程度的片面性和缺点，因此，挤出理论还在不断修正、完善和发展中。

（1）挤出过程和螺杆各段的职能

高聚物存在三种物理状态，即玻璃态、高弹态和黏流态，在一定条件下，这三种物理状态会发生相互转变。固态塑料由料斗进入料筒后，随着螺杆的旋转而向机头方向前进，在这过程中，塑料的物理状态是发生变化的，根据塑料在挤出机中的三种物理状态的变化过程及对螺杆各部位的工作要求，通常将挤出机的螺杆分成加料段（固体输送区）、压缩段（熔融区）和均化段（熔体输送区）三段。对于这类常规全螺纹三段螺杆来说，塑料在挤出机中的挤出过程可以通过螺杆各段的基本职能及塑料在挤出机中的物理状态变化过程来描述（见图4－10）。

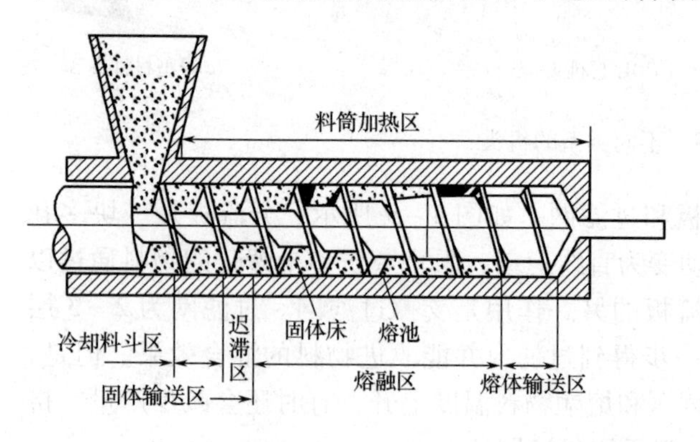

图4－10　塑料在挤出机中的挤出过程

1）加料段　塑料自料斗进入挤出机的料筒内。在螺杆的旋转作用下，由于料筒内壁和螺杆表面的摩擦作用向前运动，在该段，螺杆的职能主要是对塑料进行输送并压实，物料仍以固体状态存在，虽然由于强烈的摩擦热作用，在接近加料段的末端，与料筒内壁相接触的塑料已接近或达到黏流温度，固体粒子表面有些发黏，但熔融仍未开始。这一区域称为迟滞区，是指固体输送区结束到最初开始出现熔融的一个过渡区。

2）熔融段　塑料从加料段进入熔融段，沿着螺槽继续向前，由于螺杆螺槽的容积逐渐变小，塑料受到压缩，进一步被压实，同时物料受到料筒的外加热和螺杆与料筒之间的强烈的剪切搅拌作用，温度不断升高，物料逐渐熔融，此段螺杆的职能是使塑料进一步压实和熔融塑化，排除物料内的空气和挥发水分。在该段，熔融料和未熔料以两相的形式共存，至熔融段末端，塑料最终全部熔融为黏流态。

3）均化段　从熔融段进入均化段的物料是已全部熔融的黏流体。在机头口模阻力造成的回压作用下被进一步混合塑化均匀，并定量定压地从机头口模挤出，在该段，螺杆对熔体进行输送。

（2）挤出理论

目前应用最广的挤出理论是根据塑料在挤出机三段中的物理状态变化和流动行为来进行研究的，分别是固体输送理论、熔融理论和熔体输送理论。

1）固体输送理论　固体输送理论是以固体对固体的摩擦静力平衡为基础建立起来的。该理论认为，物料与螺槽和料筒内壁所有面紧密接触，当物料与螺纹斜棱接触后，斜棱面对物料产生一与斜棱面相垂直的推力，将物料向前推移。在推移过程中，由于物料与螺杆、物料与料筒之间的摩擦以及物料相互之间的碰撞和摩擦，同时还由于挤出机的背压等的影响，物料不可能呈现像自由质点那样的螺旋运动状态。达涅尔（Damell）等人认为，在料筒和螺杆之间，由于受热而粘连在一起的固体粒子和未塑化、冷的固体粒子，是一个个连续地整齐地排列着的，并塞满了螺槽，形成具有弹性的固体塞，并以一定的速率向前移动（见图4－11）。图4－11中F_b和F_s、A_b和A_s以及f_b和f_s分别为固体塞与料筒和与螺杆间的摩擦力、接触面积和静摩擦因数，p为螺槽中体系的压力。

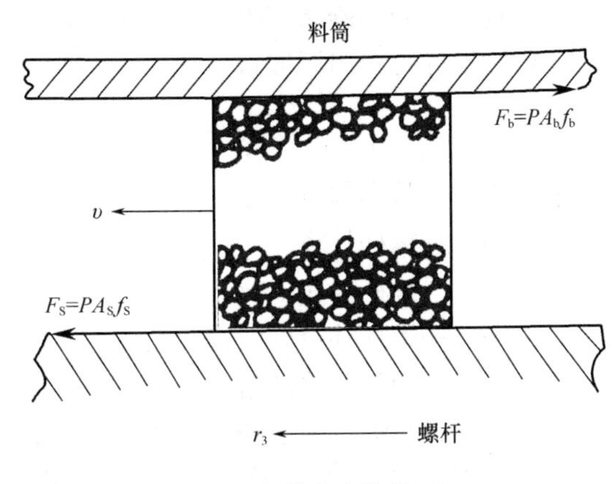

图4－11　固体塞摩擦模型

物料受螺杆旋转时的推挤作用向前移动可以分解为旋转运动和轴向水平运动。旋转运动是由于物料与螺杆之间的摩擦力作用被转动的螺杆带着运动，轴向水平运动则是由于螺杆旋转时螺杆斜棱对物料的推力产生的轴向分力使物料沿螺杆的轴向移动。建立理论模型时，为计算方便，把固体塞在螺槽中的移动简化成在矩形通道中的运动，如图4－12所示。当螺杆转动时，螺杆斜棱对固体塞产生推力F，使固体塞沿垂直于斜棱的方向运动，速度为v_x，推力在轴向的分力使固体塞沿轴向移动，速度为v_a。螺杆旋转时的表面速度为v_s，若将螺杆看成相对于物料是静止不动的，则料筒是以速度v_b对螺杆作相向的切向运动。v_z是（v_b-v_x）的速度差，它使固体塞沿螺槽z轴方向移动（见图4－12）。

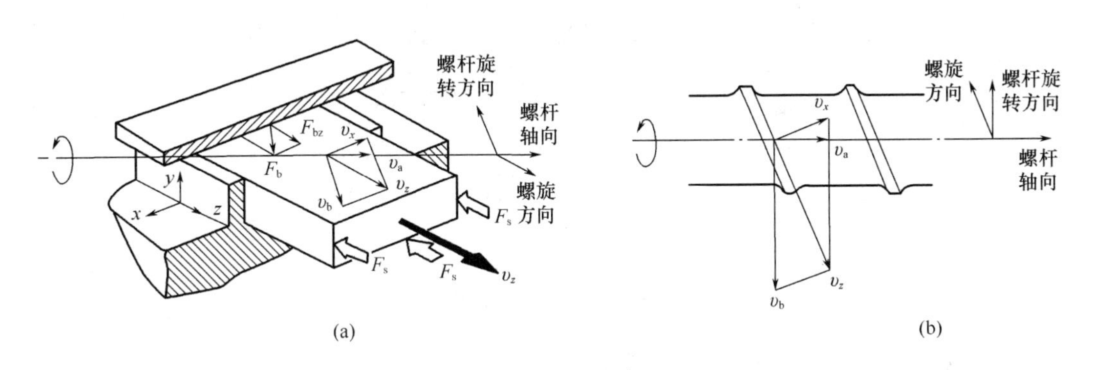

图4－12　螺槽中固体输送的理想模型和固体塞移动速度矢量图

（a）理想模型　（b）速度矢量图

在图4－12中，螺杆对固体塞产生的摩擦力用F_s表示，料筒对固体塞产生的摩擦力用F_b表示。F_b在螺槽z轴方向的分力为F_{bz}，$F_{bz}=A_s\cdot F_s\cdot p\cdot\cos\theta$。在稳定流动的情况下，推力$F_s$与阻力$F_{bz}$相等，即$F_s=F_{bz}$，故

$$A_s\cdot f_s = A_b\cdot f_b\cdot\cos\theta \tag{4-1}$$

当物料与料筒或螺杆间的摩擦力为零，即$F_s=F_{bz}=0$时，物料在料筒中不能发生任何移动；只有$F_{bz}>F_s$时，物料才能在料筒与螺杆间产生相对运动，并被迫沿螺槽向前方移动。可见固体塞的移动是旋转运动还是轴向运动占优势，主要决定于螺杆表面和料筒表面与物料之间的摩擦力的大小。只有物料与螺杆之间的摩擦力小于物料与料筒之间的摩擦力时，物料才沿轴向前进；否则物料将与螺杆一起转动。因此只要能正确控制物料与螺杆及

物料与料筒之间的静摩擦因数，即可提高固体输送能力。

通过推导可得出固体输送速率 q_s 与螺杆几何尺寸的关系：

$$q_s = \pi^2 D \cdot H_1(D - H_1) n \left[\frac{\tan\theta \cdot \tan\phi}{\tan\theta + \tan\phi}\right] \tag{4-2}$$

式中：H_1——螺槽深度

D——螺杆外径

n——螺杆转速

θ——螺杆外径处的螺旋角

ϕ——物料的移动角

图 4-13 是螺杆的展开图。当螺杆旋转一周时，螺槽中固体塞上的 A 点移动到 B 点，这时 AB 与螺杆轴向垂直面的夹角为 ϕ，此角称为移动角。可见加料段的固体输送速率 q_s 与螺杆的几何尺寸和外径处的螺旋角 θ 有关，通常 θ 在 0 ~ 90°范围，$\theta = 0°$时，q_s 为零，$\theta = 90°$时，q_s 最大。由式（4-1）和式（4-2）可知，为了提高固体输送速率，应采取以下措施：

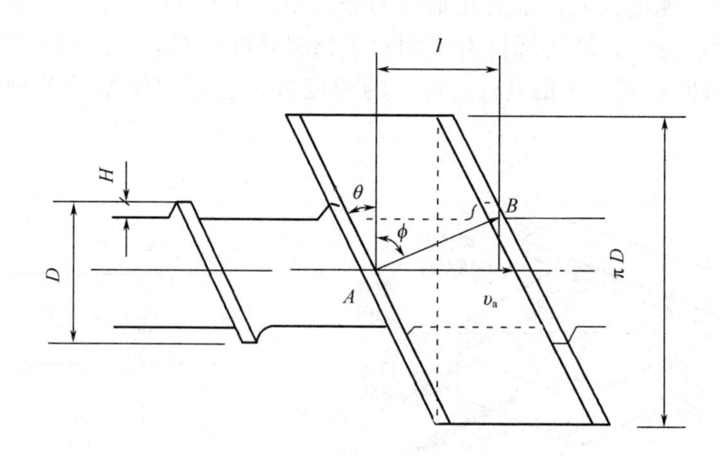

图 4-13　螺杆的展开图

①在螺杆直径不变时，增大螺槽深度 H_1；

②减小物料与螺杆的静摩擦因数 f_s；

③增大物料与料筒的静摩擦因数 f_b；

④选择合适的螺旋角 θ，使 $\frac{\tan\theta \cdot \tan\phi}{\tan\theta + \tan\phi}$ 最大。

从挤出机的结构角度来考虑，增加螺槽深度是有利的，但会受到螺杆扭矩的限制。其次，降低物料与螺杆的静摩擦因数 f_s 也是有利的，这就需要提高螺杆的表面粗糙度。增大物料与料筒的静摩擦因数 f_b 也可以提高固体输送速率，有效的办法是在料筒内表面开设纵向沟槽。综合上述因素，考虑螺杆在制造时的方便，通常 $\theta = 17.41°$为宜。

从挤出工艺考虑，控制加料段料筒的温度和螺杆温度是关键，因为静摩擦因数是随温度而变化的，绝大多数聚合物对钢的静摩擦因数随温度的下降而减小。因此，在螺杆的中心通水冷却可降低 f_s，对固体物料的输送是有利的。

以上讨论并未考虑物料因摩擦发热而引起静摩擦因数的改变以及螺杆对物料产生的拖曳流动等因素。实际上，当物料前移阻力很大时，摩擦产生的热量很大，当热量来不及通过料筒或螺杆移除时，静摩擦因数的增大会使加料段输送速率比计算值偏高。挤出机固体输送理论尚在发展中，有研究人员提出黏滞剪切机理来解释螺杆的固体输送。

2）熔化理论　压缩段是加料段和均化段的过渡段。物料的熔化主要在压缩段完成，因为有相变发生，所以物料的熔化和流动情况很复杂，到目前为止，熔化理论仍在发展中。下面简单介绍由 Z. Tadmor 所提出的熔化理论。

①熔化过程。当固体物料从加料段进入压缩段时，物料处在逐渐软化和相互粘结的状态，与此同时，越来越大的压缩作用使固体粒子被挤压成紧密堆砌的固体床。固体床在前进过程中受到料筒外加热和内摩擦热的同时作用，逐渐熔化。首先在靠近料筒表面处留下熔膜层，当熔膜层厚度超过料筒与螺棱之间隙时，就会被旋转的螺棱刮下并汇集于螺纹推力面的前方，形成熔池，而在螺棱的后侧则为固体床，如图 4－14 所示。随着螺杆的转动，来自料筒的外加热和物料内部的剪切热不断传至未熔融的固体床，使与熔膜接触的固体粒子熔融。这样，在沿螺槽向前移动的过程中，固体床的宽度逐渐减小，直至全部消失，即完成熔化过程。

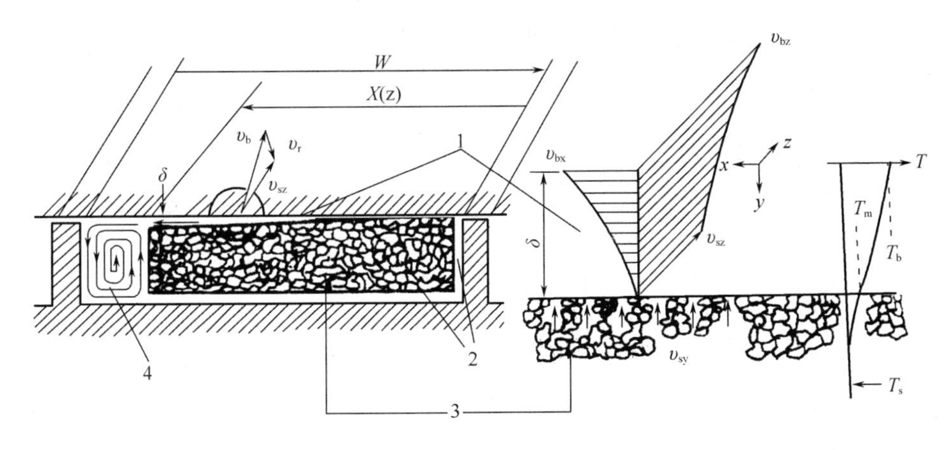

图 4－14　熔化理论模型

X（z）—固体床宽度　W—螺槽宽度　T_b—料筒温度

T_m—物料的熔点　T_s—固体床的初始温度

1—料筒熔膜　2—螺杆熔膜　3—固体床　4—熔池

②相迁移面。熔化区内固体相和熔体相的界面称为相迁移面，大多数熔化均发生在此分界面上，它实际上是由固体相转变为熔体相的过渡区域。

③熔化长度。图 4－15 表示了固体床在展开螺槽内的分布和变化情况。从熔化开始到固体床的宽度降到零为止的总长度，称为熔化长度。熔化长度的大小反映了固体的熔化速度，一般熔化速度越高则熔化长度越短，反之越长。

④物料的温度分布和速度分布。由外热和内摩擦作用产生的热量通过熔膜传导到迁移面，使固体粒子在分界面上受热熔化，由此形成的沿螺槽深度方向物料的温度分布如图 4－16 所示。图 4－17 为物料在压缩段沿螺槽深度方向的速度分布。根据料筒旋转、螺

杆相对静止的假设，料筒表面对物料有拖曳作用，则料筒表面物料的速度最大；固体床物料是处于紧密堆砌的熔结状态，黏度大而移动困难，因此固体床物料的速度是相同的；螺杆表面的物料因摩擦热而形成熔膜，但根据螺杆相对于料筒而言处于静止状态，故螺杆表面物料的速度为零。

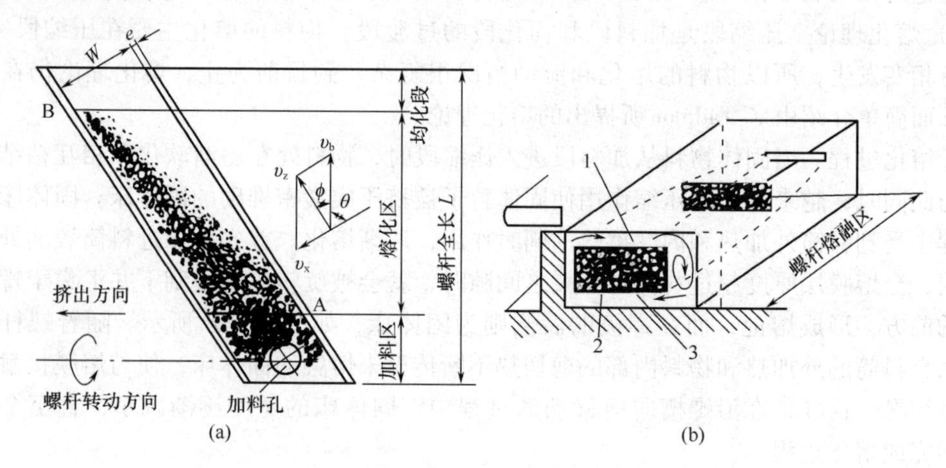

图 4－15　固体床在螺槽中的分布

（a）在螺槽中的分布　（b）在螺杆熔化区的分布

1—上部熔膜　2—固体床　3—下部熔膜

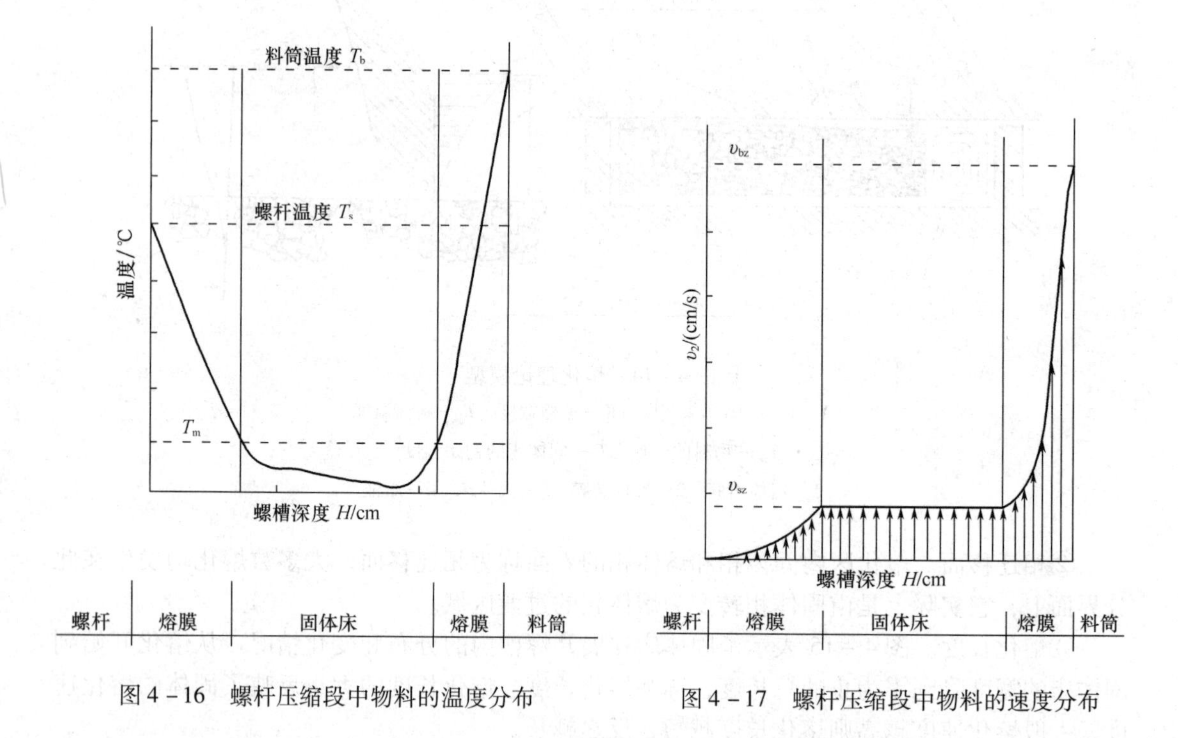

图 4－16　螺杆压缩段中物料的温度分布

图 4－17　螺杆压缩段中物料的速度分布

由以上的讨论可知，物料的整个熔化过程是在螺杆压缩段内进行的，这一过程直接反映了固相宽度沿螺槽方向变化的规律，而这种变化规律又决定于螺杆的参数、操作工艺条件和物料的特性等。

3）熔体输送理论 从压缩段送入均化段的物料是具有恒定密度的黏流态物料，在该段物料的流动已成为黏性流体的流动，物料不仅受到旋转螺杆的挤压作用，同时受到由于机头口模的阻力所造成的反压作用，物料的流动情况也比较复杂。但是，均化段熔体输送理论在挤出理论中研究得最早，而且最为充分和完善。

为了分析螺槽中熔体的流动情况，假设螺杆相对静止，料筒以原来螺杆的速度作反向运动，将螺槽展开，如图4－18所示，坐标 x 轴垂直于螺棱侧壁，y 轴为螺槽深度方向，z 轴为物料沿螺槽向前移动的方向。物料的流动速度 v 可分解为螺纹平行方向的分速度 v_z 和与螺纹垂直方向的分速度 v_x。v_x 可认为是使物料在螺槽中作旋转流动沿 x 轴方向的分速度。图中下标 b 表示在料筒内表面层。

料筒相对螺杆螺槽作运动，熔体被拖动沿 z 方向移动，同时由于机头口模的回压作用，物料又有反压流动，通常把物料在螺槽中的流动看成由下面四种类型的流动所组成。

①正流。是物料沿螺槽方向（z 方向）向机头的流动，这是均化段熔体的主流，是由于螺杆旋转时螺棱的推挤作用所引起的，从理论分析上来说，这种流动是由物料在螺槽中受机筒摩擦拖曳作用而产生的，故也称为拖曳流动，其速度在螺槽中沿螺槽深度方向的分布是线性变化的，如图4－19（a）所示。正流起挤出物料的作用，其体积流量用 $q_{V,D}$ 表示。

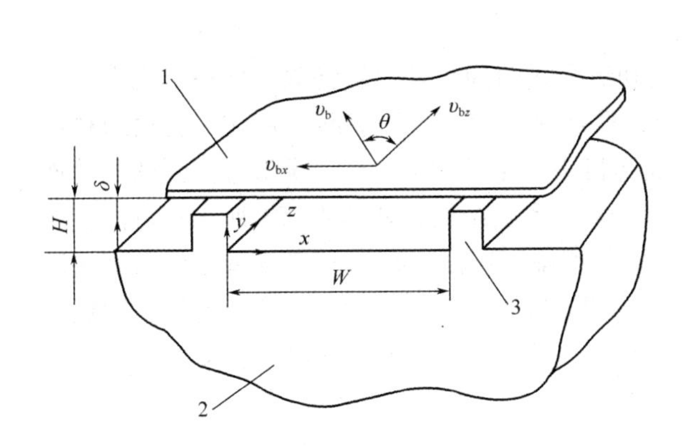

图4－18 螺槽展开图

1—料筒 2—螺杆根部 3—螺翅

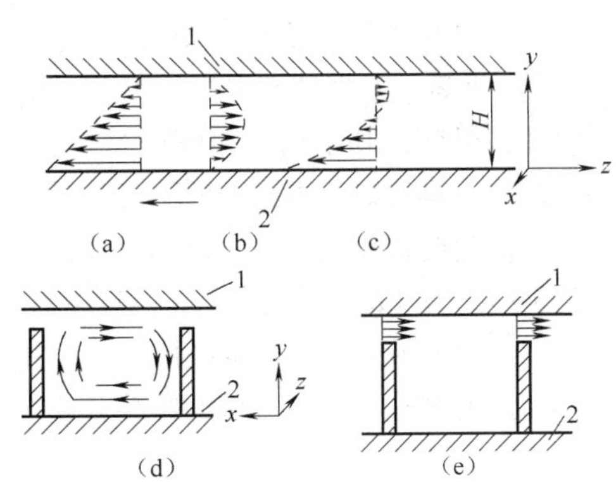

图4－19 螺槽内熔体的几种流动

（a）正流 （b）逆流 （c）净流

（d）横流 （e）漏流

1—机筒 2—螺杆

②逆流。沿螺槽与正流方向相反（$-z$ 方向）的流动，它是由机头口模、过滤网等对料流的阻碍所引起的反压流动，故又称压力流动。逆流的速度分布是按抛物线关系变化的，如图4－19（b）所示。逆流将引起挤出生产能力的损失，其体积流量用 $q_{V,p}$ 表示，正流和逆流的综合称为净流，如图4－19（c）所示。

③横流。物料沿 x 轴和 y 轴两方向在螺槽内往复流动，也是螺杆旋转时螺棱的推挤作用和阻挡作用所造成的，仅限于在每个螺槽内的环流，对总的挤出生产率影响不大，但对于物料的热交换、混合和进一步均匀塑化影响很大，其体积流量用 $q_{V,T}$ 表示，速度分布如图4－19（d）所示。

④漏流。物料在螺杆和料筒的间隙沿着螺杆的轴向往料斗方向的流动，它也是由于机头和口模等对物料的阻力所产生的反压流动，其体积流量用 $q_{V,L}$ 表示。由于螺杆和料筒间

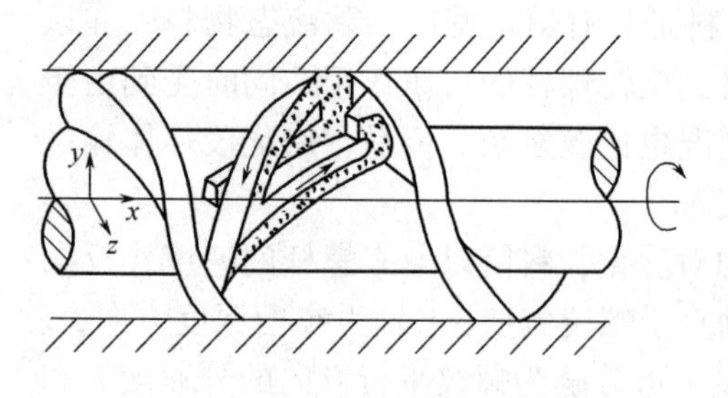

图 4－20　熔体在螺槽中的组合流动情况

的间隙 δ 很小，故在一般情况下漏流流率要比正流和逆流小很多。如图 4－19（e）所示。

物料在螺杆均匀段的实际流动是上述四种流动的组合，是以螺旋形的轨迹沿螺槽向机头方向的流动，如图 4－20 所示。其输送流率就是挤出机的总生产能力。根据流动分析，影响挤出机生产能力的是正流、逆流、漏流，横流对挤出量没有影响。故挤出机的生产能力 q_v 可表示为：

$$q_V = q_{V,D} - q_{V,P} - q_{V,L} \quad (4-3)$$

即为正流、逆流、漏流体积流量的代数和。

4.2.2　双螺杆挤出机

4.2.2.1　基本结构与作用

（1）挤压部件

挤压部件主要由机筒和螺杆组成。

1）机筒　双螺杆挤出机的机筒有整体式和组合式两种。异向旋转双螺杆挤出机大多采用整体式机筒，其结构与单螺杆挤出机类似，只是内孔为“∞”字形，并且一般除加料口外，都设有排气口。内孔一般不开沟槽。机筒与机头连接处有由“∞”字形过渡到圆形的连接段。同向旋转双螺杆挤出机的机筒大多采用分段积木式结构，如图 4－21 所示。每段长度为（3～4）D（D 为螺杆外径），其中有加料口段和排气口段，有的设有测量熔体温度或熔体压力或注入液体添加剂的孔段。对于用介质冷却的机筒，各节设有冷却介质通道，固定电加热器用的螺孔、各段连接的螺孔和相互间定位销孔等。机筒外形有圆柱形和长方形。

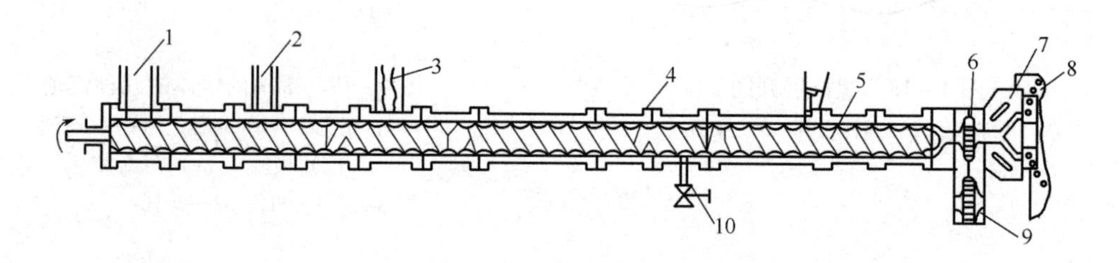

图 4－21　料筒分段积木式结构

1、2—进料口　3—排气口　4—机筒　5—螺杆　6—分流器　7—机头　8—切粒机　9—快速换网装置　10—阀

锥形双螺杆挤出机的机筒多为整体式。此外，机筒设计还应考虑因受热膨胀而自由伸长的可能性。双螺杆拆卸，一般是将螺杆向前推出，或螺杆不动，机筒向前移出，便于清理。为此，在机筒上要设计拆卸螺杆的移动装置。

2）螺杆　双螺杆有整体式和组合式两种形式。螺杆直径小于 100mm 的平行双螺杆及锥形双螺杆多为整体式；大直径的平行双螺杆以组合式居多。双螺杆结构大体上分为加料段、压缩段、熔融段、排气段、混合段和计量段。组合式螺杆是由不同数目的具有不同功能的螺杆元件（输送、剪切、混合、压缩和捏合等元件）按一定要求和顺序装到带导键或三角形心轴上组合而成的，它可以连续输送、塑化、均化、加压、排气，以灵活适应特定用途。图4－22给出了螺杆的组合形式。

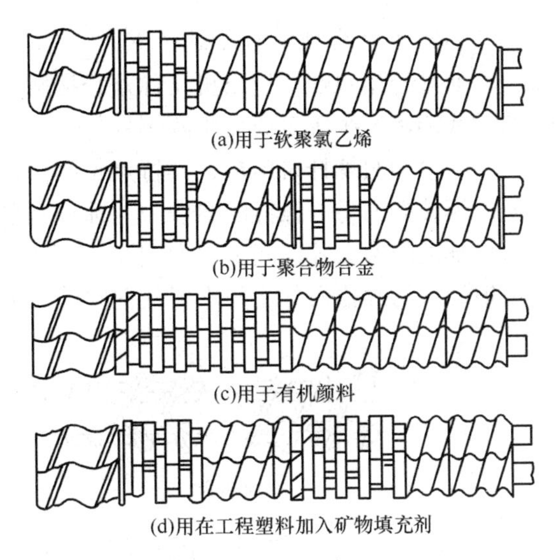

图4－22　几种螺杆组合形式

（2）传动部件

传动部件的作用是为两根螺杆提供合适的转速范围和足够而均等的转矩。双螺杆的传动由减速箱和转矩分配装置组成。由于两根螺杆中心距的限制，形成传动部件的各种布置形式，具体见下文介绍的双螺杆挤出机分类。

（3）计量加料装置

双螺杆挤出机应采用计量加料，因为啮合型双螺杆挤出机具有正位移的输送能力，应防止加料过多而产生过载。同时，加料量也可作为工艺操作变量，控制物料在机筒中停留与分布时间。

（4）排气装置

双螺杆挤出机都设有排气装置，以排出挤出过程中物料的水分、湿气、夹带的空气以及残留单体和低分子挥发物。专用于脱水和排出挥发物时，机筒要开设几个排气口。

（5）加热冷却装置

冷却装置与单螺杆挤出机相同。图4－23为典型双螺杆温控装置。加热介质用油，也可用软化水。温度与流量可自动控制，超限可报警显示。

4.2.2.2　双螺杆挤出机的分类

双螺杆挤出机常见结构如图4－24所示，其种类很多，可以从不同角度进行分类。

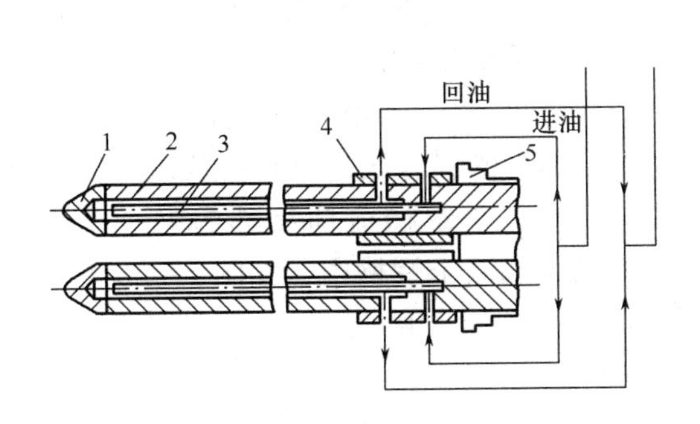

图4－23　双螺杆温控装置

1—螺杆头　2—螺杆体　3—进油管
4—油套　5—支承

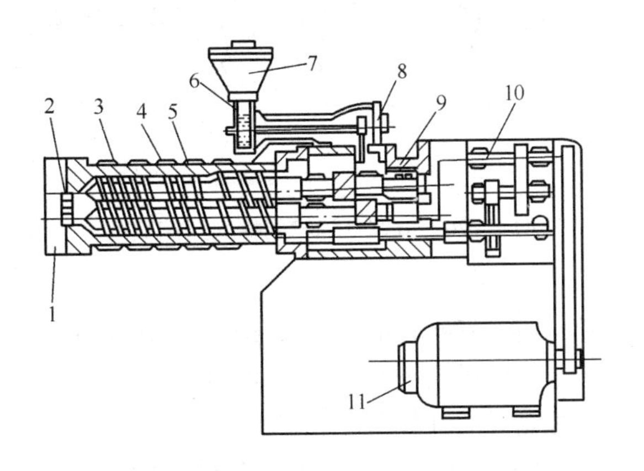

图4－24　双螺杆挤出机

1—机头连接器　2—多孔板　3—机筒　4—加热器
5—螺杆　6—加料器　7—料斗　8—加料器自动机构
9—止推轴承　10—减速箱　11—电动机

（1）非啮合型与啮合型

非啮合型双螺杆挤出机又称外径接触式或相切式双螺杆挤出机，其主要特点是两螺杆的轴线距离至少等于或大于两螺杆外半径之和。如图4－25（a）所示。

啮合型双螺杆挤出机，其特点是两根螺杆轴线距离小于两螺杆外半径之和，即一根螺杆的螺棱插入另一螺杆的螺槽中。部分啮合型是指一根螺杆的螺棱顶部与另一根螺杆的螺槽根部之间留有几何间隙，如图4－25（b）所示。全啮合型是指在一根螺杆的顶部与另一根螺杆的螺槽根部之间不留任何间隙，如图4－25（c）所示。

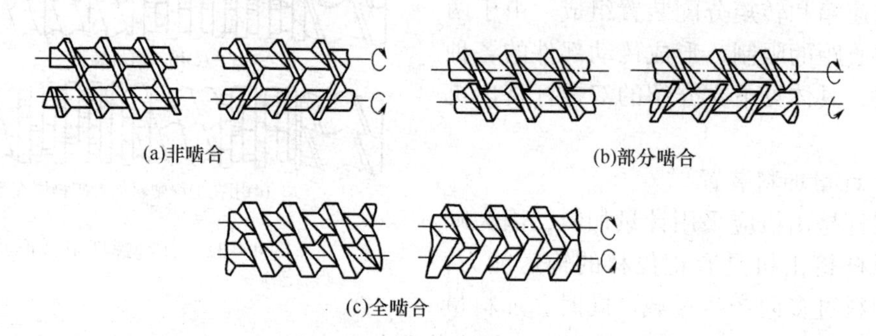

图4－25　双螺杆挤出机啮合情况

（2）开放型和封闭型

“开放”和“封闭”是指在两根螺杆的啮合区部位，物料是否有可能沿着螺槽或横过螺槽的通道移动（该通道不包括螺棱顶部和机筒壁之间的间隙或在两螺杆螺棱之间由于加工误差所带来的间隙）。主要分为以下两种情况。

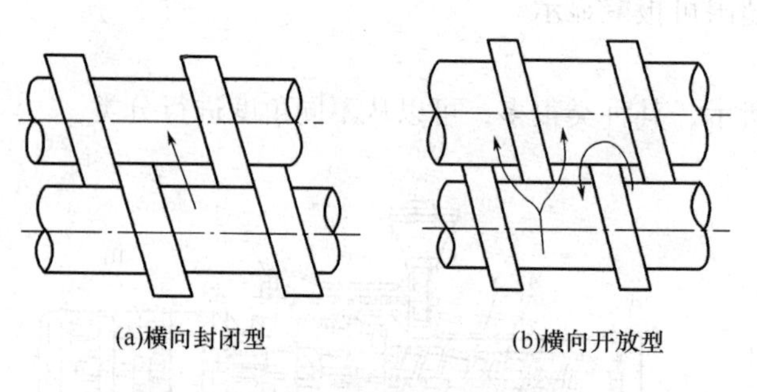

图4－26　双螺杆螺槽的横向封闭型与开放型

1）纵向开放型和封闭型　如果物料自加料口到螺杆末端的出料口存有通道，即物料沿一根螺杆的螺槽可注入另一根螺杆的螺槽中则称为纵向开放型，反之，则称为纵向封闭型。纵向封闭型即两根螺杆的螺槽各自形成若干个相互不通的腔室。

2）横向开放型和封闭型　在两根螺杆的啮合区，物料可从同一根螺杆的一个螺槽流向相邻的另一个螺槽，或一根螺杆的一个螺槽中的物料流到另一根螺杆的相邻两个螺槽中，如图4－26（b）所示，叫横向开放，否则叫横向封闭，如图4－26（a）所示。由此可知，横向开放型，必也是纵向开放型。

（3）同向旋转型和异向旋转型

1）同向旋转型　同向旋转是指两根螺杆的旋转方向相同，如图4－27（a）所示。因此，同向旋转的两根螺杆的几何形状应完全相同，且螺纹方向一致，如图4－27（c）所示。

2）异向旋转型　异向旋转是指两根螺杆的旋转方向相反，且螺纹方向相反，如图4－

27（b）所示。其又可分为向内旋转和向外旋转。向内旋转的情况较少，因物料自加料口加入后会首先进入啮合区的径向间隙之间，在其上方形成料堆，从而减少了螺槽的自由空间，不利于向前输送，并易形成架桥；同时，已进入两螺杆径向间隙的物料把螺杆压向机筒壁，加重了螺杆和机筒的磨损。向外旋转则无上述缺点，两边分开，使之充满螺槽，很快地与热机筒壁接触，吸收热量，有助于将物料加热、熔融，如图4－27（c）所示。

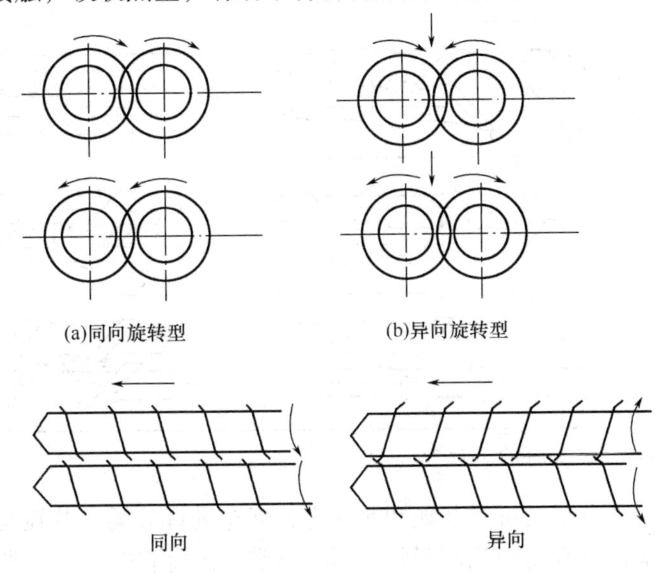

(a)同向旋转型　(b)异向旋转型

(c)旋转方向与物料输送方向

图4－27　双螺杆的旋转方向与物料输送方向

（4）平行型与锥形

按两根螺杆的轴线位置可分为平行（或圆柱）双螺杆和锥形双螺杆。锥形双螺杆（图4－28）其螺纹是分布在锥面上，两螺杆的轴线形成交角。平行双螺杆其两螺杆的轴线平行，螺纹分布在圆柱面上，其分类如表4－1所示。

表4－1　平行双螺杆分类

螺杆啮合情况		系统	异向旋转	同向旋转	
啮合	全啮合	纵向横向皆封闭	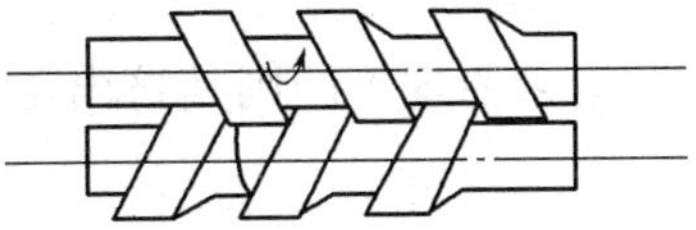	理论上不可能	
		纵向开放横向封闭	理论上不可能	螺杆	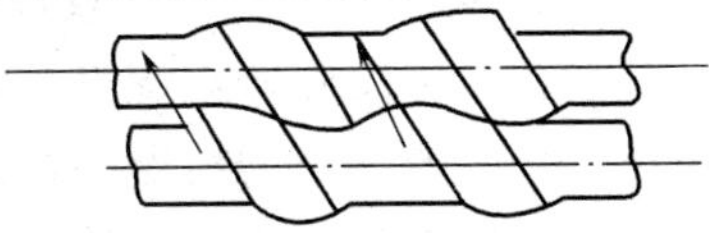
		纵向、横向皆开放	理论上可能，但实际上不能实现	捏合盘	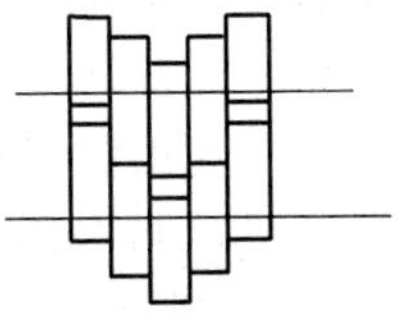

续表

螺杆啮合情况		系统	异向旋转	同向旋转
啮合	部分啮合	纵向开放 横向封闭	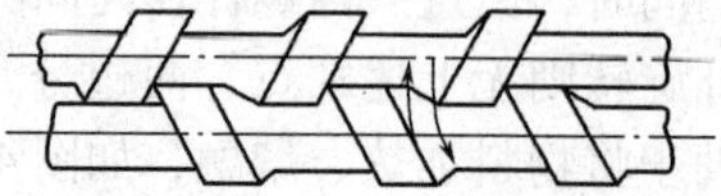	理论上不可能
		纵向、横向皆开放	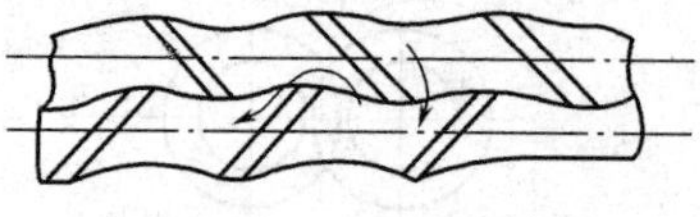	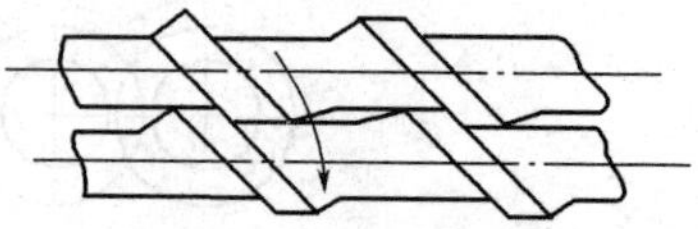
非啮合	非啮合	纵向、横向皆开放	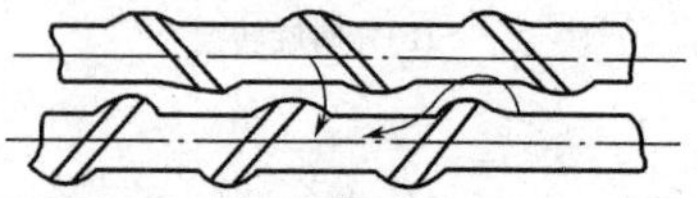	

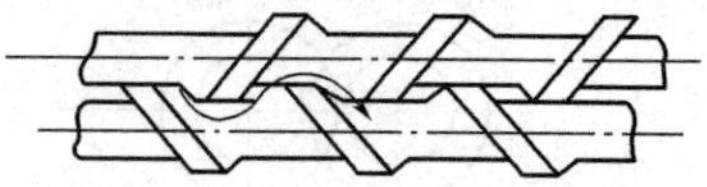

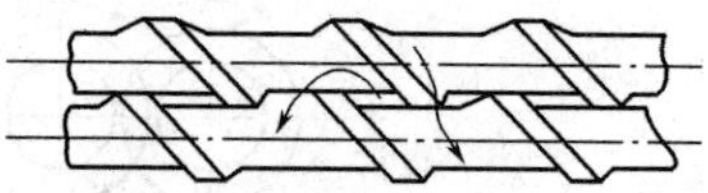

注：此表又称 Erdmenger（伊德孟格尔）分类。

平行双螺杆的全啮合型又可按共轭和非共轭的概念进行分类。共轭是指一根螺杆的螺棱和另一根螺杆的螺槽具有相同几何形状，两者紧密地配合在一起，只留下很小的制造和装配间隙。非共轭是指一根螺杆的螺棱能较轻松地放入另一根螺杆的螺槽中，四周存在较大的几何间隙。

图 4－28　锥形双螺杆

根据啮合和共轭的关系，两根螺杆可完全、部分或完全不相互啮合，这主要取决于一根螺杆的螺棱伸入到另一根螺槽中的深度。

4.2.2.3　工作原理

不同类型的双螺杆挤出机，因螺杆的运动原理不同则其挤出工作原理也不同。这里介绍几种常用机型的原理。

（1）啮合型异向平行双螺杆

啮合型异向旋转双螺杆的啮合区中螺槽的纵横方向既可皆是封闭的，也可皆是开放的。若是前者，当物料沿一根螺杆的螺槽前进时，会被另一根螺杆的螺棱堵死，物料也被封闭在原螺杆的 C 形小室内，如图 4－29 所示。当螺杆回转时，各 C 形室将沿着轴线向口模方向移动。螺杆每转一转，C 形室移动一个导程。在两根螺杆上的各 C 形室之间没有物料的交换，此为正位移输送。如果是部分啮合，则在啮合区，螺槽就会存在纵横向开放，各 C 形室中的物料会通过径向与侧间隙以及四面体间隙进行交换，正位移输送能力将相对减弱。

一般情况下，双螺杆分为固体输送段、熔融段、排气段和熔体输送段。

在大多数情况下，双螺杆采用的是计量加料，在固体输送段加入的物料多是松密度较小的物料，螺槽不易被充满。双螺杆工作时，也和单螺杆一样，在螺槽区的机筒内表面上首先出现熔膜，当熔膜厚度增到一定值时就被推力面的螺棱刮下，汇集在推力面的前侧，形成熔池。塑化好的物料被不断地吸入径向间隙（两螺杆形成的压延间隙）中，其熔融过程如图4－30所示。

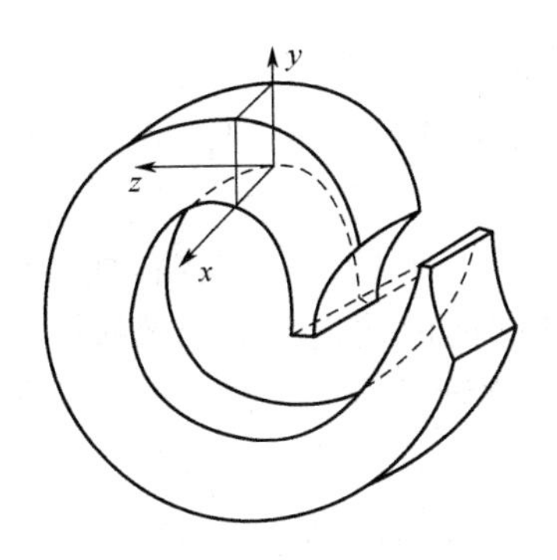

图4－29　螺杆上“C”形室

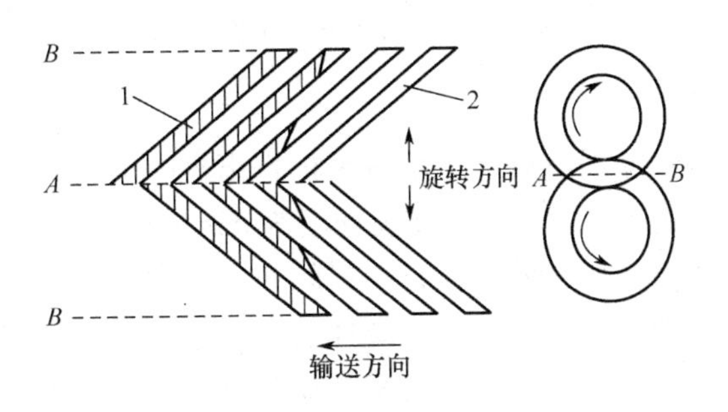

图4－30　熔融过程（Janssem熔融图）
1—熔体　2—固体

熔融过程是在C形腔室没有被物料完全充满的情况下完成的，熔融长度非常短（一般为10D左右），整个螺杆只有在最后几个小C形室才被熔体充满，压力才被建立起来，其压力分布情况与机头的开度和螺杆的转速有关。由于各个小C形室之间是不相通的，所以在机头的出口处，易出现压力和挤出量的波动。

双螺杆挤出机的混合作用主要发生在熔体输送区。异向双螺杆的混合性能与啮合区的螺槽的封闭程度或开放程度有关；螺槽纵横向皆是封闭的则混合性能较差，而开放的混合性能较好。混合作用除发生在螺槽区外，主要发生在啮合区，这正是双螺杆挤出机的特点。通过设计制造可使啮合区的间隙不为零，使螺槽的纵横向均开放些，物料就在压力梯度作用下，通过各个间隙，产生较强的混合作用。

物料在啮合区的流动类似于在压延辊筒间隙中的流动。图4－31所示为物料在压延间隙处的速度与压力分布（原理见第6章）。物料在压延间隙中，经受着辊压和剪切作用的塑化和混合，其程度取决于两辊筒的转速和压延间隙。处于相互啮合的两螺杆间隙中的物料将对螺杆产生分离力，将其压向机筒的内壁，导致螺杆和机筒磨损，其磨损程度与螺杆的转速密切相关。因此，啮合型异向旋转双螺杆挤出机不宜在高速下工作。

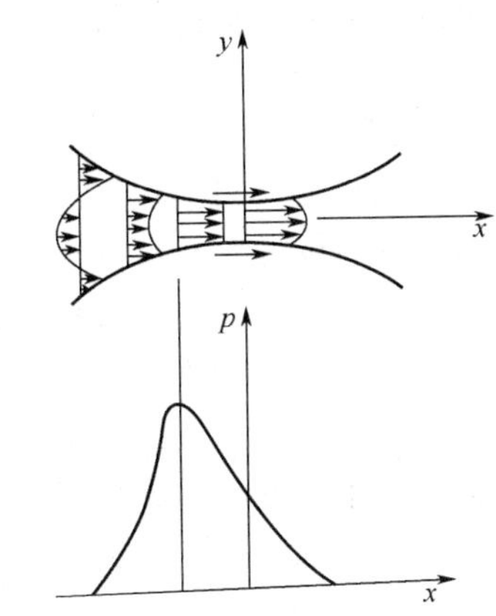

图4－31　物料在压延间隙中的速度分布和压力分布

（2）啮合型同向旋转平行双螺杆

从啮合原理可知，啮合型同向旋转平行双螺杆在啮合区，使其螺槽的纵向和横向皆封闭是不可能的，否则会引起干涉现象。若螺杆在正常工作时，螺槽的宽度必须大于螺棱

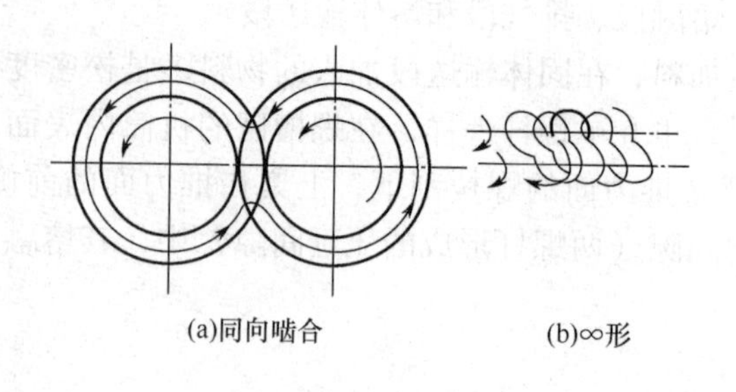

图4－32　物料在啮合型同向平行双螺杆中的流动

的宽度，即螺槽必须有纵向开放，但在横向可以是封闭的。这样，在螺杆中的加料口至口模之间就形成了一条螺槽通道。当物料被一根螺杆送到啮合区时，除受到辊压作用外，还要受到另一根螺杆反向速度梯度的作用而被托起，使之沿着两螺杆所形成的“∞”形通道向前输送，如图4－32所示。在此种情况下，物料输送既靠摩擦机理，又靠正位移输送机理。

啮合型同向旋转平行双螺杆挤出机的加料口一般是偏向一侧的。固体物料加入后，绕着螺杆作∞形运动，其充满程度为5%～85%。随着物料的向前输送，由于螺槽容积的变化，或阻力元件的存在，物料的充满程度增加，固体物料逐渐被压实。由于摩擦和拖曳机理的存在，故可借助于单螺杆输送机理来描述其固体输送能力，一般为单螺杆的3～4倍。基于同样原因，同向旋转平行双螺杆的熔融机理类似于单螺杆挤出机。在螺杆轴向某一位置首先出现熔膜，然后增长到一定厚度时，被螺棱刮下而汇集在螺槽推力面的前侧形成熔池。物料在连续的“∞”形通道内被疏通，因此在口模处熔体压力和挤出量比异向双螺杆都较稳定，例如机头压力近10MPa时，脉动量仅0.04MPa左右。此外，在同向双螺杆的啮合区无压延效应，螺杆是被浮在熔体中，在高转速下运转，也不至于引起螺杆与机筒的严重磨损。

同向双螺杆有较优异的混合性能。因为在同向双螺杆的螺槽中，剪切效应要比异向双螺杆分布得均匀，而且通过操作变量和螺杆几何参数，可控制物料受到剪切的程度。在恒定剪切速率下，混合将更均匀。对于非共轭，有侧间隙的螺杆，物料将受到分流作用，一个螺槽的物料被另一螺杆的螺棱分向两个螺槽，使物料的界面增加，有利于分布混合。在同向双螺杆上可较方便地装上组合捏合盘元件，提供更好的混合效果。

啮合型双螺杆挤出机皆有自洁作用，这是因为在两根螺杆旋转时，在啮合处存在速度差能彼此剥离黏附在螺槽上的物料，起到自洁的作用，其自洁程度与螺槽纵横开放的程度有关。

（3）非啮合型平行双螺杆

这种挤出机的双螺杆每根螺槽的纵横向皆是开放的。其工作原理类似于单螺杆挤出机，即靠摩擦、黏性拖曳来输送物料的。在两根螺杆的物料之间存在相互作用。物料在这种双螺杆中的熔融是混合熔融（Dissipative Mix－Melting）。这种双螺杆可分为并列型和错列型，如图4－33所示。

在并列型中，两螺杆对应点的横槽压力是相等的，因而螺杆无需大的驱动力。但对错列型，由于两螺槽的横槽压力不等，产生很大压差，要求对螺杆提供较大的驱动力。

在此种双螺杆中，熔体输送很类似于单螺杆挤出机的情况，但在机筒与螺杆的间隙处会产生轴向漏流。对于错列型双螺杆，物料除了有沿螺槽方向的流动和漏流外，还有到另一根螺杆的流动，如图4－34所示。因此，物料在非啮合双螺杆的流动比较复杂，其混合性能要优于单螺杆挤出机。

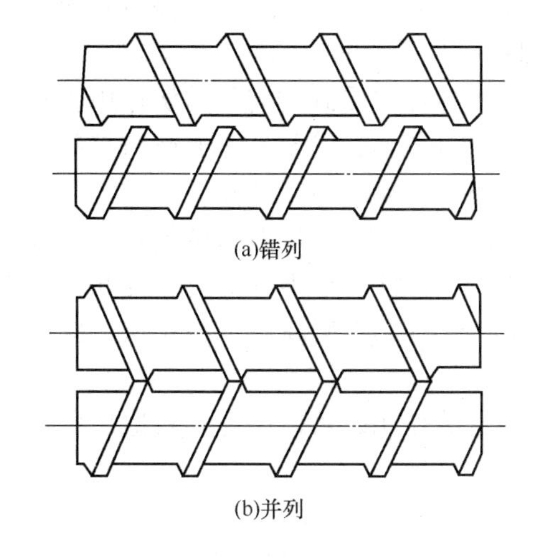

图4－33　双螺杆的并、错列

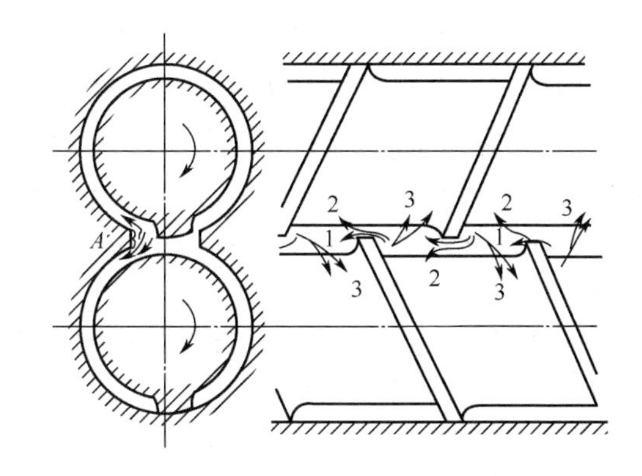

图4－34　非啮合中流动情况

（4）锥形双螺杆

锥形双螺杆挤出机的挤出过程多属于啮合型，异向旋转，特别适于硬聚氯乙烯（RPVC）这种对剪切和热敏感的塑料的加工。由于RPVC粉料松密度小，体积大，随着向前输送，将逐渐被压实，并有利于热量传递。一般在压缩段和熔融段都希望剪切速率高些，以加快塑化过程，但当物料进入均化段后，由于已基本熔融，则以低剪切速率为宜，防止过热分解。异向旋转平行双螺杆，由于螺杆是等径的，难以完全满足要求。而锥形双螺杆挤出机则能较好地适应这一挤出过程。因为，由相互啮合的两螺杆与机筒形成的一系列C形小室的体积由加料端到出料端是逐渐减小的，使得能够在加料端大的C形小室内加入较大体积的粉料；加料段较大的机筒和螺杆与物料的接触面积有利于把更多的热量传给物料，使其提高温度。随着物料向前输送，螺杆直径变小，C形小室体积变小，物料得以压缩，而逐渐熔融。沿着螺杆轴线，螺杆的圆周速度逐渐变小，物料受到的摩擦剪切也逐渐变小，因而物料和螺杆之间的温差降低。在排料端，因螺杆直径小，螺杆圆周速度小，物料承受的剪切速率较低，产生的摩擦热也较小，这对RPVC这种对剪切和热敏感的塑料的加工十分有利。此外，由于螺杆排料端直径小，所承受的轴向力也小，所以，锥形双螺杆可承受较大的机头压力，因而适合较复杂制品的挤出，如波纹管、异型材等。

4.2.3　双螺杆挤出机的优势和使用范围

双螺杆挤出机自20世纪30年代后期在意大利开发后，经过70多年的不断改进和完善，得到了很大的发展。在国外，目前双螺杆挤出机已广泛应用于聚合物加工领域，并且占到全部挤出机总数的40%。硬PVC粒料、管材、异型材、板材几乎都用双螺杆挤出机加工成型。此外，作为连续混合机，双螺杆挤出机已广泛用来进行聚合物共混、填充和增强改性，也用来进行反应挤出。

4.2.3.1　双螺杆挤出机的优势

与单螺杆挤出机相比，双螺杆挤出机具有下列特点和优势：

1）物料停留时间短。物料在双螺杆挤出机中的平均停留时间为单螺杆的1/2以下，而且各部分物料的停留时间分布较窄，仅为单螺杆的1/5左右。因此，对于停留时间较长就会发生化学变化（分解或降解）的物料，可以保证产品质量的均匀性。

2）摩擦热小，温度易于控制。物料在相互啮合的螺杆中受到均匀的剪切作用，并且摩擦力较小。因此，随着螺杆转速的增加，摩擦热却增加甚微。这样，只要严格控制外部加热即可准确控制物料温度，这对于加工聚氯乙烯等热敏性塑料有重要意义。

3）输送效率高，挤出稳定性好。由于物料在啮合的双螺杆中是强制输送的（非啮合的双螺杆挤出机除外），因此，其输送效率比单螺杆高。而且由于不受物料黏度变化和机头口模压力的影响，从而保证了挤出过程的稳定性，有利于成型高质量的管材、板材和型材。

4）良好的自洁作用。双螺杆挤出机具有良好的自洁作用，可以防止物料抱住螺杆或停留分解，机筒螺杆可以自动清洗，有利于换料。

5）容易加料，排气性好和功率消耗低。

6）严格控制定量加料。物料一经进入螺杆后，立即被强制输送向前推进。当输送坚韧的物料或加料过量时，物料无后退余地，容易发生超载停转事故；加料不足时，出料不稳定。因此，双螺杆挤出机的加料需要配置附加的定量加料装置，以便根据物料性质、挤出量的大小，严格控制进料量。

4.2.3.2 双螺杆挤出机的使用范围

双螺杆挤出机由于自身的特点和优势，常被用在硬聚氯乙烯（RPVC）制品的加工、聚合物的共混、填充和增强等物理改性以及制备色母料等领域。此外，双螺杆挤出机还可作为聚合物合成反应器对单体进行聚合、缩聚等化学反应，或用于塑料、橡胶和合成纤维加工中的浓缩、排气、脱水、挤压干燥、抽出单体。近年来，随着环保意识的增强，回收塑料的研究也越来越多，双螺杆挤出机也用于将塑料加工中的下脚料、废料进行回收造粒。现将双螺杆挤出机的几种具体用途详述如下。

（1）聚合物混合与混炼

聚合物的混合与混炼多采用积木式同向旋转的双螺杆挤出机，在以下应用中取得良好效果。

1）热塑性塑料的共混改性　不同的聚合物在双螺杆挤出机中依靠扩散、对流、剪切的方式实现良好分散混合。

2）聚合物填充　采用中等螺距和较小压缩比，配以较强的破碎混炼元件，促使无机填料均匀地分散到聚合物熔体中，经排气后，再次均匀混炼，得到均匀混合的填充聚合物。

3）纤维增强　纤维增强聚合物在双螺杆挤出机中的混合，需要在混炼过程中剪断玻璃纤维，一般选用带有一定倾角的混炼元件。

4）热固性塑料及粉末的塑炼　采用较大螺距，并适当地串联某些混炼元件。为了防止物料因温度过高在机筒内固化，螺杆的长径比、压缩比都较小。

（2）在成型加工中的应用

双螺杆挤出机在低转速下具有高的输送能力，在较高的温度和较大的静摩擦因数范围内具有可控性且能确定挤出速率，产生较少的摩擦热，允许低温操作，物料滞留时间短，动力要求较低并具有较强的进料能力。由于双螺杆挤出机具有低温挤出的特点，在热敏性塑料成型加工中的应用越来越多。特别是锥型双螺杆挤出机的加料段比压缩段和均化段有更大的传输能力，目前生产大型的PVC管材、板材、片材等较多用双螺杆挤出机。

双螺杆挤出机还可用于包括可发性PS片材和高相对分子质量聚合物的挤出成型。用双螺杆挤出机代替串联挤出机来进行可发性PS成型加工可节约成本。在双螺杆挤出机中，一些相对分子质量较高的聚烯烃及一些氟塑料就能够较容易地塑化。这些高黏度的熔体可以无波动地通过口模，这是双螺杆挤出机加工性能方面的一个主要优点。

4.3　挤出工艺

挤出成型主要用于热塑性塑料制品的成型，多为单螺杆挤出机按干法连续挤出。适用于挤出成型的热塑性塑料品种很多，挤出制品的形状和尺寸也各不相同，挤出不同制品的操作方法各不相同，但是挤出成型的工艺流程则大致相同。

4.3.1　挤出工艺流程

一般包括原料的准备、挤出成型、挤出物的定型与冷却、制品的牵引与卷取（或切割），有些制品成型后还需经过后处理。

（1）原料的准备和预处理

用于挤出成型的热塑性塑料大多数是粒状或粉状塑料。因为物料中若有水分和低分子物（溶剂和单体）的量超过允许的限度，在挤出机料筒的高温条件下，一方面会因其挥发成气体而使制品表面失去光泽和出现气泡与银丝等外观缺陷；另一方面可能促使聚合物发生降解与交联反应，从而导致熔体的黏度出现明显的波动，不仅给成型工艺控制带来困难，而且也对制品的力学和电学性能等产生不利影响。因此，挤出前要对原料进行预热和干燥。不同种类塑料允许含水量不同，通常应控制原料的含水量在0.5%以下。此外，原料中的机械杂质也应尽可能除去。原料的预热和干燥一般是在烘箱或沸腾干燥器中进行，也可以采用真空料斗干燥。

（2）挤出成型

首先将挤出机加热到预定的温度，然后开动螺杆，同时加料。初期挤出物的质量和外观都较差，应根据塑料的挤出工艺性能和挤出机机头口模的结构特点等调整挤出机料筒各加热段和机头口模的温度及螺杆的转速等工艺参数，以控制料筒内物料的温度和压力分布。根据制品的形状和尺寸的要求，调整口模尺寸和同心度及牵引等设备装置，以控制挤出物离模膨胀和形状的稳定性，从而达到最终控制挤出物的产量和质量的目的，直到挤出达到正常状态即进行连续生产。

（3）定型与冷却

热塑性塑料挤出物离开机头口模后仍处在高温熔融状态，具有很大的塑性变形能力，应立即进行定型将形状及时固定下来。如果定型不及时，挤出物往往会在自重作用下发生变形，从而导致制品形状和尺寸的改变。大多数情况下定型与冷却同时进行，定型只不过是在限制挤出物变形的条件下的冷却。冷却不匀和降温过快，都会在制品中产生内应力并使制品变形，在成型大尺寸的管材、棒材和异形材时，应特别注意。一般挤出管、棒、异型材时设置专门的定型装置；挤出薄膜、单丝、电线电缆包覆物等时，并不需要专门定型装置；挤出板材和片材时挤出物离开模孔后，立即引进一对压平辊，也是为了定型和冷却。未经定型的挤出物必须用冷却装置使其及时降温，以固定挤出物的形状和尺寸，已定型的挤出物由于在定型装置中的冷却作用并不充分，仍必须用冷却装置，使其进一步冷却。冷却一般采用空气或水冷，冷却速度对制品性能有较大影响，硬质制品不能冷得太快，否则容易造成内应力，并影响外观，对软质或结晶型塑料则要求及时冷却，以免制品变形。

（4）制品的牵引和卷取（切割）

热塑性塑料挤出离开口模后由于有热收缩和离模膨胀双重效应，使挤出物的截面与口模的断面形状尺寸并不一致。此外，挤出是连续过程，如不及时引出挤出物，会造成堵塞，生产停滞，使挤出不能顺利进行或制品产生变形。因此在挤出热塑性塑料时，要连续而均匀地将挤出物牵引出，其目的一是帮助挤出物及时离开口模，保持挤出过程的连续性，二是调整挤出型材截面尺寸和性能。牵引的速度要与挤出速度相配合，通常牵引速度略大于挤出速度，这样一方面起到消除由离模膨胀引起的制品尺寸变化，另一方面对制品有一定的拉伸作用。牵引的拉伸作用可使制品适度进行大分子取向，从而使制品在牵引方向的强度得到改善。各种制品的牵引速度是不同的，通常挤出薄膜和单丝需要较快的速度，牵伸度较大，制品的厚度和直径减小，纵向断裂强度提高。挤出硬制品的牵引速度则小得多，通常是根据制品离口模不远处的尺寸来确定牵伸度。

定型冷却后的制品根据制品的要求进行卷绕或切割。软质型材在卷绕到给定长度或重量后切断；硬质型材从牵引装置送出达到一定长度后切断。

（5）后处理

有些制品挤出成型后还需进行后处理，以提高制品的性能。后处理主要包括热处理和调湿处理。在挤出较大截面尺寸的制品时，常因挤出物内外冷却速率相差较大而使制品内有较大的内应力，这种挤出制品成型后应在高于制品的使用温度 10～20℃或低于塑料的热变形温度 10～20℃的条件下保持一定时间，进行热处理以消除内应力。有些吸湿性较强的挤出制品，如聚酰胺，在空气中使用或存放过程中会吸湿而膨胀，而且这种吸湿膨胀过程需很长时间才能达到平衡，为了加速这类塑料挤出制品的吸湿平衡，常需在成型后浸入含水介质加热进行调湿处理，在此过程中还可使制品受到消除内应力的热处理，对改善这类制品的性能十分有利。有些管材制品因配合的需要，需进行扩口等处理。

4.3.2 挤出工艺条件

挤出过程的工艺条件对制品质量影响很大，特别是塑化情况直接影响制品的外观和物理力学性能。挤出成型工艺条件的控制，应尽可能在确保质量的前提下，提高挤出机的生产率，减少消耗，从而降低挤出制品的生产成本。挤出过程中控制的工艺条件主要有挤出温度、挤出速度、牵引速度和机头压力等。挤出过程中物料的温度、压力及其状态都是变化的，不同的塑料品种要求螺杆特性和工艺条件不同。

挤出温度是影响物料塑化的主要因素。物料塑化的能量主要来自料筒的外加热，其次是螺杆对物料的剪切作用和物料之间的摩擦，当进入正常操作后，剪切和摩擦产生的热量甚至变得更为重要。温度升高，物料黏度降低，有利于塑化，同时降低熔体的压力，挤出成型出料快；但如果机头和口模温度过高，挤出物形状的稳定性较差，制品收缩性增大，甚至引起制品发黄，出现气泡，成型不能顺利进行；温度降低，物料黏度增大，机头和口模压力增加，制品密度大，形状稳定性好，但出模膨胀较严重，但是，温度不能太低，否则塑化效果差，且熔体黏度太大而增加功率消耗。此外，口模和型芯的温度应该一致，若相差较大，则制品会出现向内或向外翻甚至扭歪等现象。

挤出温度设定的总原则是从料斗到口模逐渐升高。在确定挤出工艺时，还要综合考虑到：加料段的温度不宜过高，以防止物料过早融化而“架桥”，但双螺杆挤出机比单螺杆挤出机加料段的温度要高；压缩段和均化段的温度可高一些，以保证塑料有良好的流动性；机头的温度控制在塑料热分解温度以下；为减轻辅机的冷却负担和缩短成型周期，希望挤出物的温度值较低，使制品容易定型，口模的温度比机头温度可稍低一些。

挤出速度由螺杆转速决定。增大螺杆转速，可强化物料的剪切作用，提高料温，对大多数热塑性塑料还可显著降低黏度，有利于物料的充分混合与均匀塑化；但螺杆转速的增大，使料筒内物料所承受的压力增大。压力在挤出机中是一个被动的因素。当挤出机螺杆、口模等硬件确定后，机头压力受料筒温度、机头温度、加料速度和螺杆转速等因素的制约。机头压力增大，逆流、漏流多，产量下降，同时电机易过载；但压力增大，挤出流量减小，对物料的进一步混合和塑化有利。因此，在实际生产中，应合理控制螺杆转速，保证温控系统的精度，以减小压力波动。

牵引速度与挤出速度相当，可略大于挤出速度。定义牵引速度与挤出速度之比为牵伸比。牵伸比大于1时，聚合物大分子沿着牵引方向发生取向，使制品产生各向异性。各向异性在有些制品中需要特意形成，如热收缩膜、单丝及拉伸格栅等，这样能使制品沿取向方向的拉伸强度和抗蠕变性能提高；而在一些厚壁制品中，如管、棒和板等，则要想办法消除，以防止制品在不同方向上性能的不一致，产生翘曲和变形等。

4.4　典型制品的挤出

4.4.1　塑料管材的挤出成型

管材是塑料挤出制品中的主要品种，有硬管和软管之分。塑料管材可以作为输送液体、固体、气体的管道，并可以作为电线、电缆护套和结构材料使用。用来挤管的塑料品种很多，主要有PVC，PE，PP，PS，PA，ABS和PC等。其中PVC管产量最大，下面就以塑料硬质管材的成型为例作简单介绍。

（1）工艺流程

管材挤出的基本工艺是：由挤出机均化段出来的塑化均匀的塑料，先后经过过滤网、粗滤器而达分流器，并为分流器支架分为若干支流，离开分流器支架后再重新汇合起来，进入管芯口模间的环形通道，最后通过口模到挤出机外而成管子，接着经过定径套定径和初步冷却，再进入冷却水槽或具有喷淋装置的冷却水箱，进一步冷却成为具有一定口径的管材，最后经由牵引装置引出并根据规定的长度要求而切割得到所需的制品。

（2）挤出装置及其工艺控制

管材挤出装置由挤出机、机头口模、定型装置、冷却水槽、牵引及切割装置等组成，其中挤出机的机头口模和定型装置是管材挤出的关键部件。

1）机头和口模　机头是挤出管材的成型部件，大体上可分直通式、直角式和偏移式三种，其中用得最多的是直通式机头，图4－35所示的是直通式挤管机头，机头包括分流器、分流器支架、管芯、口模和调节螺钉等几个部分。

分流器又称鱼雷头，其作用是使塑料流体逐渐形成环形，并使料层变薄，有利于塑料的进一步均匀塑化。分流器支架的作用是支撑分流器及管芯。在小型挤出机中，分流器和分流器支架都做成一个整体。支架与机头是连接的，支架上有分料筋，塑料流过时被分料筋分开再汇合，有可能形成熔接痕，因此分料筋要制成流线型，而且，在强度允许的情况下，其宽度与长度应尽可能小些。在分流器支架内设有导线孔与进气孔，以便分流器和管芯内部装电热器时通入导线或通入压缩空气。

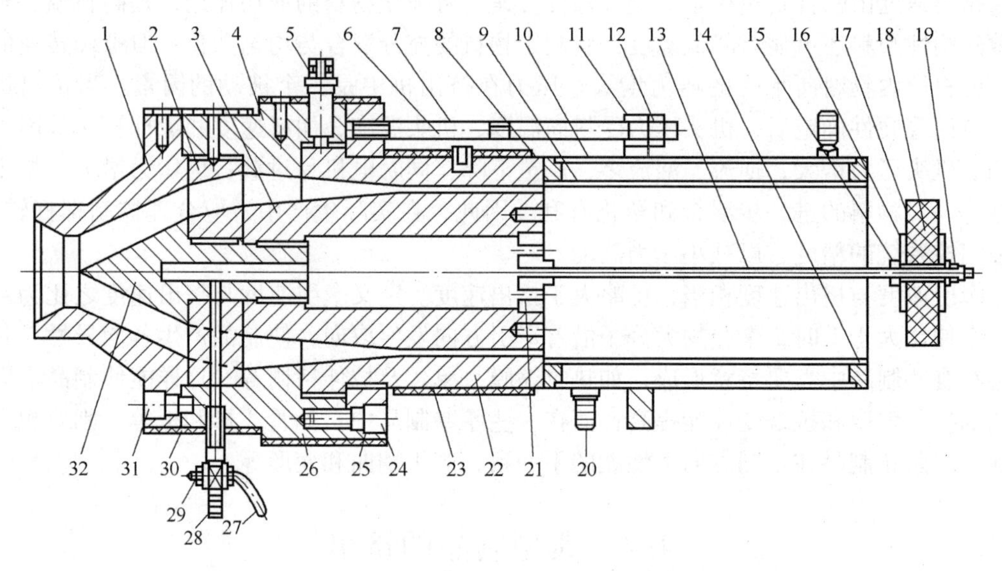

图4－35　聚氯乙烯硬管挤出机头

1—机头连接体　2—分流器支架　3—心棒　4—机头体　5—调节螺钉　6—热电偶插座　7、13—拉杆　8、14—法兰盘　9—内套　10—外套　11—固定座　12、15、19、21、29—螺母　16—垫圈　17—密封垫　18—固定套　20、28—接头　22—口模　23、26、30—加热圈　24—压盘　25、31—内六角螺钉　27—旋塞柄　32—分流锥

管芯（又叫口模心棒）是挤出的管材内表面的成型部件，因管材型样不同有不同的形式，一般为流线型，以便粘流态塑料的流动。管芯通常是在分流器支架处与分流器连接。黏流态塑料经过分流器支架后进入管芯与口模之间，管芯经过一定的收缩成为平直的料道。在管材挤出过程中，机头压缩比表示黏流态塑料被压缩的程度。机头压缩比是分流器支架出口处流道环形面积与口模及管芯之间的环形截面积之比。压缩比太小不能保证挤出管材的密实，也不利于消除分流筋所造成的熔接痕；压缩比太大则料流阻力增加。机头压缩比按塑料性质在3～10的范围内变化。

口模是管材外表面的成型部件，有时也被称为口模外套。口模平直部分的长短直接影响管材的质量。增加平直部分的长度，增大料流阻力，使管材致密，又可使料流稳定，均匀挤出，消除螺杆旋转给料流造成的旋转运动，但如果平直部分过长，则阻力过大，挤出的管材表面粗糙。一般口模的平直部分长度为管材内径的2～6倍。

2）定径装置　常见的定径装置有外定径和内定径两种。内定径是指挤出制品的内表面由于挤出收缩贴在冷的芯棒上，内定径的特点是制品内表光滑而外表较差。图4－36和图4－37分别为直通式和直角式机头内定径装置。

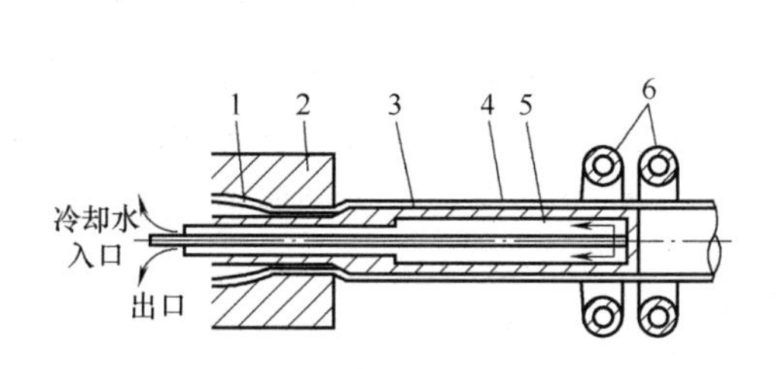

图4－36 内径定径装置
1—心棒 2—口模 3—定径装置
4—塑料管 5—冷却水腔 6—冷却风环

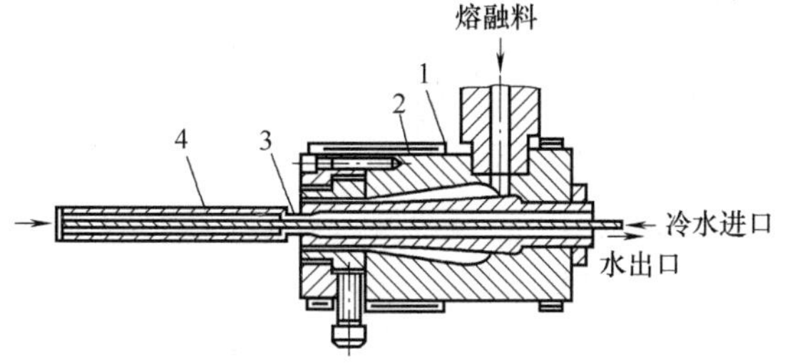

图4－37 内径定径直角机头
1—心棒 2—机头体 3—绝热垫圈 4—延长的心棒

由于用内定径法生产挤出制品需要的牵引力比外定径法大，所以通常均采用外定径法生产。外定径采用最多的是真空定径和充气定径两种。

真空定径装置由真空定径套、冷却水槽、真空泵等组成，其结构如图4－38所示。真空定径的工作原理是利用抽真空所产生的负压使需要定径的塑料管外壁与真空定径套的内壁相贴，抽真空处为长方形或圆形孔，均匀分布在抽真空区的周围。真空定径的优点是定径效果好，管材内应力较小且外表光滑。这种方法适用于管径较小、放置气塞比较困难时，或管径过大、气塞及固定使用的钢丝绳索较重的装置。对于熔体状态时黏度较低，冷却后比较坚硬的结晶型材料，如聚乙烯、聚丙烯、尼龙等也较为常用。

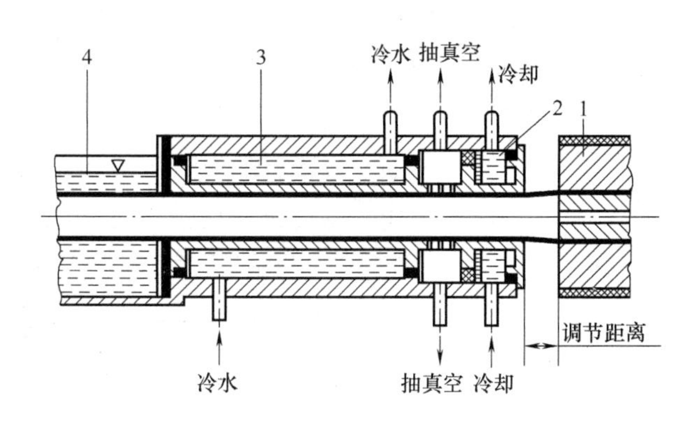

图4－38 真空定径装置示意图
1—模头 2—冷却区Ⅰ 3—冷却区Ⅱ 4—冷却区Ⅲ

充气定径是在分流梭的筋上开一个通气孔，用压缩空气充入挤出的塑料管内，在气压的作用下，使出口模的塑料管外壁与定径套的内壁接触，经过定径套内的循环冷却水使塑料管初定形。图4－39为充气内压法定径的原理图。充气法定径比较麻烦的是气封问题，通常有两种解决方法：一是用橡皮塞法，在芯棒出口装一套钩，通过铅丝与橡皮气塞连接以达到气封的目的；二是将通过牵引后的塑料管对折后用绳扎牢，但这种方法仅适用于低密度

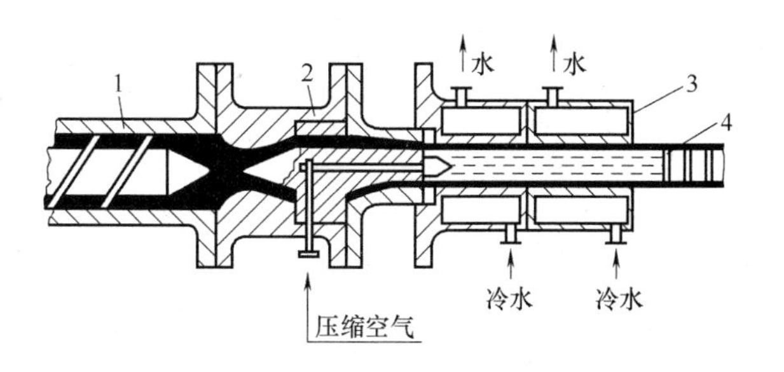

图4－39 内压法外径定径装置
1—挤出机 2—机头口模 3—定径套 4—塞子

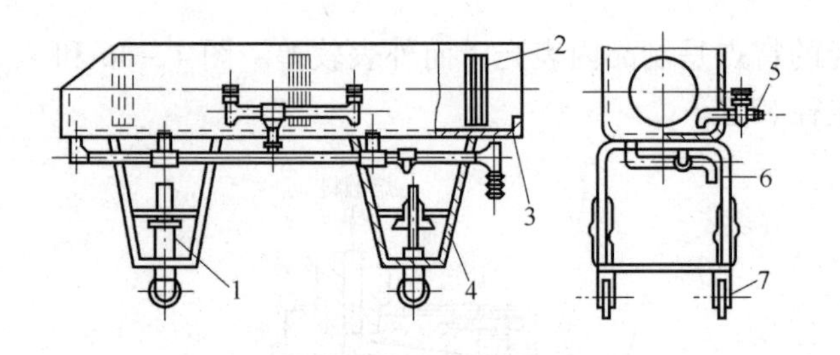

图4－40　浸浴式冷却装置

1—支承螺旋　2—隔板　3—水槽　4—支承架　5—进水管　6—出水管　7—小车轮子

聚乙烯管。

3）冷却装置　常用的冷却装置有两种：浸浴式冷却水箱和喷淋式冷却水箱。如图4－40，浸浴式冷却水箱是用铁皮做的水箱，水箱中保持一定的水位，最好使用循环水，水箱两端开孔以便塑料管通过，两端孔用橡皮做成，可防止水溢出。

喷淋式冷却水箱比浸浴式冷却水箱的冷却效果好。由于在浸浴式冷却水箱中塑料管沿圆周各点的冷却不一样，易使管材产生弯曲变形，特别是大口径管材，情况尤为严重，这是因为大口径管材在冷却水箱中受水的浮力更大。喷淋式水箱也称喷雾式冷却水箱，由于在水箱内设有许多喷嘴，冷却水由喷嘴喷出，使水四溅成雾状，这样，塑料管沿圆周各点冷却一致，冷却效果好。较为先进的喷淋式冷却水箱，有温度控制装置，当水温高于指定值时，排水阀打开，进行换水，如图4－41所示。

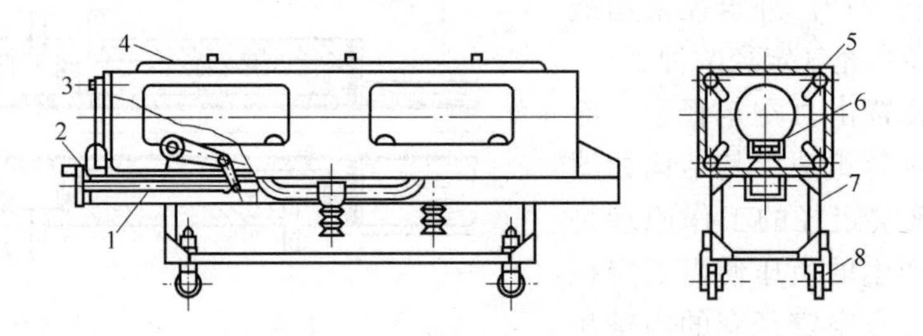

图4－41　喷淋式和喷雾式冷却装置

1—导轮调节机构　2—手轮　3—水槽　4—水槽上盖　5—喷淋头　6—导轮　7—支承架　8—小车轮子

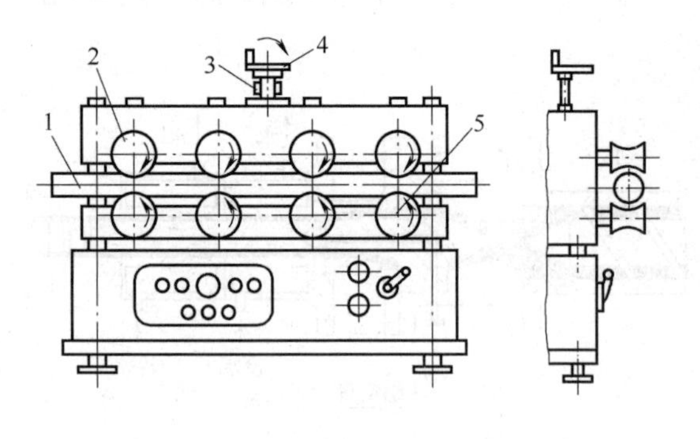

图4－42　滚轮式牵引装置

1—管材　2—上滚轮　3—调距机构　4—调距手柄　5—管材

4）牵引装置　牵引装置能使挤出的塑料管材通过不同的牵引速度在小范周内调节它的厚薄，能提高管材的拉伸强度，并对挤出过程的连续进行起保证作用，从而大大提高了生产能力。但牵引机的牵引速度必须配合好，不规则的波动可能使制品表面出现波纹等毛病。牵引装置一般应满足下列要求：首先，牵引机的夹持器应能适应夹持多种直径管材的需要；第二，牵引速度必须稳定，最好能与输出机有同步控制系统，并且在一定范围内能无级变速；第三，要具有一定的牵引夹持力，夹持力应能调节，使被牵引的管材既不打滑或跳动，又不致将管材夹成永久变形。常用的牵引机有滚轮式和履带式两种。图4－42所示的滚轮式牵引机，它有2～5对牵引滚轮，下轮为主动轮，上轮为从动轮，通过手轮调节夹持间距。该牵引机这种牵引装置结构比较简单，调节也方便，但轮与管之间是点或线接触，接触面积小，摩擦力小，形成的牵引力小，不适用大型管材，一般可牵引直径为110mm直径以下的管材。图4－43所示为履带式牵引机，它由2条、3条、4条履带组成，履带上有橡胶夹紧块。履带式牵引机不仅牵引力大，且因于管材的接触面积大，不易打滑，各条履带多方向，同心夹紧，这样就减少了管材的变形，更适合对薄壁管材和大口径管材的牵引。

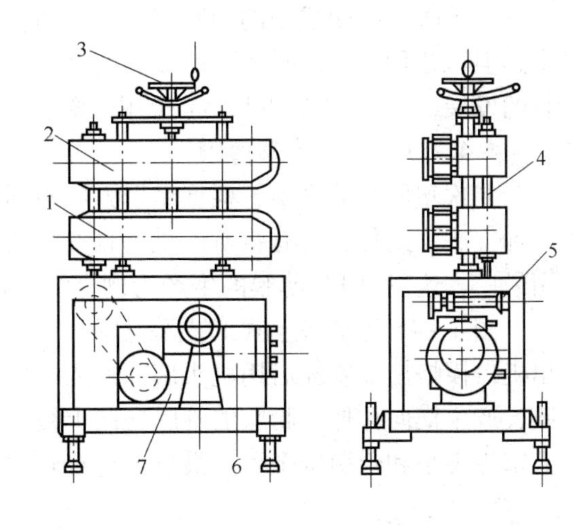

图4－43 履带式牵引装置

1—下履带 2—上履带 3—调节手轮 4—传动轴
5—锥齿轮 6—电动机 7—减速箱

5）切割装置 切割装置是将塑料管材按定长切断。常用的切割装置有两种：一种是圆盘锯切割；另一种是自动行星锯切割。图4－44为圆盘锯切割装置示意图。当管子达到预定长度时，通过行程开关或光电传感器发出信号，使电磁铁自动夹紧管子，锯座在管材的挤出推力或牵引力的推动下与管材同速移动，切割完毕时，锯座即快速回复原位。

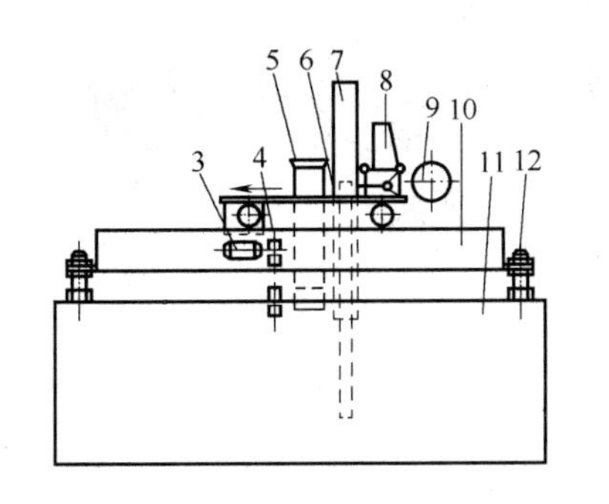

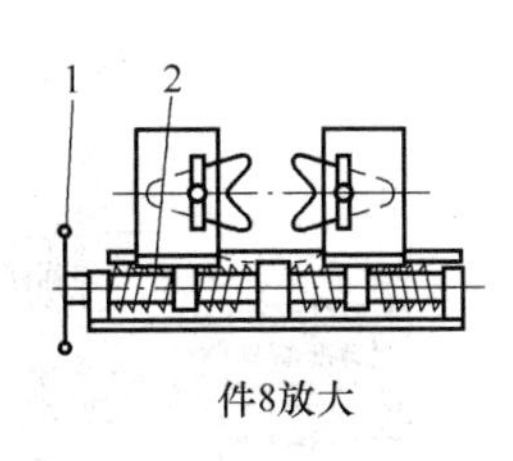

图4－44 圆盘锯切割装置

1—手轮 2—双向丝杠 3—电动机 4—传动带 5—手推架 6—圆盘锯片
7—防护罩 8—夹紧机构 9—导轮 10—纵行锯车 11—机座 12—调节螺栓

4.4.2 塑料薄膜的挤出成型

塑料薄膜可以用挤出吹塑、压延、流延、挤出拉幅以及使用狭缝机头直接挤出等方法制造，各种方法的特点不同，适应性也不一样。其中吹塑法成型塑料薄膜比较经济和简便，结晶型和非晶型塑料都适用。吹塑成型不但能成型薄至几微米的农用薄膜，也能成型厚达0.3mm的重包装薄膜；既能生产窄幅，也能得到宽度达近20m的薄膜，这是其他成型方法无法比拟的。吹塑的实质就是在挤出的型坯内通过压缩空气吹胀后成型，吹塑过程熔融塑料同时受到纵横两个方向的拉伸取向作用，制品质量较高，因此，吹塑成型在薄膜生产上应用十分广泛。

用于薄膜吹塑成型的塑料有 PVC、PE、PP、PA 以及 PVA 等。目前国内外以前两种居多，但后几种塑料薄膜的强度或透明度较好，已有很大发展。此外，随着近年来生物基塑料的发展，改性 PLA 和 PBAT 也用吹塑。

4.4.2.1　挤出吹塑薄膜

在吹塑薄膜成型中，根据牵引方向不同，一般又分为平挤上吹、平挤下吹和平挤平吹三种方法。此外，还有将挤出机垂直安装的竖挤上吹和竖挤下吹法。其中以平挤上吹法应用最广，这里以 PE 薄膜的生产为例介绍这种方法。

图 4－45 为平挤上吹工艺示意图。在挤出机的前端安装吹塑口模，黏流态的塑料从挤出机口模挤出成管坯后用机头底部通入的压缩空气使之均匀而自由地吹胀成直径较大的管膜，产生横向拉伸，膨胀的管膜在向上被牵引的过程中，被纵向拉伸并逐步被冷却，并由人字板夹平和牵引辊牵引，最后经卷绕辊卷绕成双折膜卷。

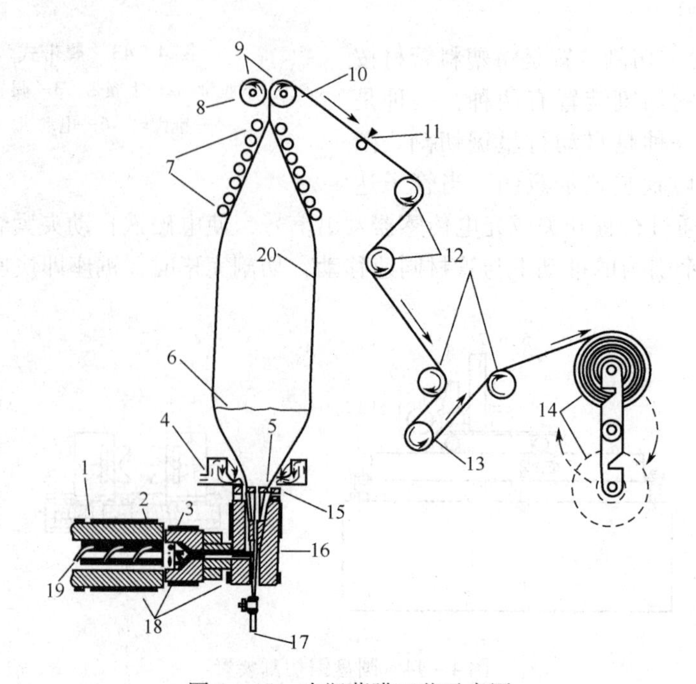

图 4－45　吹塑薄膜工艺示意图

1—挤出料筒　2—过滤网　3—多孔板　4—风环　5—芯模　6—冷凝线　7、13—导辊
8—橡胶夹辊　9—夹送辊　10—不锈钢夹辊　11—处理棒　12—均衡张紧辊　14—收卷辊
15—模环　16—模头　17—空气入口　18—加热器　19—树脂　20—膜管

在吹塑过程中，塑料从挤出机的机头口模挤出以致吹胀成膜，经历着黏度、相变等一系列的变化，与这些变化有密切关系的是挤出过程的各段物料的温度、螺杆的转速，机头的压力和口模的结构、风环冷却及室内空气冷却以及吹入空气压力以及膜管牵引速率等。以上因素相互配合与协调都直接影响到薄膜性能的优劣和生产效率的高低。由于吹塑薄膜是自由表面成型且影响因素较多，因此，其薄厚公差较压延膜大。

（1）管坯挤出

挤出机各段温度的控制是管坯挤出最重要的因素。通常，沿机筒到机头口模方向，塑料的温度是逐步升高的，且要达到稳定的控制。对 LDPE 吹塑，原则上机筒温度依次是

140℃，160℃，180℃递增，机头口模处稍低些。熔体温度升高，黏度降低；机头压力减少，挤出流量增大，有利于提高产量。但若温度过高和螺杆转速过快，剪切作用过大，易使塑料分解，且出现膜管冷却不良，这样，膜管的直径就难以稳定，将形成不稳定的膜泡"长颈"现象，所得泡（膜）管直径和壁厚不均，甚至影响操作的顺利进行。因此，通常挤出温度和速度控制得稍低一些。

（2）机头和口模

吹塑薄膜的主要设备为单螺杆挤出机，其机头口模的类型主要有转向式的直角型和水平向的直通型两大类，结构与挤出管材的差不多，作用是挤出管状坯料。直通型适用于熔体黏度较大和热敏性塑料，工业上用直角型机头居多。由于直角型机头有料流转向的问题，模具设计时须考虑不使近于挤出机一侧的料流的速度大于另一侧，使薄膜厚度波动减少。为使薄膜的厚度波动在卷取薄膜辊上得到均匀分布，常采用直角型旋转机头，如图4－46所示。

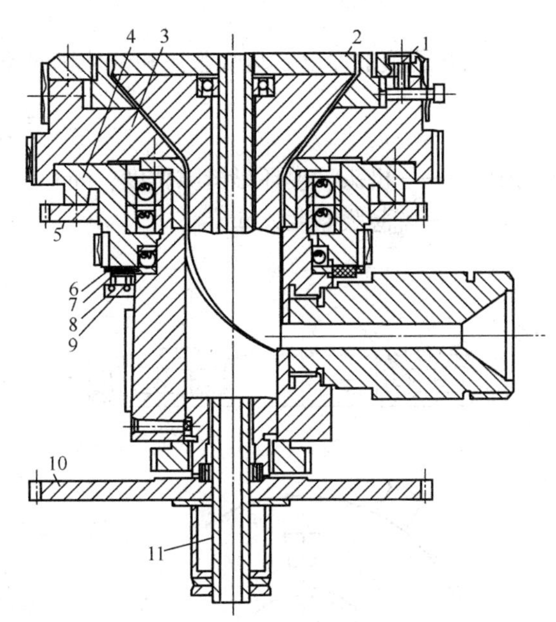

图4－46　旋转式机头

1—口模　2—芯模　3—旋转体　4—支撑环　5、10—齿轮　6—绝缘环　7、9—铜环　8—碳刷　11—空心轴

吹塑机头种类繁多，主要有从侧面进料的芯棒式机头、从中心进料的"十字形"机头和螺旋芯棒式机头，以及莲花瓣式机头、旋转机头和复合薄膜（又称共挤）机头等。

口模缝隙的宽度和平直部分的长度与薄膜的厚度有一定的关系，如吹塑0.03～0.05mm厚的薄膜所用的模隙宽度为0.4～0.8mm，平直部分长度为7～14mm。

（3）吹胀与牵引

在机头处有通入压缩空气的气道，通入气体使管坯吹胀成膜管，调节压缩空气的通入量可以控制膜管的膨胀程度。

衡量管坯被吹胀的程度通常以吹胀比 α 来表示，吹胀比是管坯吹胀后的膜管的直径 D_2 与挤出机环形口模直径 D_1 的比值，即：

$$\alpha = \frac{D_2}{D_1} \tag{4-4}$$

吹胀比的大小表示挤出管坯直径的变化，也表明了黏流态下大分子受到横向拉伸作用力的大小。常用吹胀比在2～6之间。

吹塑是一个连续成型过程，吹胀并冷却过程的膜管在上升卷绕途中，受到拉伸作用的程度通常以牵伸比 β 来表示，牵伸比是膜管通过夹辊时的速度 v_2 与口模挤出管坯的速度 v_1 之比，即：

$$\beta = \frac{v_2}{v_1} \tag{4-5}$$

这样，由于吹塑和牵伸的同时作用，使挤出的管坯在纵横两个方向都发生取向，使吹塑薄膜具有一定的力学强度。因此，为了得到纵横向强度均等的薄膜，其吹胀比和牵伸比最好是相等的。不过在实际生产中往往都是用同一环形间隙口模，靠调节不同的牵引速度来控制薄膜的厚度，故吹塑薄膜纵横向力学强度并不相同，一般都是纵向强度大于横向强度。

吹塑薄膜的厚度 δ 与吹胀比和牵伸比的关系可用下式表示：

$$\delta = \frac{b}{\alpha \cdot \beta} \tag{4-6}$$

式中：b——机头口模环形缝隙宽度，mm

δ——薄膜厚度，mm

(4) 薄膜的冷却

吹塑薄膜是连续成型过程，管坯挤出吹胀成膜管后必须不断冷却固化定型为薄膜制品，以保证薄膜的质量和提高产量，因此，膜管在吹胀成型后要马上得到良好的冷却。目前最常用的方法是在挤出机头之后，在管膜外面设冷却风环。风环装置有空气冷却风环和喷雾风环两种。前者以一般的空气作冷却介质，是目前吹塑成型应用最广的方法；喷雾风环以雾状水气为冷却介质，大大强化了薄膜的冷却效果。图 4-47 为普通风环的结构图，操作时可通过旋转调节风量的大小控制膜管的冷却速度。

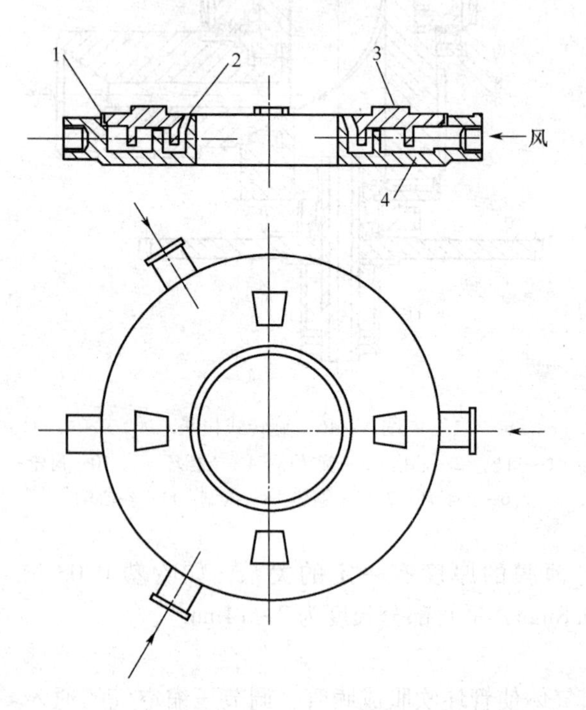

图 4-47　普通风环结构图

1—调节风量螺纹　2—出风缝隙　3—盖　4—风环体

在吹塑聚乙烯薄膜时，接近机头处的膜管是透明的，但在约高于机头 200mm 处的膜管就显得较浑浊，透明区和浑浊区的分界线称为冷冻线。膜管在机头上方开始变得浑浊的距离称为冷冻线距离。膜管浑浊的原因为大分子的结晶和取向。从口模间隙中挤出的熔体在塑化状态被吹胀并被拉伸到最终的尺寸，薄膜到达冷冻线时停止变形过程，熔体从塑化态转变为固态。如果其他操作条件相同，随着挤出物料的温度升高或冷却速率降低，聚合物冷却至结晶温度的时间也将延长，所以冷冻线也将上升；在相同的条件下，冷冻线的距离也随挤出速度的加快而加长，这样，薄膜从机头挤出后到冷却卷取的行程就要加长，从而影响薄膜的质量和产量。用一个风环冷却达不到要求时，可用两个或两个以上的风环冷却。对于结晶型塑料，降低冷冻线距离可获得透明度高和横向撕裂强度较高的薄膜。

(5) 薄膜的卷绕

膜管经冷却定型后，先经人字导向板夹平，再通过牵引夹辊，而后由卷绕辊卷绕成薄膜制品。人字形夹板用来稳定泡管，引导泡管运动，并逐渐将其压扁后送进牵引辊，形状如图4-48所示。人字夹板可用金属板或木板，导辊式夹板用数个金属导辊排列成人字形。为防止膜面与夹板的摩擦产生皱褶，可在板内侧附着一层毛毡类有绒毛的软布。如果是金属辊，辊体内可通冷却水，对薄膜的冷却效果会更好。人字板的夹角可在10°~40°之间，由螺栓支杆任意调整。较小角度用于平挤平吹法，大角度用于平挤上吹法、平挤下吹法。夹角小，产生皱褶现象较少。

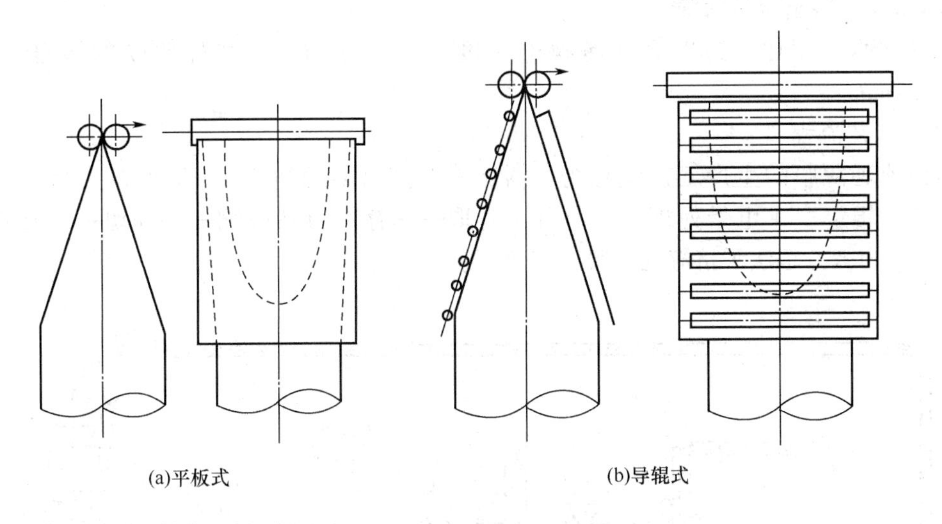

图4-48 人字形夹板

（6）牵引装置

牵引装置是把从模口挤出的管坯经吹胀、冷却定型后送入人字板的薄膜用两根辊夹紧，按一定的牵伸速比，牵引薄膜运行，然后输送到卷取装置卷取成捆。牵引夹辊是由一个橡胶辊和一个金属辊组成，一根是表面经磨光镀铬的主动钢辊，另一根是表面挂一层橡胶的从动辊。橡胶辊面要磨削光滑平整，用弹簧或气缸支撑，使其紧压在主动钢辊上，随钢辊同步转动。钢辊转速可按牵引速度要求无级调速。牵引辊到口模的距离对成型过程和管膜性能有一定影响，其决定了膜管在压叠成双折前的冷却时间，这一时间与塑料的热性能有关。

牵引辊工作时要注意以下几点：①两辊的接触线应与机头、风环及人字板的中心对应，避免产生牵引皱褶；②牵引辊与口模的距离不能小于泡管直径的3~5倍；③两辊接触后，各接触点的压紧力应均匀，阻止泡管内空气泄漏；牵引拉力应均匀，避免膜被牵引时跑偏；牵引速度稳定，并能随薄膜的挤出速度平稳地无级调速，与一定的牵伸速比匹配；④在牵引辊和卷取辊之间，应加几根导辊和展平辊，使薄膜冷却、松弛、平整地被卷取。

（7）卷取装置

薄膜的卷取方法有中心卷取和表面卷取两种方式。

1）中心卷取（心轴卷取）心轴卷取是由电机传动来的扭矩，通过摩擦离合器装置，直接带动卷取芯轴转动，把成品薄膜卷在心轴上的纸管心上。这种卷取方法不受卷曲薄膜直径大小限制，卷取张力随卷取半径增大而增大。为了保证薄膜的卷取捆内外松紧一致，卷取线速度和张紧力由摩擦离合器调整摩擦力来实现。生产中常采用双工位卷取方法，这种卷取适合高速挤出吹塑薄膜生产。

2）表面卷取（摩擦卷取）卷取心轴为从动，主动辊转动，通过摩擦力带动卷取心轴转动来卷取薄膜。正常工作时是主动辊与托辊合作，共同转动，托动上面的薄膜捆，用两辊转动与膜捆间的摩擦力来带动膜捆实现连续卷取。由于主动辊的半径确定，因此，表面卷取的卷取张力并不随卷取半径增大而增大。

4.4.2.2 挤出流延薄膜

与吹塑薄膜相比，挤出流延薄膜透明度好，厚度均匀。这种薄膜的厚度一般为0.05～0.1mm。

（1）工艺流程

挤出流延薄膜的生产工艺流程为：树脂——挤出熔融塑化——T形机头挤出——流延——冷却辊定型＋电晕处理——牵引＋卷取——存放自然收缩——分切——成品。图4－49所示为骤冷辊法平挤流延薄膜工艺流程。

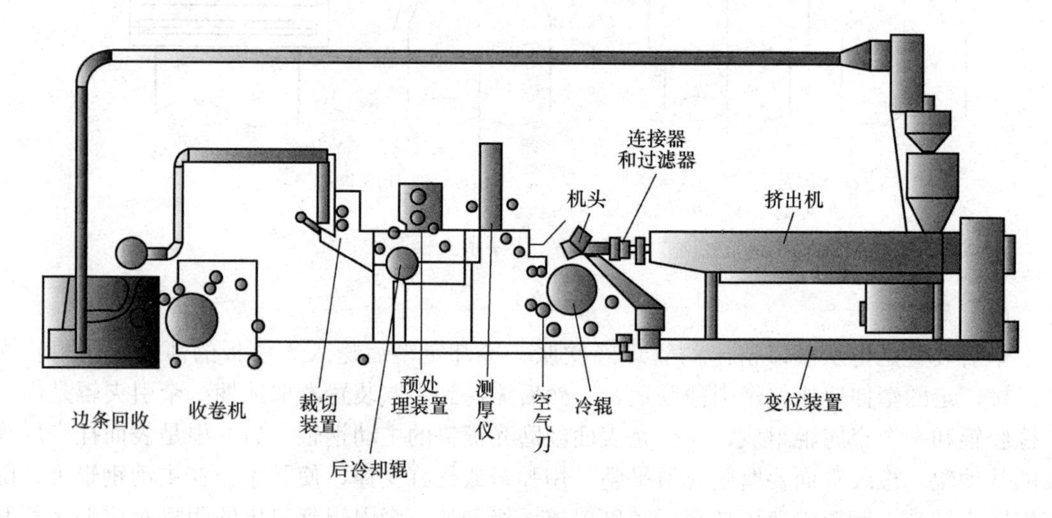

图4－49 挤出流延薄膜工艺流程

流延薄膜挤出机的口模是一条狭缝，称为狭缝型机头。通过狭缝形成一个截面为长方形的连续体（其截面厚度远大于最终成型的薄膜），熔体从狭缝口离开向下或呈一定角度流延到冷却辊上，沿切线方向接触辊子。辊子的表面非常光滑，使得制成的薄膜表面的光洁程度也非常好。通常薄膜要通过一组呈S形分布的辊子冷却，并至少要经过两个骤冷辊，第一个冷却辊的工作温度至少为40℃，用压缩空气将流延薄膜吹向冷却流延辊表面并贴紧冷却辊，可提高冷却效果。流延薄膜的冷却较充分，所以生产速度比吹塑法更高，可达60～100m/min以上，为吹塑薄膜生产速度的3～4倍。这种方法生产的薄膜有较好的透明性和较高的韧度，并且产量高，薄膜尺寸主要取决于挤出速率和牵引速度。采用这种加工方法，薄膜由于冷却而收缩，所以制成的薄膜或片材的尺寸比口模的尺寸小，但其边缘部分厚，厚的这部分必须裁掉。薄膜卷取时，由于薄膜厚度的不均匀性，导致厚度变化进一步被增大，产生爆筋，给后面的操作造成困难。薄膜厚度正常偏差为±3%。

有两种方法可以减少爆筋。一般传统的方法是在卷取过程中摆动薄膜使之产生随机厚度变化，其缺点是减少了薄膜的宽度，并且增加了废料的数量，但是这些废料可以作为回料重新加以利用。更先进的方法是利用传感器，实时地检测薄膜的厚度，通过计算机控制，自动调整口模间隙。

通过在一定条件下拉伸薄膜，使树脂分子在拉伸方向重新排列而取向，强化拉伸方向的强度。取向能增加结晶度，改善阻隔性能。

挤出流延薄膜原材料：常用流延薄膜的生产原料有聚丙烯、聚酰胺和聚乙烯等。

（2）流延薄膜的生产设备

主要包括挤出机、机头、气刀、冷却辊、电晕处理辊、牵引辊、卷取装置、切边及回收系统。

1）挤出机　流延薄膜一般选用单螺杆挤出机。聚丙烯用螺杆直径 90～200mm，L/D=25～33，压缩比 4，结构为带混炼头的计量型；聚酰胺用螺杆直径 90～150mm，L/D=28～35，压缩比 3.5～4，结构为突变型，可带混炼头；聚乙烯用螺杆直径 90～150mm，L/D=25～28，压缩比 3，结构为计量型。

2）机头　聚丙烯流延薄膜机头可为支管式或衣架式，机头宽度有 1.3m、2.4m、3.3m、4.2m 几种规格。口模平直部分长度 L=（50～80）t（t 为薄膜厚度），薄膜厚度小时取大值；模唇开度 0.3～0.5mm，厚度大时，取小值。聚酰胺流延薄膜多采用支管式机头，模唇定型段长度比 CPP 应适当长一些。聚乙烯流延薄膜多采用支管式结构，支管直径 30～50mm，模唇间隙 0.3～1.0mm。

3）冷却辊　聚乙烯与 CPP 薄膜流延冷却辊是一直径较大的钢辊，直径为 400～1000mm，机头宽度增加取大值。辊筒表面镀硬铬，抛光至镜面。辊筒内为双螺旋式冷却管，通冷却水冷却。双面冷却辊有两个，用来进一步冷却薄膜的两个表面，比流延冷却辊小，直径为 150～300mm，其表面与流延冷却辊相同。

聚酰胺流延薄膜冷却与 CPP 薄膜不同，分为两步冷却。流延辊为油冷却辊，辊筒内通热油，热辊温度 90～100℃，比流延薄膜温度低。然后用水冷却辊冷却，冷辊将薄膜冷却至室温。

（3）生产工艺条件

1）聚丙烯流延薄膜的生产工艺　挤出机机头宽 1.3m，螺杆直径 120mm 的生产线生产工艺如下。

挤出机温度设置：料筒温度依次为 180～200℃、200～220℃、220～240℃、230～240℃，210～220℃，230～240℃、240～260℃，料筒第五段温度偏低，此处为排气抽真空段；机头处温度为连接器 240～260℃，过滤器 240～260℃，模唇 240～250℃；机头处物料温度为 240℃左右，挤出温度提高，薄膜的透明度和强度提高；冷却辊表面温度一般控制在 18～20℃。冷却辊温度较低时，结晶速率快，结晶度小，薄膜透明度及光学性能较好，但温度太低会增加制冷费用。

螺杆转速 60r/min，牵引速度 80～90m/min。牵引速度提高，会增加薄膜纵向强度和挤出产量，但牵引速度太快会降低薄膜透明度。

气刀与冷却辊之间距离应控制尽量小，使薄膜能紧贴冷却流延辊。在整个机头宽度上，气刀与冷却辊之间距离应相同，气刀压力应该均匀。

收卷张力应适当，为 100N 左右。张力太大，则薄膜卷取太紧，不利于陈化与分切，且陈化过程中由于薄膜收缩而产生“暴筋”现象。张力太小，薄膜卷不紧，边缘不整齐。

CPP 薄膜表面电晕处理后，表面张力随时间增加而下降，原料中低分子物质含量越多，下降幅度越大。所以，表面处理时应适当提高薄膜表面张力。表面张力也不能太大，否则薄膜会发脆，力学性能下降。

2）聚酰胺流延薄膜生产工艺　以聚酰胺 6 为原料，挤出机螺杆直径为 90mm 的生产线生产工艺如下。

挤出机温度设置：料筒温度依次为 240 ~ 250℃、250 ~ 260℃，260 ~ 270℃、270 ~ 280℃、280 ~ 285℃，连接器 260 ~ 270℃，机头温度依次为右 270 ~ 275℃、右 265 ~ 270℃、中 260 ~ 265℃、左 265 ~ 270℃、左 270 ~ 275℃。聚酰胺 6 是高结晶聚合物，熔融温度范围窄，聚酰胺熔体黏度对温度变化的敏感性较大。因此，生产聚酰胺 6 流延薄膜挤出温度应严格控制，机头温度必须低于挤出机头部温度，且温度不能波动太大，否则薄膜厚度不均匀甚至发生涌料现象。

聚酰胺 6 流延薄膜第一冷却辊表面温度 90 ~ 100℃，第二冷却辊表面温度 20 ~ 40℃。

3）聚乙烯流延薄膜生产工艺　聚乙烯流延薄膜比吹塑法挤出温度高，料筒温度依次为 0 ~ 190℃、190 ~ 200℃、200 ~ 210℃、210 ~ 220℃、220 ~ 230℃，机头温度依次为右 220 ~ 225℃、右 215 ~ 220℃、中 210 ~ 215℃，左 215 ~ 220℃、左 220 ~ 225℃。

冷却辊温度为 20 ~ 40℃。气刀与冷却辊距离应较小，一般为 30 ~ 50mm，可以减少聚乙烯薄膜“瘦径”。聚乙烯薄膜需要印刷、复合时，其表面须电晕处理，表面张力大于 40mN/m。

4.4.2.3　双向拉伸薄膜

双向拉伸薄膜主要成型方法有平膜法和管膜法两大类。平膜法又叫拉幅机法，可再分为逐步双向拉伸和同时双向拉伸两种方式。平膜法逐步双向拉伸工艺流程如图 4 – 50 所示，其横向扩幅的局部图如图 4 – 51 所示。具体步骤为：原料——挤出——流延——纵向拉伸——横向拉伸——切边——电晕处理 + 收卷——大膜卷——陈化——分切——成品。用于拉伸的厚片应该是无定形的，工艺上为达到这一目的，对结晶性聚合物（PP、PET）所采取的措施是在厚片挤出后立即实行急冷，其中厚片的厚度一般为拉伸薄膜的 12 ~ 16 倍。经过纵横两向拉伸定向的薄膜要在高温下定型处理，以减少内应力并获得稳定的尺寸，然后冷却、切边、卷曲。如果需印刷，再增加电火花处理等工序。

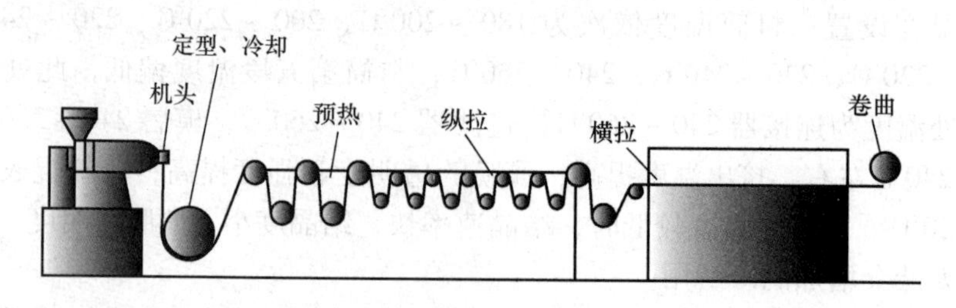

图 4 – 50　双向拉伸薄膜的制备工艺

为了获得有效的取向，结晶聚合物必须在低于熔点的温度下进行拉伸，但拉伸时应有足够的热量，使得分子可以运动。温度越高，材料更倾向于流动，实际产生的取向更少。拉伸以后，薄膜将被冷却以提高其热稳定性，理想状态是拉伸的分子松弛以前通过冷却而得到取向的特性。逐步双向拉伸法设备成熟，线速度高，是目前平膜法的主流，同时双向拉伸方式因设备较昂贵，生产受到限制。平膜法制得的薄膜质量好，厚度精度高，生产效率高。

管膜法是利用挤出吹塑法进行双向拉伸薄膜的生产，但此种方法制备的双向拉伸薄膜拉伸比较小（特别是在横向上），产品厚度精度差，生产效率低，仅限于生产聚丙烯热收缩膜和香烟包装膜等特殊品种。但设备投资较小，占地面积小，其工艺如图4－52所示。

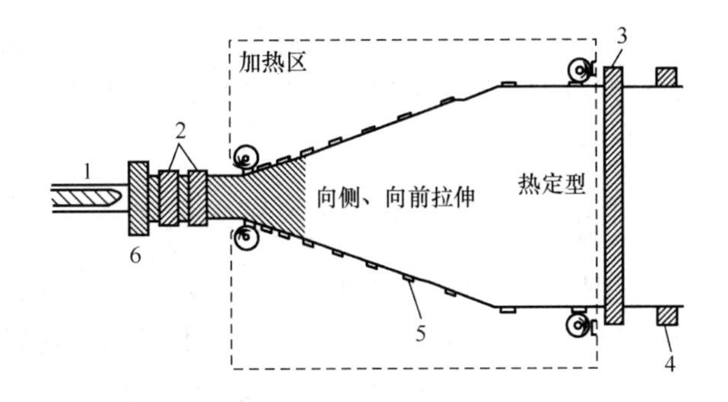

图4－51　双向拉伸薄膜横向扩幅的局部图

1—挤出机　2—流延辊　3—冷却辊　4—卷取　5—加速展幅机压板　6—模头

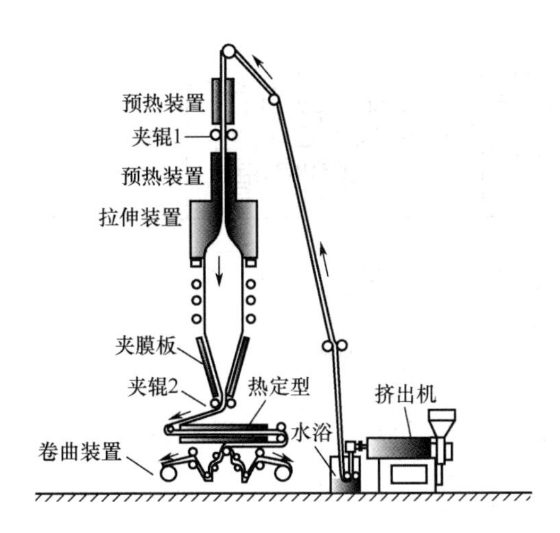

图4－52　挤出吹塑法制备双向拉伸薄膜

塑料薄膜经双向拉伸后，拉伸强度和弹性模量可增大数倍，力学强度明显提高，成为强韧的薄膜。另外，耐热、耐寒、透明度、光泽度、气密性、防潮性、电性能均得到改善，用途广泛。

聚丙烯、聚酯、聚苯乙烯、聚酰胺、聚乙烯醇、EVOH、聚偏氯乙烯等塑料可用于生产双向拉伸薄膜。其中双向拉伸聚丙烯（BOPP）膜主要用于食品、医药、服装、香烟等物品的包装，并大量用做复合膜的基材及电工膜；双向拉伸聚酯薄膜除了用于胶带、软盘、胶片等各种工业用途外，广泛用于蒸煮食品、冷冻食品、鱼肉类、药品、化妆品等的包装；双向拉伸聚苯乙烯薄膜主要用于食品包装及玩具等包装；双向拉伸聚酰胺薄膜主要用于各种真空、充气、蒸煮杀菌、液体包装等。

表4－2列出各种不同的双向拉伸薄膜生产工艺的参数。

表4－2　双向拉伸薄膜生产工艺参数

	薄膜厚度/μm	挤出温度/℃	流延温度/℃	纵向拉伸温度/℃	拉伸比	横向拉伸温度/℃	拉伸比	热处理温度/℃
聚丙烯	10～60	250～270	30～40	125～145	4.5～6.0	160～170	9.0～10.0	170～180
聚苯乙烯	100～500	230～240	80～110	110～125	2.5～3.5	110～125	2.5～3.5	100～110
聚对苯二甲酸乙二酯	6～40	285～295	30～40	115～125	3.5～5.0	110～120	3.3～3.5	240～250
聚酰胺	40～100	250～270	30～40	55～60	2.8～3.2	60～70	2.8～3.2	210～220

双向拉伸薄膜生产后需陈化，即在一定温度的空气中存放一定时间。陈化的作用是释放拉伸应力和使在薄膜表面起作用的添加剂迁移到薄膜表面。一般在室温中陈化2～3d，然后分切包装。

4.4.3　塑料板片材的挤出成型

用挤出成型方法可以生产10～15μm至8mm的平膜、片材和板材。一般按产品的厚度分，1mm以上称板材，0.25～1mm称片材，薄膜的厚度通常为几微米到几十微米。

挤出法是生产片材和板材最简单的方法。设备主要由挤出机、挤板机头、三辊压光机（压延机）、牵引装置、切割装置组成。图4－53为挤板工艺流程。从图中可知，塑料经挤出机从狭缝机头挤出成为板坯后，即经过三辊压光机、切边装置、牵引装置、切割装置等，最后得到塑料板材。如果在压光机之后再装有加热、压波、定型等装置，则可得到截面形状不同的板材，如塑料瓦楞板等。

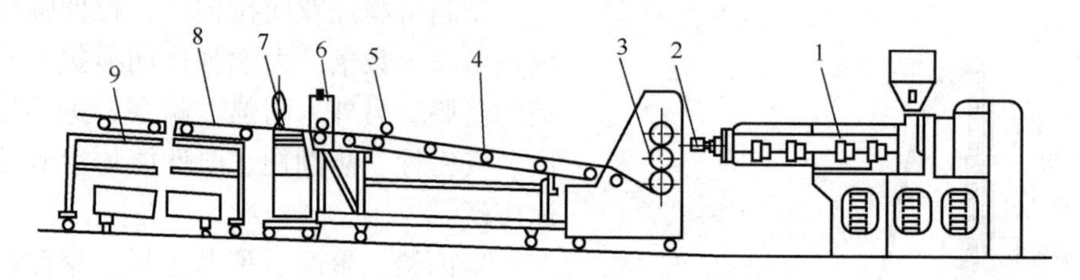

图4－53　塑料板片材挤出成型生产工艺流程

1—挤出机　2—机头　3—三辊压光机　4—冷却输送辊

5—切边装置　6—三辊牵引机　7—切割装置　8—硬板　9—堆放装置

生产板材的机头主要是扁平机头，按结构可分为支管式机头、衣架式板机头、多流道板机头、分配螺杆机头等，如图4－54所示。

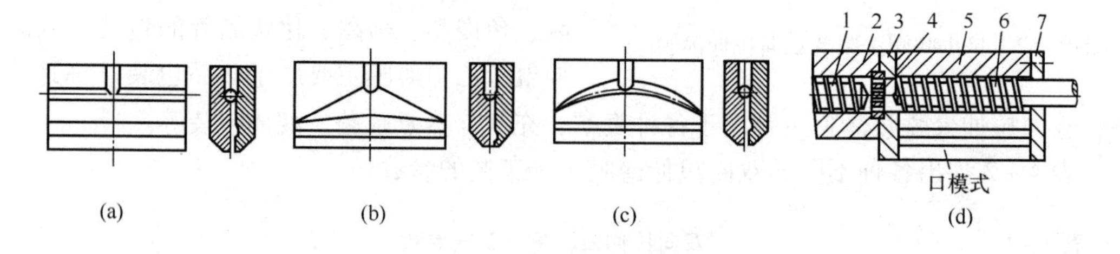

图4－54　塑料板材挤出机机头形式

（a）支管式口模　（b）鱼尾形口模　（c）衣架形口模　（d）一端供料的螺杆分配式机头

1—螺杆　2—料筒　3—侧接板　4—多孔板　5—机头体　6—分配螺杆　7—侧盖板

（1）支管式

为将圆柱状流体变为扁平的矩形截面且有相等流速的流体，要设置一个纵向切口为管状的分配腔，其作用是对熔体稳压、分流，使其均匀地挤出宽幅制品，其直径一般为30～60mm。直径越大，储存的物料也就越多，料流也就越稳定均匀。支管式机头的优点是结构简单，制造容易，可调幅宽，温度易控制，体积小，重量轻；缺点是不能成型热敏性塑料板材，如聚氯乙烯硬板，特别是透明片。此种机头适用于软质聚氯乙烯、聚乙烯、聚丙烯、ABS、聚苯乙烯板及片的成型。

（2）鱼尾形

这种机头的型腔呈鱼尾形，熔体从中部（该处压力和流速都比两端更大）进入沿扇形扩展开来。鱼尾形机头的优点是物料呈流线型流动，物料停留时间短，适用的温度范围广，结构简单；缺点是鱼尾形部分扩张角不可过大（避免中心处压力速度太大造成中心出料多两端少），不能生产宽幅制品。加之机头两端热量散失大，机头温度中间偏高，两端偏低，相应的塑料熔体黏度中间低，两端高。因此，机头中部出料多，两端出料少，造成制品厚度不均匀。为了克服这种缺陷，通常在机头型腔内设置阻流器或阻力调节装置，以增大物料在型腔中部的阻力，使物料沿机头全宽方向的流速均匀一致。

（3）衣架式

它采用支管式的圆筒形槽，对物料可起稳压作用，但缩小了圆筒形槽的截面积，减少物料的停留时间。衣架式机头采用了鱼尾式机头的扇形流道来弥补板材厚度不均匀的缺点，流道扩张角一般为160°～170°，比鱼尾口模大得多，从而减小机头尺寸，并能生产2m以上的宽幅板材。衣架式机头能较好地成型多种热塑性板与片，是目前应用最多的挤板机头。优点是支管小，缩短了物料在机头内的停留时间；扇形型腔提高了制品的薄厚均匀性，制品幅宽可达4～5m。

（4）螺杆分配式

此种机头在支管式机头模腔中插入一根旋转的分配螺杆，分配螺杆的作用是将模腔内的熔体进一步塑化并沿宽度方向均匀分布，压力沿横截面各点一致，挤速均匀，减少机头内积料的可能性。此种机头的优点是生产能力高，制品均匀，可以发泡成型，易成型宽、厚板材，机头内料温易控制，可连续运转；缺点是加工困难，成本高，分配螺杆旋转，使料流到口模区变为直线运动的距离短，易在制品中留下波浪形痕迹。为了保证板材连续稳定挤出，主螺杆的挤出量应大于分配螺杆的挤出量，即分配螺杆的直径应比主螺杆直径小。分配螺杆一般为多头螺纹，因多头螺纹挤出量大，可减少物料在机头内的停留时间。

熔融物料由机头挤出后立即进入三辊压光机，由三辊压光机压光并逐渐冷却。三辊压光机与机头的距离一般为5～10cm。若距离太远，板易下垂发生皱褶，光洁程度不好，同时易散热冷却，对压光不利。三辊压光机的辊速应略快于挤出速度，起一定的牵引作用，以使皱褶消除，并减小内应力。板材的厚度一般由辊距来控制。

从机头出来的板坯温度较高，为防止板材产生内应力而翘曲，应使板材缓慢冷却，因此要求压光机的辊筒有一定的温度。经压光机定型为一定厚度板材的温度仍较高，故需用冷却导辊输送板材，让其进一步冷却，最后成为接近室温的板材。

牵引装置通常由一对或两对牵引辊组成，每对牵引辊通常又由一个表面光滑的钢辊和一个具有橡胶表面的钢辊组成。牵引装置一般与压光机同速，能微调，以控制张力。在牵引装置的前面，有切边装置可切去不规则的板边，并将板材切成规定的宽度。

冷却定性后的板材由切割装置裁切成规定的长度，然后包装入库，完成一个生产周期。

4.4.4　电线电缆的挤出包覆成型

在挤出机上通过直角式机头挤出成型，可在金属芯线上包覆一层塑料作为绝缘层。当金属芯线是单丝或多股金属线时，挤出产品即为电线。当金属芯线是一束互相绝缘的导线或不规则的芯线时，挤出产品即为电缆。

（1）电线电缆挤出包覆工艺流程

线缆包覆工艺流程见图4－55所示。

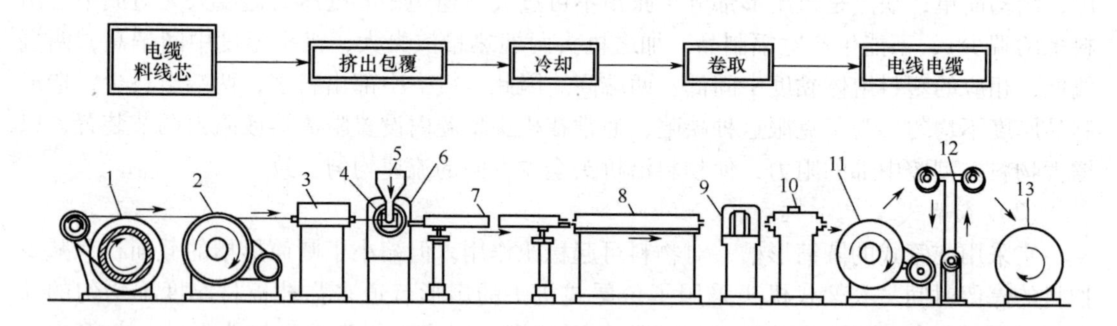

图4－55　十字机头线缆包覆工艺过程

1—放线输入转筒　2—输入卷筒　3—预热　4—电线包覆机头　5—料斗　6—挤出机　7—冷却水槽　8—击穿检测　9—直接检测　10—偏心度检测　11—输出卷筒　12—张力控制　13—卷绕输出转筒

（2）电线电缆生产辅助装备

1）挤出机　挤出电线电缆用的主要设备是单螺杆挤出机，一般有30～200mm多种规格。不同规格挤出机生产电线电缆外径见表4－3。挤出机的螺杆通常使用等距不等深的渐变型螺杆，为了提高产量也可采用分离型螺杆。

表4－3　不同规格挤出机生产电线、电缆外径尺寸　单位：mm

螺杆直径	30	45	65	90	150	200
电缆外径	—	—	—	≤30	14～50	30～100
电线外径	1.2～2	2～5	5～15	—	—	—

挤出机的挤出量与导线直径、包覆层外径和牵引速度的关系如下：

$$q_m = v\rho\pi(D^2 - d^2) \tag{4-7}$$

式中，q_m为挤出量，g/min；v为牵引速度，cm/min；ρ为塑料密度，g/cm^3；D为包覆层外径，cm；d为导线直径，cm。

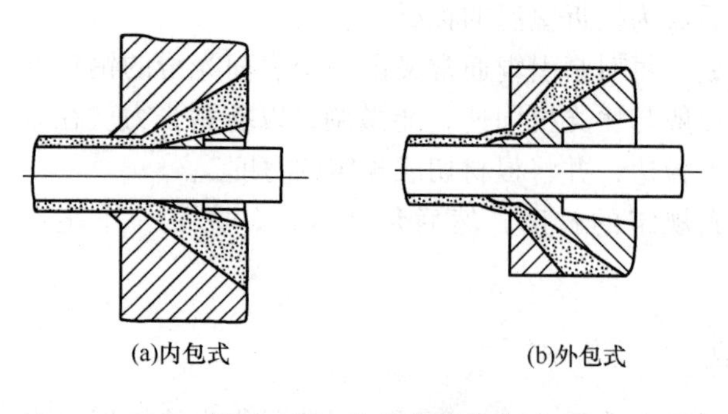

图4－56　电线电缆机头

2）电线电缆机头　通常用挤压式包覆机头（内包式）生产电线，用套管式包覆机头（外包式）生产电缆，如图4－56所示。

①挤压式包覆机头。典型的挤压式包覆机头结构见图4－57，这种机头呈直角式，俗称十字机头。通常被包覆物出料方向与挤出机呈90°。有时为了减少塑料熔体的流动阻力，可将角

度降低到45°~30°。物料通过挤出机的多孔板进入机头体中转过90°，与芯线导向棒相遇。芯线导向棒一端与机头内孔严密配合，以保证不漏料，物料向另一端运动，其作用与心棒式吹塑薄膜机头中心心棒的作用一样，物料从一侧流向另一侧，汇合成一个封闭的物料环后，再向口模流动，经口模成型段，最终包覆在芯线上。由于芯线是连续地通过芯线导向棒，因此电线包覆挤出可连续地进行。

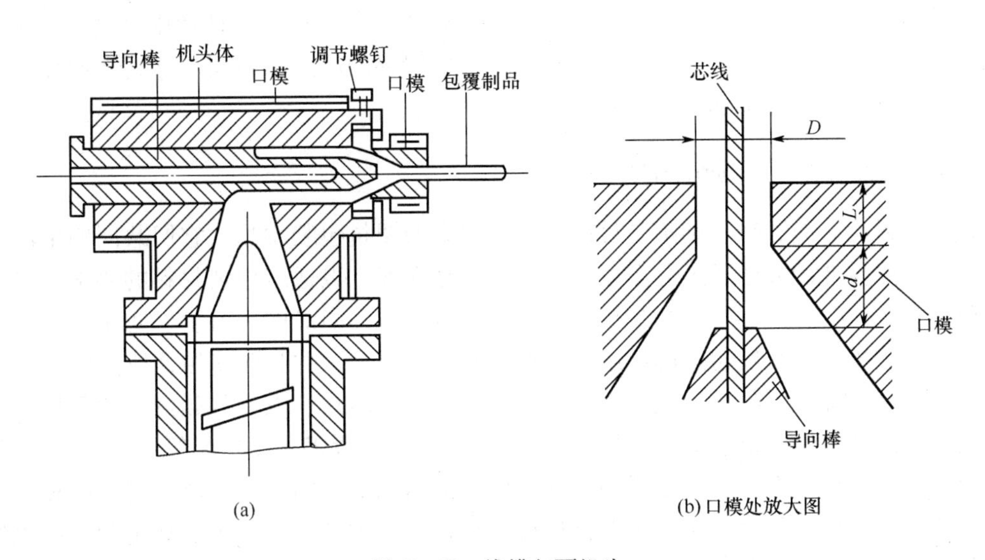

(a)　　(b)口模处放大图

图4－57　线缆包覆机头

口模与机头分为两部分，通过口模端面保证与导向棒的同心度。为了调整同心度可加螺栓调节。口模定型长度 L 为口模出口直径 D 的1~1.5倍。定型长度较长时，塑料与芯线接触较好，但是螺杆背压较高，产量低。导向棒前端到口模定型度之间的距离 d 为口模出口直径 D 的1~1.5倍。改变机头口模的尺寸、挤出速度、芯线移动速度以及变化芯线导向棒的位置都将改变塑料包覆层的厚度。

这种机头结构简单，调整方便，被广泛用于电线的挤出生产。它的主要缺点是芯线与包覆层同心度不好，这主要是两方面的原因：其一，导向棒结构本身就可能引起塑料的不均匀流动，其结果造成塑料停留时间长或过热分解；其二，转角式机头不容易均匀地加热，虽然电热圈可以布满整个机头，但机头与挤出机连接处却不易加热或冷却。同时，温度分布不均匀，也将影响同心度。

②套管式包覆机头。典型的套管式包覆机头结构见图4－58。这种机头也是直角式机头，其结构与挤压式包覆机头相似。不同之处在于挤压式包覆机头将塑料在口模内包覆在芯线上，而套管式包覆机头将塑料挤成管，在口模外包覆在芯线上，一般靠塑料管的热收缩贴覆在芯线上，有时借助于真空使塑料

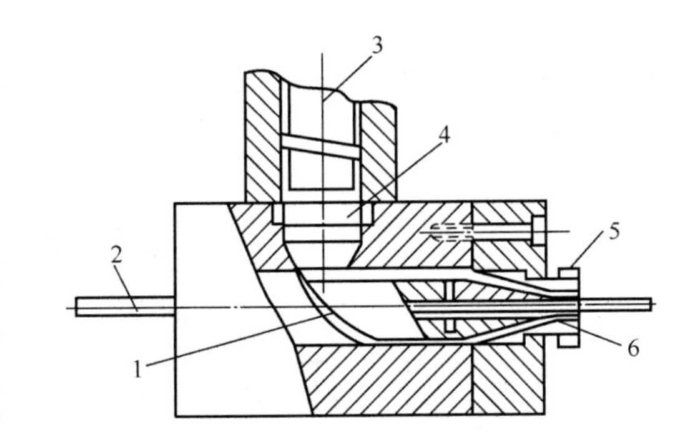

图4－58　套管式包覆机头

1—螺旋面　2—芯线　3—挤出机

4—多孔板　5—电热圈　6—口模

管更紧密地包在芯线上。

图4－58中，物料通过挤出机的多孔板，进入机头体内，然后流向芯线导向棒。它的结构具有套形通道，其顶部相当于塑料管挤出机头的芯棒，成型管材的内表面。挤出的塑料管与导向棒同心，挤出口模后马上包覆在芯线上。因芯线是连续地通过导向棒，所以电缆挤出生产能连续进行。

口模定型段长度 L 为口模出口直径 D 的0.5倍以下。否则，螺杆背压过大，不仅产量低，而且电缆表面易出现流痕，影响表观质量。包覆层的厚度随口模尺寸、导向棒头部尺寸、挤出速度、芯线移动速度等变化。

4.4.5 塑料单丝的挤出成型

各种塑料丝、绳、带、网都是目前使用量较大的塑料包装制品，它们共同的生产工艺特点是采用热拉伸的方法通过分子取向，提高制品强度，以适应包装材料的要求。单丝直径一般为0.2～0.7mm，单丝主要用途是做织物和绳索，如渔网、窗纱、滤布、缆绳、刷子等。因某些单丝的强度超过麻纤维，接近某些钢丝强度，并且耐腐蚀，所以塑料单丝可以代替棉、麻、棕、钢丝广泛用于水产，造船、化学、医疗、农业等领域。适于加工单丝的原料有聚乙烯、聚丙烯、聚氯乙烯、聚酰胺（尼龙）、聚偏二氯乙烯等。

单丝是经挤出成型工艺而制得的，各种单丝虽然原料不同，但生产工艺流程和生产设备基本相同。它们都是通过挤出机塑化从机头小孔挤出成型，经初步冷却定型后，再经较高倍数拉伸而成的。以下以聚乙烯单丝为例，简述单丝的生产过程。

（1）原料的选择

聚乙烯单丝多采用高密度聚乙烯为原料。作为挤出拉伸制品，对产品拉伸强度要求很高，这一点在原料选择中必须考虑，否则工艺条件控制再严格，也无法达到使用要求。所以，根据使用要求选择生产拉伸制品的原料，应注意两点：①相对分子质量高，力学性能也较高；②相对分子质量分布范围应窄，这样拉伸过程中可提高拉伸倍数，而不致因为相对分子质量相差很大造成拉伸倍数提高而被拉断。通常选拉伸级树脂即能满足以上要点。另外，还可根据使用要求，通过加入颜料生产不同颜色的单丝。

（2）工艺流程

聚乙烯单丝生产的工艺流程如图4－59所示。选择适当型号的高密度聚乙烯为原料，经挤出机熔融塑化挤出，由机头从喷丝板喷出通过冷却水槽冷却，再经加热拉伸而成为单丝制品。

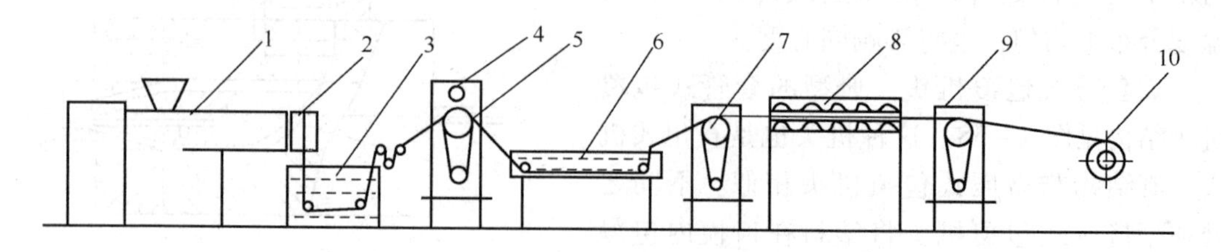

图4－59 聚乙烯单丝生产工艺流程

1—挤出机 2—机头 3—冷却水箱 4—橡胶压辊 5—第一拉伸辊 6—热拉伸水箱 7—第二拉伸辊 8—热处理烘箱 9—热处理导丝辊 10—卷取辊筒

（3）单丝挤出成型的辅助装备

辅机主要包括冷却定型、加热拉伸、热定型、卷取等装置。制品通过纵向拉伸使其强度大大提高，所以辅机的关键是加热拉伸装置。

1）单丝机头 单丝挤出成型机头多为直角式，其结构见图4－60。物料熔体从螺杆挤过多孔板，进入机头内，机头内流道呈圆锥形，其收缩角通常为30°，扩张角口一般取30°～80°。塑料熔体由分流器均匀地输送到喷丝板，通过喷丝孔挤出多股单丝。喷丝板上的小孔呈均匀分布，孔数通常为6孔、12孔、18孔、24孔等，也有用48孔或更多的。孔径大小主要根据单丝直径和拉伸比来决定。

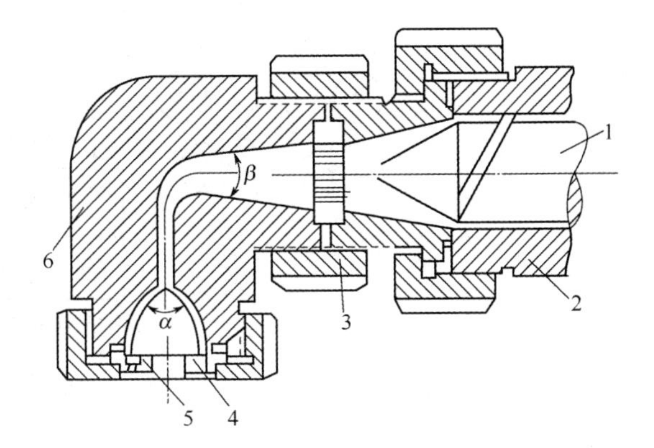

图4－60 单丝机头
1—螺杆 2—机筒 3—多孔板 4—出丝孔板
5—分流器 6—机头体

2）冷却水箱 离开喷丝板喷丝孔的熔融单丝以适当的拉伸速度进入水箱迅速冷却定型。冷却水箱的尺寸应视拉伸速度而定，单丝冷却时喷丝板与水面距离小于50mm。为便于操作，水箱中的导向滑轮应能够升降，其结构见图4－61。冷却后的单丝直径基本和喷丝孔孔径相同，一般第一拉伸辊的线速度与喷丝孔挤出速度之比为2.5左右。

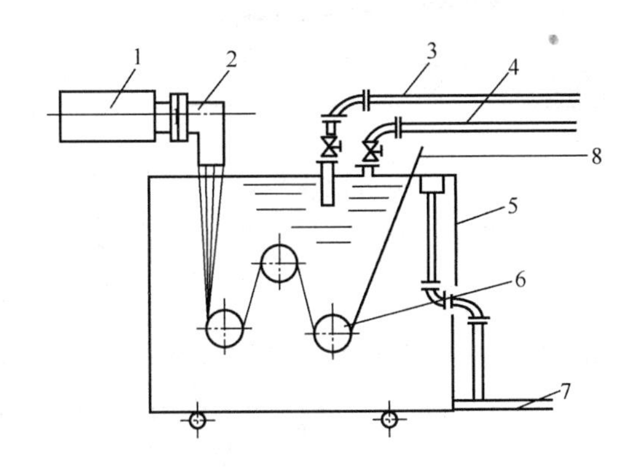

图4－61 冷却水箱结构
1—挤出机 2—机头口模 3—蒸汽管 4—冷水管
5—水箱 6—导向滑轮 7—溢流及排水管 8—未拉伸丝

3）拉伸装置 拉伸装置一般由几对辊筒和两个热水箱组成。两个辊筒为上下排列，三个辊筒呈“品”字形排列，五个辊筒呈“M”形排列。辊筒直径一般为150～200mm，长200～300mm，表面镀铬。拉伸辊筒应能无级调速。热水箱长度一般为2～4m，装有蒸汽管或电热棒。热水箱和导向辊用铝或不锈钢制成，以防腐蚀生锈。

冷却后的单丝由第一拉伸辊（绕5～10圈防止单丝在拉伸中打滑）经第一热水箱进入第二拉伸辊（绕5～10圈）。由于第二拉伸辊的线速度大于第一拉伸辊，单丝被拉伸，然后经第二热水箱热定型处理（温度比第一热水箱高2～5℃）进入第三拉伸辊（速度比第二拉伸辊降低5%左右），使拉伸取向后的单丝应力得到充分松弛及收缩定型，随后进入分丝卷取装置。拉伸装置结构见图4－62。

4）卷取装置 卷取装置由卷取筒和卷取轴组成。为使单丝均匀、平整地绕在卷取筒上，一般借用凸轮排丝。卷取方法有两种，一种是将几十根单丝分开，每根单丝卷取在一个卷取筒上，每卷重约1kg，见图4－63。另一种是将几十根单丝合股卷取在一个卷取筒上，每卷重5～8kg，然后再用分丝机将复丝分成单丝。也有不分丝而直接将复丝捻丝制绳的。

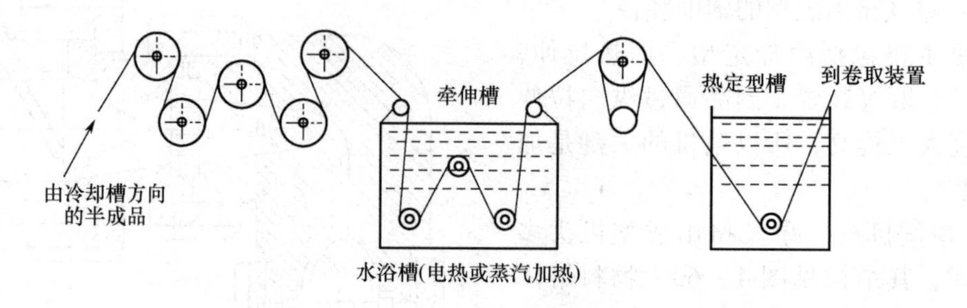

图4-62　拉伸装置结构

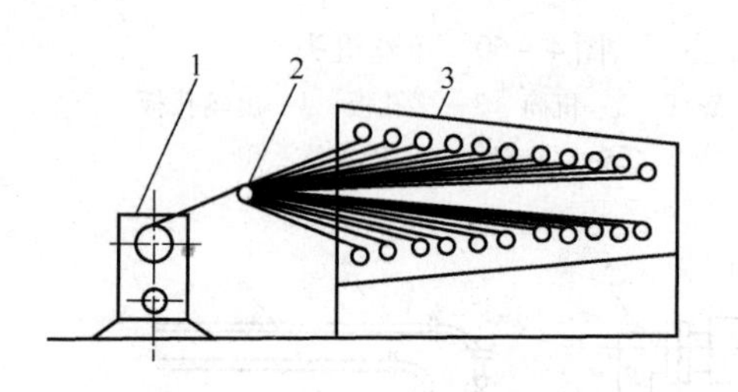

图4-63　分丝卷取装置

1—第三拉伸辊　2—分丝辊　3—卷取装置

（4）工艺条件及控制

1）温度控制　因为所选原料相对分子质量高，相对分子质量分布较窄，又因为挤出机头为喷丝机头，熔料在短时间内通过直径不到1mm的喷丝板，所以温度控制应比挤出其他制品相应要高一些。

2）冷却水温　熔融物料经机头喷丝板后形成坯丝，应立即进入冷却水箱冷却，一方面迅速定型，避免单丝相互粘连；另一方面降低结晶度以有利于提高拉伸质量。一般冷却水温控制在25～35℃，水面距喷丝板15～30mm。

3）拉伸温度和倍数　从喷丝板挤出经冷却的塑料单丝，在常温下也可拉伸，但拉伸倍数很小，否则将被拉断。为获得高强度的单丝，必须对单丝进行加热再拉伸。加热温度在玻璃化温度至熔点之间。温度在100℃以下可用热水或蒸汽加热，高于100℃时可用电加热的方法。温度越高，拉伸倍数越大，拉伸速度越快，力学强度越高；温度越低，拉伸速度越慢，拉伸倍数越小。单丝被加热后分子链的热运动增加，在外力作用下，沿外力作用的方向排列，经过拉伸过程得到的单丝具有较高的强度。拉伸是靠第一组牵引辊与第二组牵引辊的速度差来实现的。拉伸倍数可根据生产不同产品而定，一般为6～10倍。

4）热处理　拉伸后的单丝伸长率较大，受热容易收缩，为了消除这种现象需进行热处理。热处理的温度比拉伸温度稍高，使被拉伸的分子链完全消除内应力，使制品收缩率减小。为达到热处理目的，第三牵引辊应比第二牵引辊慢1%～1.5%。

综合上述分析，单丝成型控制的要点为：成型温度、冷却水温度、拉伸温度与拉伸倍数、热处理等。它们直接影响到单丝制品的质量。

4.5　挤出成型新技术简介

4.5.1　反应挤出

传统的聚合物工业生产中，聚合物的合成和加工是两个独立的过程。合成过程流程长、能耗高、环境污染严重，加工过程的二次熔融增加了能耗；从原料单体到成为制品需要两套设备，增加了生产成本。反应挤出将聚合物的合成与加工融为一体，赋予传统的聚合物挤出机以反应器的功能，物料以单体加入，在挤出机上完成化学反应，装备机头后可直接生产出制品。

（1）反应挤出技术的设备

反应挤出是以螺杆挤出机为化学反应器，使单体、引发剂或助剂在少量溶剂或无溶剂条件下发生聚合反应，生成聚合物并连续挤出的一种新技术。

挤出机之所以能适合反应成型技术，是由于它具有以下性能：①熔融进料预处理容易；②优异的分散性和分布性混合；③温度的控制；④控制整个停留时间的分布；⑤连续性加工；⑥分段性；⑦未反应单体和副产物的移去；⑧后反应的限制；⑨黏流熔融输送；⑩可连续制出异型的产品。

在反应挤出双螺杆挤出机中，必须充分考虑其两根螺杆是完全啮合还是非啮合、是同向还是异向旋转，特别是在反应热较大的机体设计中应在机体上设计冷却水套。另外还应注意有关的一些配套装置，如加料器，不论是固体还是液体原料，在向反应挤出机内加料时，应有十分精确的计量显示。特别对一些微量成分，要求计量精度更高。对整台反应挤出机的温度调控能力要求也很高，确保操作处于最佳状态下稳定进行。在对易燃的单体、溶剂或者某些过氧化物添加剂进行操作时，必须考虑有防爆装置。

适合于连续反应挤出的挤出机主要有以下5种。

1）单螺杆挤出机　单螺杆挤出机结构简单、成本低，聚合物物料在机筒内停留时间分布较宽，物料靠摩擦力和黏性力输送，自洁性差，其混合能力、排气能力、运输能力和热交换能力都不够理想，主要用于聚合物材料的改性、偶联等反应过程。因此，单螺杆挤出机在反应挤出中的应用受到较大限制，而双螺杆挤出机则日益受到青睐。

2）非啮合异向双螺杆挤出机　如图4－64所示，非啮合异向双螺杆挤出机的输送和混合作用与单螺杆情况类似，其停留时间分布较为复杂，不过仍比单螺杆挤出机分布窄，可用于反应挤出过程。

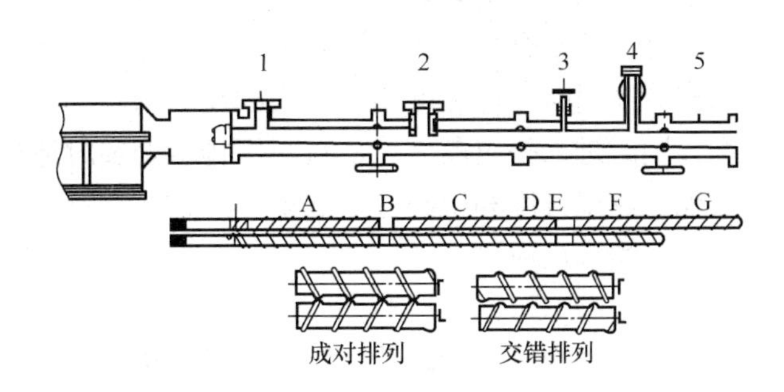

图4－64　非啮合异向双螺杆挤出机

1—加料　2—辅助加料　3—液体注入　4—排气　5—熔体泵出

3）啮合同向双螺杆挤出机　啮合同向自洁封闭型双螺杆挤出机，螺槽开口面积大于螺棱顶端面积，在啮合区中不会形成高压，可在高速下运转。良好的自洁性保证了反应物停留时间分布与柱塞流基本相同，因而广泛用于反应挤出过程中。其中，又以双头螺纹最常用于反应挤出过程。这是由于它可提供最大的反应容积和最小的输入剪切功。

4）专门设计制造的反应挤出机　为根据反应物和产物的某种特性而专门设计。如图4－65所示为Banucci和Mellinger设计的啮合式双螺杆挤出机反应器，以双酚A二酐和芳香族二元胺单体为原料，通过反应挤出合成了聚醚酰亚胺。物料在挤出机中的停留时间为4～5min。其中2区为反应区，物料为部分充满，可通过表面更新将生成的副产物从排气口1排出，3区为特殊螺纹结构（图4－66），以防止2区和4区的物料回混，4区有真空排气口2，可彻底除去水分。

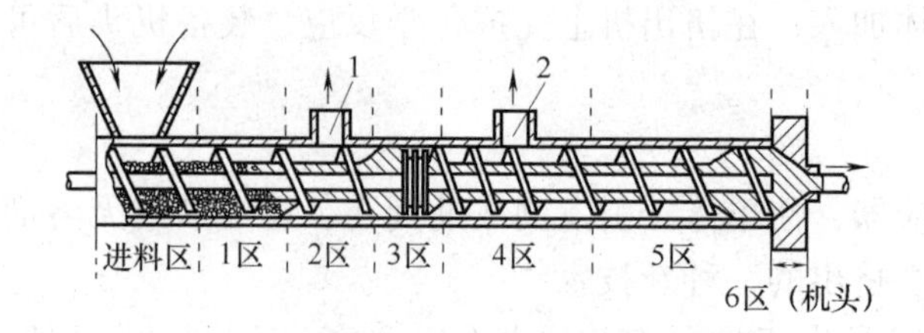

图4－65　合成聚醚酰亚胺的反应挤出机

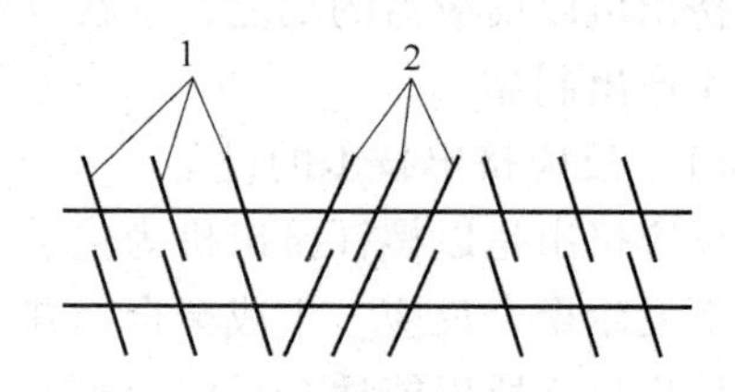

图4－66　第3区螺纹元件的几何结构
1—向前输送　2—向后输送

（2）反应挤出技术的应用

1）用于接枝共聚　反应挤出技术可用于制备嵌段或接枝共聚物。通过该技术可以方便、经济地在聚合物分子链上接枝上不同的官能团或单体（如聚烯烃接枝马来酸酐，EVA接枝马来酸酐），从而弥补了有些聚合物合成时根本无法引入特殊官能团的缺陷，改善了原有聚合物的染色性、吸湿性、粘接性、反应活性及与其他聚合物的相容性等，从而开发性能更优的高分子材料。

反应挤出过程中，影响接枝率的主要因素有：单体和引发剂种类、用量、可溶性，反应温度，加工条件（螺杆转速及构造、挤出产量、停留时间等），加料顺序等。

2）用于本体聚合反应　本体聚合反应中反应混合物的黏度可能会迅速猛增，通常由小于50Pa. s到大于1000Pa. s，这样体系的热转移作用比较困难。应用挤出技术进行本体聚合反应最关键的问题，一是物料的有效熔融混合、均化和防止形成固相而发生对挤出机的阻塞；二是单体有效地向增长的聚合物链自由基转移；三是聚合反应热的除去以保证反应温度低于聚合反应的上限温度。所以作为本体反应的挤出机反应器已设计成在不同的机筒部分能同时传递黏度相差很大的反应物和生成物，以及高效地控制反应混合物的温度梯度，同时进入挤出段之前，在减压排出处及时地移去未反应的单体和脱除副产物，达到有效地控制聚合度和得到稳定的单一产物。在挤出机进行的本体聚合反应包括缩合聚合反应和加成聚合反应。

3）用于反应性共混　传统的改善相容性的方法是加入嵌段或接枝共聚物。近年来，反应性挤出增容成为改善相容性的新方法。利用接枝共聚实现反应挤出增容有着无可比拟的优点：一是接枝共聚物的官能团可与另一聚合物反应而实现就地增容（或称为强迫增容）；二是螺杆可产生高剪切力使体系黏度降低，共聚物能充分混合，特别是避免了因增容剂过于聚集而使增容效果降低；三是共混作用与产品的造粒或成型可在一个连续化过程中同时实现，经济效益显著。通常的增容反应包括酰胺化、酰亚胺化、酯化、酯交换、胺酯交换、双烯加成、开环反应及离子键合等类型。

4）用于可控降解　反应挤出技术可用于改变已合成出聚合物的相对分子质量和其分布，根据需要使相对分子质量降低或升高，或使相对分子质量分布变窄，从而达到材料或制品的需要。

聚合物的可控降解在废旧塑料回收方面也得到了应用，如利用双螺杆挤出机回收废旧PS。在高温下PS可降解为低分子，回收得到甲苯、苯乙烯单体以及乙苯、α－甲基苯乙烯等。

（3）反应挤出的优点

1）将聚合物的合成与加工融为一体，装备投资少，工艺简洁，生产线短，成本较传统生产方法低，建设周期短。

2）可以实现反应过程的精确控制。如通过改变螺杆转速、加料量和加工温度就可控制反应的开始和停止时间。

3）物料在挤出机中的停留时间短，通过螺杆的结构设计和加工条件的调整可控制物料在加工设备中的停留时间和停留时间分布。

4）可根据不同物料体系对螺杆结构和挤出工艺进行调整，灵活性大。

5）可以实现一些在常规反应器中不能实现的高粘反应。

6）既能控制化学结构，又能控制物理形态，可制得具有奇异性能的新型聚合物。

7）可以使用少量溶剂或不使用溶剂进行反应，省去了回收溶剂的麻烦，增加了生产的安全性，减少了环境污染。

4.5.2　固态挤出

固态挤出是将聚合物坯料在低于熔点、高于 α_c 晶体松弛转变温度的区间内在外力作用下从口模挤出的一种成型加工方法。固态挤出始于20世纪60年代，由金属压力成型演化而来，但固体聚合物对压力的反应与金属存在明显的差异。

（1）挤出原理

首先，由于大分子链活动能力受自由体积大小的直接影响，材料发生形变时分子重组与取向都会因自由体积的变化而不同。其次，由于大多数热塑性塑料的模量仅及结构金属模量的1/50～1/100，而承受压力时应变是有限的，所以压力对其力学行为的影响将比对金属的影响大得多。第三，大多数聚合物的结构具有非均匀性，例如，部分结晶性聚合物可以看作是刚性结晶相浸没于柔性无定形基体之中。由于聚合物熔点和玻璃化转变等特征温度均随压力变化而漂移，所以当它承受的压力达到某一临界值时，材料的力学响应会发生突变，这为脆性材料的固态挤出提供了可能性。

（2）挤出工艺

固态挤出主要分为两大类，即静水压固态挤出与柱塞固态挤出，如图4－67所示。选用的原则是挤出时坯料是否需要加热和是否需要施加背压。一般说来，由于静水压法因为传压均匀，坯料在液体传压介质（煤油、海狸油、水、正戊烷以及一些对坯料不起化学作用的混合液等）包围下不会因为压缩变形而胀紧料腔使挤出力过大，并且坯料可以预加工成不同的直径，从而在一个口模上实现不同挤出比，是广泛采用的一种工艺。柱塞法的坯料尺寸必须与料

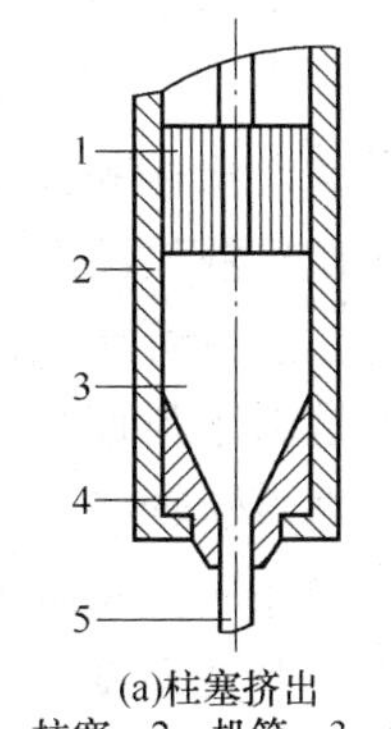

(a)柱塞挤出
1—柱塞　2—机筒　3—坯料　4—口模　5—挤出物

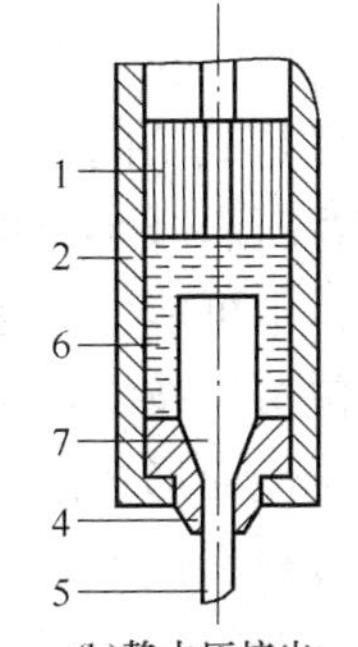

(b)静水压挤出
1—柱塞　2—机筒　3—传压介质　4—坯料　5—口模　6—挤出物

图4－67　固态挤出方法

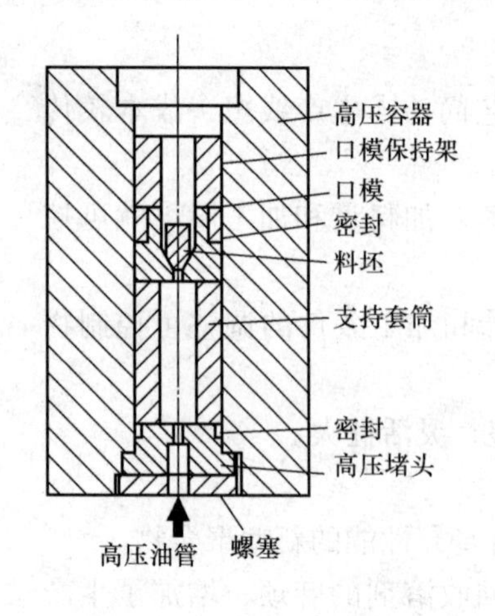

图4－68　背压法固态挤出

腔匹配，压力传递也不理想，因此一般只在某些加工温度较高的场合使用。

根据需要，比如为了避免挤出过程中的“滑移—胶结”（Slip－Stick）现象，或者为了减少挤出物扭曲、开裂的倾向，可以采用背压法固态挤出。所谓“滑移—胶结”现象，是指在挤出压力逐渐建立的过程中，坯料先是在模口处静止不动，像胶结在口模上一样，待压力升至足够高时，坯料突然快速挤出直至挤出结束，或者在压力降至足够低时重新胶结在口模入口，整个挤出过程是脉动的。如图4－68，在下腔充入与上腔相同的传压介质并保持一定的压力，可以减缓和稳定挤出速度，并使挤出物暂时处于静水压的保护之下，从而避免上述现象。此外，用PTFE喷涂口模表面也有助于缓解这一问题。

需要指出的是，施加背压对防止金属挤出时破碎是很有效的，但对脆性塑料的作用不如改变温度和压力的搭配更有效。遗憾的是，采用加热途径将使设备复杂化，而且由于塑料传热差，挤出物温度也将是比较高的，这有可能会影响其最终形态；另一方面，施加背压时对上下腔压力差 Δp 的要求将比无背压（背压为大气压）时有较明显的提高，使设备功耗增加。这是由于高分子材料的强度、模量以及特征转变温度都是压力的函数，材料在压力下被强化了，所以固态挤出时所需净驱动力也随之提高。

（3）影响固态挤出的因素

1）挤出力　通常以稳定固态挤出时传压介质传递的压力或柱塞承受的载荷作为衡量固态挤出力的标准。影响固态挤出力的因素有物料的种类、挤出比 R'（坯料截面积/出口截面积）、挤出温度、挤出速率、口模直径及入口角、口模壁的粗糙度等。其中最根本的因素是物料自身的性质。对于同一种物料，挤出温度和挤出比对挤出力的影响较大。挤出温度高时，物料的模量和屈服强度均有所下降，所需挤出力也随之降低。如果口模直径较大、长径比较小、口模壁粗糙度较低，则挤出力小。一般固态挤出速度都比较低，所以挤出力随挤出速度提高而增大的效果不明显。

2）挤出稳定性　一般情况下，只要能得到尺寸均匀、性能稳定的产品，即可认为挤出过程是成功的，至少是稳定的。影响挤出稳定性的因素主要有滑移—胶结和挤出破碎。施加背压、减小口模入口角或在模壁喷涂PTFE可以避免滑移胶结现象。破碎可能发生于料坯，也可能发生于挤出产物，前者可能是由于传压介质渗入料坯微裂隙所致，可以通过橡胶包覆等技术避免；后者则是由于料坯与模壁间的摩擦使表面层材料前进受阻，速度比中间层慢而形成层间剪切力，垂直于轴线的一个环行外层畸变成旋转的抛物线形。当剪切力超过材料抗剪强度时，挤出物在一个象限的对角线上被切开，逐渐发展为沿挤出物长度方向分布的旋梯状断口，多采用改变温度—压力匹配的办法来克服。

固态挤出的典型例子是超高相对分子质量聚乙烯（UHMWPE）的制备，UHMWPE的物理力学综合性能非常优异，但它也有一些缺点。与其他工程材料相比其硬度和热变形温度较低，抗弯强度及蠕变性能较差等，而且由于它的相对分子质量极高，熔融时的黏度较高，流动性能极差，且对剪切敏感，易产生熔体破裂，给成型加工带来了极大的困难，从而在很大程度上限制了推广和应用。用固态挤出的方法加工超高相对分子质量聚乙烯可以避免因其特殊的熔体性质带来的困难，成型的制品还有固态挤出成型加工强度高、外观透明、出模膨胀小的优点，因此，固态挤出在 UHMWPE 的成型加工中应用广泛。

4.5.3　振动挤出

在挤出成型中引入振动力场，通过改变挤出过程参数（压力、温度、功率）来改善挤出特性，使之更有利于塑料的挤出加工的方法称为振动挤出。同时，振动力场的作用也使制品质量得以提高。

在挤出成型加工中，振动力场作用于聚合物熔体，其作用机理是在主剪切流动上叠加了一个附加的交变应力，使物料的状态由组合应力决定。由此导致挤出过程中的质量平衡、动量平衡、能量平衡关系都发生了变化。由于振动力场的作用，加工过程中形成的局部压力场和速度场都是脉动的，加速和加强了高分子链段的扩散运动，使高分子解缠、取向容易。同时，周期性的脉动剪切力产生大量的耗散热，导致聚合物熔体的黏度降低。因此，挤出熔体所需的压力降低，平均挤出流率增大，挤出功率降低。振动还使挤出胀大（弹性行为）减小，制品的物理力学性能得以提高。另外，振动强化了聚合物在加工中的物理和化学变化过程，改变了聚合物熔体的流变状态。

振动挤出的形式包括在机头内引入振动和将整个加工过程置于振动之中两大类型。图4－69是 C. M. Wong 等研制的将声波引入挤出机机头内的一种振动加工方法。其振动模式是采用偏心机构将电动机的旋转运动转化为圆环机头内表面平行于聚合物熔体挤出方向的振动。实验结果表明，平均挤出流率恒定时，随着频率和振幅的增大，模头压力降低，熔体温度上升。图4－70是由华南理工大学瞿金平等研发的电磁动态塑化挤出机的结构图。

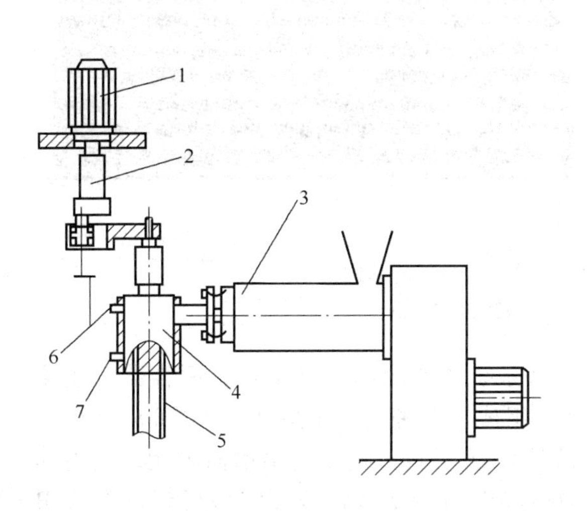

图4－69　机头内引入振动挤出装置

1—电动机　2—偏心轮　3—挤出机　4—圆环机头

5—聚合物熔体　6—压力传感器　7—温度传感器

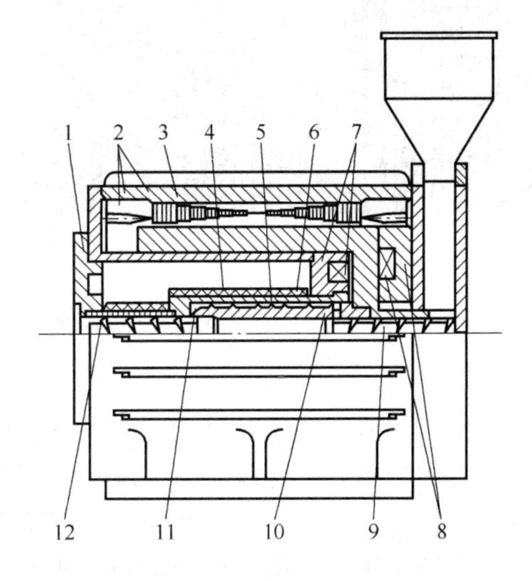

图4－70　整个加工过程置于振动之中挤出装置

1—过渡套　2—主电磁绕组　3—金属运动体

4—辅助加热元件　5、11—塑化滚动体　6—机筒

7、8—辅助电磁绕组　9—输料螺杆

10—挤压螺杆　12—计量

该挤出机由挤压系统、传动系统、加料系统、加热冷却系统和特殊的驱动系统组成。其显著特点是将挤压系统整个置于电机转子内，可使物料的塑化挤出全过程均在电机转子内腔完成。电磁动态塑化挤出机已成功应用于吹膜、微孔塑料以及管材、片材的成型，并且在降低能耗和提高制品质量上均取得了不错的效果。

熔体振动成型技术对聚合物成型加工的益处：其一，振动在加工过程中会导致聚合物熔体黏度降低，改善聚合物材料的可模塑性，增加流动长度，可有效降低注塑压力和温度，从而降低能耗，提高生产率。其二，振动将改善聚合物内部结构和微观形态，从而获得良好的力学性能、热性能及外观质量。其三，振动应用于造粒或挤出使相与相之间熔合得更好，具有良好的混合特性，这对于废料回收更具现实意义，并有益于环境保护。

4.5.4 微纳层共挤出

微纳层叠复合材料是一种具有几十乃至上千层、单层厚度可达微米级甚至是纳米级的交替层状材料。独特的材料结构使其具有一系列独特的性能优点，在开发阻透材料、导电材料、光学材料等多功能复合材料方面具有广阔的应用前景。如图 4 – 71 所示为 2 种典型微纳层叠复合材料的结构。微纳层叠复合材料主要是通过微纳层叠挤出技术将不同种类和性能的高分子材料共挤出后，经过特殊的层叠器单元不断地分割和叠合，最终制备出具有交替层叠结构的复合材料。

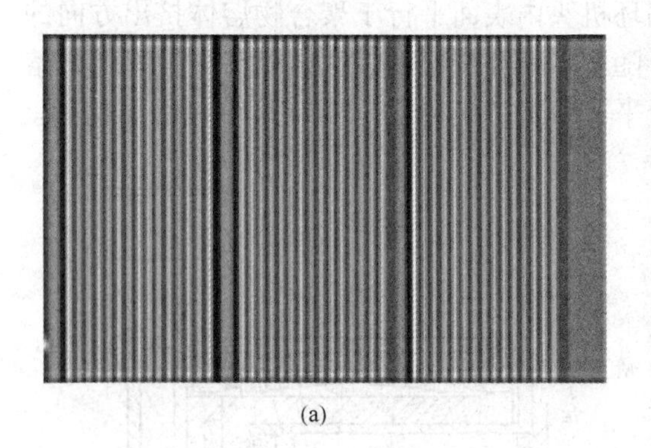

(a)

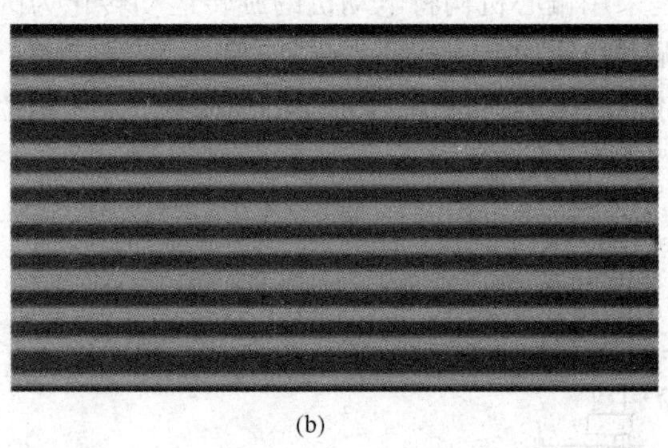

(b)

图 4 – 71 两种典型微纳层叠复合材料的结构

（a）微层聚酯膜 （b）偏光增亮多层膜

图 4 – 72 是微纳层共挤出系统的示意图。该系统主要由两台挤出机、汇合器、连接器、层倍增器单元组合以及牵引冷却装置等部分组成。两种高分子熔体（A、B）分别从两台挤出机挤出，并在汇合器合并成一股两层熔体，然后进入若干层倍增器单元，利用其分层 – 叠加作用实现熔体层数的成倍增长，最后经牵引冷却装置冷却定型得到具有 A/B 型交替多层结构的薄片（膜）。可以看到，材料的层数主要由层倍增器个数控制，其原理如图 4 – 73 所示。熔体进入层倍增器后首先被一分为二，而后分别进入各自流道，最后在出口处叠并在一起进入下一个倍增器单元或被牵出定型。因此，使用 n 个层倍增器单元就可以得到 $2^{(n+1)}$ 层的复合材料。由于材料在层叠过程中总厚度不变，因此，随着层数的增加，单层厚度将逐渐降低。

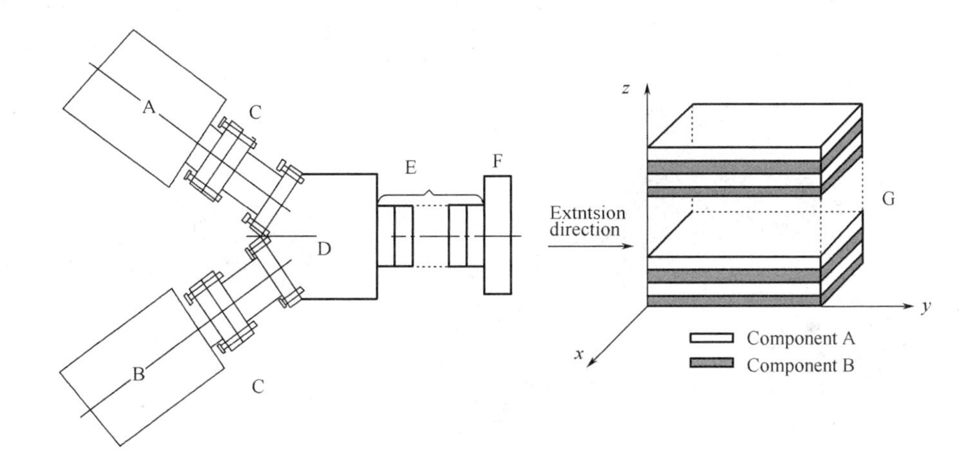

图4－72　微层共挤出系统的示意图

A、B—挤出机　C—连接器　D—共挤模块　E—层倍增器　F—口模　G—交替多层结构

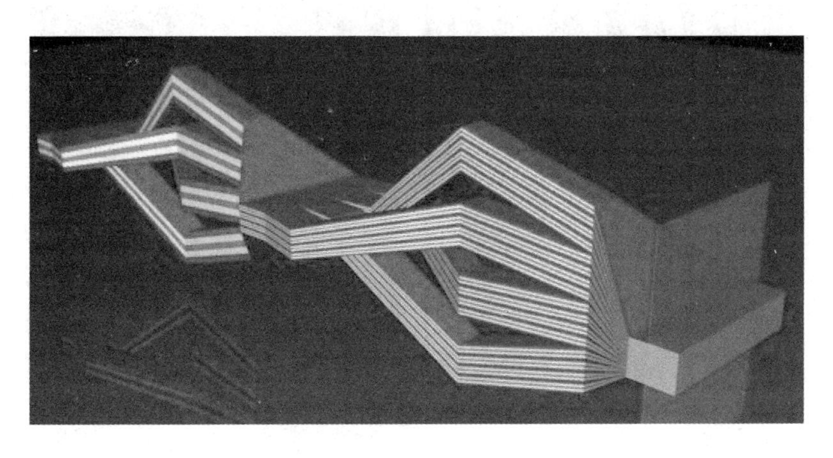

图4－73　层倍增器示意图

根据上述层倍增原理，要制备上百层的样品需要安装6个以上的层倍增器单元，这往往会因流道的延长带来不稳定和不均匀的层结构。近年来，在原有一分二的基础上又相继出现了一分四、一分八的层倍增器单元，使熔体进入一个层倍增器后其层数可以提高4倍，甚至8倍，从而大大缩短了熔体流程，并大幅提高了层倍增效率。

另有文献报道了一种熔体模内扭转层叠制备新方法，其工作原理如图4－74所示。进入层叠单元的n层高分子熔体经过分流、扭转、叠合过程，在垂直于流动方向上被分成4部分，每一等分在层叠器分流道中继续向前流动同时同向扭转90°展宽并且变薄，在出口端相互汇流成为$n \times 4$层的叠层熔体，宽度与厚度与入口处熔体相同。每经过一个层叠器其层数就增加4倍，当材料历经k个层叠单元后，其层数就增加为$n \times 4k$层的熔体，成为交替多层结构的复合薄膜材料。与现有微纳层叠挤出技术相比，其性能优点有：①制造工艺简单、精度容易保证；②分割效率高、分层过程压力损失小；③可应用的聚合物范围广、流道不存在滞留区域。如图4－75所示分别为EDI公司立交层叠技术与模内扭转层叠技术所制备的多层交替复合材料，可以看出，模内扭转层叠技术所制得的材料微层更加均一。

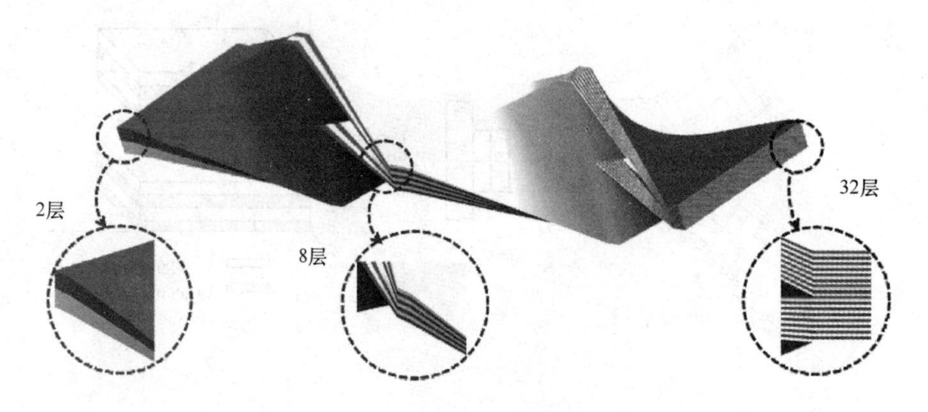

图 4 - 74　层叠单元分层原理示意图

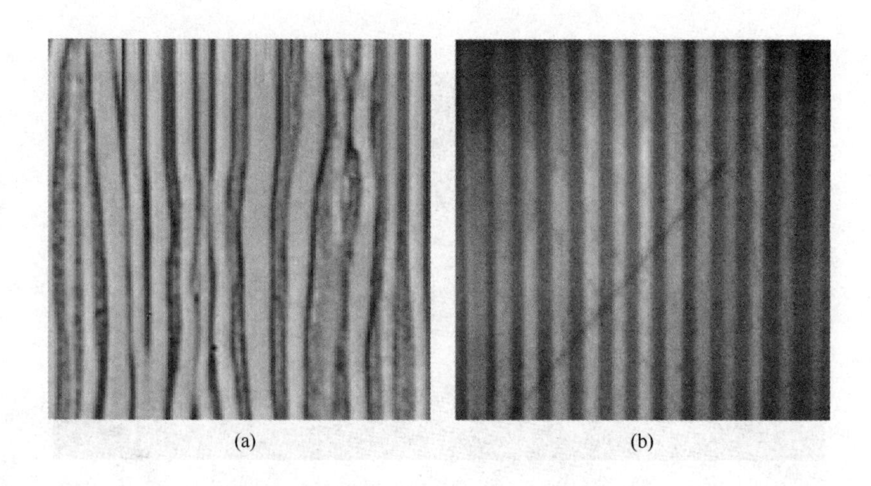

图 4 - 75　不同技术制备的复合材料

（a）EDI 技术　（b）扭转层叠技术

采用微纳层叠技术制备的均匀、规整的交替微层结构制品（单层厚度可达到微米、乃至纳米级别）能充分地把 2 种或多种高分子材料的性能体现出来，并产生协同效应，得到性能更加优越的材料，拓宽了高分子复合材料的应用领域。

第5章　注塑成型

注射成型（又称注射模塑或注塑）是将塑料（一般为粒料）从注射机的料斗送进加热的料筒，经加热熔化呈流动状态后，由柱塞或螺杆的推动，使其通过料筒前端的喷嘴注入闭合塑模中，充满塑模的熔料在受压的情况下，经冷却（热塑性塑料）或加热（热固性塑料）固化后即可保持注塑模型腔所赋予的型样，松开模具取得制品的一种加工方法。注射成型的特点是成型周期短、生产效率高，可一次成型外形复杂、尺寸精确、带有嵌件的制品，制品种类繁多，而且易于实现全自动化生产，因此应用十分广泛。

5.1　注　射　机

注塑成型是通过注射机来实现的。塑料注射机是集机械、液压、电气于一体的、自动化程度较高的塑料成型设备，具有生产效率高、产品后加工量小，适应能力强等特点。

5.1.1　注射机的分类

注射机的类型和规格很多。无论哪种注射机，其基本作用均为：①加热塑料，使其达到熔化状态；②对熔融塑料施加高压，使其射出而充满模具型腔。注射机经常按照机器排列方式（外形特征）、塑化方式、工作能力大小及其用途来进行分类。

5.1.1.1　按机器排列方式（外形特征）分类

（1）卧式注射机

卧式注射机的注射装置与合模装置的轴线在同一水平线排列，如图5－1（a）所示。优点是：机身低，便于操作和维修；机器重心低，安装稳定性好；塑件顶出后可利用其自重作用而自动下落，容易实现自动操作。缺点是：模具的安装和零件的安放比较麻烦；占地面积较大。这种类型对于大、中、小型注射机都适用，是目前国内外大、中型注射机广为采用的形式。

（2）立式注射机

立式注射机的注射装置与合模装置的轴线在同一线垂直排列，如图5－1（b）所示。优点是：占地面极小；模具的装拆和嵌件的安放都比较方便。缺点是：塑件顶出后常需用人工取出，不易实现自动化；由于机身高，机器重心较高，机器的稳定性较差，维修和加料也不方便。这种类型的注射机多为注射量在60cm^{3}以下的小型注射机。

（3）角式注射机

角式注射机是介于卧式和立式之间的一种形式，它的注射装置与合模装置的轴线互相垂直排列，注射装置的轴线与模具的分型面处于同一平面上，其布置有两种形式，如图5－1（c）（d）所示。优点是：结构简单，注射成型时熔料是从模具的侧面进入型腔，它特别适用于加工中心部分不允许留有浇口痕迹的制品。缺点是：开合模机构是纯机械传动，无法准确可靠地注射和保持压力及锁模力，模具受冲击和振动较大。

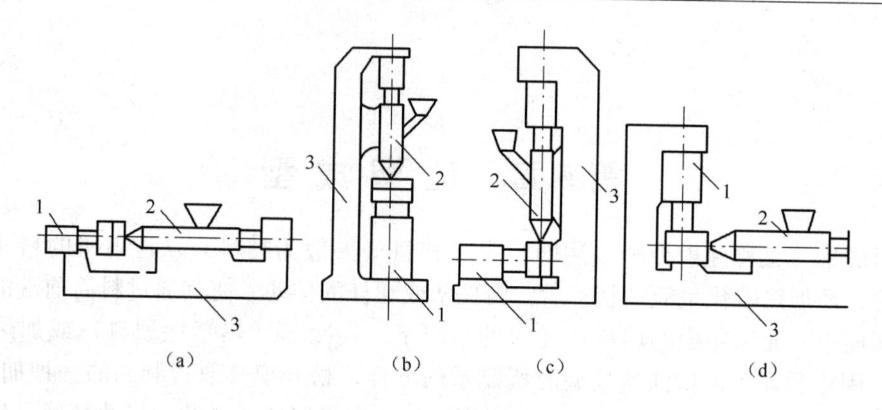

图 5－1　注射机的类型
（a）卧式　（b）立式　（c）、（d）角式
1—合模系统　2—注射系统　3—机身

（4）多模转盘式注射机

多模注射机是一种多工位操作的特殊注射机，其特点是或者注射系统固定，合模机构采用转盘结构，或者是具有多套模具的合模机构不动，注射系统沿着轨道移动或摆动。如图 5－2 所示。这种形式的注射机充分发挥了注射装置的塑化能力，可以缩短生产周期，提高机器的生产能力，因而特别适合于冷却定型时间长或安放嵌件需要较多辅助时间的大批量生产。多模转盘式注射机的合模系统庞大、复杂，合模装置的合模力往往较小，故这种注射机适用于注射后需要反应、发泡或硫化等过程的塑胶鞋类等制品的生产。

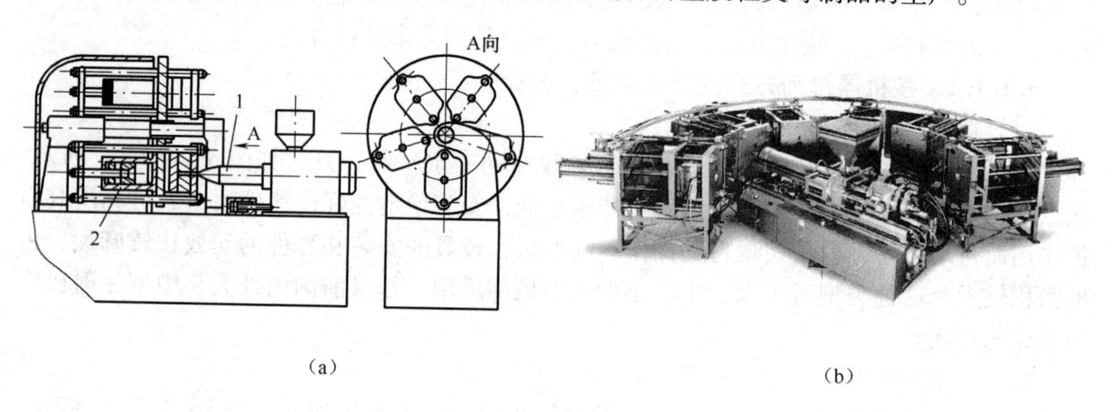

图 5－2　多模注射机
（a）模具绕水平轴转动　（b）注射系统沿着轨道移动
1—机筒　2—油缸

5.1.1.2　按塑料在料筒的塑化方式分类

按塑料在料筒的塑化方式不同可分为柱塞式注射机、螺杆预塑化柱塞式注射机和移动螺杆式注射机。

（1）柱塞式注射机

柱塞式注射机利用柱塞将物料向前推进，通过分流梭而经喷嘴注入模具。柱塞式注射机的塑化系统由加料装置、料筒、柱塞、分流梭和喷嘴等部件组成，其具体结构如图 5－3

所示。这种装置仅依靠料筒外壁的加热器对原料进行加热，使其逐步实现由固体状态向黏流态的物态变化，待物料塑化后，在柱塞推力作用下进行注射成型。柱塞式注射系统虽然结构简单，但也存在下列缺点：①塑化不均：塑料靠料筒壁和分流梭传热，柱塞推动塑料无混合作用，易产生塑化不均的现象。②最大注射量受限：最大注射量取决于料筒的塑化能力（与塑料受热面积有关）与柱塞直径与行程。③注射压力损失大：很大一部分压力用在压实固体塑料和克服塑料与料筒摩擦。④注射速度不均：从柱塞开始接触塑料到压实塑料，注射速度逐渐增加。⑤易产生层流现象且料筒难于清洗。所以，实际生产中柱塞式注射机用得很少，仅用来生产60g以下的小型制件。

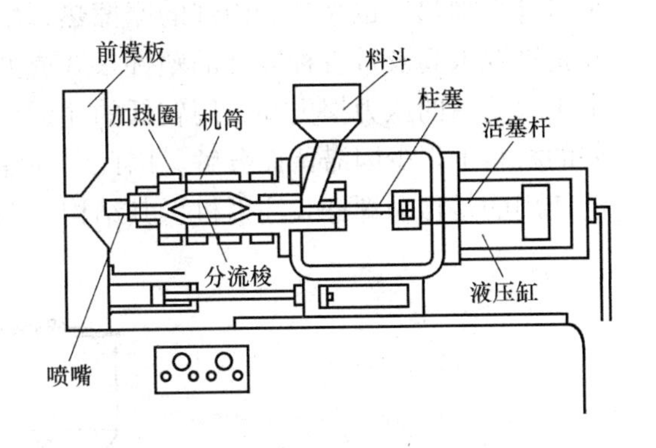

图5-3 柱塞式注射机的结构

（2）螺杆预塑化柱塞式注射机

螺杆预塑化柱塞式注射机是在原柱塞式注塑机上装上一台仅作预塑化用的单螺杆挤出供料装置。其结构如图5-4所示。其工作原理是塑料首先在预塑料筒内经料筒加热、螺杆剪切后达到塑化要求，然后由螺杆挤入注射料筒内，最后通过柱塞高速注入模具型腔。这种注射机加料量大，塑化效果得到显著改善，注射压力和速度稳定，但是结构比较复杂和操作麻烦，所以应用不广。

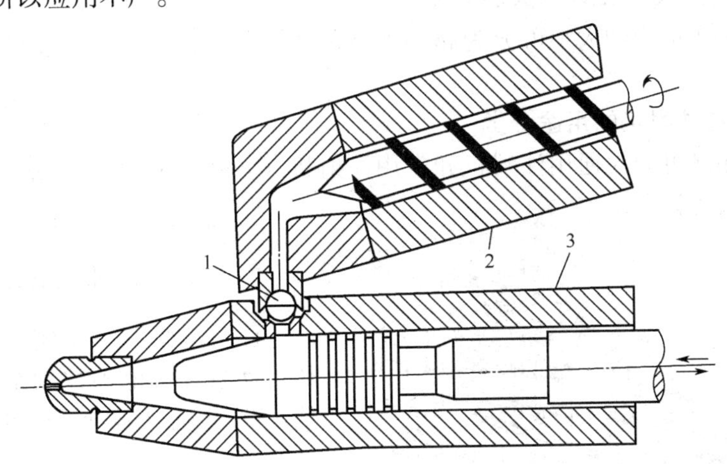

图5-4 螺杆预塑化柱塞式注射机

1—单向阀 2—单螺杆定位预塑料筒 3—注射料筒

（3）移动螺杆式注射机

移动螺杆式注射机是由一根螺杆和一个料筒组成，其特点是同一根螺杆既起塑化物料的作用又具有注射物料的功能。塑化时，螺杆转动并后退时，其主要作用是将物料进一步塑化均匀并输送到螺杆端部；注射时，螺杆前移，就像柱塞一样，快速将熔料经过喷嘴注射入模腔中。这种形式的注射机的优点是：①借助螺杆的旋转运动，物料所受到的热量既来自外部加热，也来自于内部的摩擦热，塑化均匀，塑化能力大。②可成型形状复杂、尺寸精度要求高及带各种嵌件的塑件。③成型周期短、效率高，生产过程可实现自动化。④由于料筒内的压力损失小，用较低的注射压力也能成型。⑤料筒内材料滞留少，热稳定性差的材料也很少因滞留而分解。因此，在注射机发展中获得了压倒的优势，目前工厂中广泛使用的是移动螺杆式注射机，其结构如图 5-5 所示。

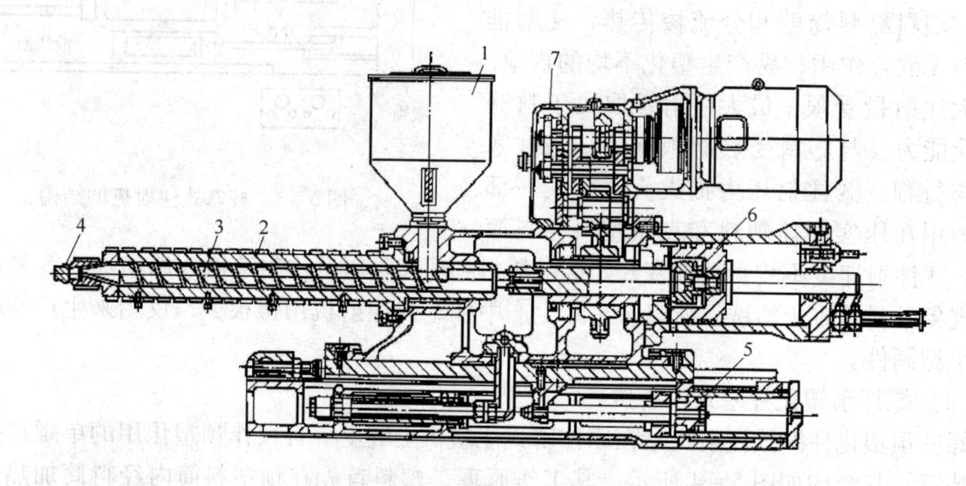

图 5-5　移动螺杆式注射机的结构

1—料斗　2—机筒　3—螺杆　4—喷嘴　5—注射座移动油缸　6—注射油缸　7—减速箱

5.1.1.3　按设备加工能力大小分类

注射机按加工能力的大小可分为超小型注射机、小型注射机、中型注射机和大型注射机。

5.1.1.4　按注射机的用途分类

注射机按用途可分为通用注射机和专用注射机（热固性塑料注射机、发泡塑料注射机、多色注射机等）。

5.1.2　注射机的组成

注射机由注射系统、合模系统、液压传动系统和电器控制系统等几部分组成，注射机的典型结构，如图 5-6 所示。

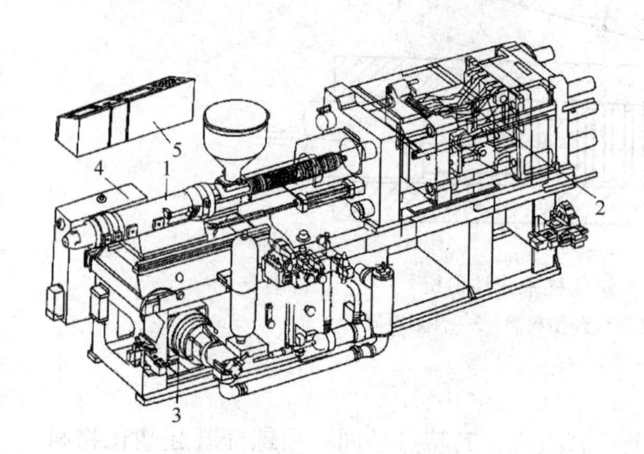

图 5-6　注射机结构示意图

1—注射系统　2—合模系统　3—液压传动系统　4、5—电器控制系统

（1）注射系统

注射系统是注射机最主要的部分，其作用是使物料受热和均匀塑化，并在很高的压力和较快的速度下，通过螺杆或柱塞的推挤将均化和塑化好的物料注入模具型腔中。注射系统包括加料装置、料筒、螺杆（柱塞式注射机则为柱塞和分流梭）及喷嘴等部件。

1）加料装置　小型注射机的加料装置，通常为与料筒相连的倒圆锥或方锥形料斗。料斗容量为生产1～2h的用料量，容量过大，塑料会从空气中重新吸湿，对制品的质量不利。大型注射机的料斗设有加热和干燥的装置，另外配有自动上料装置。注射机的加料是间歇性的，每次从料斗加入到料筒的塑料必须与每次从料筒注入模具的料量相等，为此在料斗上设置有定量或定容的计量装置。

2）料筒　料筒为物料加热和加压的容器，因此要求它能耐压、耐热、耐疲劳、抗腐蚀、传热性好。料筒内壁转角处均应做成流线型，以防存料而影响制品质量，料筒各部分的机械配合要精密。料筒的容积决定了注射机的最大注射量。柱塞式注射机的料筒容积为最大注射量的4～8倍，以保证物料有足够的停留时间和接触传热面，从而有利于塑化。但容积过大时，塑料在高温料筒内受热时间较长，可能引起塑料的分解、变色，影响产品质量，甚至中断生产；容积过小，塑料在料筒内受热时间太短，塑化不均匀。螺杆式注射机因为有螺杆在料筒内对塑料进行搅拌，料层比较薄，传热效率高，塑化均匀，一般料筒容积只需最大注射量的2～3倍。料筒外部配有分段加热装置。一般将料筒分为2～3个加热区，靠近料斗一端温度较低，靠喷嘴端温度较高，料筒各段温度是通过热电偶显示和恒温控制仪表来精确控制的。

3）柱塞与分流梭　柱塞与分流梭都是柱塞式注射机料筒内的重要部件。柱塞是一根坚实、表面硬度很高的金属柱，直径通常为20～100mm，其主要作用是将注射油缸的压力传给物料并使熔料注射入模具。注射机每次注射的最大注射容量是柱塞的冲程与柱塞截面积的乘积，柱塞和料筒的间隙应以柱塞能自由地往复运动又不漏物料为原则。

分流梭是装在料筒前端内腔中形状颇似鱼雷体的一种金属部件。它的作用是使料筒内的塑料分散为薄层并均匀地处于或流过料筒和分流梭组成的通道，从而缩短传热导程，加快热传递和提高塑化质量。有些分流梭内部还装有加热器，这将更有利于对物料的加热。

4）螺杆　螺杆是移动螺杆式注射机的重要部件。它的作用是对物料进行输送、压实、塑化和施压。螺杆在料筒内旋转时，首先将料斗来的物料卷入螺槽，并逐步将其向前推送、压实、排气和塑化，随后熔融的物料就不断地被推到螺杆顶部与喷嘴之间，而螺杆本身则因受熔料的压力的作用而缓慢后移。当积存的熔料达到一次注射量时，螺杆停止转动。注射时，螺杆传递压力使熔料注入模具。典型的注射螺杆如图5－7所示。

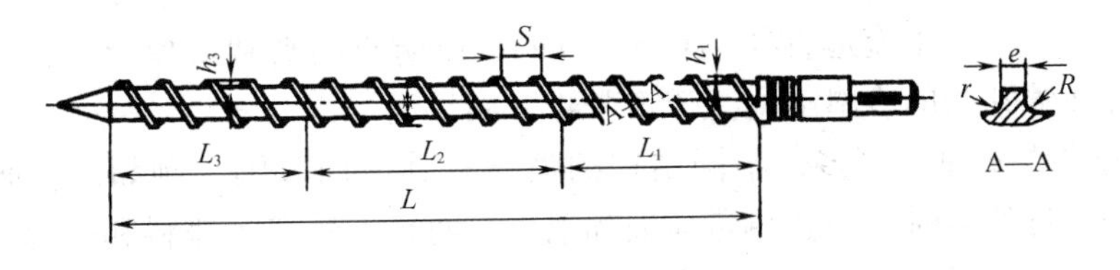

图5－7　注射螺杆的结构

h_1—加料段螺槽深度　h_3—计量段螺槽深度　S—螺纹导程

e—螺棱法向宽度　L—螺杆长度　L_1—加料段　L_2—压缩段　L_3—计量段

注射机螺杆的结构与挤出机螺杆基本相同，但有其特点：①注射螺杆在旋转时有轴向位移，因此螺杆的有效长度是变化的；②注射螺杆的长径比较小。一般在10～15；③注射螺杆的压缩比较小，一般在2～2.5；④注射螺杆因有轴向位移，因此加料段应较长，约为螺杆长度的一半，而压缩段和计量段则各为螺杆长度的四分之一；注射螺杆的螺槽较深以提高生产率；⑤注射螺杆在转动时只需要它能对物料进行塑化，不需要它提供稳定的压力，塑化中物料承受的压力是调整背压来实现的；⑥为适应不同物料的加工，螺杆头部采用多种结构形式，如止逆型、防止滞料分解型、异径型等。例如，熔融黏度大的塑料，常用锥形尖头的注射螺杆，采用这种螺杆，还可减少塑料降解；而对黏度较低的塑料，需在螺杆头部装一止逆环，当其旋转时，熔料即沿螺槽前进而将止逆环推向前方，同时沿着止逆环与螺杆头的间隙进入料筒的前端。注射时，由于料筒前端熔料的压力升高，止逆环被压向后退而与螺杆端面密合，从而防止物料回流（图 5－8）。

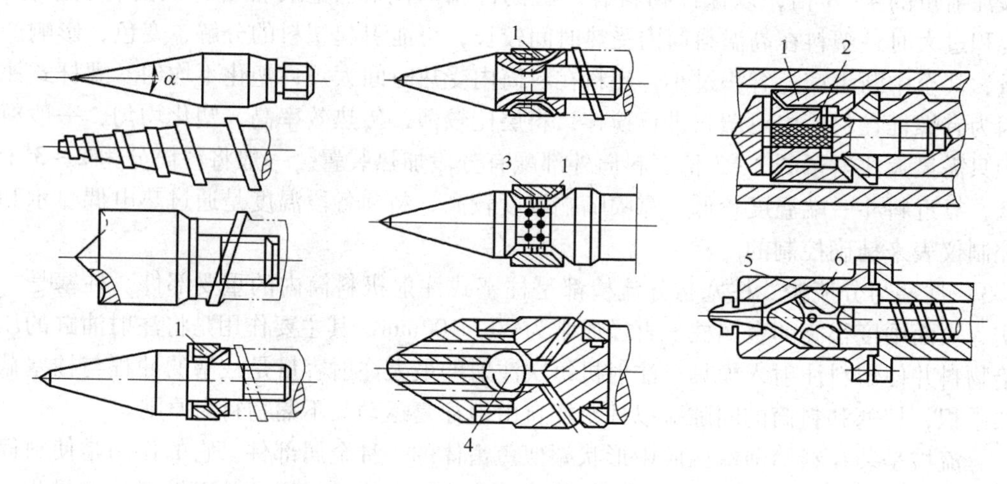

图 5－8　注射螺杆头的结构

1—止逆环　2—静态混合器　3—滚动环　4—止逆球　5—前料筒　6—异径头

5）喷嘴　喷嘴是连接料筒和模具的过渡部分。注射时，料筒内的熔料在螺杆或柱塞的作用下，以高压和快速流经喷嘴注入模具。因此喷嘴的结构形式、喷孔大小以及制造精度将影响熔料的压力和温度损失、射程远近、补缩作用的优劣以及是否产生“流涎”现象等。喷嘴结构设计应尽量简单和易于装卸。喷嘴头部一般为半球形，要求能与模具主流道衬套的凹球面保持良好接触，喷嘴孔的直径应根据注射机的最大注射量、塑料的性质和制品特点而定，一般应比主流道直径小 0.5～1mm，以防止漏料和避免死角，也便于将两次注射之间积存在喷孔处的冷料随同主流道赘物一同拉出。

目前使用的喷嘴种类繁多，不同结构的喷嘴有其适用范围。例如，直通式喷嘴流道短，熔料流经这种喷嘴时压力和热量损失都很小，而且不易产生滞料和分解，所以其外部一般都不附设加热装置，适用于加工高黏度的塑料；而自锁式喷嘴通过弹簧针阀式等方式实现自锁，注射时，阀芯受熔料的高压而被顶开，熔料遂向模具射出，注射结束时，阀芯在弹簧作用下复位而自锁，适合加工聚酰胺类熔融黏度低的塑料，以有效地杜绝“流涎”现象。选择喷嘴应根据塑料的性能和制品的特点来考虑。图 5－9 给出了一些常用喷嘴的结构。

（2）合模系统

合模系统的作用是固定模具、使动模板作启闭模运动并锁紧模具，由合模装置、调模

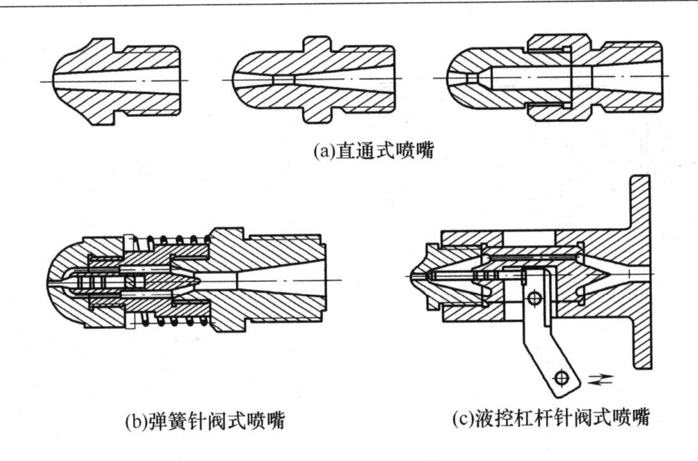

图5-9 喷嘴的结构

装置、制品顶出装置和安全保护装置等组成。合模结构应保证模具启闭灵活、准确、迅速而安全。工艺上要求，启闭模具时要有缓冲作用，模板的运行速度应在闭模时先快后慢，而在开模时应先慢后快再慢，以防止损坏模具及制件，避免机器受到强烈振动，适应平稳顶出制件，达到安全运行，延长机器和模具的使用寿命。启闭模板的最大行程，决定了注射机所能生产制件的最大厚度，而在最大行程以内，为适应不同尺寸模具的需要，模板的行程是可调的。模板应有足够强度，保证在模塑过程中不致因频受压力的撞击引起变形，影响制品尺寸的稳定。常用的有机械式、液压式和液压-机械式等类型。

1）机械式 这种装置一般是以电动机通过齿轮或蜗轮、蜗杆减速传动曲臂或以杠杆作动曲臂的机构来实现启闭模和锁模作用的（见图5-10），这种形式结构简单，制造容易，使用和维修方便，但因传动电机启动频繁，启动负荷大，频受冲击振动，噪声大，零部件易磨损，模板行程短等原因，所以只适用于小型注射机。

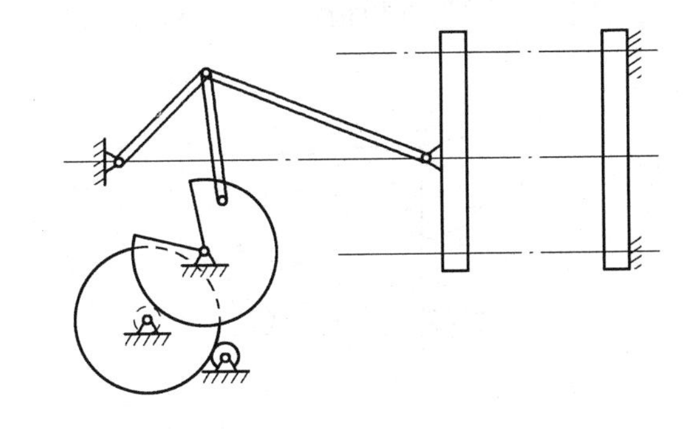

图5-10 机械式合模装置

2）液压式 液压式是采用油缸和柱塞并依靠液压力推动柱塞作往复运动来实现启闭塑模的，如图5-11所示，其优点是：①移动模板和固定模板之间的开档较大；②移动模板可在行程范围内的任意位置停留，从而易于安装和调整模具以及易于实现调压和调速；③工作平稳、可靠，易实现紧急刹车等，但较大功率的液压系统投资较大。

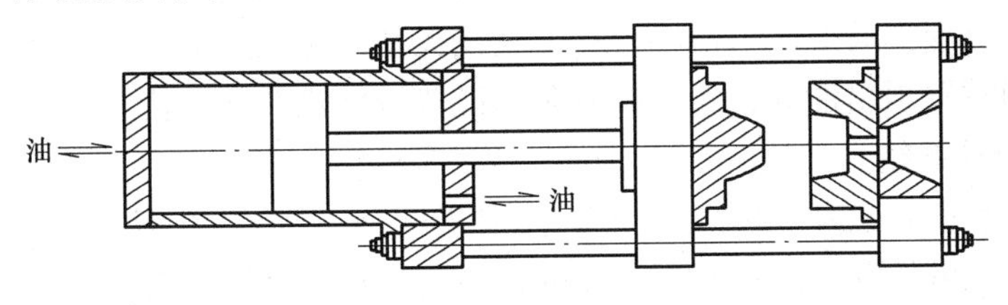

图5-11 液压式合模装置

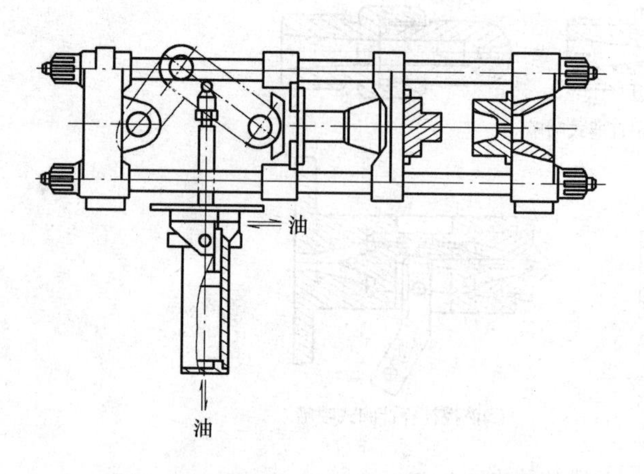

图 5－12　液压－机械组合式合模装置

3）液压－机械组合式　这种形式是由液压操纵连杆或曲肘撑杆机构来达到启闭和锁合模具的，如图 5－12 所示，其优点是：①具有自锁功能，当油缸活塞拉动曲肘伸展成直线时，即使油缸卸载，锁模力也不会消失；②具有可靠的锁模力，当模具的内压升高，胀模力大于锁模力时，仍可借助合模装置的附加力锁紧模具，锁模油缸不用长期工作，可及时卸载以减少功耗；③模板移动速度可变，使模具得到有效保护。其缺点是机构容易磨损和调模比较麻烦，但由于成本较低，在中小型注射机中占有优势。

（3）脱模顶出装置

上述各种锁模装置中都设有脱模顶出装置，以便在开模时顶出模内制品。脱模顶出装置主要有机械式和液压式两大类。

1）机械式脱模顶出装置　它是利用设在机架上可以调动的顶出柱，在开模过程中，推动模具中所设的脱模装置而顶出制件的。这种装置简单，使用较广。但是，顶出必须在开模临终时进行，而脱模装置的复位要在闭模后才能实现。顶出柱和脱模装置均根据锁模机构特点而定，可放置在模板的中心或两侧。顶出距离则按制品不同可进行调节（图 5－13）。

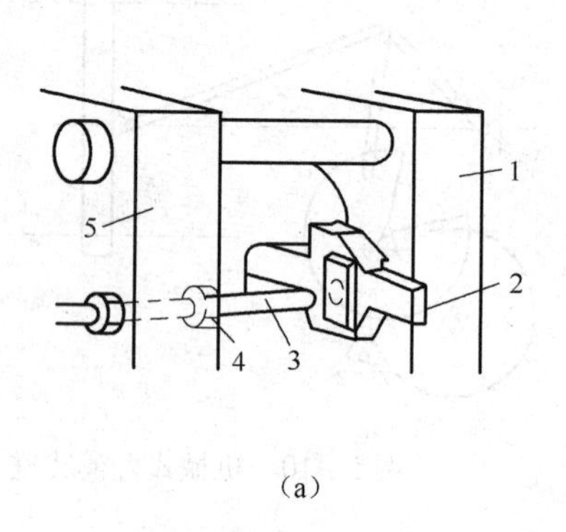

（a）

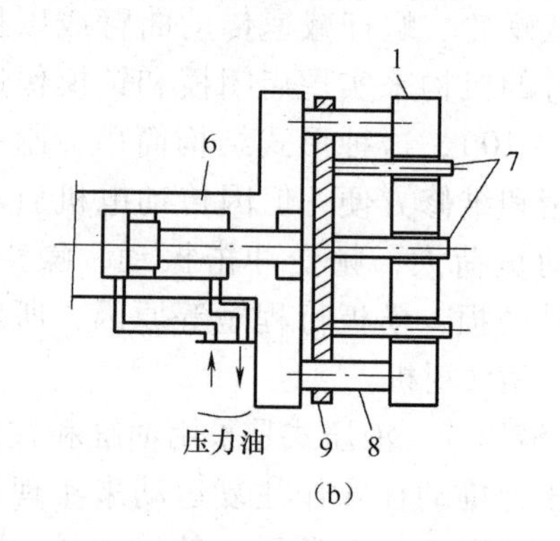

（b）

图 5－13　顶出装置

1—动模板　2、9—顶出板　3—顶杆　4—调节螺母　5—后模板　6—顶出油缸　7—多点顶出杆　8—导杆

2）液压式脱模顶出装置　它是依靠油缸的液压力实现顶出的。顶出力和速度都是可调的，但是顶出点受到局限，结构比较复杂。在大型注射机上常是两种顶出装置并用，通常在动模板中间放置顶出油缸，而在模板两侧设置机械式的顶出装置。

（4）液压传动系统

液压传动系统是注射机的动力系统。注射机的所有动作，如注射座前后移动、开合模、顶出等都是在液压动力的辅助下完成的，除此之外，液压系统还要为注射系统和合模系统提供足够的注射压力和模具锁紧力，并能实现开合模速度的控制。图 5－14 给出了

250g注射机液压系统的原理图，从图中可以看出，液压系统是由大小油泵、不同的油缸和多种控制阀等液压元件组成的，系统通过各种执行装置的协同运动来实现注射机的动作和对压力的需求。液压传动系统涉及很多机械和流体传动的知识，比较复杂，读者可参阅相关专著。

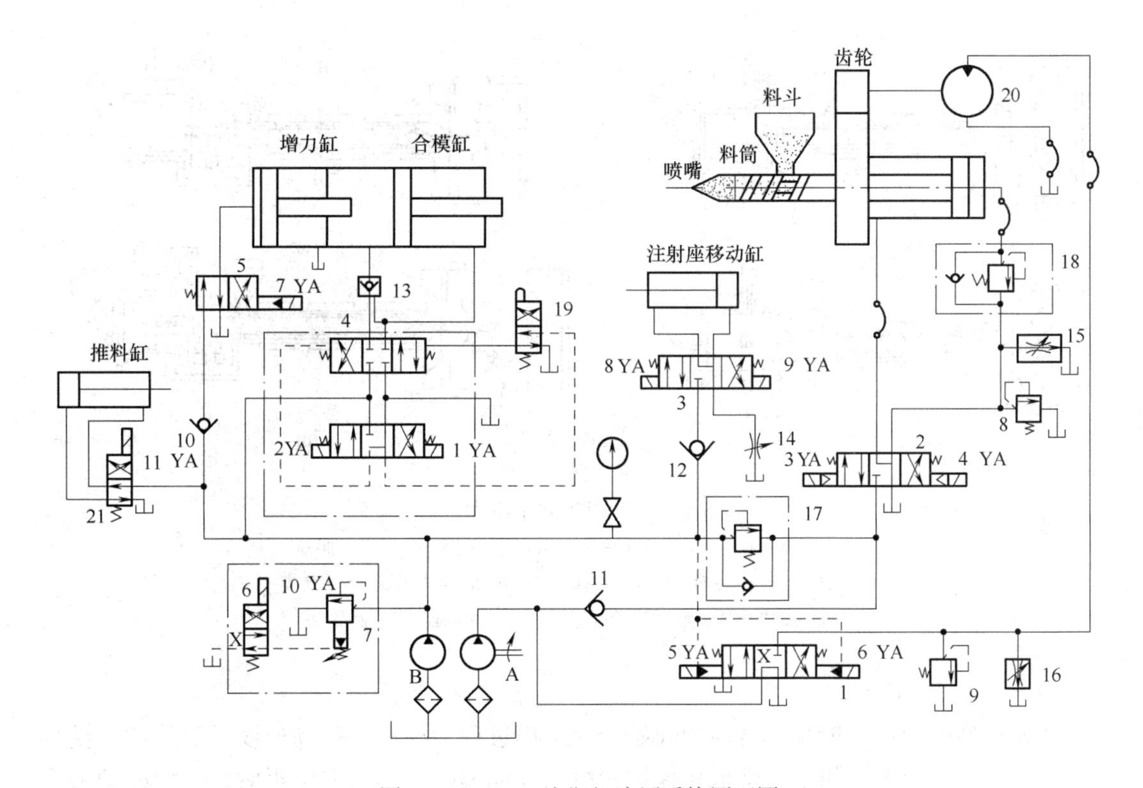

图5－14　250g注塑机液压系统原理图

A—大流量液压泵　B—小流量液压泵　1、2—电液换向阀　3—电磁换向阀　4、5—电液换向阀

6、21—电磁换向阀　7、8、9—溢流阀　10、11、12—单向阀　13—液控单向阀

14—节流阀　15、16—调速阀　17、18—单向顺序阀　19—行程阀　20—液压马达

（5）电器控制系统

电器控制系统是注射机的“神经中枢”。它与液压传动系统相互协调，一起对注射机的各种程序动作进行精确而稳定的控制，以实现对时间、位置、压力和速度等进行有效地控制和调节。注射机的电控系统分为温度控制、电动机控制和顺序控制三部分。根据有无反馈作用可把控制系统分为开环、闭环控制系统；根据控制系统的类型可分为恒值调节系统、程序控制系统、连续控制系统、数字控制系统等。电器控制系统主要由电源、动作程序元件、各种检测元件和执行机构等单元组成。

（6）安全保护与监测系统

注射机的安全保护与监测系统是用来确保人身及设备安全的装置，主要由安全门、行程阀、限位开关、光电检测元件等组成，可以实现电器－机械－液压的连锁保护。监测系统则主要对注射机的油温、料温、系统超载、工艺和设备故障进行监测，并对异常情况进行自动指示或报警。

5.1.3 注射机的工作过程

不同的注射机要完成的工艺内容和基本过程大致是相同的，如图 5－15 所示，主要有如下基本操作单元。

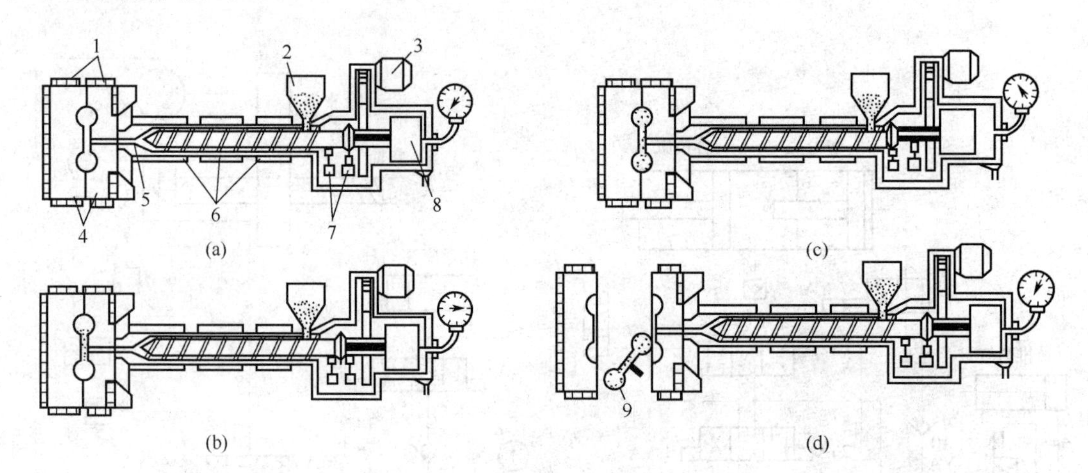

图 5－15　注射机基本操作程序

（a）加料塑化　（b）注射充模　（c）保压固化　（d）脱模

1—加热装置　2—料斗（或胶条）　3—电机　4—模具　5—喷嘴

6—加热冷却装置　7—行程开关　8—油压缸　9—制品

（1）合模与锁紧

注射成型的周期一般是以合模为起始点。合模过程动模板的移动速度是变化的，模具首先以低压力快速进行闭合，即低压保护阶段，当动模与定模快要接近时，合模的动力系统自动切换成低压低速，以免模具内有异物或模内嵌件松动，然后切换成高压而锁紧模具。

（2）注射装置前移

当合模机构闭合锁紧后，注射装置整体前移，使喷嘴和模具浇道口贴合。

（3）塑化

螺杆传动装置开始工作，带动螺杆转动，使料斗内的塑料经螺杆向前输送，并在料筒的外加热和螺杆剪切作用下使其熔融塑化。物料由螺杆运到料筒前端，并产生一定压力。在此压力作用下螺杆在旋转的同时向后移动，当后移到一定距离，塑化的熔体达到一次注射量时，有行程开关控制螺杆停止转动和后移，准备注射。

（4）注射

加料塑化后，注射油缸开始工作，推动注射螺杆（柱塞）前移，以高速高压将料筒前部的熔体注入模腔，并将模腔中的气体从模具分型面驱赶出去。

（5）保压

熔体注入模腔后，由于模具的低温冷却作用，使模腔内的熔体产生收缩。为了保证注射制品的致密性、尺寸精度和强度，必须使注射系统对模具施加一定的压力（螺杆对熔体保持一定压力），对模腔塑件进行补塑，直到浇注系统的塑料冻结为止。

（6）制品的冷却

当模具浇注系统内的熔体冻结到其失去从浇口回流的可能性时，即浇口封闭时，就可卸去保压压力，使制品在模内充分冷却定型。为了缩短成型周期，制品在模内冷却的同时，螺杆传动装置进行加料塑化的工作，准备下一次注射。制品冷却与螺杆预塑化是同时进行的。

（7）注射装置后退和开模顶出制品

注射装置退回的目的是避免使喷嘴与冷模长时间接触产生喷嘴内料温过低而影响注射。此操作进行与否根据所注射的塑料工艺性能和模具结构而定。如热流道模具，注射装置一般不退回。模腔内的制品冷却定型后，合模装置即开启模具，并自动顶落制品。

5.2 注射模具

注射模具是在成型中赋予塑料制件以形状和尺寸的部件组合体。其作用是完成塑料制品所需的外形尺寸、强度及性能要求。随塑料的品种和性能、塑料制品的形状和结构以及注射机的类型等不同而千变万化，但是基本结构是一致的。

5.2.1 模具的主要结构

注射模具主要由浇注系统、成型部件和结构零件三大部分所组成，根据需要有时也要设有加热或冷却系统，如图5－16所示为一个典型注射模具结构示意图。

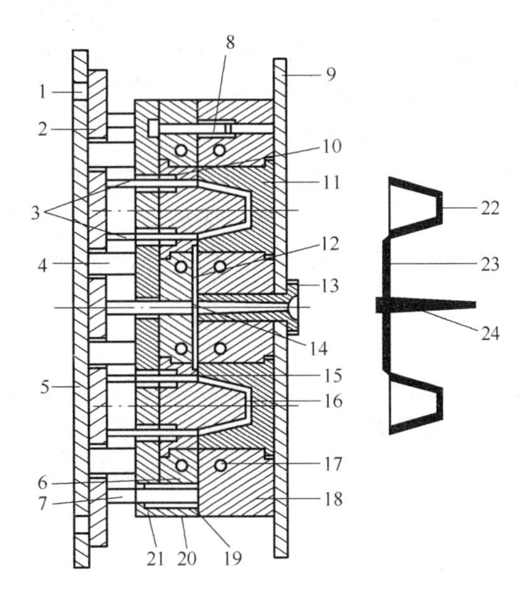

图5－16 典型注射模具结构示意图

1—顶出孔 2—脱模板 3—顶出杆 4—承压柱 5—后夹模板 6—后扣模板 7—回顶杆 8—导柱 9—前夹模板 10—阳模 11—阴模 12—分流道 13—主流道衬套 14—冷料井 15—浇口 16—型腔 17—冷却通道 18—前扣模板 19—模具分型面 20—后扣模板 21—承压板 22—制品 23—分流道赘物 24—主流道赘物

（1）浇注系统

浇注系统是指塑料从喷嘴进入型腔前的流道部分，包括主流道、冷料井、分流道和浇口等。

1）主流道　主流道是指紧接喷嘴到分流道或型腔的一段通道。主流道形状为圆锥形，其顶部向内凹进，以便与喷嘴衔接。主流道进口直径应略大于喷嘴直径以避免溢料，并防止两者因衔接不准而发生堵截。

2）冷料井　冷料井是设在主流道末端的一个空穴，以捕集喷嘴端部两次注射之间产生的冷料，防止堵塞分流道及浇口。为了便于脱模，其底部常设有脱模杆。脱模杆的顶部设计成曲折钩形或设下陷沟槽，以便脱模时能顺利拉出主流道赘物。

3）分流道　生产时如果一模多腔，就需要设置分流道，目的是使熔料以等速度充满各型腔。分流道截面的形状和尺寸应有利于快速充模，使压力损失最小，其中梯形或半圆形较常采用。

4）浇口　浇口是主流道（或分流道）和型腔的连接点，其作用是控制料流速度的大小和方向，因此，浇口的形状、尺寸和位置对制品质量影响很大。浇口的截面积宜小，长度宜短，位置应开设在制品最厚而又不影响外观的地方。

（2）成型部件

成型部件是指构成制品形状的各种部件，包括动模、定模和型腔、型芯、成型杆以及排气口等，是注射模具中最复杂、变化最大、要求加工表面粗糙度和精度最高的部分。

型腔是构成塑料制品几何形状的空间，应根据塑料的性能、制品的几何形状、尺寸公差和使用要求来设计结构。根据确定的结构选择分型面、浇口和排气孔的位置及脱模方式。排气孔一般设在型腔内料流的尽头或塑模的分型面上，也可利用顶出杆与顶出孔的配合间隙、顶块和脱模板与型芯的配合间隙来排气。

（3）结构零件

结构零件是指构成模具结构的各种零件，包括导向、脱模、抽芯以及分型的各种零件，诸如前后模板、承压板、承压柱、导向柱、脱模板、脱模杆及回程杆等。其作用是支撑成型零部件并帮助实现模具在开、合或顶出中的动作，同时，前后模板还用来与注射机连接使模具安装在注射机上。

（4）加热或冷却装置

为了简化模具结构，小型制品一般不设置加热或冷却系统。当制品结构复杂、尺寸较大或原料的性能特殊的时候，模具往往设有加热或冷却通道，借加热或冷却介质（水、油和蒸汽等）的循环流动达到加热或冷却目的。加热或冷却通道的排布应根据熔料的热性能（包括结晶）、制品的形状和模具结构来综合考虑。

5.2.2　热流道模具

热流道（Hot Runner）技术是注塑模具革新的一项重要技术，是对注塑模的冷流道技术的优化与改进，它属于无流道凝料浇注技术。

（1）原理与结构

热流道模具（图 5－17）将加热棒（管）或加热圈等加入注塑模具的流道部分，对模具的浇注系统进行持续加热（或者绝热），通过温度控制器精确控制塑料的温度，使塑料在流道和浇口持续保持熔融状态，从而避免了浇注系统凝料的形成，减小注射时的压力损失，同时也减少了流道赘物，节约了原料。

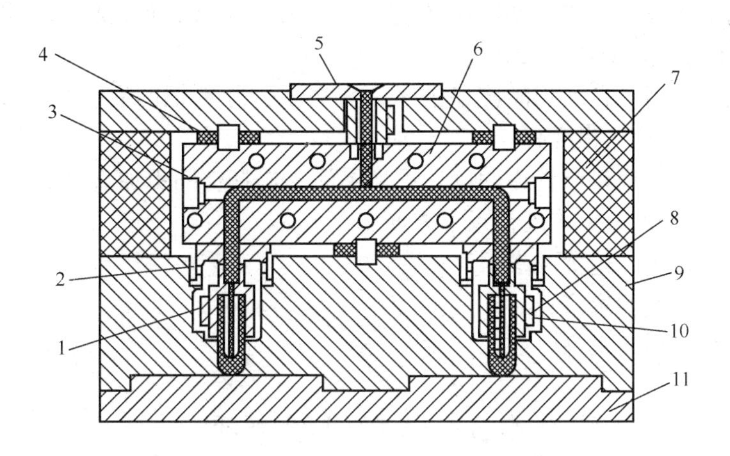

图5－17　热流道模具示意图[12]

1—内嵌探针　2—喷嘴　3—热流道板　4—隔板　5—定位环
6—加热管　7、10—气隙　8—加热圈　9—型腔板　11—型芯板

根据加热方式的不同，热流道系统可以被分为两类，即绝热流道系统和加热流道系统。由于采用绝热流道系统的模具存在很多缺陷与技术的不成熟，目前多数厂家使用加热流道系统。加热流道系统按照热补偿方式的不同，其又可以被分为内热式、外热式两种。

热流道模具一般都是由热流道板、喷嘴、加热元件、温度控制器和辅助零件等几部分组成。

1）热流道板主要任务就是使送入各个单独喷嘴的熔体始终保持恒温，避免浇注系统凝料的形成。通常使用的热流道板有一字型、H型、Y型、X型四种类型。

2）热喷嘴主要作用是将塑料熔体由注射机喷嘴注入模具的型腔中。根据浇口结构不同，可分为开放式热喷嘴、尖点式热喷嘴、针阀式热喷嘴。

3）加热元件主要作用是对热流道板或热喷嘴进行加热，从而使塑料保持熔融状态。加热元件通常包括加热棒、热电偶、加热圈、加热盘条等。

4）温度控制器主要任务就是精确控制注塑过程中塑料的温度。有通断位式、积分微分比例控制式、新型智能化温控器三类。

5）其他附件如隔热块、接线盒、支撑块等，配合其他部件一起工作，完成一个注塑过程。

（2）热流道塑料模具技术的主要特点

热流道技术是对常规冷流道技术的优化与改进，作为一项新型的注塑成型技术，它具有以下优点：

1）产品质量高　热流道技术使塑料在流道和浇口始终保持熔融状态，减小了注射时的压力，并通过精确控制塑料的温度，使压力和温度保持均衡，进一步减少了制品的收缩、变形、缩孔、色差、飞边、裂纹等现象的产生，改善了产品的表面质量。在透明件、薄壁件等对产品外观质量有更高要求的注塑产品的生产过程中具有明显的技术优势。

2）原料和能量损耗降低　消除了流道废料，从而可以节约原料和提高能源利用率。据统计，在使用热流道的模具注塑过程中，可以节约30%～50%的原料。

3）成型周期短　模具的冷却周期仅仅为产品的冷却时间，成型周期一般可以缩短30%以上，提高了经济效益。

4）自动化程度高　自动切断浇口技术，省去了去除料把的后续加工过程，成型过程连续，省时省工，自动化程度高。

5）适用范围广　浇口与流道的设计更加灵活，选择空间更加自由。

热流道技术的缺点主要体现在以下方面：

1）模具结构复杂，造价成本很高；

2）温度控制精度要求高；

3）操作人员素质要求高。

5.3 注射成型原理

5.3.1 塑化过程

所谓塑化是指塑料在料筒内经加热达到流动状态并具有良好的可塑性的过程。塑化是注射成型的准备过程，也是注射成型中决定着制件的质量的最重要的环节。生产工艺对这一过程的要求是：①塑料熔体在进入模腔之前要充分塑化，温度分布均匀，达到规定的成型温度，无过热分解发生。②提供满足上述要求的足够的熔融塑料以保证生产连续而顺利地进行。热塑性塑料通常为假塑性流体，其塑化质量主要由塑料的受热情况和所受的剪切作用所决定。移动螺杆式注射机工作时，因为螺杆的转动能对物料产生剪切作用，因而对塑料的塑化效果比柱塞式注射机要好得多。物料在移动螺杆式注射机内的熔融塑化过程与螺杆式挤出机内的熔融塑化过程类似，但是由于二者螺杆的工作方式有所不同，其塑化过程也存在一些差异。二者的主要不同点是挤出机料筒内物料的熔融是稳态的连续过程，而移动螺杆式注射机料筒内物料的熔融是一个非稳态的间歇式过程。

柱塞式注射机的塑化效果不如移动螺杆式注射机，因而如何提高其塑化效率和热均匀性是一个重要问题。这里就对柱塞式注射机内的塑化略作讨论。

（1）热均匀性

柱塞式注射机内物料的热源主要靠料筒的外加热。由于塑料的导热性差，而且它在柱塞式注射机中的移动只能靠柱塞的推动，几乎没有混合作用，这些都是对热传递不利的。以致靠近料筒壁的塑料温度偏高，而在料筒中心的则偏低，形成温度分布的不均。此外，熔料在圆管内流动时，料筒中心处的料流速度必然快于筒壁处的，这一径向上速度分布的不同，将进一步导致注射机射出熔料各点温度的不均，甚至每次射出料的平均温度也不等。用这种热均匀性差的熔料成型的制品，其物理力学性能也差。

柱塞式注射机内熔料的热均匀性可以用加热效率（E_h）的概念来加以分析。设料筒温度为T_W，物料进入料筒的初始温度为T_0。如果物料在料筒内停留的时间足够长，则全部物料的温度将上升到接近T_W，物料最大温升为$T_W - T_0$，这一温升将直接与物料所获得的最大热量成比例。但是通常由喷嘴射出的物料平均温度T_a总是低于T_W的，所以实际

温升为 $T_a - T_0$，物料的实际温升和最大温升之比即为加热效率 E_h。

$$E_\eta = \frac{T_a - T_0}{T_W - T_0} \times 100\% \tag{5-1}$$

从式（5－1）不难看出，加热效率可以表征聚合物获得热量的水平，E_h 值越高，越有利于塑料的塑化。E_h 的大小依赖于料筒的结构，物料在料筒内的停留时间和塑料的导热性能等，这种关系可用函数表示如下：

$$E_h = f\left[\frac{\alpha \cdot t}{(2a)^2}\right] \tag{5-2}$$

式中：α——热扩散速率

t——塑料在料筒内停留的时间

a——受热的料层厚度

如果分流梭也作加热器用，则式上式可变为：

$$E_h = f\left[\frac{\alpha \cdot t}{a^2}\right] \tag{5-3}$$

显然，E_h 与下列因素有关。

1）增加料筒的长度和传热面积，或延长塑料在料筒内的受热时间和增大塑料的热扩散速率，都能使塑料吸收更多的热量，提高 T_a 值，从而使 E_h 值增大，但这些对于柱塞式注射机是难以做到的，而且不适当地延长塑料的受热时间，易使塑料降解，故一般料筒内的存料量不超过最大注射量的3～8倍。另外塑料的热扩散速率 α 与热传导系数 λ、塑料的比热容 C 和密度 ρ 有如下关系：

$$\alpha = \frac{\lambda}{C\rho} \tag{5-4}$$

即塑料的热扩散速率正比于热传导系数，但一般塑料的热传导系数都较小，因此要增大热扩散速率取决于塑料是否受到搅动，很显然，柱塞式注射机的加热效率不如移动螺杆式注射机，塑化质量也比其差。

2）热效率 E_h 还与料筒中料层的厚度、物料与料筒表面的温差有关。由于塑料的导热性差，故料筒的加热效率会随料层厚度的增大和料筒与物料间的温差减小而降低。因此，减少柱塞式注射机料筒中的料层厚度是很有必要的。为了达到这个目的，在料筒的前端安装分流梭，它能在减少料层厚度的同时，迫使物料产生剪切和收敛流动，加强了热扩散作用。此外，如果分流梭能提供热量，塑化情况可进一步提高。

3）料筒加热效率还受到物料温度分布的影响。由喷嘴射出的物料各点温度是不均匀的，它的最高极限温度为料筒壁温 T_W，最低温度为 T_i，料筒内物料的平均温度 T_a 处于 T_i 和 T_W 之间，即塑料熔体的实际温度总是分布在 $T_i \sim T_W$，物料从料筒实际所获得的热量可由温差 $T_a - T_0$ 表示。在 T_W 固定的情况下，如果物料的温度分布宽，即物料的热均匀性差，则物料的平均温度 T_a 降低，$T_a - T_0$ 的值就小，对应的加热效率较低。反之，在 T_W 一定时，物料温度分布窄，则 T_a 升高，加热效率提高。如图5－18所示。所以 E_h 不仅间接表示物料平均温度的高低，同时还表示物料的热均匀性。生产中，射出物料的温度既不能低于它的软化点，又不能高于分解温度，因此 T_a 的大小是有一定范围的，实践证明，要使塑化质量达到可以接受的水平，E_h 值要在0.8以上。据此，在注射成型温度 T_a 已定的前提下，

T_W 就可由式 $E_h = \frac{T_a - T_0}{T_W - T_0} \times 100\%$ 确定。

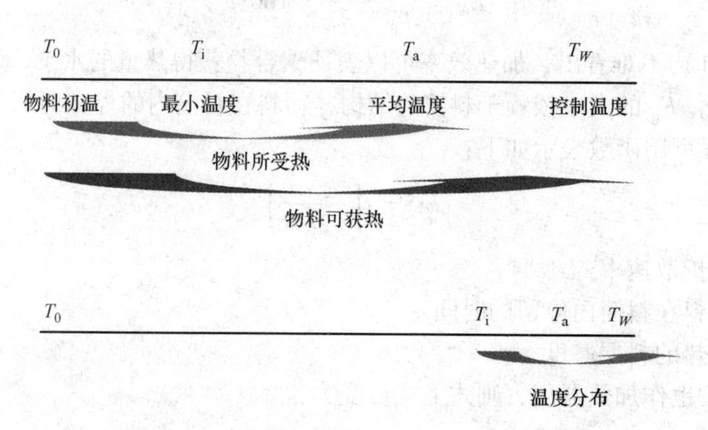

图 5－18　加热效率与温度均匀性的关系

4）螺杆强化了料筒内物料的塑化过程。对于移动螺杆式注射机，由于螺杆转动，机械功转化为对物料的剪切而生成热量，其效果可能大于料筒外部热量的传入，致使物料熔体平均温度 T_a 上升，加热效率 E_h 就可能大于 1；螺杆剪切摩擦引起塑料的升温幅度可以用式（5－5）计算：

$$\Delta T = \frac{\pi \cdot D \cdot n \cdot \eta}{C \cdot H} \tag{5-5}$$

式中，D、n、H、C 和 η，分别为螺杆的直径、转速、螺槽深度、塑料的比热容、熔体的黏度。由式（5－5）可见：当采用浅槽螺杆、转速很高或熔体黏度较高时，强烈的剪切能生成更多的摩擦热，致使温升大大提高，加热效率也就越大。此外，螺杆还可通过背压而强化塑化过程。背压提高时，螺杆旋转后退所受的阻力增大，为克服增大的阻力，势必要增大驱动螺杆转动的功率，使更多的机械功转化为热量。

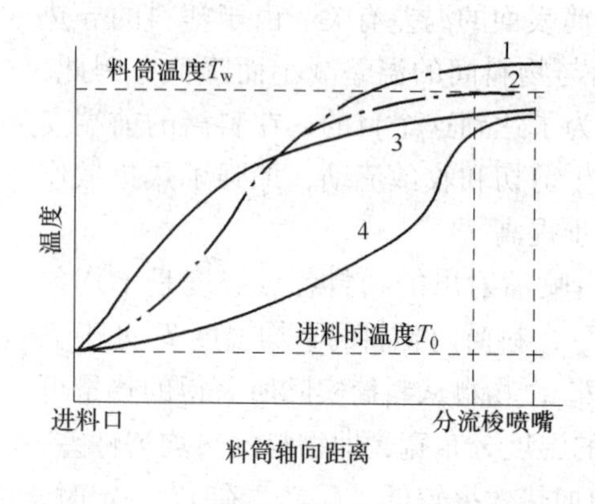

图 5－19　注射机料筒内塑料升温曲线

1—移动螺杆式注射机，剪切作用强时

2—移动螺杆式注射机，剪切作用较平缓时

3—柱塞式注射机，靠近料筒壁的物料

4—柱塞式注射机，靠近料筒中心的物料

一般情况下，在高转速、低背压下工作，且注射量接近最大注射量时，螺杆头部熔体温度的均匀性就较差；如果塑化效率不是生产中要考虑的主要因素时，采用较低的螺杆转速和较高的背压，就可以延长聚合物在料筒内的停留时间，从而可能建立如同在挤出机上工作时那样的更均匀和连续的塑化条件，有利于提高熔体温度的均匀性。

图 5－19 给出物料在料筒中加热时的温升曲线。可以看出，在柱塞式注射机内，与料筒接触处附近区域的物料温升较快，而中心温升很慢，在流经分流梭附近时升温速度加快，并且逐渐减小物料各点间的温差，但其最后的料温仍然低于料筒温度 T_W。而在移动螺杆式注射机内，开始时

物料的升温速度甚至比柱塞式注射机内靠近料筒壁的物料的升温速度还要慢，但在螺杆混合和剪切作用下，其升温速度则因摩擦发热而很快增加，到达喷嘴前，料温可接近 T_W，如果剪切作用很强时，料温甚至会超过 T_W。

（2）塑化量

塑化量是指单位时间内料筒熔化物料的质量 q_m。根据料筒与物料的接触传热面积 A 和物料的受热体积 V_P，及料筒的加热效率 E_h，注射机的塑化能力 q_m 可用下式表示：

$$q_m = \frac{K \cdot A^2}{V_P} \tag{5-6}$$

对于柱塞式注射机，在塑料品种、物料的平均温度和加热效率一定的情况下 K 为常数。显然要提高塑化量 q_m，则增大传热面积 A 和减小加热物料的体积 V_P 都是有利的，但在柱塞式注射机中，由于料筒的结构所限，增大 A 就必然加大 V_P。解决这一矛盾的有效方法是采用分流梭，兼用分流梭作加热器或改变分流梭的形状等，以增大传热面积或改变 K 值。相同的塑料用不同的注射机注射时，如果将熔料射出的平均温度和加热效率都固定，则 K 值就可作为评定料筒设计优劣的标准。

q_m 的大小决定着注射机的生产能力，塑化量必须与注射量平衡，因此，塑化能力也可用式（5-7）表示。

$$q_m = \frac{3.6W}{t} \tag{5-7}$$

式中：q_m ——塑化能力，kg/h

W ——注射量，g

t ——一个注射周期，s

5.3.2 注射流动过程

注射是一个流体流动的过程，而且是一个非连续非等温的过程。由于制品形状的多样性、复杂性，使其流道呈现不规则的形状；同时大多数聚合物熔体均属黏弹性流体，在高速流动过程中表现出的非牛顿特征，使其在注射过程产生复杂的流变行为，加上由于剪切作用又使机械功转变为热等作用，所以，对注射过程从理论上进行定量分析非常困难，人们更多的是通过实验测定来揭示这一过程的影响因素及其内在的规律性。为研究和表述的方便，一般将聚合物熔体的注射流动历程分为在料筒中、喷嘴中和模具中三个阶段来加以分析。由于移动螺杆式注射机在实际应用中占据主流，因此，本教材只讨论螺杆式注射机的注射流动过程。

（1）物料在注塑机机筒中的流动

在移动螺杆式注射机中，无论物料是固体、半固体或熔体，螺杆区物料与料筒内壁之间的流动阻力均可用下式计算：

$$F_f = \mu \cdot p \cdot A \tag{5-8}$$

式中：F_f ——摩擦阻力

μ ——物料与料筒之间的摩擦因数

p ——物料所受的压力

A ——物料与筒壁接触的面积

在螺杆式注射机内，因为塑料熔化较快，固体区不会很长（即 A 不会很大），同时压力（ p ）也不大，所以在固体区的阻力较小。而在流体和半固体区域中，接近筒壁处的塑料已熔化，使 μ 值显著降低，同时 A 值也不大，所以阻力较小，比柱塞式注射机中小得多。

（2）物料在喷嘴中的流动

喷嘴是注射机料筒与模具之间的连接件，充模时熔体流过喷嘴孔时会有较多的压力损失和较大的温升。可以将充模时熔体通过喷嘴近似看作等温条件下通过等截面圆管时的流动，对牛顿流体和假塑性幂律流体可分别用式（5－9）和式（5－10）估算压力损失：

$$\Delta p = \frac{8\mu L q_v}{\pi R^4} \tag{5-9}$$

$$\Delta p = \frac{8\eta_a L q_v}{\pi R^4} \tag{5-10}$$

式中：μ——牛顿流体的绝对黏度或称牛顿黏度

η_a——非牛顿流体的表观黏度

q_v——体积流率

L——喷嘴长度

R——喷嘴直径

由式（5－9）和式（5－10）可以看出，不论是牛顿流体还是非牛顿幂律流体，通过喷嘴时的压力损失都随喷嘴长度 L 和体积流率 q_v 的增大而增加，而当喷嘴孔的半径 R 增大时，压力损失则与其成四次方的指数关系减小，因此，喷嘴孔直径的微小变化，会引起压力损失的较大变化。因在喷嘴中塑料的流动和加热之间不存在矛盾，在满足设计要求的前提下，喷嘴直径可以偏大。其次这一区域的长度不会很长，而且平均料温已达最佳值，黏度也较低，可见在喷嘴中的流动阻力远比注射机料筒中的流动阻力小。

充模时熔体是以高速流过喷嘴孔的，必将产生大量的剪切摩擦热，使熔体温度升高。单位时间内熔体流过喷嘴的压力损失通过内摩擦作用转换成的热量为 $\Delta p \cdot q_v / J$，相当于单位时间内流过喷嘴熔体温度升高 ΔT 所需的热量（$\rho \cdot C_p \cdot q_v \Delta T$），由此得到熔体温升值：

$$\Delta T = \frac{\Delta p}{\rho \cdot C_p \cdot J} \tag{5-11}$$

式中：q_v——体积流率

Δp——压力损失

ρ——熔体密度

C_p——熔体定压比热容

J——热功当量

由上式可见，熔体流过喷嘴的温升，主要由熔体通过喷嘴时的压力损失决定的。因此注射充模时，速度、压力越高，喷嘴温升越大，这也说明了为什么热稳定性差的塑料不宜采用细孔喷嘴高速注射充模。

（3）物料在注射模腔内的流动

不管是何种形式的注射机，塑料熔体进入模腔内的流动情况均可分为充模、保压、倒流和浇口冻结后的冷却四个阶段。在连续的四个阶段中，塑料熔体的温度将不断下降，而压力的变化则如图 5－20 所示。

1）充模阶段　这一阶段从柱塞或螺杆开始向前移动起，直至模腔被塑料熔体充满（时间从0至t_1）为止。充模开始一段时间内模腔中没有压力，待模腔充满时，料流压力迅速上升到最大值p_0。充模的时间与注射压力有关。充模时间长，先进入模内的物料冷却时间长，黏度增高，后面的物料就需要在较高的压力下才能进入模腔内；反之，所需的压力则较小。

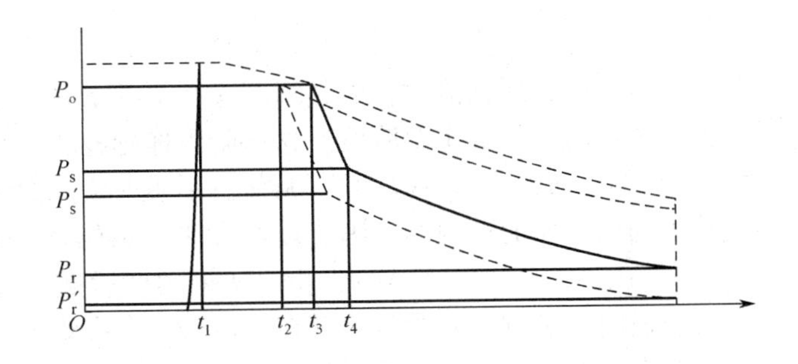

图5-20　注射成型周期中塑料压力变化图
p_o—注射成型最大压力　p_s—浇口冻结时的压力
p_r—脱模时残余压力　t_1 ~ t_4各代表一定时间

充模时熔体在模腔内的流动类型主要是由熔体通过浇口进入模腔时的流速决定的，图5-21为快速和慢速充模两种极端情况。由图5-21可见，当从浇口进入模腔的熔体流速很高时，熔体流首先射向对壁，使熔体流成为湍流，严重的湍流引起喷射而带入空气，由于模底先被熔体充满，模内空气无法排出而被压缩，这种高压高温气体会引起熔体的局部烧伤及降解，使制品的质量不均匀，内应力也较大，表面常有裂纹。而慢速注射时，熔体以层流形式自浇口向模腔底部逐渐扩展，能顺利排出空气，制品质量较均匀；但过慢的速度会延长充模时间，使熔体在流道中冷却降温，引起熔体黏度提高，流动性下降，充模不全，并出现分层和结合不好的熔接痕，影响制品的强度。

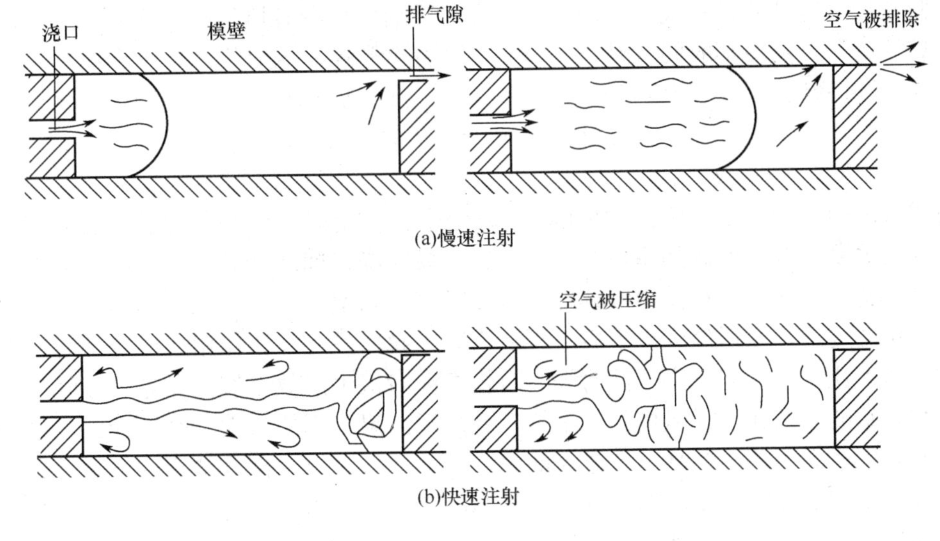

图5-21　不同充模速率的熔体流动情况

2）保压阶段（t_1 ~ t_2）　从熔体充满模腔时起至螺杆撤回时为止。这段时间内，塑料熔体会因冷却而发生收缩，但因仍然处于螺杆的稳压下，使模腔中的物料进一步得到压实，同时料筒内的熔料会向模腔内继续流入以补足因物料冷却收缩而留出的空隙。如果螺杆停在原位不动，压力曲线略有衰减，由p_0降至p_s。如果螺杆保持压力不变，也就是随着熔料入模的同时螺杆向前作少许移动，则在此段中模内压力维持不变，此时压力曲线即与时间轴平行。压实阶段对于提高制品的密度、降低收缩和克服制品表面缺陷都有影响。此外，由于塑料还在流动，而且温度又在不断下降，定向分子容易被冻结，所以这一阶段是大分子定向形成的主要阶段。这一阶段拖延越长时，分子定向程度也将越大。

3）倒流阶段（$t_2 \sim t_3$） 从螺杆后退到浇口处熔料冻结时为止。螺杆刚开始后退时模腔内的压力比流道内高，因此就会发生塑料熔体的倒流，从而使模腔内压力迅速下降，由 p_0 降至 p_s，到浇口冻结时为止。如果螺杆后撤时浇口处的熔料已冻结，或者在喷嘴中装有止逆阀，则倒流阶段就不存在，也就不会出现 $t_2 \sim t_3$ 段压力下降的曲线。因此倒流的多少或有无是由保压阶段的时间所决定的。倒流阶段既然有物料的流动，就会增多分子的定向，但是这种定向比较少，而且波及的区域也不大。相反，由于这一阶段内塑料温度还较高，某些已定向的分子还可能因布朗运动而解除定向。

4）冻结后的冷却阶段（$t_3 \sim t_4$） 从浇口处的物料完全冻结时起到制品从模腔中顶出时为止。这一阶段模腔内压力迅速下降，从 p_s 降至 p_r。模内物料在这一阶段内主要是继续进行冷却，以便制品在脱模时具有足够的刚度而不致发生扭曲变形。由于模内物料的温度、压力和体积在这一阶段中均有变化，到制品脱模时，模内压力不一定等于外界压力，模内压力与外界压力的差值称为残余压力。残余压力的大小与保压阶段的时间长短有密切关系。残余压力为正值时，脱模比较困难，制品容易被刮伤或破裂；残余压力为负值时，制品表面容易有陷痕或内部有真空泡。所以，只有在残余压力接近零时，脱模才较顺利，并能获得满意的制品。

5.3.3 冷却定型过程

当模腔浇口冻结后，就进入冷却阶段。浇口冻结后再没有熔体进出模腔，而封闭在模腔内的熔体的压力随冷却时间的延长进一步下降直至开模。这时模腔中聚合物的平均温度 T、比容 v（或密度）与模腔压力 p 的关系可用修正的范德华状态方程式表示：

$$(p + \pi)(v - b) = R' \cdot T \quad (5-12)$$

式中：π、b、R'——常数

由式（5－12）可见，在聚合物比容（或密度）一定时，模腔中物料的压力与其温度呈线性函数关系。为了使制品脱模时不变形，在模腔浇口冻结之后一般不能立即将成型制品从模腔中脱出，而应留在模内继续冷却一段时间，以使其整体或足够厚的表层降温至聚合物玻璃化温度或热变形温度以下后，再从模腔中脱出。无外压作用下的冷却时间在成型周期中占很大比例，如何减小这段时间，对提高注射机生产效率有重要意义。降低模温是缩短冷却时间的有效途径，但模具与熔体二者之间的温差不能太大，否则会因成型物内外降温速率差别过大而造成制品具有较大的内应力。此外，由于模具结构的复杂性也会使各部分的温度不同而导致冷却收缩不均匀，使制品产生内应力。因此，在制定工艺条件和设计冷却通道时必须考虑到这些问题。

5.4 注射成型工艺

5.4.1 注射模塑工艺流程

完整的注射模塑工艺流程包括成型前的准备、注射过程和制品的后处理三个阶段。

5.4.1.1 成型前的准备

为了保证注射成型过程顺利进行，使塑件产品质量满足要求，在成型前必须做好一系列准备工作，主要有原材料的检验、原材料的着色、原材料的干燥、嵌件的预热、脱模剂的选用以及料筒的清洗等。

(1) 原料的检验和工艺性能测定

在成型前应对原料的种类、外观（色泽、粒度和均匀性等）进行检验以及流动性、热稳定性、收缩性、水分含量等方面进行测定。

(2) 对塑料原料进行着色

为了使成型出来的塑件更美观或要满足使用方面的要求，配色着色可采用色粉直接加入的树脂法和色母粒法。色粉与塑料树脂直接混合后，送入下一步制品成型。该工艺优点是：工序短，成本低；缺点是：工作环境差，着色力差，着色均匀性和质量稳定性差。

色母粒法是着色剂和载体树脂、分散剂、其他助剂配制成含一定浓度着色剂的色母粒粒料，制品成型时根据着色要求，加入一定量色母粒，使制品含有要求的着色剂量，达到着色要求。

(3) 预热干燥

干燥处理就是利用高温使塑料中的水分含量降低，方法有烘箱干燥、红外线干燥、热板干燥、高频干燥等。干燥方法的选用，应视塑料的性能、生产批量和具体的干燥设备条件而定。热塑性塑料通常采用前两种干燥方法。

影响干燥效果的因素有：干燥温度、干燥时间和料层厚度。一般情况下干燥温度应控制在塑料的玻璃化温度以下，但温度如果过低，则不易排除水分；干燥时间长，干燥效果好，但周期过长；干燥时料层厚度一般为 20 ~ 50mm。干燥后的原料要求立即使用，如果暂时不用，为防止再次吸湿，要密封存放；长时间不用的塑料使用前应重新干燥。

对于吸湿性强的塑料（聚酰胺、有机玻璃、聚碳酸酯、聚砜等），应根据注射成型工艺允许的含水量要求进行适当的预热干燥，去除原料中过多的水分及挥发物，以防止注射时发生水降解或成型后塑件表面出现气泡和银纹等缺陷。表 5 - 1 列出部分塑料成型前允许的含水量。

表 5 - 1　部分塑料成型前允许的含水量

塑料名称	允许含水量/%	塑料名称	允许含水量/%
聚酰胺 PA - 6	0.1	聚苯醚	0.1
聚酰胺 PA - 66	0.1	ABS（通用级）	0.1
聚甲基丙烯酸甲酯	0.05	聚苯乙烯	0.1
聚对苯二甲酸乙二醇酯	0.05 ~ 0.1	聚乙烯	0.05
聚氯乙烯	0.08 ~ 0.1	聚丙烯	0.05
聚碳酸酯	0.01 ~ 0.02		

不易吸湿的塑料原料，如聚乙烯、聚丙烯、聚苯乙烯、聚氯乙烯等，如果贮存良好，包装严密，一般可不干燥。

（4）料筒的清洗

在注射成型之前，如果注射机料筒中原来残存的塑料与将要使用的塑料品种不同或颜色不一致时，或发现成型过程中出现了热分解或降解反应，都要对注射机的料筒进行清洗。

通常，柱塞式料筒存料量大，又不易转动，必须将料筒拆卸清洗或采用专用料筒。而对于螺杆式注射机通常采用直接换料、对空注射法清洗。其中料筒的对空注射法清洗应注意以下几点：

1）新塑料成型温度高于料筒内残存塑料的成型温度时，应将料筒温度升高到新料的最低成型温度，然后加入新料（也可以是新料的回料），连续“对空注射”，直到残存塑料全部清洗完毕，再调整温度进行正常生产。

2）新塑料的成型温度比料筒内残存塑料的成型温度低时，应将料筒温度升高到残存塑料的最佳流动温度后切断电源，用新料或新料的回料在降温下进行清洗。

3）如果新料成型温度高，而料筒中残存塑料又是热敏性塑料（如聚氯乙烯、聚甲醛和聚三氟氯乙烯等），则应选流动性好、热稳定性高的塑料（如聚苯乙烯、低密度聚乙烯等）作为过渡料，先置换出热敏性塑料，再用新料或新料的回收料置换出热稳定性好的过渡料。

4）两种物料成型温度相差不大时，不必改变温度，先用新料的回料，后用新料连续“对空注射”即可。

由于直接换料清洗浪费了大量的清洗料，目前已经研制出新的料筒清洗剂，这种清洗剂的使用方法是，首先将料筒温度升至比正常生产温度高10～20℃，放净料筒内的存储料，然后加入清洗剂（用量为50～200g），最后加入新换料，用预塑的方式连续挤一段时间即可。可重复清洗，直至达到要求为止。

（5）嵌件的预热

通常把塑件内嵌入的金属部件称嵌件。由于金属和塑料收缩率差别较大，在塑件冷却时，嵌件周围产生较大的内应力，导致嵌件周围强度下降和出现裂纹。因此，在成型前要对金属嵌件进行预热，减小嵌件和塑料的温度差。

预热的温度以不损坏金属嵌件表面所镀的锌层或铬层为限，一般为110～130℃。对于表面无镀层的铝合金或铜嵌件，预热温度可达150℃。

对于成型时不易产生应力开裂的塑料，且嵌件较小时，则可以不必预热。

（6）脱模剂的选用

脱模剂是使塑料制品容易从模具中脱出而喷涂在模具表面上的一种助剂。注射成型时，塑件的脱模主要是依赖于合理的工艺条件和正确的模型设计，但由于塑件本身的复杂性或工艺条件控制不稳定，可能造成脱模困难，所以在实际生产中经常使用脱模剂。

常用的脱模剂有硬脂酸锌、液体石蜡（白油）和硅油等。除了硬脂酸锌不能用于聚酰胺之外，对于一般塑料，上述三种脱模剂均可使用。其中尤以硅油脱模效果最好，只要对模具施用一次，即可长效脱模，但价格很贵，使用麻烦。硬脂酸锌通常多用于高温模具，而液体石蜡多用于中低温模具。

使用脱模剂时，喷涂应均匀、适量，以免影响塑件的外观和质量。对于含有橡胶的软塑件或透明塑件不宜采用脱模剂，否则将影响塑件的透明度。

5.4.1.2 注射过程

注射成型过程包括加料、塑化、注射、保压、冷却和脱模等几个步骤，整个过程都是由注射机来完成的。但就塑料在注射成型中的实质变化而言，是塑料的塑化和熔体充满型腔、冷却定型两大过程。注射工艺流程可用图5-22简略表示。

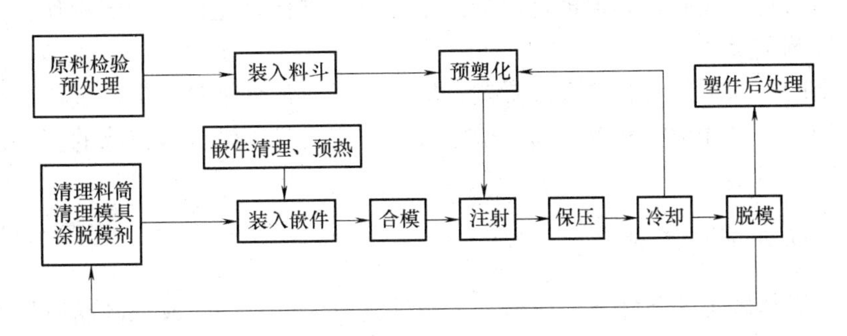

图5-22 注射工艺流程图

5.4.1.3 塑件的后处理

塑件脱模后常需要进行适当的后处理。塑件的后处理主要指退火和调湿处理。

（1）退火处理

退火处理的目的是消除因塑化不均匀或塑料在型腔中的结晶、定向和冷却不均匀而造成塑件各部分收缩不一致产生的残余应力。

具体方法是把塑件放在一定温度的烘箱中或液体介质（如水、热矿物油、甘油、乙二醇和液体石蜡等）中一段时间，然后缓慢冷却至室温。退火的温度一般控制在高于塑件的使用温度10~20℃或低于塑料热变形温度10~20℃。温度过高，塑件会产生翘曲变形；温度过低，则达不到后处理的目的。

退火的时间取决于塑料品种、加热介质的温度、塑件的形状和壁厚、塑件精度要求等因素。表5-2为常用热塑性塑料的热处理条件。

表5-2 常用热塑性塑料的热处理条件

塑料名称	热处理温度/℃	时间/h
ABS	70	4
聚碳酸酯	110~135	4~8
聚甲醛	140~145	4
聚酰胺	100~110	4
聚甲基丙烯酸甲酯	70	4
聚对苯二甲酸丁二醇酯	120	1~2

（2）调湿处理

将刚脱模的塑件（聚酰胺类）放在热水中隔绝空气，防止氧化，消除内应力，以加速达到吸湿平衡，稳定其尺寸，称为调湿处理。经过调湿处理，还可以改善塑件的韧度，使冲击韧度和抗拉强度有所提高。调湿处理的温度一般为100~120℃，热变形温度高的塑料品种取上限；相反，则取下限。

调湿处理的时间取决于塑料的品种、塑件形状、壁厚和结晶度大小。达到调湿处理时间后，缓慢冷却至室温。

（3）二次加工

注射成型后对某些制品必须进行适当的小修整或进行打孔、切割等操作，以满足制品的表观质量和装配等的要求。

需要指出的是并不是所有塑件都要进行后处理。通常只是对于带有金属嵌件、使用温度范围变化较大、尺寸精度要求较高、壁厚大和内应力又不易自行消除的塑件才进行必要的后处理。

5.4.2 注射成型工艺条件

在模具和原料确定的条件下，成型工艺条件就成为影响注射成型制品质量最重要的因素。注射成型工艺条件的三要素分别是温度、压力和相应的各个作用时间。

（1）温度

注射成型过程需要控制的温度包括料筒温度、喷嘴温度和模具温度等。前两种温度主要是影响物料的塑化和流动，而后一种温度主要是影响塑料制品的流动、成型和冷却。

1）料筒温度　料筒温度总的设定原则是保证塑料熔体正常流动，并且不发生分解变质。因此，料筒的工作温度必须高于聚合物的黏流温度（T_f，无定型）或熔点（T_m，结晶型）而低于其分解温度（T_d），即设定范围在 $T_f(T_m) \sim T_d$。料筒温度的分布是从料斗后端靠料斗部位起至前端靠喷嘴部位止，逐步升高，使物料温度平稳上升，达到均匀塑化之目的。

料筒温度的确定首先要考虑被加工物料的热稳定性能。对于 $T_f \sim T_d$ 区间较窄的物料，料筒温度应偏低（比 T_f 稍高）；而于 $T_f \sim T_d$ 区间较宽的塑料，料筒的温度可适当高一些。特别是对热敏性塑料，如聚甲醛、聚三氟氯乙烯、聚氯乙烯等，除需严格控制料筒最高温度外，还应控制塑料在加热料筒中停留的时间。

同一种塑料因来源或牌号不同，其流动温度及分解温度存在差异。凡是平均相对分子质量高、分布较窄的塑料，熔体黏度都偏高；而平均相对分子质量较低、相对分子质量分布较宽的塑料，熔体黏度则偏低。为了获得适宜的流动性，前者较后者应适当提高料筒温度。

填料性质使熔料流动性改变。例如，玻璃纤维增强的热塑性塑料，随着玻璃纤维含量的增加，熔料流动性降低，因此要相应提高料筒温度；一般无机粉体的加入也会使流动性降低。

塑料在不同类型的注射机（柱塞式或螺杆式）内的塑化过程是不同的，因而选择料筒温度也不相同。柱塞式注射机中的塑料仅靠料筒壁及分流梭表面往里传热，传热速率小，因此需要较高的料筒温度。在螺杆式注射机中，由于有了螺杆转动的搅动，同时还能获得较多的摩擦热，使传热加快，因此选择的料筒温度可低一些（一般比柱塞式的低 10 ~ 20℃）。实际生产中，为了提高效率，利用塑料在移动螺杆式注射机中停留时间短的特点，可采用在较高料筒温度下操作；而在柱塞式注射机中，因物料停留时间长，易出现局部过热分解，宜采用较低的料筒温度。

选择料筒温度还应结合制品及模具的结构特点。由于薄壁制件的模腔比较狭窄，熔体注入的阻力大，冷却快，为了顺利充模，料筒温度应高一些。相反，注射厚壁制件时，料筒温度却可低一些。对于形状复杂或带有嵌件的制件，或者熔体充模流程曲折、较多或较长的，料筒温度也应高一些。

2）喷嘴温度　喷嘴温度通常略低于料筒最高温度，这是为了阻止熔料使用直通式喷嘴可能发生的"流涎现象"。喷嘴低温的影响可从物料注射时所生的摩擦热得到一定的补偿。喷嘴温度过高时，熔料可能烧焦，此外，温度高导致成型周期长，脱模后翘曲变形，影响尺寸精度；喷嘴温度太低时，熔料可能早凝而将喷嘴堵死，或将早凝料注射入模腔中影响制品质量。

料筒温度和喷嘴温度的选择不是孤立的，与其他工艺条件间有一定关系。由于影响因素很多，一般都在成型前通过"对空注射法"或"制品的直观分析法"来进行调整，以便从中确定最佳的料筒和喷嘴温度。

3）模具温度　模具温度的设定范围是低于热塑性塑料的玻璃化转变温度（T_g）或热变形温度，高于热固性塑料的固化温度，目的是使塑料达到一定刚度而脱模。

模具温度的高低取决于塑料的结晶性、制品的尺寸与结构，性能要求，以及其他工艺条件（熔料温度、注射速度及注射压力、模塑周期等）。模具温度不但影响塑料充模时的流动行为，而且影响制品的内在性能和表观质量。通常模温增高，使制品的定向程度降低、结晶度升高、有利于提高制品的表面光洁程度；但料流方向及其垂直方向的收缩率均有上升，所需保压时间延长。

模具温度通常是靠通入一定温度的冷却介质来控制的，也有靠熔料注入模具自然升温和自然散热达到平衡而保持一定模温的。在特殊情况下，可用电加热使模具保持定温。冷却速率取决于塑料的玻璃化转变温度（T_g）与模具温度（T_c）的差值。当 $T_c < T_g$ 为骤冷，$T_c \approx T_g$ 为中速冷，$T_c > T_g$ 为缓冷。实际生产中用何种冷却速度，还应按具体的塑料性质和制品的使用性能要求来决定。

（2）压力

注塑过程中的压力包括塑化压力和注射压力，它们直接影响塑料的塑化和制品质量。

1）塑化压力　采用螺杆式注射机时，螺杆顶部熔料在螺杆转动后退时所受到的压力称为塑化压力，也称背压，这种压力的大小可以通过液压系统中的溢流阀来调整。

提高塑化压力使物料受到的剪切作用的加强，熔体温度升高，能够改善温度的均匀性和熔料的混炼效果，便于排出熔体中的气体，塑化均匀性提高；但也造成熔体在螺杆的逆流与漏流增加，使塑化量减小，易造成塑料的降解等。因此，塑化压力大小的确定应对其中的优、缺点进行权衡，视螺杆的结构、塑料的种类以及制品的质量要求而加以抉择。例如，热稳定性差和黏度低的可选用较低的背压。一般塑化压力为注射压力的5%～20%，但通常很少超过2MPa。

2）注射压力　注射压力是指柱塞或螺杆顶部对塑料所施加的压力，由油路压力换算而来。注射压力的作用是克服塑料从料筒流向型腔的流动阻力、给予熔料充模的速率以及对熔料进行压实。

注射压力的大小与制品的质量紧密联系，受塑料品种、注射机类型、制件和模具结构以及注射工艺条件等很多因素的影响，十分复杂，至今还未找到相互间的定量关系。尽管

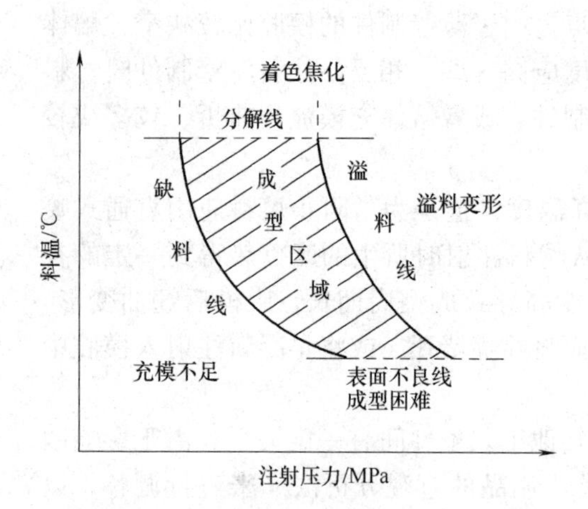

图5－23　熔料温度和注射压力在注射成型中的匹配

如此，仍有下列原则可以参考：①柱塞式注射机的注射压力应比螺杆式注射机大，因为前者在注射过程中压力损失要比后者大得多；②对成型形状复杂、长流程的薄壁制品宜用高的注射压力，而对于大尺寸厚壁制品，注射压力可相应下降；③对于熔体黏度大、玻璃化温度高的塑料（如聚碳酸酯、聚砜等）宜用较高的注射压力；④注射过程中，注射压力受熔料温度的制约，熔体温度高时可降低注射压力，反之所需注射压力大，两者的关系如图5－23所示，其中阴影部分为合格制品的成型区域。

模具型腔充满后，注射压力转化为保压压力，其作用是对模内熔料的压实。保压压力高，模腔内将流入更多的塑料，并使模腔内的料流更好地熔合，得到的制品密度高、收缩量小、力学性能也较好；但保压压力过高时，将会出现较大的残余应力，使强度反而下降，甚至易造成脱模困难或溢料。实际生产中多数控制保压压力略低于注射压力，也有等于注射压力的。

（3）注射速率

注射速率是单位时间内柱塞或螺杆移动的距离（cm/s）或单位时间内注射塑料的体积或质量（cm^3/s或g/s）。注射速度对熔体在模腔内的流动行为，模腔内的压力、温度以及制品的性能有重要影响。

注射速度与注射压力相辅相成。在注射时间不变的情况下，随注射压力的提高，注射速度增加。注射速度大时，熔体通过模具浇注系统及在模腔中的流速也大，物料受到的剪切作用大，产生的摩擦热多，温度升高，黏度下降。但太高的注射速度会导致射流的发生。一般玻璃化温度高，熔融黏度大以及薄壁长流程或形状复杂的制品宜采用高速高压注射。

（4）成型周期

完成一次注射模塑过程所需的时间称为注射成型周期，也称模塑周期。它包括注射时间（充模、保压时间）、冷却时间（包括柱塞后撤或螺杆转动后退进行加料、预塑化的时间）及其他时间（如开模、脱模、涂拭脱模剂、安放嵌件和闭模等时间）。

充模时间直接反比于充模速率。生产中，充模时间一般为3～5s，大型和厚壁制品充模时间可达10s以上。保压时间就是对型腔内塑料压实，使熔料不会从模腔中倒流所需的时间，一般为20～120s（特厚制件可达2～5min）。冷却时间主要取决于制品的厚度、塑料的热性能和结晶性能，以及模具温度等，一般为30～120s，大型和厚制品可适当延长。成型周期中的其他时间则与生产过程是否连续化和自动化等有关，应尽可能缩短，以提高生产效率。

注射成型周期直接影响劳动生产率和设备利用率，因此，生产中应在保证质量的前提下，尽量缩短成型周期中各个有关时间。注射成型各阶段的时间与塑料品种、制品性能要求及工艺条件有关，整个成型周期中，以注射和冷却时间最重要，对制品质量有决定性的影响。

5.4.3 注射制品缺陷分析

在注射成型加工过程中可能由于原料处理不好、制品或模具设计不合理、模具制造精度不够和磨损、操作工没有掌握合适的工艺操作条件，或者因机械方面的原因，常常使制品产生各种各样的缺陷。具体包括如下几个方面：

（1）注射成型出现的问题

常见的问题包括：①塑料的化学变质；②力学状态变化；③物料状态变化；④几何结构或尺寸上的变化等。

（2）注射制品常见的缺陷

1）外观方面，包括凹痕、银纹、变色、黑斑、流痕、焦痕、熔接痕、泛白、表面气泡、分层、电裂、外观浑浊等。

2）工艺问题，包括充填不满、分型面飞边过大、浇道粘模、不正常顶出。

3）性能问题，包括变脆、翘曲、应力集中、超重或欠重（密度不均匀）等。

找到缺陷的原因是为了更好地解决这些问题。

（3）常见缺陷的解释及示意说明

1）充填不足　充填不足或短射是指型腔充填不满，不能得到设计的制品形状，制品有缩瘪的倾向，见图5-24。原因在于：供料不足；熔体的流程过大；充填模腔时，夹入空气，造成反压，在远离浇口的地方形成缺陷；在多模型腔中，各个模腔的流动不平衡。

2）凹痕（缩瘪）　凹痕是指表面下凹，边缘平滑，容易出现在远离浇口位置，以及制品厚壁、肋、凸台及内嵌件处，见图5-25。凹痕主要是由于材料的收缩没有补偿而引起的，因此收缩性较大的结晶性塑料容易产生凹痕。

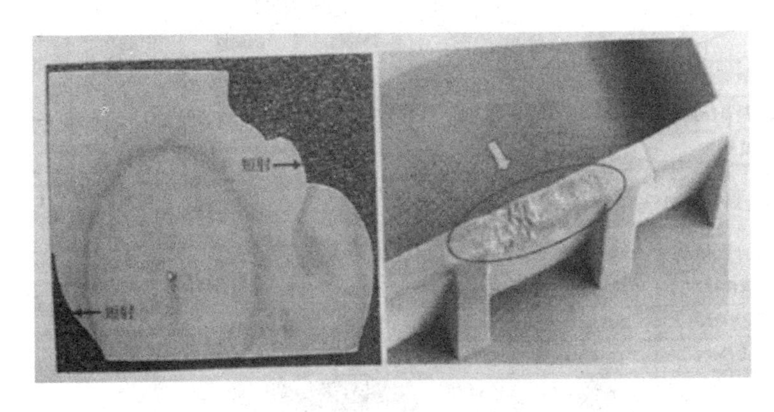

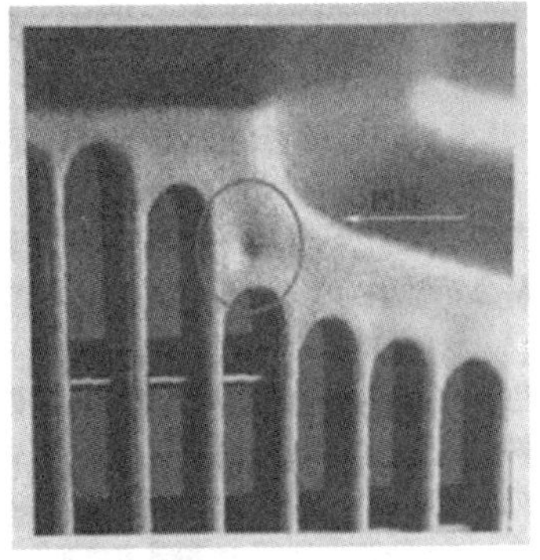

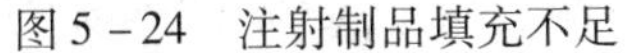

图5-24　注射制品填充不足

图5-25　凹痕

3）气穴　气穴是由于型腔中的空气被熔体包围，无法从型腔中排出而形成的，如图5-26所示。气穴的形成属于成型加工的问题，容易形成焦痕、缩孔、缩坑等制品质量问题。

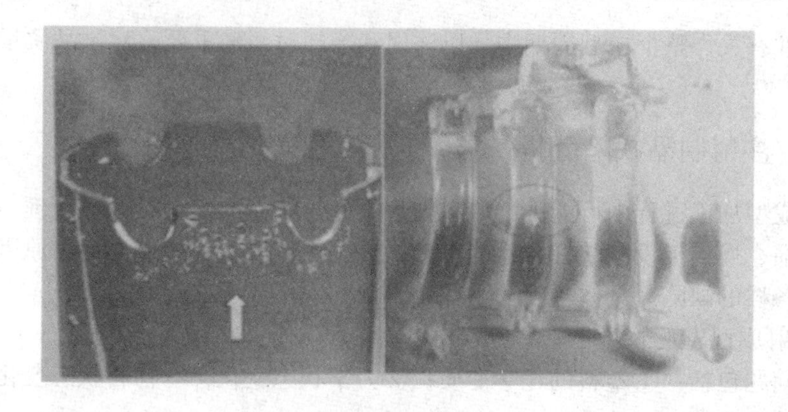

图5-26　气穴

4）银纹　银纹是在塑料件表面出现的微小的流动花纹，明显的流痕是成型物表面沿流动方向出现的银白色的流线现象，如图5-27所示。塑件银纹造成的，主要原因是气体的干扰，常见原因：①料筒、螺杆磨损过头；②加热温度过高而物料分解；③模具排气不当、模具中流道、浇口、型腔的摩擦阻力大，造成局部过热；④浇口，型腔分布不均，冷却系统不合理；⑤原料湿度大、添加再生料过多；⑥原料混合不均。

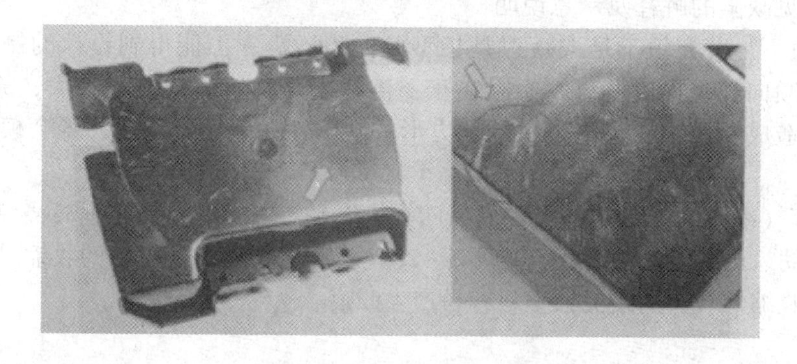

图5-27　银纹缺陷的制品

5）焦痕　焦痕通常是在流程末端产生烧焦的外观，主要是由模腔中残留的气体引起的，如图5-28所示。

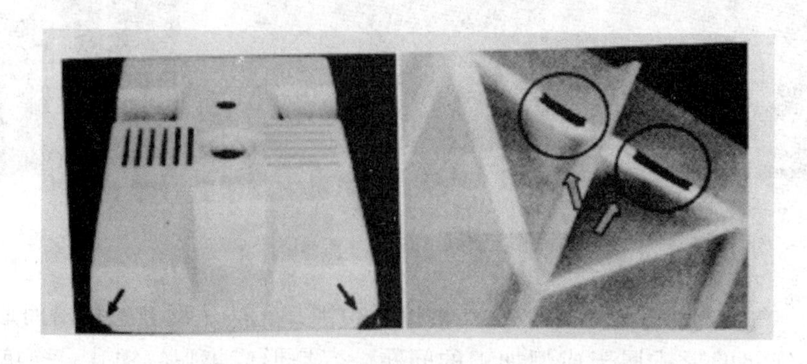

图5-28　焦痕

6）剥离（分层） 剥离是指制品像云母那样发生层状剥离的现象，有明显分层，属于表面质量问题。不相容的材料混炼在一起时，容易发生剥离现象，如图5－29所示。

7）乱流痕 乱流痕是在制品表面以浇口为中心出现不规则流线的现象。产生的原因是注入型腔的材料时而与模壁接触、时而脱离造成的不均匀冷却，如图5－30所示。或者是由于流动过程中，熔体前锋冷料卷入，形成流动波纹而致。

图5－29 剥离（分层）

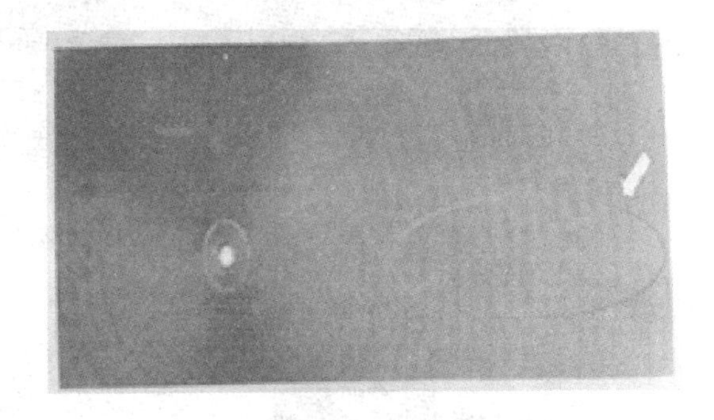

图5－30 乱流痕

8）熔接线和熔合痕 熔接线和熔合痕是指分流熔体汇合处的细纹，它是由两股相向或平行的熔体前沿相遇而形成的，可以根据两股熔体间的角度来区分（图5－31）。成型制品中由洞、嵌件、制品厚度变化引起的滞留和跑道效应都可能形成熔接线和熔合痕。

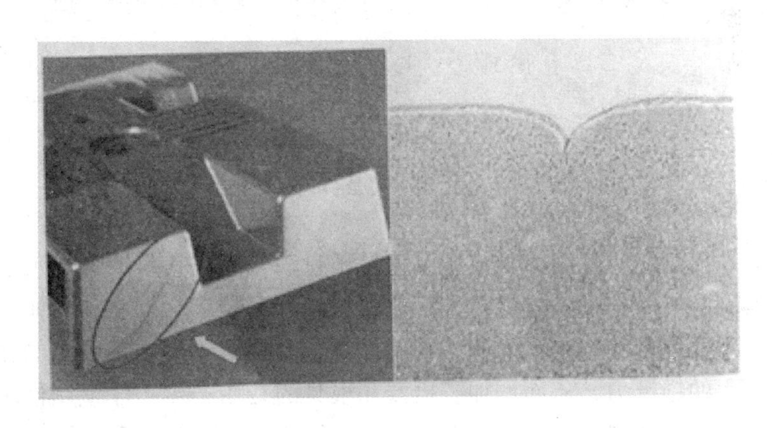

图5－31 熔接线和熔合痕

9）表面起泡 表面起泡是指有未融化的材料与流动熔体一起充填模腔，在制品表面形成的缺陷，见图5－32。

10）飞边 飞边是指模具分型面上的溢料，可能是由于合模力偏小、合模精度不高、模具变形、融料过热等造成的，如图5－33所示。

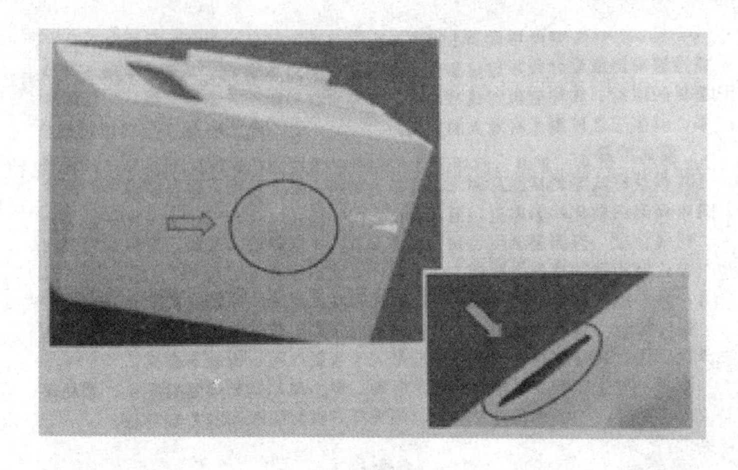

图 5-32　表面起泡的制品

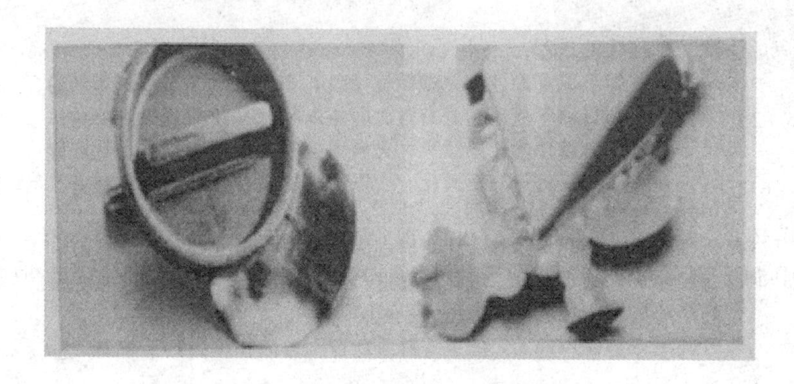

图 5-33　飞边缺陷的制品

5.5　注射成型新技术

注射成型的塑料制品精度高，且成型过程易于自动化，在塑料成型加工中有着广泛的应用。随着塑料制品应用的日益广泛，人们对塑料制品的精度、形状、功能、成本等提出了更高的要求，主要表现在生产大面积结构制件时，高的熔体黏度需要高的注塑压力，高的注塑压力要求大的锁模力，从而增加了机器和模具的费用；生产厚壁制件时，难以避免表面缩痕和内部缩孔，塑料件尺寸精度差；加工纤维增强复合材料时，缺乏对纤维取向的控制能力，基体中纤维分布随机，增强作用不能充分发挥。因而在传统注射成型技术的基础上，又发展了一些新的注射成型工艺，如气体辅助注射、熔芯注射、反应性注射等，以满足不同应用领域的需求，下面简单介绍其中的几种。

5.5.1　气体辅助注射成型

气体辅助注射成型（gas-assisted injection mouding，GAIM）技术是国外 20 世纪 80 年代发展的一种新的注射成型工艺。气体辅助注射成型将结构发泡成型和注射成型的优点结合在一起，既可降低模具型腔内熔体的压力，又可避免结构发泡产生的表面粗糙等许多缺点，对于注射厚壁制品可解决产品收缩不良等问题，而且可在保证产品质量的前提下，大幅度降低生产成本，具有很好的经济效益。目前这种新技术已在欧美、日本被广泛应用于汽车和家电行业的塑料制品生产，我国近年也有一些厂家开始使用这项技术。

（1）工艺过程

气体辅助注射成型可以看作是注射成型与中空成型的复合，其与普通注射成型相比，多了一个气体注射阶段，即在原来注射成型的保压阶段，由压力相对低的气体而非塑料熔体的注射压力进行保压，成型后的制品中就有由气体形成的中空部分。

气体辅助注射成型工艺过程如图5－34所示，先往模具型腔中注入经准确计量的塑料熔体［图5－34（a）］，再向塑料熔体中注入压缩气体，气体在型腔中塑料熔体的包围下沿阻力最小的方向扩散前进，对塑料熔体进行穿透和排空，气体作为动力推动塑料充满模具型腔的各个部分［图5－34（b）］，并对塑料进行保压，待塑料冷却后开模取出制品［图5－34（c）］。制品具有中空断面而保持完整的外形。

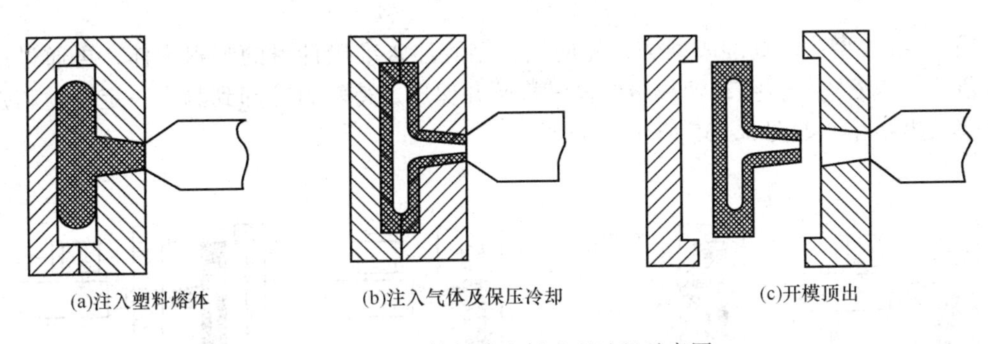

图5－34　气体辅助注射成型过程示意图

一个完整的气体辅助注射成型周期可分为以下六个阶段。

1）塑料充模阶段　类似于普通注射成型，只是塑料熔体仅充满局部型腔，其余部分要靠气体补充。

2）切换延迟阶段　从塑料熔体注射结束到气体注射开始，是非常短暂的过渡阶段。

3）气体注射阶段　从气体开始注射到整个型腔被充满，这一阶段也比较短，但对制品质量的影响极为重要，如控制不好，会产生空穴、吹穿、注射不足和气体向较薄的部分渗透等缺陷。

4）保压阶段　这一阶段熔体内气体压力保持不变或略有上升使气体在塑料内部继续穿透，以补偿塑料冷却引起的收缩。

5）气体释放阶段　注射完成后，释放气体，使气体入口压力降到零。

6）冷却开模阶段　这阶段的作用是冷却定型，到制品达到足够的刚度和强度后开模取出制品。

（2）气体辅助注射成型设备

气体辅助注射成型是通过在注射成型机上增设气辅装置和气体喷嘴来实现的。

1）注射机与普通注射机基本相同　但要求注射机的注射量和注射压力有较高的精度（误差应在±0.5%以内），注射压力波动相对稳定，而且控制系统与气体控制单元匹配，以保证成型所要求的准确注射量。

2）气辅装置由气泵、高压气体发生器、气体控制单元和气体回收装置组成　气体发生器提供注射所需的压缩气体，一般使用的压缩气体为氮气，其价廉易得且不与塑料熔体发生反应。气体控制单元用特殊的压缩机连续供气，用电子控制阀进行控制使气体压力保持恒定。气体压力和纯度由成型材料的制品形状决定，压力一般在 5～32MPa，最高为 40MPa。气体回收装置用于回收气体注射通路中残留的氮气，但不包括制品气道中的氮气，这是为了防止制品气道中的空气或挥发的添加剂等气体混入而影响后续成型制品的质量。

3）气体喷嘴有两类　一类是主流道式喷嘴，即塑料熔体和气体同一个喷嘴，塑料熔体注射结束后，喷嘴切换到气体通路上实现气体注射；另一类是气体通路专用喷嘴，这一类又有嵌入式和平面式两种。

（3）成型方法

根据成型过程中气体注射和熔体前进方式的不同，气体辅助注射成型可分为四种方法。

1）标准成型法　标准成型法是先向模具型腔注入准确计量的塑料熔体，再通过浇口和流道注入压缩空气，推动塑料熔体充满模腔并保压，待塑料冷却到具有一定刚度和强度后开模取出制品。如图 5－35 所示。

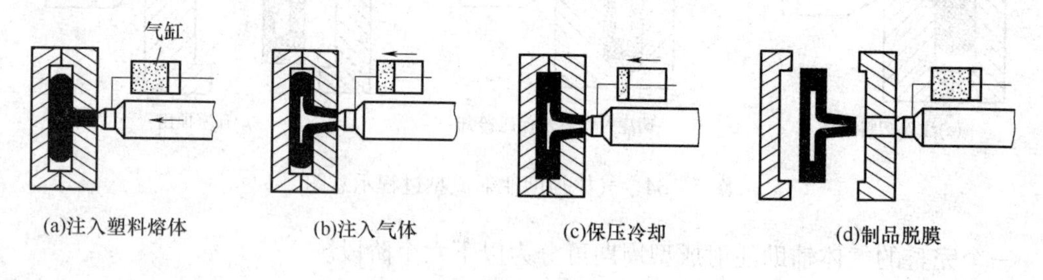

图 5－35　标准成型法示意图

2）副腔成型法　在模具型腔之外设置一可与型腔相通的副型腔，成型时先关闭副型腔，向型腔中注射塑料熔体，并充满型腔进行保压，然后开启副型腔，向型腔内注入气体，气体的穿透作用使多余出来的熔体流入副型腔，当气体穿透到一定程度时关闭副型腔，升高气体压力对型腔中的熔体进行保压补缩，最后冷却开模取出制品。如图 5－36 所示。

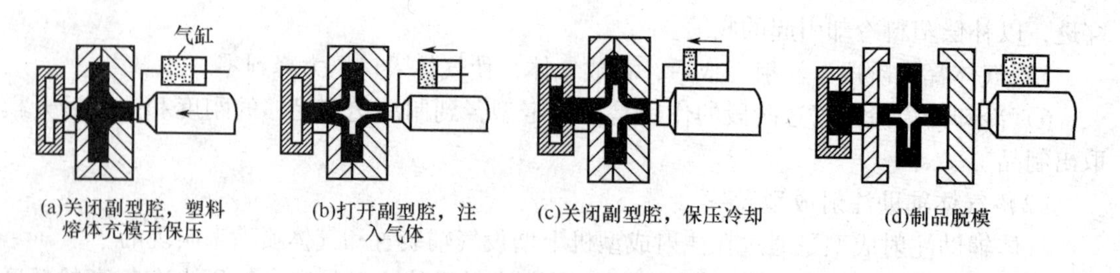

图 5－36　副腔成型法示意图

3）熔体回流法　此法与副腔成型法类似，只是模具没有副型腔，气体注入时多余的熔体不是流入副型腔，而是流回注射机的料筒。见图5－37。

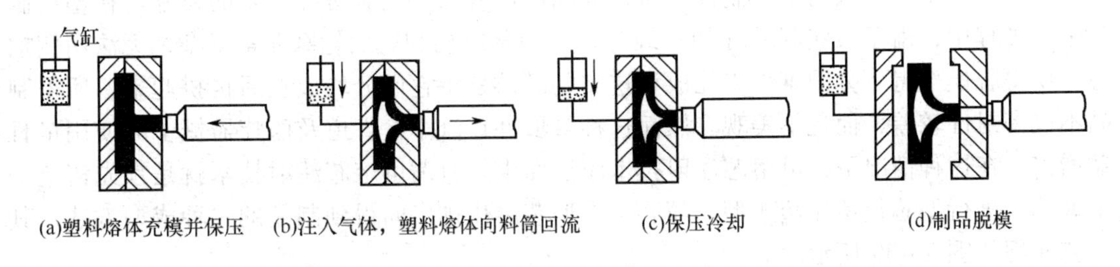

图5－37　熔体回流法示意图

4）活动型芯法　在模具的型腔中设置活动型芯，开始时使型芯位于最长伸出的位置，向型腔中注射塑料熔体，并充满型腔进行保压，然后注入气体，气体推动熔体使活动型芯从型腔中退出，让出所需的空间，待活动型芯退到最短伸出位置时升高气体压力，实现保压补缩，最后制品脱模，如图5－38所示。

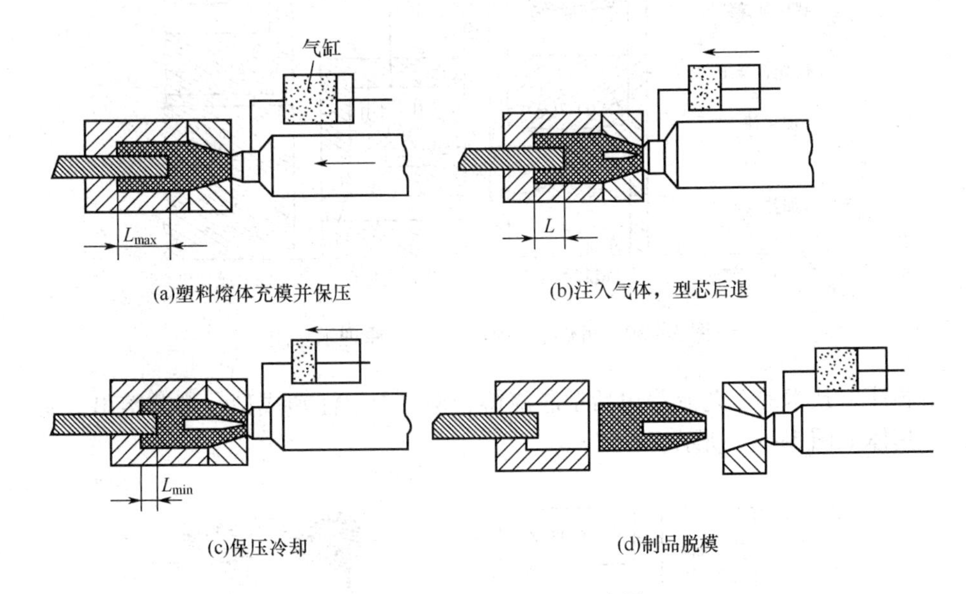

图5－38　活动型芯法示意图

（4）特点

气体辅助注射成型优点体现在：①注射压力低，锁模力小，可以大幅度降低对注射机吨位和模具壁厚的要求。②制品翘曲变形小，尺寸稳定性好。③表面质量提高。可成型壁厚差异较大的制品。④制品的刚度和强度提高。在不增加制品质量的情况下，可以在制品上设置气体加强筋和凸台结构。⑤可通过气体的穿透使制品中空，减少质量，缩短成型周期。

气体辅助注射成型也有其不足，主要有如下几点：①需要供气装置和进气喷嘴，增加了设备的投资。②在注入气体和不注入气体部分，制品表面光泽有差异。③对注射机的注射量和注射压力的精度有更高的要求。④制品质量对模具温度和保压时间等工艺参数更加敏感。

5.5.2 可熔芯注射成型

采用注塑生产复杂的中空制件一直是产品设计者和工艺装备师追求的目标。在塑料制品生产过程中，由于某些制品（如三维弯管）内部结构和表面轮廓非常复杂，无法用侧抽芯，使得脱模变得十分困难。以往成型这类制品都是将它们分块成型后再拼起来，所得制品不仅密封性较差，而且不美观。然而这种管形件在汽车、管道及医疗器械中的使用量日益增多，在这种情况下，可熔芯注射技术应运而生。所谓可熔芯注射技术就是预先铸造一个型芯，进行型芯包覆注塑成型，随后再将型芯熔化排出而得到制品的一种成型方法，其工艺原理如图 5－39 所示。

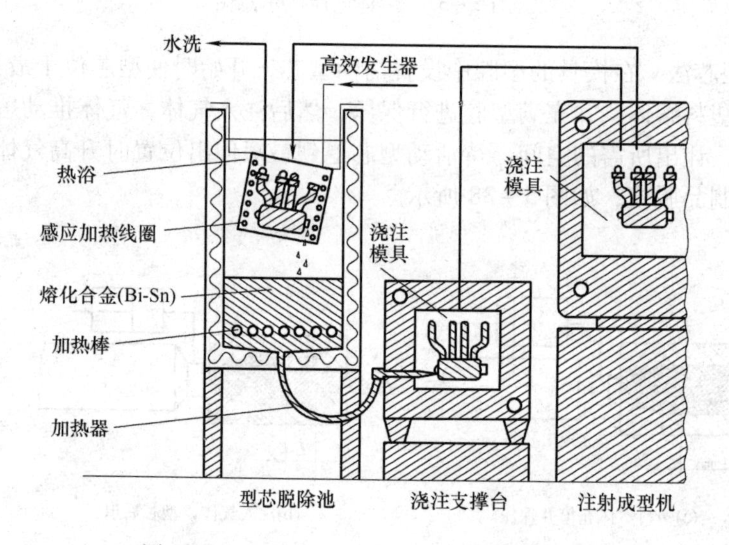

图 5－39　可熔芯注塑成型工艺原理示意图

可熔芯注射技术的工艺流程包括型芯浇铸、型芯包覆注塑成型、型芯熔出、制件清洗等步骤，具体如图 5－40 所示。

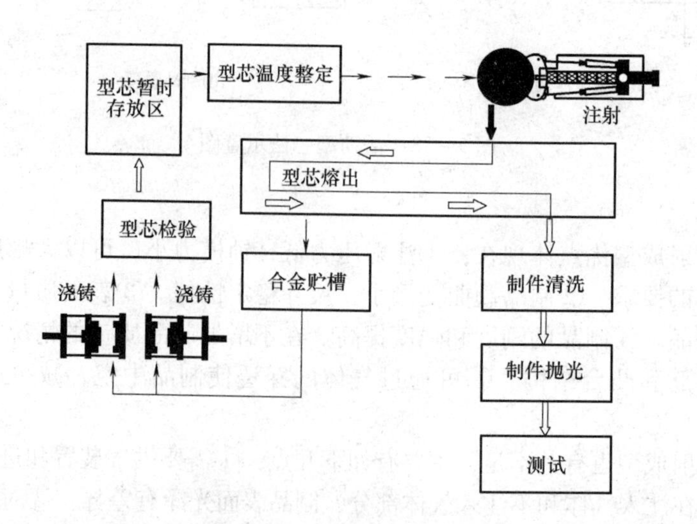

图 5－40　可熔芯注塑成型工艺流程

通过对模塑组件、型芯材料、模具几何尺寸和操作条件最佳组合方式的选择，可以优化可熔芯技术的工艺过程。加工中需要考虑的重要参数有：注塑温度和时间；型腔流道的断面形状；熔体从冷却到凝固的热焓变化；模具组件的传热性；型芯的热容量和导热性等。

可熔芯注射成型技术在生产紧凑型和螺旋型制件方面是最经济的方法。塑料进气分配管（套）（图 5 -41 和图 5 -42）比金属进气分配管的优点：质量轻一半；内表面光滑，进气性能好；传热性低能使分配管保持较冷状态，进入的空气膨胀减小，这样就可以进入更多的氧气，使燃烧更有效。

图 5 -41　采用铋锡合金可熔型芯与玻纤增强尼龙 66 制造的 BMW 公司 V8 发动机分配管

图 5 -42　采用玻纤增强 PA66 制造的 BMW 公司 6 缸发动机进气分配套

除了进气分配管（套），可熔芯注射成型技术还可用于水泵的叶轮或泵外壳体（图 5 -43 和图 5 - 44），可以明显减轻水泵的质量，降低成本，同时也能提高效率和振动指标。

图 5 -43　采用尼龙和玻纤（PA66 - GF50）制作的汽车水泵叶轮

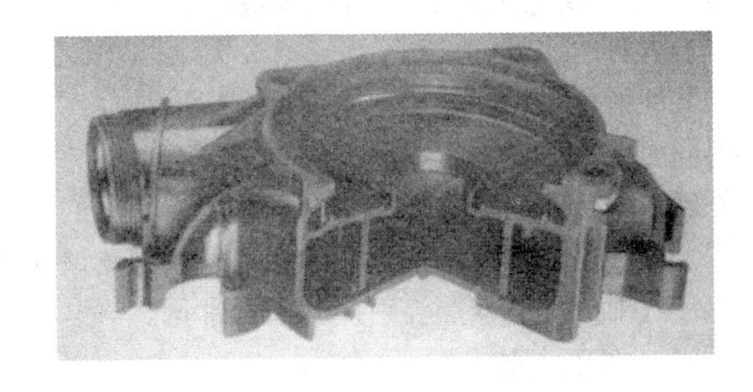

图 5 -44　采用玻纤增强尼龙 66 制作的加热泵外壳体

可熔型芯注射成型工艺是借鉴熔模精密铸造中的“可熔型芯”技术开发的。需要解释的是熔模精密铸造应用在常温下具有水溶性的材料或其他非金属材料制作可熔型芯，而注射成型的“型芯”，由于注射压力大，只能用强度较高的低熔点合金制作，如锡 - 铅 - 镉或铋－锡合金等。制备可熔型芯是这种注塑成型技术的关键，目前多选用 BiSn138，它是 58% 的 Bi 和 42% 的 Sn 的共晶混合物，熔点为 138.5℃，采用浇铸方法成型。通常，浇注 50kg 的可熔芯需要 2～3min，其中冷却时间占约 90%。将可熔型芯熔出的方法有热浴加热和高频感应加热等。采用大型的可同时容纳多个制件的热浴池，可以有效地减少整个模塑时间中熔出时间的份额，从而提高生产效率。

可熔芯注射技术不需要特殊的注射机，任何一种已商品化的设备均可适用。例如，生产汽车进气分配管的注射机的合模力可从 700～1000t。由于模具笨重，需要吊装完成，更换型芯和拾取制件靠机械手来操作。注射机的开模行程至少需要 1200mm 才能保证机械手的双臂有足够的运行空间。

可熔芯技术为产品设计提供了一个可行的实现创新的潜在手段。这种技术的优势在于：可以成型内部结构复杂、表面轮廓不规则、不能正常抽芯的制品；型芯的浇注和熔出的能耗很低；型芯材料具有高硬度和强度；在模具中的热分散性良好（即热导性和热容量均较高）；型芯收缩率低，可以简化模具设计和改善型芯的尺寸稳定性；在型芯的熔出或浇注中没有金属的损失，即金属可循环利用；成本低。可以预见，这种技术在未来必定可以得到更好的应用和发展。

5.5.3 共注射成型

共注射成型技术也称多组分注射成型技术，最早出现在 1963 年。当时德国 K 展上出现了第一台多组分注射机，主要用于打字机和收银机的按键生产。随后，20 世纪 70 年代出现了较为成熟的多组分注射成型工艺，并得到了广泛的应用。随着汽车工业的进一步发展，该技术主要用于汽车多色尾灯的生产。这种多组分注射成型技术与单一组分注射成型技术在成型设备和注射过程上有着极大的区别。由于多组分注射成型技术需要特殊结构的注射设备、模具的设计与制造较复杂，成本较高，并且要有协调它们动作步骤的自动控制装置，这些因素在很长时间内限制了它的广泛应用。后来，随着人们对注射成品质量要求的提高，以及注射机械工业和自动控制技术水平的发展，这种成型工艺的应用越来越广泛。目前这项技术已经取得了长足的发展，新设备、新技术层出不穷。

共注射成型是指使用两个或两个以上注射系统的注射机，将不同品种或者不同色泽的塑料同时或先后注射入模具型腔内的成型方法。可以生产多种色彩或多种塑料复合塑件。国外已有八色注射机在生产中应用，国内使用的多为双色注射机，使用两个品种的塑料或者一个品种两种颜色的塑料进行共注射成型。该成型方法可生产多种塑料的复合塑件，其中双色注射成型和双层注射成型最为常见。

（1）双色注射成型

双色注射成型的设备一般有两种形式，一种是两个注射系统和两副模具共用一个合模系统，如图 5－45 所示。模具固定在一个回转板 5 上，当其中一个系统 2 向模具内注入应定数量的 A 种塑料之后（未充满型腔）回转板 5 转动，将此模具送到另一个注射系统的工作位置上，这个注射系统马上向模具内注入 B 种塑料，直到型腔充满为止；然后熔融塑料经保压冷却定型后脱模。用这种形式可生产分色明显的混合塑料制品。另一种是两个注射系统共用一个喷嘴，其结构如图 5－46 所示。喷嘴通路上安装有启闭机构，调整启闭阀的换向时间，就能生产出各种花纹的塑料制品，这种设备也被称为双色花纹注射成型机。

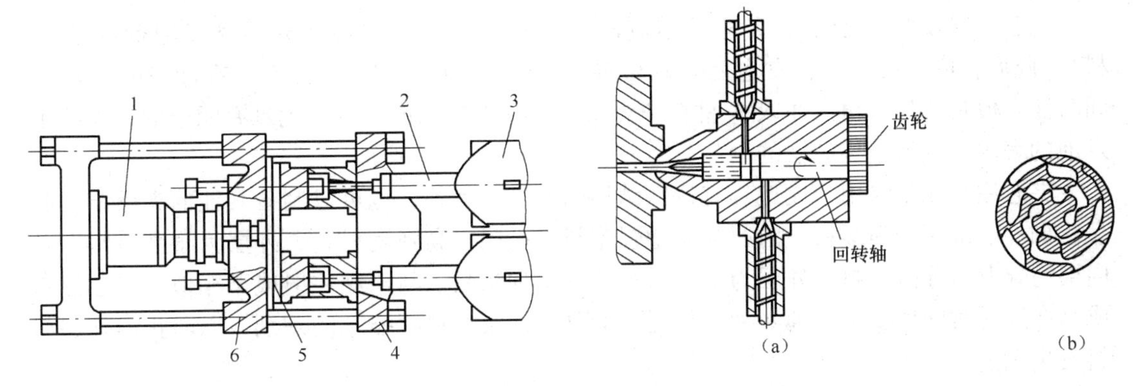

图5-45　双色注射机示意图

1—合模油缸　2—注射装置　3—料斗
4—固定模板　5—模具回转板　6—动模板

图5-46　双色花纹注射成型专用喷嘴及其花纹

(2) 双层注射成型

双层注射成型采用有交叉浇口的两个移动螺杆注射系统进行工作。注射时，先由一个螺杆将第一种塑料注入模具型腔内，当这些塑料与模具型腔内壁接触的部分开始固化，而其内部仍处于熔融状态时，另一个螺杆将第二种塑料注入型腔。后注入的塑料不断将前一种塑料推向模具内壁表面，而自己占据型腔的中间部分，冷却定型后，就可以得到以先注入塑料为外层，后注入塑料为内层的包覆型塑料制品。双层塑料成型还可以使用新、旧不同的同一种塑料成型具有新料性能的塑件，通常塑件内部为旧料，外部则为一定厚度的新料，制品的机械性能几乎和全新塑料件无异。此外，利用这种方法还可采用不同色泽的或不同品种塑料相组合，而获得具有某些优点的塑料制品。值得注意的是，在使用不同品种的塑料进行共注成型时，要考虑到层与层间的结合强度，必要时可在本体上增设凹槽以增加其结合牢度。

(3) 夹芯注塑成型

顾名思义，夹芯注塑成型是成型具有特殊夹芯结构制品的一种生产方法。其工艺过程如下：首先，注射壳层材料局部填充模腔。其中，壳层材料注射量取决于壳层与芯层的比例，而该比例由制品的工艺及所要求的性能所决定；当壳层材料注射量达到要求后，转动熔料切换阀，开始注射芯层材料，芯层熔体进入预先注入的壳层流体中心，迫使壳层材料进入模腔的空隙部分。由于壳层材料的外层已固化，芯层熔体不能渗透，从而将芯层物料包覆了起来，形成壳层/芯层结构。最后，熔料切换阀回到起始位置，继续注射壳层材料，将流道中的芯层材料推入注塑件中并封模，生产者可以通过调节注射工艺参数如注射速度等而获得具有不同壳层厚度的注塑件。夹芯注塑成型的工作原理如图5-47所示。

夹芯注塑是随着结构发泡制品的生产和发展而出现的。结构发泡注塑成型是一种制备厚壁（大于5mm）刚性较高的塑料制品的成型方法，它可以解决普通注塑方法所生产制品收缩率大，制品表面易出现塌坑的问题。但低压结构发泡注塑因原料中含有发泡剂而易导致制品表面出现旋痕和气痕；高压结构发泡注塑的模具结构复杂，费用昂贵，催生了夹芯注塑成型工艺的诞生。

夹芯注射模塑用于生产夹芯发泡制品时，先注射表层材料（即不含发泡剂的 A 材料），随后将内层材料（含发泡剂的 B 材料）经同一浇口的另一流道与还在注射的 A 材料同时注入模具，最后再次注入 A 材料使浇口封闭。去掉浇道后就得到具有闭合的、连续不发泡的表皮和发泡结构芯层的制品。

夹芯注塑成型除用于成型具有特殊结构的泡沫制品外，也可以制备其他的夹层结构制品，如外层采用增强塑料，内层为非增强塑料；内层为高强度材料，外层为耐磨材料以及内层为导电、导磁材料，外层为绝缘材料的等多种制品。与双层注射成型相似，夹芯注塑成型在选材时同样要考虑到两种材料之间的黏合性及材料收缩率的差别，以防止内外层材料发生剥离。

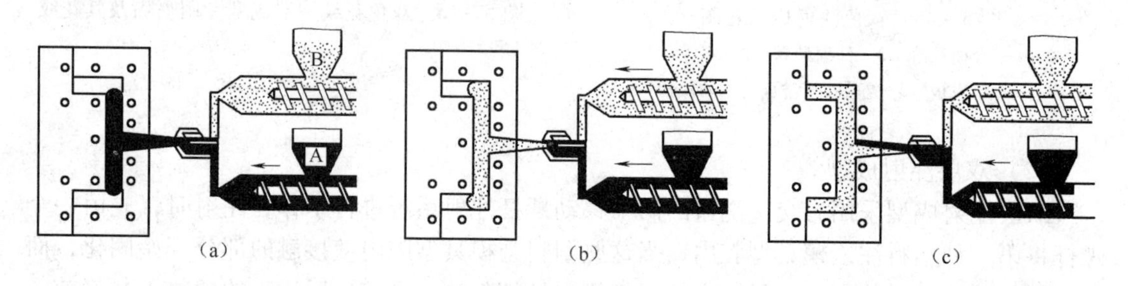

图 5－47　夹芯注塑成型示意图

双层注射方法最初是为了能够封闭电磁波的导电塑料制件而开发的，这种塑料制件外层采用普通塑料，起封闭电磁波作用；内层采用导电塑料，起导电作用。但是，双层注射成型方法问世后，马上受到汽车工业重视，这是因为它可以用来成型汽车中各种带有软面的装饰品以及缓冲器等外部零件。近年来，在对双层和双色注射成型塑件的品种和数量需求不断增加的基础上，又出现了三色甚至多色花纹等新的共注射成型工艺。

双层注射成型充模过程中芯层熔体前沿往往会赶上并超过壳层熔体前沿，使得芯层熔体露出制品表面，产生废品，这就是芯层熔体前沿突破现象。在实际生产中，一方面希望芯层熔体的填充量尽量大，以最大限度降低制品成本，另一方面又要避免产生芯层熔体前沿突破现象，从而生产出合格的制品体的相对穿透深度受到壳层熔体和芯层熔体黏度的影响。壳层材料熔体的黏度越高，则壳层越厚，因此芯体穿透深度越深；相反，芯层熔体黏度越高，则芯体越粗，芯体穿透深度越短。显然，夹芯注射成型中芯层熔体前沿突破主要取决于芯、壳层熔体前沿相对推进速度及两前沿之间的距离。而芯、壳层熔体前沿相对推进速度又主要取决于芯、壳层熔体的黏度比，随着芯、壳层熔体黏度比的增加，其前沿相对推进速度会降低，相反，随着芯、壳层熔体黏度比的减小，其前沿相对推进速度会升高，芯层熔体前沿突破的趋势就会越大；芯、壳层两前沿之间的距离主要由壳层熔体预填充量决定，随着壳层熔体预填充量的减小，芯、壳层两前沿之间的距离会缩短，就容易造成芯层熔体前沿突破现象。

另外，注射温度、模壁温度、注射速率、延迟时间等对芯层熔体前沿突破现象也有影响，而这些因素的影响最终都可归结为芯、壳层熔体黏度比的影响。双层注射成型由于工艺特殊，具有许多特殊的功能和优点，如回收利用废旧塑料，降低制品成本，提高性价比，制品多功能化等。夹芯注射成型可以生产一些有特殊使用要求的塑料制品，例如耐候、化学腐蚀、导电、电磁波屏蔽、气体阻隔性能优良的塑料制品等。该项技术目前已经在汽车、电子、化工等许多领域得到了推广和应用。共注射成型技术的发展在传统双色注射、双层注射成型技术的基础上，又发展出了一些新的共注射成型技术，例如多组分共注射、多色注射、气体辅助共注射、层状注射等。

5.5.4 反应注射成型

反应注射成型（react injection moulding，RIM）是一种将两种具有化学活性的低相对分子质量液体原料在高压下撞击混合，然后注入密闭的模具内进行聚合、交联固化等化学反应而形成制品的工艺方法。这种将液态单体的聚合反应与注射成型结合为一体的新工艺具有混合效率高、节能、产品性能好、成本低等优点，可用来成型发泡制品和增强制品。一般能以加成聚合反应生成树脂的单体都可以作为 RIM 的成型物料基体，工业上已采用的主要包括聚氨酯、不饱和聚酯、环氧树脂、聚酰胺、甲基丙烯酸系共聚物、有机硅等几种树脂的单体，但目前 RIM 产品以聚氨酯体系为多。主要应用在汽车工业、电器制品、民用建筑及其他工业承载零件等方面。

（1）RIM 成型设备

RIM 设备主要由以下三个系统组成：贮料系统、计量和输送系统、混合系统。基本结构如图 5－48 所示。

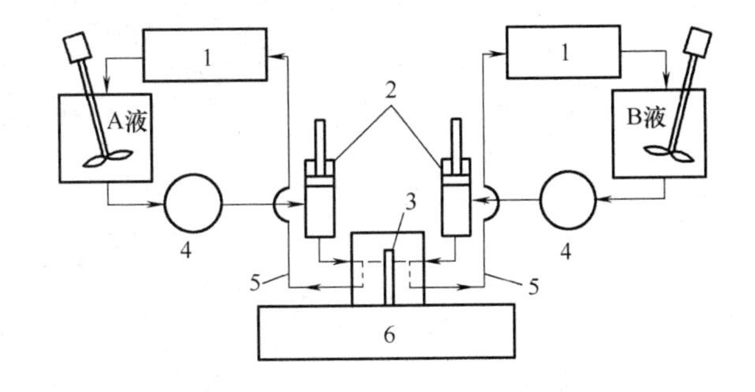

图 5－48 RIM 设备的基本组成

1—换热器 2—置换料筒 3—混合头
4—泵 5—循环回路 6—模具

1）贮料系统 主要有贮料槽和接通惰性气体的管路系统。其作用是分别独立贮存两种原料，防止贮存时发生化学反应，同时用惰性气体保护，防止空气中的水分进入贮罐与原料发生反应。

2）计量和输送系统（液压系统） 由泵、阀及辅件组成的控制液体物料的管路系统和控制分配缸工作的油路系统所组成，其作用是使两组分物料能按准确的比例进行分别输送。

3）混合系统 即混合头，使两组分物料实现高速均匀混合，并加速混合液从喷嘴流道注射到模具中。混合头的设计应符合流体动力学原理，具有自动清洗作用。混合头的活塞和混合阀芯在油压控制下进行操作，其动作如图 5－49 所示。

再循环柱塞和混合阀芯在前端时，喷嘴被封闭，A、B 两种液体互不干扰，做各自的循环［如图 5－49（a）］。调和过程柱塞在油压作用下退至终点，喷嘴通道被打开［如图 5－49（b）］。调和混合阀芯退至最终位置，两种液体被接通，开始按比例撞击混合，混合后的液体从喷嘴高速射出［如图 5－49（c）］。

图 5－50 是一种典型的混合头结构。

（2）工艺流程和控制

反应注射成型工艺过程就是单体或预聚物以液体状态经计量泵按一定的配比输送入混合头均匀混合，混合物注入模具内进行快速聚合、交联固化后，脱模成为制品。工艺流程如图 5－51 所示。

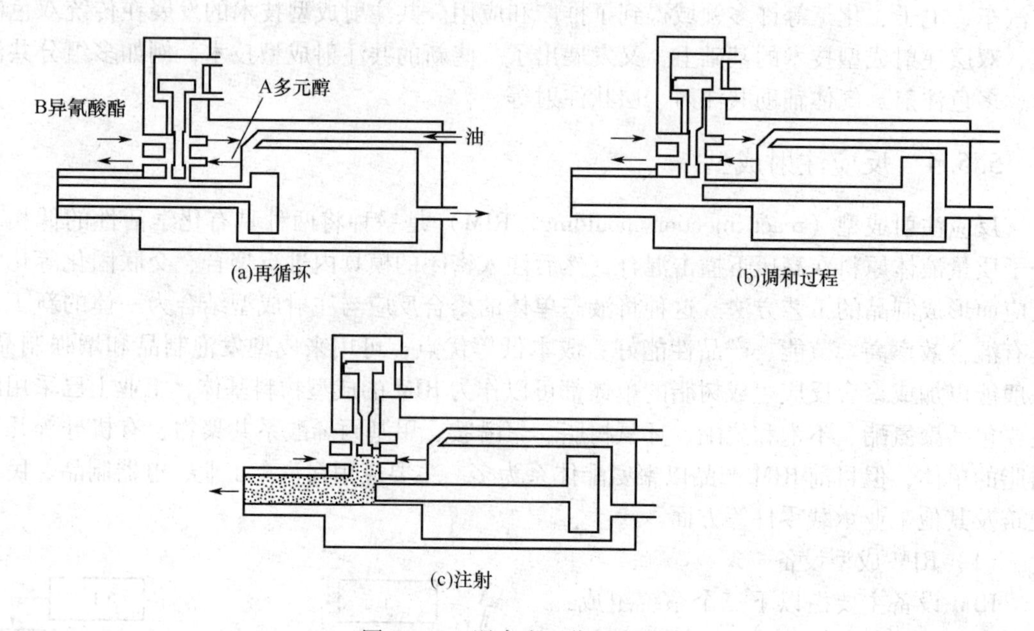

图 5－49　混合头工作示意图

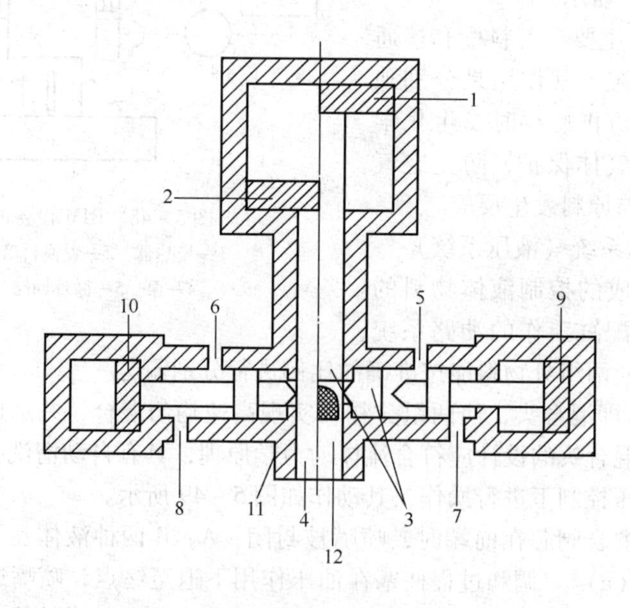

图 5－50　Henneke 混合头结构图

1—注射位置上的液压柱塞　2—循环位置上的液压柱塞　3—注射位置上的清洗柱塞　4—循环位置上的清洗柱塞　5—组分 A 进料口　6—组分 B 进料口　7、8—回路　9、10—柱塞　11—冲击喷嘴　12—A、B 两组分冲击混合流向

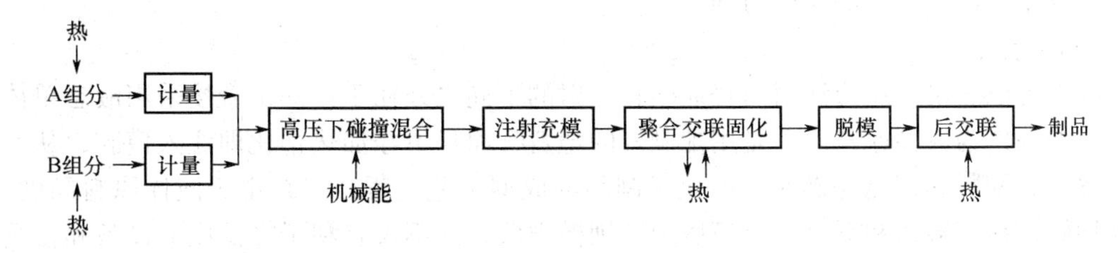

图5-51　反应注射成型工艺流程

精确的化学计量、高效的混合和快速的成型速度是反应注射成型最重要的要求。因此要对反应注射成型工艺进行控制。

1）物料的贮存　为了防止贮存时发生化学变化，两组分原料应分别贮存在独立的封闭的贮槽内，并用氮气保护。

2）保温与循环　反应前用换热器和低压泵，使物料保持恒温及在贮槽、换热器和混合头中不断循环（即使不成型时，也要保持循环），以保证原料中各组分的均匀分布，一般温度维持在20~40℃，在0.2~0.3MPa的低压下进行循环。

3）计量　原料经液压定量泵计量输出，要求计量精度达到±1.5%。一般选用轴向柱塞高压泵来精确计量和高压输送，其流量为2.3~91kg/min。

4）撞击混合　通过高压将两种原料液同时注入混合头，在混合头内原料液的压力能转换为动能，各组分单元就具有很高的速度并相互撞击，由此实现强烈的混合。为了保证混合头内物料撞击混合的效果，高压计量泵的出口压力将达到12~24MPa。混合质量一般与原料液的黏度、体积流率、流型及两物料的比例等因素有关。

5）充模　充模初期物料黏度要求保持在低黏度范围内，以保证高速充模和高速撞击式混合的顺利实现，在黏度上升到一定值之前必须完成充满模腔。随后由于化学交联反应的进行，黏度逐渐增大。

6）固化　定型制品的固化是通过化学交联反应或相分离及结晶等物理变化完成的。有些材料反应活性很高，物料注满模腔后可在很短的时间内完成固化定型；而有些反应慢的注射成型制品，从模内脱出后还要进行热处理，以补充固化，但要防止在热处理过程中发生翘曲变形。由于塑料的导热性差，所以制品的固化是从内向外进行的。在这种情况下，模具应具有换热功能，起到散发热量的作用，以控制模具的最高温度低于树脂的热分解温度。

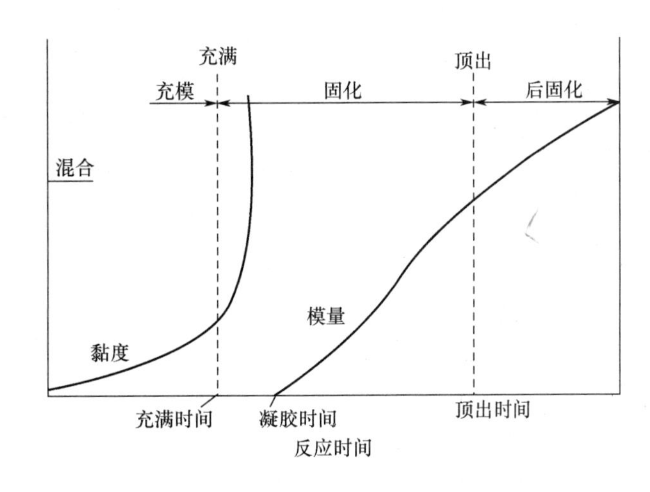

图5-52　RIM生产中物料黏度和模量的变化

图5-52为反应注射成型工艺过程的物料流变曲线，由此曲线可以预先确定现有模具能否完成充模过程。在实际生产中，有些可以加一些抑制剂，延迟反应发生，目的是在化学反

应迅速开始之前有足够的充模时间。

（3）特点

综上可以看出，反应注射与普通塑料注射的不同之处在于：一是直接采用液态单体和各种添加剂作为成型原料而不是用配制好的塑料，而且不经加热塑化即注入模腔，从而省去了聚合、配料和塑化等操作，简化了制品的成型工艺过程；二是由于液体原料黏度低，流动性好，易于输送和混合，充模压力和锁模力低，这不仅有利于降低成型设备和模具的造价，而且适宜生产大型及形状很复杂的制品；另外只要调整化学组分就可注射性能不同的产品，而且反应速度可以很快，生产周期短。因此，反应注射成型受到各国的重视，发展得很快。

第6章 压延成型

压延成型是借助于辊筒间强大的剪切力，并配以相应的加工温度，使黏流态的物料多次受到挤压和延展作用，最终成为具有宽度和厚度的薄片制品的一种加工方法。压延成型原理如图6-1所示。

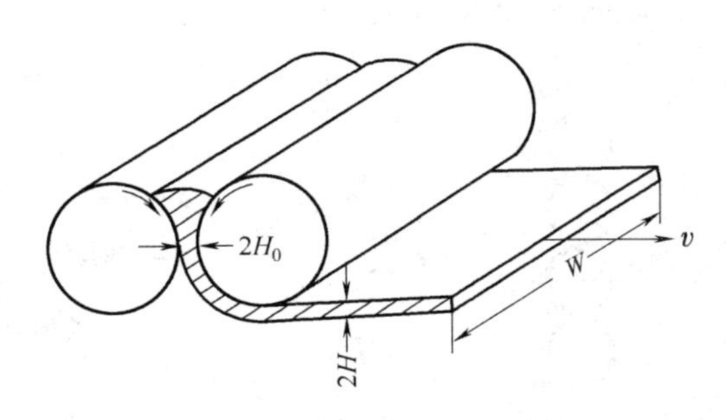

图6-1 压延成型示意图

压延通常用来生产厚度为0.05~0.3mm范围内的薄膜；厚度在0.3mm以上的称为片材，太厚的片材一般用挤出法生产。压延薄膜制品主要用于农业、工业包装、室内装饰以及各种生活用品等，压延片材制品常用作地板、软硬唱片基材、传送带以及热成型或层压用片材等。除薄膜和片材外，压延还可以进行压片、贴合、压型、贴胶和擦胶、整饰表面等作业。

压延成型所采用的原材料主要是聚氯乙烯，其次是丙烯腈-丁二烯-苯乙烯共聚物、乙烯-乙酸乙烯酯共聚物以及改性聚苯乙烯等塑料。

压延成型的优点是加工能力大，产品质量好，生产连续。一台普通四辊压延机的年加工能力达5000~10000t，生产薄膜时的线速度为60~100m/min，甚至可达300m/min。压延产品厚薄均匀，厚度公差可控制在5%以内，而且表面平整，若与轧花辊或印刷机械配套还可直接得到各种花纹和图案。此外，压延生产的自动化程度高，先进的压延成型联动装置只需1~2人操作。因而压延成型在塑料加工中占有相当重要的地位。压延成型的主要缺点是设备庞大、投资较高、维修复杂、制品宽度受压延机辊筒长度的限制等，因而在生产连续片材方面不如挤出成型的技术发展快。

6.1 压延成型系统的组成

压延成型是加工连续薄片产品的生产方法。压延过程可分为三个阶段：①第一阶段是压延前的备料阶段，主要包括所用塑料的配制、塑化和向压延机供料等，相应的设备有密炼机、开炼机或挤出机等。②第二阶段是压延，由压延机来完成。③第三阶段包括牵引、轧花、冷却、卷取、切割等，是压延成型的辅助阶段，由相应的辅机完成。关于混炼和挤出设备的内容本教材在前面章节已经讲过，本节不再赘述，下面对压延机和辅机作一简介。

6.1.1 压延机

（1）压延机的分类

压延机是生产压延塑料制品的主要设备。压延机的类型很多，一般以辊筒数目及其排列方式分类。根据辊筒数目不同，压延机有双辊、三辊、四辊、五辊甚至六辊等；根据辊筒的排列方式，三辊压延机的排列方式有I形、三角形等几种，四辊压延机则有I形、倒L形、正Z形、斜Z形等，如图6－2所示。

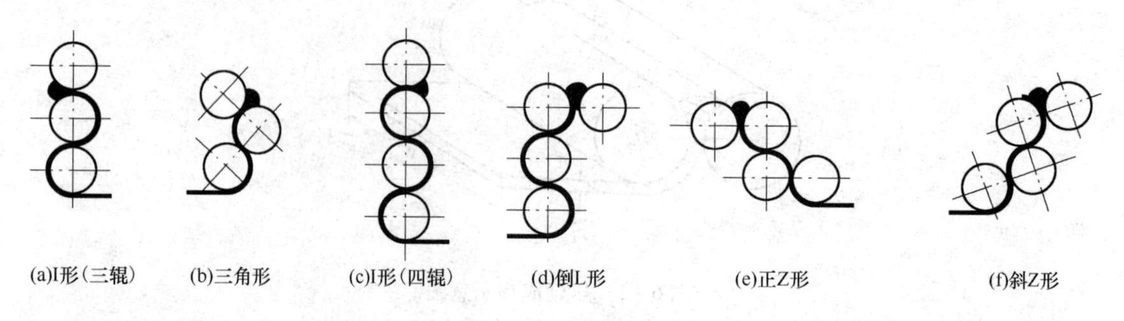

图6－2 常见的压延机辊筒排列方式

排列辊筒的主要原则是尽量避免各辊筒在受力时彼此发生干扰，并应充分考虑操作的要求和方便以及自动供料的需要等。实际上没有一种排列方式是尽善尽美的，往往顾此失彼。例如目前应用比较普遍的斜Z形，它与倒L形相比有如下优点：①各辊筒互相独立，受力时可以不相互干扰，这样传动平稳、操作稳定，制品厚度容易调整和控制；②物料和辊筒的接触时间短、受热少，不易分解；③各辊筒拆卸方便，易于检修；④上料方便，便于观察存料；⑤厂房高度要求低；⑥便于双面贴胶。可是在另一些方面却不如倒L形，如：①物料包住辊筒的面积比较小，因此产品的表面光洁程度受到影响；②杂物容易掉入。

（2）压延机的组成和构造

压延机的基本构造如图6－3所示，主要由机架、辊筒及辊筒轴承、传动装置、加热冷却装置、辊距调节装置、润滑装置、挡料装置等部分构成。

1）机座　用铸铁或型钢制成的固定座架。一般固定在混凝土基础上。

2）机架　分别架设在机座两侧，用以支撑辊筒轴承、轴交叉或辊筒的反弯曲装置、辊筒调节装置、润滑油管及其他辅助设备的板架。它一般是用铸铁制成的直接架设在机座上面，在它的上面用横梁固定。

3）辊筒　辊筒是压延成型的主要部件，压延机的规格用压延辊筒的长度和直径的大小来表示。辊筒与物料直接接触并对它施压和加热，制品的质量在很大程度上受辊筒的控制。对压延辊筒的要求是：①辊筒必须具有足够的刚度与强度；②辊筒表面应有足够的硬度、较好的耐磨性和耐腐蚀性；③辊筒的工作表面应有较高的加工精度，以保证尺寸的精确和表面粗糙度；④辊筒材料应具有良好的导热性。一般压延机辊筒由冷铸钢制成，也可

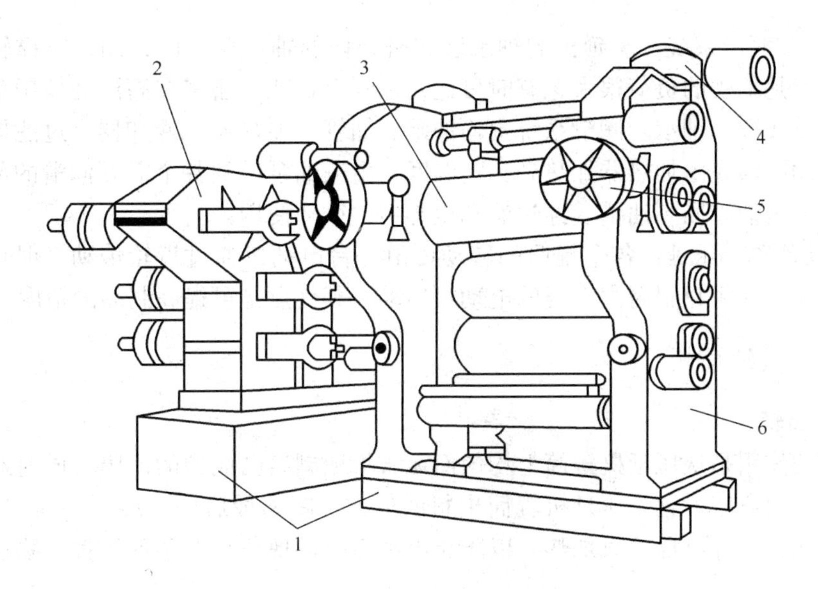

图6-3　压延机的构造

1—机座　2—传动装置　3—辊筒　4—辊距调节装置　5—轴交叉调节装置　6—机架

使用由冷硬铸铁壳和球墨铸铁心制成的冷硬铸铁辊。

按照载热体流道形式的不同，辊筒结构有空心式和钻孔式两种，如图6-4所示。辊筒可通过蒸汽加热、导热油加热、过热水循环加热等方式加热。空心式辊筒的筒壁较厚，冷凝水会附着在辊筒内壁，因此，传热较慢，不利于及时控制操作温度。其次，由于结构上的缺陷，辊筒中部温度要比两端高，有时温差竟达10~15℃。这样就使辊筒各部分的热变形不一致，从而导致制品厚薄不均。钻孔式辊筒的载热体流道与表面较为接近，且又沿辊筒圆周和有效长度均匀分布，因此温度的控制比较准确和稳定，辊筒表面温度均匀，温差可小于1℃。但是这种辊筒制造费用高，辊筒的刚性有所削弱，设计不良时，会使产品出现棒状横痕。

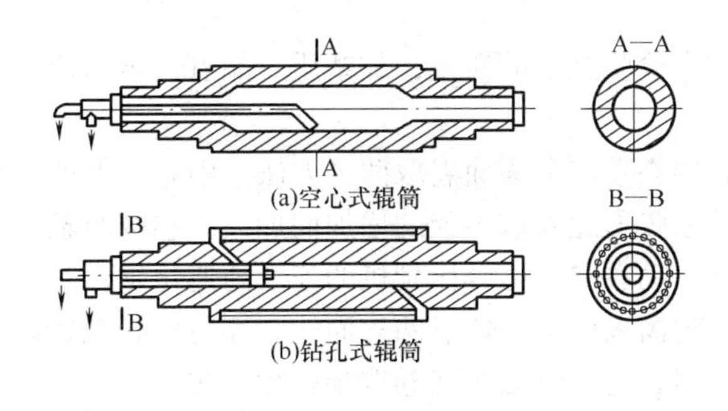

图6-4　辊筒的结构

4）辊距调节装置　为了能够生产厚度不同的制品，压延机辊筒需借助调节装置作上下移动。在压延机辊筒中，一般倒数第二只辊筒的位置是固定的，其他辊筒的位置可以进行调节，以调整辊隙。调距方式有手动、机械传动、液压传动等。

5）挡料装置　安装在辊筒的两侧，起到调节制品幅宽的作用，防止物料从辊筒端部挤出。

6）轴承和润滑系统　压延机的轴承装在机架体的轴承窗框内，用以支撑轴承的转动工作。其特点是承受的负荷很大，有时可达几十到上百吨，还需在高温环境中工作。一般采用滑动轴承或滚动轴承。润滑系统由输油泵、油管、加热器、冷却器、过滤器和油槽等共同组成。润滑油先由加热器加热到一定温度，由输油泵送到各个需要润滑的部位。润滑后的润滑油又由油管回到油槽，经过滤和冷却后，循环使用。

7）传动装置　压延机各个辊筒的转动可由一台电动机通过齿轮传动，但是目前常用的为单机传动，即每只辊筒由专门的电动机传动，其优点是可提高制品的精度。

6.1.2　压延辅机

（1）引离辊

引离辊的作用是从压延机辊筒上均匀而无皱折地剥离已成型的薄膜，同时对制品进行一定的拉伸。引离辊设置于压延机辊筒出料的前方，距离最后一个压延辊筒 75 ~ 150mm，一般为中空式，内部可通蒸汽加热，以防止出现冷拉伸现象和增塑剂等挥发物质凝结在引离辊表面。

（2）轧花装置

轧花的意义不限于使制品表面轧上美丽的花纹，还包括使用表面镀铬和高度磨光的平光辊轧光，以增加制品表面的光亮度。轧花装置由轧花辊和橡胶辊组成，内腔均通水冷却。轧花辊上的压力、转速和冷却水流量都是影响轧花操作和质量的主要因素。在较高温度下轧花，可使花纹鲜明牢固，但须防止粘辊现象。此外，橡胶辊上常会带上薄膜的析出物，以致薄膜表面沾有毛粒，影响质量。用硬脂酸擦橡胶辊，可克服这一弊病。

（3）冷却装置

起到使制品冷却定型的作用。一般是采取逐级冷却的方式对制品进行冷却。装置主要由4 ~8 只冷却辊筒组成。为了避免与薄膜粘连，冷却辊不宜镀铬，最好采用铝质磨砂辊筒。冷却辊一般采用两段控制，所以对冷却辊的控制一定要恰当，以防产生冷拉伸。

（4）检验装置

一般通过灯光透射来检验制品的质量，如杂质、晶点、破洞等。

（5）卷取装置

用于卷取成品，有中心卷取和表面卷取两种方法。中心卷取的卷取辊为主动辊，制品直接卷在这只辊上，卷取张力随卷取半径的增加而加大。卷取心轴有两个或两个以上的工位，可采用全自动或半自动卷取，适合压延机的连续高速化生产。表面卷取是把卷取制品的心轴放在主动旋转的辊筒表面上，依靠两表面的摩擦力使心轴转动完成卷取工作，卷取速度由主动轴的转速决定，卷取张力不随卷取半径而变化。

为了保证压延薄膜在存放和使用时不致收缩和发皱，卷取张力应该适当。张力过大时，薄膜在存放中会产生应力松弛，以致摊不平或严重收缩；张力过小时，卷取太松，则堆放时容易把薄膜压皱。因此，卷取薄膜时应保持相等的松紧程度。为了满足这种要求，卷取时都应添设等张力的控制装置。

（6）测厚、切边装置

测厚装置用来测量压延制品的厚度，以满足用户的要求。有机械接触式测厚、β 射线测厚和电感应法测厚三种。

切边装置的作用是控制制品的幅宽，由切刀、底刀和刀架组成，一般安装在压延机最后一个辊筒的作用面上。

此外，辅机还包括进料摆斗、金属检测器（用于检测送往压延机的料卷是否夹带金属，借以保护辊筒不受损伤），以及压延人造革时使用的烘布辊筒、预热辊筒、贴合装置等。

6.2　物料在压延机辊筒间隙中的流动分析

6.2.1　物料在辊筒间隙中的压力分布

从流体力学可知，动力是推动流体流动的根源。压延时推动物料通过辊筒间隙的动力来自两个方面：一种是拖曳力，是因物料与辊筒之间的摩擦作用而产生的辊筒旋转拉力，它把物料带入辊筒间隙；另一种是辊筒间隙对物料的挤压力，它将物料推向前进。因此，物料在压延过程中的流动是拖曳流动和压力流动的组合。图6－5给出了物料进入两个相向旋转的辊筒间隙时的流动情况。压延时，物料首先被摩擦力带入辊筒间隙，由于辊筒间隙的逐渐缩小，物料向前行进时，辊筒对物料的挤压力就越来越大，然后胶料快速地流过辊距处，随着胶料的流动，辊筒间隙渐宽，压力逐渐下降，至胶料离开辊筒时，压力为零。一般将压延中物料受辊筒挤压的区域称为钳住区，辊筒开始对物料加压的点称为始钳住点，加压终止点为终钳住点，两辊筒中心连线的中点称为中心钳住点，钳住区压力最大处称为最大压力点。

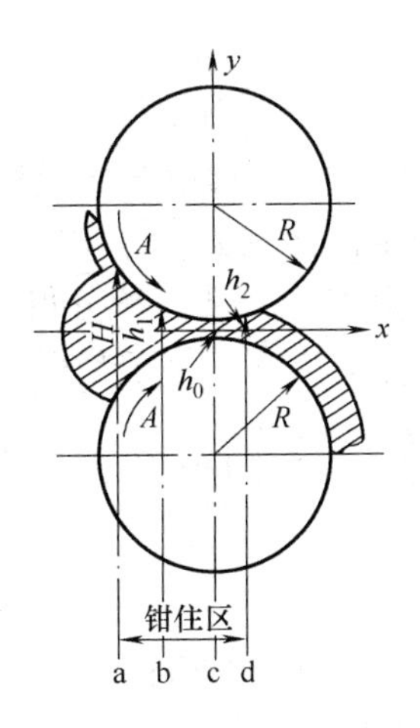

图6－5　物料在两辊筒间的流动状况示意图

a—始钳住点　b—最大压力点　c—中心钳住点　d—终钳住点

对物料在压延过程中流动特性的分析涉及较多流变学的基本理论和方程，理论深奥，推导繁复。本教材只对加斯克尔（Gaske U）提出的经典理论的结果进行简单介绍。推导压延流动方程时，为了使理论计算简化，曾经做了如下假设：两辊筒的半径相等；两辊筒

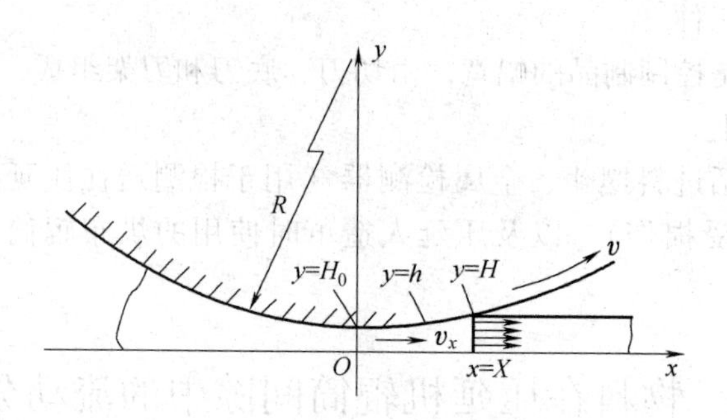

图 6-6 压延辊筒间的坐标系

表面的线速度相等；被加工物料为不可压缩的牛顿流体，黏度和密度均为常数；熔融物料在筒壁上无滑移；忽略惯性力和重力。另外，由于辊筒间隙远远小于辊筒半径，因此，可近似地认为在钳住区内两辊筒表面是相互平行的，这样，物料在辊筒间隙中的流动就简化为二维等温流动，据此，可在辊筒间建立图 6-6 所示的坐标系。其中 x 方向为物料的主要流动方向，y 方向为两辊筒轴心连线方向，z 方向为辊筒的长度方向，坐标原点设在辊距的中心。设辊筒半径为 R，长度为 W，二辊之间的间隙为 $2H_0$，辊筒旋转的线速度为 v，经过流体力学连续性方程推导，可得如式（6-1）所示压力分布方程式：

$$\frac{\mathrm{d}p}{\mathrm{d}x'} = \frac{\eta \cdot v}{H_0}\sqrt{\frac{18R}{H_0}}\left[\frac{x'^2 - \lambda^2}{(1 + x'^2)^3}\right] \tag{6-1}$$

式中：η——物料的黏度

$x' = \frac{x}{\sqrt{2RH_0}}$——无量纲化的横坐标

$$\lambda = \sqrt{\frac{Q}{2vH_0} - 1}$$

λ 是胶料脱辊处无量纲的横坐标值，可理解为无量纲的体积流量参数，是一个可测量的参数，与胶料的性质和工艺操作条件等有关。

物料在钳住区任一点的压力可由式（6-1）积分得到，根据 $\lambda = x'$ 时终钳住点处 $p = 0$（忽略大气压力），可得积分常数近似为 $5\lambda^3$，于是得：

$$p = \frac{\eta v}{H_0}\sqrt{\frac{9R}{32H_0}}\left[g(x',\lambda) + 5\lambda^3\right] \tag{6-2}$$

其中，

$$g(x',\lambda) = \left[\frac{x'^2 - 1 - 5\lambda^2 - 3\lambda^2 x'^2}{(1 + x'^2)^2}\right]x' + (1 - 3\lambda^2)\mathrm{arctang}x' \tag{6-3}$$

$g(x',\lambda)$ 有两个重要的根，其中一点为始钳住点处，假设此点 $x = -x'_0$，另一点为终钳住点处，此处 $x = \lambda$。方程式（6-3）表明，在始钳点处，$g(-x'_0,\lambda) = -5\lambda^3$；终钳点处，$g(\lambda,\lambda) = -5\lambda^3$，因而：$g(-x'_0,\lambda) = g(\lambda,\lambda)$。在这两个点，压力均为零。

显然，当 $x' = \pm\lambda$ 时，$\frac{\mathrm{d}p}{\mathrm{d}x'} = 0$，从式（6-1）可分别求得压力 p 的极小值和极大值。在 $x = -\lambda$ 处，$p = p_{\max}$，为最大压力点，最大压力值经推算为：

$$p_{\max} = \frac{5\lambda^3\eta v}{H_0}\sqrt{\frac{9R}{8H_0}} \tag{6-4}$$

如果把钳住区任一点压力和最大压力之比定义为相对压力，并用 p' 表示，则从式（6－2）和式（6－4）可得：

$$p' = \frac{p}{p_{\max}} = \frac{p(x')}{p(-\lambda)} = \frac{1}{2}\left[1 + \frac{g(x',\lambda)}{5\lambda^3}\right] \tag{6-5}$$

由此式可得钳住区各主要特征点处的相对压力 p' 值为：

始钳住点：$x' = -x'_0$，$p' = 0$；

最大压力点：$x' = -\lambda$，$p' = 1$；

中心钳住点：$x' = 0$，$g(0,\lambda) = 0$，$p' = \frac{1}{2}$；

终钳住点：$x' = \lambda$，$p' = 0$。

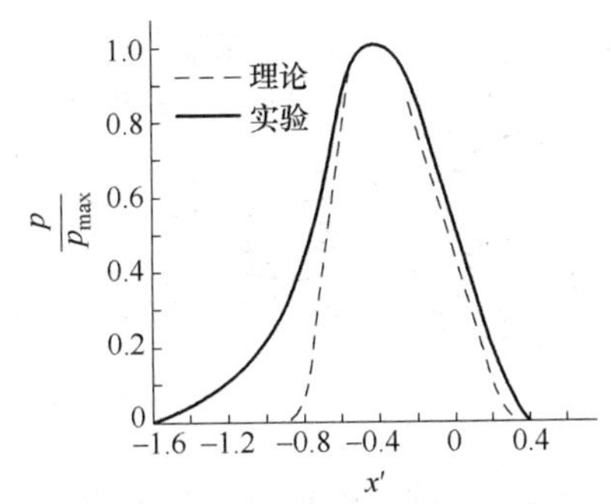

图6－7　理论压力曲线与实测压力曲线的比较

为验证上述结果的正确性，有人采用应变式压力传感器在直径为250mm的辊筒表面上测得了压力分布，压延的物料为软聚氯乙烯。测试数据和理论曲线的比较如图6－7所示。可见，它们的最大压力点是一致的。若以最大压力点（$x' = \lambda$）为分界线，则在 $x' > -\lambda$ 这段，理论曲线与实际曲线比较一致；而在 $x' < -\lambda$ 这段，理论值比实际值低。在 $\frac{p}{p_{\max}} > \frac{1}{2}$ 的情况下，理论曲线与实测曲线比较一致；而在 $\frac{p}{p_{\max}} < \frac{1}{2}$ 的部分，理论曲线就降在实际曲线之下。理论与实际不相符的主要原因是熔体的非牛顿性。理论假设所有各点的熔体黏度为常数，但实际上熔体为假塑性，在辊隙区剪切速率大，η 值比较小，故压力建立必定比牛顿流动理论所要求的早。此外，忽略熔体的弹性及喂料端有存料也是产生误差的重要原因。

6.2.2　物料在钳住区的速度分布

据流体流动的动量方程以及图6－6中的几何关系，可得压延流体的速度分布方程为：

$$v_x = v + \frac{y^2 - h^2}{2\eta}\left(\frac{\mathrm{d}p}{\mathrm{d}x}\right) \tag{6-6}$$

式中 h 为 x 轴上任一给定点到辊筒表面的距离，v 为辊筒表面的线速度。将式（6－2）代入式（6－6）得到钳住区物料的速度分布：

$$\frac{v_x}{v} = \frac{2 + 3\lambda^2[1 - (y/h)^2] - x'^2[1 - 3(y/h)^2]}{2(1 + x'^2)} \tag{6-7}$$

上式表明相对速度 $\frac{v_x}{v}$ 是 x'，$\frac{y}{h}$ 和 λ 的函数。由此式可以发现在钳住区的不同位置，物料的速度分布不同。如图6－8：

1）当 $x' = \pm\lambda$ 时，$v_x = v$，速度分布为直线，即最大压力点和终钳住点处物料速度等于辊筒表面线速度。

2）当 $-\lambda < x' < \lambda$ 时，压力梯度为负，速度分布为凸状曲线。在此区域内，除了与辊筒接触的物料 $v_x = v$ 外，其他各点的 v_x 都大于辊筒表面线速度，因此，这个区域又被称为超前区。在 v_x 轴方向上，v_x 由 $-\lambda$ 处至中心钳住点处逐渐增加到最大值，过了中心钳住点后又逐渐下降，在终钳住点处等于辊筒线速度。

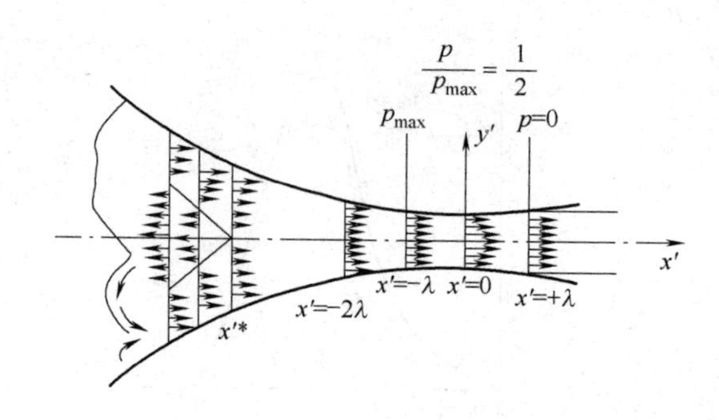

图6－8　物料在钳住区的速度分布

3）当 $x' < -\lambda$ 时，压力梯度为正，速度分布为凹状曲线，这个区域也被称为滞后区。

4）$x' < -\lambda$ 区域内，当 $x' = x'^*$ 时，在 $y = 0$ 处，$v_x = 0$，这一点称为“滞留点”或驻点。令式（6－7）中的 $\frac{v_x}{v} = 0$，即可求得 $x'^* - 3\lambda^3 - 2 = 0$，该式说明 x'^* 是 λ 的函数。

5）当 $x' < x'^*$ 时，物料运动出现两个相反方向的速度：靠近中心面处，物料速度为负值，离开钳住区向负 x 方向流动；靠近辊筒表面处，物料速度为正值，向着正 x 方向流动。因而在此区域内，存在局部环流，也称为正负流并流区。

6.2.3　辊筒的分离力

在压延过程中，辊筒对物料施加压力，而物料对辊筒又产生反作用力，这个力使辊筒趋向分离，通常称为分离力。显然，总压力和分离力是彼此相等的。辊筒所受的分离力分布在整个钳住区，而且沿工作面长度均布，因而可以由物料压力 p 在钳住区积分求得：

$$F = W\int p\mathrm{d}x \tag{6-8}$$

式中 F 即为辊筒的分离力。把 x 转变为 x' 后，上式成为：

$$F = W\sqrt{2RH_0}\int_{-x'_0}^{\lambda} p\mathrm{d}x' \tag{6-9}$$

把式（6－4）代入上式中的 p，并积分得：

$$F = \frac{3\eta vRW}{4H_0}q(\lambda) \tag{6-10}$$

式中，函数以 $q(\lambda)$ 由另一个复杂方程确定，该方程的曲线关系由图6-9表示。

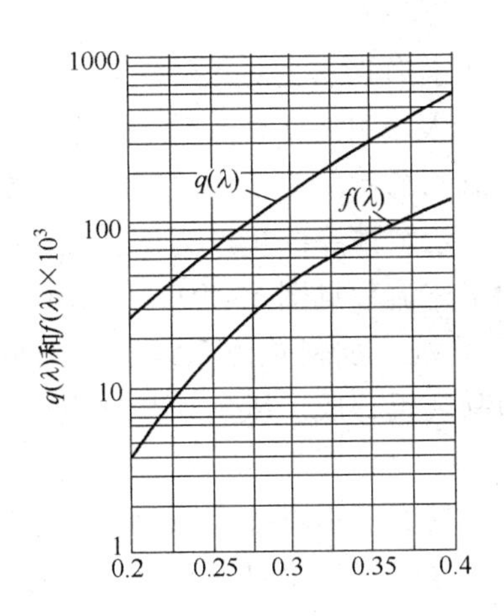

图6-9 $q(\lambda)$ 和 $f(\lambda)$ 随 λ 变化的曲线

分离力是设计压延机的主要参数，常用以推测某种材料在一定的工艺条件下压延时，辊筒和轴承是否安全。式（6-10）表示辊筒分离力与 H_0 成反比关系，因而在生产很薄的制品时，分离力显著增加，即使辊筒和轴承的强度允许，而辊筒挠度将增加，制品厚薄均匀度必然受影响，高速生产时影响更严重，应引起注意。

实际生产中，辊筒分离力常由压力传感器或液压加载装置测量得到。为了设计计算方便，通常引入“横压力”的概念，它表示每单位厘米辊筒宽度上的分离力。由实验测知，实际生产中辊筒横压力在4000 ~7000N/cm范围变化。

6.2.4 辊筒的驱动功率

辊筒的驱动功率等于辊筒表面的线速度与整个接触物料表面所受的剪切应力的乘积。即：

$$E = 2W\int_{-x'_0}^{\lambda} \tau_{xy} v \mathrm{d}x' \tag{6-11}$$

将剪切应力代入后积分得：

$$E = 3Wv^2\eta\sqrt{\frac{2R}{H_0}}f(\lambda) \tag{6-12}$$

式中 $f(\lambda)$ 为仅与 λ 变化有关的函数式，其曲线关系由图6-9表示。

由于剪切应力与速度分布一样存在正、负两种情况，从式（6-11）可知，E 也会出现正负两种情况：在 $x' < -\lambda$ 这一区域内 E 为正，辊筒推动物料前进，物料吸热、升温；在 $\lambda > x' > -\lambda$ 这一区域内 E 为负，物料反而推动辊筒，这时物料放热。

式（6-12）表示辊筒的功率与线速度平方成正比关系，因此在提高生产速度时，要特别注意压延机功率的增长。

6.3 压延成型工艺及其控制

6.3.1 压延工艺过程及条件

压延成型是连续生产过程，在操作时首先对压延机及各后处理工序装置进行调整，包括辊温、辊速、辊距、供料速度、引离及牵引速度等，直至压延制品符合要求，即可连续成型。

目前压延成型均以生产聚氯乙烯制品为主，主要产品有软质聚氯乙烯薄膜和硬质聚氯乙烯片材两种。本节以软质聚氯乙烯薄膜的生产为例来叙述一个完整的压延工艺过程。

生产软质聚氯乙烯薄膜的工艺流程见图6－10。由图可知，压延工艺由多道工序组成，包括配料混合系统、混炼塑化系统、加料检测系统、压延成型系统、引离系统、冷却系统、输送装置、卷取装置和切割装置等成。压延工艺过程可分为三个阶段。

（1）混合和塑炼

压延前混合和塑炼的目的，是保证物料分散均匀和塑化均匀。如果分散不均匀，就会使树脂各部分增塑作用不等，使薄膜产生鱼眼、冷疤、柔韧性降低等性能下降缺陷；如果塑化不均，会使薄膜产生斑痕、透明度差等缺陷。对配料混合体系的要求是不仅要按配方配制成干混料，而且应根据各种原料的性质按一定顺序投料，以保证混合均匀。初混合根据需要可选用捏合机、高速混合机等，必要时进行加热以混合过程，或在夹套中通冷却水进行冷却，使捏合好的物料从100℃左右冷却到60℃以下，以防结块。

混炼塑化系统既可以选用图示的双辊开炼机，也可采用密炼机或专用挤出机。开炼机和密炼机都是间歇性操作，混炼质量不稳定。混炼的适宜温度要根据配方而定。如果混炼温度过高或时间过长，会使增塑剂散失和树脂降解；如果混炼温度过低，则会出现不粘辊和塑化不均现象，还会使辊压时间延长，也会降低薄膜的力学性能。专用挤出机塑化效果虽好，且能连续供料，但设备投资较高。随着混炼挤出机生产技术的不断进步，连续向压延机供料的方式正在取代间歇的喂料操作。

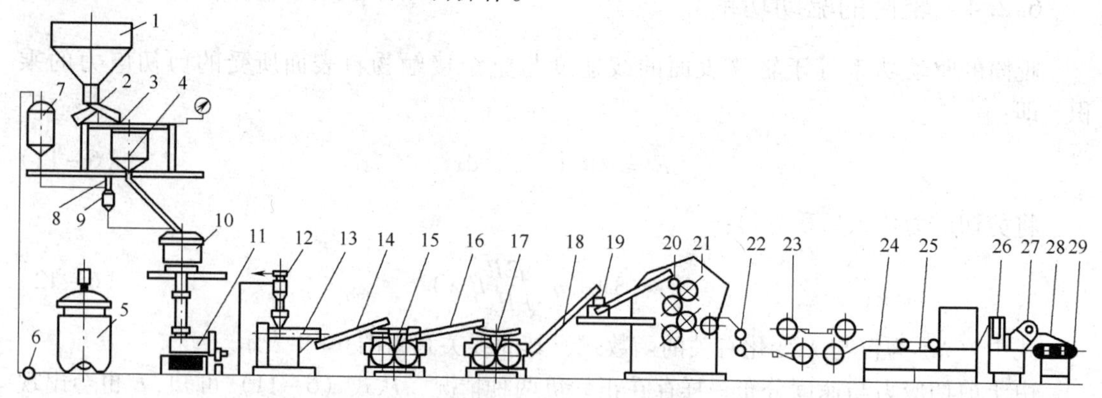

图6－10 生产软质聚氯乙烯薄膜的工艺流程

1—树脂料仓 2—电磁振动加料斗 3—自动磅秤 4—称量计 5—大混合器 6—齿轮泵 7—大混合器中间贮槽 8—传感器 9—电子秤料斗 10—加料混合器 11—冷却混合机 12—集尘器 13—塑化机 14—运输带 15—双辊机 16—运输带 17—双辊机 18—运输带 19—金属检测器 20—摆斗 21—四辊压延机 22—冷却导辊 23—冷却辊 24—运输带 25—运输辊 26—张力装置 27—切割装置 28—复卷装置 29—压力辊

（2）压延

送往压延机的物料应该是塑化完全、无杂质、柔软的、处在黏弹态，供料要先经过金属探测器然后加到四辊压延机的第一道辊隙，物料压延成料片，然后依次通过第二道和第三道辊隙而逐渐被挤压，发生塑性形变，成为具有一定厚度和宽度的薄膜或片材。在此过程中，压延机工艺条件（或操作因素）包括辊温、辊速、速比、存料量、辊距等是影响压延制品质量的关键因素，需要合理调节。

（3）引离（拉伸）、冷却、卷取

从四辊压延机第三和第四辊之间引离出来的压延薄膜，由引离辊承托而撤离压延机，并经拉伸，若需制品表面有花纹，则进行轧花处理，再经冷却定型、测厚、切边、输送后，由卷绕装置卷取或切割装置切断成品。

轧花装置是由有花纹图案的钢制轧花辊和橡胶辊组成，要使轧出的花纹不变形，可通水冷却轧花辊和橡胶辊。作用在轧花辊上的压力、冷却水的流量及辊的转速是影响轧花操作和花纹质量的重要因素。

压延制品的冷却装置常由多个内部通冷却水的辊筒组成，特别是高速压延时，制品在冷却辊筒上停留的时间太短，为避免冷却不足，应增加冷却辊筒。为使薄膜制品的正反两面都能得到冷却，多采用使薄膜在前进过程中正面和反面交替与冷却辊表面接触的“穿引法冷却”。

薄膜的厚度常用β射线测厚仪来连续监测，测量的结果可用于反馈控制。

冷却定型后的薄膜先用修边刀切去不整齐的两侧毛边，再用橡皮输送带将薄膜平坦而松弛地送至卷绕装置，这一过程薄膜是处于“放松”和自然“收缩”的状态，因此可消除压延制品从成型、引离、轧花和冷却过程中由于层层牵伸而造成的内应力。

6.3.2　影响压延制品质量的因素

6.3.2.1　压延机的操作因素

压延机工艺条件（或操作因素）包括辊温、辊速、速比、存料量、辊距等是影响压延制品质量的关键因素，它们既互相联系又互相制约。

（1）辊温

辊筒必须具有足够的热量使物料熔融塑化，这是材料延展的必要条件。物料在压延成型时所需要的热量，一部分由加热辊筒供给，另一部分则来自物料与辊筒之间的摩擦以及物料自身剪切作用产生的能量。产生摩擦热的大小除了与辊速有关外，还与物料的增塑程度有关，即与其黏度有关。如配方中树脂熔融温度低、熔融黏度低、增塑剂含量高，则压延时辊筒温度可选低些。此外，辊速越快，剪切摩擦热越高，辊温可相应降低；如果其他条件不变而单纯提高辊速，必然引起物料压延时间的缩短和辊筒分离力的增加，使产品偏厚以及存料量和产品横向厚度分布发生变化；如果降低辊速，压延时间延长及分离力减少，产品会先变薄，而后由于摩擦热减少，出现表面毛糙，不透明、有气泡，甚至出现孔洞等缺陷。

压延时，物料常粘附于高温和快速的辊筒上。为了使物料能够依次贴合辊筒，避免夹入空气而使薄膜不带孔泡，各辊筒的温度一般是依次增高的，即 $T_{辊Ⅲ} \geqslant T_{辊Ⅳ} > T_{辊Ⅱ} > T_{辊Ⅰ}$，各辊温差在5～10℃，Ⅲ、Ⅳ两辊温度近于相等是为了便于薄膜的引离。

（2）辊速和速比

辊速是决定压延生产速度的关键因素，辊速快，则生产效率高，同时，制品收缩率也大。辊速应视压延物料的流动特性和制品的厚度等因素而确定。压延机相邻两辊筒线速度之比称为辊筒的速比。使压延辊具有速比的目的不仅在于使压延物依次贴辊，而且还在于使塑料能更好地塑化，因为这样能使物料受到更多的剪切作用。此外，还可使压延物取得一定的延伸和定向，从而使薄膜厚度和质量分别得到减小和提高。为达到延伸和定向的目的，辅机各转辊的线速度也应有速比，这就是引离辊、冷却辊和卷绕辊的线速度须依次增高，并且都大于压延机主辊筒（四辊压延机中的第Ⅲ辊）的线速度。但是速比不能太大，否则薄膜的厚度将会不均，有时还会产生过大的内应力。薄膜冷却后要尽量避免延伸。

调节速比的要求是不能使物料包辊和不吸辊。速比过大会出现包辊现象；反之则会不易吸辊，以致空气夹入而使产品出现气泡，如对硬片来说，则会产生“脱壳”现象，塑化不良，造成质量下降。四辊压延机操作时辊筒的转速一般控制为：$v_{辊Ⅲ} > v_{辊Ⅳ} > v_{辊Ⅱ} > v_{辊Ⅰ}$，一般在1∶1.05～1∶1.25的范围。在三辊压延机中，上、中辊的速比一般为1∶1.05，中下辊一般取相同速度，借以起熨平作用。此外，引离辊与压延机主辊的速比也要控制恰当，速比低了，会影响引离；速比过大则会产生过多的延伸。例如，生产厚度为0.10～0.23m的薄膜时，引离辊线速度一般比主辊快10%～34%，同时也起到熨平薄膜的作用。

（3）辊距及辊隙间的存料

辊距是相邻两辊表面间最小距离。调节辊距的目的一是适应不同厚度产品的要求；二是改变存料量。压延辊的辊距，除最后一道与产品厚度大致相同外（应为牵引和轧花留有余量），其他各道都比这一数值大，而且按压延辊筒的排列次序自下而上逐渐增大，其目的是各辊隙间都存有余料，并能逐步增大对物料的挤压力，赶走气泡，提高制品密度。例如，四辊压延机一般控制为：$h_0^{1-2} > h_0^{2-3} > h_0^{3-4} \approx$ 压延制品的厚度。

辊隙存料在压延成型中起储备、补充和进一步塑化的作用。存料的多少和旋转状况均能直接影响产品质量。存料过多，薄膜表面毛糙和出现云纹，并容易产生气泡。在硬片生产中还会出现冷疤。此外，存料过多时对设备也不利，因为增大了辊筒的负荷。存料太少，常因压力不足而造成薄膜表面毛糙，在硬片中且会连续出现菱形孔洞。存料太少还可能经常引起边料的断裂，以致不易牵至压延机上再用。存料旋转不佳，会使产品横向厚度不均匀、薄膜有气泡、硬片有冷疤。存料旋转不佳的原因在于料温太低，辊温太低或辊距调节不当。

（4）剪切和拉伸

由于在压延机上压延物的纵向上受有很大的剪切应力和速比造成的拉伸应力，因此高聚物分子会顺着薄膜前进方向（压延方向）发生分子定向，以致薄膜在物理力学性能上出现各向异性，这种现象在压延成型中称为定向效应或压延效应。定向效应的程度随辊筒线速度、辊筒之间的速比、辊隙存料量以及物料表观黏度等因素的增长而上升，但随辊筒温度和辊距以及压延时间的增加而下降。

压延效应使得压延产品产生各向异性。平行于压延方向上的拉伸强度和断裂伸长率提高，而垂直于压延方向上的拉伸强度和断裂伸长率降低。在自由状态加热时，由于解取向作用，薄膜纵向出现收缩，横向与厚度则出现膨胀。由于这种双重效应，因此，如果要求薄膜具有较高的单向强度，则生产中应促进这种效应，否则就需避免。

(5) 引离（拉伸）、冷却、卷取

为了使压延制品拉紧，利于剥离以及不因重力关系而下垂，以保证压延顺利进行，在操作时一般控制的辊速为：$v_{卷取} \geqslant v_{冷却} > v_{引离} > v_{辊Ⅲ}$。延伸应主要发生在引离辊和压延机之间，引离辊的线速度一般比压延机第三辊高出10%～35%，主要视压延制品的厚度和软硬程度而定；薄膜冷却后应尽量避免延伸，否则受到冷拉伸后的薄膜存放后收缩量大，也不易展平。由于引离辊、冷却辊和卷取辊等均具有一定的速比，所以也会引起压延物的分子定向作用。

6.3.2.2 原材料因素

(1) 树脂

一般说来，使用相对分子质量较高和相对分子质量分布较窄的树脂，可以得到物理力学性能、热稳定性和表面均匀性好的制品。但是这会增加压延温度和设备的负荷，对生产较薄的膜更为不利。所以，在压延制品的配方设计中，应权衡利弊，采用适当的树脂。树脂中的灰分、水分和挥发物含量都不能过高。灰分过高会降低薄膜的透明度，而水分和挥发物过高则会使制品带有气泡。

(2) 其他组分

配方中对压延影响较大的其他组分是增塑剂和稳定剂。增塑剂含量越多，物料黏度就越低，因此在不改变压延机负荷的情况下，可以提高辊筒转速或降低压延温度。采用不适当的稳定剂常会使压延机辊筒（包括花辊）表面蒙上一层蜡状物质，使薄膜表面不光、生产中发生粘辊或在更换产品时发生困难。压延温度越高，这种现象越严重。出现蜡状物质的原因在于所用稳定剂与树脂的相容性较差而且其分子极性基团的正电性较高，以致压延时被挤出而包围在辊筒表面形成蜡状层。颜料、润滑剂及螯合剂等原料也有形成蜡状层的可能，但比较次要。

6.3.2.3 压延设备因素

压延产品质量的一个突出问题是横向厚度不均，通常是中间和两端厚而近中区两边薄，俗称“三高两低”现象。这种现象主要是辊筒的弹性变形和辊筒两端温度偏低引起的。

(1) 辊筒的弹性变形

实测或计算都证明压延时辊筒受有很大的分离力，因而两端支承在轴承上的辊筒就如受载梁一样，会发生弯曲变形。这种变形从变形最大处的辊筒中心，向辊筒两端逐渐展开并减少，这就导致压延产品的横向断面呈现中厚边薄的现象，如图6－11所示。这样的薄膜在卷取时，中间张力必然高于两边，以致放卷时就出现不平的现象。

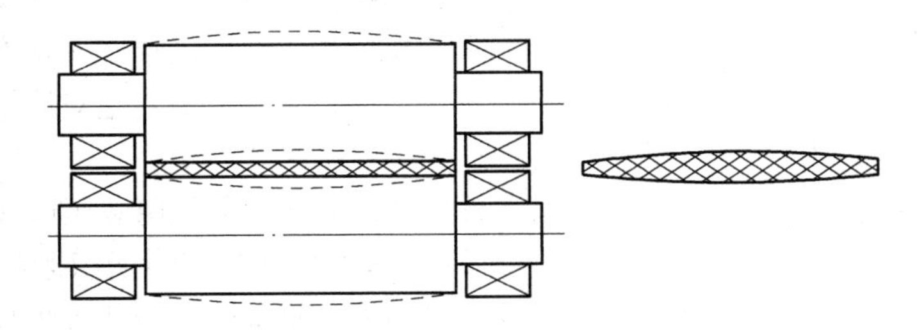

图6－11 辊筒的弹性形变对压延产品横向断面的影响

辊筒长径比越大，弹性变形也越大。为了克服这一现象，除了从辊筒材料及增强结构等方面着手提高其刚度外，生产中还采用中高度、轴交叉和预应力等措施进行纠正。三种措施有时在一台设备是联用的，因为任何一种措施都有其限制性，联用的目的就是相互补偿。

1）中高度　这一措施是将辊筒的工作面磨成腰鼓形，如图 6－12 所示。辊筒中部凸出的高度 h 称为中高度或凹凸系数，其值很小，一般只有百分之几到十分之几毫米，产品偏薄或物料黏度偏大所需要的中高度偏高。

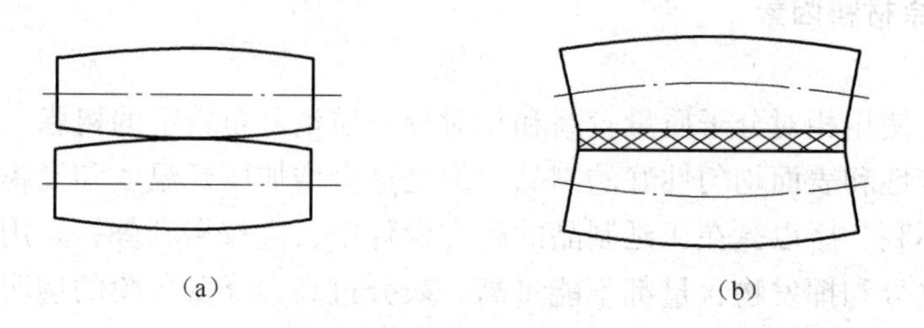

图 6－12　中高度补偿原理

（a）无分离力时　（b）有分离力时

2）轴交叉　压延机相邻两辊筒的轴线一般都是在同一平面上相互平行的。在没有负荷下可以使其间隙保持均匀一致。如果将其中一个辊筒的轴线在水平面上稍微偏转一个角度时（轴线仍不相交），则在辊筒中心间隙不变的情况下增大了两端的间隙，这就等于辊筒表面有了一定弧度（图 6－13）。

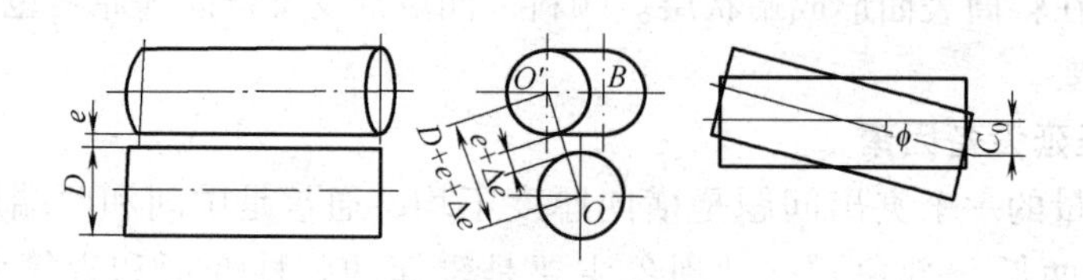

图 6－13　轴交叉补偿原理

轴交叉造成的间隙弯曲形状和因分离力所引起的间隙弯曲并非完全一致，当用轴交叉方法将辊筒中心和两端调整到符合要求时，在其两侧的近中区部分却出现了偏差，也就是轴交叉产生的弧度超过了因分离力所引起的弯曲，致使产品在这里偏薄。轴交叉角度越大，这种现象越严重。不过在生产较厚制品时，这一缺点并不突出。

轴交叉法通常都用于最后一个辊筒，而且常与中高度结合使用。轴交叉的优点是可以随产品规格、品种不同而调节，从而扩大了压延机的加工范围。轴交叉角度通常由两台电动机经传动机构对两端的轴承壳施加外力来调整，两台电动机应当绝对同步。轴交叉的角度一般均限制在 2°以内。

3）预应力　这种方法是在辊筒轴承的两侧设一辅助轴承，用液压或弹簧通过辅助轴承对辊筒施加应力，使辊筒预先产生弹性变形，其方向与分离力所引起的变形方向正相反。这样，在压延过程中辊筒所受的两种变形便可互相抵消。这种装置也称为辊筒反弯曲装置，原理如图 6－14 所示。

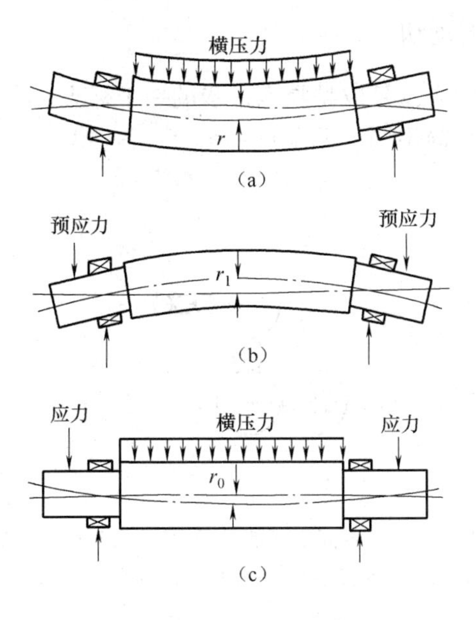

图6－14 预应力补偿原理

预应力装置可以对辊筒的两个不同方向进行调节。当压延制品中间薄两边厚时，也可以用此装置予以校正。这种方法不仅可以使辊筒弧度有较大变化范围并使弧度的外形接近实际要求，而且比较容易控制。但是，如果完全依靠这种方法来调整，则需几十吨甚至几百吨的力。由于辊筒受有两种变形的力，这就大大增加了辊筒轴承的负荷，降低了轴承的使用寿命。在实际使用中，预应力只能用到需要量的百分之几十，因而预应力一般也不作为唯一的校正方法。

采用预应力装置还可以保证辊筒始终处于工作位置（通常称为“零间隙”位置）以克服压延过程中辊筒的浮动现象。辊筒的浮动现象是由辊筒轴颈和轴瓦之间的间隙引起的。

（2）辊筒表面温度的变动

在压延机辊筒上，两端温度常比中间的低。其原因一方面是轴承的润滑油带走了热量；另一方面是辊筒不断向机架传热。辊筒表面温度不均匀，必然导致整个辊筒热膨胀的不均匀，这就造成产品两端厚的现象。

为了克服辊筒表面的温差，虽可在温度低的部位采用红外线或其他方法作补偿加热，或者在辊筒两边近中区采用风管冷却，但这样又会造成产品内在质量的不均。因此，保证产品横向厚度均匀的关键仍在于中高度、轴交叉和预应力装置的合理设计、制造和使用。

6.4 压延成型的进展

近年来，压延制品在品种、质量、产率等方面都有显著提高，这归因于压延设备的不断改进。

6.4.1 异径辊筒压延机

异径辊筒压延机是近年来压延成型技术进步的一个标志。在异径辊筒压延机中，至少有一个辊筒的直径与其他辊筒不同，见图 6－15。

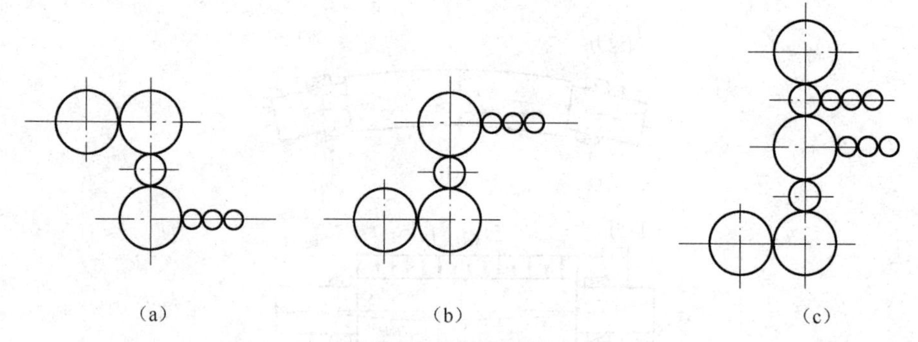

图 6－15　不同形式的异径辊筒压延机示意图
(a) 适用于加工软聚氯乙烯薄膜　(b) 适用于加工硬聚氯乙烯薄片　(c) 适用于加工极薄的拉伸薄膜

异径辊筒优于等径辊筒之处是可以有效降低压延机的分离力和驱动扭矩，这对节约能源、提高生产速度和提高制品精度而言都非常有利。对两个等径辊筒来说，当辊筒直径增大时，进料角度就会减小；若要维持存料高度不变，就必须增加钳住区面积，分离力和驱动扭矩随之增加。采用异径辊筒可以避免这种现象。当其中一个辊筒的直径减小时，进料角度就会相应增大，即使在存料高度保持不变的情况下，存料区的横截面积也比等径时减小，也就是存料量减少。这样不但降低了压延机的驱动功率，而且空气也不易为物料包覆，这当然对提高制品质量有利。此外，当小径辊与上下两大辊之间的辊隙和存料量基本相同时，上下两大辊对小辊的作用力便可抵消，因而小辊的挠度很小，制品厚度公差可控制到 ±0.0025mm。此外，大辊与小辊之间摩擦热减少，可缩短制品的冷却时间，因而生产速度可以提高。此外，由于辊筒直径的减小，减轻了辊筒的重量，这样也可以减少整个压延机机架的重量，降低了压延机制造所消耗的钢材。

6.4.2 压延牵伸（拉伸扩幅）

由于制品的幅宽要求越来越宽，所以塑料压延机的规格也不断地增大，这给压延机的制造、安装带来一定困难。如果在压延机后配备一台扩幅机，就可利用较小规格的压延机生产宽幅软质薄膜。这对节约设备投资、减少动力消耗及利用现有的中、小型压延机生产较宽幅制品有一定意义。

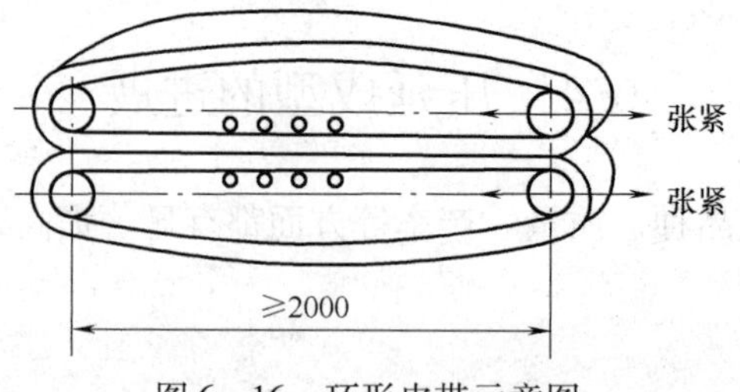

图 6－16　环形皮带示意图

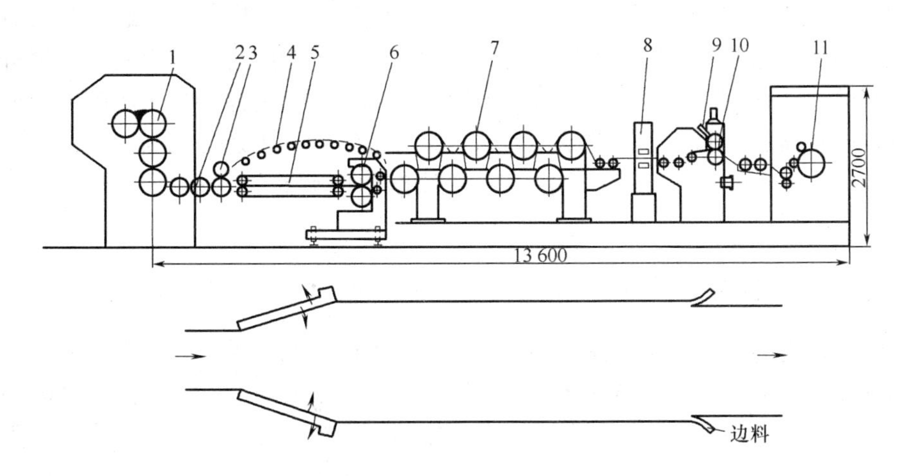

图6－17 压延拉幅成型示意图

1—压延主机 2—引离装置 3—压花装置 4—缓冷装置 5—拉幅装置 6—压光装置 7—冷却装置 8—测厚装置 9—修边刀 10—牵引装置 11—自动切割装置－表面卷取机

扩幅装置的主要部分是设置在轧花辊之前左右两边的一对环形皮带（图6－16）。环形皮带由前后两个皮带轮支承，若两皮带轮中心距较大，则可在两轮之间增添适当小托辊，以使压力均匀。两边的环形皮带各有一套传动装置，由直流电机经减速带动下面环形皮带的前皮带轮转动。前皮带轮座能前后移动，以便将环形皮带张紧。左右两边的环形皮带可沿着后部皮带轮摆动。改变环形皮带摆动的角度，便可获得不同幅宽的制品。

扩幅装置见图6－17。工作时，当薄膜从引离辊引出后，立即将薄膜的两边夹在左右两侧的环形皮带上，然后在环形皮带的前进中薄膜就逐步向两边扩幅。如果进入的薄膜幅宽为2.3m，经扩幅后可达到4.3m，切去两端边料后，可得到4m左右宽的成品。此装置最大扩幅率（扩幅后与扩幅前薄膜宽度之比）约为1.85，厚度之比与此值相同。

6.4.3 压延机的大型、高速、精密、自动化

压延机的大型化主要表现在压延机辊筒直径和数量的增加。目前辊面宽度达3300mm的大型塑料压延机已得到较普遍的使用。采用拉伸拉幅工艺与装备后，产品的幅宽更是达到4500mm以上。除了幅宽，压延机的大型化可使产量大幅度上升。例如辊筒直径为450mm与600mm的压延机相比，后者辊筒直径增加0.3倍，但在相同转速下产量可提高0.7倍。此外，辊筒直径加大后还可以使辊筒的挠曲度减小，使制品的横向厚度均匀，压延精度可达±0.0025mm。

一般压延机的加工速度为80～100m/min，最大可达300m/min。压延机速度的提高有利于提高压延机的产量，一台普通的塑料四辊压延机的年加工能力可达5000～10000t。

压延制品的质量精度要求越来越高，从而要求压延装备更加精密，为实现这一目标，新型的压延机不仅普遍采用拉回机构、反弯曲装置和轴交叉机构，与传统的中高度辊筒配合，确保了在线速度调整及高速运行中获得高精度的制品；而且采用了伺服电机驱动或液压调距机构，使辊筒间隙的调整更加精准。此外，采用圆周钻孔机构的辊筒与PID控制的加热系统相配合，使辊筒工作表面的温度控制更精确，误差控制在±1℃。

20世纪70年代中期开始在压延生产过程中应用程序计算机控制，通过制品面积重量测定对生产中的制品厚度进行自动反馈与控制，使压延生产的自动化得到重大推进。程序计算机控制的自动化生产装置可在荧屏上连续显示薄膜外形图像和各个辊隙的图形，通过测量仪测得由辊筒负荷所产生的轴承力，并将它反馈给计算机系统，与规定的参数相对比较，自动控制系统即会对轴交叉等装置的参数作相应调整，从而精确地控制整个生产过程。

6.4.4 冷却装置的改进

随着压延速度的不断提高，制品的冷却已成为生产控制的关键，它对制品的性能，特别是收缩性能，影响很大。目前的冷却辊筒特点是“小、多、近”；直径为60～120mm，数量有9个以上，它们分组控温，分组驱动，辊筒之间距离仅约2mm。而过去压延成型的冷却装置过去大多采用直径为400～600mm的辊筒，数量约4个，辊筒之间有较大距离，有时还在大冷却辊之间设置小冷却辊。

冷却装置这样改进以后，因为辊筒直径小，有较好的传热效果，并且有利于消除高速运转时夹在薄膜与辊筒之间的空气。压延制品在不同温度下缓慢冷却，内应力减少，使收缩率降低。此外，由于前面几个冷却辊筒温度较高，有利于去除薄膜表面的挥发物质，因而制品手感爽滑，同时还可避免薄膜粘附在辊筒表面。生产硬质聚氯乙烯片材时，冷却辊筒直径可以更小些，但数量要增加。

6.5 复合膜和人造革的生产

压延成型产品除了薄膜和片材外，还可以拓展到人造革和其他涂层制品。压延软质塑料薄膜时，如果以布、纸或玻璃布作为增强材料，将其随同塑料通过压延机的最后一对辊筒，把黏流态的塑料薄膜紧覆在增强材料之上，所得的制品即为人造革或涂层布（纸），这种方法统称为压延涂层法。根据同样的原理，压延法也可用于塑料与其他材料（如铝箔、涤纶或尼龙薄膜等）贴合制造复合薄膜。

6.5.1 复合膜

由于单层塑料薄膜满足不了某些商品的包装或装饰要求，塑料与其他材料（如铝箔、纸、布等）经压延贴合而成的复合膜材料应运而生。复合膜生产的第一步是制备符合要求的塑料薄膜，方法包括压延、挤出流延及双向拉伸膜等。可用于压延贴合膜的树脂有聚乙烯、聚丙烯、离子型聚合物、尼龙、乙烯—醋酸乙烯共聚物等，下面以纸塑复合膜为例介绍复合膜的生产工艺。

6.5.1.1 纸塑复合膜的生产工艺

纸塑复合材料是一种应用非常广泛的复合材料，可用于书刊封面、酒盒、鞋盒、衣饰盒、礼品、玩具以及其他产品外包装箱的制作。纸塑复合涉及的表面种类十分复杂，就其复合的材料而言，塑料层有双轴拉伸聚丙烯（BOPP）、聚乙烯（PE）、尼龙（nylon）、聚酯（PET）、聚氯乙烯（PVC）等；纸层则有纯纸、涂料纸（铜版纸及彩纸）；油墨层又可分为水性墨层和油性墨层。因而，要想在这么多种表面上获得理想的复合效果是比较困难的，对复合胶黏剂和复合工艺的要求之高，是可想而知的。

目前的纸塑复合，大体上可分为3种方式，即干式复合、预涂胶复合和水基冷贴复合。它们的特点分述如下。

（1）干式复合

所谓的干式复合，是将溶剂胶黏剂涂布在塑料膜上，然后经烘道烘干，再经热辊压贴的形式，其工艺最为成熟，使用最为普遍。但它所用的胶黏剂通常以甲苯等易燃品为溶剂，毒性大，组分中中松香含量大，易使复合物发黄，同时这种复合方式能耗也高。此外，由于溶剂胶黏剂已经提前烘干，热合时流动性差，不能完全覆盖纸表面的凹陷部分，不仅影响纸和塑的黏结牢度，而且导致复合物表观亮度总是不太理想，留有大量的“白云”雾状点，这是溶剂胶复膜的质量弊病之一。同时，经双向伸缩的塑料膜是在遇到热源和溶剂时，均有收缩倾向。因此，溶剂胶复合物在自然状态下均呈卷曲状态，这是其质量弊病之二。

（2）预涂胶复合

将热熔胶涂布聚合物薄膜上，以卷材形式出售，称作预涂胶膜。复合时预涂胶面与印刷品叠合，经热压复合，称作预涂胶复膜工艺。其优点是所需设备简单，能耗较低，无毒无污染。但除具有与溶剂型干式复膜胶相同的质量弊病外，还有价格太高的缺点，不宜大面积使用。

（3）水基胶复合

将水基胶黏剂乳液涂布在聚合物膜上，直接与纸以较小的压力贴合，采取自然固化的工艺，称作水基胶复膜。用该工艺复膜时，只需动力（整机功率1 kW左右，甚至可用照明电源），无需任何热源装置，节能效果十分明显；且因水基胶无溶剂挥发，对人体和环境无害，尤具环保效果。尤其是在膜涂胶后与纸叠压时，胶液为自然流动液体，可迅速充分填平纸表面凹陷部分。因此，光泽度很好，复合产品无翘曲现象，平整美观，综合性能优异。

6.5.1.2 复合工艺条件控制

复合强度的高低是衡量复合膜质量的主要技术指标。基材的特性、树脂的熔融指数、熔膜黏度、基材预热温度、基材表面处理、复合温度、复合速度、复合压力及复膜厚度等是影响复合层与基材之间的黏附力的主要因素。

（1）复合温度

温度是控制复合质量的关键。温度不均会造成胶粘剂流动不一致，复合不均匀。温度偏低会带来胶黏剂流动性差，降低了复合强度。温度偏高会导致塑膜缩幅较大，且降低制品的热封性能。因此复合温度必须适当，合理的复合温度可以提高复膜强度和光泽。

（2）复合压力

在其他工艺参数都不变的情况下，复合层与基材的黏附力随着复合压力增加而增大，应根据使用要求选择合适的复合压力。

（3）复合速度

复合速度是指基材与熔膜复合时，通过复合辊的线速度，该速度意味着胶膜与基材复合时在冷却辊与压实辊之间停留时间的长短，在同等压力情况下，停留的时间越长，胶膜与基材压的越实，因此黏附力也就越大，也就是说，随着复合速度的增加粘附力逐步降低。

6.5.2 人造革

人造革（或合成革）通常是以布或纸为基材的塑料涂层制品，可以代替天然皮革应用。人造革常以基材、结构、表观特征和用途为基础进行分类。根据所用基材，分为纸基聚氯乙烯壁纸，一般纺织布基普通人造革和针织布基人造革等；不用基材的片材通称为无衬人造革；根据结构，分为单面人造革、双面人造革、泡沫人造革及透气人造革等；根据表观特征，分为贴膜革、表面涂饰革、印花贴膜革、套色革等；根据用途分为家具人造革、衣着人造革、箱包人造革、鞋用人造革、地板人造革以及墙壁覆盖人造革等。生产人造革的方法有压延法、层合法和涂覆法。

6.5.2.1 压延法

将树脂压延成薄膜，与基材贴合制得人造革的方法称为压延法。聚氯乙烯因原料丰富、价格低廉，生产过程较简单，尽管性能不如其他合成革，但总产量仍居人造革产品的首位。用压延法可生产不同布基，如帆布、针织布的 PVC 人造革，以及不同品种如普通革，发泡革等 PVC 人造革。普通人造革的生产是在压延软质聚氯乙烯薄膜的过程中引入基材，使薄膜和基材牢固地贴合在一起。此法的优点是可以使用廉价的悬浮法聚氯乙烯树脂，生产效率高，特别适用于制造箱包革、家具革和地板革。但压延机的投资大，此法仅适合于本身有压延机的厂家使用。

压延法生产 PVC 人造革的工艺流程在贴合之前的各个工序与薄膜压延工艺流程相同。生产时先将 PVC 塑料熔体送至压延机，按所需厚度和宽度压延成膜后与预先加热的布基通过辊筒的挤压和加热作用进行贴合，再经轧花、冷却、切边和卷取等工序即制得人造革。按贴合操作与薄膜压延在生产工艺流程中的关系，压延人造革生产有直接贴合和分步层合两种方法，前者是压延膜在冷却之前与布基贴合，压延薄膜的成型和膜与布基的贴合是在同一生产线上连续完成的，而后者是先在一个生产线上完成压延膜的成型，再在另一生产线上与布基贴合而制得人造革。根据布基与薄膜的贴合方式不同，贴合操作有擦胶法和贴胶法之分，贴胶法又有内贴和外贴两种不同的实施方式（见图 6－18）。

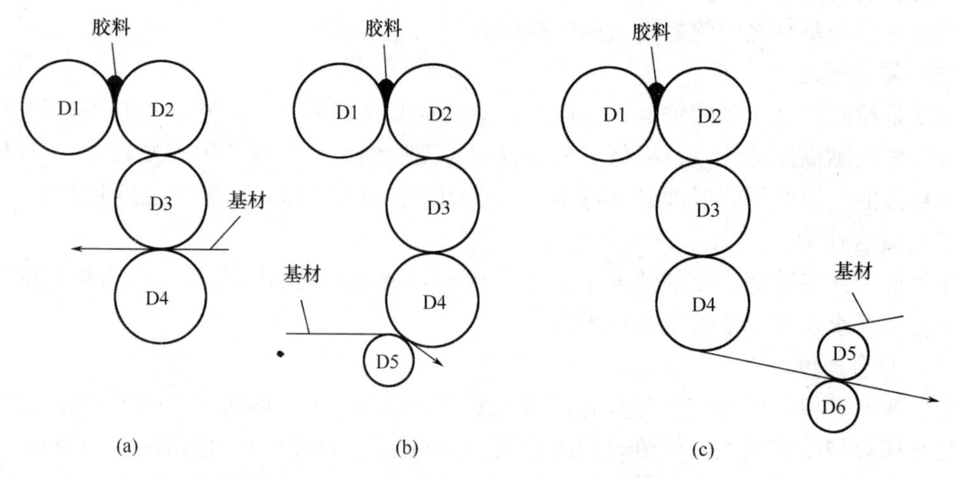

图 6－18　四辊压延机生产人造革示意图

（a）擦胶法　（b）内贴法　（c）外贴法

擦胶法是在辊间贴合，压延机最后一道辊隙的上辊和下辊有一定的速比，上辊一般比下辊的转速大40%左右，这样布基与薄膜的接触面上因有速度差而产生剪切和刮擦，能使一部分熔体被擦入布缝中，使薄膜与布基结合较牢。内贴法是压延薄膜与布基不在压延机两个辊筒之间贴合，而是在压延机一个辊筒边装上一个橡胶贴合辊，布基在橡胶辊与压延辊之间穿入，用适当的压力将薄膜与布基贴合。外贴法是压延薄膜从压延辊筒引离后，另用一组贴合辊通过压力将薄膜与布基贴合。为了提高黏合效果，贴胶法所用的布基与薄膜接触的一面往往涂一层胶浆。

6.5.2.2 层合法

层合法是在层合机上将预先制得的聚氯乙烯薄膜与基材贴合而制得人造革的方法。根据薄膜制造方法不同，有压延层合法和挤出层合法。层合的方法有两种：一种是先把黏合剂涂在基材（或薄膜）上，然后再压贴薄膜（或基材）；另一种是把薄膜加热后与经过预热的基材接触贴合。压延层合以黏合剂法应用较多，挤出层合则是将刚从口模挤出的薄膜趁热通过夹辊与基材贴合。层合法的工艺流程如图6－19所示。

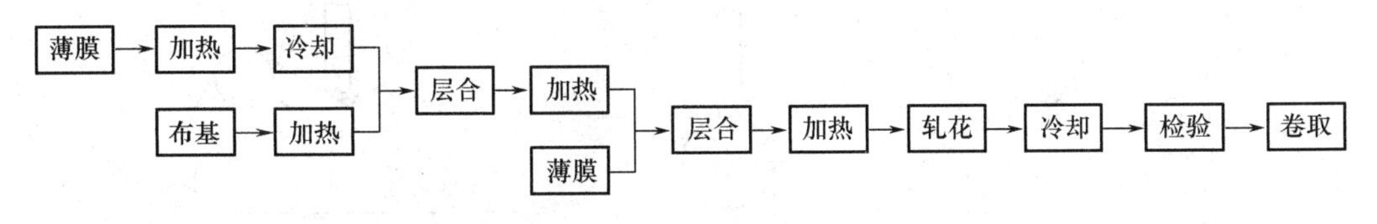

图6－19　层合法人造革的生产工艺流程

目前使用的层合机有许多种，其中应用最多、结构最简单的是双辊筒层合机。带有黏合剂或不带黏合剂但经干燥和预热的基材，通常与薄膜在一个橡胶包覆的轧辊和另一个加热的钢辊之间贴合在一起。数层薄膜可以同时进行层合，但每一种薄膜必须正确地引入、拉紧和处理好，以防止产生皱纹和气泡。

采用层合法可对薄膜生产与覆合分别控制，灵活性大，容易操作，更换品种方便，而且可以利用废旧塑料。层合法可以用多层（一般以5层为限）薄膜进行层合，特别适用于生产涂层较厚（1mm以上）的人造革。层合产品也并不限于薄膜与织物层合，还包括薄膜与薄膜、薄膜与纸张、薄膜与泡沫层、薄膜与硬质聚氯乙烯板材的多层复合制品。

6.5.2.3 涂覆法

涂覆法是先将塑性溶胶均匀地直接或间接涂覆在基材上，而后对它进行热处理使其成为涂层制品的方法。涂覆成型同样可以生产不同性能的人造革制品。按涂覆工艺分为直接涂覆法和间接涂覆法。采用直接涂覆法生产普通革（不发泡的聚氯乙烯人造革）可采用底层和面层分两次直接涂刮，如图6－20所示。也可采用直接涂刮底层，面层贴合薄膜的方法生产。

按涂覆方法分为刮刀法和辊涂法。刮刀法涂覆示意图见图6－21。刮刀法主要用于布基的刮涂。刮涂过程是利用刮刀将塑性溶胶刮涂于布基上，刮刀的位置有图6－21所示的三种。刮涂层经受一定的拉力，随布基连续向前移动，在刮刀两边的挡板可调节涂层的宽度。刮刀的外形对涂层厚度有很大影响：刮刀的刀口弧度（一般为1.6～2.0mm）越小，所得的涂层厚度越薄。常用的刮刀形式如图6－22所示。

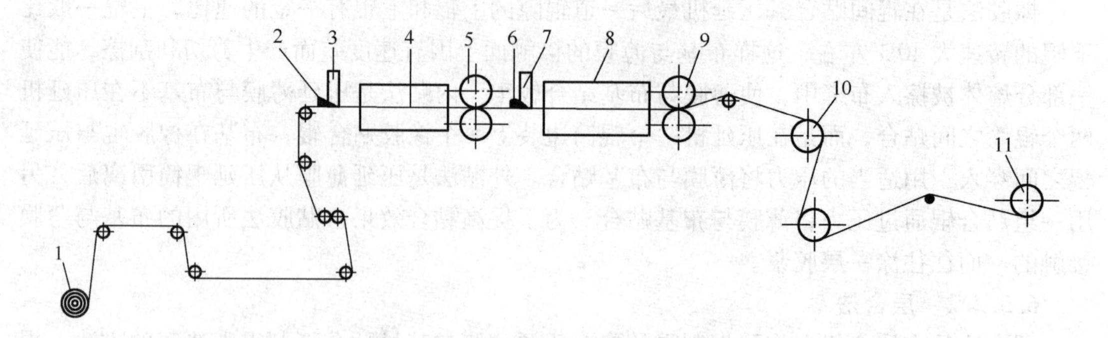

图6-20　直接涂刮法生产PVC人造革的生产工艺流程图

1—布基　2—塑性溶胶（底胶）　3、7—刮刀　4、8—烘箱　5—压光辊
6—塑性溶胶（面胶）　9—压花辊　10—冷却辊　11—成品

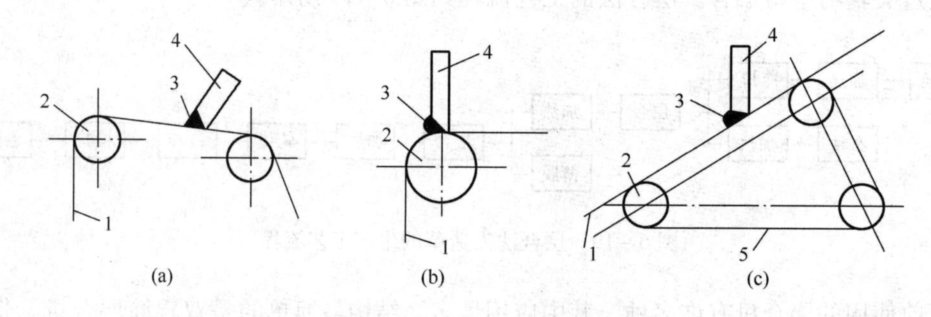

图6-21　刮刀法涂覆示意图

1—布匹（或纸）　2—承托辊　3—塑性溶胶　4—刮刀　5—输送带

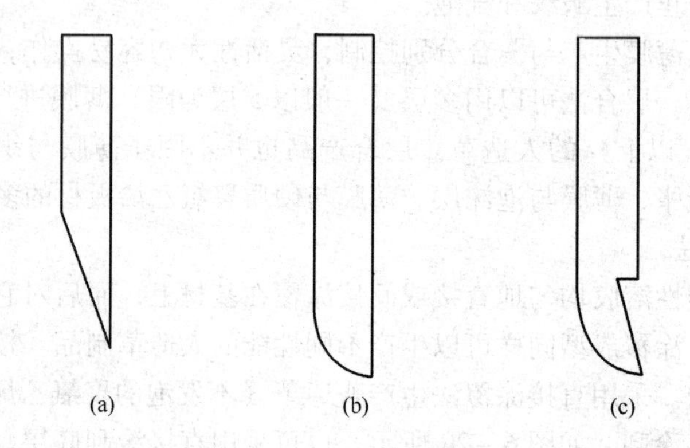

图6-22　刮刀的形式

（a）刮薄层用　（b）刮厚层用　（c）带直角缺口

用辊筒将塑料溶胶涂覆在基材上的方法称为辊涂法。辊涂装置上辊筒的排列方式很多，目前常用的是逆辊涂胶法。逆辊涂胶法分顶部供料式和底部供料式两种。前者适用于黏度高的塑料溶胶，后者适用于黏度低的塑料溶胶。逆辊式涂覆机两辊都向同一方向旋转，而涂胶辊则与布基作反方向运动。图6-23是最简单的逆辊涂胶装置示意图，主要包

括前辊、涂有耐油橡胶的涂胶辊和后辊三个辊筒。溶胶在前辊和涂胶辊间流动，由后辊对涂胶辊产生的压力使其涂覆在基材上。

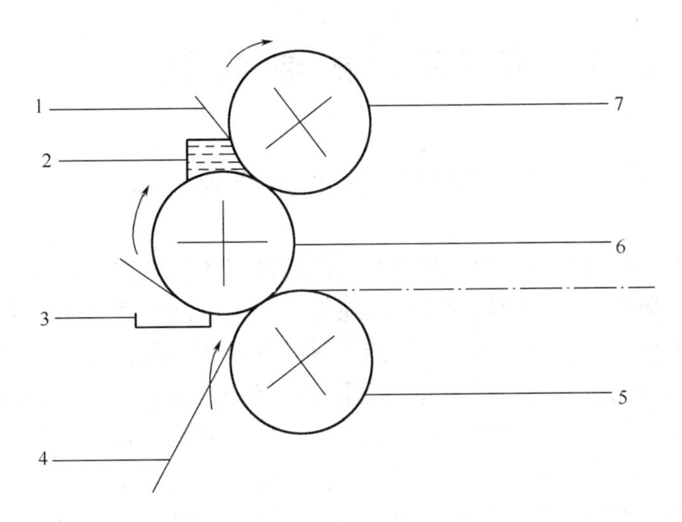

图6－23　逆辊涂胶装置示意图

1—软刮板　2—溶胶　3—接料盘　4—基材　5—橡胶托辊　6—涂胶辊　7—计量辊

如果塑料溶胶的黏度保持不变，则涂胶层的厚度由前辊与涂胶辊间的辊距和涂料与基材的相对速度来控制。涂胶辊的速度比布（或纸）的运行速度大，涂料的厚度就大。辊筒间的距离可由附设在前后辊上的调节装置来控制。采用逆辊涂胶装置涂料时，不仅对布（或纸）的强度要求不高，涂层的厚度可以变化或精确控制，而且一次就能涂上较厚的涂层（最厚可达1.8～3mm）。其次是涂层的表面质量及涂层与布（或纸）基的紧贴程度比刮刀法好，并且也不会因塑料糊中存在少量块状凝结物而使涂层表面质量受损。但逆辊涂胶装置的设备投资较大，并且在生产压花涂层制品时，对涂层制品表面质量的要求不是很高，因此生产压花涂层制品，一般不采用逆辊涂胶装置。

布（或纸）基材上涂有塑料溶胶的中间产品必须经过加热烘熔处理，即将其加热到足够温度，使胶层完全塑化然后冷却，胶层就能均匀地紧贴于基材上。熔融塑化温度取决于树脂和增塑剂用量、特性以及其他组分的用量和性能。通常熔融温度为90～200℃；加热时间可在几十秒至二三十分钟的范围内变化，一般涂层产品为50～60s。热处理温度和时间的长短取决于涂胶的厚度，涂层厚时，塑化温度应高一些或加热时间长一些。理想的塑化温度能使涂层获得最佳的力学性能，塑化温度太低，涂层不能熔融塑化，但温度太高时又容易引起聚合物分解，因此应选择适宜的塑化温度。烘熔后的中间产品应立即压花（或压光），然后再经冷却、检验、卷取包装。

如果涂胶分两次进行，可在涂上底层后就进入烘箱预塑化，接着再涂覆面层，然后像涂底层那样进入烘箱熔融塑化。如果是制造贴面革（不涂面层胶），则在底层预塑化后立即利用压花辊贴上一层聚氯乙烯薄膜即可。

第7章　发泡成型

7.1　泡沫塑料的定义和特征

泡沫塑料是以树脂为基础，内部具有无数微孔性气体的塑料。或者说，泡沫塑料是以气体为填料的一类塑料。泡沫塑料的特点是质轻，比强度高。存在于泡沫塑料内部的无数微小气孔具有防止空气对流的作用，故泡沫塑料具有导热系数低、吸湿性小、弹性好、比强度高、隔音绝热等优点，被广泛用作消音隔热、防冻保温、缓冲防振以及轻质结构材料。泡沫塑料减少了原料的使用量，制品的物理性能还可能提高，并且运输费用由于质量减轻也随之下降，从而可大大降低生产成本，在高分子材料制品中占有相当重要的地位。

泡沫塑料有很多类型。按照气孔结构的不同，泡沫塑料有开孔（孔与孔是相通的）和闭孔（各个气孔互不相通）之分；按成品硬度有软质（弹性模量小于70MPa）、半硬质（弹性模量介于70～700MPa）和硬质（弹性模量大于700MPa）之分；按密度又分为低发泡（密度为0.4g/cm^3以上，气体/固体<1.5）、中发泡（密度为0.1～0.4g/cm^3，气体/固体=1.5～9）和高发泡（密度为0.1g/cm^3以下，气体/固体>9）等。几乎所有热固性和热塑性塑料都能制成泡沫塑料，但其发泡技术的难易差别很大。

7.2　泡沫塑料的发泡原理

大多数高分子泡沫材料的生产都是在树脂和生胶中加入化学发泡剂或物理发泡剂，在生产工艺条件下，让发泡剂分解或汽化产生气体并在高分子材料中形成气孔。各种发泡剂产生气体都需要有一定的条件，并遵循各自的规律。

泡沫塑料的成型过程一般可分为三个阶段：气泡核的形成、气泡的增长、气泡的稳定。这三个阶段的成型机理各不相同。

7.2.1　气泡核的形成

高分子聚集态分子结构中存在压力为零的自由空间，可以容纳某些发泡剂的渗入。气泡核其实就是直径较小的气孔。化学发泡剂分解产生的气体或低沸点液体蒸发产生的气体，先是以溶解状态分散在塑料或橡胶中。当气体的量越来越多，超过了溶解度而达到过饱和状态后，气体就要析出来，被析出的气体聚集起来，占有一定的空间而产生气孔。

气孔的形成要靠成核作用，一般被析出的气体容易在下列地方聚集起来：

1）分散在液态物料中的固体小颗粒（填充剂、补强剂、着色剂和其他低溶解度配合剂、杂质）的周围。

2）物料中比周围温度高的点，这些地方溶解度低、气体过饱和程度高，容易析出。析出后压力较高，容易占领空间。温度高的地方物料的黏度和表面张力都比较低，容易变形。这都有利于产生气孔。

3）结晶聚合物中，微晶不均匀的晶核中心。

4）聚合物交联密度较高的地方。

7.2.2　气泡的增长

气泡核出现后，溶解在物料中的气体就会不断地向小气孔迁移，直到物料中的气体量减少到饱和状态以下。如果发泡剂还在继续产生气体，物料中的气体仍处于过饱和状态，就会不断有气体向气孔输送，使气孔内的气体量增加、压力增高。这样，小气孔就要向外膨胀，使孔壁变形，从而使气泡长大。

影响气泡增长的因素主要有聚合物的分子参数、流变形能、发泡剂的类型和用量、成型工艺及设备结构参数等。一般聚合物的相对分子质量较低，配方中填充剂较少，增塑（软化、润滑）剂较多，温度较高，压力较低，物料就较易变形。在这些情况下，气孔容易增大。

提高气体的扩散系数和增加熔体中气体的初始浓度都能促进气泡的增长，因此提高发泡剂浓度有利于提高气泡膨胀速度。

气孔碰撞而合并也会使气孔增大。气孔内气体的压力与气孔半径成反比，即小气孔内压力大，大气孔内压力小。所以当两个气孔合并时，总是小气孔内的气体合并到大气孔中去而使大气孔进一步增大。

7.2.3　气泡的稳定

气液相共存的体系多数是不稳定的。在发泡过程中，由于气泡的不断生成和膨胀，形成了无数的气泡，使得发泡体系的体积和表面积增大，气泡壁不断变薄，同时，由于重力作用气孔壁的物料会向下流动，使气孔壁上部变得更加薄弱，致使发泡体系不稳定，气泡有塌陷、破裂的可能。另外，为了满足制品的密度要求，气孔也不能无限增大，合理的泡沫结构要求气孔增大到一定程度后稳定，即对发泡体采取措施进行增黏直至固化。

实际生产中为使气孔稳定，可以采用下列措施：

1）选用适当的聚合物、发泡剂和其他配合剂，不是所有的聚合物都适合发泡。

2）通过控制工艺过程的温度和的时间来控制物料的表面张力、黏度和弹性模量。当气孔增大到一定程度后，及时冷却（对热塑性塑料）使发泡物料的黏度和弹性模量提高。

3）控制橡胶和热固性塑料的交联速度。即当物料中气孔增大到一定程度，及时提高交联速度，使交联度迅速提高，从而达到提高黏度，降低流动性，稳定气孔之目的。

4）加入表面活性剂（如硅油），降低树脂与气孔间的界面张力，也有利于稳定气孔。

7.3　泡沫塑料发泡方法

7.3.1　机械发泡法

机械发泡法又称气体混入法，是借助强烈的机械搅拌作用，将空气卷入液体状聚合物中，使其成为均匀的泡沫物，而后再通过物理或化学变化使之稳定而形成泡沫结构的发泡方法。为了便于搅拌，聚合物应有足够的流动性，所以往往使用溶液、乳液或悬浮液。为了便于混入空气，常在搅拌的同时直接通入空气，并加入表面活性剂降低表面张力使泡沫能稳定一段时间，让聚合物通过冷却、聚合或交联而使泡沫固定下来。

机械发泡法以空气为发泡剂，没有毒性，工艺过程简单，成本低廉，但不易控制。工业上只有开孔型硬质脲甲醛泡沫塑料采用此法。具体方法是先将尿素和甲醛按比例混合，在弱酸中反应生成脲甲醛树脂溶液，加入表面活性剂二丁基萘磺酸钠和催化剂磷酸，后经强烈机械搅拌和鼓入空气，形成密集的气孔，最后树脂进一步缩聚，将气孔固定下来成为泡沫材料。

鼓泡过程一般是间歇式操作。鼓泡用的设备是由碳素结构钢或不锈钢制成的圆筒和搅拌系统共同组成的，如图 7－1 所示。筒的直径和高度分别为 0.6m 和 2m，搅拌器是多桨叶式的，转速约为 400r/min，可以按顺逆两个方向转动。顺转时，桨叶使液体向上运动，作为鼓泡用；逆转时正相反，桨叶使液体下移，作为出料用。筒的下部设有空气进口，而底部则设有出料口，出料口由轻便的闸板操纵启闭。鼓泡后开启闸门将泡沫物注在尺寸约为 1m×0.6m×2m 的金属或木制的敞口模中，鼓泡设备经用清水洗涤后即可进行下一轮的操作。

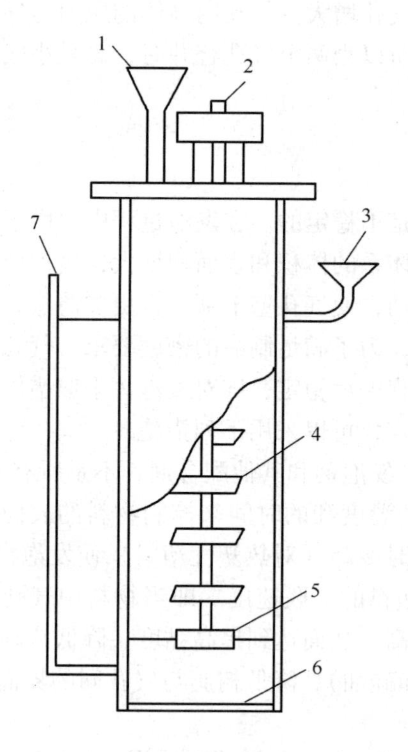

图 7－1　机械发泡法鼓泡设备

1—发泡液进口　2—传动轮　3—树脂进口　4—搅拌桨叶　5—搅拌轴　6—闸门　7—通空气的管道

7.3.2 物理发泡法

顾名思义，用物理法发泡即是在发泡过程中不发生化学反应，而利用材料的物理性质来制备泡沫材料。

常用方法有：

1）将挥发性的低沸点液体均匀地混合于聚合物中，而后再加热使其在聚合物中气化和发泡。

2）在加压的情况下先使惰性气体（氮气、二氧化碳等）溶于熔融状聚合物或其糊状的复合物中，然后再减压使被溶解的气体释出而发泡。

3）先将颗粒细小的物质（食盐或淀粉等）混入聚合物中，而后用溶剂或伴以化学方法，使其溶出而成泡沫。

4）先将微型空心玻璃球等埋入熔融的聚合物或液态的热固性树脂中，而后使其冷却或交联而成为多孔的固体物。

5）将疏松、粉状的热塑性塑料烧结在一起。

上述五种方法中，以加低沸点液体法最为常用，该法的关键在于所选用的低沸点液体能在树脂软化温度下，气化成为具有一定压力的气体，在树脂内部产生气孔。这些低沸点液体也被称为物理发泡剂。液体的蒸发热与液体分子之间的相互作用力有关，并由液体的种类来决定。物理发泡剂所产生气体的饱和蒸汽压随温度而变，如图 7－2 所示。

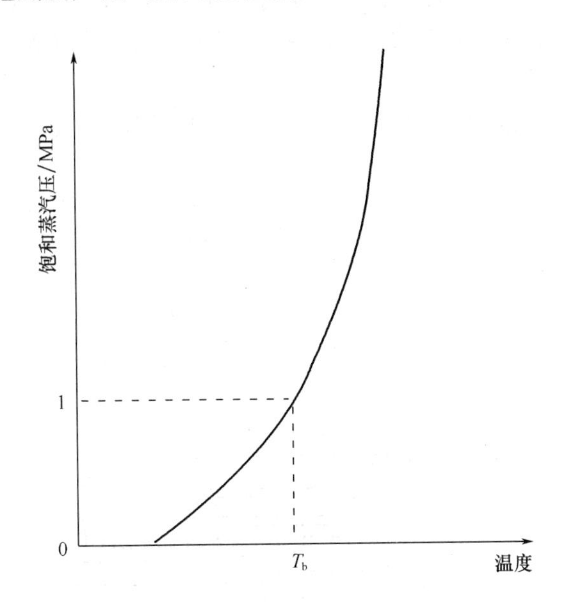

图 7－2 液体的饱和蒸汽压与温度的关系

采用加低沸点液体法发泡最为典型的例子是可发性聚苯乙烯（PS）泡沫塑料成型，本节将以此为例，介绍这种物理发泡法的过程和原理。图 7－3 为可发性聚苯乙烯（PS）泡沫塑料成型生产工艺流程。

制备可发性 PS 珠粒是这种成型方法的第一步。具体做法是：选用相对分子质量为 5.5 万～6 万的聚苯乙烯（PS）珠粒，将低沸点碳氢化合物或卤代烃（如：丁烷、戊烷、石油

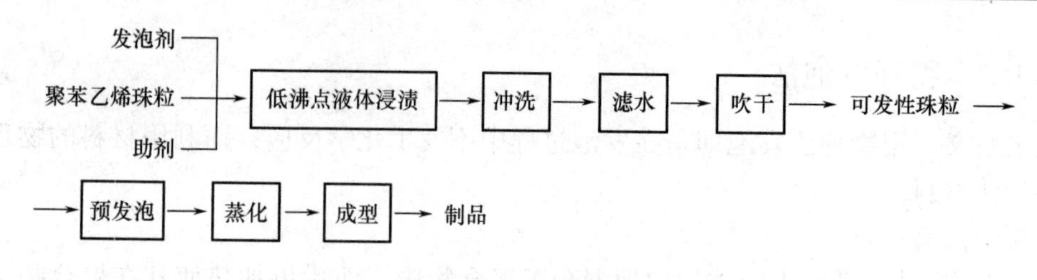

图 7－3　聚苯乙烯泡沫塑料生产工艺流程

醚等）放入肥皂水中，加热到 80～90℃，然后将 PS 珠粒浸入到低沸点液体中，在压力为 1.0MPa 下保持 4～12h，使 PS 珠粒发生溶胀，然后降温、水洗，制成可发性 PS 珠粒。制成的可发性 PS 珠粒要在 15℃左右停放，靠分子运动使低沸点液体在珠粒内分散均匀。为了防止低沸点液体逸出，停放期间应密封包装，且停放时间也不宜过长，通常为一周到一个月。生产中为减少中间环节，也可直接购买市售可发性 PS 珠粒。

将可发性 PS 珠粒制成 PS 泡沫塑料产品还需要预发泡，熟化，成型三个过程。

（1）可发性聚苯乙烯的预发泡

预发泡是为了使制品泡孔均匀并达到要求的密度。预发泡是在预发泡机上进行，机内有搅拌并直接通入蒸汽加热，珠粒温度升到 80℃以上时 PS 开始软化，低沸点液体气化并产生压力，在珠粒内部形成气孔，珠粒膨胀。这时，低沸点液体汽化后也会向外扩散，水蒸气会扩散进去。所以，预发泡过程中水蒸气有两个作用，其一是提供加热 PS 的热量，其二是参与发泡。双向扩散的结果使珠体膨胀，甚至会使气孔壁破裂。所以预发泡到一定程度就要离开预发泡机冷却下来。

预发泡有间歇与连续两种方法。工业上大多采用连续法，其主要设备是连续蒸汽预发泡机，结构如图 7－4 所示。

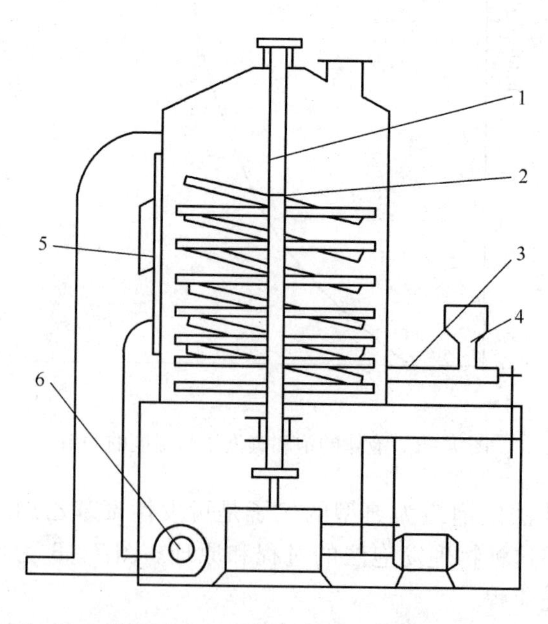

图 7－4　物理发泡法连续蒸汽预发泡机结构示意图

1—旋转搅拌器　2—固定搅拌器　3—螺旋进料器　4—加料斗　5—出料口　6—鼓风机

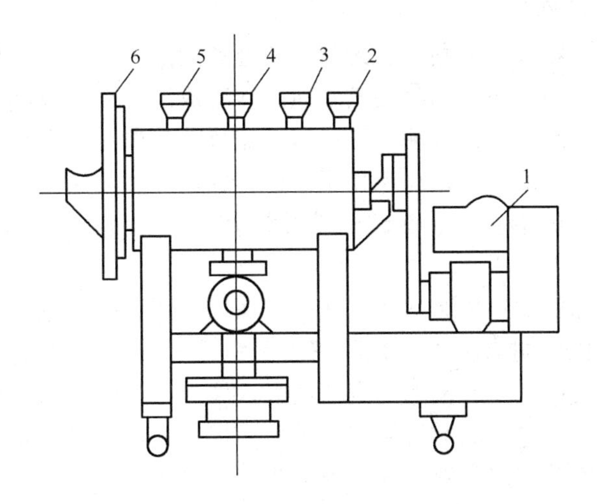

图7－5　真空预发泡机

1—变速器　2、3、4、5—法兰　6—可卸端盖

预发泡时，将可发性聚苯乙烯粒料经螺旋进料器连续而又均匀地送入筒体内，珠粒受热膨胀，在搅拌器搅拌作用下，因密度的不同，轻者上浮，重者下沉。随螺旋进料器连续送料，底部珠粒推动上部珠粒，沿筒壁不断上升到出料口，再靠离心力将其推出筒外，落入风管中并送进吹干器。出料口由蜗轮机构调节升降，从而控制预发泡珠粒在筒内停留时间，以使预胀物达到规定的密度。除搅拌器外，筒内还装有四根管子，其中三根为蒸汽管，蒸汽从管上细孔直接进入筒体，以使珠粒发泡。最底部一根管子通压缩空气，以调节筒底温度。

蒸汽预发泡虽然成功，但仍有以下不足：①为防止制品收缩或塌陷，预胀物在模塑前必须熟化，从而预发泡与模塑不能连续；②制品最低密度为0.015g/cm^3，更低密度（约0.008g/cm^3）则需二次发泡或加压发泡达到，从而造成珠粒在发泡机内严重结块；③珠粒大小不均，在发泡机内停留时间应有所差别，这在工艺上无法实现，所以制品中的密度梯度很大。20世纪80年代初，Sinclair－Kopper公司创立真空预发泡法，被誉为PS泡沫塑料工业的重大突破。此法优点是制品密度的调节与控制简单易行，节省原料，缩短或去除熟化时间，缩短模塑周期，避免发泡机内结块，制品密度小且较均匀。但此法也属间歇性生产，其生产设备外形如图7－5所示。发泡筒为可抽真空的卧式容器，内用聚四氟乙烯涂覆，设有搅拌器，外有蒸气加热套。可发性PS珠粒装入容器后，加热并搅拌，然后抽真空至真空度达到50.7～66.7kPa，使已软化的PS珠粒发泡膨胀，再加入少量水，在真空的条件下，水吸热并变为70～80℃的低温蒸气，使已发泡的PS颗粒表面冷却固化，然后消除真空，用空气助推器卸出已预发泡的PS颗粒，预发泡PS颗粒的密度可通过加热时间和真空度加以控制。

可发性聚苯乙烯的预发泡不仅是泡沫制品制造工序之一，而且是控制泡沫制品的密度及其他物理性能的关键。经预发泡的物料仍为颗粒状，但其体积已比原来大数十倍，通常称作预胀物。制造密度大于0.1g/cm^{3}的泡沫塑料制品时，可用珠状物直接模塑，而不必经过预发泡与熟化两阶段。

（2）预发泡珠粒的熟化

刚出预发泡机的珠粒是一种潮湿、无弹性和温热的泡沫粒子，这种珠粒中的泡孔为闭孔结构。当珠粒冷却后泡孔内大部分蒸汽发泡剂冷凝成液体而形成部分真空，需有一定时间让空气渗入使泡孔内与外压力平衡，以免泡孔塌瘪，使珠粒具有弹性。刚出预发泡机的泡沫珠粒经一定时间的干燥、冷却和泡孔压力稳定的过程称为熟化。熟化可改善预发泡珠粒在成型过程中进一步的膨胀性、珠粒间熔结性及珠粒的脆性，有利于提高泡沫制品的质量。

预发泡聚苯乙烯珠粒的熟化通常是将珠粒装在尼龙网制的袋或料箱中，然后储存于空气流通的库房内。熟化周期取决于珠粒的密度和潮湿程度及储存环境的温度等因素。此外，熟化过程要求泡孔内冷凝的发泡剂重新被吸入聚苯乙烯的量达到最大。熟化同时又是外界空气渗入泡孔和泡孔内发泡剂气体向外扩散而损耗的过程，因此熟化时间和熟化温度都存在最佳值。根据实验测定，熟化环境温度为18～22℃，外界空气向泡孔渗入，泡孔内发泡剂气体基本上未向外扩散。温度高于22℃，空气渗入的速率加快，泡孔内气体向外扩散而损耗。温度低于20℃，冷凝的发泡剂重新被吸入聚苯乙烯的速率减慢，空气渗入的速率亦降低。由此可见，预发泡聚苯乙烯珠粒熟化的环境温度最佳值为20～25℃。理想的熟化库房应设置热空气（温度为22～25℃）输送系统，以缩短熟化周期。熟化时间根据容重要求、珠粒形状、空气条件等而定，一般为8～10h。熟化的预发泡聚苯乙烯珠粒即可用于制造泡沫制品，不宜久存。

（3）模压发泡成型

熟化后的可发性PS珠粒可以用模压法生产各种制品。常用的成型方法是蒸汽加热模压法。按加热方式的不同又分为蒸缸发泡和液压机直接通蒸汽发泡两种。通常模具温度控制在100～130℃，模压时间视制品大小而定。

可发性聚苯乙烯泡沫塑料模压发泡成型的工艺过程是：将熟化的预发泡聚苯乙烯珠粒填满模具型腔；然后通过加热使珠粒达到软化温度，泡孔中发泡剂蒸发成气体和加热介质的渗入使珠粒进一步膨胀，由于模具型腔体积的限制，膨胀珠粒填满全部型腔空间而熔结为一整体，如图7－6所示。经冷却定型后，启模取出，即是可发性聚苯乙烯泡沫塑料模压发泡成型制品。

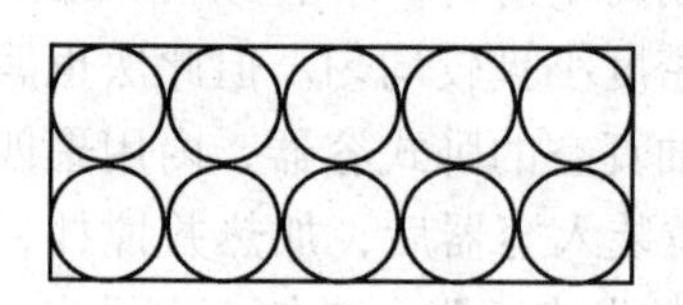

模压发泡成型

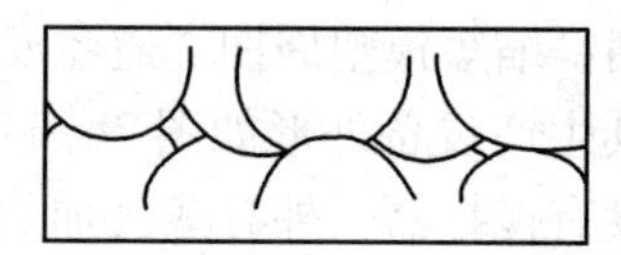

图7－6　模压发泡成型

生产小型、薄壁和复杂的制品大多用蒸缸发泡，即将预胀物填满模具后放进蒸缸通蒸汽加热。蒸汽压力与加热时间视制品大小和厚度而定，一般为0.05～0.1MPa，加热时间为10～50min。模内预胀物经受热软化、膨胀、互相熔接在一起，冷却脱模后即成为泡沫塑料制品。此法所用模具简单，但操作劳动强度较大，难以实现机械化和自动化生产。

厚度大的泡沫板材常采用在液压机上直接通蒸汽的方法进行发泡成型。成型时常用气送法将料加至模内。模具上开有供通气用的0.1～0.4mm的通气孔（或槽），它们不会被珠粒堵塞。当模腔内装满预胀物后，直接通入压力为0.1～0.2MPa的蒸汽。蒸汽进入模腔，首先赶走珠粒间的空气并使料的温度升至110℃左右，随后模内预胀物膨胀粘接为一体。关闭蒸汽，保持1～2min，通水冷却后脱膜。直接通蒸汽模压发泡法的优点是塑化时间短，冷却定型快，制件内珠粒熔接良好，质量稳定，生产效率高，能实现机械化及自动化生产。

模压成型时，成型温度是靠模具温度来控制的。一般模具模型体积是不变的，使用这种模具要注意加料量。加料太少，可能发泡后不能充满模型；加料太多，则可能因积聚压力太高，开模时制品爆裂。使用模腔体积可变的模具可以解决这些技术问题，但制品尺寸变化范围较大。

模塑过程中冷却时间很重要，它决定着设备的生产能力和制品质量。缓慢冷却时，制品内部与表层的冷却程度相差较大，冷却时间长，压力差大，制品的密度梯度也大；快速冷却则可使压力均匀地降低，制品的密度梯度也较小。不过在快速冷却中，如果水蒸气分压下降过快，而聚合物因冷却硬化所具有的强度尚不足承受残存压力，则因冷却而产生的部分真空即会导致泡沫体的较大收缩。一般容重小的薄壁制件所需冷却时间短；容重大的厚壁制件冷却时间较长些。

模压发泡成型是可发性聚苯乙烯泡沫塑料制品的主要制造方法，如制造包装用泡沫塑料制品、泡沫塑料块状材料等，在塑料发泡成型中占有重要地位。

7.3.3 化学发泡法

化学发泡法中发泡气体的产生是通过混合原料的某些组分在过程中的化学作用而产生。按发泡原理可分为两类，即化学发泡剂发泡法和组分相互作用产生气体发泡法。

(1) 使用化学发泡剂发泡

所谓化学发泡剂是在发泡成型过程中通过自身分解或与助发泡剂相互作用而产生气体的物质，有无机和有机两种。无机发泡剂主要是碱金属的碳酸盐和碳酸氢盐，如碳酸氢钠和碳酸铵等，其优点是价廉且不降低塑料的耐热性，但产生的气体主要是一些易凝结的水蒸气，或是扩散速率很大的二氧化碳等，所制备的泡沫塑料在尺寸上难稳定，气体的分解速率受压力影响较大，发泡剂与塑料不混溶，难于均匀分布在塑料中。

有机发泡剂有十几种，主要是偶氮类、亚硝基类和磺酸肼类的化合物。这类物质在化学结构上具有特征官能团，加热后主要放出氮气。其中偶氮二甲酰胺（俗称AC发泡剂）应用最广，属于高效发泡剂。有机发泡剂的特点是放出的气体无毒、无臭，对大多数聚合物渗透性比氧气、二氧化碳和氨都要小，更突出的是在塑料中具有较大的分散性；但大多数有机发泡剂都是易燃和易爆物质，因此，应保存于低温、阴凉、干燥和通风处，存量不应过多，与其他组分混合时应分批缓慢加入，并应严格执行安全措施。

无机发泡剂分解时要吸热，有机发泡剂分解时放热，这就会改变周围的温度，成型加工时要考虑这些热量对熔体强度的影响。例如，碳酸铵和偶氮二甲酰胺的分解反应分别为：

$$(NH_4)_2CO_3 —— 2NH_3 + CO_2 + H_2O \quad (7-1)$$

$$H_2N-\overset{O}{\overset{\|}{C}}-N=N-\overset{O}{\overset{\|}{C}}-NH_2 \longrightarrow N_2 + CO + H_2N-\overset{O}{\overset{\|}{C}}-NH_2 \quad H_2N-\overset{O}{\overset{\|}{C}}-NH_2 \longrightarrow NH_3 + HNCO \tag{7-2}$$

化学发泡剂发泡法的工艺和设备都较简单，而且对聚合物无多大限制，是最重要的一种泡沫材料的成型方法，广泛用于生产各类泡沫橡胶和泡沫塑料。以聚氯乙烯泡沫塑料的生产为例，可采用压制、挤出、注塑与压延等法成型。压制与压延法所加工的物料为糊料，挤出与注塑法所加工的物料则是预先塑炼并已成粒的物料，有时压延法亦使用粒料。在制定配方时应选择在成型工艺温度下具有适当分解速度的发泡剂（发泡体系），发泡剂的用量可按泡沫材料的密度来选用。生产工艺主要是控制各段时间的温度和压力，让混炼胶或塑料在具有一定流动性时，发泡剂分解放出大量气体，产生许多气孔，并通过交联或冷却使气孔稳定下来。

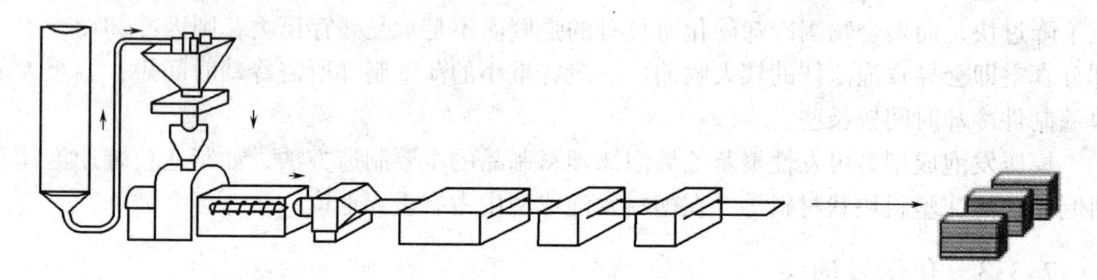

图 7-7　片材挤出工艺简图

片材挤出是通过预混将添加剂与聚合物基材混合，或者通过重量加料将添加剂加到挤出机中与聚合物基材混合，图 7-7 给出了片材挤出发泡的工艺简图。通常，熔融/混合在单螺杆挤出机中进行，但也用双螺杆挤出机。将材料混合，泵送到厚片材机头中，生产出厚片材。片材的目标厚度一般在 5~25mm 之间，典型的厚度为 10~12mm。将片材挤出到运转中的输送带上，然后通过一系列加热装置。在加热装置中交联反应才发生，在所设定的温度下需 30~40min 的时间。待片材完全交联并冷却之后，将其切成与最终发泡片材所要求的尺寸成正比的特定尺寸。

压制法包括配制糊料、装料入模、在加压加热的情况下塑化与发泡、冷却、脱模以及在适当温度下使泡沫体进一步膨胀而成为制品等工序。按此程序生产的制品皆属闭孔型泡沫塑料产品。若将模具改为敞开式，即塑化与发泡均在烘室里于不加压的情况下进行，也可制得开孔型泡沫塑料产品。

挤出法其工艺有两种。一种是将粒料在低于发泡剂分解温度的料筒内，塑化并挤成一定形状的中间制品；然后再在挤出机外加热发泡，使其成为制品。所用挤出螺杆参数是 $L/D=15$，压缩比 1:3，此工艺适宜生产高发泡塑料。另一种工艺是使用含少量发泡剂的粒料，以便在挤出机料筒内实施发泡，挤出物料离开口模时膨大，经冷却后即成为制品。此工艺所得制品的密度通常都比用前法制成的高，适宜生产密度 0.65g/cm^{3}左右的结皮泡沫棒材与板材。挤出机机头结构如图 7-8 所示。

挤出成型时将含发泡剂的粒料或粉料放入挤出机，物料在挤出机内受到螺杆的挤压作用和料筒加热、摩擦生热而温度升高，发泡剂分解产生气体。在这时候，由于压力很高，气孔的体积很小，当物料从挤出机机头口模出来时，压力骤然降低，气孔体积迅速膨胀，原来溶解于物料的气体亦逸到气孔中去，形成泡沫结构，迅速冷却下来，就制成泡沫材料。

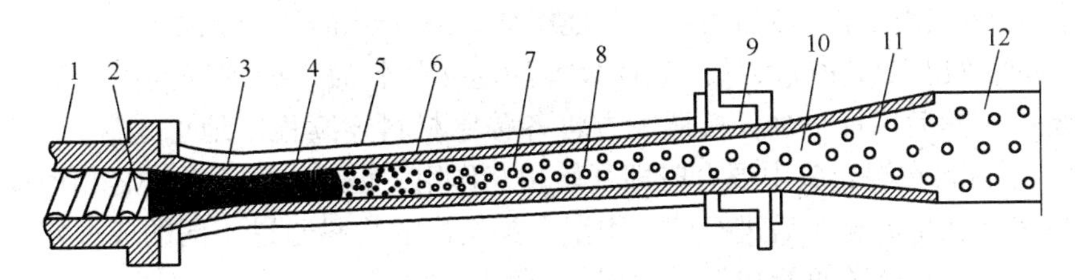

图7-8　挤出发泡机头结构示意图

1—料筒　2—螺杆　3—成型区　4—加热区　5—电热器　6—发泡区　7—塑化区
8—稳定区　9—水夹套　10—冷却区　11—后膨胀区　12—泡沫产品

注射法是挤出和模压的结合，物料在料筒内受热受压，气孔体积较小。一旦注射入模具，气孔体积迅速增大，但制品体积受模具限制。注射法制品通常只限于高密度的低发泡制品。注塑设备通常以移动螺杆式的为主，注塑工艺大体与普通注塑相同。物料的升温、混合、塑化与部分发泡均在注塑机内进行。控制发泡的因素，除发泡剂本身的特性外，尚有料筒温度，螺杆背压等。为正确控制产品密度，每次的注射量必须相等。所用模具的材质可选用铝合金或锌合金等，以降低成本。为防止注塑过程中熔料或气体由喷嘴处泄漏，在喷嘴处应设置阀门。

压延法用于生产PVC压延泡沫制品，主要是泡沫人造革与泡沫壁纸。同薄膜压延工艺一样，使用压延机将PVC塑料压成薄片，再贴合在布上，然后进入发泡箱升温让化学发泡剂分解发气形成气孔，产生泡沫结构。另外，用涂层法也可生产泡沫人造革。使用刮刀或辊筒将PVC糊涂在等速向前移动的布、玻璃布、纸等增强材料上，然后送入烘箱，这时溶胶受热温度上升，增塑剂扩散进入树脂，树脂颗粒受热熔融而相互粘结起来，化学发泡剂分解发气形成气孔，冷却后泡沫结构就被稳定下来。

（2）利用聚合物原料各组分反应产生气体发泡

此法的发泡气体是由形成聚合物的组分相互作用所产生的副产物，或者是这类组分与其他物质作用的生成物。工业上用这种方法生产的主要有聚氨基甲酸酯（PU）泡沫塑料（海绵），发泡的气体是由异氰酸酯与聚醚或聚酯的羟基或水反应所析出的二氧化碳，其他如利用苯酚与甲醛缩聚所放出的水泡来制造酚醛泡沫塑料等也属于这一种。

生产PU泡沫材料的原料是含有羟基的聚醚或聚酯树脂和异氰酸酯，水以及其他助剂。其反应式如式（7-3）所示：

$$n\mathrm{O{=}C{=}N{-}R{-}}\overset{\mathrm{H}}{\overset{|}{\mathrm{N}}}\mathrm{{-}}\overset{\mathrm{O}}{\overset{\|}{\mathrm{C}}}\mathrm{{-}O}\sim\sim\sim\mathrm{O{-}}\overset{\mathrm{O}}{\overset{\|}{\mathrm{C}}}\mathrm{{-}}\overset{\mathrm{H}}{\overset{|}{\mathrm{N}}}\mathrm{{-}R{-}N{=}C{=}O}+n\mathrm{H_2O}\longrightarrow$$

$$\left[\overset{\mathrm{O}}{\overset{\|}{\mathrm{C}}}\mathrm{{-}}\overset{\mathrm{H}}{\overset{|}{\mathrm{N}}}\mathrm{{-}R{-}}\overset{\mathrm{H}}{\overset{|}{\mathrm{N}}}\mathrm{{-}}\overset{\mathrm{O}}{\overset{\|}{\mathrm{C}}}\mathrm{{-}O}\sim\sim\sim\mathrm{O{-}}\overset{\mathrm{O}}{\overset{\|}{\mathrm{C}}}\mathrm{{-}}\overset{\mathrm{H}}{\overset{|}{\mathrm{N}}}\mathrm{{-}R{-}}\overset{\mathrm{H}}{\overset{|}{\mathrm{N}}}\right]_n+n\mathrm{CO_2} \qquad (7-3)$$

由于聚合过程伴随着发泡过程，所以要严格控制生产工艺过程的温度和停留时间。为了改善制品的性能，常加入有机锡等催化剂、硅油等表面活性剂和其他发泡剂，用以调节聚合反应和气孔的形成。生产时按反应控制的步骤不同又可分为一步法和二步法。一步法是把所有原料混在一起，树脂的生成、交联及发泡同时进行，泡沫材料的形成一步完成，是目前普遍采用的发泡工艺。二步法是先用聚醚树脂与多元异氰酸酯混合反应生成含有一定游离异氰酸酯的预聚体，然后再加入其他组分，进一步混合，让预聚体与水反应使其聚合成 PU，同时放出二氧化碳气体。生产聚氨酯泡沫塑料时，处理好的原材料一般都分别放在贮料罐中，然后用计量泵，按照配方将各种原材料连续稳定地送入混合头进行混合，见图 7－9。原材料在混合头中混合时即开始相互作用，但因在混合头中停留时间很短，因此主要反应都是在出混合头后进行的。由混合头送出的物料通过不同的成型定型方法可以制成模制品、块状泡体或喷涂成覆盖面层。

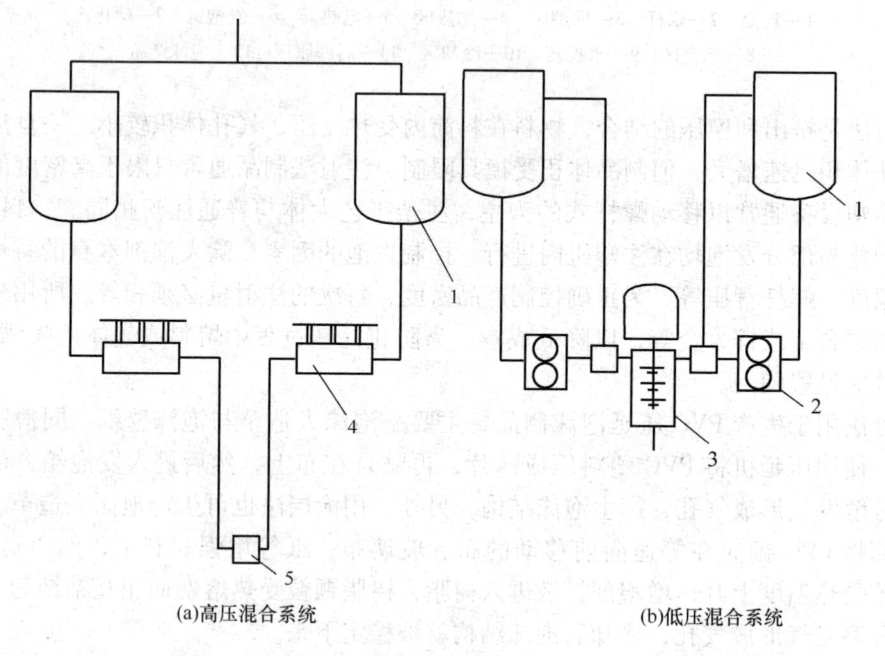

图 7－9　聚氨酯化学发泡法混合系统

1—贮料罐　2—低压泵　3—低压混合头　4—高压泵　5—高压混合头

物料贮罐通常采用不锈钢做衬套，以解决防腐问题，贮罐中还附有搅拌及夹套恒温装置的反应釜。搅拌目的是为防止不同相对密度的物料沉降面造成分层现象。恒温装置是为了使物料温度保持均一，使发泡工艺具有较好的重复性，并保持生产的稳定性。计量泵也是发泡设备的关键部分，靠它保证发泡配方的准确性和稳定性。聚酯、聚醚及预聚体等黏滞物料通常采用齿轮式计量泵或环形活塞泵，其计量误差要求小于 1%。

7.4　泡成型新技术

7.4.1　超临界二氧化碳发泡

气体、液体、固体是纯物质在常压下的物理三态，在一定的温度和压力条件下，物质的物理状态可以发生变化。提高物质的温度和压力达到特定的温度、压力时，会出现液体与气体界面消失的现象，该点被称为临界点，如图7－10所示。

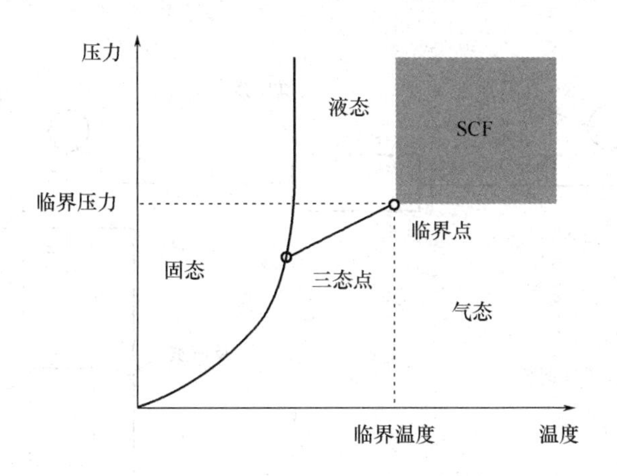

图7－10　物质的状态与临界点

在临界点附近，流体的物性如密度、黏度、溶解度、热容量、介电常数等会发生急剧的变化。温度及压力均处于临界点以上的液体叫超临界流体（supercritical fluid，简称SCF）。超临界流体由于液体与气体分界消失，是即使提高压力也不液化的非凝聚性气体。超临界流体的物性兼具液体性质与气体性质。它基本上仍是一种气态，但又不同于一般气体，是一种稠密的气态。其密度比一般气体要大两个数量级，与液体相近。它的黏度比液体小，但扩散速度比液体快（约两个数量级），所以有较好的流动性和传递性能。它的介电常数随压力而急剧变化（如介电常数增大有利于溶解一些极性大的物质）。另外，根据压力和温度的不同，这种物性会发生变化。因此，采用超临界流体溶解于聚合物相中具有较大的溶解度，因而可以利用此特性进行物理发泡成型。

超临界二氧化碳是一种 $T>31.1$℃，$P>7.38$MPa 的二氧化碳流体，它不仅具有类似于气体的黏度和液体的密度，而且可以通过改变条件控制超临界二氧化碳的密度及溶解性，比较适合于聚合物超临界发泡。

超临界二氧化碳发泡法出现于20世纪90年代，又称“solvent－free”法。这种方法是将超临界二氧化碳的聚合物饱和溶液，在某温度下恒温迅速降压，由于聚合物溶液的过饱和，快速降压会导致晶核的生成，这些晶核持续生长，最终得到具有蜂窝状结构的孔材料。由于在二氧化碳存在下许多聚合物的玻璃化转变温度会降低，这就意味着在超临界二氧化碳流体中的聚合物会在较低温度下成液态，于是随着恒定温度条件下压力的降低，二氧化碳的量逐渐减少，聚合物的玻璃化转变温度 T_g 也随之不断升高，当 T_g 升到高于设定温度时，聚合物呈玻璃态，这时晶核停止生长，从而得到了具有蜂窝状孔构的聚合物孔材料。

下面以采用超临界 CO_2 发泡方法制备PLA三维多孔泡沫材料为例来说明超临界 CO_2 发泡法的工艺和原理。

制备过程如图7－11所示，将聚合物和成核剂均匀混合后，放入四氟乙烯模具中加热，然后将模具自然冷却后取出样品，将制好的样品放入反应釜内，用高压泵通入 CO_2 气体，在一定温度下在超临界 CO_2 状态中保压一段时间，使 CO_2 气体逐渐被聚合物吸收。然后降压，迅速放气，使聚合物样品发泡。最后低温真空干燥，得到三维立体网状支架材料。

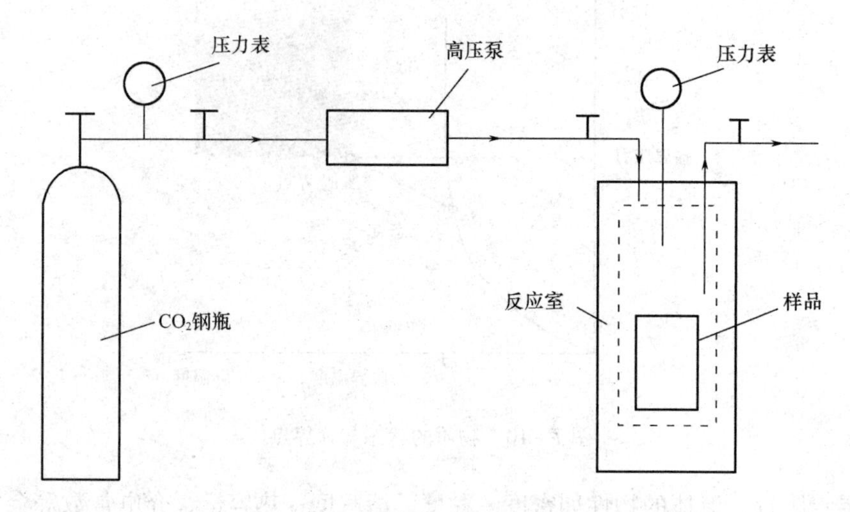

图 7－11　超临界 CO_2 装置示意图

7.4.2　高压釜发泡

高压釜发泡成型，又称为“高压釜批处理工艺”是泡沫塑料工业的一种独特工艺技术。这种方法是将聚合物片材在一定压力和温度下置于气体（通常是 N_2）中足够长的时间，保证气体进入聚合物片材内部并完全饱和，然后在适当的温度下泄压进行发泡成型。原则上该工艺可以适用于任何材料，但实际应用中需满足两个要求：一是材料必须具有适宜的发泡剂溶解度和扩散速率；二是材料必须具有一定的熔体强度，熔体强度可以通过交联或其他方法进一步提高或控制。

高压釜发泡成型工艺有三个主要步骤，包括片材挤出、高压釜发泡、低压釜发泡。实际生产中这些步骤随着产品和材料种类的不同也有一些变化。

首先，材料需挤出连续片材或交联片材，并切成所需要的长度作为未发泡的母材；其次，将其放进一台大的高压釜中，在高温和高压下曝置于 N_2 中，在上述条件下气体被吸收到聚合物结构中，直到饱和；最后，将饱和 N_2 片材迅速降压，使体系产生热动力学不稳定性，诱发泡孔成核。由于控制方面的原因，片材在这一步中并没有完全发泡，而是将成核的片材冷却，并从高压釜中取出。最后，将上一步得到的成核片材放在另一台低压釜中进行完全发泡，材料在釜中受到温和的气体压力作用和二次加热，直到整张片材受热均匀，达到热平衡后，立即降压，聚合物在柔软、可拉伸的状态下实现完全发泡。

图 7－12 给出了第二步工艺的示意图。如上所述，所挤出的片材完全不含发泡剂和成核剂。为了将发泡剂加到片材中，只需将片材置于高压、高温气体中即可。

一旦进入高压釜，气体和聚合物就被加热、加压。压力和温度是气体溶解的两个主要驱动因素。一旦确定达到饱和，下一步就是成核泡孔。这要通过快速降压来实现。气体压力可以在几秒钟之内降到饱和压力的几分之一。热动力学不稳定性的产生使片材被气体过

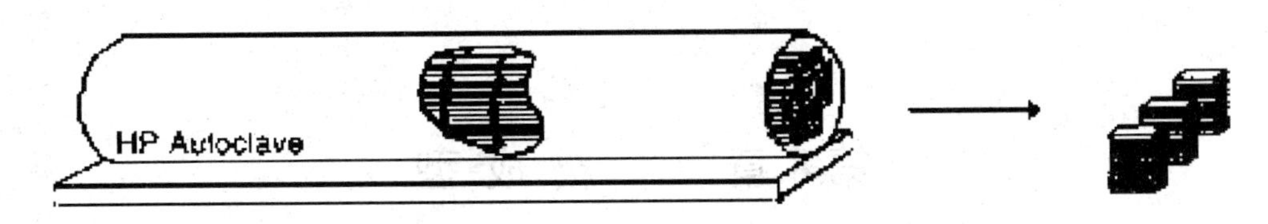

图7－12　气体吸收工艺示意图

饱和，从而使气体逸出溶液形成泡核。注意这一步需使泡孔成核但限制其长大，最终泡沫的泡孔结构通过压力下降速率来控制。压力下降速率越大，得到的成核密度越高，泡孔越细密；而压力降速率越低，往往会降低成核密度，得到越粗大的泡孔。快速降压之后，一旦压力再次稳定，立即将片材冷却，并从高压釜中取出来。

第三步是在低压釜中完全发泡，工艺如图7－13所示。将上一步得到的材料输送到另一个低压釜里，在此将充满气体的成核片材再次加热，并同时对其初步施压。一旦让片材在要求的温度和压力下平衡适当的时间，就降低压力。在压力下降过程中，聚合物片材随着气压下降而发泡。

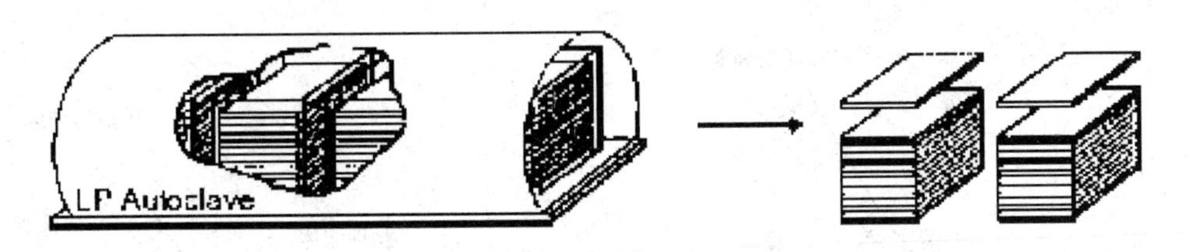

图7－13　低压釜中完全发泡工艺步骤简图

采用高压釜发泡工艺成型的最终的泡沫片材，有时称为泡沫块或泡沫砖。由于发泡过程不受限制，所生产的泡沫材料的性能非常均匀，但由于发泡釜体积所限，泡沫块的尺寸不可能很大。

第8章　二 次 成 型

二次成型是指在一定条件下将高分子材料一次成型所得的型材通过在高弹态下进行再次成型加工，以获得的最终制品的技术。换句话说，二次成型是在低于聚合物流动温度或熔融温度的高弹态下，通过黏弹形变来实现材料型材或坯件再造型的过程。中空吹塑成型、薄膜的双向拉伸、热成型以及合成纤维的拉伸都属于二次成型的范畴。

8.1　高分子材料二次成型的条件

玻璃态（或结晶态）、高弹态和黏流态是聚合物在不同的温度下分别表现出来的三种物理状态。在一定的相对分子质量范围内，温度和相对分子质量对非晶型和部分结晶型聚合物物理状态转变的关系如图8－1所示。

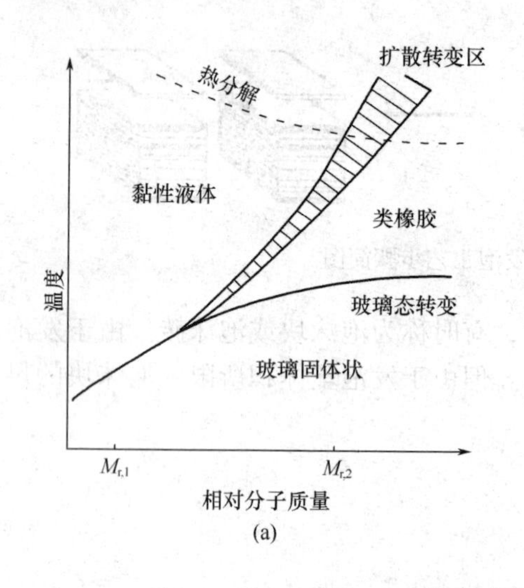

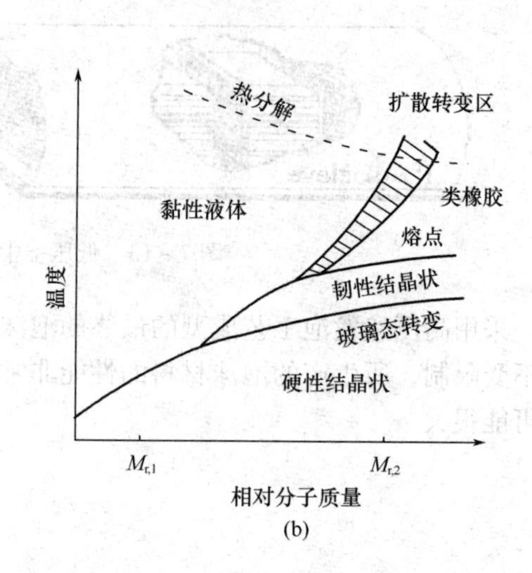

图8－1　温度对聚合物物理状态的转变关系
（a）非晶型　（b）部分结晶型

非晶型聚合物在玻璃化温度 T_g 以上呈类橡胶状，显示出橡胶的高弹性，在黏流温度 T_f 以上呈黏性液体状；部分结晶型聚合物在 T_g 以下呈硬性结晶状，在 T_g 以上呈韧性结晶状，在接近熔点 T_m 转变为具有高弹性的类橡胶状，高于 T_m 则呈黏性液体状。

聚合物在 $T_g \sim T_{f(m)}$ 间，表现出兼具液体和固体的性质，既具有黏性又具有弹性，其模量要比玻璃态下时低，在外力的作用下可以产生较大的形变值，因此，可以被再加工或者说是再造型。但由于有弹性，聚合物仍具有抵抗形变和恢复形变的能力，要产生不可逆形变必须有较大外力作用。

二次成型的过程是先将聚合物材料在 $T_g \sim T_{f(m)}$ 温度范围内加热，使之产生形变并成型为一定形状，然后将其置于接近室温下冷却，使其形变冻结并固定其形状。二次成型的温度以能使聚合物能产生形变且伸长率最大为宜。一般无定型聚合物最宜成型温度比其 T_g 略高，如硬 PVC（T_g =83℃）的最宜成型温度为92~94℃，PMMA（T_g =105℃）成型温度为118℃；而结晶性聚合物的成型温度要接近其熔点。如此看来，一般无定型聚合物的加工区间要比结晶性聚合物的宽。虽然看起来成型过程相似，其实对于 T_g 比室温高得多的无定型聚合物和部分结晶的聚合物的冷却定型机理还是有区别的。前者在冷却过程中只有分子链段被冻结，后者却发生了相转变。二次成型产生的形变具有回复性，实际获得的有效形变（即残余形变）与成型条件有关。成型温度升高，材料的弹性形变成分减少。模具温度（即冻结残余形变的温度）低，成型制品可回复的形变成分就少，可获得的有效形变就大。实际生产中应根据材料的特性和产品的形状、厚度等因素决定模具温度。

显而易见，二次成型仅适用于热塑性塑料。橡胶和热固性塑料经一次成型以后，发生了交联反应，其分子结构变成网状或体形结构，遇热不再熔融，已不具备二次成型的条件。

8.2　中空吹塑

中空吹塑（Blow Molding）是借助气体压力使闭合在模具型腔中的处于类橡胶态的型坯吹胀成为中空制品的二次成型技术，是制造空心塑料制品的成型方法。

吹塑制品主要用途是作为各种液状货品的包装容器，如各种瓶、壶、桶等，因此，要求吹塑制品要具有优良的耐环境应力开裂性、良好的阻透性和抗冲击性，有些还要求耐化学药品性，抗静电性和耐挤压性等。用于中空成型的热塑性塑料品种很多，最常用的是PE、PP、PVC和热塑性聚酯等，也有用PA、纤维素塑料和PC等。

8.2.1　中空吹塑的基本方法

根据型坯制造方法的不同，中空吹塑分为注坯吹塑和挤坯吹塑两种类型。若将所制得的型坯直接在热状态下立即送入吹塑模内吹胀成型，称为热坯吹塑；若不用热的型坯，而是将挤出所制得的管坯和注射所制得的型坯重新加热到类橡胶态后再放入吹塑模内吹胀成型，称为冷坯吹塑。目前工业上以热坯吹塑为多。

8.2.1.1　注射吹塑

注射吹塑是用注射成型法先将塑料制成有底型坯，再把型坯移入吹塑模内进行吹塑成型的方法。注射吹塑又有拉伸注坯吹塑和注射-拉伸-吹塑两种方法。

（1）无拉伸注坯吹塑

注射吹塑成型过程如图8-2所示。由注射机在高压下将熔融塑料注入型坯模具内并在芯模上形成适宜尺寸、形状和质量的管状有底型坯。若生产的是瓶类制品，瓶颈部分及其螺纹也在这一步骤上同时成型。所用芯模为一端封闭的管状物，压缩空气可从开口端通入并从管壁上所开的多个小孔逸出。型坯成型后，注射模立即开启，通过旋转机构将留在芯模上的热型坯移入吹塑模内，合模后从芯模通道吹入0.2~0.7MPa的压缩空气，型坯立即被吹胀而脱离芯模并紧贴到吹塑模的型腔内壁上，并在空气压力下进行冷却定型，最后开模取出即得吹塑制品。

注射吹塑宜生产批量大的小型精制容器和广口容器，主要用于矿泉水、化妆品、日用品、医药和食品的包装。

注坯吹塑技术的优点是：制品壁厚均匀，不需要后加工；注射制得的型坯能全部进入吹塑模内吹胀，故所得中空制品无接缝，废边废料也少；对塑料品种的适应范围较宽，一些难于用挤坯吹塑成型的塑料品种可用于注坯吹塑成型。但缺点是成型需要注塑和吹塑两套模具，故设备投资较大；此外，注塑所得型坯温度较高，吹胀物需较长的冷却时间，成型周期较长；注塑所得型坯的内应力较大，生产形状复杂、尺寸较大制品时易出现应力开裂现象，因此生产容器的形状和尺寸受限。

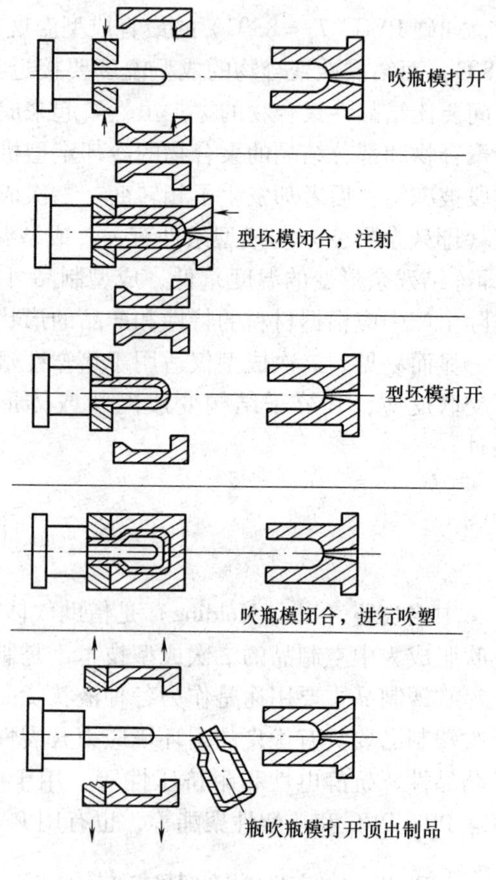

图 8－2　注射吹塑成型过程

（2）注坯－拉伸－吹塑

注坯－拉伸－吹塑制品成型过程如图8－3所示。在这一成型过程中，型坯的注射成型与无拉伸注坯吹塑法相同，但所得型坯并不立即移入吹塑模，而是经适当冷却后移送到一个加热槽内，在槽中加热到预定的拉伸温度，再转送至拉伸吹胀模内。在拉伸吹胀模内先用拉伸棒将型坯进行轴向拉伸，然后再引入压缩空气使之横向胀开并紧贴模壁。吹胀物经过一段时间的冷却后，即可脱模得具有双轴取向结构的吹塑制品。

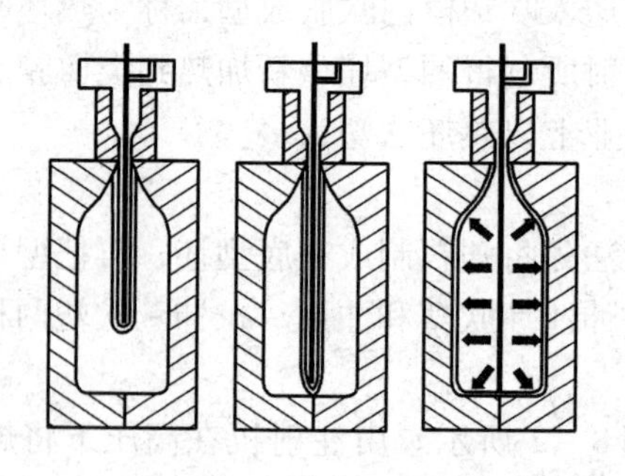
图 8－3　注射－拉伸－吹塑成型过程

由于在成型过程中型坯被横向吹胀前受到轴向拉伸，用这种方法成型中空制品具有大分子双轴取向结构。成型注坯拉伸吹塑时，通常将不包括瓶口部分的制品长度与相应型坯长度之比定为拉伸比；而将制品主体直径与型坯相应部位直径之比规定为吹胀比。增大拉伸比和吹胀比有利于提高制品强度，但在实际生产中为了保证制品的壁厚满足使用要求，拉伸比和吹胀比都不能过大。实验表明，二者取值为 2 ~ 3 时，可得到综合性能较高的制品。

注坯拉伸吹塑制品的透明度、冲击强度、表面硬度和刚度都能有较大的提高，如：用无拉伸注坯吹塑技术制得的PP中空制品其透明度不如硬质PVC吹塑制品，冲击强度则不如PE吹塑制品；但用注坯拉伸吹塑成型生产的PP中空制品的透明度和冲击强度可分别达到硬质PVC制品和PE制品的水平，而且弹性模量、拉伸强度和热变形温度等均有明显提高。制造同样容量的中空制品，注坯拉伸吹塑可以比无拉伸注坯吹塑的制品壁更薄，因而可节约成型物料50%左右。

8.2.1.2　挤出吹塑

挤出吹塑与注射吹塑的不同之处在于其型坯是用挤出机经管机头挤出制得。

挤出吹塑工艺过程包括：①管坯直接由挤出机挤出，并垂挂在安装于机头正下方的预先分开的型腔中；②当下垂的型坯达到规定长度后立即合模，并靠模具的切口将管坯切断；③从模具分型面上的小孔送入压缩空气，使型坯吹胀紧贴模壁而成型；④保持充气压力使制品在型腔中冷却定型后开模脱出制品。

挤坯吹塑的基本过程如图8－4所示。型坯从一台挤出机供料的管机头挤出后，垂挂在口模下方处在开启状态的两吹塑半模中间，当型坯长度达到预定值之后，吹塑两半模立即闭合，模具的上、下夹口依靠合模力将管坯切断，型坯在吹塑模内的吹胀与冷却过程与无拉伸注坯吹塑相同。由于型坯仅由一种物料经过挤出机前的管机头挤出制得，故这种吹塑成型常称为单层直接挤坯吹塑或简称为挤坯吹塑。

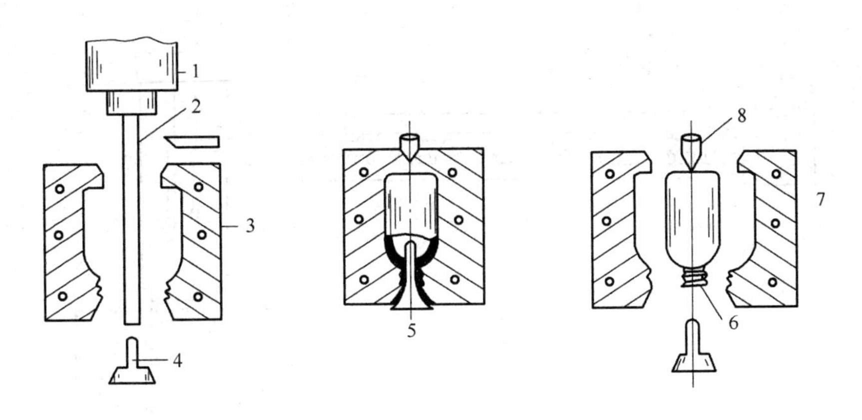

图8－4　挤出吹塑工艺过程

1—挤出机　2—挤出管坯　3—吹塑模具　4—吹气夹子　5—闭模和吹塑　6—吹塑瓶
7—挤出吹塑成型　8—尾料

挤出吹塑法生产效率高，型坯温度均匀，熔接缝少，吹塑制品强度较高；设备简单，投资少，对中空容器的形状、大小和壁厚等允许范围较大，适用性广，故在当前中空制品的总产量中，占有绝对优势。为了使制品也具有双向拉伸特性，挤出的坯料在进入吹塑模具之前，也可由工人手工进行拉伸，这样导致误差大，因此，挤出吹塑没有注射吹塑制品的壁厚均匀。

8.2.2 中空吹塑设备与模具

(1) 挤出吹塑设备

挤出吹塑设备包括挤出机、成型型坯的机头和口模、吹胀装置及辅助装置几部分。

1）挤出吹塑设备　有连续式和往复式两种，前者连续挤出熔料，后者间歇挤出熔料。对于吹塑用螺杆挤出机，应具有如下特点：

①挤出机的驱动装置应该可连续调速；

②挤出机螺杆的长径比应适宜，长径比稍大一些，料温波动小，料筒加热温度低，使管坯温度均匀，可提高产品的精度及均匀性，并适应于热敏性塑料的生产。

③型坯在较低温度下挤出。由于熔体黏度较高，可减少型坯下垂，保证型坯厚度均匀，有利于缩短生产周期，提高生产效率。

图8-5为一种往复式螺杆挤出系统示意图。其工作过程是挤出型坯以后，螺杆向后移动，将熔料储存在螺杆的前部。当前面的模塑制品已经冷却后，模具开启，顶出制品，立刻用液压系统把螺杆向前推动，受力的熔料通过机头迅速成为型坯。对该挤出系统的要求是储存的料量和速率要与模具上制品的尺寸及冷却速率同步。

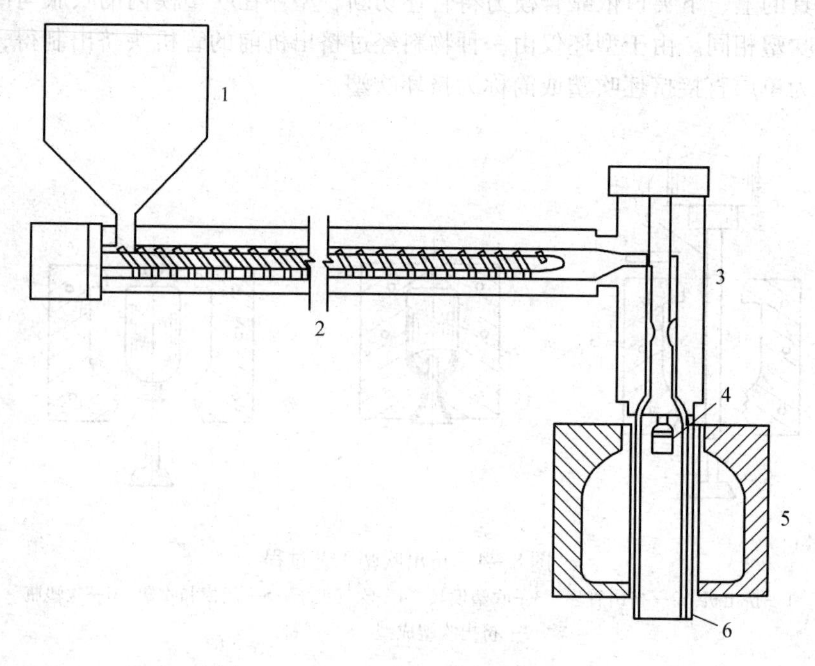

图8-5　往复式螺杆挤出系统示意图

1—料斗　2—挤出机　3—机头　4—吹气针　5—模具　6—管坯

2）挤出型坯机头及口模　机头和口模是把从挤出装置挤出的熔融物料成型为管状型坯的吹塑成型的关键部件。中空成型对挤出型坯机头的要求是：保证口模处型坯均匀流出；型坯在口模截面上温度、压力和速度尽可能保持均一状态；机头内部流道呈流线型、无死角；流道内表面光洁程度高，无阻滞部位，防止熔料在机头内流动不畅而产生过热分解。一般分为转角式、直通式和带储料缸式的三种。

①转角式机头：由连接管和与之呈直角配置的管式机头组成，结构如图8-6所示。绝大多数吹塑成型均采用方向向下的转角式机头。这种机头内流通有较大的压缩比，口模部分有较长的定型段，适合于挤出聚乙烯、聚丙烯、聚碳酸酯、ABS等塑料。由于熔体流动方向由水平转向垂直，熔体在流道中容易产生滞留，加之进入连接管环状截面各部位到机头口模出口处的长度有差别，机头内部的压力不平衡，造成机头内熔体性能有差异。为使熔体在转向时能自由平滑地流动，不产生滞留点和熔接线，多采用螺旋状流动导向装置和侧面进料机头。其结构如图8-7所示。

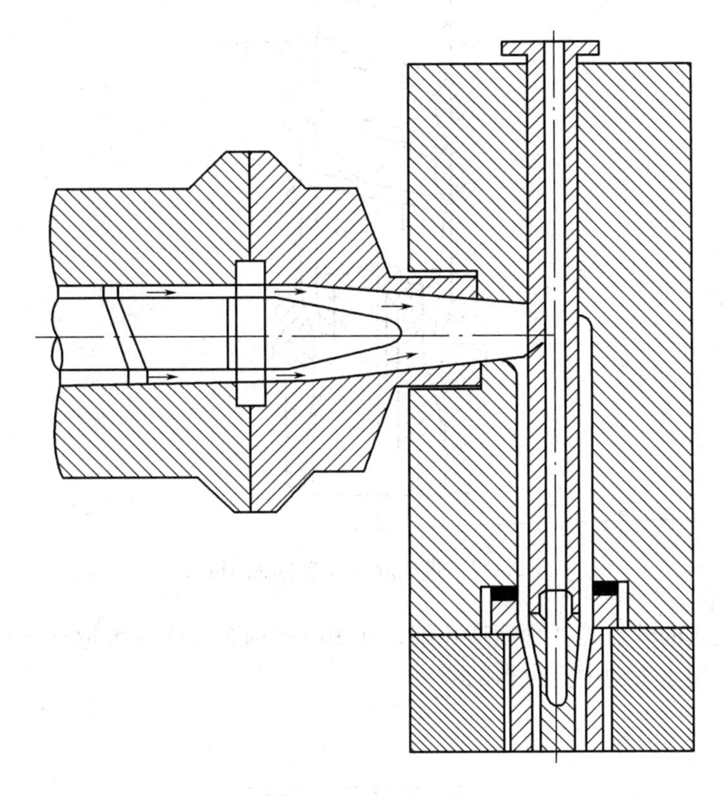

图8-6　转角机头

②直通式机头：这种机头的出料方向与挤出机螺杆轴线呈一字形配置，从而避免塑料熔体流动方向的改变，可防止塑料熔体过热而分解。适合于热敏性塑料的吹塑成型，常用于硬聚氯乙烯透明瓶的制造。

3）吹胀装置　型坯进入吹塑模具并闭合后，压缩空气通过吹气嘴吹入型坯内，将型坯吹胀成模腔所具有的精确形状，进而冷却、定型、脱模取出制品。吹胀装置包括吹气、吹塑模具及其冷却、排气系统等。吹气装置常用的有针管吹气、型芯顶吹、型芯底吹三种。

①针管吹气法：如图8-8所示，对于带手柄类中空容器，吹气针管一般安装在模具型腔的半高处，当模具闭合时，针管向前穿破型坯壁，压缩空气通过针管吹胀型坯，然后吹针缩回，熔融物料封闭吹针遗留的针孔。另一种形式是在制品颈部有一伸长部分，以便吹针插入，又不损伤瓶颈。为了提高吹胀效率，可在同一型坯中采用几支吹针同时吹胀的

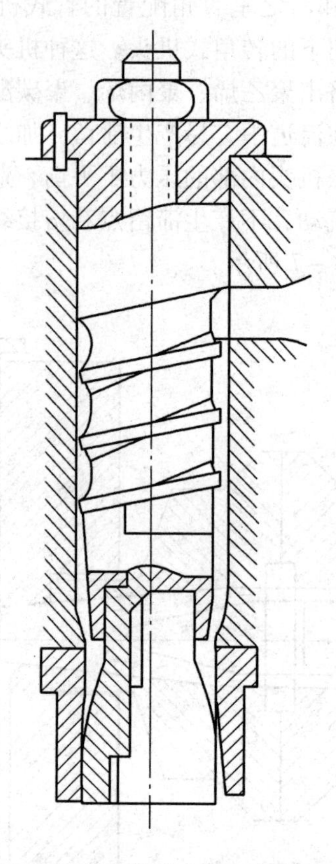

图8－7　带螺旋状沟槽芯轴的机头

方法。针管吹气法的缺点是针管喷嘴孔细，在短时间内难以吹入大量空气且吹塑压力损失大，所以，不适用于大型中空容器的成型。

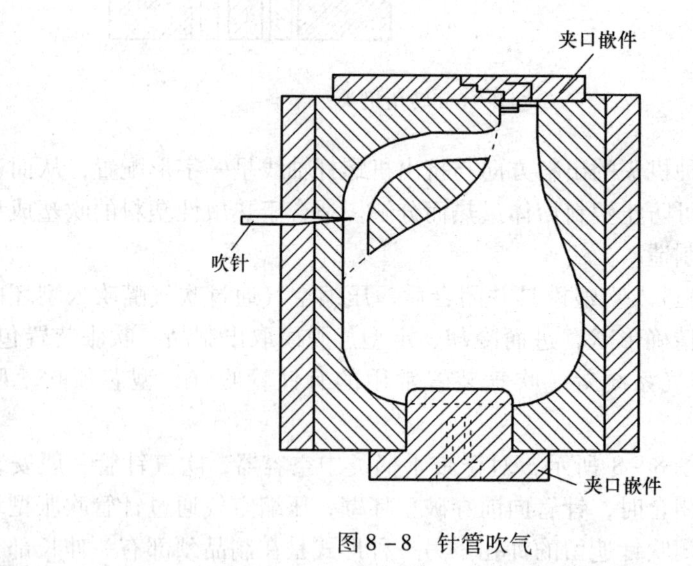

图8－8　针管吹气

②型芯顶吹法：吹气通道设在型芯内部。这种模具的颈部向上，当模具闭合时，型坯在底部被夹住而让顶部开口，吹气芯轴直接进入开口的型坯，吹气的同时成型颈部内壁，成型完后在型芯和模具顶部之间切断型坯，如图 8 - 9 所示。顶吹法的优点是直接利用机头芯模作为吹气芯轴，压缩空气从机头进入，经芯轴进入型坯，简化了吹塑机构。但压缩空气从芯轴和型芯通过会影响机头温度，型坯挤出稳定性差。为此，可设计与芯模无关、独立的顶吹芯轴。

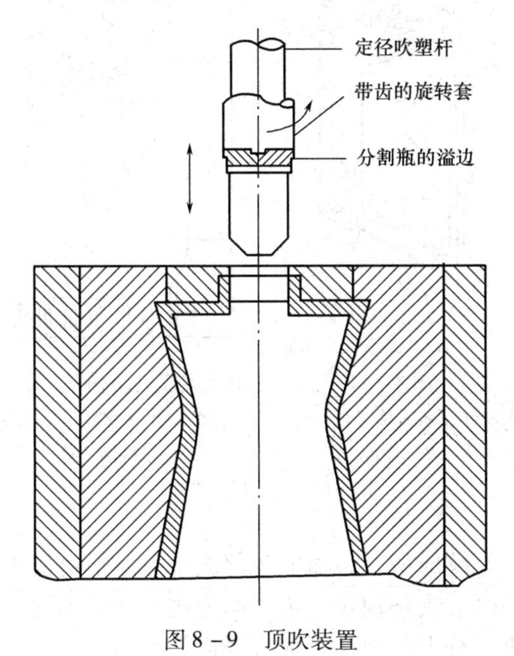

图 8 - 9　顶吹装置

③型芯底吹法：如图 8 - 10 所示，从挤出机口模出来的管坯落到模具底部的吹气芯轴上，压缩空气从型坯的下端注入。采用这种方式吹胀型坯时，容器的口颈可以位于容器的中心或左右两端；但由于进气口设在管坯温度最低处，也是芯坯自重下垂厚度最厚的部位，因此，制品形状较为复杂时，不能将型坯充分吹胀，容器口颈部位的壁也较厚。这种方法较适宜大、中型容器的吹胀成型。

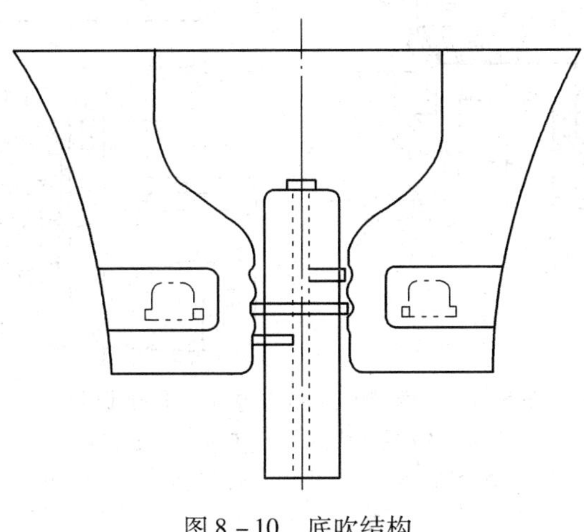

图 8 - 10　底吹结构

4）吹塑模具　吹塑模具通常由两瓣阴模组成，并设有冷却剂通道和排气系统。典型吹塑模具的结构如图8－11所示，一般包括模体、肩部夹坯嵌块、导柱、模颈圈、端板、冷却水出入口、模底夹坯口刃、模腔、模底嵌块、尾料槽、把手夹坯口刃、把手孔、剪切块等。吹塑模具对吹塑容器的几何形状、精度以及力学性能都有直接影响，是吹塑成型的关键。

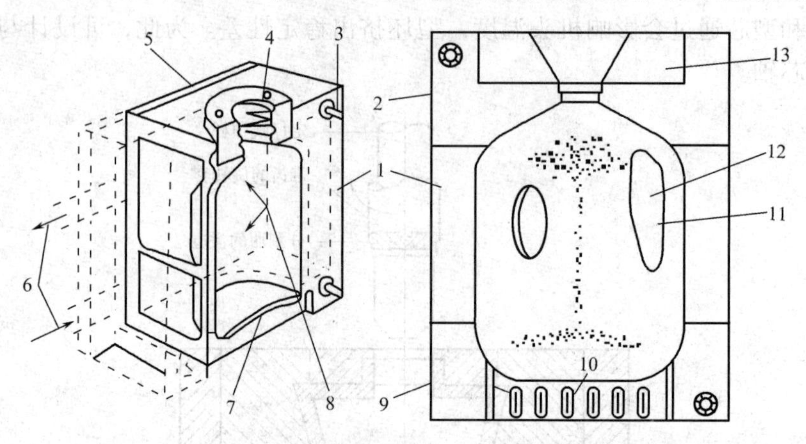

图8－11　挤出吹塑成型模具结构

1—模体　2—肩部夹坯嵌块　3—导柱　4—模颈圈　5—端板　6—冷却水出入口　7—模底夹坯口刃　8—模腔　9—模底嵌块　10—尾料槽　11—把手夹坯口刃　12—把手孔　13—剪切块

①模具的颈部结构与螺纹成型：容器的颈部成型主要是由模项圈与夹坯块所构成的嵌块完成的，如图8－12所示。夹坯块位于模颈圈上边，有助于切去颈部余料，减小模颈圈的磨损。夹坯块口刃与进气杆上的剪切套配合，切断颈部余料。

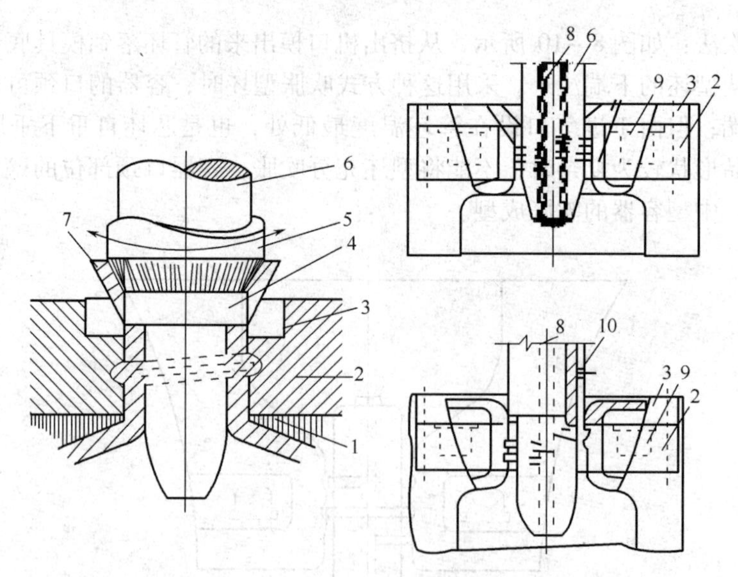

图8－12　模具的颈部结构与容器颈部成型

1—容器颈部　2—模颈圈　3—夹坯块　4—夹坯套　5—旋转套筒　6—定径进气杆　7—颈部余料　8—进气孔　9—冷却槽　10—排气孔

容器颈部螺纹是通过螺纹模环来模制的。容器颈部螺纹一般采用梯形或圆形螺纹。为了便于毛边余料的清理，在不影响使用的前提下，在圆筒形容器的口部螺纹，可以制成1/2圈或1/4圈断续状的。在接近模具分型面附近一段上带螺纹，如图8－13所示，其中（a）比较容易清理。

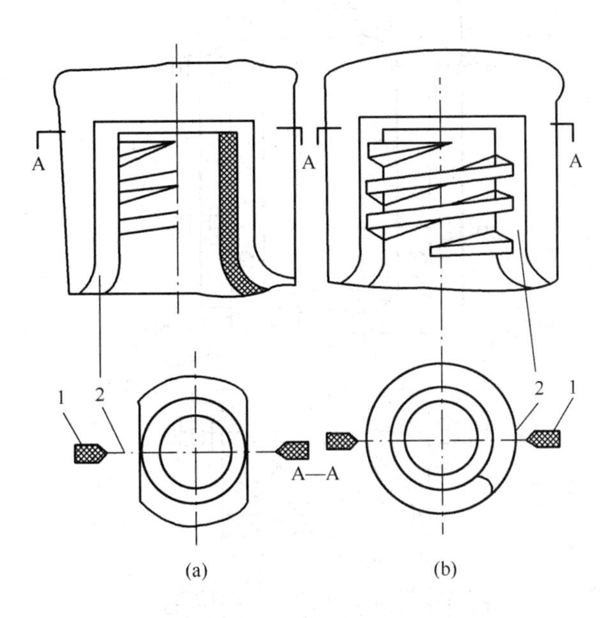

图8－13　容器颈部螺纹形状

1—余料　2—切口

②模具型腔与内表面处理：吹塑模具一般使两半模对称，模具分型面的位置由容器的形状来确定。容器把手沿分型面设置，把手孔通常采用嵌块来成型。

③夹坯口：型坯放入模具内，在模具闭合的同时由夹坯口将多余的冷却余料切除，如图8－14所示；同时，夹坯口还起着在吹胀之前在模内夹持和封闭型坯的作用。夹坯口在模具的底部，通常设置单独的底部嵌块（夹坯口刃），以挤压、封接型坯的一端并切去尾料。

④余料槽：余料槽位于分型面上，在模具夹坯口下方。余料槽的大小应根据型坯夹持后余料的宽度与厚度来确定，以模具能够闭合严密为准。

⑤模具的底部结构：吹塑容器的底部有凹形、凸形或平形，其中凹形底部最适于补偿收缩率。一般来讲，将普通小型容器底部结构设计成凹形，可以减少容器底部的支撑表面，如图8－15（a）所示。容器底部凹形结构是由模具相对应的凸形结构成型的，也就是说，容器底部凹形结构是由模具底部嵌块完成的。大型容器填装的物料多，质量大，为保证底部结构能够承受较大的压力，通常在底部设有加强筋，如图8－16所示。而在模腔底部也要设计放加强筋的相应结构。从图8－16中加强筋的布置可以看出（b）好于（a），因为（a）壁厚度不均匀性严重。容器底部成凸圆形，有利于成型加工，但是它不能够垂直站立。为了解决垂直站立的问题，在瓶底部配装一个底座，如图8－17（b）所示，以保证容器的长期垂直站立和存放。

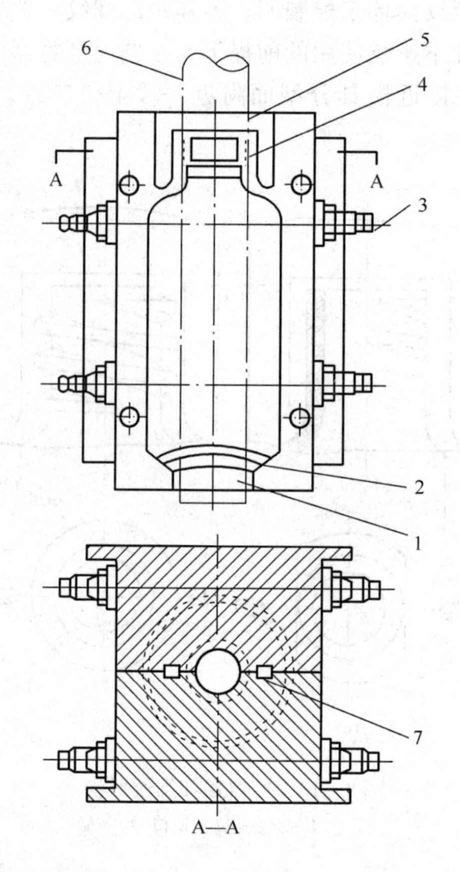

图 8－14　模具夹坯口

1、5—余料槽　2、4、7—切口　3—冷却水嘴　6—型坯

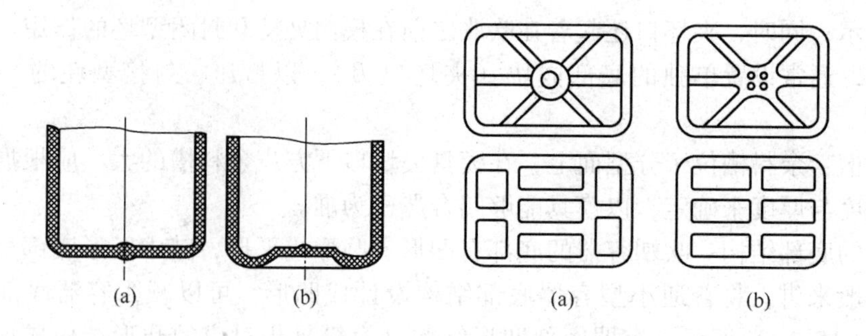

图 8－15　容器底部支撑面　　　图 8－16　容器底部加强筋结构

⑥模具的模口部分：模具的模口部分一般呈锋利的切口，有利于切断型坯，切口的形状为三角形或梯形。

5）辅助装置　吹塑设备的辅助装置包括对管坯厚度控制、管坯长度控制以及管坯切断装置等。

①型坯壁厚控制：型坯从机头口模挤出时，会产生膨胀现象，使型坯直径和壁厚大于口模间隙，悬挂在口模上的型坯在重力作用下产生下垂，引起伸长使纵向厚度不均和壁厚

变薄而影响型坯的尺寸，乃至制品质量。型坯壁厚控制分为径向壁厚控制和轴向壁厚控制。型坯径向壁厚控制，最常用的是在机头口模的周围设置若干个螺钉，如图8－18所示，当口模间隙出现一边厚一边薄时，型坯向薄的一边弯曲，这时拧动螺钉调节口模径向间隙的大小，来改变型坯周向壁厚分布。也可用圆锥形的模芯，用液压缸驱动口模芯轴上下运动，调节口模间隙，以控制管坯壁厚。

②型坯长度控制：型坯长度的控制有助于降低吹塑制品成本。型坯过长造成原料的浪费，型坯过短会使其无法吹胀。型坯长度的波动受挤出机加料量的波动、温度变化、工艺操作的影响。一般采用光电控制系统控制管坯的长度。

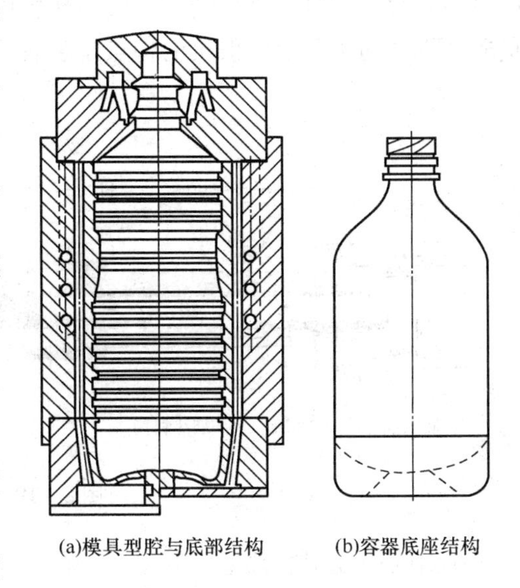

图8－17　容器底部结构成型与容器底座结构

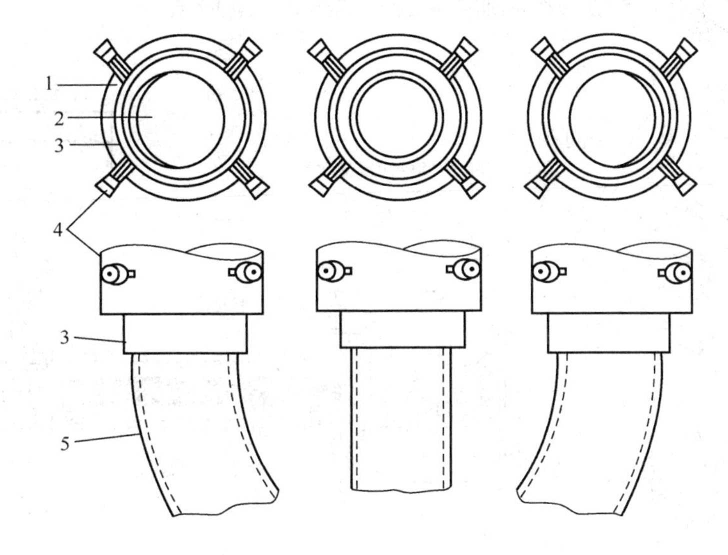

图8－18　螺钉调节口模间隙

1—熔料　2—芯模　3—口模　4—调节螺钉　5—型坯

③制品自动取出装置：对于小型容器，多采用启模后，从吹气喷嘴喷吹压缩空气，把制品吹落，在拔出吹塑喷嘴的同时，用另外的喷嘴抽吸制品，再把制品毛边敲落来取出制品。而对于大、中型制品取出的方法，多是抓住制品上端的毛边移出机外。

④其他装置：机头更换装置、锁模装置，模具自动脱模装置、滑动式升降操作台等可用于制品的后处理，机头、模芯的更换，模隙的检查调节、制品厚度分布的调节以及模具装卸、调节等。

（2）注射吹塑设备

注射吹塑成型是用来生产小型容器的技术。注射吹塑成型设备主要是由注射系统、型坯模具、吹塑模具、合模装置、脱模装置以及旋转装置等构成，如图 8－19 所示。注射吹塑成型机区别于一般注射机的特点是装有注射和吹塑两副模具以及型芯运动机构。

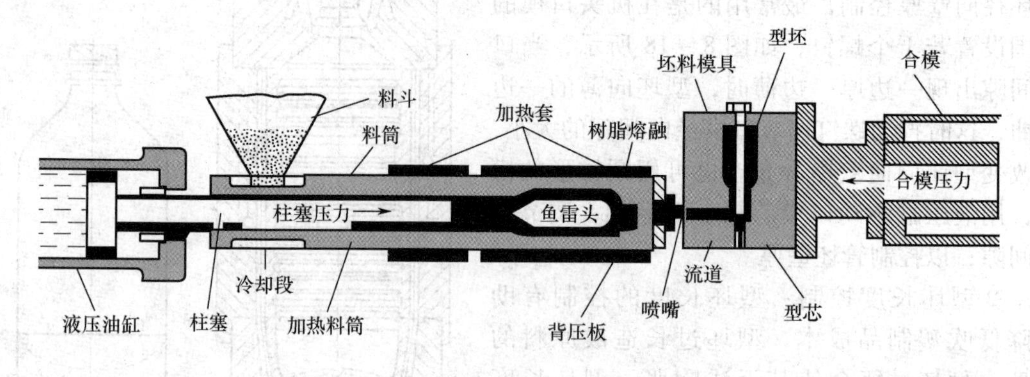

图 8－19　注射吹塑设备

注射吹塑成型通常是三工位（相隔 120°）加工：第一工位是注塑成型一个形状像试管的型坯；第二工位是将型坯用压缩空气吹胀成瓶子的形状；最后工位是将制品顶出。一个典型的三工位注射吹塑成型机的加工过程，如图 8－20 所示。

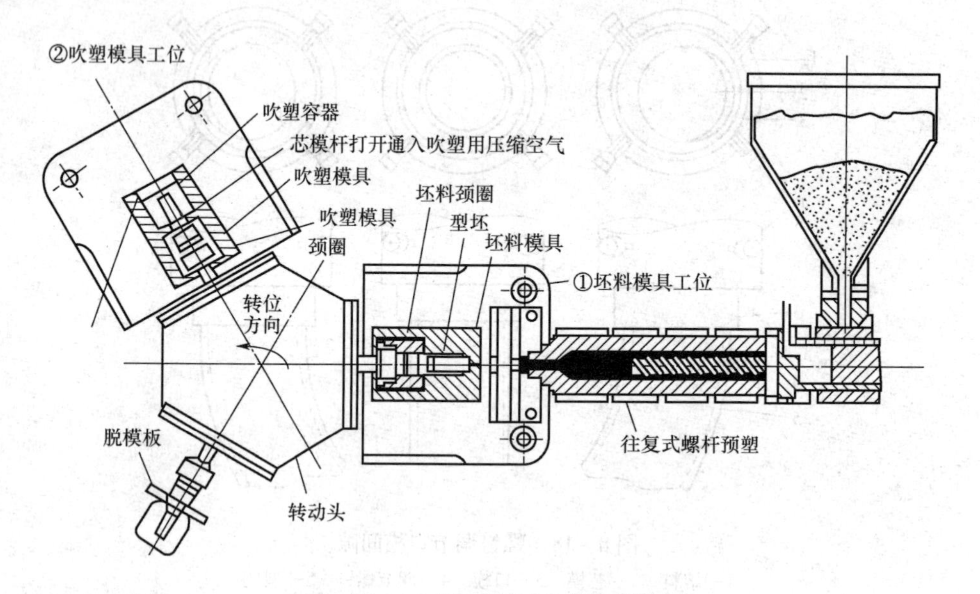

图 8－20　三工位旋转式注射吹塑装置

1）注射型坯模　注射型坯模常由型坯心棒、型坯模腔体、型坯模颈圈、底板等组成。型坯心棒具有三种功能：

①在注射模具中以心棒为中心充当阳模，成型管状型坯；

②作为运载工具，将型坯由注射模内输送到吹塑模具中去；

③心棒内有加热保温通道，常用作加热介质，控制其温度。

心棒内还有吹气通道，供压缩空气进入型坯进行吹胀，吹气通道上还装有控制开关装置，吹气时打开，注射时闭合。心棒的结构如图 8－21 所示。

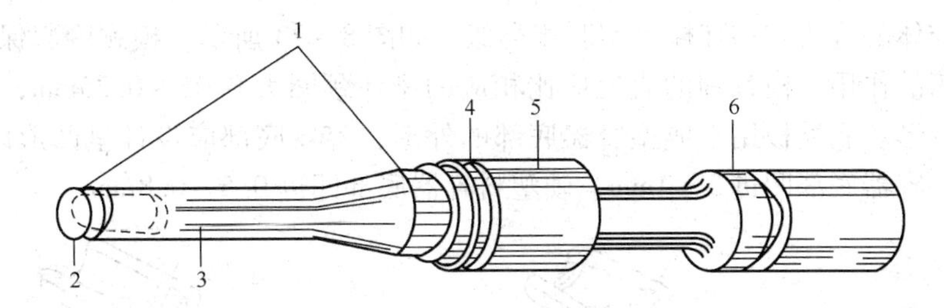

图8－21 典型吹塑用心棒

1—压缩空气吹出处 2—心棒顶部 3—心棒成型部分 4—凹槽
5—心棒颈部配合面 6—心棒体

型坯模腔体由定模和动模两半模构成，其作用是用来成型型坯的外表面。坯模颈圈用于成型容器的颈部和螺纹形状并且固定心棒。工艺上要求颈圈嵌块要紧贴在模腔体底面上，但要高出0.010～0.015mm，以便合模时能牢固地夹持心棒。

模具的冷却与排气用于控制型腔温度，冷却孔道的内径最小为10mm，与型腔之间的距离为孔径的2倍。根据需要型坯注射模具的冷却分三段进行，型坯模具的排气量较小，通过心棒尾部即可排出，不需要在型坯模具分型面上开设排气槽。

2）吹塑模具　吹塑模具是用来定型制品最终形状的，主要由模腔体、吹塑模颈圈、底模板、冷却与排气等组成。图8－22所示为一注射吹塑模具的结构。

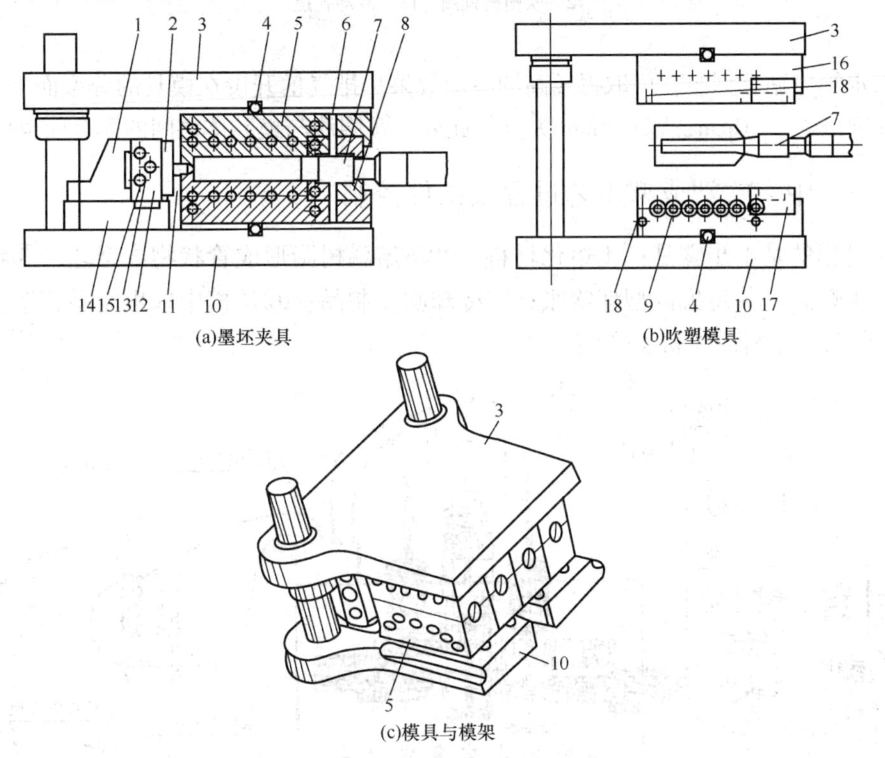

图8－22 注射吹塑模具结构

1—支管夹具 2—充模喷嘴夹板 3—上模板 4—键 5—型坯型腔体 6—心棒温控介质入、出口
7—心棒 8—颈圈镶块 9—冷却孔道 10—下模板 11—充模喷嘴 12—支管体 13—流道
14—支管座 15—加热器 16—吹塑模型腔体 17—吹塑模颈圈 18—模底镶块

吹塑模腔体的构成与型坯模具型腔相类似，如图8－23所示。模颈圈起保护和固定型坯颈部及心棒的作用，模颈圈的直径应比相应的型坯颈圈大0.05～0.25mm，以防止型坯转位时产生变形。底模板用来成型容器底部的外形，容器底部应设计呈凹形以方便脱模。一般对软塑料容器底部凹进3～4mm，硬塑料容器底部凹进0.5～0.8mm。

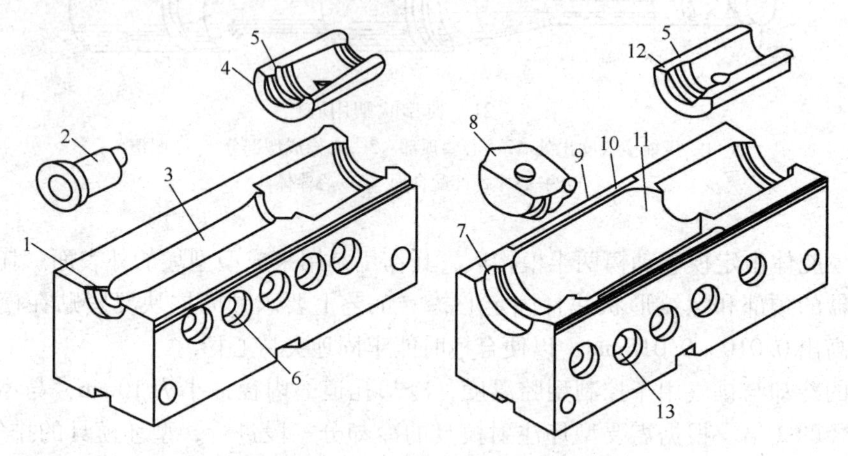

图8－23　注射吹塑模型腔体

1—喷嘴座　2—充模喷嘴　3—型坯型腔　4—型坯模颈圈　5—颈部螺纹　6—孔道（热介质调温）　7—模底镶块槽　8—避空槽　9—切槽　10—排气槽　11—吹塑型腔　12—吹塑模颈圈　13—冷却孔道

冷却水管应贴近型腔，可取得较高的冷却效果。排气槽开设在模具的分型面上，通常排气槽的深度以15～20μm，宽0.8mm为宜。此外，颈圈块与模腔体之间的配合面也可排气。

8.2.3　中空吹塑成型工艺过程及条件控制

吹塑过程的基本步骤是：①熔化材料；②将熔融树脂形成管状物或型坯；③将中空型坯吹塑模中熔封；④将模内型坯吹胀；⑤冷却吹塑制品；⑥从模中取出制品；⑦修整。图8－24为自动化塑料成型机生产线。

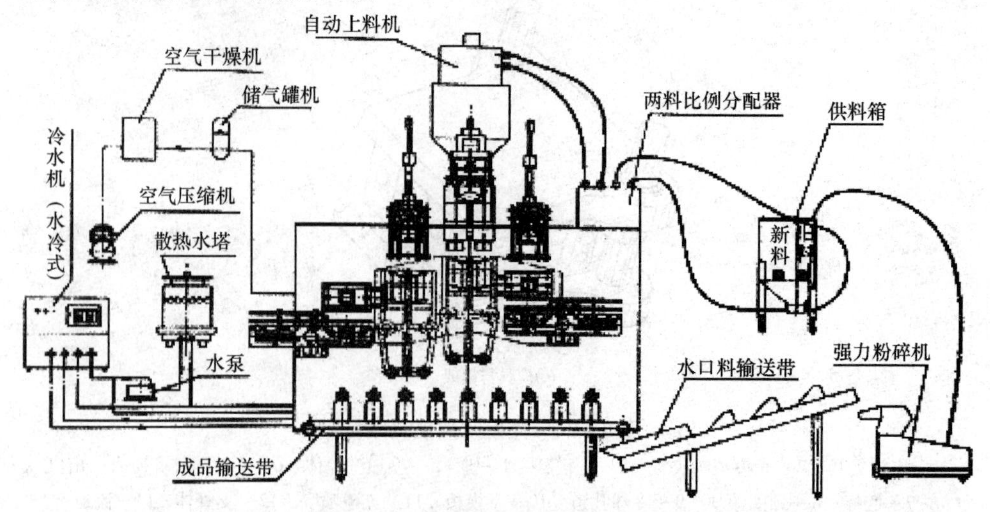

图8－24　自动化塑料成型机生产线

注射吹塑和挤出吹塑的差别在于型坯成型方法的不同，二者的型坯吹胀与制品的冷却定型过程是相同的，吹塑成型过程影响因素也大致相同。对吹塑过程和吹塑制品质量有重要影响的工艺因素是型坯温度、吹塑模温度、充气压力与充气速率、吹胀比和冷却时间等。对拉伸吹塑成型的影响因素还有拉伸比。

（1）型坯温度

制造型坯，特别是挤出型坯时，应严格控制其温度，使型坯在吹胀之前有良好的形状稳定性，保证吹塑制品有光洁的表面、较高的接缝强度和适宜的冷却时间。

型坯温度对其形状稳定性的影响通常从两个方面表现出来：一是熔体黏度对温度的依赖性，型坯温度偏高时，由于熔体黏度较低，使型坯在挤出、转送和吹塑模闭合过程中因重力等因素的作用而变形量增大。但各种材料对温度的敏感性是不一样的，对那些黏度对温度特别敏感的聚合物应更为小心控制温度。二是离模膨胀效应，当型坯温度偏低时，会出现型坯长度收缩和壁厚增大现象，其表面质量也明显下降，严重时出现鲨鱼皮症和流痕等缺陷，壁厚的不均匀性也明显增大。

在型坯的形状稳定性不受严重影响的条件下，适当提高型坯温度，对改善制品表面光洁度和提高接缝强度有利。一般型坯温度控制在材料的 T_g ~ $T_{f(m)}$ 之间，并偏向 $T_{f(m)}$ 一侧。但过高的型坯温度不仅会使其形状的稳定性变坏，而且还因必须相应延长吹胀物的冷却时间，使成型设备的生产效率降低。

（2）充气压力和充气速度

吹塑成型是借助压缩空气的压力吹胀半熔融状态的型坯，对吹胀物施加压力使其紧贴吹塑模的型腔壁以取得形状精确的制品。由于所用塑料品种和成型温度不同，半熔融态型坯的模量值有很大的差别，因而用来使型坯膨胀的空气压力也不一样，一般在0.2 ~0.7 MPa的范围内。半熔融态下黏度低、易变形的塑料（如PA等）充气压力取低值，半熔融态下黏度大、模量高的塑料（如PC等）充气压力应取高值。充气压力的取值高低还与制品的壁厚和容积大小有关，一般来说薄壁和大容积的制品宜用较高充气压力，厚壁和小容积的制品则用较低充气压力为宜。合适的充气压力应保证所得制品的外形、表面花纹和文字等都足够清晰。

以较大的体积流率将压缩空气充入已在模腔内定位的型坯，不仅可以缩短吹胀时间，而且有利于制品壁厚均一性的提高和获得较好的表面质量。但充气速度如果过大将会在空气的进口区出现减压，从而使这个区域的型坯内陷，造成空气进入通道的截面减小，甚至定位后的型坯颈部可能被高速气流拖断，致使吹胀无法进行。所以充气时的气流速度和体积流率往往难于同时满足吹胀过程的要求，为此需要加大吹管直径，使体积流率一定时不必提高气流的速度。当吹塑细颈瓶中空制品时，由于不能加大吹管直径，为使充气气流速度不致过高，就只得适当降低充气的体积流率。

（3）吹胀比

吹胀比是制品的尺寸和型坯尺寸之比，亦即型坯吹胀的倍数。型坯尺寸和质量一定时，制品尺寸愈大，型坯的吹胀比愈大。虽然增大吹胀比可以节约材料，但制品壁厚变薄，吹胀成型困难，制品的强度和刚度降低；吹胀比过小，塑料消耗增加，制品有效容积减少，制品壁厚增大，冷却时间延长，成本增高。一般吹胀比为2 ~4 倍，吹胀比的大小应根据材料的种类和性质、制品的形状和尺寸以及型坯的尺寸等决定。

（4）吹塑模具温度

吹塑模具的温度高低首先决定于成型用塑料的种类，聚合物的玻璃化温度 T_g 或热变形温度 T_f 高者，允许采用较高的模温；相反应尽可能降低吹塑模的温度。模温不能控制过低，因为很低的模具温度会使型坯在模内定位到吹胀这段时间内过早冷却，导致型坯吹胀时的形变困难，制品的轮廓和花纹会变得很不清晰。模温过高时，吹胀物在模内的冷却时间过长，生产周期增加，若冷却程度不够，制品脱模时会出现变形严重、收缩率增大和表面缺乏光泽等现象。模具温度还应保持均匀分布，以保证制品的均匀冷却。

（5）冷却时间

型坯在吹塑模内被吹胀而紧贴模壁后，一般不能立即启模，应在保持一定进气压力的情况下留在模内冷却一段时间。这是为了防止未经充分冷却即脱模所引起的强烈弹性回复，使制品出现不均匀的变形。冷却时间影响制品的外观质量、性能和生产效率。冷却时间一般占制品成型周期的1/3～2/3，视成型用塑料的品种、制品的形状和壁厚以及吹塑模和型坯的温度而定。增加冷却时间可使制品外形规整，表面图纹清晰，质量优良，但对结晶型塑料，冷却时间长会使塑料的结晶度增大，韧性和透明度降低，而且生严周期延长，生产效率降低。为缩短冷却时间，除对吹塑模加强冷却外，还可以向吹胀物的空腔内通入液氮和液态二氧化碳等强冷却介质进行直接冷却。

8.2.4 中空吹塑成型新技术

通常吹塑只是被看作是生产瓶子和容器的方法，但近年来吹塑模塑已被广泛应用于汽车、办公自动化设备、家庭用品、家具和结构材料等领域，其成型机类型、树脂原料、成型技术和模具等都与传统的吹塑有着极大的差别，这些新的应用领域被冠以“先进吹塑模塑”这一术语。在先进吹塑模塑中不仅包括吹胀，还包括：①利用压缩部件对模塑制品进行压制；②镶嵌注射成型制品或金属嵌件，以获得复杂形状；③模塑多层制品；④具有互补性能的两种或多种树脂的顺序成型等。下面简要介绍其中的四种。

8.2.4.1 多层共挤出吹塑

多层共挤出吹塑是在单层挤坯吹塑的基础上发展起来的，是利用两台以上的挤出机将不同塑料在不同挤出机内熔融后，在同一个机头内复合、挤出，然后吹塑制造多层中空制品的技术。其成型过程与单层挤坯吹塑无本质的差别，只是型坯的制造须采用能挤出多层结构管状物的机头，图8－25为双层管坯挤出设备示意图。

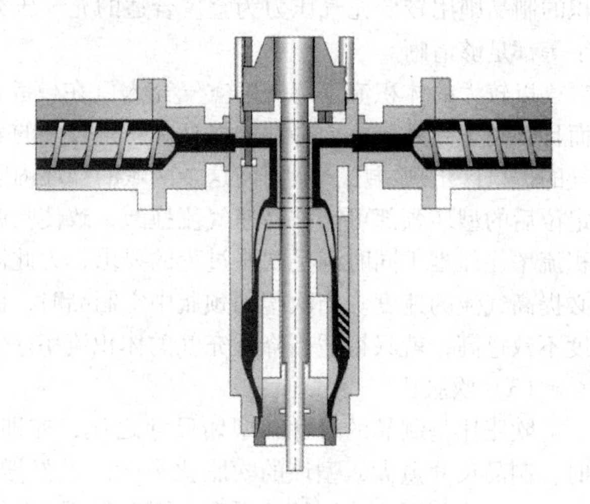

图8－25 多层挤出吹塑示意图

多层共挤出吹塑的技术关键，是控制各层塑料间相互熔合和黏结质量。若层间的熔合与黏结不良，制品夹口区的强度会显著下降。一般熔黏的方法有两种：其一是在各层所用物料中混入有黏结性的组分，这可以在不增加挤出层数的情况下使制品夹口区的强度不显著下降；其二是在原来各层间增加有粘接功能的材料层，这就需要增加制造多层管坯的挤出机数量，使成型设备的投资增加，型坯的成型操作也更加复杂。

多层吹塑中空制品的生产主要是为了满足日益增长的化妆品、药品和食品等对塑料包装容器阻透性的更高要求。例如，外层树脂为提供良好的刚性、阻燃性和耐候性的PVC，而内层为具有优异的耐化学药品性的PE的双层结构吹塑瓶。因此，多层吹塑容器所用物料的种类和必要的层数，应根据使用的具体要求确定。当然，制品层数越多，型坯的成型也越加困难。

8.2.4.2　挤出-贮料-压坯-吹塑

制造大型中空制品时，由于挤出机直接挤出管状型坯的速度不可能很大，当型坯达到规定长度时常因自重的作用，使其上部接近口模部分壁厚明显减薄而下部壁厚明显增大，而且型坯的上、下部分由于在空气中停留时间的差异较大，致使温度也明显不同。用这种壁厚和温度分布很不均匀的型坯所成型的吹塑制品，不仅制品壁厚的均一性差，而且内应力也比较大。

图8-26　挤出-贮料-压坯-吹塑设备外观

对于大型制品，一方面要求快速提供制品所需的熔体数量，减少因体积大自重而引起的型坯下坠和缩径，另一方面，大型制品冷却时间长，挤出机不能连续进行。为此发展了带有贮料缸的机头。先将挤出机塑化的熔体蓄积在一个料缸内，在缸内的熔体达到预定量后，用加压柱塞以很高的速率使其经环隙口模压出，成为一定长度的管状物。这种按挤出、贮料、压坯和吹塑方式成型中空制品的工艺过程可用如图8-26所示的带贮料缸吹塑机实现。为进一步提高大型吹塑制品壁厚的均一性，目前在这种带贮料缸的吹塑机上已采用可变环隙口模和程序控制器，以实现按预先设定的程序自动控制型坯的轴向壁厚分布，从而进一步提高大型吹塑制品壁厚的均一性。

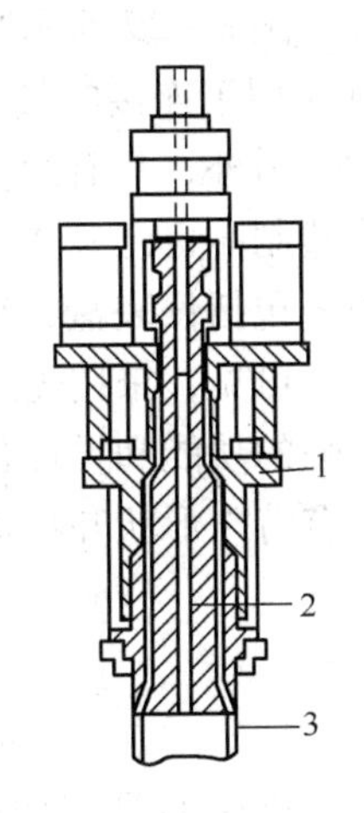

图8-27　贮料缸机头
1—移动壳体　2—程序心棒　3—管坯

贮料缸式机头结构如图8-27所示。挤出机将塑化均匀的熔体，挤入贮料缸内；当熔体由螺杆输送入机头时，壳体上移，贮料缸容积增大，熔体贮存于缸内。当熔体贮存量达到预定体积时，壳体受油缸柱塞推力的作用快速向下移动，将贮料缸内的熔体快速挤出口模，形成又大、又长、又厚的型坯。高速推出熔料可减轻大型型坯的下坠和缩颈，使型坯自重下垂和缩颈现象明显减少，从而改善型坯壁厚的均匀性，同时可保持挤出机连续运转，为下一个型坯备料。

8.2.4.3 三维挤出吹塑

三维挤出吹塑是一种吹塑不规则形状中空制品（如汽车上的输气管道）的吹塑成型技术。

三维挤出吹塑有以下几种形式：

1）挤出机在 $X-Y$ 方向上可移动，机头在 Z 方向移动。

2）下模板可倾斜，并能在 $X-Y$ 方向上移动，型坯直接挤在模腔内，转动、调整下模板并与上模板合模，然后吹塑成型。

3）模板左右合模。在模板的上、下部设有挡板，模具在闭合状态下，由机头挤出型坯，型坯在模腔内下降到底部，上下挡板闭合，然后进行吹塑成型。

4）采用机械手。按规定将型坯放置在模腔中合模、吹塑。

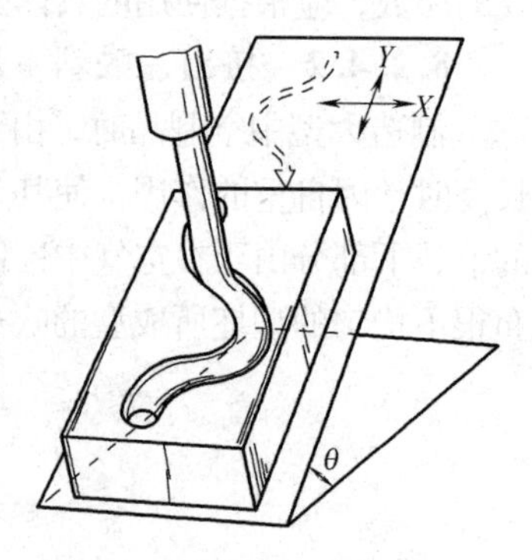

图 8－28 模具倾斜并在 $X-Y$ 平面内移动的三维吹塑

图 8－28 示意为一种三维挤出吹塑方法，其中型坯定位于运动的模具型腔中，模具以 θ 角倾斜并在 $X-Y$ 平面内移动。开发三维吹塑成型工艺是为了成型蛇形弯曲的三维制品而不产生过多的废料。在传统的成型方法中，这些制品是从平直的型坯上切取下来再焊接而成的，其废料质量是制品质量的 2～3 倍。与普通挤出吹塑制品比较，三维吹塑成型可减少 80% 以上的废边，因而可选用螺杆直径较小的挤出机，设备投资小，能耗少。

8.2.4.4 多种材料组合吹塑

将两种或多种材料顺序地（沿制品长度方向）或以多层状（在制品的厚度方向）用吹塑的方法合并起来都可称为组合吹塑。这种吹塑可以使制品获得许多特殊的性能。

图 8－29 所示管材分别由柔性塑料（波纹部分）和坚硬塑料（用于连接的端部）顺序吹塑而成的一种汽车用输气管实例。另外，具有硬质塑料成型内层和柔性塑料成型外层的多层吹塑制品也已经在汽车上得到了应用。多层吹塑在汽车上的应用还包括仪表盘、车头衬板和车头托架等。

可见，采用先进吹塑技术可能会带来完全不同的制品形状、更强的功能和设计自由度、更轻的制品和更低的制造成本，为具有特殊形状和特殊要求的中空制品的成型开辟了新路。

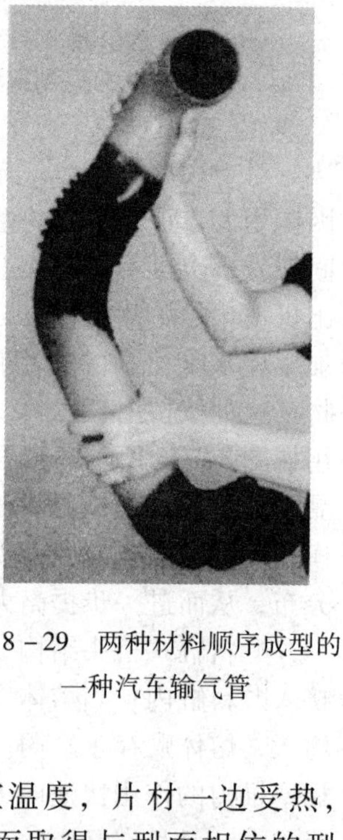

图 8－29 两种材料顺序成型的一种汽车输气管

8.3 热 成 型

热成型是利用热塑性塑料的片材作为原料来制造塑料制品的一种方法，是塑料的二次成型。首先将裁成一定尺寸和形状的片材夹在模具的框架上，将其加热到 T_g～T_f 间的适宜温度，片材一边受热，一边延伸，然后凭借施加的压力，使其紧贴模具的型面，从而取得与型面相仿的型样，经冷却定型和修整后即得制品。热成型时，施加的压力主要是靠抽真空和引进压缩空气在片材的两面形成压力差，但也有借助于机械压力和液压力的。

热成型主要用来生产薄壳制品，制品的类型、大小不一，但一般都是形状较为简单的杯、盘、盖、医用器皿、仪器和仪表以及收音机等外壳和儿童玩具等。制品的壁厚不大，片材厚度一般为1～2mm，甚至更薄，制品的厚度比这一数值还小。制品的面积可以很大，但深度有一定的限制。

热成型的特点是成型压力较低，因此对模具要求低，工艺较简单，生产率高，设备投资少，能制造面积较大的制品；但所用原料须经过一次成型，故成本较高，而且制品的后加工较多。但由于热塑性塑料片材的种类日趋繁多，热成型制品的种类也大大增加，制品的应用范围越来越大，热成型在近年来有较大的发展。

8.3.1　热成型的基本方法

按照制品类型和操作方法的不同，热成型方法有几十种，但不管其变化形式如何，都是由以下几个基本方法略加改进或适当组合而成的。

（1）差压成型

差压成型是热成型中最简单的一种，也是最简单的真空成型。用夹持框将片材夹紧在模具上，并用加热器进行加热，当片材加热至足够的温度时，移开加热器并采用适当措施使片材两面具有不同的气压。产生差压有两种方法：一种是从模具底部抽空，称为真空成型。这是借助已预热片材的自密封能力，将其覆盖在阴模腔的顶面上形成密封空间，当密封空间被抽真空时，大气压即使预热片材延伸变形而取得制品的型样，如图8－30所示。另一种是从片材顶部通入压缩空气，称为加压成型。成型的基本过程是：已预热过的片材放在阴模顶面上，其上表面与盖板形成密闭的气室，向此气室内通入压缩空气后，高压高速气流产生的冲击式压力，使预热片材以很大的形变速率贴合到模腔壁上，如图8－31所示。取得所需形状并随之冷却定型后，即自模具底部气孔通入压缩空气将制品吹出，经修饰后即为成品。

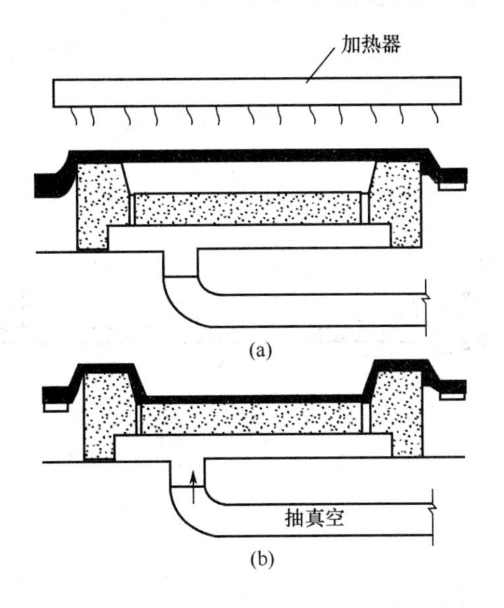

图8－30　真空成型

（a）加热片材　（b）抽真空成型

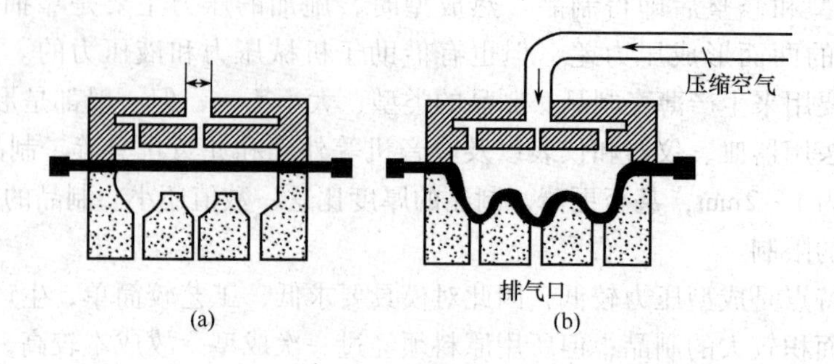

图 8－31　加压成型

（a）预热片材并盖于阴模顶面上　（b）通压缩空气加压成型

差压成型法制品的特点是：

1）制品结构比较鲜明，精细部位是与模具面贴合的一面，而且光洁度也较高；

2）成型时，凡片材与模具面在贴合时间上越后的部位，其厚度越小；

3）制品表面光泽好，并不带任何瑕疵，材料原来的透明性在成型后不发生变化。

差压成型的模具通常都是单个阴模，也有不用模具的，不用模具时，片材就夹持在抽空柜（真空成型时用）或具有通气孔的平板上（加压成型时用），成型时，抽空或加压只进行到一定程度即可停止（见图 8－32 和图 8－33）。这种方法主要形成碗状或拱顶状构型物件，制品特点是表面十分光洁。许多天窗、仪器罩和窗附属装置都用这种方式生产。

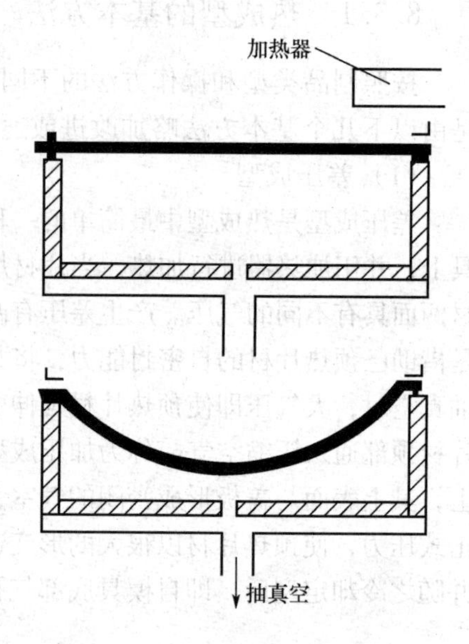

图 8－32　不用模型的真空成型

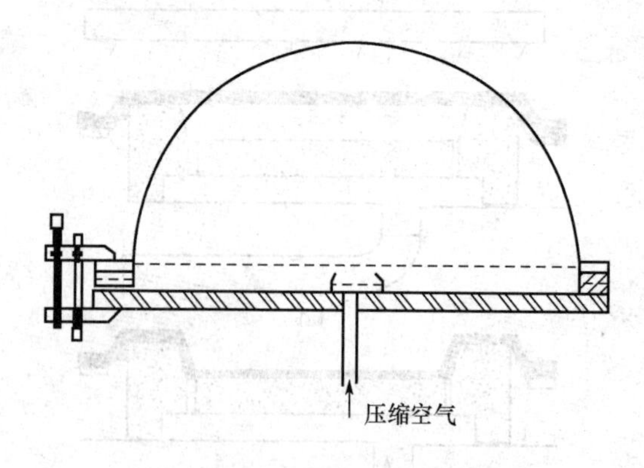

图 8－33　不用模型的加压成型

（2）覆盖成型

覆盖成型多用于制造厚壁和深度大的制品。其成型过程基本上和真空成型相同，所不同的是所用模具只有阳模，成型时借助于液压系统的推力，将阳模顶入由框架夹持且已加热的片材中，也可用机械力移动框架将片材扣覆在模具上，使模具下表面边缘处产生一种密封效应，当软化的塑料与模具表面间达到良好密封时再抽真空使片材包覆于模具上而成型，经过冷却、脱模和修整即得制品，整个过程如图8－34所示。

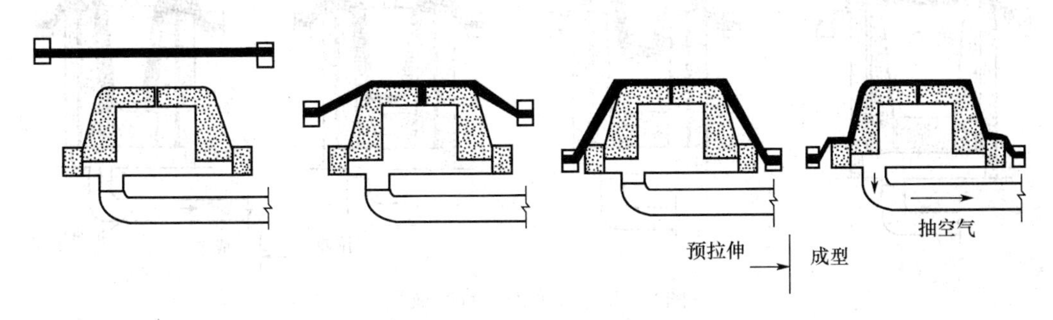

图8－34　覆盖成型

覆盖成型制品的特点是：

1）差压成型一样，与模面贴合的一面表面质量较高，在结构上也比较鲜明和细致。

2）壁厚的最大部位在模具的顶部，而最薄的部位则在模具侧面与底面的交界区。

3）制品侧面上常会出现牵伸和冷却的条纹。这是由于片材各部分贴合模面时间上有先后之分，先接触模面的部分先被模具冷却，而在后继的扣覆过程中，其牵伸行为就不如没有冷却的部分强。这种条纹通常以接近模面顶部的侧面处最多。

（3）柱塞助压成型

差压成型的凹形制品底部偏薄，而覆盖成型的凹形制品侧壁偏薄，为了克服这些缺陷，产生了柱塞助压成型的方法。此法又分为柱塞助压真空成型和柱塞助压气压成型两种。真空法先用夹持框将片材紧夹在阴模上，并用加热器将片材加热至足够的温度，在抽真空之前，用柱塞将热软的片材压入模具型腔，然后借真空抽吸把片材拉离柱塞，并贴附于模具型腔内壁（见图8－35）。气压法的过程与真空法相似，只是当柱塞将片材压入模具型腔后，随即通入压缩空气将片材吹制成型（见图8－36）。柱塞压入片材的速度在条件允许的情况下，越快越好。而当片材一经真空抽吸或压缩空气吹压，柱塞立即抽回。成型的片材经冷却、脱模和修整后，即成为制品。

为了得到厚度更加均匀的制品，还可在柱塞下降之前，从模底送进压缩空气使热软的片材预先吹塑成上凸适度的泡状物，然后柱塞压下，再真空抽吸或空气压缩使片材紧贴模具型腔而成型，如图8－37所示。前者称气胀柱塞助压真空成型，后者称为气胀柱塞助压气压成型。气胀柱塞助压成型是采用阴模得到厚度分布均匀制品的最好方法，它特别适合于大型深度拉伸制品的制作，如冰箱的内箱等。

（4）回吸成型

回吸成型有真空回吸成型、气胀真空回吸成型和推气真空回吸成型等。

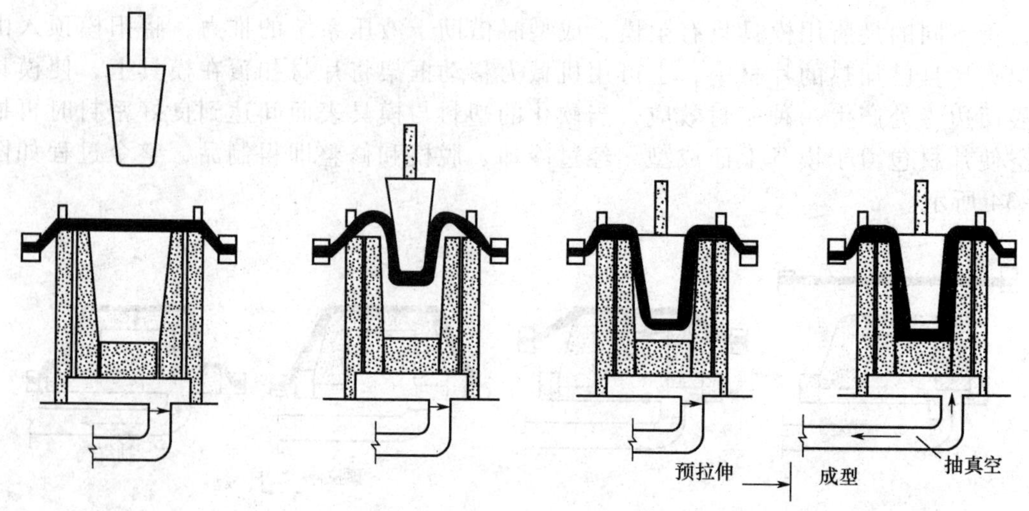

图 8－35　柱塞助压真空成型

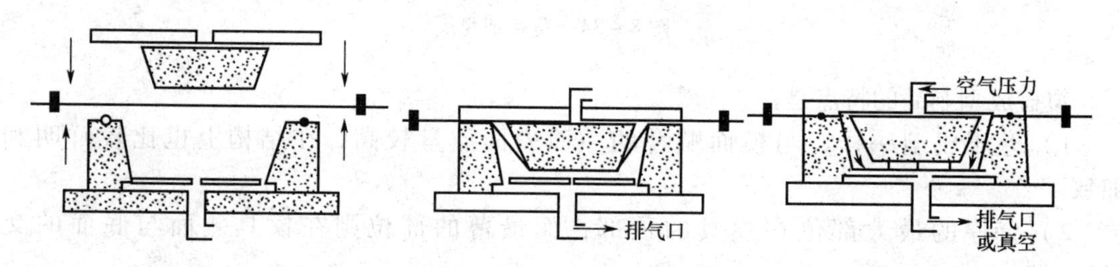

图 8－36　柱塞助压气压成型

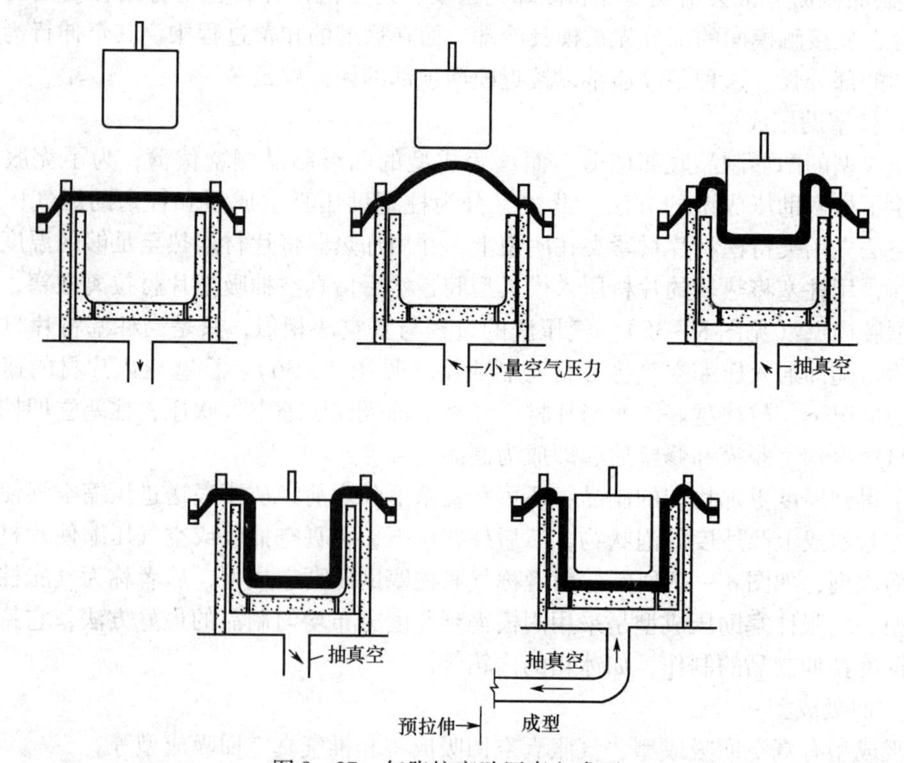

图 8－37　气胀柱塞助压真空成型

真空回吸成型的最初几步，如片材的夹持、加热和真空吸进等都与真空成型相似。当已加热的片材被吸进模内而达到预定深度时，则将模具从上部向已弯曲的片材中伸进，直至模具边沿完全将片材封死在抽空区上为止。而后，打开抽空区底部的气门并从模具顶部进行抽空。这样，片材就被回吸而与模面贴合，然后冷却、脱模和修整后即成为制品（见图8－38）。

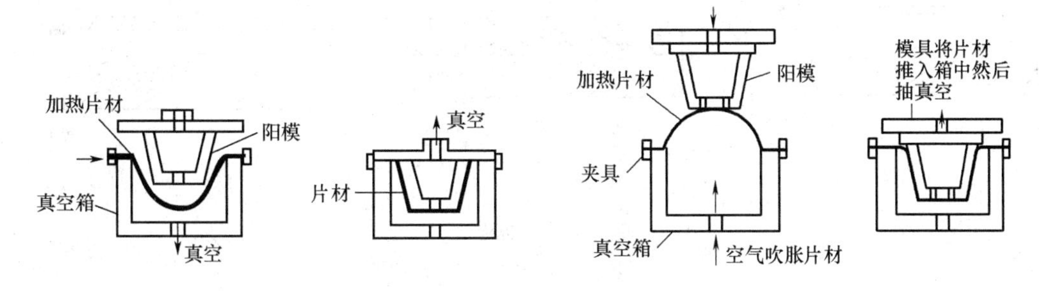

图8－38　真空回吸成型　　图8－39　气胀真空回吸成型

气胀真空回吸成型时，压缩空气从箱底引入，使已加热的片材上凸成泡状物，达到规定高度后，用柱模将上凸的片状物逐渐压入箱内。在柱模向压箱伸进的过程中，压箱内维持适当气压，利用片材下部气压的反压作用使片材紧紧包住柱模。当柱模伸至箱内适当部位致使模具边缘顶部完全将片材封死在抽空区时，打开柱模顶部的抽空气门进行抽空。这样片材就被回吸而与模面贴合，即完成成型，在冷却、脱模和修整后即成为制品（见图8－39）。

推气真空回吸成型时，片材预成泡状物不是用抽空和气压而是靠边缘与抽空区作气密封紧的模具上升。模具升至顶部适当位置时，即停止上升。随之就从其底部进行抽空而使片材贴合在模面上，经冷却、脱模和修整后即成为制品（见图8－40）。

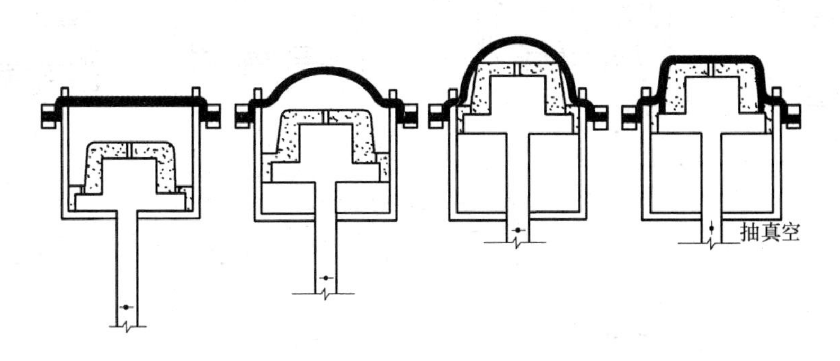

图8－40　推气真空回吸成型

回吸成型可制得壁厚均匀、结构较复杂的制品。

（5）对模成型

采用两个彼此配对的单模来成型。成型时，先将片材用框架夹持于两模之间并用可移动的加热器片材进行加热，当片材加热到一定温度时，移去加热器并将两片合拢。在合拢过程中，片材与模具间的空气由设置在模具上的气孔向外排出。成型后经冷却、脱模和修整后即得制品（见图 8－41）。

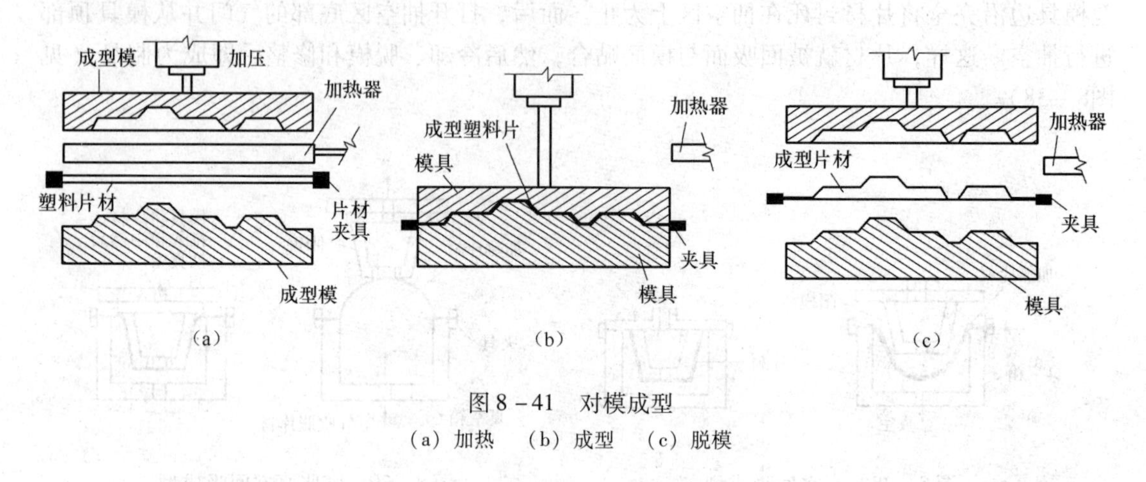

图 8－41　对模成型
（a）加热　（b）成型　（c）脱模

对模成型可制得复制性和尺寸准确性好、结构复杂的制品，厚度分布在很大程度上依赖于制品的样式。

（6）双片热成型

将两片相隔一定距离的塑料片加热至一定温度，放入上下模具的模框上并将其夹紧，一根吹针插入两片材之间，将压缩空气从吹针引入两片材之间的中空区，同时在两闭合模具壁中抽真空，使片材贴合于两闭合模的内腔，经冷却、脱模、修整而得中空制品（见图 8－42）。

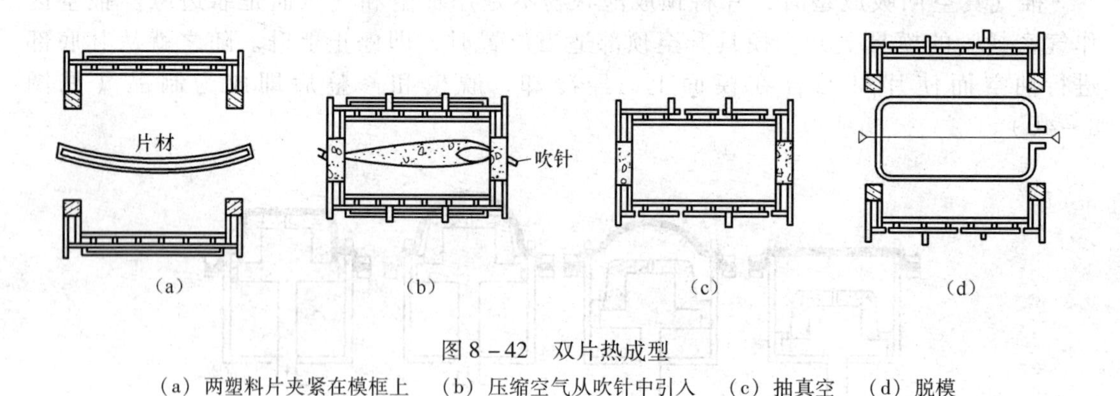

图 8－42　双片热成型
（a）两塑料片夹紧在模框上　（b）压缩空气从吹针中引入　（c）抽真空　（d）脱模

8.3.2　热成型设备和模具

热成型设备按供料方式有分批进料和连续进料两种类型。分批进料多用于生产大型制件，原料一般是不易成卷的厚型片材，但分批进料同样也适合于用薄型片材生产小型制件。工业上常用的分批进料设备是三段轮转机，这种设备按装卸、加热和成型的工序分作三段。加热器和模具设在固定区段内，片材由三个按 120°分隔且可以旋转的夹持框夹持，并在三个区段内轮流转动，如图 8－43 所示。连续式进料的设备一般用作大批生产薄壁小型的制件，如杯、盘等。供料虽属连续性的，但其运移仍然是间歇的，间歇时间自几秒到十几秒不等。设备也是多段式，每段只完成一个工序，如图 8 - 44 所示。

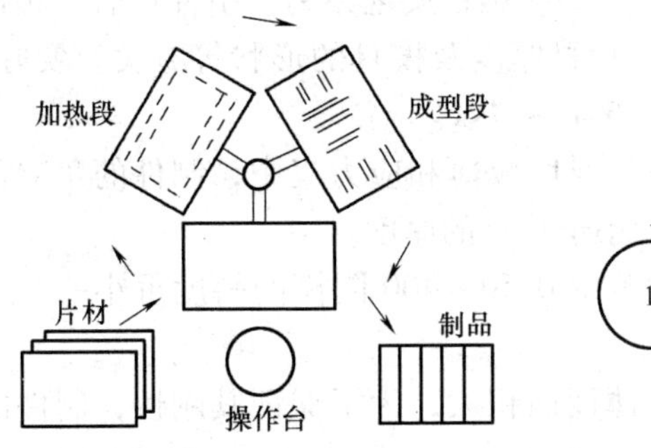

图 8 - 43　三段轮转机操作示意图

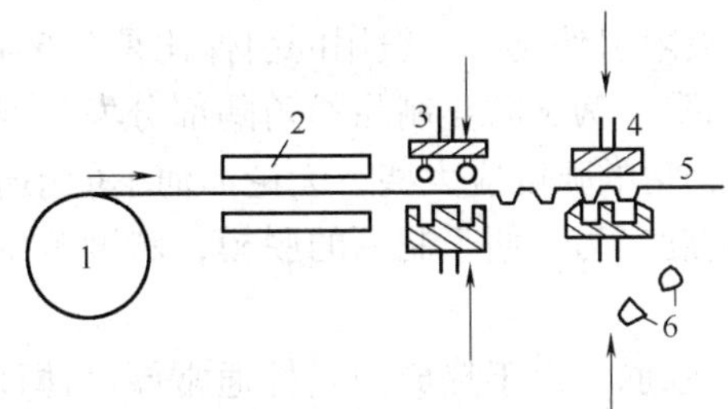

图 8 - 44　连续进料式的设备流程图
1—片料卷　2—加热器　3—模具　4—冲裁模
5—回收片模材料　6—制品

（1）加热系统

片材的加热通常用电热或红外线辐照，较厚的片材还须配备烘箱进行预热。加热器的温度一般为 350 ~ 650℃，为了适应不同塑料片材的成型，加热系统应附有加热器温度控制和加热器与片材距离的调节装置。成型时模具温度一般保持在 45 ~ 75℃。金属模具在模内预设的通道通温水循环；非金属模具，由于传热性较差，只能采用时冷时热的方法来保持它的温度，加热时用红外线辐照，而冷却则用风冷。加热器与片材的距离变化范围为 8 ~ 30cm。

成型完成后对初制品的冷却，应越快越好。冷却方法有内冷与外冷两种：内冷是通过模具的冷却来使制品冷却的，外冷是用风冷法或空气冰雾法。

（2）夹持系统

通常由上下两个机架以及两根横杆组成。上机架受压缩空气操纵，能均衡地将片材压在下机架上。夹持压力可在一定范围内调整，要求夹持压力均衡而有力，夹持片材有可靠的气密性。

（3）真空系统

热成型一般都是使用自给的抽空装置，由真空泵、贮罐、管路、阀门组成，由于要求瞬时排除模型与片材间的空气而借大气压力成型，因此，真空泵必须具有较大的抽气速率，真空贮罐要有足够的容量。

（4）压缩空气系统

除用于成型外，压缩空气还用于脱模、初制件的冷却和操纵机件动作的动力。由空气压缩机、贮压罐、管路、阀门等组成。

（5）模具

热成型工艺发展得较快的原因之一是模具简单，模具制造速度快，成本较低。此外，模具受到的成型压力低，制品形状简单。因此，模具的选材、设计和制造都大大简化。常用制模的材料有硬木、石膏、铝材和钢材以及某些塑料等。选用制模材料主要依据制品生产的数量和质量来决定。

对模具的基本要求如下：

1）引伸比　制品的引伸比是制品的深度和宽度（或直径）之比，它在很大程度上反映了制品成型过程的难易程度。引伸比大，成型较难；反之则易。引伸比有一极限，以不超过2:1为原则，极限引伸比同原料品种、片材厚度及模具的形状等有关。实际生产中，很少采用极限引伸比，一般用的引伸比是0.5:1 ～ 1:1。

2）角隅　为了防止制品的角隅部分发生厚度减薄和应力集中，制件的角隅部分不允许有锐角，角的弧度应大些，无论如何不能小于片材的厚度。

3）斜度　为了便于制品的脱模，斜度范围0.50～400阴模的斜度可小一些，阳模则要大一些。

4）加强筋　由于热成型制件通常厚度薄而面积大，为了保证其刚性，制件的适当部位应设置加强筋。

5）抽气孔直径与位置　抽气孔的位置要均匀分布在制品的各部分，在片材与模型最后接触的地方，抽气孔可适当多些。抽气孔的直径要适中，如果太小，将影响抽气速率，如果太大，则制品表面会残留抽气孔的痕迹。抽气孔的大小，一般不超过片材厚度的1/2，常用直径是0.5～1mm。

此外，模具设计还要考虑到各种塑料的收缩率。一般热成型制品的收缩率在0.2% ～0.9%之间。如果采用多模成型时，要考虑到模型间距。至于选择阳模还是阴模，则要考虑制品的各部分对厚度的要求，如制造边缘较厚而中间部分较薄的制品，则选择阴模；反过来，若制造边缘较薄而中央部分较厚的制品，则选择阳模。

8.3.3　热成型工艺及工艺条件

热成型工艺过程包括片材的准备、夹持、加热、成型、冷却、脱模和制品的后处理等，其中加热、成型和冷却是热成型的主要工序。在热成型中所需考虑的工艺因素有加热时间、加热温度、成型速率、成型压力、冷却条件等。

（1）加热

在热成型工艺中，片材是在热塑性塑料高弹态的温度范围内拉伸造型的，故成型前必须将片材加热到规定的温度。将片材加热到成型所需时间称为加热时间，一般约为占整个成型周期的50%～60%，因此如何缩短加热时间对热成型生产来说极为重要。一般来说，加热和冷却的时间随板（片）材的厚度增大而增加。此外，加热时间还受材料和热导率的影响。材料的比热容越大，热导率越小者，加热时间就越长。但这种变化并不呈线性关系。加热时间还与加热器的种类、表面温度、加热与板（片）材的距离、环境温度等诸多因素有关。合适的加热时间通常由实验或参考经验数据获得。对比不同厚度的片材进行加热，其情况见表8-1。

表8-1　加热时间与片材（聚乙烯）厚度的关系

片材厚度/mm	0.5	1.5	2.5
加热到121℃所需要的时间/s	18	36	48
单位厚度加热时间/（s/mm）	36	24	19.2

实验条件：加热器的温度510℃，加热功率4.3W/cm^2，加热器与片材距离125mm。

基于上述理由，采用的板（片）材应力求厚薄均匀，厚薄公差不应大于4% ~8%，否则就会出现温度不均而使制品产生内应力，就应延长加热时间，让热量传至板（片）材厚壁内部，使板（片）材通身“热透”，而具有均匀的温度以确保制品质量。

由于塑料的热导率小，在加热厚的板（片）材时，如果加热功率较大或加热器离板（片）材太近，则板（片）材顶面已经达到需要温度时，其底面温度仍然很低；而当底面温度达到要求时，顶面温度已超过要求，甚至已经被烧伤。底面温度不足和顶面温度过高的板（片）材均不宜用作成型。在这种情况下，最好采用双面加热、预热的方法来缩短加热时间。

加热温度的下限应以板（片）材在拉伸最大区域内不发白或不出现明显的缺陷为度，而上限则是板（片）材不发生降解和不会在夹持架上出现过分下垂的最高温度。为了获得最快的成型周期，通常成型温度都偏于下限值。例如ABS的下限成型温度可低至127℃，上限可达180℃。若快速真空成型深度较浅、拉伸较小的制品时，成型温度可设定在140℃左右；成型深度较大，牵引较大时，成型温度可设定在150℃左右，而成型较为复杂的制品时，要使用偏高的成型温度，约为170℃。

板（片）材在受热过程中，易出现下垂现象，其原因是由于塑料的受热膨胀和熔融流动。热膨胀是非定向板（片）材自室温加热至成型温度的通常现象。通常每增加的尺寸为1% ~2%。熔融流动的大小依赖于塑料熔融物的黏度。为避免严重下垂现象，可改用定向板（片）材而得到一定的克服，因为定向板（片）材有热收缩行为。但也必须注意，过分定向板（片）材常会由于具有太大的应力而使成型发生困难。

在热成型过程中，片材从加热结束到开始拉伸变形，因工位的转换总有一定的间隙时间，片材会因散热而降温，特别是比较薄的、比热容较小的片材，散热降温现象就更加显著，所以片材的实际加热温度一般比成型所需温度稍微高一些。表8-2列出了各种塑料板（片）材的成型条件和热膨胀系数。

表8-2　　各种塑料板（片）材的成型条件和热膨胀系数

塑料种类	成型条件				热膨胀系数
	成型温度/℃		模具温度/℃	辅助柱塞温度/℃	α/［10^{-5}cm/(cm·℃)］
	最高值	最低值			
硬聚氯乙烯	135 ~ 180	93 ~ 127	41 ~ 46	60 ~ 149	6.6 ~ 8
聚乙烯（低密度）	121 ~ 191	107	49 ~ 77	149	15 ~ 30
聚乙烯（高密度）	135 ~ 191	121	64 ~ 93	149	15 ~ 30
聚丙烯	182 ~ 193				11
聚苯乙烯（双轴定向）	149 ~ 177		49 ~ 60	116 ~ 121	6 ~ 8
苯乙烯-丁二烯-丙烯腈共聚物	227 ~ 246	140 ~ 160	72 ~ 85		48 ~ 11.2
醋酸纤维素	227 ~ 246	216	77 ~ 93	274 ~ 316	7
聚酰胺6	216 ~ 221	210			10
聚酰胺66	221 ~ 249				10

（2）成型

成型是继板（片）材加热之后最为重要的工艺过程，包括成型温度，成型速率、成型压力等重要的技术参数。

1）成型温度　成型温度不仅会影响制件的尺寸误差、壁厚的均匀性，还会影响制件的伸长率、拉伸强度，甚至影响成型速率。较低成型温度可以缩短冷却时间和节约能耗，但制品的形状、尺寸稳定性会变差，且轮廓清晰度变差。在较高成型温度下，制件的可逆性变小，形状、尺寸稳定，但温度过高会引起树脂降解、材料变色等。

在实际热成型生产过程中，板（片）材从加热到成型有一定的时间间隔，热量会散失一部分，所以，板（片）材实际加热温度是比较高的。实际最佳成型温度一般是通过生产和实验最终确定的。成型温度与制件壁厚的关系如图 8－45 所示。图 8－46 为制件的尺寸误差与成型温度的关系。

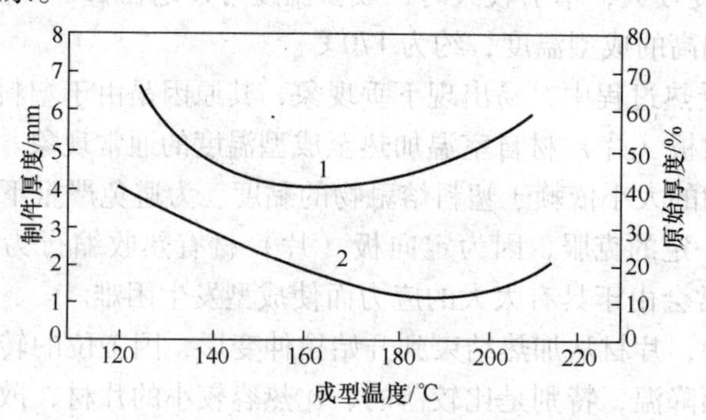

图 8－45　制件壁厚与成型温度的关系

材料：高抗冲聚苯乙烯　材料原厚：1mm　制件为长方形箱体（长×宽×深）：

93cm×53cm×98cm　柱塞速度：0.93m/s

1—底厚　2—壁厚

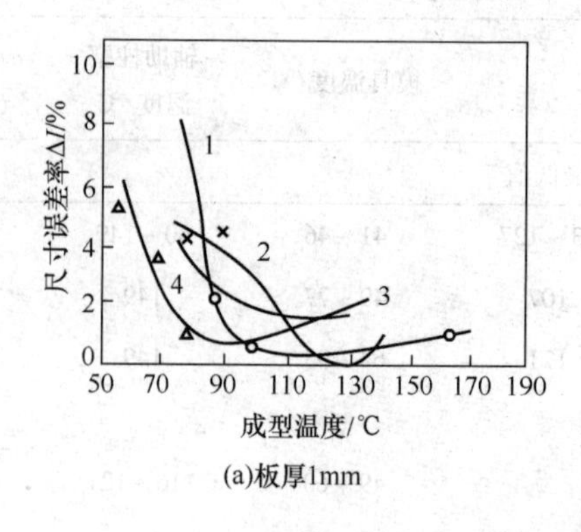

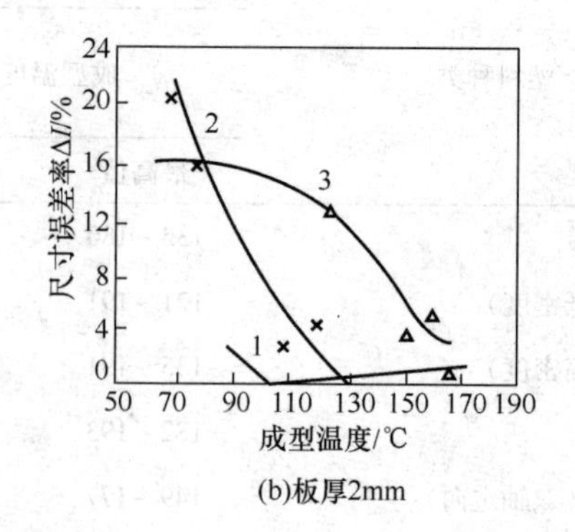

图 8－46　制件的尺寸误差与成型温度的关系

1—ABS　2—聚氯乙烯　3—有机玻璃　4—聚乙烯

2）成型压力　压力的作用是使片材产生形变，但塑料有抵抗形变的能力，其弹性模量随温度升高而降低。在成型温度下，只有成型压力在材料中引起的应力大于材料在该温度下的弹性模量时，才能使材料产生形变。由于各种塑料的弹性模量不同，对材料的依赖性也不同，所以成型压力随塑料的品种、板（片）材的厚度和成型温度而变化。一般来说，组成树脂的分子链刚性大、分子量高、存在极性基团的塑料，需要较高的成型压力。若成型压力所引起的应力大于塑料在该温度下的拉伸强度时，板（片）材会产生过度变形，甚至引起破坏，这时应降低成型温度或降低成型压力。

3）成型速率　成型速率是指板（片）材的牵引速率，提高成型速率可以缩短成型周期，对提高伸长率是有利的，但成型速率过大将影响到产品的质量。当成型温度不高时，适当采用慢速成型，这时材料的伸长率较大，这对于大型制件特别重要。但成型速率过慢，材料易冷却，使成型变得困难，成型周期也会延长。所以对于一定厚度的板（片）材，在适当提高加热温度的同时，应采用较快的成型速率。图8－47为聚氯乙烯成型速率与成型温度的关系。

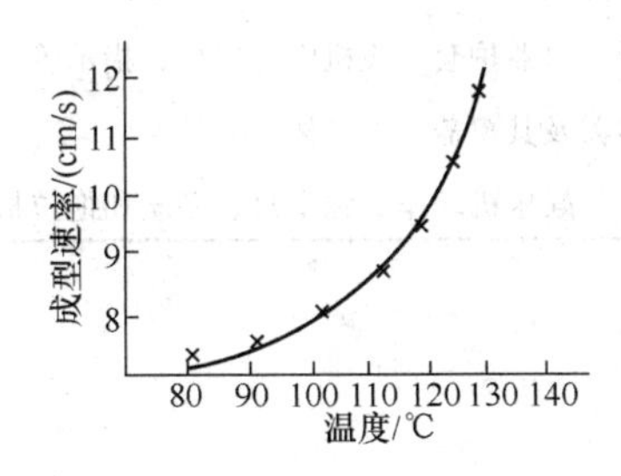

图8－47　聚氯乙烯成型速率与成型温度的关系

（3）模具温度

模温对成型的影响表现在很多方面，模温高时，制品表面光泽度高，轮廓清晰，但成型周期延长。合适的模温还可以减少制品的内应力，减少制品拉伸皱痕。

（4）冷却脱模

为了缩短成型周期，一般都要采用人工冷却的方法。冷却方式常见有内冷和外冷，它们既可以单独使用，也可以组合使用。外冷因简便易行而经常被采用。由于塑料导热性差，随着成型板（片）材厚度的增加，冷却时间会相应延长，所以通常采用压缩空气、喷水雾等外冷却方式。不管用什么方式冷却，重要的是必须将成型制品冷却到变形温度以下才能脱模。冷却不足，制品脱模后会变形，但过分的冷却则在有些情况下常会由于制品的收缩而包紧在模具上，致使脱模困难。

综上所述，影响热成型的工艺因素很多，成型工艺的选取要从材料的种类、板（片）材的厚度、制件的形状、对制件表面的精度要求、制件的使用条件、成型方式及成型设备条件等方面综合考虑。

通常用作热成型的塑料品种有纤维素、PS、PVC、PMMA、ABS、HDPE、PA、PC和PET等。作为原料用的片材可用挤压、压延和流延等方法来制造。制品的类型有杯、碟和其他日用器皿、医用器皿、电子仪表附件、收音机与电视机外壳、广告牌、浴缸、玩具，帽盔、包装用具等；另外还有汽车部件、建筑构件、化工设备、雷达罩和飞机舱罩等。表8－3为一些热成型塑料及其产品应用。

表 8－3　热成型塑料及其应用

塑料	应用
PS	各种包装，含透明盛肉盘、饼干盘、糖果盒及泡状的包装等
发泡 PS	盛肉盘、盛蛋盒、速食外卖容器等
PMMA	指示牌、摩托车挡风板、休闲车弧状底板
硬质聚氯乙烯	轻的镶板、指示牌、化学用品的盘子、汽车仪表盘
醋酸纤维素	泡状包装、硬质容器、机台保护包装
丙酸纤维素	机台覆盖、安全护目镜、招牌
醋酸丁酸纤维素	天窗、户外招牌、玩具
HDPE	独木舟、小雪橇
PA	可以多次使用的盘、户外广告、手术器皿、盛肉盘
PC	天窗、保护面罩、机器护套、飞机内部嵌板，指示牌
PP	饮料杯、果汁容器及其覆盖、试管架
ABS	运动器械、汽车，娱乐机动车、独木舟、划艇和拖拉机等的内饰件和外饰件

第9章　热固性塑料的成型

9.1　压制成型

压制成型又称为压缩模塑或模压成型，是将粉状、粒状或纤维状的热固性塑料加入成型温度下的模具型腔中，然后闭模加压，在温度和压力作用下，物料首先熔融，并在黏流态下流满型腔而取得型腔所赋予的形状，随后发生交联反应，分子结构由原来线型分子结构转变为网状分子结构硬化定型而成为塑料制品的一种方法。

压制成型是热固性塑料的主要成型方法。热塑性塑料也可以用压制成型的方法生产加工，但必须将模具的温度冷却到塑料固化后才能将制品取出，因此，整个生产过程需要交替对模具进行加热与冷却，生产周期长，能量消耗大，故实际生产中很少使用。只有在特殊情况下，如加工一些熔体黏度较大的塑料和生产表面面积大而厚度又小的制品时才采用压制成型法。

压制成型的工艺成熟，成型设备简单，所得制品内应力小，取向程度低，并且不易变形，具有较好的稳定性。但生产周期长，生产效率低，劳动强度大，并且由于压力传递和传热与固化的关系等因素，不能用于成型形状复杂和较厚的制品。

9.1.1　模压料的成型工艺特性

热固性塑料的模压成型过程是一个兼有物理和化学的变化过程（热塑性塑料只有物理变化过程），热固性塑料的成型工艺性能对成型工艺条件的控制和制品质量的提高有很重要的意义。热固性塑料的成型工艺性能主要指流动性、固化速率、成型收缩率和压缩率等。

（1）流动性

流动性是指热固性塑料在受热和受压作用下充满模具型腔的能力。在模压成型中，热固性塑料能否模压成一定形状的制品，主要取决于物料的流动性。影响物料流动性的因素有很多，主要有以下几方面：①树脂的性质和模塑料的组成，包括相对分子质量及其分布、填料、含水量、挥发分等。在相同温度下，相对分子质量大，分布窄，刚性大的流动性差。填料对物料流动性的影响因其种类、形状和用量而不同。木粉做填料时具有最好的流动性，用无机填料时流动性稍差，用纤维和纺织物作填料时流动性最差。一般填料的用量越大则流动性越差。水分和挥发物含量增加，物料流动性增加，但水分和挥发物含量过高时，会严重影响制品质量。②加热速度和加压速度。提高加热速度将降低物料的流动性，因为加热速度太快时，物料不均匀地达到形成黏流态的温度，靠近热源的物料受热时间过长会先形成交联结构，导致流动性降低。加压速度降低，物料在未得到所需压力前即有部分形成交联结构，从而降低了流动性。反之，则会增大流动性。③模具结构，包括结构、形状及模腔表面粗糙度等。模腔的结构应尽量缩短物料流动路线，流道呈流线型而避免锐角出现，提高模腔表面粗糙度，则提高流动性。

（2）固化速率

固化速率是指模压料从塑化状态经过化学交联反应转变成固化状态的速度，它是热固性塑料成型时特有的工艺性能，它是衡量热固性塑料成型时化学反应的速度。固化速率高，即在单位时间内物料的交联程度高。通常以热固性塑料在一定的温度和压力下，压制标准试样时，使物品的物理力学性能达到最佳值所需的时间与标准试样的厚度的比值（s/mm）来表示，此值越小，固化速率越大。

固化速率主要是由热固性塑料的交联反应性质决定，并受到成型前的预热、预压情况以及成型工艺条件如模压温度和压力等多种因素的影响。固化速率随模压成型温度的升高而增大，预压料经过高频预热后，固化速率显著加快。

（3）成型收缩率

模压制品在高温下模压成型后，脱模冷却至室温，由于温度发生变化，其各项尺寸都会减小，发生收缩，这种现象称为成型收缩。收缩率的大小直接影响制品的尺寸精度，其值越大，制品精度越差。成型收缩率 S_L 定义为：在常温常压下，模具型腔的单向尺寸 L_0 和制品相应的单向尺寸 L 之差与模具型腔的单向尺寸 L_0 之比：

$$S_L = \frac{L_0 - L}{L_0} \times 100\% \tag{9-1}$$

模压制品的收缩性是材料的属性，不同的材料成型后具有不同的收缩率。收缩率大的制品使用时易发生翘曲变形，甚至开裂。影响收缩率的因素除与材料的品种有关外，还受到成型工艺条件、制品形状大小等因素影响。模压成型压力大，收缩率小。固化时间较长，使固化反应比较完全，可挥发物少，收缩率小。

（4）压缩率

表 9－1　热固性塑料的成型收缩率和压缩率

塑料	密度/（g/cm³）	压缩比	成型收缩率/%
PF＋木粉	1.32～1.45	2.1～4.4	0.4～0.9
PF＋石棉	1.52～2.0	2.0～14	
PF＋布	1.36～1.43	3.5～18	
UF＋α－纤维素	1.47～1.52	2.2～3.0	0.6～1.4
MF＋α－纤维素	1.47～1.52	2.1～3.1	0.5～1.5
MF＋石棉	1.7～2.0	2.1～2.5	
EP＋玻璃纤维	1.8～2.0	2.7～7.0	0.1～0.5
PDAP＋玻璃纤维	1.55～1.88	1.9～4.8	0.1～0.5
UP＋玻璃纤维	—	—	0.1～1.2

压缩率是指物料的压制前坯与压制后制品在压力方向中尺寸的比值，比值越大，压缩率越大。由于热固性塑料一般呈粉状或粒状，故其表现相对密度 d_1 与制品相对密度 d_2 相差很大，模塑料在模压前后的体积变化大，用压缩率 R_p 表示：

$$R_p = \frac{d_2}{d_1} \tag{9-2}$$

R_p 总是大于1。粉状或粒状的模塑料，由于模压前后的体积变化很大，所以压缩率大。如果直接进行模压，会使模具的装料室加大，不仅耗费模具材料，而且装料时还易混入空气，不利于传热，生产效率低。在成型工艺过程中，常采用预压来有效地降低压缩率。一些热固性塑料的成型收缩率和压缩率见表9－1。

实际上，对某些热塑性塑料（如聚四氟乙烯、超高相对分子质量聚乙烯），其熔融温度较高、熔体流动性差，采用注塑、挤出成型与吹塑等方法难以成型时，或为了成型特殊用途或某些尺寸的制品时，也需采用模压成型。例如，可采用聚甲基丙烯酸甲酯模压成型大的光学透镜，与常规的注塑方法相比，这有助于消除流痕、翘曲与缩痕。在热塑性塑料成型厚壁制品时，采用注塑与模压成型的组合方法有时是有利的。可用于模压成型的热塑性塑料有聚烯烃类塑料、聚氯乙烯类塑料、苯乙烯类塑料、氟塑料以及多种工程塑料（如聚砜类、聚醚酮类、聚甲基丙烯酸甲酯等）。

9.1.2　液压机

压机是模压成型的主要设备，其作用是通过模具对塑料施加压力，开启模具和顶出制品，在某些情况下也传递压缩模塑过程中所需的热量。压机以压力油作为传动介质，因此又被称为液压机。

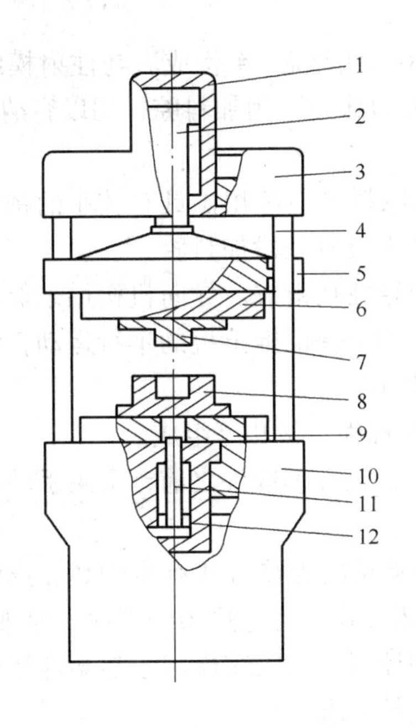

图9－1　上压式液压机

1—主油缸　2—主油缸柱塞　3—上梁　4—支柱　5—活动板　6—上模板　7—阳模　8—阴模　9—下模板　10—机台　11—顶出缸柱塞　12—油缸

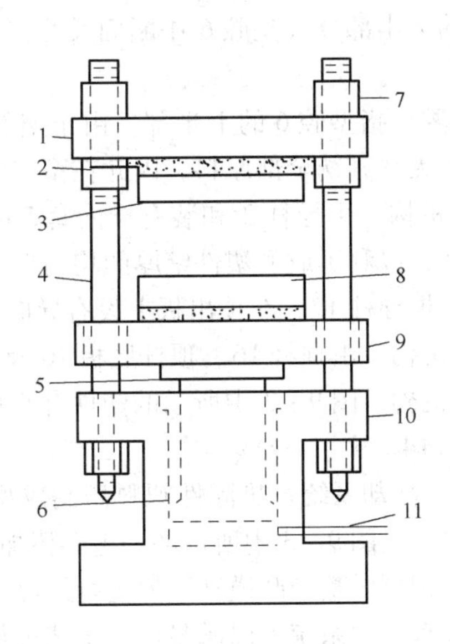

图9－2　下压式液压机

1—上梁　2—绝热层　3—上模板　4—支柱　5—柱塞　6—主油缸　7—行程调节套　8—下模板　9—活动板　10—机台　11—液压管线

压机的种类很多，其中上压式液压机和下压式液压机是液压机的主要形式。上压式液压机的工作油缸设在压机的上方，柱塞由上往下压，下压板是固定的。模具的阳模和阴模可以分别固定在上下压板上，靠上压板的升降来完成模具的启闭和对塑料施加压力。下压式液压机的工作油缸设在压机的下方，柱塞由下往上压。两种压机的组成和结构分别如图9－1和图9－2所示。

压机的主要参数有公称压力、柱塞直径、压板尺寸和工作行程。液压机的公称压力 p 是表示压机压制能力的主要参数，一般用来表示压机的规格，可按式（9－3）计算：

$$p = p_L \times \frac{\pi D^2}{40} \tag{9-3}$$

式中：p ——公称压力，kN

D ——油压柱塞直径，cm

p_L ——油缸中油液的最高工作压力，MPa

压板尺寸决定了压机能模压制品的面积大小，而工作行程决定了模具的高度，也决定了能模压制品的厚度。

9.1.3 压制模具

（1）模具结构及部件

下面以固定式单型腔半溢式模具为例来说明压制模具的结构特点，其结构如图9－4所示，一般包括以下部件。

1）成型零件　由模芯3、下型芯7、型腔6、侧型芯14构成。与注射模结构不同的是，型腔6的上半部分（型腔6中断面尺寸扩大的部分）为加料腔，用以容纳比容较大的塑料原料。

2）加料腔　指型腔6的上半部。由于塑料原料与塑件相比具有较小的密度，成型前单靠型腔往往无法容纳全部原料，因此在型腔之上设有一段加料腔。

3）导向机构　由导柱2和装有导向套5的导柱孔组成。导向机构用来保证上下模合模时的对中性，以利于成型塑件壁厚的均匀性。为了保证推出板的平行运动，该模具在底板上还设有两根导柱17，在顶出板上设有导向套18。

4）脱模机构　由顶杆16、顶杆底板10及顶杆固定板9等组成。

5）抽芯机构　图9－3中所示的塑件有侧孔，在开模取件之前，采用手动丝杠抽芯机构抽出侧型芯14。

6）加热与冷却系统　热固性塑料压制成型常见的加热方式有电加热、蒸汽加热、煤或天然气加热等。图9－3中所示的为电热棒加热方式，将电热棒分别插入加热板11和15的相应孔中，则可对整个凸模和凹模进行加热和控制。当压缩模用于热塑性塑件时，在模腔周围还须设有冷却系统，以满足成型工艺过程的要求。

7）排气与排料　系统在熔料充填过程中，除模腔原有空气之外，还有交联反应所产生的水分及低分子化合物，这些气体必须及时通过排气系统排除。此外，压制成型常有多余的物料，也必须适时排除，故需在模腔周边设有排料槽。此外，为了改进操作条件以及压制复杂制品，在上述模具基本结构特征的基础上，还有多槽模和瓣合模等。

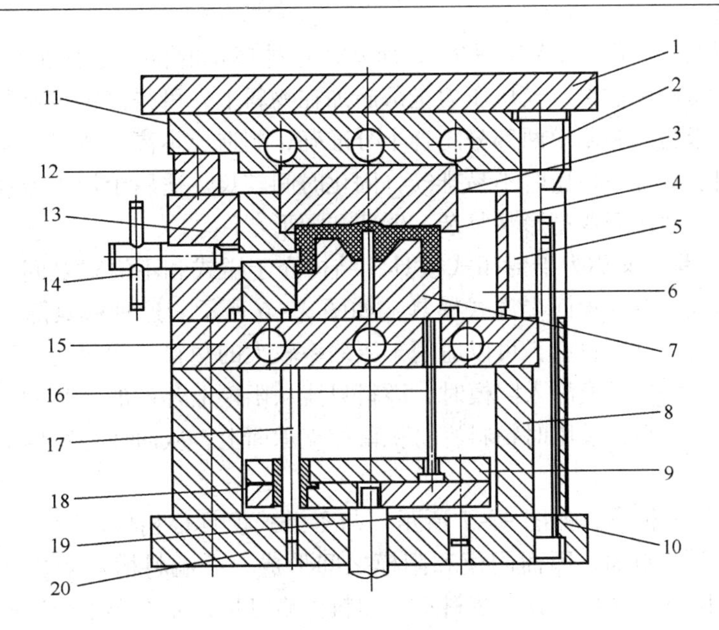

图9-3 固定式单型腔半溢式压缩模结构

1—上模座 2—导柱 3—模芯 4—塑件 5—导向套 6—型腔 7—下型芯 8—垫板 9—顶杆固定板 10—顶杆底板 11、15—加热板 12—承压板 13—型腔固定板 14—侧型芯 16—顶杆 17—导柱 18—导向套 19—定位柱 20—下模座

（2）模具种类

模压成型用的模具按其结构特点分为溢式、不溢式和半溢式三种。

1）溢式模具 溢式模具又称敞开式模具，结构如图9-4所示。这种模具无加料室，由阴模和阳模两部分组成，阴阳两部分的正确闭合由导柱来保证，制品的脱模靠顶杆来完成。压塑时多余的塑料极易沿着挤压边溢出，使塑料具有水平方向的毛边。这种模具结构比较简单，操作容易，造价低廉、耐用（凸凹模间无摩擦），塑件易取出；但溢料多、每次加料量难求得一致，部分压力损失在模具的支撑面上，适用于压制厚度不大、尺寸小且形状简单的扁平盘状或碟状塑件。但因阴模较浅，不宜压制收缩率大的塑料。

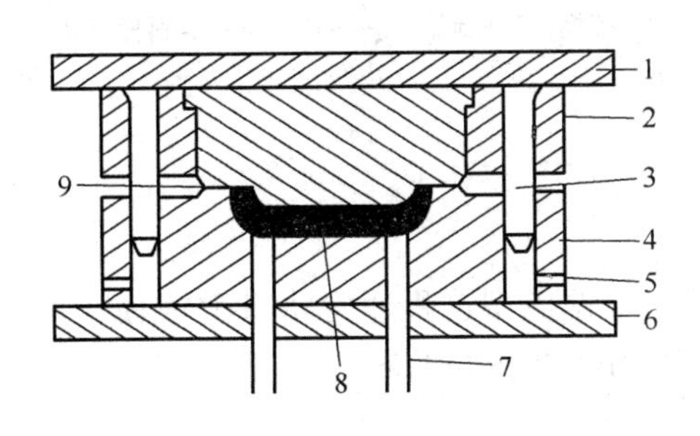

图9-4 溢式模具示意图

1—上模板 2—组合式阳模 3—导柱 4—阴模 5—气口 6—下模板 7—顶杆 8—制品 9—溢料

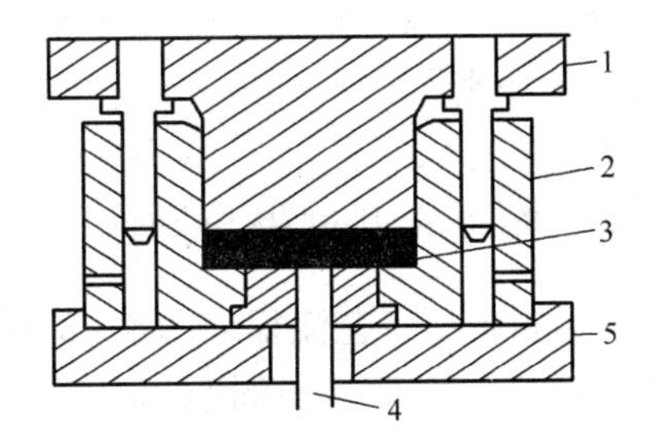

图9-5 不溢式模具示意图

1—阳模 2—阴模导柱 3—制品 4—顶杆 5—定位下模板

2）不溢式模具　模具结构如图9－5所示，这种模具的特点是有加料室，无支承面，不让物料从模具型腔中溢出，模压压力全部施加在物料上，可得高密度制品。这种模具结构较为复杂，要求阴模和阳模两部分闭合十分准确，制造成本高，要求加料量更准确，必须用重量法加料。此外，模压时不易排气，固化时间较长。适用于加工流动性较差和压缩率较大的塑料，也适用于成型形状复杂、壁薄和深形塑件。

3）半溢式模具　又称为半封闭式模具，结构介于溢式和不溢式之间，分有支承面和无支承面两种形式。有支承面半溢式模具，如图9－6所示。这种模具除装料室以外，与溢式模具相似。由于有装料室，可以适用于压缩率较大的塑料。物料的外溢在这种模具中是受到限制的，因为当阳模深入阴模时，溢料只能从阳模上开设的溢料槽中溢出。这种模具的特点是制造成本高，模压时物料容易积留在支承面上，从而使型腔内的物料得不到足够的压力。

无支承面半溢式模具，如图9－7所示。与不溢式模具很相似，所不同的是阴模在进口处开设向外倾斜的斜面，因而阴模和阳模之间形成一个溢料槽，多余料可从溢料槽溢出，但受到一定限制，这种模具有装料室，加料可略过量，而不必十分准确，所得制品尺寸则很准确，质量均匀密实，其制造成本及操作要求均较不溢式模具低。

由于半溢式模具兼有溢式模具和不溢式模具的特点，因而被广泛用来成型流动性较好的塑料及形状比较复杂、带有小型嵌件的塑件，且各种压制场合均适用。

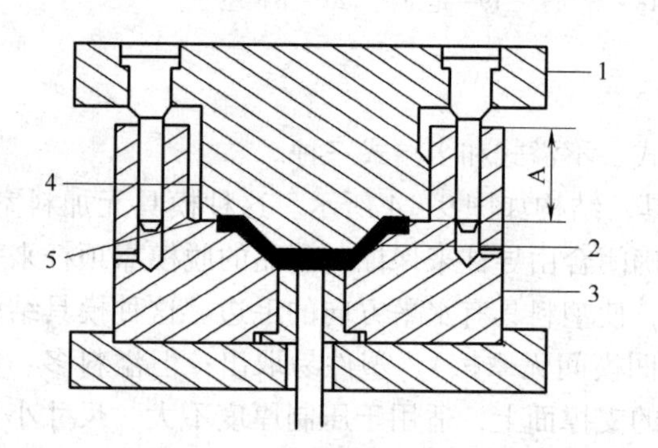

图9－6　有支承面半溢式模具示意图

1—阳模　2—制品　3—阴模　4—溢料槽　5—支承面（A为平直段）

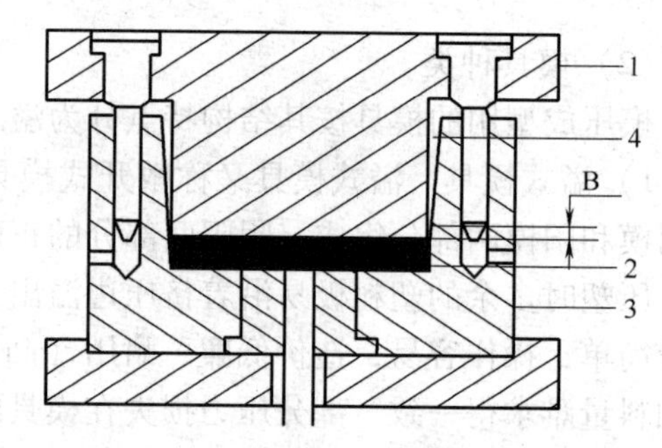

图9－7　无支承面半溢式模具示意图

1—阳模　2—制品　3—阴模　4—溢料槽（B为平直段）

9.1.4　模压成型过程与操作

热固性塑料模压工艺流程如图9－8所示，根据成型过程通常将其分成模压前的准备、模压成型和制品后处理三个阶段，下面按操作顺序来加以讨论。

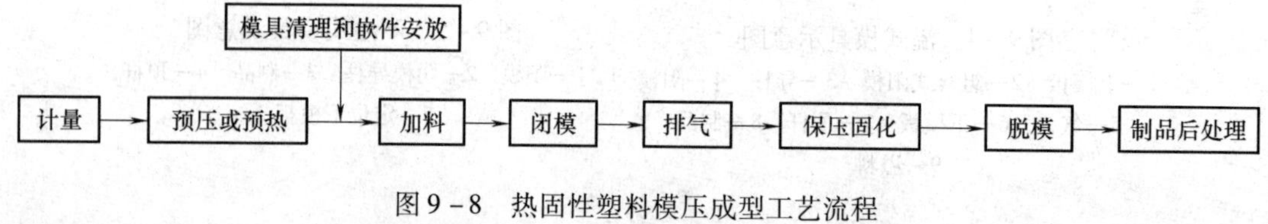

图9－8　热固性塑料模压成型工艺流程

9.1.4.1　模压前的准备

模压前的准备包括对模塑料进行预压、预热和干燥以及嵌件的安放三个方面。

(1) 预压

预压就是在室温下将松散的粉状或纤维状的热固性模塑料压成质量一定、形状规则的型坯的工序。所压的物体称为预压物，也称为压片，锭料或形坯。预压物的形状并无严格的限制，一般以能用整数而又能十分紧凑地放入模具中为最好。

压制成型时，用预压物比用松散的压塑粉具有以下优点：

1）加料快，准确简单，可避免加料过多或不足时造成的废次品；

2）降低塑料的压缩率（例如可将一般工业用酚醛塑料粉的压缩率由2.8～3.0降低至1.25～1.4），从而可减小模具的装料室，简化模具结构；

3）避免压缩粉的飞扬，改善了劳动条件；

4）预压物中的空气含量少，使传热加快，缩短预热和固化时间，并能避免制品出现较多的气泡，利于提高制品的质量；

5）便于成型较大或带有精细嵌件的制品；

6）可提高预热温度，缩短预热时间。

预压物的预热温度可以比压塑粉高，一方面因为预压物或空心预压物与制品形状相仿，另一方面，预压物密度高，传热快，可避免粉料在高温下加热出现表面烧焦。如一般酚醛塑料压塑粉只能在100～120℃下预热，而其预压物则可在170～190℃下预热，预热温度越高，预热时间和固化时间就越短，便于成型较大或带有精细嵌件的制品。

虽然采用预压物有以上的优点，但也有局限性。一是需要增加相应的设备和人力，如不能从预压后生产率的提高上取得补偿，则制品成本就会提高。二是松散度特大的长纤维状塑料预压困难，需用大型复杂的设备。三是模压结构复杂或混色斑纹制品不如用粉料的好。

压塑粉的预压性依赖于其水分、颗粒均匀度、倾倒性、压缩率、润滑剂含量以及预压的温度和压力。如果压塑粉中水分含量很少，对预压不利。但含量过大时，则对压制成型又不利，甚至导致制品质量的劣化。

预压时，压塑粉的颗粒最好是大小相同的。压塑粉中如果出现过多的大颗粒，则预压物就会含有很多空隙，强度不高；细小颗粒过多时，又容易使加料装置发生阻塞和将空气封入预压物中。再则，细粉还容易在预压所用的阴阳模之间造成堵塞。

倾倒性是以120g压塑粉通过标准漏斗（圆锥角为60°，管径为10mm）的时间来表示的。该性能可保证依靠重力流动将料斗中的压塑粉准确地送到预压模中。用作预压的压塑粉，其倾倒性应为25～30s。

要将压缩率很大的压塑粉进行预压很困难，但压缩率太小又失去预压的意义。压塑粉的压缩率一般应在3.0左右。润滑剂的存在对预压物的脱模有利，还可使预压物外形完美，但润滑剂含量不能太多，否则会降低制品的力学强度。

预压在不加热的情况下进行，但当压塑粉在室温下不易预压时，也可将温度提高到50～100℃。在这种温度下制成的预压物，其表面常有一层熔结的塑料，因而较为坚硬，但流动性却有所降低。

预压时所施加的压力应以能使预压物的密度达到制品最大密度的80%为原则，这种密度的预压物可以预热得很好，且具有足够的强度，施加压力的范围为40~200MPa，其大小随压塑粉的性质以及预压物的形状和尺寸而定。

预压的主要设备是压模和预压机。压模共分上阳模、下阳模和阴模三个部分，其原理如图9-9所示。由于多数塑料的摩擦因数都很大，因此压模最好用含铬较高的工具钢来制造。上、下阳模与阴模之间应留有一定的余隙，开设余隙不仅可以排除余气使预压物紧密结实，还可使阴阳模容易分开和少受磨损。阴模的边壁应开设一定的斜度，否则阴模中段会因常受塑料的磨损而成为桶形，从而影响预压，斜度大约为0.001cm/cm。压模与塑料接触的表面应很光滑，以利于脱模而提高预压物的质量和产量。

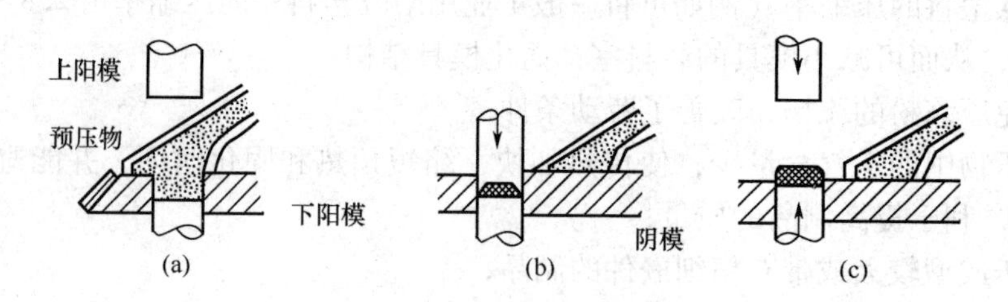

图9-9　预压机压片原理

预压用的预压机类型很多，应用最广的是偏心式和旋转式两种。也有采用生产效率比偏心式压片机高、而压片重量比旋转式压片机更精确的液压式压片机。

偏心式压机的吨位一般为100~600kN，按预压物的大小和塑料种类的不同，每分钟可压8~60次，每次所压预压物的个数为1~6个。这种预压机宜于压制尺寸较大的预压物，但生产效率不高。

旋转式预压机每分钟所制预压物的数目为250~1200个。常用旋转式预压机的吨位为25~35kN。其生产率虽然很高，但只适于压制较小的预压物。

液压式压片机结构简单紧凑，压力大，计量较准确，操作方便，特别适用于松散性较大的塑料的预压。此外操作时无空载运行，生产效率高，较为经济。

（2）预热

模压前对塑料进行加热具有预热和干燥两个作用，前者是为了提高料温，便于成型，后者是为了去除水分和其他挥发物。预热的方法有多种，常用的有电热板加热、烘箱加热、红外线加热和高频电热等。

热固性塑料在模压前进行预热有以下优点：

1）能加快塑料成型时的固化速度，缩短成型时间；

2）提高塑料流动性，增进固化的均匀性，从而提高制品的物理力学性能（如表9-2所示）；

3）可降低模压压力，可成型流动性差的塑料或较大的制品。

表9-2　预热对某种酚醛塑料物理力学性能的影响（以未预热的指标作为100计）

模压温度	预热情况	冲击强度	弯曲强度	马丁耐热	布氏硬度	吸水性（24h）
175℃	未预热	100	100	100	100	100
175℃	175℃下预热	111	109.4	110	125	74

预热温度和时间根据塑料品种而定。表9－3为各种热固性塑料预热温度。由于热固性树脂具有反应活性，如果预热温度过高或预热时间过长，就可能发生部分交联而降低流动性（图9－10），在既定的预热温度下，预热时间必须控制在获得最大流动性的时间 t_{max} 的范围以内。实际生产中，最佳预热条件常通过流动性实验来确定。

表9－3　常用热固性塑料的预热温度范围

塑料类型	预热温度范围
酚醛塑料	分低温和高温两种，低温为80～120℃，高温为160～200℃
脲甲醛塑料	不超过85℃
脲三聚氰胺甲醛塑料	80～100℃
三聚氰胺甲醛塑料	105～120℃
聚酯塑料	只有增强塑料才预热，预热温度为55～60℃

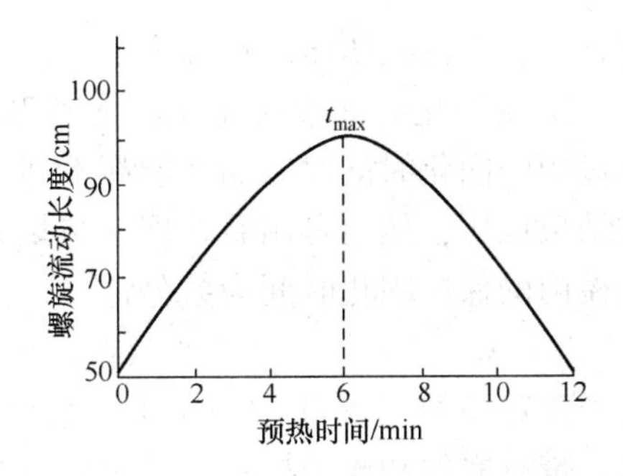

图9－10　预热时间对流动性的影响

（3）嵌件安放

所谓嵌件一般是制品中导电部分或与其他物件结合用的非塑料件，如轴套、轴帽、螺钉、接线柱等。模压带嵌件的制品时，嵌件必须在加料前放入模具，嵌件的安放有以下几个要求：

1）埋入塑料的部分要采用滚花、钻孔或设有凸出的棱角、型槽等以保证连接牢靠；

2）安放时要正确平稳；

3）嵌件材料收缩率要尽量与塑料相近。

如果有必要，嵌件还需要预热。

9.1.4.2　模压成型工艺流程

（1）加料

加料的关键是准确均匀。为了做到准确，应采用计量加料。计量的方法主要有重量法、容量法和计数法。重量法是按重量计量，较准确，但较麻烦，多用在模压尺寸较准确的制品；容量法是按体积计量，此法不如重量法准确，但操作方便，一般用在粉料较宜；若加入的是预压物，则可按计数法，简单而快速。型腔较多的（一般多于六个）可用加料器。

除了准确加料外，还要对加入模具型腔内的粉料和粒料进行合理堆放，以避免局部缺料，这对流动性差的塑料尤应注意。如果模具结构均衡，粉料或粒料的堆放要做到中间高四周低，便于气体排放。

（2）闭模

加料完毕后闭合模具，操作时应先快后慢，即当阳模未触及塑料前应用高速闭模，以缩短成型周期，而在接触塑料时，应降低闭模速度，以免模具中嵌件移位或损坏型腔，有利于模中的空气顺利排出，也避免粉料被空气吹出，造成缺料。

（3）排气

在闭模后塑料受热软化、熔融，并开始交联缩聚反应，副产物有水和低分子物，因而要排除这些气体。排气不但能缩短硬化时间，而且可以避免制品内部出现分层和气泡现象。排气操作为卸压，使模具松开少许时间，排气过早和过迟都不行。过早达不到排气目的，过迟则因塑料表面已固化气体排不出。排气的次数和时间应根据具体情况而定。一般一到两次，每次20s。

（4）保压固化

排气后以慢速升高压力，在一定的模压压力和温度下保持一段时间，使热固性树脂的缩聚反应推进到所需的程度。保压固化时间取决于塑料的类型、制品的厚度、预热情况、模压温度和压力等，过长或过短的固化时间对制品性能都不利。对固化速率不高的塑料也可在制品能够完整地脱模时结束保压，然后再用后处理（热烘）来完成全部固化过程，以提高设备的利用率。一般在模内的保压固化时间为数分钟。

（5）脱模冷却

热固性塑料是经交联而固化定型的，故固化完毕即可趁热脱模，以缩短成型周期。脱模通常是靠顶出杆来完成的，带有嵌件和成型杆的制品应先用专门工具将成型杆等拧脱再行脱模。对形状较复杂的或薄壁制件应放在与模型相仿的型面上加压冷却，以防翘曲，有的还应在烘箱中慢冷，以减少因冷热不均而产生内应力。

（6）模具清理

模压成型后，经常会有一些杂物，如溢料飞边残片、加料时的抛撒物等遗留在模具中或模具周围，为了不影响下一模的生产，有必要对模具进行清理。处理方法为用铜铲清理或压缩空气吹净，以避免损伤模具。

9.1.4.3 制品后处理

为了提高热固性塑料模压制品的外观和内在质量，脱模后需对制品进行后处理，包括修饰抛光、整形去应力、特殊处理三种方式。修整主要是去掉由于模压时溢料产生的毛边，抛光根据需要而定，目的是使制品外观美观。整形去应力是为了确保制品的质量，以防止制品在使用中变形和开裂。例如，对薄壁易变形件需在脱模后置于整形模中冷却，而对于大型、厚壁件，则需要脱模后放入一定温度的油池或烘箱中缓慢冷却，或者进行退火处理，以减少或消除制品内应力。如果制品有特殊用途，有时还需要对其进行电镀、喷涂、二次加工等特殊处理。

9.1.5 模压成型工艺条件

要生产出高质量塑件，除了合理的模具结构，还要正确选择工艺条件。热固性塑料在成型过程中进行着复杂的物理和化学变化，模内物料承受的压力、物料实际的温度以及塑料的体积随时间而变化。因此，影响模压成型过程的主要因素仍然是模压力、温度和时间三要素。

9.1.5.1　模压压力

模压压力是指成型时压机对塑料所施加的压力，通常用模压压强来表示，即液压机施加在模具上的总力与模具型腔在施压方向上的投影面积之比，可用式（9－4）计算：

$$p_m = \frac{\pi D^2}{4A_m} p_g \tag{9-4}$$

式中：p_m——模压压力，MPa

p_g——压机实际使用的液压，MPa

D——压机主油缸活塞的直径，cm

A_m——塑料制件在受压方向的投影面积，cm^2

模压压力在模压成型过程中的作用是使模具紧密闭合并促进熔料流动，使物料增密，提高制品内在质量，克服模腔内缩聚反应放出的低分子物挥发所产生的压力，从而使制品具有固定的形状和尺寸，防止其变形。

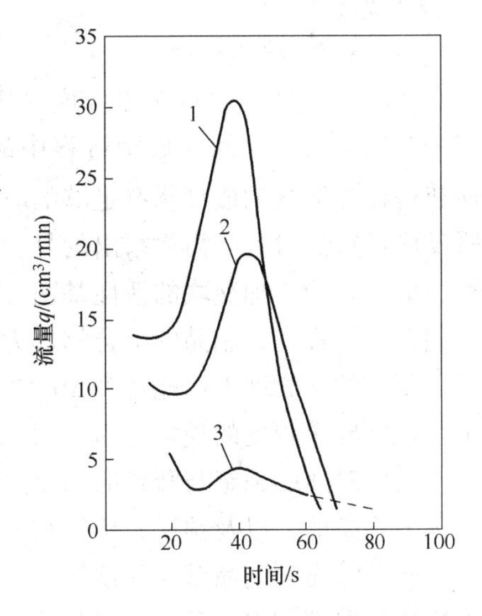

图9－11　热固性塑料流量与模压压力的关系

曲线1、2、3的模压压力分别为50MPa，20MPa，10MPa

模压压力的大小与塑料种类、塑件结构、模具温度等因素有关。一般塑料的流动性越小，固化速度越大，压缩率越大，压制深度大、形状复杂或薄壁面积大的制品时，需用较高的模压压力。此外，模压压力的大小还要与模压温度相匹配。高的模压温度在一定温度范围内能增加物料的流动性，模压压力可适当降低；但过高的模压温度因会使交联反应加速而导致熔料黏度迅速增高，故需用高的模压压力与之配合。另外，高的模压压力虽有促使快速流动充模（图9－11），使制品密度增大，成型收缩率降低，防止气孔出现等一系列优点，但模压压力过大会降低模具使用寿命、增加液压机功率消耗、增大制品内残余应力。因此加工热固性塑料模压制品时，多采用预压、预热、适当提高模压温度等，以避免采用高的模压压力。

9.1.5.2　模压温度

模压温度是模压成型时所规定的模具温度，这一工艺参数确定了模具向模腔内物料的传热条件，对物料的熔融、流动和固化进程有着决定性的影响。

模压温度过低不仅熔融后的物料黏度高、流动性差，而且由于交联反应难于充分进行，从而使制品强度不高，外观无光泽，脱模时出现粘模和顶出变形。因此，在一定温度范围内，提高模压温度能降低物料黏度，提高流动性，使充模顺利，同时交联固化反应加快，有利于缩短生产周期，提高生产效率。但是如果模压温度太高，会使物料的交联反应过早的开始，固化反应速率过快，从而造成熔体黏度增大，流动性降低，充模反而不完全，热固性塑料模压温度对流动固化曲线见图9－12。不仅如此，由于塑料是热的不良导体，如果模压温度太高，物料中心和边缘在成型的开始阶段温差较大，这将导致表层料由于受热早先固化而形成硬的壳层，而内层料在稍后的固化收缩因受到外部硬壳层的限制，产生的低分子物难以向外挥发，致使模压制品的表层内常存有残余压应力，而内层则带有残余拉应力，使制品的力学性能降低。一般模压成型形状复杂、壁薄、深度大的制品，宜选用较低的模温，但加工经过预热的物料时，由于内外层温度较均匀，流动性好，可以选用较高的模温。

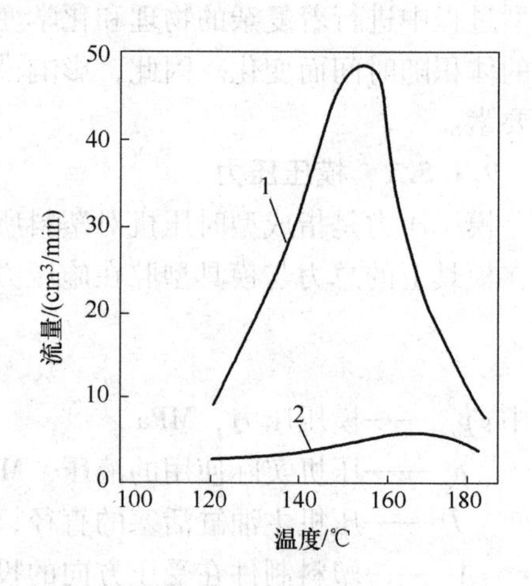

图 9－12　热固性塑料流量与模压温度的关系
曲线 1、2 的模压压力分别为 30MPa，10MPa

9.1.5.3　模压时间

模压时间是指塑料在闭合模具中固化变硬所需的时间。模压时间在成型过程中的作用主要是使获得模腔形状的成型物有足够的时间完成固化。从化学反应的本质来看固化过程就是交联反应进行的过程。需要指出的是，工艺上的“固化完全”并不意味着交联反应已进行到底，即所有可参加交联的活性基团已全部参加反应。这一术语在工艺上是指交联反应已进行到合适的程度，制品的综合物理力学性能或其他特别指定的性能已达到预期的指标。显然，制品的交联度不可能达到 100%，而固化程度却可以超过 100%，通常将交联超过完全固化所要求程度的现象称为“过熟”，反之称为“欠熟”。

模压时间的确定与塑料的固化速率、制品的形状和壁厚、模具的结构、模压温度和模压压力的高低，以及预压、预热和成型时是否排气等多方面的因素有关。在所有这些因素中以模压温度、制品壁厚和预热条件对模压时间的影响最为显著。合适的预热条件由于可加快物料在模腔内的升温过程和填满模腔的过程，因而有利于缩短模压时间，提高模压温度时模压时间随之缩短，而增大制品壁的厚度则要相应延长模压时间。图 9－13 给出了以酚醛塑料为研究对象时两者关系的实验结果。

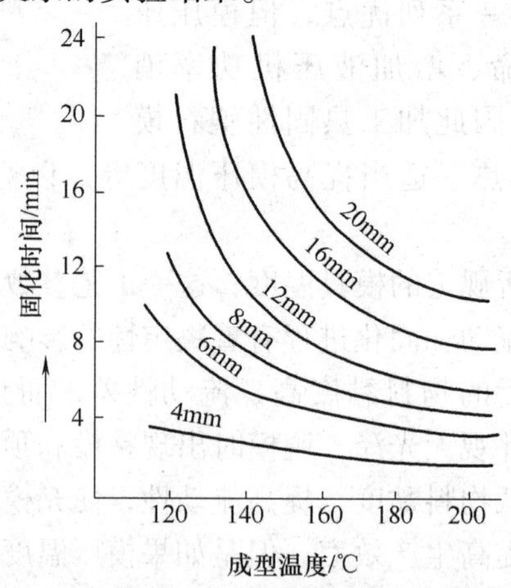

图 9－13　酚醛塑料制品厚度与模压温度和固化时间的关系

在模压温度和模压压力一定时，模压时间就成为决定制品性能的关键因素。模压时间过短，树脂无法固化完全、制品欠熟；适当延长模压时间不仅可克服以上的缺点，还可使制品的成型收缩率减小并使其耐热性、强度性能和电绝缘性能等均有所提高；但过分地延长模压时间又会使制品过熟，不仅生产效率降低、能耗增大而且会因过度交联使收缩率增加，导致树脂与填料间产生较大的内应力；也常常使制品表面发暗起泡，严重时会出现制品破裂。

9.2 传递模塑

传递模塑（Resin Transfer Moulding，简称 RTM）又称注压成型、传递成型或压铸成型，它是以模压成型为基础，吸收了热塑性塑料注射成型的经验发展起来的一种用于热固性树脂成型复合材料的方法。传递模塑与压制成型的区别在于前者所用的模具在成型模腔之外另有一加料室，物料的熔融在加料室完成，成型在模腔内完成。传递模塑与注射成型的区别只是在于前者塑料是在压模上的加料室内受热熔融，而注射成型时物料是在注射机料筒内塑化。

一般来说，热固性塑料模制品的主要成型方法是压制成型，但它存在着难以制造结构复杂、薄壁或壁厚变化大、带有精细嵌件的制品，以及制品尺寸精度不高、成型周期长等缺点。传递模塑的出现克服了模压成型的缺点。与模压成型相比，传递模塑有以下主要特点：

1）传递模塑所用模具的加料室与型腔是分开的，塑料的加热和熔融都在加料室中进行，模具型腔设有加热装置，成型在模腔内完成。成型时，通过压注柱塞对加料室内的塑料熔体加压，使熔体像注塑一样在压力作用下快速充满模腔，当熔体充满模腔后，模腔内的压力与加料室的压力相等，由此可以得到较高密度且比较均匀的塑料制品。

2）可以模塑深度较大的薄壁制品、带有深孔的制品、形状比较复杂以及带有细小金属嵌件而难于用模压成型的制品。

3）预制件中填料的含量可高达50%～70%，从而可以降低制品的成本。

4）成型时分型面处溢料少且飞边薄，易于修除。

5）传递模塑为闭合模具成型，因而产品表面质量非常好，尺寸精度高。

6）成型物料在加料腔内已经预先加热熔融，故进入模腔时温度比较均匀，能较快固化，因此成型周期较短。

7）模具受损程度比压缩模小，使用寿命长。传递模塑的工艺条件较模压严格，操作技术要求较高，所用模具的结构比模压成型的复杂（如必须设置浇注系统），成型压力也比模压时高。因料腔内压铸后会留有部分余料，所以消耗的物料比较多。

注塑、模压和传递模塑三种成型方法各有长短，从技术经济观点的角度出发，在制品生产的批量较大时，宜优先考虑注塑，制品批量较小时，则优先考虑使用模压成型或传递模塑。

9.2.1 传递模塑方法

传递模塑的基本方法是先把增强材料预制件放置在设计好的下半个模腔中，盖好上半个模具后，锁定闭合模腔并密封，防止注射树脂时泄压；再将热固性模塑料或预压料片加入压模上的加料室内，使其受热软化，变成具有流动性质的熔融体；然后通过压机活塞运动，对与传递料筒相配合的压柱施压，在压力作用下，已与固化剂混合的熔融树脂通过加料室底部的浇口和模具的流道进入加热的闭合模腔内，模腔内的空气和多余的树脂通过模具上的排气孔排出。树脂充分浸润增强材料后固化，脱模可得制品。

传递模塑根据所用设备和操作方式的不同，分为以下几种。

（1）料槽式传递模塑

料槽式传递模塑的塑模结构和成型过程如图 9－14 所示。这类塑模的加料室截面积应大于阴阳模分界面上制品和流道等截面积的 10% 以上，以保证塑模在压制中能完全闭合。脱模时要利用压柱拉出主流道的固化塑料。

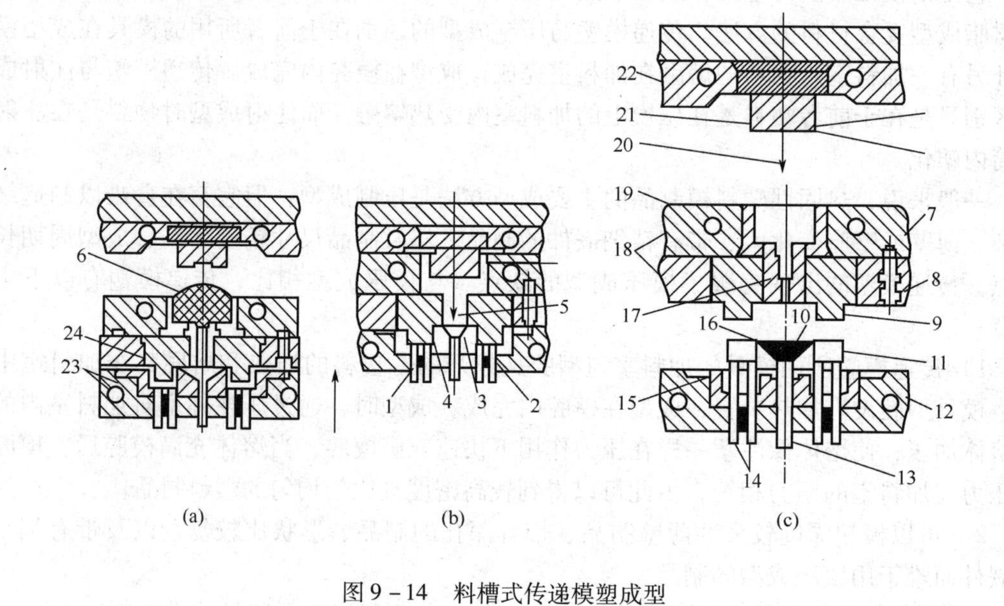

图 9－14　料槽式传递模塑成型

1、2、6、20—凝料　3、10—侧浇道　4、16—浇口　5—拉料钩　7—加料室固定板　8—阳模固定板　9、24—阳模　11—制件　12—阴模固定板　13—注料衬套定位销　14—顶出杆　15、23—阴模　17—注料衬套　18—动模板　19—加料室　21—柱塞　22—柱塞固定板

成型时，先将模塑料（可以是经过预热的）加入模具上部的传递料筒中，如图 9－14（a）所示；合模，模塑料被预热，在压柱的加压作用下将料筒中的模塑料经过浇注系统而注入模腔，再经压力保持、交联固化，如图 9－14（b）所示；最后开模顶出制件，完成整个压铸（传递）成型过程，如图 9－14（c）所示。料槽式传递模塑可用移动式模具，也可用固定式模具。前者成型在通用液压机上进行，装料、启模、取出制品等操作靠手工完成；后者可将模具安装在专用液压机上，可进行半自动化操作。料槽式传递模塑成型在模塑之前，物料需在成型机外进行预成型，过程较复杂；取出制件及重新安装料槽等主要是靠手工操作，劳动强度大，生产效率低。因此，此法只适用于成型小型制件或多嵌件的、小批量的生产。

（2）柱塞式传递模塑柱

柱塞式传递模塑的塑模结构和操作过程如图9－15所示。这类塑模无主流道，在将熔融料注入模腔内时的流动阻力较小，制品与分流道的固化塑料是作为一个整体从模内顶出，因此成型周期比料槽式传递模塑的要短，生产效率高。

柱塞式传递模塑一般用固定式模具，所用的压机具有两个油缸，一个油缸用于闭紧模具，另一个油缸专用于通过柱塞对熔融料施压。由于闭合模具和施压注料由两个油缸分别担任，因此与料槽式传递模塑不同，塑模加料室截面积不一定要大于阴阳模分界面上制品和流道等截面积。

工作时，主油塞上升合模，将预热的物料加入传递料筒，物料在压注料筒中预热，如图9－15（a）所示；辅助柱塞下降施压，压注料室中的物料通过浇注系统进入型腔充模，然后保压，物料在型腔中交联固化成型，如图9－15（b）所示；最后开模顶出制品，如图9－15（c）所示。柱塞式传递模塑的优点主要在于压注室的横截面积不会受到制品和浇注系统在水平分型面上投影面积的制约；开模后浇注系统凝料脱除方便，手工操作所占比例小，劳动强度低。

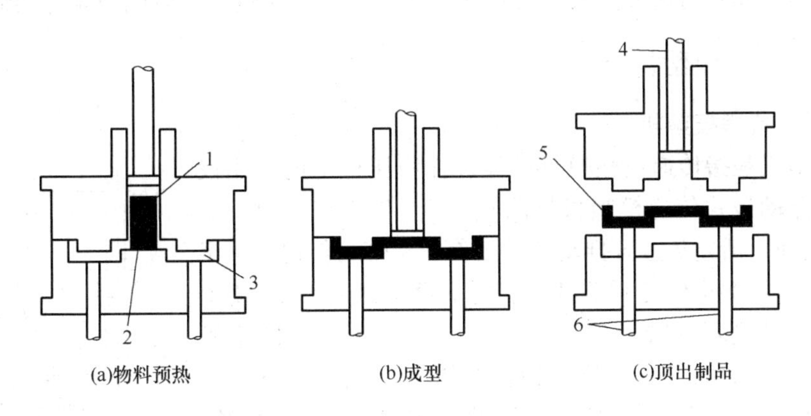

图9－15　柱塞式传递模塑

1—预成型物料　2—流道　3—型腔　4—柱塞　5—制品　6—顶杆

（3）螺杆式传递模塑

螺杆式传递模塑在成型设备结构和成型操作方法上与热固性塑料注射和柱塞式传递模塑相近，传递成型机的加热料筒头部无喷嘴，物料的流动阻力小，如图9－16所示。成型操作时模塑料在螺杆料筒内预热塑化，并送入倒转的柱塞式加料室内，然后与柱塞式传递模塑一样通过柱塞对熔融料施加力进入模腔，其过程如下：

1）经预热的物料由料斗进入机筒；

2）旋转的螺杆将物料输送到螺杆头部，物料在输送过程中受挤压、剪切、摩擦及热传导作用而均化、升温，螺杆在旋转中同时后退并进行计量，物料储存于螺杆的前部，此时传递柱塞堵住料筒出口；

3）当物料达到一定量时，压注柱塞下移，打开料筒出口，在油缸压力的推动下螺杆前移，将物料推入压注料筒；

4）压注柱塞上移使物料充模、保压，物料经交联固化成型；

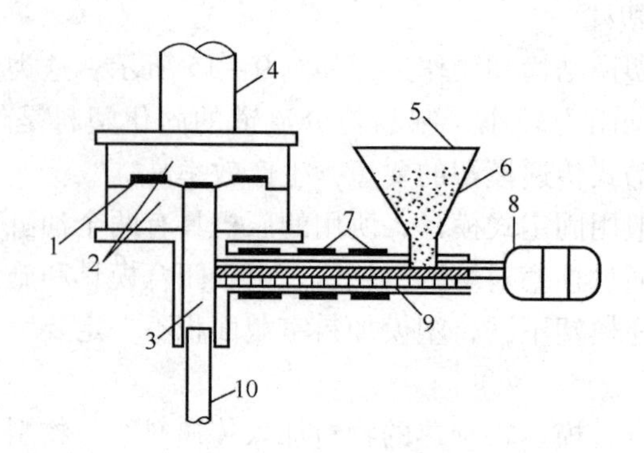

图 9-16 螺杆式传递模塑

1—成型物 2—对模 3—料室 4—压力活塞 5—料斗 6—材料 7—加热段 8—电机 9—塑化螺杆 10—传递柱塞

5）最后开模取出制品。

螺杆式传递模塑可以完全实现自动化操作，与热塑性塑料注射成型较为相似。

9.2.2 传递模塑设备

9.2.2.1 传递模塑机

传递模塑机是指传递模塑模具已经装在液压机上的专用设备。常用的浮动板式传递模塑机见图 9-17。生产成型时，工作油缸 13 进油，活塞 7 上升推动移动工作台 9 带动传递模下半模一起上升，顶出板 6 受弹簧 14 作用下移，工作台继续上升，使传递模闭合后又推动浮动板向上移动。在传递模塑机闭合后，加料室 2 里已被加热的物料在压柱 1 的推动下，注入传递模腔中。当成型结束，工作油缸卸压，活塞下降，浮动板在自身的质量和制品对模腔的附着力作用下，跟着活塞一起下移直到被限制块 4 阻止才停止下降。这时油缸活塞继续下降，迫使传递模在分型面处分离，下半模随工作台下降，当下降到一定距离，顶出板 6 上的回程杆 10 的下端碰到下横梁 8，使顶出板 6 向上移动，通过固定在顶出板 6 上的顶出杆 15，把制品从模腔顶出，取出制品，完成一个成型周期。

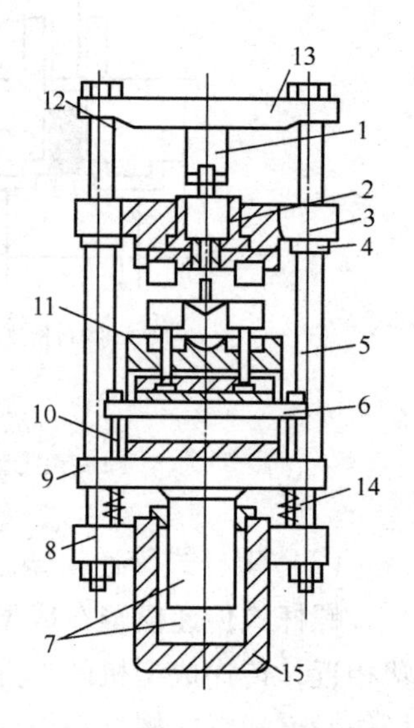

图 9-17 传递模塑机

1—压柱 2—加料室 3—浮动板 4—限制块 5—型腔 6—顶出板 7—活塞 8—下横梁 9—移动工作台 10—回程杆 11—顶出杆 12—拉杆 13—上横梁 14—弹簧 15—工作油缸

传递模塑机可以由普通压机改装而成，图 9-18 所示的传递模塑机只需由下压式液压机加装压注柱塞以及浮动板等构成。改装前应对液压机的额定压力和行程进行校核，看其是否适应传递模塑的工艺要求。在小批量生产的情况下，也可以用普通液压机进行传递模塑生产，这时需配备相应的传递模塑模具。

9.2.2.2　传递模塑模具

普通压机用传递模按与压机的连接形式可分为移动式传递模和固定式传递模。

(1) 移动式传递模

移动式传递模的上、下模座两部分不与压机固定连接。加料、合模、开模、取出制品等生产操作均可在压机工作空间之外完成。移动式传递模的结构见图9-18，加料室4与模具本体分别加工，操作时可以与模具主体分开，这是普通压机用传递模的特点。生产成型时，首先闭合模具，然后将定量的成型物料装进加料室加热熔融，并由压机通过压注柱塞3将熔融后的物料经由浇注系统2（主流道、分流道和浇口等）高速挤入并充满闭合模腔，物料在模腔内固化定型。卸模时，需要先将加料室从模具上取下，对加料室内部进行清理，同时利用卸模架开启模具取出制品。在这种模具中，压注柱塞对加料室中物料施加成型压力的同时也起合模力的作用。

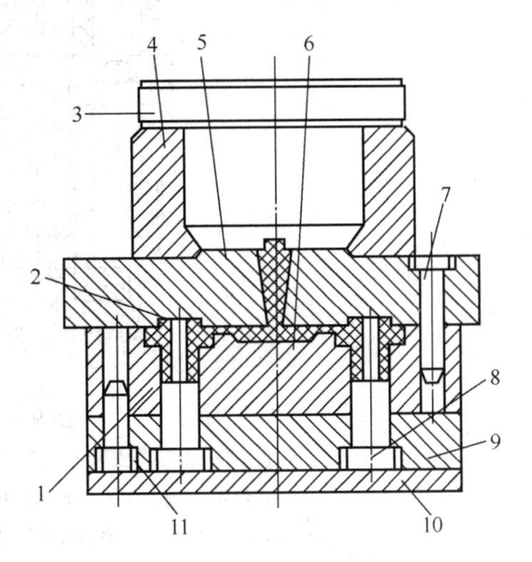

图9-18　移动式传递模

1—制品　2—浇注系统　3—压注柱塞　4—加料室　5—上模座　6—凹模　7、11—导柱　8—凸模　9—凸模固定板　10—下模座

(2) 固定式传递模

固定式传递模的上、下模两部分分别与压机上压板和工作台面固定连接，压注柱塞固定在上压板上。启模时，传递模在分型面处分开，成为浮在中间的状态。制品脱模由模内的顶出脱模机构完成。劳动强度较低，生产效率较高，主要适用于制品批量较大的生产。与移动式传递模相似，压注柱塞对加料室内物料施加的成型压力，同时也起合模力作用。固定式传递模的结构示例见图9-19，上模座1、下模座15分别与压力机上压板和工作台面固定连接。压注成型之前，加料室与上部凹模板通过定距拉杆18悬挂在上、下模座之间，这时可以进行加料（包括安装嵌件）、清模等生产操作。压注成型开始后，整个模具闭合，固定在压力机上压板的压注柱塞3将加料室内已经熔融的成型物料经由浇注系统13高速挤进闭合模腔内加热固化成型。开模时，压力机工作台带动上模部分回程，上模部分与加料室一起在I—I处分型，当上模回程到一定高度时，拉杆20迫使锁钩19转动并与下模部分松脱，接着定距拉杆18带动上部凹模型板及加料腔在Ⅱ一Ⅱ处与下模分型，顶出脱模机构将制品从该分型面处顶出。

9.2.3　传递模塑工艺控制

9.2.3.1　工艺过程

传递模塑法生产热固性塑料制品的工艺过程与压制成型的不同之处主要在成型操作方面，如图9-20所示。

1）工艺准备　首先进行物料的计量，一般采用天平称量法，树脂系统加料量

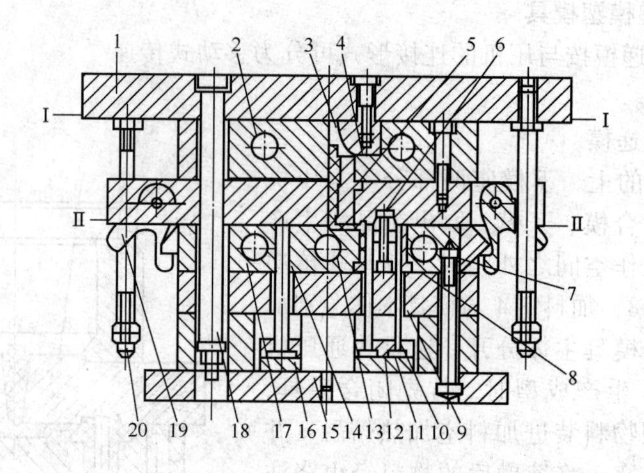

图9-19　固定式传递模

1—上模座　2—加热器安装孔　3—压注柱塞　4—加料室　5—主流道衬套　6—凸模　7—加热器安装孔　8—下部凹模　9—顶杆　10—支承板　11—顶杆固定板　12—顶杆底板　13—浇注系统　14—复位杆　15—下模座　16—上部凹模型板　17—下部凹模固定板　18—定距拉杆　19—锁钩　20—拉杆

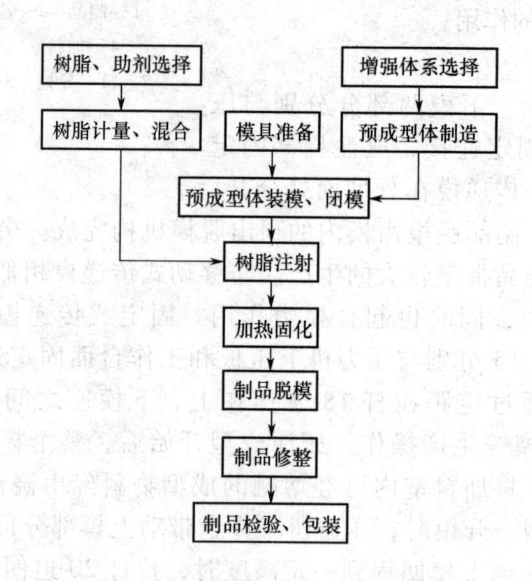

图9-20　传递模塑工艺流程简图

应大于制品质量和流道、浇口系统等物料的质量总和。称量后的物料采用高频预热，预热的目的是缩短成型周期。若对成型物料采取了预压成坯的措施，则可直接预热。

2）加料与压注　预热后的物料应尽快加到料室，并在15～45s时间内加热物料至熔融状态，然后对传递柱塞施以200～500MPa压力将物料压至闭合的模腔，物料充模过程通常在1min以内完成。

3）树脂固化　传递模塑时树脂是在熔融状态下加压，加上树脂熔体流经浇注系统窄小截面时产生的剪切摩擦热导致其温度进一步升高，其内部温度分布较模压成型时均匀而且高，所以充模后的交联固化速度较快，而且固化均匀，所需要的固化时间较模压成型要短些。固化时间视具体条件而定，通常在30～180s。

4）制品脱模　经过一定时间固化后，即可开模顶出制品，也可以用手动、液动和气动脱模。制品脱模后，可安装嵌件以备下一次成型。由于模具精度高，没有边料，故不用清扫模具。可用铜质工具或压缩空气清理加料室或压注柱塞的凝料。

9.2.3.2　主要工艺参数

传递模塑与模压成型一样需控制的主要工艺参数也是成型压力、模塑温度和模塑时间，但是由于传递模塑的成型操作过程与模压成型不同，所以工艺参数的选择有所差异。

（1）成型压力

成型压力是指施加在加料室内物料上的压力，RTM工艺希望的是在较低压力下完成树脂的压注，采用如降低树脂黏度、适当地设计模具注胶口和排气口、恰当地设计纤维排布、降低注胶速度等措施，都可以降低压力。

RTM工艺中，由于树脂熔体通过浇注系统时要克服浇口和流道的阻力，所以传递模塑的成型压力通常比模压成型压力高1.5～3.5倍。成型压力视物料的品种和模塑形式的不同而不同，酚醛模塑料成型压力一般为60～80MPa，高者可达100～120MPa。模塑料的流动性越差、固化速率越快，所需成型压力越高。

表9-4　模压成型与传递模塑成型工艺比较

项目	模压成型	传递成型
加料	加料时模具打开，物料放置在模具中恰当位置	加料时模具闭合，加热后的料坯置于加料室
成型前物料的温度	冷粉料或料坯，高频加热料坯至105～138℃	高频加热料坯至105～138℃
模具温度	130～200℃	140～180℃
合模压力	15～70MPa 制品深度每增加1cm，提高2MPa	压料柱塞40～70MPa 合模注塞最小吨位应等于压料柱塞施加于模具上压力的75%
固化时间	30～300s	45～90s
模具排气	经常采用，排除气体以缩短固化时间	既不可行也不必要
成型制品尺寸	由模压机的能力决定	最大约0.5kg
嵌件的采用	受限制，合模后嵌件易移位或发生变形	无限制，易放置复杂的嵌件
制品尺寸精度	中等（取决于模具结构和成型方向，溢式模具最差；不溢式模具最好；半溢式模具居中）	高
制品飞边	较厚	较薄或无
制品收缩率	很小	较模压成型大

（2）模塑温度

模塑温度是指传递模塑成型时模具的温度，它的高低取决于树脂体系的活性期和达到最小黏度的温度。温度过高会缩短树脂的固化期，过低的温度会使树脂黏度过大，而使模塑压力升高，也会阻碍树脂与增强材料之间的浸润能力。较高的温度能使树脂表面张力降低，使纤维床中的空气受热上升，因而有利于气泡的排出。

模塑温度一般比模压成型温度低10～20℃。这是考虑到物料从加料室注入模腔的过程中，因产生剪切摩擦而生热，使物料温度会有所升高。另外加料室的温度应比模腔更低些，以避免物料因温度过高而产生早期固化，使熔融料的流动性下降。

模塑温度还受注料速度的影响，压注速度越快，熔融料通过浇口流道的速度越高，所受到的剪切摩擦越强，升温越高，相应模塑温度应低一些。

（3）模塑时间

模塑时间是指对加料室内物料开始施压至固化完成开启模具的时间段。通常传递模塑时间比模压时间短20%～30%。这是由于对加料室内物料施压时温度已升高到固化的临界温度，物料进入模腔后即可迅速进行固化反应。模塑时间主要取决于物料的种类、制品的大小和形状、壁厚、预热条件等。

（4）压注速度

压注速度取决于树脂对增强材料的润湿性和树脂的表面张力及黏度，受树脂的活性期、压注设备的能力、模具刚度、制件的尺寸和增强材料含量的制约。压注速度快，可以提高生产效率，也有利于气泡的排出，但速度的提高会伴随压力的升高，需合理进行控制。

传递模塑成型与模压成型工艺比较见表9-4，传递模塑的工艺特点如下：

1）模塑成型压力高　由于在浇注系统和模腔中有流动，会造成压力损失，因而传递模塑的压力比压制成型高。

2）塑料流动性能好　塑料流动性好，便于迅速充满模腔。通常模温应比压制成型稍低，以防止过早固化，有利于维持较长时间的流动性。

3）生产效率高　传递模塑成型时，物料以高速挤入模腔。熔料经狭窄的流道与浇口而形成剪切摩擦，导致料温升高，且均匀分布，进入模腔后塑件加速固化。与压制成型相比，保压时间可大大缩短。

4）原料消耗多　在传递模塑工艺生产过程中必然会产生不能回收的浇注系统废料和加料室中的残料，因而原料消耗多，尤以小型塑件为甚。采用多腔模可有效降低原料耗量比。

此外，由于塑料以黏性状态流向预先闭合的型腔，不易使嵌件移动与变形，因此，传递模塑适合于成型带有细小嵌件和侧嵌件的塑件和形状复杂且具有较大深度及较小孔的塑件。采用传递模塑的方法还能提高制件的尺寸精确度和使用性能。塑料在进入模腔前，模具是处于密闭状态，故在模具分型面处不会产生毛边，这就较好地保证了成型塑件尺寸的精确度。成型时，塑料在压力作用下高速流经浇注系统，其填料有定向和轻微分层作用，使塑件机械强度低且组织呈现各向异性，但由于固化均匀，排气条件好，因而提高了塑件的电性能及抗冲性能。

综上所述，由于传递模塑特殊的优点，故用一般压制法不能成型的制件，可以考虑用传递模塑法来成型。

9.2.3.3　传递模塑制品缺陷及解决方法

传递模塑制品的缺陷及其产生的原因与模压成型的情况相似，但由于传递模塑制品对质量和尺寸精度要求很严，所以对物料的选择，模具的结构与制造精度、成型条件的控制就更加严格。传递模塑制品缺陷及其产生原因与解决方法见表 9－5。

表 9－5　　传递模塑制品缺陷及其产生原因与解决方法

制品缺陷	产生原因	解决方法
表面气泡	固化时间过长，树脂熔体温度高，模温高或加热不均，浇口过小	缩短固化时间、降低树脂熔融温度；调节模温，调整浇口
表面皱纹	物料过热或加热不均匀；成型条件不适当或充模速度太慢；浇口不合适	降低物料温度，调节加料腔与模具温度；加快充模速度，调整浇口
流痕	物料温度低，成型压力高、模温高；流道和浇口太窄	提高物料温度、降低模温和成型压力；修整浇注系统
无光泽	物料中的挥发组分多：脱模剂用量大；加热条件不适当：模腔表面不光滑	更换物料或改进预热条件；减少脱模剂用量；改进加热条件，抛光模腔
变形	物料塑化不均匀，固化条件不恰当；嵌件安放不合适	调节预热和加热条件；修改模具
气眼	物料不合适；塑化不完全；局部过热	改换物料；调节预热和加热条件；降低模温
裂纹、碎裂	物料塑化不均匀、欠熟或过熟，壁厚太薄，制品突出部位不易脱模	调节成型工艺条件放进模具结构
电性能下降	物料吸湿，混入异物；加热温度低、时间短	改进预热措施；提高加热温度、延长加热时间
力学性能下降	成型压力低；嵌件、浇口的位置不合适	提高成型压力；修整模具

9.3 热固性塑料的注射模塑

热固性塑料制品长期以来一直依靠压缩模型成型，生产效率低，模具易损坏，劳动强度大，产品质量也不稳定，从而满足不了生产发展的需要。1930 年美国针对压缩模型工艺存在的问题首创了热固性塑料注射成型工艺，并在 1963 年投入实用化生产。与压缩模塑工艺相比，热固性塑料的注射成型工艺有一系列的优点，因而近几十年来发展较快，目前有些先进国家，85% 以上热固性塑料制品都是以注射成型方法制得的。

热固性塑料的主要组分是线型或稍带支链的低相对分子质量聚合物，而且聚合物分子链上存在可反应的活性基团，在受热成型过程中不仅发生物理状态的变化，而且还发生不可逆的化学变化。注射成型时，加进料筒内的热固性塑料受热转变为黏流态而成为有一定流动性的熔体，但有可能因发生化学反应而使黏度变高，甚至交联固化为固体，为了便于注射成型能顺利进行，要求成型物料首先在温度相对较低的料筒内预塑化到半熔融状态，然后在注射充模过程中进一步塑化，在通过喷嘴时达到最佳的黏度状态，注入高温模腔后继续加热，物料就通过自身反应基团或反应活性点与加入的固化剂的作用，经过一定时间的交联固化反应，使线形树脂逐渐变成体形结构。由于热固性塑料的固化为缩合聚合，反应时放出的低分子物（如氨、水等）必须及时排出，以保证反应顺利进行和模内物料的物理力学性能达到最佳值。

从以上过程可以看出，注射成型技术对所用热固性塑料成型工艺性的基本要求是：在低温料筒内塑化产物能较长时间保持良好流动性，而在高温的模腔内能快速反应固化，整个过程要着重防止机筒内早期固化。因此，热固性塑料注射成型工艺条件控制要求较高。为了保证注射成型的顺利进行，必须严格控制每一阶段的工艺参数。

9.3.1 热固性塑料注射模塑设备

热固性塑料的注射是在热塑性塑料注射的基础上发展起来的，因此注射机的结构与热塑性塑料注射机基本相同，结构形式也有螺杆式和柱塞式两种，但热固性塑料注射较多的是用螺杆式注射机，柱塞式注射机仅用于不饱和聚酯树脂增强塑料的注射。

热固性塑料在塑化过程中要求：①不能对塑料产生过大的剪切作用：②尽量缩短物料在机筒内的停留时间；③能准确控制预塑化温度。为实现这些目标，热固性塑料注射成型机的螺杆结构和料筒的加热冷却结构等都具有独特之处。

为了避免对塑料产生过大的剪切作用以及物料在料筒内长时间滞留，防止因摩擦热太大引起物料固化，要求螺杆的长径比和压缩比较小，一般长径比（L/D）为14～16为宜，压缩比（A）为0.8～1.2。因此通常螺杆几乎无加料段、压缩段和计量段之分，往往是等距等深的无压缩比螺杆，螺杆对塑化物料只起输送作用，不起压缩作用。

通常热固性塑料注射充模后很少出现倒流，但为了防止万一热固性塑料注射后往回返而增加滞留时间，也可以在螺杆的设计中采取止回环之类阻止逆流和漏流的结构。

喷嘴通常用敞开式，一般孔径较小，2～2.5mm，喷嘴要便于拆卸，以便发现硬化物时能及时打开进行清理。喷嘴内表面应精加工，以防料流有阻滞而引起硬化。

热固性塑料注射机料筒设计、温控装置与热塑性塑料注射机有较大的差异。由于料筒的加热温度相对较低，温控精度要求高，目前较多采用水或油加热循环系统，因此料筒设计成夹套型，这样的加热方式温度均匀稳定，其温度波动可控制在±1℃。

注射机的锁模结构应满足能及时放气排除缩聚交联反应产生的低分子物的操作要求，这就需要具有能迅速降低锁模力的执行机构，一般采用增压油缸来实现对快速开模和合模动作的控制。

模具结构相对复杂些，必须设置加热装置和温控系统，以利于物料在模内化学反应的顺利进行。针对注射成型浇口废料量大，热固性塑料回用困难的缺陷，近年来在模具结构上有很大的发展，开始采用冷流道（又称温流道）模具、无浇口（或少浇口）注射成型或细流道成型等方法，可大大减少流道、浇口废料，还可缩短成型周期，降低成本。

9.3.2 热固性塑料注射成型工艺

热固性塑料的注射，注射机的成型动作、成型步骤和操作方式等与热塑性塑料的注射相似，但工艺控制有较大差别。图9－21所示为酚醛塑料在注射成型过程中温度和黏度的变化。由图可见，物料进入料筒后，经过螺杆预热和积料过程，温度逐渐上升，而黏度逐渐下降，积在料筒前端的物料温度并不很高，在这一过程中物料主要发生物理变化（状态变化）；在注射充模时物料是快速通过喷嘴和浇道，所以因剪切摩擦生热而使温度很快上升，到达浇口时熔体黏度下降至最低点，熔体呈现出最好的流动性能，并接近于固化的“临界塑性状态”；熔体进入模腔后，受到模具的加热使其温度到达最高点，此时交联反应开始快速进行，物料的黏度很快增大；充满模腔的熔体保持在高温状态下使交联反应不断进行，物料黏度不断上升，直至固化为制品。所以热固性塑料的注射过程包括塑化过程、注射充模过程和固化过程三个大的阶段。

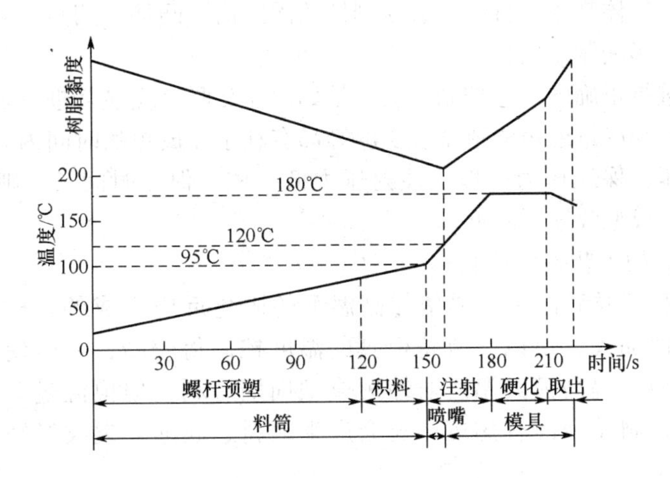

图 9 - 21　热固性塑料在注射成型过程中温度和黏度的变化

要保证热固性塑料注射成型的顺利进行，必须合理地控制工艺条件。根据前述热固性塑料注射成型原理，塑化过程的工艺条件主要是料筒温度、螺杆转速和螺杆背压；注射充模过程的工艺条件主要是注射压力、充模速度和保压时间；固化过程的工艺条件主要是模具温度和固化时间。

（1）塑化过程工艺条件控制

热固性塑料注射时，料筒温度控制尤为重要，因为它对塑料的流动性、硬化速率均有影响。料筒温度太低，塑料在螺杆与料筒壁之间将产生较大的剪切力，易造成靠近螺槽表面的一层塑料因剧烈摩擦发热而固化，而内部却因温度低，流动性差，使注射困难。但料筒温度过高，又会造成过早交联，失去流动性，同样使注射不能顺利进行。所以塑料进入料筒后要逐步受热塑化，温度宜逐步变化。

黏度小的热固性塑料摩擦力小，螺杆后退时间长，螺杆转速可高一些，黏度大的注射料预塑时摩擦力大，混炼状态不好，螺杆转速可适当降低，使注射料在料筒中充分混炼塑化。螺杆转速低，充模时间相应增长，这样送至料筒前端的物料温度就较高，滞留的时间就长，反应程度可以更完善；反之螺杆转速过高时，充模时间相应缩短，物料所受压力增加，但混炼变差，同时料筒与螺杆之间的剪切摩擦热增加，导致塑料过热，使成型条件变差。另外，在注射工艺中热压固化反应与预塑化工序是同时进行的，而前者时间总是大于后者，因此螺杆转速不必很高，通常在 30 ~ 70r/min 的范围内。

螺杆背压是预塑计量时加在注塑料上的压力，在注射顺利时对成型条件的物理性能影响较小。但背压过高时，预塑料在料筒内停留时间长，温度上升，可使流动性变好，但又可能过早发生固化反应，使黏度增高，流动性下降，不利于充填。所以为了减少摩擦热，避免早期固化，通常采用较低背压。

（2）注射充模过程的工艺条件控制

注射充模过程的工艺条件主要是注射压力、充模速度和保压时间。热固性塑料中所含的填料较多，约占50%以上，黏度大，摩擦阻力大，注射压力一般比热塑性塑料注射时要大。注射速度随注射压力变化，注射速度大，可从喷嘴、流道、浇口等处获得更多的摩擦热，对固化有利；但过高的注射速度会产生过大的摩擦热，易发生制件局部过早固化，同时模具内的低分子气体来不及排出，会在制件的深凹槽、凸筋、四角等部位出现缺料、气痕、接痕等现象，影响制品质量。

对充模阶段进行正确的工艺控制，关键是如何在交联反应显著进行之前将熔体注满模腔。采用高压高速和尽量缩短浇道系统长度等都有利于在最短的时间内完成充模过程。注射结束应进行保压，保压压力一般比注射压力低一些，保压时间长，则浇口处物料易固化，塑料密度大，成型收缩率降低。

（3）固化过程的工艺条件控制

熔体取得模腔型样后的定型是依靠高温下的固化反应完成的。树脂的交联反应速率随温度的升高而加大，所以只有将模具的温度控制得较高，才能使塑料在较短的时间内充分固化成型。提高模具温度对缩短成型周期有利，但模温过高，硬化太快，低分子物不易排除，制品表面有焦斑，还会产生缺料、起泡、裂纹等缺陷，因此要适当控制模温。

固化过程除了要控制模温还要控制固化时间，固化时间与制件的壁厚成正比，形状复杂和厚壁制件需适当延长固化时间；随着固化时间的增加，制品的力学性能提高，但过度增加固化时间对制品性能的改善不起作用，反而降低生产效率。

9.4 热固性塑料的挤出成型

热固性塑料与热塑性塑料的不同之处在于它在压力下加热发生不可逆的化学变化。因此热固性塑料挤出的方法不同于热塑件塑料材料的挤出方法。热固性塑料挤出时，不能仅靠加热，而且还需要使材料受几十兆帕的压力，要求如此高的压力，就无法采用螺杆挤出机；另一方面，由于热固性塑料在挤出机内受热而固化，结果使拆卸和清理螺杆遇到困难，因此不能采用连续螺杆挤出技术来挤出热固性塑料。

热固性塑料挤出通常采用往复式液压机，挤出过程如图9－22所示。干燥的粉状或片状热固性塑料从安装在加料口上面的加料斗进入由水间接冷却的压机或料室中，这种进料方式与注射机的进料非常类似。液压机活塞推动水冷的冲头，冲头在前进的过程中将加料口关闭，并将料室中的物料推向前并顶至前次物料的后面而予以压缩。这一过程在冲头的每一次行程中重复进行，于是物料便在加热的模头中逐渐向前移动，同时在相当大的压力下改变它的形状和温度。物料从柱塞冲头的圆形截面形状向所需的断面形状的变化主要发生在流动区域，在这一阶段中，物料完全软化，并被压缩成最终所需的形状。此后物料进入一个基本上是平行的固化区，在此阶段，物料起初仍是可塑的，但当它进入最后部分时就开始固化。为了适应物料在固化过程中的收缩，固化区的最后部分略呈锥形状。柱塞冲头所施加的压力是为了克服在模头固化区中对制件造成的摩擦阻力，这段模头固化区的长度一般为225～300mm。如果这样还不能产生所需的压力，则可采用模头夹盘（弹性夹头）作为附加控制，来增加模壁对制品的控制压力。

热固性塑料挤出没有热塑性塑料挤出发展得迅速，其制品所占比例也相当小，目前仅

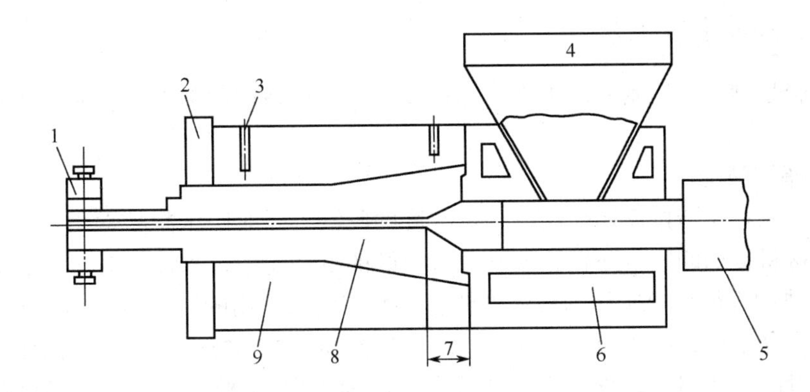

图9－22　热固性塑料挤出过程示意图

1—模头夹盘　2—后模板　3—恒温控制装置　4—加料斗　5—柱塞　6—水冷却段
7—流动区　8—模头　9—模框

限于酚醛塑料等少数几个品种，而且制品的断面结构形式也比较简单。但由于热固性塑料所具有的特殊性能，如热固性塑料除了具有很好的电性能和耐化学性能外，还可在110℃时长期使用，在160℃时短时间使用，且其结构刚度在这样高的使用温度下不会降低，因此，热固性塑料的挤出制品仍有一定应用。

9.5　增强热固性塑料层压成型

层压成型是指在压力和温度的作用下将多层相同或不同材料的片状物通过树脂的黏结和熔合，压制成层压塑料的成型方法。层压成型固然可以成型热塑性塑料板材，但较多的是制造增强热固性塑料制品。

增强热固性层压塑料是以片状连续材料为骨架材料浸渍热固性树脂溶液，经干燥后成为附胶材料，通过裁剪、层叠或卷制，在加热、加压作用下，使热固性树脂交联固化而成为板、管、棒状层压制品。

层压制品所用的热固性树脂主要有酚醛、环氧、有机硅、不饱和聚酯、呋喃及环氧－酚醛树脂等。所用的骨架材料包括棉布、绝缘纸、玻璃纤维布、合成纤维布、石棉布等，在层压制品中起增强作用。不同类型树脂和骨架材料制成的层压制品，其强度、耐水性和电性能等都有所不同。

层压成型工艺由浸渍、压制和后加工处理三个阶段组成，其工艺过程如图9－23所示。

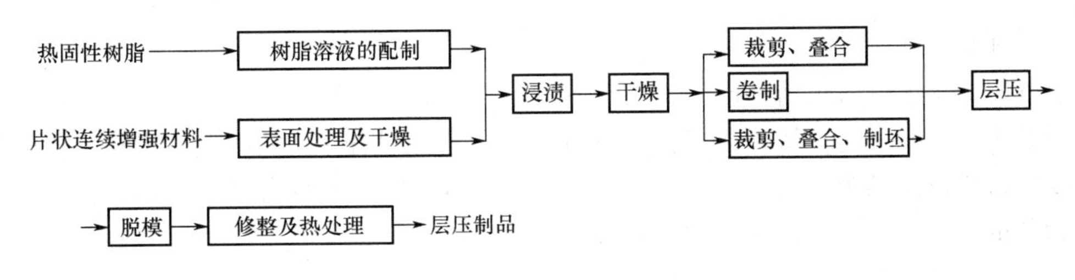

图9－23　层压成型工艺流程图

9.5.1 浸渍上胶工艺

浸渍上胶是制造层压制品的关键工艺过程，主要包括树脂溶液的配制、浸渍和干燥等工序。

（1）树脂溶液配制

浸渍前首先将树脂按需要配制成一定浓度的胶液。一般层压制品常用作电器、电机等方面的绝缘材料，如印刷线路板，故要求有较好的电性能和亲水性，对于这类制品常用碱催化的A阶热固性酚醛树脂作为浸渍液树脂。配溶液最常用的溶剂是乙醇，为了增加树脂与增强材料的黏结力，浸渍液中往往加入一些聚乙烯醇缩丁醛树脂。胶液的浓度或黏度是影响浸渍质量的主要因素，浓度或黏度过大不易渗入增强材料内部，过小则浸渍量不够，一般配制浓度在30%左右。

（2）浸渍

使树脂溶液均匀涂布在增强材料上，并尽可能使树脂渗透到增强材料的内部，以便树脂充满基材的纤维的间隙。浸渍前对增强材料也要进行适当的表面处理和干燥，以改善胶液对其表面的湿润性。浸渍可以在立式或卧式浸渍上胶机上进行（图9－24）。

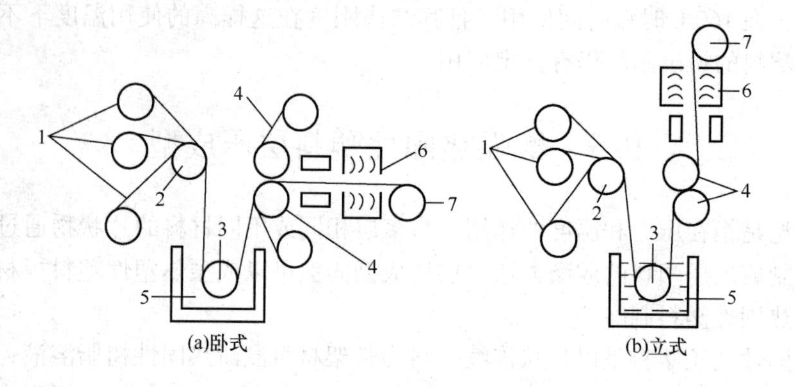

图9－24 浸渍上胶机示意图

1—原材料卷辊 2—导向辊 3—浸渍辊 4—挤压辊 5—浸渍槽 6—干燥室 7—收卷机

浸渍过程中，要求浸渍片材达到规定的树脂含量，即含胶量，一般要求含胶量为30%～55%。影响上胶量的因素是胶液的浓度和黏度、增强材料与胶液的接触时间以及挤压辊的间隙。挤压辊还具有把胶液渗透到纤维布缝隙中，使上胶均匀平整和排除气泡的作用。

（3）干燥

上胶后要马上进入烘箱进行干燥，干燥的目的是除去溶剂、水分及其他挥发物，同时使树脂进一步化学反应，从A阶段推进到B阶段。干燥过程中主要控制干燥箱各段的温度和附胶材料通过干燥箱的速度。干燥后所得附胶材料的主要质量指标是挥发物含量、不溶性树脂含量和干燥度等，这些指标影响层压成型操作和制品质量。

9.5.2　层压板材的压制成型

压制成型过程包括裁剪、叠合、进模、热压和脱模等操作。根据层压制品的形状、大小和厚度，首先裁剪干燥后的附胶材料，然后叠合成板坯。

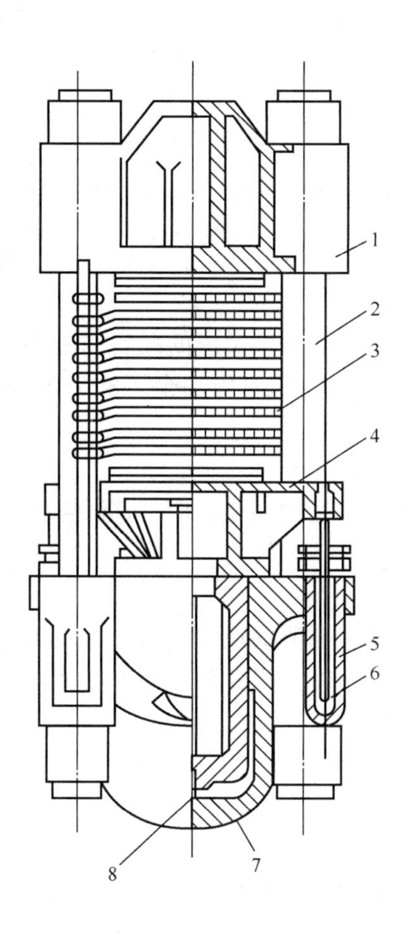

图9－25　多层压机示意图

1—固定模架　2—导杆　3—压板　4—活动横梁　5—辅助工作缸　6—辅助油缸柱塞
7—主工作缸　8—主油缸活塞

叠合好的板坯置于两块打磨抛光的不锈钢板之间，并逐层放入多层压机的各层热压板上，如图9－25所示，然后闭合压机开始升温升压。压制板材的多层压机为充分利用两加热板之间的空间，可将叠合好的板坯组合成叠合本放入两热板间。叠合本的组合顺序是铁板—衬纸（50～100张）—单面钢板—板坯—双面钢板—板坯—双面钢板—板坯—单面钢板—衬纸—铁板。叠合本厚度不得超过两热板间的距离。放衬纸的目的是使制品均匀受热受压。热压过程使树脂熔融流动进一步渗入到增强材料中去，并使树脂交联固化。层压结束时树脂从B阶段推进到C阶段。同热固性塑料模压成型一样，温度、压力和时间是层压成型的三个重要的工艺条件。在压制过程中，温度和压力的控制分为五个阶段，如图9－26所示。

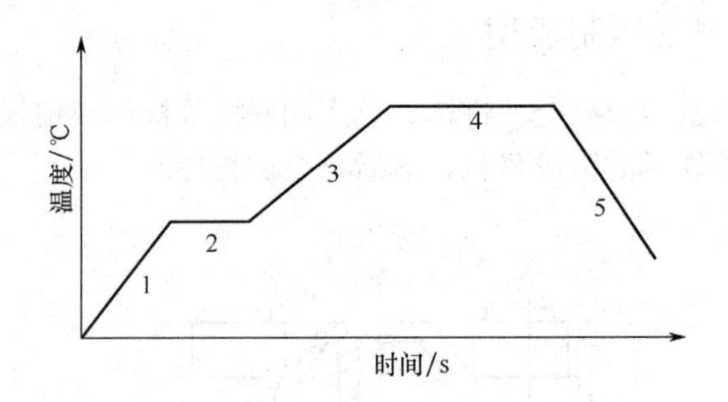

图 9-26　层压工艺温度曲线示意图

1—预热阶段　2—中间保温阶段　3—升温阶段　4—热压保温阶段　5—冷却阶段

（1）预热阶段

板坯的温度从室温升至树脂开始交联反应的温度，这时树脂开始熔化并进一步渗入增强材料中，同时使部分挥发物排出。此时施加全压的 1/3 ~ 1/2，一般为 4 ~ 5MPa 之间，若压力过高，胶液将大量流失。

（2）中间保温阶段

树脂在较低的反应速度下进行交联固化反应，直至溢料不能拉成丝为止，然后开始升温升压。

（3）升温阶段

将温度和压力升至最高，此时树脂的流动性已下降，高温高压不会造成胶液流失，却能加快交联反应。升温速度不宜过快，以免制品出现裂纹和分层，但应加足压力。

（4）热压保温阶段

在规定的压力和温度下（9 ~ 10MPa，160 ~ 170℃），保持一段时间，使树脂充分交联固化。

（5）冷却阶段

树脂充分交联固化后即可逐渐降温冷却。冷却时应保持一定的压力，否则制品表面起泡和翘曲变形。

压力在层压过程中起到压紧附胶材料，促进树脂流动和排除挥发物的作用。压力的大小取决于树脂的固化特性，在压制的各个阶段压力各不相同。

压制时间取决于树脂的类型、固化特性和制品厚度，即

总的压制时间 = 预热时间 × 叠合厚度 × 固化速度 + 冷压时间

当板材冷却到 50℃以下即可卸压脱模。

9.5.3　热处理和后加工

热处理是将制品在 120 ~ 130℃温度下处理 48 ~ 72h，使树脂固化完全，以提高热性能和电性能。

后加工是修整去除压制好的制品的毛边及进行机械加工制得各种形状的层压制品。

第10章　其他成型方法

10.1　铸塑成型

铸塑成型也称浇铸成型，是将已准备好的浇铸原料（通常是单体，经初步聚合或缩聚的预聚体或聚合物与单体的溶液等）注入模具中使其固化，完成聚合或缩聚反应，从而得到与模具型腔相似的制品的一种成型方法。铸塑成型是在金属浇铸成型方法上发展起来的，随着原材料和设备的开发，铸塑成型工艺得到不断的发展，目前已成为塑料成型加工的主要成型方法之一。铸塑成型的工艺特点是浇铸原料通常是液态或浆状物，铸塑成型过程中很少施用加压力，对模具和设备的强度要求较低，对产品的尺寸限制较小，产品的内应力低，缺点是成型周期长，制品尺寸准确性较差。

10.1.1　静态浇铸

静态浇铸是铸塑成型中较简便和使用较广泛的成型工艺。用这种方法生产的塑料品种主要有：PMMA、PS、PA、PU、PF、UP、环氧树脂、有机硅树脂等。静态浇铸料在成型工艺性上应满足如下要求：①流动性好，在浇铸时容易填满模具的型腔；②液态料在硬化时生成的低分子副产物应尽可能少，以避免制品内出现气泡；③硬化的交联反应或结晶凝固过程应在各处以相近的速率同时开始进行，以免因各处硬化收缩不均而使制品出现缩孔和产生大的残余应力；④经聚合所得冷却凝固产物的熔融温度，应明显高于成型物料的熔点或流动温度。

静态浇铸的模具设计原则上和注塑成型的模具设计是相同时，但由于浇铸过程多在较低的压力下进行，因此对模具强度的要求不高。常用的模具材料有铸铁、钢、铝合金、型砂、硅橡胶、塑料、玻璃、水泥及石膏等，选用时需视塑料品种、制品要求及其所需数量而定。但模具材料要对浇铸过程无不良影响，能经受浇铸过程所需要的温度。

静态浇铸工艺过程一般包括下列几个步骤。

（1）模具准备

包括模具的清洁、涂脱模剂、嵌件准备与安放及预热等步骤。

模具应是清洁、干燥的。有些要求较高的，如有机玻璃板材浇铸所用的硅酸盐玻璃板，应经仔细洗涤、擦净和干燥后再用。环氧树脂黏性很高，需要使用脱模剂。

有些浇铸过程（如己内酰胺单体的浇铸）应将模具先预热到固化温度（如160℃）。

（2）浇铸液的配制和处理

按一定的配方将单体或预聚体等与引发剂或固化剂、促进剂及其他助剂（如色料、稳定剂等）配制成混合物。不同的原料，其浇铸液的配制过程也不同。配制过程要注意以下三点：

1）使各组分完全混合均匀；

2）排除料液中的空气和挥发物；

3）控制好固化剂、催化剂等的加入温度。

配制好的浇铸原料，经过滤除去机械杂物和抽真空或常压下放置脱泡后即可浇铸。

（3）浇铸及固化

将经处理过的浇铸液用人工或机械的方法灌注入模具的过程称为浇铸。根据模具结构的不同，浇铸方式有敞开式、水平式、侧立式和真空浇铸等不同方式。浇铸时注意不要使空气卷入，必要时还需进行排除气泡的操作。

原料在模中完成聚合反应或固化反应而硬化即成为制品。硬化过程通常需要加热，多数原料的硬化是在较高温度的烘房中进行。为了避免聚合过程的急剧温升，升温要逐步进行，初期的温度一般较低，而在后期则较高。升温过速，会使制品出现大量气泡或制品收缩不均匀，产生内应力。硬化的温度和时间随塑料的种类、配方及制品的厚度而异。通常硬化是在常压或在接触压力下进行的，PMMA 聚合反应也可以在高压（1 MPa 左右）釜内进行，这样可适当提高固化温度，缩短生产周期。

（4）制品脱模及后处理

制品固化后即可脱模，然后通过适当的后处理，包括热处理、机械加工、修饰、装配和检验等，后处理的目的和意义与注射成型的制品相同。

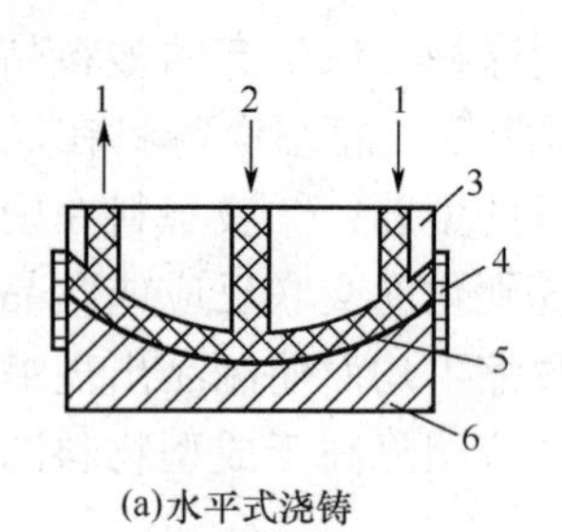

(a)水平式浇铸

1—排气口　2—浇口　3—基体　4—密封板　5—环氧塑料　6—阴模

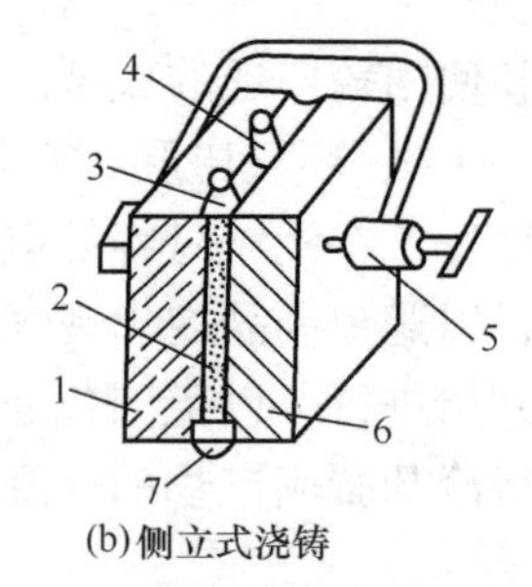

(b)侧立式浇铸

1—模具　2—制品　3—排气口　4—浇口　5—G形夹　6—模具或基体　7—密封物

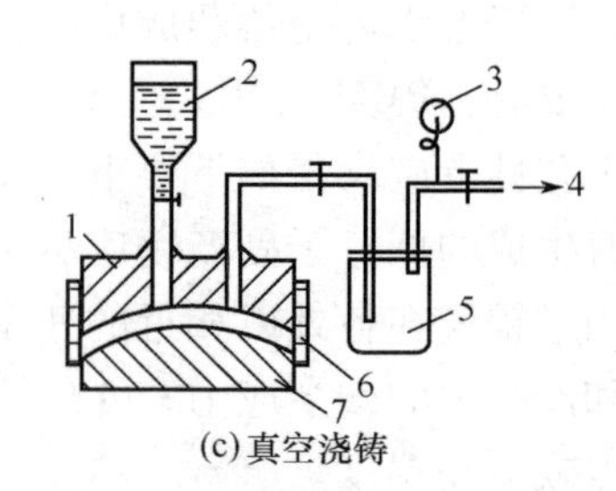

(c)真空浇铸

1—阴模或基体　2—浇铸用环氧塑料容器　3—真空表　4—连接真空装置　5—过滤罐　6—密封板　7—阳模

图 10－1　几种静态浇铸的方法

静态浇铸可分为水平式浇铸、侧立式浇铸和真空浇铸等几种方式，如图 10－1 所示。

10. 1. 2　嵌铸

嵌铸又称封入成型，是将各种非塑料物件包封在塑料中的一种成型技术。它是在模型内预先安放经过处理的嵌件，然后将浇铸原料倾入模中，在一定条件下固化成型，嵌件便包裹在塑料中。

嵌铸成型常用于各种生物和医用标本（图 10－2）、商品、样品、纪念品的包封，以利长期保存，所用的塑料主要是 PMMA、UP 及 UF 等透明塑料；也有用于包埋某些电气元件及电子零件，使之与外界隔离，起到绝缘、防腐、防振等作用，所用的塑料主要是环氧树脂等。

嵌铸所用的模具与浇铸用模具相似，塑料的浇铸及固化也与前述的静态浇铸过程相

图 10－2　用 PMMA 树脂封埋的动物标本

同，但其有本身的特点。

（1）嵌件的预处理

为了使塑料与嵌件之间有良好的紧密黏合，避免出现在嵌件上带有气泡等不良情况，需对嵌件进行预处理。预处理的方法有如下几种。

1）干燥　对某些有水分的生物标本等，应进行干燥，以防制品产生气泡。

2）表面浸润　将嵌件在单体中浸润一下，以提高嵌件与塑料的黏合。

3）表面涂层　有些嵌件对树脂的硬化有不良影响，可在嵌件表面涂上一层惰性物质。

4）表面糙化　将嵌件与塑料接触部分进行喷砂或打磨糙化，以提高嵌件与塑料的黏合力。

（2）嵌件的固定

对某些动植物标本可用合适的钉子将其固定在模腔内以免浇铸时位置移动。也可采用分次浇铸的方法，以便嵌件能固定在制品的中央或其他规定的位置。

（3）浇铸工艺

UP 及环氧树脂等的浇铸工艺与静态浇铸基本相同，但 PMMA 的嵌铸一定要用预聚体，否则会因大量的聚合热无法逸散而引起爆聚，为此可采用在高压釜内惰性气体下进行聚合的方法。

10.1.3　离心浇铸

离心浇铸是将原料加入到高速旋转的模具中，在离心力的作用下，使原料充满模具，而后使之硬化定型为制品的方法。离心浇铸与静态铸塑的区别仅在于模具要转动，转动的方式既可以水平也可以垂直，根据制品的形状和尺寸而定。

与静态铸塑相比较，离心浇铸的优点是适合生产薄壁或厚壁的大型制品，制品无内应力或内应力很小，力学性能高，制品的精度较高，机械加工量少。但缺点是成型设备较为复杂，生产周期长，难以成型外形较为复杂的制品。

离心浇铸常用于熔体黏度小、热稳定性好的塑料，如 PA、聚烯烃（PO）等，生产的制品大多数为圆柱形或近似圆柱形，如大型的管材、轴套等，也用于齿轮、滑轮、转子、垫圈等。

根据制品的形状和尺寸可以采用水平式或立式的离心铸塑工艺。

（1）立式离心铸塑

图 10－3 为立式离心铸塑的示意图。铸塑时，首先用挤出机将塑料熔化并挤到旋转（约 150r/min）和加热（高于塑料熔点 20～30℃）的模具中。用于离心铸塑的挤出机，主要作用是塑化塑料，对它的要求并不高。当模具中已装入规定量的塑料后，停止挤出并提高挤出机的供料口，同时以高速（约 1500r/min）旋转模具。经几分钟后，塑料中的气泡即会向模具的中央集中。此时停止模具的旋转并将它送到紧压机（见图 10－4）上。经过在紧压机上旋转（300～500r/mjn）十几分钟后，即将气泡置换到型腔上部的贮料部分。旋转时，模具内的塑料因受空气的冷却逐步由表及里地进行固化。

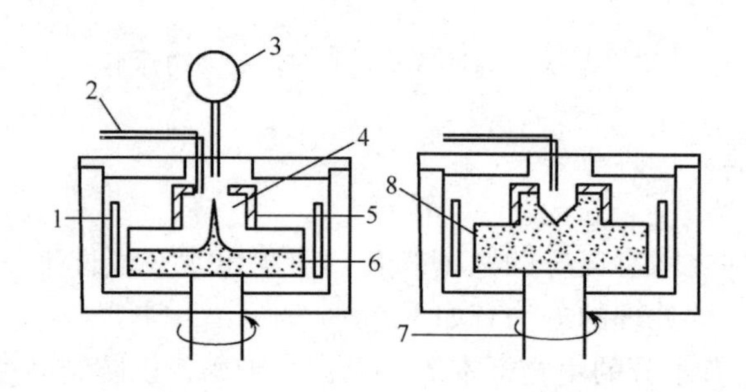

图 10－3　立式离心铸塑示意图

1—红外线灯或电阻丝　2—惰性气体送入管　3—挤出机　4—贮备塑料部分
5—绝缘层　6—塑料　7—转动轴　8—模具

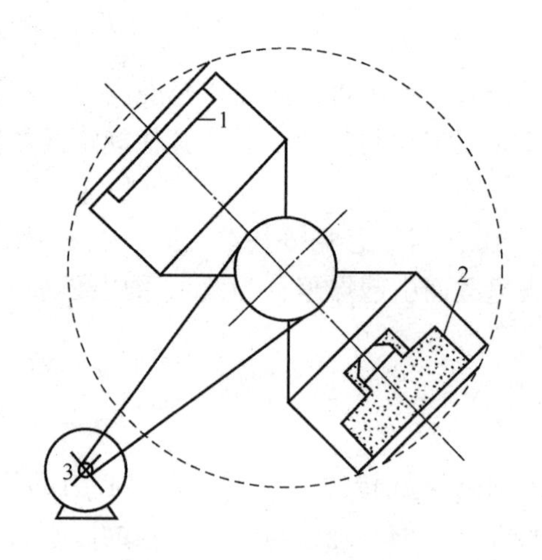

图 10－4　紧压机示意图

1—平衡重体或另一模具　2—带有塑料的模具　3—电动机

（2）水平式离心铸塑

图 10－5 为一种水平式离心铸塑设备的示意图。模具的旋转用电动机经变速箱带动。模具外面有可移动的电加热烘箱。此种设备常用于碱催化单体浇铸尼龙轴承的成型。其工

艺过程是将已加入催化剂并搅拌均匀的活性体原料用专用漏斗加入旋转的模具内，原料随即在离心力的作用下附着于模具型腔壁上形成中空的圆柱形。将电热烘箱移动使旋转模具悬于烘箱内，进行加热并控制活性原料在稳定的条件下聚合硬化。所得轴承的外径是由模具型腔的大小决定的（考虑一定的收缩率和机加工余量），轴承内径的大小则取决于加入活性体原料的量。

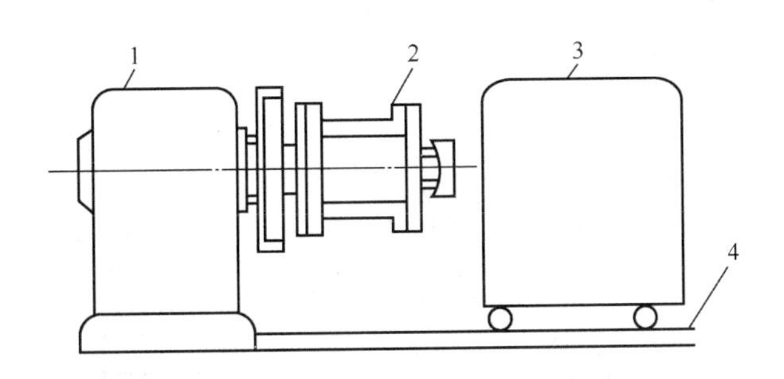

图10－5　一种水平式离心铸塑设备示意图

1—传动减速机构　2—旋转模具　3—可移动的烘箱　4—轨道

与静态浇铸成型相比，离心铸塑的优点是：①宜于生产薄壁或厚壁的大型制品，如大型轴套；②制品无内应力或内应力很低，外表面光滑，内部不致产生缩孔；③制品较静态浇铸成型的精度高，机械加工量减少；④制品的力学强度（如弯曲强度、硬度等）较静态浇铸成型的高。缺点是工艺比静态浇铸成型复杂。

与其他成型工艺比较，离心铸塑的优点是设备及模具简单，投资小，工艺过程简单，制品尺寸及重量所受限制较少，制品质量高；缺点是生产周期长，难以成型外形复杂的精密制品。

10.1.4　流延铸塑

将热塑性塑料溶于溶剂中配成一定浓度的溶液，然后以一定的速度流布在连续回转的基材上（一般为无接缝的不锈钢带），通过加热使溶剂蒸发而使塑料硬化成膜，从基材上剥离即为制品的方法称为流延铸塑。

某些高聚物在高温下容易降解或熔融黏度较高，不易干法流延加工成膜，可用流延铸塑的方法加工。适用的塑料有醋酸纤维素、聚乙烯醇和聚乙烯－醋酸乙烯酯共聚物等。目前聚碳酸酯和聚对苯二甲酸乙二醇酯等工程塑料也可采用流延铸塑来生产薄膜。

流延铸塑薄膜的宽度取决于不锈钢带的宽度，长度则可连续。薄膜的厚度取决于溶液浓度、钢带回转速度、胶液的流布速度及次数等。流延法得到的薄膜薄而均匀，最薄可达0.05～0.1mm，透明度高，内应力小，较挤出或吹塑薄膜更多地用在光学性能要求高的场合，如电影胶片、安全玻璃的中间夹层等。其缺点是生产速度慢，设备昂贵，生产过程较复杂，热量及溶剂消耗量大，要考虑溶剂的回收及安全等问题，制品的成本较高，且制品强度又较低。

流延铸塑成型过程包括：塑料溶液的配制、溶液的流延铸塑成膜、薄膜的干燥和溶剂的回收等操作。图10－6为目前产量最大，也是最成熟的三醋酸纤维素流延薄膜的生产流程。生产中常用的流延铸塑设备主要是带式流延机。脱泡后的溶液加到在前转动辊筒所载钢带上方的流延嘴内，并从其下面的开缝处流布于不锈钢带上。流布到钢带表面的溶液层厚度由钢带的运行速度和流延嘴缝隙宽度决定。从不锈钢带下面逆向吹入约60℃的热空气使流布在不锈钢带上的溶液层在随其回转过程中逐渐干燥成膜，然后从钢带上剥离下来。从不锈钢带上剥下来的薄膜通常还含15%～20%的溶剂，需再进行干燥，干燥的方法有烘干和熨烫两种。

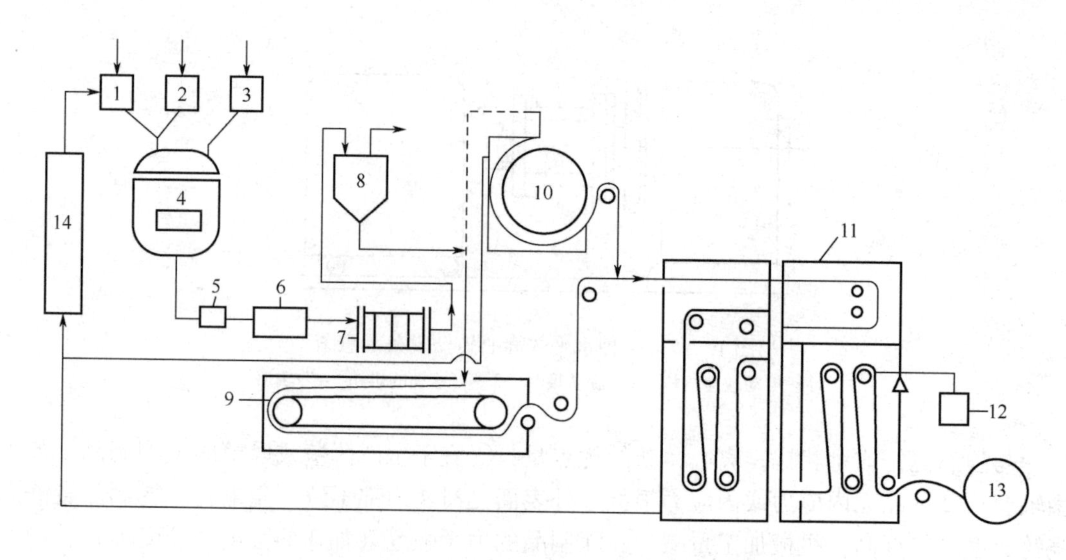

图10－6　三醋酸纤维素薄膜生产流程示意图

1—溶剂贮槽　2—增塑剂贮槽　3—三醋酸纤维素贮器　4—混合器　5—泵
6—加热器　7—过滤器　8—脱泡器　9—带式机的烘房　10—转鼓机的烘房
11—干燥室　12—平衡用的重体　13—卷取辊　14—溶剂回收系统

10.1.5　搪塑和蘸塑成型

搪塑又称为涂凝模塑或涂凝成型。它是用糊塑料制造空心软制品（如玩具）的一种重要方法。其方法是将糊塑料（塑性溶胶）倾倒到预先加热至一定温度的模具（只用阴模）中，接近模壁的塑料即会因受热而胶凝，然后将没有胶凝的塑料倒出，并将附在模子上的塑料进行热处理（烘熔），再经冷却即可从模中取得空心制品。

蘸塑（浸）成型是将阳模浸入装有糊塑料的容器中，然后将模具慢慢提出，即可使其表面蘸上一层糊塑料，通过热处理与冷却后即可从阳模上剥下中空型的制品。用此法生产的制品有泵用隔膜、柔性管子、工业用手套、玩具等。搪塑和蘸塑所采用的原料相同，只是所用模具一个是阴模而另一个是阳模。

搪塑的优点是设备费用低，生产速度高，工艺控制也较简单，但制品的厚度、重量等的准确性较差。

配制用于搪塑和蘸浸成型的糊塑料（溶胶塑料）的组分主要有树脂、分散剂、稀释剂、凝胶剂、稳定剂、填充剂、着色剂、表面活性剂以及为特殊目的而加入的其他助剂等。

目前糊塑料所使用的树脂主要是聚氯乙烯塑料。典型配方见表10－1。

表 10－1　　搪塑玩具的典型配方

物料名称	配比（质量比）	物料名称	配比（质量比）
聚氯乙烯悬浮树脂	70	邻苯二甲酸二辛酯	45
聚氯乙烯乳液树脂	30	硬脂酸钙	3
邻苯二甲酸二丁酯	45	硬脂酸钡	1

其配制工艺为：将聚氯乙烯树脂过筛、称重；其他助剂按比例称重，把硬脂酸钙、硬脂酸钡、若干颜料和少量的增塑剂混合成浆，放在三辊磨上研磨到一定细度，然后将所用物料投入混合机内充分搅拌。温度控制在 30℃，原料糊的黏度一般在 10Pa·s 以下。这样的黏度可以在灌入模具后使整个型腔表面都能充分润湿并使制品表面上微细的凹凸或花纹均能显现清晰，黏度过大则达不到此种要求，而过低则制品厚度太薄。

上述配制成的原料糊盛在容器中脱泡后备用。

搪塑所用的模具大多是整块阴模并在一端开口，制造时先用黏土捏成制品的型样，再用石膏翻制成阴模（为脱模计，有时需将石膏阴模做成块组合形式），然后用熔化的蜡（熔点 40～60℃的石蜡 60%～70%，硬脂酸 30%～40%）进行浇铸制得蜡质阳模。蜡模经仔细修整后涂以石墨或进行化学镀银（表面要求较高时多用镀银法），再进行镀铜。铜层厚度达 1.5μm 左右时停止。加热把蜡熔化倒出，再进行清洗，锯去浇口，然后进行表面抛光及镀镍。所得模具经在 180～200℃下退火 2h 后即可投入使用。

蘸塑（浸）成型的阳模较易制造，制造模具的材料有铝、黄铜、钢材、陶瓷、玻璃等。

关于搪塑和蘸塑（浸）成型的制品造型设计及模具型腔设计要注意的是：①不能有过深的凸出，凹入或尖角，否则很容易使糊灌注不满而产生气泡；②不能有显著的缩颈；③进料口不能小于主体最大处的 1/2，否则难以脱模。

10.1.5.1　搪塑工艺

搪塑法的一般生产操作是将配制好并经脱泡后的糊塑料先注入已加热（约 130℃左右）的模具中，待糊塑料完全灌满模具后，停留 15～30s，再将糊塑料倾倒回盛器中，这时模壁余下的一层糊塑料（厚 1～2mm）已部分发生胶凝，随即将模具送入加热至 160℃左右的烘箱内停留 10～40min（产品越大时间越长），然后取出模具，用风冷或水冷（浸入水中 1～2min）至低于 80℃，即可从模具中取出制品，如图 10－7 所示。

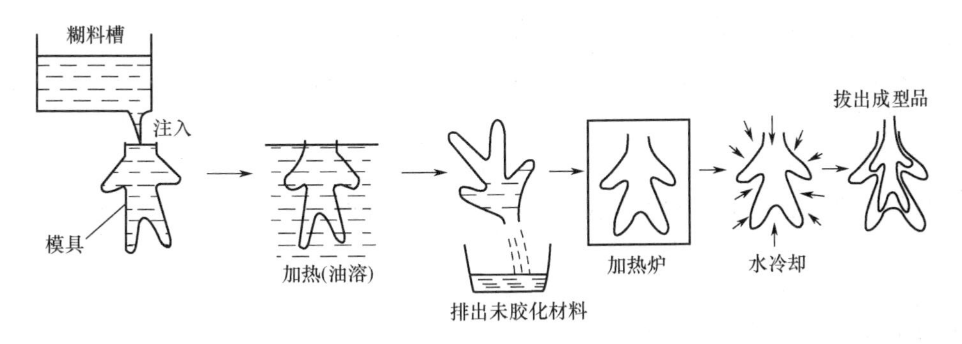

图 10－7　搪塑成型示意图

制品的厚度取决于糊塑料的黏度、灌注时模具的加热温度和糊塑料在模具中停留的时间。如果单用预热模具仍不能使制品达到要求的厚度，则可在未倒出糊塑料前对模具进行短时间加热（用红外线照射或将模具浸在热水浴中）或者可使用重复灌注的方法。用重复灌注法也可以生产内外层不同的制品，例如内层发泡而外层不发泡。

10.1.5.2 蘸塑（浸）工艺

工业上用这种方法生产时，可采用流水作业，并用环形输送带加以连贯（图10－8）。用有机溶胶（分散剂为有机溶剂）和塑性溶胶（分散剂中添加了增塑剂）蘸塑（浸）一次所能制得的厚度分别为0.003～0.4mm和0.02～0.5mm，厚度的大小决定于所用糊塑料的黏度。如需厚度较大的制品，可用多次蘸塑（浸）、预热模具或提高糊塑料的温度来解决。用预热的模具进行蘸塑（浸）时，伸入浸槽的速度应很快，但提出的速度则与不预热的完全相同，通常为10～15cm/min。制品增厚的程度决定于模具的预热温度，在多数情况下，用150℃的模具蘸浸塑性溶胶所得制品的厚度为1.6～2.4mm。用提高糊塑料温度来增加制品厚度时，最高温度不应超过32℃，否则对余料的继续使用会有不良影响。

图10－8　蘸塑（浸）成型手套生产工艺

搪塑或蘸塑（浸）的成型其实包括两个基本过程：其一为塑形，即模具附挂糊塑料形成一定厚度的湿膜；其二是取得形状的糊塑料经加热成为制品的定型过程。在后一过程中糊塑料将经历一系列物理变化，工艺上常将这一加热过程称为糊塑料的烘熔。

烘熔处理一般分为“胶凝”和“熔化”两个阶段（见图10－9）。胶凝是指糊塑料从开始受热到形成具有一定力学性能固体物的物理变化过程。糊塑料开始为微细粒子分散在液态增塑剂连续相中的悬乳液，如图10－9（a）所示。受热使增塑剂的溶剂化作用增强，致使树脂粒子因吸收增塑剂而体积胀大，随受热时间延长和加热温度的提高，糊塑料中液体部分逐渐减少，因体积不断增大，树脂粒子间也越加靠近，最后残余的增塑剂会被树脂粒子吸收，糊塑料变成一种表面无光且干而易碎的胶凝物料，如图10－9（b）所示。塑化是胶凝物在连续加热下，其力学性能渐趋最佳值的物理变化。在这一阶段，充分膨胀的树脂粒子先在界面之间发生黏结，即开始熔融，树脂粒子间的界面变得越来越模糊，如图10-9（c）所示；随之界面越来越小直至完全消失，树脂也逐渐由颗粒形式变成连续的透明体或半透明体，形成十分均匀的单一相，如图10-9（d）所示，而且在冷却后能长久地保持这种状态，并且有较高的力学性能。

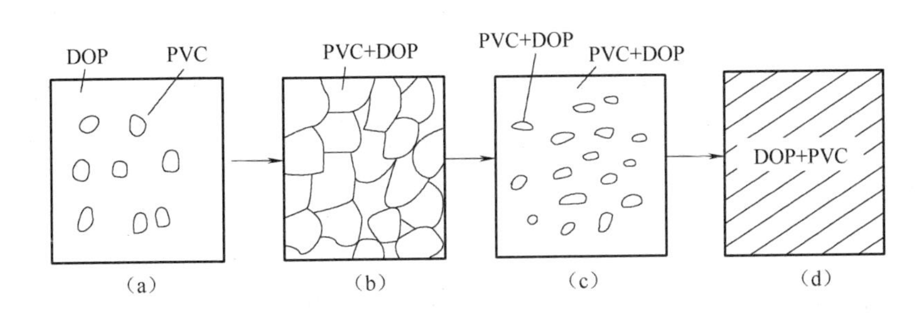

图10-9　搪塑成型机理示意图

（a）增塑糊　（b）凝胶化　（c）树脂逐渐熔融　（d）树脂完全熔融

搪塑和蘸塑（浸）既可以用恒温烘箱进行间歇生产，也可以采用通道式的加热方式进行连续生产。

10.2　滚　塑

滚塑成型工艺亦称旋转成型、回转成型。该成型方法是先将塑料加入到模具中，然后模具沿两垂直轴不断旋转并使之加热，模内的塑料在重力和热的作用下，逐渐均匀地涂布、熔融黏附于模腔的整个表面上，成型为所需要的形状，经冷却定型而制得塑料制品。滚塑工艺与塑料成型所常用的挤出、注塑以及压制等工艺不同，在整个成型过程中，塑料除了受到重力的作用之外，几乎不受任何外力的作用。

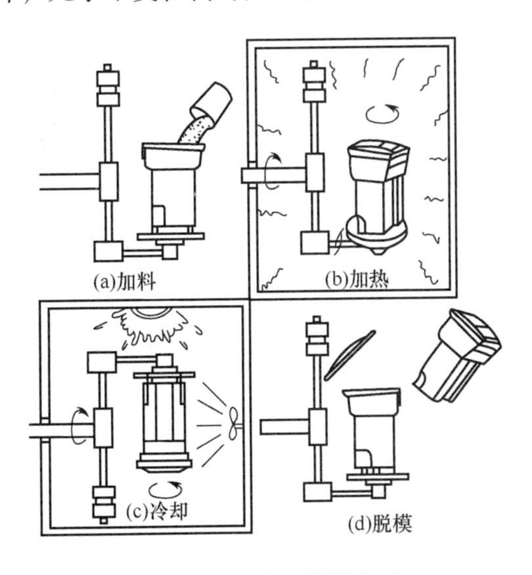

图10-10　滚塑旋转成型

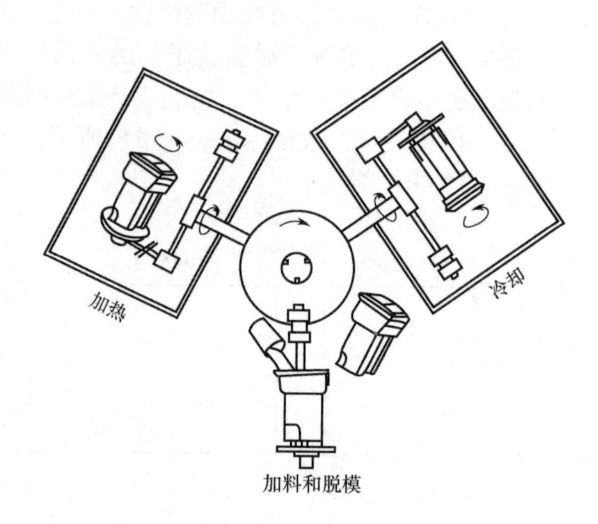

图 10－11　滚塑模塑过程四个阶段相结合的三臂回转式旋转模塑机

滚塑与离心浇铸的区别在于离心浇铸主要靠离心力的作用，故转速较大，通常从每分钟几十转到两千转。滚塑主要是靠塑料自重的作用流布并黏附于旋转模具的型腔壁内，因而转速较慢，一般每分钟只有几转到几十转。但是两者的分界有时也并不是十分明显。滚塑与离心铸塑生产的制品是类似的，但由于滚塑的转速不高，故设备比较简单，更有利于小批量生产大型的中空制品（如直径和高均达数米的容器等）。滚塑制品的厚度较之挤出吹塑制品均匀，无熔接缝，废料少，产品几乎无内应力，因而也不易发生变形、凹陷等缺点。

（1）工艺流程

滚塑成型工艺，通常由装料，加热滚塑、冷却、脱模、模具清理等几个基本步骤组成，如图 10－10、图 10－11 所示。此外，在许多情况下，往往还需要经过一个制品后加工（整理）工序，才能得到可供实用的塑料制品。

1）装料　先将树脂及所需加入的各种助剂经过准确计量（有时尚需先将各组分预混均匀），加入到滚塑模具中，然后锁紧模具。

2）加热　将装好物料的模具送入加热炉（或者向夹套式滚塑模具的夹套通入热介质），模具一边不停地转动，一边加热。由于模具是沿着两个相互垂直的轴转动的，模具中的物料在重力的作用下，向着模具转动的反方向向下滑动，得以与模腔壁上的各点逐一接触，同时由于从模壁传入热量使塑料逐渐塑化并黏附于模具的整个内表面上，形成我们所需要的塑料制件。

3）冷却　模内的物料，经模具转动、加热而均匀地附着于模具内表面并充分塑化以后，通过冷却使已成型的塑料把它的形状固定下来。多数情况下，在冷却过程中需要防止物料向下流动（下淌），在冷却时滚塑机应继续带动模具沿两垂直轴向旋转，直到物料失去流动性为止。

4）脱模　机器停止转动，打开模具，取出塑料件。一般情况下，多采取人工脱模；大批量生产（特别是一次滚塑多只制品时），亦有采用机械脱模的。为了利于脱模，可使用耐高温脱模剂。但脱模剂使用以后，制品的涂装性能下降，也会影响到制品的锐角以及有木纹状等花纹制品的成型。

5）模具清理　取出制件以后，清除飞边等在模腔中以及合模处残存的杂物，以备下一个周期滚塑之用。

6）制品后加工　此工序包括切口、配盖、配套等辅助操作，因制件不同而异。

（2）滚塑用树脂

1）滚塑用树脂常需预加工，比如固态的树脂常常需要预先粉碎成粉状物料。这样会导致树脂的价格上升，但滚成型工艺没有流道、浇口等，废料少，可以节约原料，相当于对树脂价格上升部分进行了补偿。

2）滚塑成型需要物料有较好的流动性，比如滚塑聚乙烯，树脂的熔体流动速率通常在3～10g/10min范围以内。制品的抗冲击性较中空吹塑料要差些（中空吹塑聚乙烯的熔体流动速率通常仅0.3～0.8g/10min），但滚塑制件壁厚均一，无残余应力，其物料强度较差的缺点能够得到一定程度的弥补。

（3）滚塑成型的特点

1）优点

①可模塑大型及特大型制件，如图10－12所示。

②可成型壁厚范围较大且壁厚均匀性好的制件。特别适应于成型2～5mm厚的塑料制件。几种常用塑料滚塑制品的壁厚范围如表10－2所示。

(a)二孔水马

(b)大型立式储罐

图10－12　滚塑制品

表10－2　几种常用塑料滚塑制品的壁厚范围　单位：mm

塑料	最佳壁厚范围	最小壁厚	最大壁厚
PE	1.5～13.0	0.5	50
PVC糊	1.5～10.0	0.25	—
PA	2.5～20.0	1.5	38
PC	1.5～10.0	—	—

③适用于多品种、小批量塑料制品的生产。模具简单，价格低廉，制造方便，因而交换产品十分方便。另外，滚塑设备也具有较大的机动性，一台滚塑机，既可以安装一只大型模具，也可安排多只小型模具，它不仅可以同时模塑大小不同的制件，而且也可以同时成型大小及形状均极不相同的制品。

④适于成型各种复杂形状的中空制件。

⑤极易变换制品的颜色。使用多只模具滚塑成型同一种塑料制品时，还可以在不同的模具中加入不同颜色的物料，同时滚塑出不同颜色的塑料制品。

⑥便于生产多层材质的塑料制品。利用滚塑成型工艺，只需将合理匹配的、不同熔融温度的物料装入模具中进行滚塑，熔融温度较低的塑料先受热熔化，黏附到模具上，形成件的外层，然后熔融温度较高的物料再于其上熔融形成制件的内层。或者先将外层塑料装入模具中经滚塑成型好外层以后，再加入内层料，然后经滚塑而制得多层滚塑制品。

⑦节约原材料。在滚塑成型过程中，没有流道、浇口等废料，一旦调试好以后，生产过程中几乎没回炉料，因此该工艺对于物料的利用率极高。

2）缺点

①仅适于生产中空制件或者壳体类制件（后者常由中空制件剖开而得）。

②不能制备壁厚相差很悬殊的以及壁厚突变的制品。

③难于制得扁平侧面的制件。

④制品尺寸精度较低，通常为 ±5%。

⑤制品表面状况对模具型腔表面的依存性大。

⑥能耗较大。每个滚塑成型周期，模具及模架都要反复经受高、低温的交替变化，因此滚塑成型工艺通常较其他塑料成型工艺能耗要大。

⑦成型周期较长。

⑧劳动强度较大。滚塑成型过程中，装料、脱模等工序不易机械化、自动化，通常采用人工操作，因此其劳动强度较吹塑、注塑等成型工艺要大。

10.3 冷压烧结成型

冷压烧结成型是将一定量的成型物料加入到常温的模具中，在高压下压制成密实的型坯（又称锭料、冷坯或毛坯），然后送至高温炉中进行烧结一定时间，从烧结炉中取出经冷却后即成为制品的塑料成型技术。

冷压烧结成型主要用于聚四氟乙烯树脂（PTFE）、超高相对分子质量聚乙烯（UHWPE）和聚酰亚胺（PI）等难熔树脂的成型，其中以 PTFE 最早采用，而且成型工艺也最为成熟。PTFE 虽是热塑性塑料，但由于分子中有碳氟键的存在，其链的刚性很大，晶区熔点很高（约 327℃），而且相对分子质量很大，分子链堆砌紧密，使得 PTFE 熔融黏度很大，甚至加热到分解温度（415℃）时仍不能变为黏流态。因此它不能用一般热塑性塑料的成型方法来加工，只能采用类似于粉末冶金烧结的方法，即冷压烧结的方法来成型。下面以 PTFE 为例，说明冷压烧结工艺。

10.3.1 冷压制坯

通常选用的是悬浮法 PTFE，这是一种纤维状的细粉末，在贮存和运输中由于受压和振动，易结块成团，会使冷压加料困难，造成预制型坯密度不均匀，进而影响制品质量，所以在使用前须将成团结块在搅拌下捣碎，再过筛使成疏松状。

PTFE 及其与各种填充剂的混合物有良好的压锭性，在常温下可用高压制成各种形状的型坯。PTFE 冷压制坯时，粉料在模内压实的程度越小，烧结后制品的收缩率就越大；如果坯件各处的密度不等，烧结后的制品会因各处收缩不同而产生翘曲变形，严重时会出现制品开裂。因此，冷压制坯时应严格控制装料量、所施压力和施压与卸压的方式，以保证坯件的密度和各部分的密度均一性达到预定的要求。

冷压制坯时，将过筛的树脂按制品所需量均匀地加入模腔内。对施压方向和壁厚完全相同的制品，料应一次全部加入；形状较复杂的制品，可将所需粉料分成几份分次加入模腔，每次加进的粉料量应与其填充的部分模腔容积相适应，而且应用几个阳模分层次地对粉料施压。图 10－13 为 PTFE 法兰套筒制品冷压制坯时的装料压制程序。

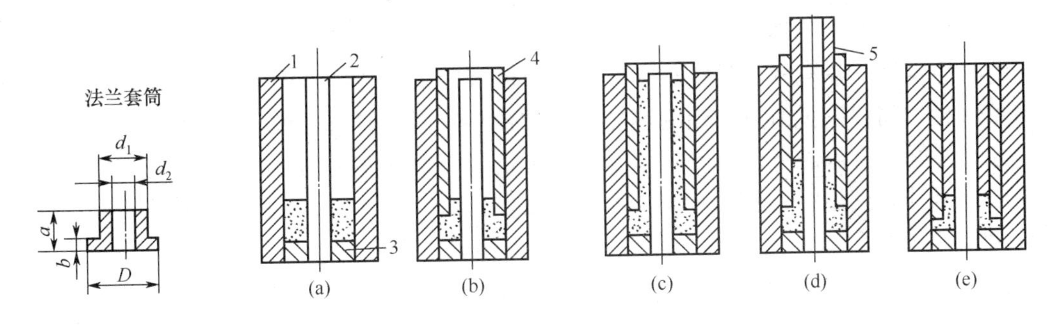

图 10－13 分次加料的 PTFE 坯件压制步骤

（a）第一次加料 （b）插入阳模（1） （c）第二次加料 （d）插入阳模（2）（e）施压

1—模套 2—芯棒 3—底模 4—阳模（1） 5—阳模（2）

首先是加料，加料完毕后应立即加压成型，所施压力宜缓慢上升，严防冲击。升压速率多用阳模下移的速度控制，视制品的高度和形状而定。冷压大型和形状复杂的坯件时，升压速度应慢，反之则快。为使坯件的压实程度一致，高度较高的制品应从型腔的上、下两个方向同时加压为宜。如果坯件的截面积较大，在加压的过程中可进行几次卸压排气，以避免制品产生夹层和气泡。当施加的压力达到规定值以后，需在此压力下保压一段时间，使压力传递均匀，各处受压一致。一般成型压力为 30～50MPa，保压时间为 3～5min（直径较大或高度较高的制品可达 10～15min）。保压结束后应缓慢卸压，以防压力解除后锭料由于回弹作用而产生裂纹。卸压后应小心脱模，以免碰撞损坏。

10.3.2 烧结

烧结是将坯件加热到 PTFE 的熔点以上，并在该温度下保持一段时间，以使坯件内紧密接触的单颗粒树脂相互扩散而熔结成密实整体。PTFE 烧结过程伴随有树脂的相变，当升温高于熔点的烧结温度时，大分子结构中的晶相全部转变为非晶相，这时坯件由白色不透明体转变为胶状的弹性透明体。烧结方法可以是间歇的，也可以是连续的，较多的是前者，在带有安放坯件转盘的热风循环烘箱中进行烧结。烧结过程大体分为升温和保温两个阶段。

（1）升温阶段

将坯件由室温加热至烧结温度的阶段为升温阶段。坯件受热后体积显著膨胀，同时由于PTFE的导热性差，若升温太快会导致坯件内外的温差加大，引起内外膨胀程度不同，使制品产生较大的内应力，尤其对大型制品影响更大，甚至出现裂纹。但升温速度太慢将延长总的烧结时间，生产效率下降，所以加热应按一定的升温速度进行。一般采用较慢的升温方式：低于300℃以30～40℃/h升温，高于300℃以后以10～20℃/h升温。升温过程中应在PTFE结晶速率最大的温度区间（315～320℃）保温一段时间，以保证坯件内外温度的均匀一致。

PTFE的烧结温度主要由树脂的热稳定性来确定，热稳定性高者可定为380～400℃，热稳定性差者取365～375℃。烧结温度的高低对制品性能影响很大。在允许的烧结温度范围内，提高烧结温度可使制品的结晶度增大，相对密度和成型收缩率也增大。

（2）保温阶段

晶区晶相解体与分子的扩散需要一定的时间，因此在达到烧结温度后，将坯件在此温度下保持一定时间，使坯件的结晶结构能够完全消失。保温时间的长短取决于烧结温度、树脂的热稳定性、粉末树脂的粒径和坯件的厚度等因素。烧结温度高、树脂的热稳定性差应缩短保温时间，以免造成树脂的热分解；粒径小的树脂粉料经冷压后，坯件中孔隙含量低，导热性好，升温时坯件内外的温差小，可适当缩短保温时间；对大型厚壁坯件，要使其中心区也升温到烧结温度，应适当延长保温时间，一般大型制品应用热稳定性好的树脂，保温时间为5～10h，小型制品保温时间为1h左右。

10.3.3 冷却

完成烧结过程后的成型物应随即从烧结温度冷至室温。冷却过程是使PTFE从无定型相转变为结晶相的过程，在此过程中烧结物有明显的体积收缩，外观也由无色透明体逐渐转变为白色不透明体。冷却的快慢决定了制品的结晶度，也直接影响到制品的力学性能。

以淬火方式进行快速冷却时，处于烧结温度的烧结物以最快的降温速度通过PTFE的最大结晶速率温度范围，所得制品的结晶度低。淬火又有空气冷却和液体冷却。液体比空气冷却快，所以液体淬火所得的制品的结晶度比空气淬火的小。以不淬火方式进行慢速冷却时，制品的结晶过程能充分进行，所得制品的结晶度大，拉伸强度较大，表面硬度高，断裂伸长率小，但收缩率大。冷却速度对PTFE制品的结晶度和物理力学性能的影响如表10－3所示。

表10－3　不同冷却速度对PTFE烧结制品的结晶性能和物理力学性能的影响

性能	慢速冷却（空气冷却）	快速冷却（液体淬火）	炉内缓慢冷却
物料密度/（g/cm^3）	2～2.45	2.195	2.250
结晶度/%	65～80	65	85
成型收缩率/%	4～7	0.5～1	3～7
断裂伸长率/%	345～395	355～365	340～370
拉伸强度/MPa	350～360	305～315	350～365

实际上冷却速度受到制品尺寸的限制，由于 PTFE 导热性差，对大型制品，若冷却速度过快，会造成其内外冷却不均，引起不均匀的收缩，使制品存在较大的内应力，甚至出现裂缝。因此，大型制品一般不淬火，冷却速度控制在 15 ~ 24℃/h，同时在结晶速率最快的温度范围内保温一段时间，在冷却至 150℃ 后从烧结烘箱中取出制品，放入保温箱中缓慢冷却至室温，总的冷却时间为 8 ~ 12h。中小型制品可以 60 ~ 70℃/h 的较快速度冷却，温度降至 250℃ 时取出，取出后是否淬火应根据使用要求而定。

10.4　3D 打印

3D 打印（Three Dimensional Printing and Gluing，3DP）是快速成型技术的一种，该技术出现在 20 世纪 90 年代中期，是指通过计算机软件设计出三维立体程序，然后运用三维喷墨打印技术设备，用粉末化、液化或细丝化的特种材料通过分层加工与叠加成形相结合的方法逐层“打印”来构造物体的数字制造技术。不同于传统制造业的“减材制造”，它是属于“增材制造”，更无需原坯和模具，就能直接根据已生成的计算机模型数据，通过增材技术生产出需要的物体。

3D 打印最初在模具制造、工业设计等领域被用于制造模型，现正逐渐用于一些产品的直接制造。特别是一些高价值应用领域（比如人体髋关节或牙齿、一些飞机零部件）已经有使用这种技术打印而成的零部件。近年来，3D 打印技术快速发展，已经在珠宝、鞋类、工业设计、建筑、汽车，航空航天、牙科和医疗产业、教育、地理信息系统、土木工程、枪支等领域都有所应用，图 10 - 14 所示为几种典型的 3D 打印制品。

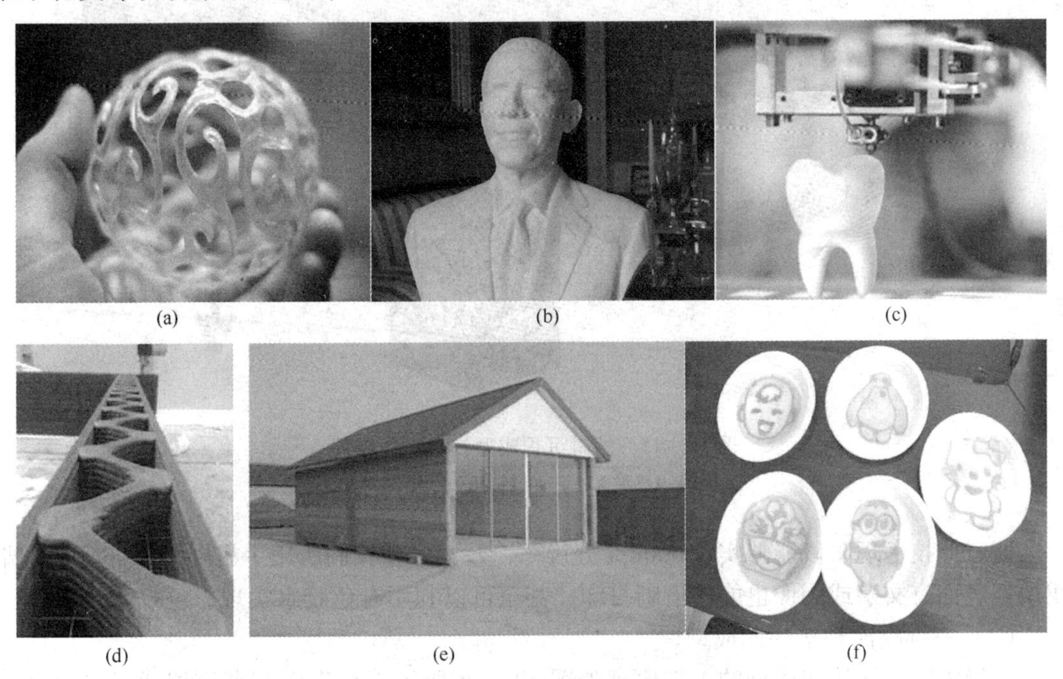
(a)　(b)　(c)
(d)　(e)　(f)

图 10 - 14　3D 打印产品

(a)、(b) 工艺品　(c) 牙齿　(d)、(e) 建筑物　(f) 食品

10.4.1 3D打印技术原理

（1）熔融沉积成型技术

基于熔融沉积制造技术（Fused deposition modeling，FDM）的3D打印机的工作原理如图10-15所示。首先在3D打印机的控制软件中导入由类似CAD软件针对实物的截面轮廓信息生成的对应数据，经分析处理后生成构成材料和热喷头的相对位移运动坐标路径。然后，热喷头会在计算机程序控制下根据程序在打印承载平面上进行平面坐标位移运动，同时热塑性液态或固态材料由动力系统和存储机构共同操作送至热喷头，在通过热喷头加热或熔化成半液态物质后，挤压出在设定的工作平台上对应的 *X—Y* 坐标。其次在喷涂热塑性材料快速冷却后，在平面上形成一层厚度约0.1mm的轮廓薄片的3D打印截面。将此过程不断循环进行，同时承载工作台高度也随之不断进行位移改变，多层3D打印截面形成多层堆叠，最终多平面形成所需的三维实物模型。

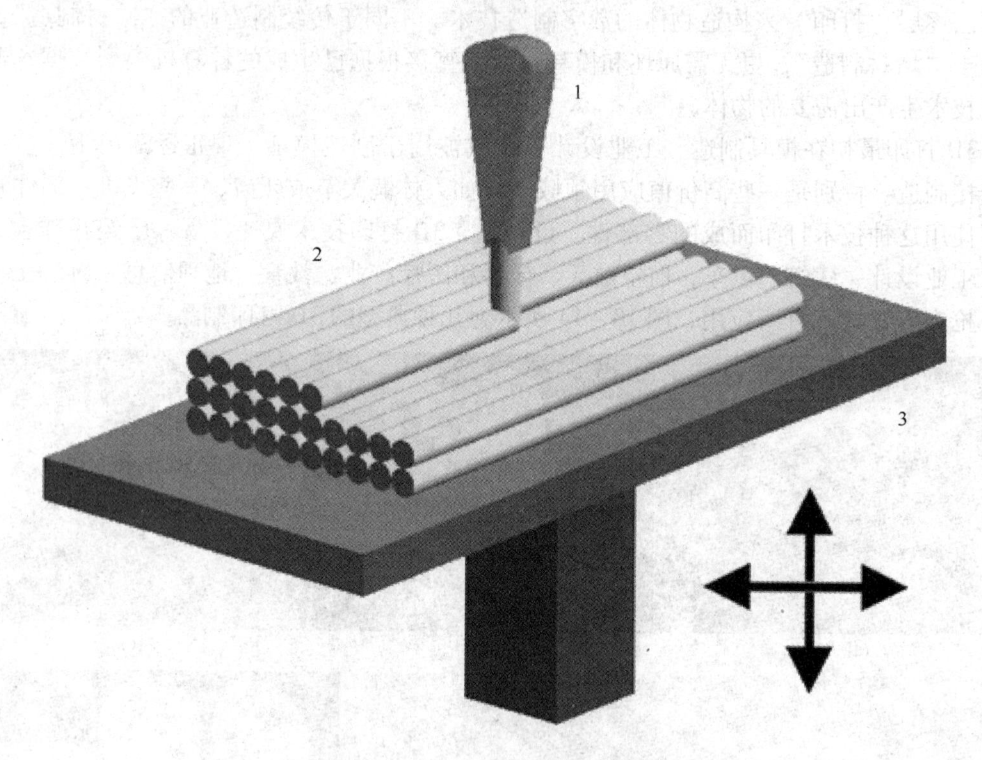

图10-15 熔融沉积成型技术工作原理

1—热喷头 2—材料 3—工作台

通过此技术现阶段能够实现600dpi分辨率，差不多和我们所用手机屏幕一样清晰，即使模型表面有文字或图像也能够清晰打印，甚至可以利用有色胶水实现彩色打印。

（2）三维喷涂粘接快速成型

三维喷涂粘接快速成型的工作原理如图10-16所示，首先由储存容器通过动力系统在加工平台上输送出系统需要的定量原材料粉末，形成薄薄一层，然后在程序设定下在需要成型的区域由打印头喷出特殊的黏合剂。由于黏合剂遇到粉末会迅速凝结固化，而没有黏合剂的粉末则不受影响。每完成一层，加工平台和打印头就会自动调整一个单位，以便于下一层的开展，根据电脑程序对物件的指令不断循环执行操作，直至全部层都完成。打印完成后，还需要扫除并回收松散粉末，便可获得三维数据对应的实物。

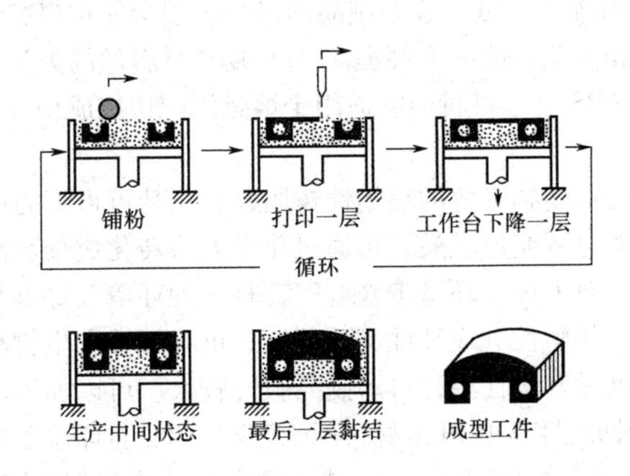

图10－16　三维喷涂黏结的工艺原理

10.4.2　3D打印工艺过程

（1）准备档案

使用3D CAD软件创建3D模型，随后系统软件会把CAD系统的输出文档转换为3D模型及支撑结构的打印指令，以引导打印机喷头运作。

（2）3D打印模型

通过制作成型技术，可在拆卸的成型座上从到上逐层制作3D模型及其支撑材料。

（3）移除支撑材料

从打印机的打印仓内取出打印好的模型，然后溶解掉支撑材料，随后模型可以拔出使用，或者根据自身需要进行后续处理：钻孔、攻丝、加工、抛光、上漆、甚至还可以镀铬。

10.4.3　3D打印材料

常用的3D打印材料可分为金属材料、高分子材料和无机非金属材料三大类，其中用量最大、应用范围最广、成型方式最多的材料为高分子材料。主要包括高分子丝材、光敏树脂及高分子粉末三种形式。ABS和聚乳酸（PLA）是最常用的高分子丝材，适用于基于FDM技术的3D打印机。这两种材料的流动性都较好，前者为无定形材料，后者的结晶速率很慢，可以较好地适应3D打印对流动性和冷却速率的要求。下面简单介绍一下这两种树脂的打印特性。

（1）ABS树脂

ABS是指聚丁二烯橡胶与单体丙烯腈和苯乙烯的接枝共聚物。ABS综合了丁二烯、苯乙烯和丙烯腈各自的优良性能，具有强度高、韧性好、耐冲击、易加工等优点，此外还具有良好的绝缘性能、抗腐蚀性能、耐低温性能和表面着色性能等，在家用电器、汽车工业、玩具工业等领域有着广泛的应用。ABS的优良性能使它成为FDM中最常用的热塑性工程塑料，其打印过程稳定、打印制品强度高、韧性好。但 ABS 也存在一些缺点：ABS 材料具有较大的收缩率，打印制品易收缩变形，表面易发生层间剥离及翘曲等现象，打印过程中有异味产生。将短切玻璃纤维加入到 ABS 中可以显著提高 ABS 树脂的硬度和强度，同时能够降低 ABS 的收缩率，减少成型制品的形变，但会使材料脆性变大；通过在基体中加入适量的增韧剂和相容剂，能够大幅提高 ABS 复合材料丝的力学性能和韧性，从而使得短切玻璃纤维增强的 ABS 复合材料能够适用于熔融沉积快速成型技术。

（2）PLA 树脂

PLA 是一种新型的可生物降解的热塑性树脂，利用从可再生的植物资源（如玉米）中提取的淀粉原料经发酵过程制成乳酸，再通过化学方法转化成聚乳酸。PLA 最终能降解生成二氧化碳和水，不会对人体及环境带来危害，是一种环境友好型材料。此外，聚乳酸还具有优良的力学性能、热塑性、成纤性、透明性、可降解性和生物相容性，但也存在一些不足，最突出的缺点就是其韧性差，打印制品脆性较大。可以加入一些刚性粒子或增韧剂对 PLA 进行改性。增韧改性后的 PLA 材料用于 3D 打印，打印温度一般在 200～240℃，热床温度为 55～80℃，打印过程流畅、无气味，适合大多数 FDM 型 3D 打印机。

随着 3D 打印技术的不断发展，3D 打印机对材料的适应性不断扩展，更多的高分子材料将被应用于这项技术。

第 11 章　通用热塑性树脂及其加工

11.1　通用塑料的加工特性和方法

通用塑料是指产量大、用途广、成型性好、价格便宜、力学性能一般、主要作为非结构材料使用的一类塑料，其产量和用量占全部塑料的80%以上。本章将对通用塑料的五大品种，即聚乙烯、聚丙烯、聚氯乙烯、聚苯乙烯及ABS进行介绍。

11.1.1　聚乙烯

聚乙烯（Polyethylene，简写为PE）是由乙烯（ $CH_2=CH_2$ ）聚合而成的聚合物，结构式为$\left[CH_2—CH_2 \right]_n$。作为高分子材料使用时，其平均相对分子质量要在1万以上。

聚乙烯的化学组成和分子结构最为简单，是目前世界塑料中产量最大、应用最广的品种。随着合成技术的不断进步，聚乙烯已发展成为一类系列产品，既有均聚物也有共聚物，既有线型聚乙烯也有支链型聚乙烯等，其中乙烯共聚物一般由乙烯与α-烯烃或与具有极性基团的单体共聚而成。

11.1.1.1　聚乙烯的性能

PE树脂为无味、无毒的白色粉末或颗粒，外观呈乳白色，有似蜡的手感，吸水率低（小于0.01%）。PE的耐水性较好，制品表面无极性，难以黏合和印刷，经表面处理才可改善。

PE的力学性能一般，其拉伸强度较低，抗蠕变性不好，只有耐冲击性能较好。三种PE比较而言，冲击强度LDPE > LLDPE > HDPE，其他力学性能LDPE < LLDPE < HDPE。PE的力学性能受密度、结晶度和相对分子质量的影响大。一般而言，密度大、结晶度高和相对分子质量大的树脂，其力学强度较大。普通PE的相对分子质量为4万~12万，超高相对分子质量聚乙烯（UHMW-PE）的相对分子质量为100万~400万。由于UHMW-PE巨大的相对分子质量，增大了大分子间的缠结程度，虽然结晶度、密度介于LDPE与HDPE之间，但冲击强度和抗拉强度都成倍地增加，并具有高的耐磨、自润滑性，使用温度在100℃以上，但加工性能变差。此外，PE的耐穿刺性好，并以LLDPE最好。

PE的耐热性不高，但随相对分子质量和结晶度的提高而改善。一般使用温度在80~100℃以下，不同PE的耐热性顺序为HDPE > LLDPE > LDPE 。PE的耐低温性好，脆化温度在-50℃以下，不同PE的耐低温性顺序为LDPE > LLDPE > HDPE。PE的热收缩率大，最高可达1%~2%。PE的热导率属塑料中较高者，不同PE的热导率顺序为HDPE > LLDPE > LDPE。

PE为非极性材料，具有突出的电绝缘性和介电性能，介电损耗很低，且随温度和频率变化极小，可用于高频绝缘。PE是少数耐电晕性好的塑料品种，介电强度又高，因而可用做高压绝缘材料。

PE 属烷烃类惰性聚合物，具有良好的化学稳定性。在常温下可耐酸、碱、盐类水溶液的腐蚀，如耐稀硫酸、稀硝酸、任何浓度的盐酸、氢氟酸、磷酸、甲酸及乙酸等，但不耐强氧化剂如发烟硫酸、浓硫酸和铬酸等。PE 在60℃以下不溶于一般溶剂，但与脂肪烃、芳香烃、卤代烃等长期接触会溶胀或龟裂。温度超过60℃后，可少量溶于甲苯、乙酸戊酯等溶剂中 。PE 易燃，氧指数仅为 17.4，燃烧时低烟。

值得指出的是在聚乙烯大分子中含有少量的双键（ C═C ）和醚基，聚合物中还残留有催化剂微量杂质，如 LDPE 大分子中含有少量氧元素，以—C—O—或—CO—的形式存在；HDPE 大分子中含有少量金属杂质，这些都会影响聚乙烯的耐热性、热稳定性和电性能等。因 PE 分子中含有少量双键和醚基，其耐候性不好，因为当制品受到日光照射时，这些羰基会吸收波长范围为 290 ~ 300μm 的光波，引起聚乙烯降解、表面氧化，对力学性能不利，使制品最终变脆，因此，加工时需加入抗氧剂和光稳定剂。不同类型 PE 的性能比较见表 11 - 1。

表 11 - 1　不同类型 PE 的性能

性能	ASTM	LDPE	HDPE	LLDPE	UHMW - PE
密度/（g/cm³）		0.91 ~ 0.925	0.94 ~ 0.96	0.91 ~ 0.92	0.92 ~ 0.94
透明性		半透明	不透明	半透明	不透明
吸水率/%	D570	<0.01	<0.01	<0.01	<0.01
拉伸强度/MPa	D638	7 ~ 15	21 ~ 37	15 ~ 25	30 ~ 50
拉伸模量/GPa	D638	0.17 ~ 0.35	1.3 ~ 1.5	0.25 ~ 0.55	1 ~ 7
缺口冲击强度/（kJ/m²）	D256	80 ~ 90	40 ~ 70	>70	>100
熔点/℃		105 ~ 115	131 ~ 137	122 ~ 124	135 ~ 137
热变形温度（1.82MPa）/℃		50	78	75	95
脆化温度/℃	D746	-80 ~ -55	-140 ~ -100	< -120	< -137
熔融指数/（g/10min）	D1238	1 ~ 31	0.2 ~ 8	0.5 ~ 30	
成型收缩率/%	D955	1.5 ~ 5.0	2.0 ~ 5.0	1.5 ~ 5.0	2 ~ 3
体积电阻/Ω · cm	D257	$>10^{17}$	$>10^{17}$	$>10^{17}$	$>10^{17}$

11.1.1.2　聚乙烯的成型加工

（1）加工特性

1）聚乙烯的吸水性极小，无论采用何种成型方法，都不需要事先对粒料进行干燥。

2）聚乙烯分子链柔性好，链间作用力小，熔体黏度低，适用于多种成型工艺，成型时无需太高的成型压力，很容易成型出薄壁长流程或形状复杂的制品。

3）聚乙烯熔体属于非牛顿假塑性流体，其剪切黏度随剪切应力和剪切速率的增加而下降，并呈非线性关系，如图 11 - 1 所示。由于黏流活化能较小，其熔体黏度随温度的变化波动较小。由于剪切黏度对剪切速率敏感，低温高剪切速率挤出或吹塑 PE 时易出现弹性湍流现象（如熔体破裂、波纹、竹节），导致制品毛糙和开裂。实验证明，当剪切力达

到 4.31×10^5Pa，剪切速率超过 $238s^{-1}$时，就会使制品表面出现毛糙和斑纹。相应的这两个数值分别称为聚乙烯熔体的临界的剪切应力和临界剪切速率，所以，在成型中这两个参数须控制在临界值以下。

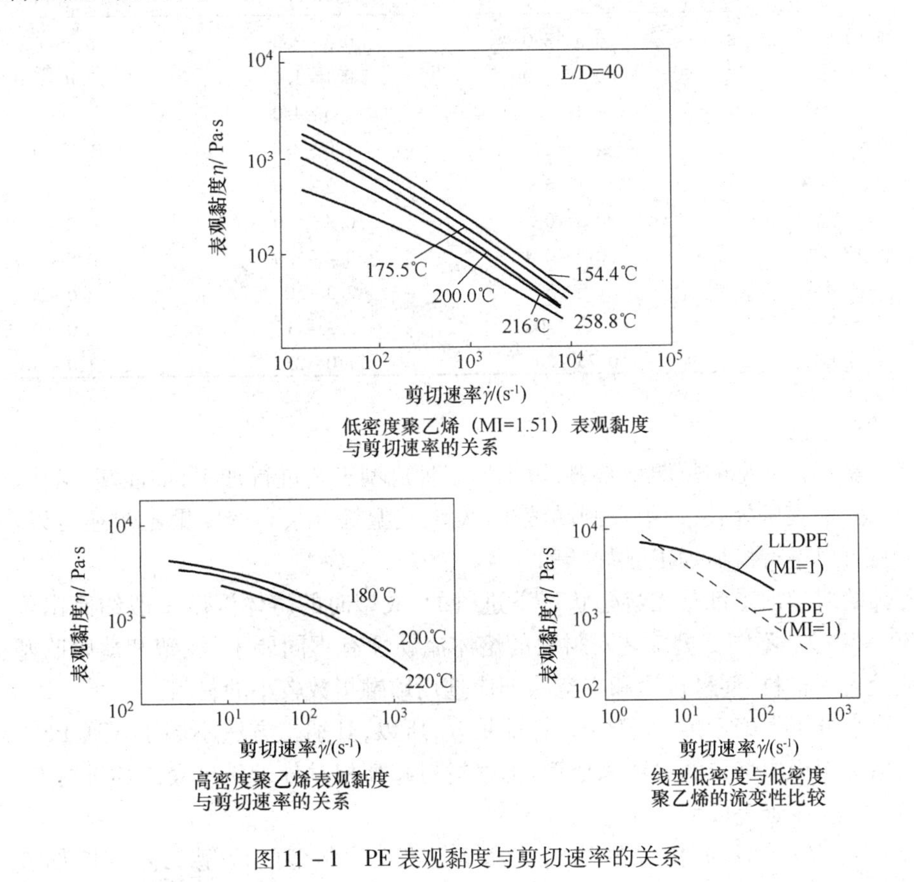

图 11－1　PE 表观黏度与剪切速率的关系

4）聚乙烯的比热容较大，尽管它的熔点并不高，塑化时仍需要消耗较多热能，要求塑化装置应有较大的加热功率。

5）聚乙烯的结晶能力强，制品在冷却过程中容易结晶，因此在注射加工过程中应注意模温，以控制制品的结晶度，使之具有不同的性能。

6）聚乙烯的收缩率绝对值及其变化范围都很大，在高分子材料中很突出，在设计模具时一定要考虑。低密度聚乙烯收缩率在 1.5% ~5.0% 之间，高密度聚乙烯在 2.5% ~6.0% 之间，这是由其具有较高的结晶度及结晶度会在很大范围内变化所决定的。

7）纯聚乙烯的耐热氧化性差，在不接触氧时热分解温度大于 300℃；有氧存在超过 250℃就可能氧化、变黄，甚至使力学性能、电性能变劣，因此，在成型加工时需要添加抗氧剂。

8）聚乙烯的品级、牌号极多，应按熔融指数大小选取适当的成型工艺。不同 PE 制品与熔体流动速率的关系如表 11－2 所示。

表 11-2　不同 PE 制品与熔体流动速率的关系

用途	熔体流动速率/(g/10min)		
	LDPE	LLDPE	HDPE
吹塑薄膜	0.3~8.0	0.3~3.3	0.5~8.0
重包装薄膜	0.1~1.0	0.1~1.6	3.0~6.0
挤出平膜	1.4~2.5	2.5~4.0	—
单丝、扁丝	—	1.0~2.0	0.25~1.2
管材、型材	0.1~5.0	0.2~2.0	0.1~5.0
中空吹塑容器	0.3~0.5	0.3~1.0	0.2~1.5
电缆绝缘层	0.2~0.4	0.4~1.0	0.5~8.0
注塑制品	1.5~50	2.3~50	2.0~20
涂覆	20~200	3.3~11	5.0~10
旋转成型	0.75~20	1.0~25	3.0~20

（2）加工方法

聚乙烯是一种典型的热塑性塑料，可采用多种成型工艺进行加工，如注塑、挤出、中空吹塑、薄膜吹塑、薄膜压延、大型中空制品滚塑、发泡成型等，中、高密度聚乙烯还可以热成型。聚乙烯型材可以进行机械加工、焊接等。

聚乙烯的成型加工都是在熔融状态下进行的，成型时的熔体温度一般约高出聚乙烯熔点温度 30~50℃。不同成型工艺对材料的熔体流动性有不同要求，注塑和薄膜吹塑应选用熔融指数较大的材料，型材挤出和中空吹塑应选用熔融指数较小的材料。

对于超高分子量聚乙烯，由于流动性能极差，所以，其加工方法不同于普通 PE。超高分子量聚乙烯可用冷压烧结的方法来成型，但通过对超高相对分子质量聚乙烯进行改性，也可进行挤出、注塑、压延等成型。

1）注塑　聚乙烯具有良好的注塑成型工艺性，其典型的成型工艺条件如表 11-3 所列。

表 11-3　聚乙烯的注塑成型工艺条件

参数＼材料	LDPE	HDPE	LLDPE
注塑温度/℃	180~240	180~250	200~240
喷嘴温度/℃	170~180	180~190	180~190
模具温度/℃	50~70	50~70	50~70
注塑压力/MPa	80~100	80~100	80~100
螺杆转速/(r/min)	<80	30~60	30~60

注塑成型用于制备承载应力的制品时，应选用注塑用品级中的熔融指数较小的材料，若用于制备薄壁长流程制品或非承载性制品，可选用熔融指数较高的材料。

2）挤出　聚乙烯可以挤出成型为板材、管材、棒材及各种型材，最常用于管材挤出。表 11-4 列出的是聚乙烯管材挤出的典型工艺条件。

表 11－4　　**聚乙烯管材挤出工艺条件**

工艺参数		低密度聚乙烯	高密度聚乙烯
机筒温度/℃	后部	90～100	100～110
	中部	110～120	120～140
	前部	120～135	150～170
机头温度/℃		130～135	155～165
口模温度/℃		130～140	150～160
螺杆转速/(r/min)		16	22

HDPE 的挤出温度为 165～260℃；LDPE 的挤出温度随制品不同而变化，一般管材采用 150℃，薄膜 163℃，片材 177℃，电缆 218℃，挤出平膜 246℃。

此外，高密度聚乙烯与低密度聚乙烯挤出时，型材在离开口模时的冷却速率应有所不同。低密度聚乙烯型材应缓冷，若骤冷会使制品表面失去光泽，并产生较大内应力，使强度下降。高密度聚乙烯则需要迅速冷却才能保证型材的良好外观和强度。

3）中空吹塑　中空吹塑是先从挤出机中挤出管形型坯，再将型坯置于模具中通气吹至要求形状，成为封闭的中空容器。中空吹塑一般采用熔体流动速率为 0.2～0.4 的高密度聚乙烯，若采用掺入低密度聚乙烯的共混料，则低密度聚乙烯的熔体流动速率应在 0.3～1.0 范围。表 11－5 是聚乙烯浮筒的中空吹塑工艺条件。

表 11－5　　**聚乙烯浮筒的中空吹塑工艺条件**

工艺参数	取值范围	工艺参数	取值范围
料筒温度/℃		螺杆转速/（r/min）	22
后部	140～150	充气方法	顶吹
前部	155～160	充气压力/MPa	0.3～0.4
机头温度/℃	160	吹胀比	2.5:1
口模温度/℃	160		

4）其他成型方法　聚乙烯还可以采用真空热成型方法及旋转成型等方法来制造。真空热成型法是用石膏、金属、木材等材料制成模具，然后把一定厚度的聚乙烯片材预热软化后覆盖于模具上，再采用抽真空的方法使其紧贴于模具内壁的各部分上，冷却后即可得到制品。旋转成型方法可以用来制造聚乙烯的大型容器。聚乙烯的粉末还可以采用流化床涂覆法和喷涂技术来进行涂覆成型。

11.1.2　聚丙烯

聚丙烯（Polypropylene，简称 PP）是由丙烯（$CH_3-CH=CH_2$）经自由基聚合而成的聚合物，其结构式为$\left[CH_2—CH\ CH_3\right]_n$，是用途最为广泛的通用型热塑性塑料。商品聚丙烯有均聚和共聚两大类，其中共聚丙烯是在聚合过程中加入了 2%～5% 的乙烯而得到的产物。

11.1.2.1　聚丙烯的性能

（1）结晶性能

聚丙烯有 α、β、γ 和拟六方 4 种晶型，不同晶型聚丙烯制品在性能上有差异，具体如

表11－6所示。

表11－6　不同晶型聚丙烯的性能特点

结晶结构	熔点/℃	相对密度	特点
α晶型	176	0.936	属单斜晶系，最为常见、热稳定性最好、力学性能好
β晶型	147	0.922	属六方晶系，不易得到，（一般骤冷或加β晶型成核剂可得到）冲击性能好，制品表面多孔或粗糙
γ晶型	150	0.946	属单斜晶系，形成的机会比β晶型还少，在特定条件下才可获得

（2）力学性能

聚丙烯具有较好的力学性能，拉伸强度和刚性都比较好，但冲击强度强烈依赖于温度的大小，在室温以上冲击强度较高，但是低温时耐冲击性差。聚丙烯的力学性能与相对分子质量、球晶尺寸和结晶度有关。相对分子质量低、结晶度高、球晶尺寸大时，制品的刚性大而韧性低。此外，如果制品成型时存在取向或应力，冲击强度也会显著降低。虽然抗冲击强度差，但经过填充或增强等改性后，其力学性能在许多领域可与成本较高的工程塑料相竞争。

等规聚丙烯结晶链由于侧甲基的相互排斥，其主体构象形如螺旋，即全同立构聚丙烯大分子总是以能容纳较大侧基的螺旋构象进行结晶，这使聚丙烯具有高的耐弯曲疲劳性，用它制成的铰链经7000万次折叠弯曲不损坏。

（3）热学性能

在五大通用塑料中，PP的耐热性是最好的。PP塑料制品可在100～120℃下长时间工作，可用于热水输送管道；在无外力作用时，PP制品被加热至150℃时也不会变形。在使用成核剂改善PP的结晶状态后，其耐热性还可进一步提高，甚至可以用于制作在微波炉中加热食品的器皿。

PP的线膨胀系数为$5.8 \sim 10.2 \times 10^{-5} K^{-1}$，在塑料中属较大者，热导率为0.12～0.24W/（m·K），在塑料中属中等。

（4）电性能

PP属于非极性聚合物，具有良好的电绝缘性，且PP吸水性极低，电绝缘性不会受到湿度的影响。PP的介电常数、介质损耗因数都很小，不受频率及温度的影响。PP的介电强度很高，且随温度上升而增大。这些都是在湿、热环境下对电气绝缘材料有利的。另一方面PP的表面电阻很高，在一些场合使用必须先进行抗静电处理。因低温脆性的影响，PP在绝缘领域应用远不如PE和PVC广泛，主要用于电信电缆的绝缘和电器外壳。

（5）化学性能

PP的化学稳定性优异，对大多数酸、碱、盐、氧化剂都显惰性。例如在100℃的浓磷酸、盐酸、40%硫酸及其它们的盐类溶液中都是稳定的，只有少数强氧化剂如发烟硫酸等才可能使其出现变化。PP是非极性化合物，对极性溶剂十分稳定，如醇、酚、醛、酮和大多数羧酸都不会使其溶胀，但在部分非极性有机溶剂中（低相对分子质量的脂肪烃、卤烃及芳烃等）容易溶胀。在高温下可熔于芳烃和卤代烃中的十氢化萘、四氢化萘及1，2，4－三氯代苯等。试验表明PP在表面活性剂浸泡时的耐应力开裂性能和在空气中一样，有良好的抵抗能力，而且PP的熔体流动速率越小（相对分子质量越大），耐应力开裂性越强。当成型制品中残留有应力，或者制品长时间在持续应力下工作，会造成应力开裂现象。有机溶剂和表面活性剂会显著促进应力开裂。因此应力开裂试验均在表面活性剂存在下进行。

PP耐老化性能不好，PP分子中存在叔碳原子，在光和热的作用下极易断裂降解。未加稳定剂的PP在150℃下被加热半小时以上，或在阳光充足的地方曝晒12天就会明显变脆。未加稳定剂的PP粉料在室内避光放置4个月也会严重降解，散发出明显的酸味。在PP粉料造粒之前加入0.2%以上的抗氧剂可以有效地防止PP在加工和使用过程中的降解老化。

聚丙烯的典型性能见表11-7。

表11-7　聚丙烯的综合性能

性能	数据	性能	数据
相对密度	0.90	热变形温度（1.82MPa）/℃	102
吸水率/%	0.01	脆化温度/℃	-8~8
成型收缩率/%	1~2.5	线膨胀系数/（$\times 10^{-5}K^{-1}$）	6~10
拉伸强度/MPa	29	热导率/［W/（m·K）］	0.24
断裂伸长率/%	>200	体积电阻率/（Ω·m）	10^{19}
弯曲强度/MPa	50	介电常数（10^6Hz）	2.15
压缩强度/MPa	45	介电损耗角正切值（10^6Hz）	0.0008
缺口冲击强度/（kJ/m^2）	0.5	介电强度/（kV/mm）	24.6
洛氏硬度	R80~110	耐电弧/s	185
摩擦因数	0.51	氧指数/%	18
磨痕宽度/mm	10.4		

11.1.2.2　聚丙烯的成型加工

（1）加工特性

PP的成型加工流动性良好，特别是当熔体流动速率较高时熔体黏度更小，适合于大型薄壁制品（如洗衣机内桶）的注塑成型。PP熔体属典型的假塑性流体，黏度对温度敏感性小，对剪切速率的敏感性大。

PP的吸水率低，在水中浸泡一天，吸水率低于0.01%，因此加工前不必干燥处理。

PP属结晶类聚合物，成型收缩率比较大，一般可达1.6%~2%，在设计模具时要引起注意。PP的成型收缩率可以随着添加其他的材料的种类及多少有所变化。

PP在加工中易产生取向，并造成不同方向上的性能差异。

冷却条件对PP结晶度影响较大。PP熔体若在空气中缓慢冷却，会生成较大的球晶，制品透明度低。若急冷，PP分子的运动状态被快速冻结，不能生成晶体，薄膜呈完全透明。但PP制品在快速冷却时，易产生内应力，所以，应对制品进行退火处理，消除内应力，改善冲击强度。

PP在高温下对氧特别敏感，加工中需加入抗氧剂，如主抗氧剂1010和辅助抗氧剂

168 等。

（2）加工方法

PP 可用注塑、挤出及吹塑等方法成型加工。不同的成型方法和制品应选用熔体流动速率不同的 PP 树脂，各种加工方法的熔体流动速率参考范围见表 11－8。

表 11－8　不同的成型方法和制品适用 PP 的熔体流动速率

熔体流动速率/（g/10min）	成型方法	制品
0.15～0.85	挤出	管、板、棒
0.4～1.5	中空吹塑	瓶
1～3	双向拉伸	薄膜
1～8	挤出	丝类
1～15	注塑	注塑件
8～12	吹塑	薄膜
15～20	纺丝	纤维

1）注塑　用于注射成型的 PP 的熔体流动速率为中等大小。浇口随制品质量增大而加大，制品的最小壁厚不得低于 0.4mm，当壁厚在 2.3～3mm 范围内时，极限流动长度与厚度比为 250∶1。模具的脱模斜度为 30′～1°。PP 制品典型的注射成型工艺条件如表 11－9 所示。

表 11－9　聚丙烯典型的注射成型工艺

工艺参数		取值范围	工艺参数	取值范围
料筒温度/℃	后部	160～180	模具温度/℃	20～60
	中部	180～200	注射压力/MPa	70～100
	前部	200～230	螺杆转速/（r/min）	≤80
喷嘴温度/℃		180～190		

2）挤出　PP 可用于挤出生产膜、片、管及丝等制品。

用于加工 PP 的挤出机其螺杆加料段的长度要比加工 PE 时略长，以克服 PP 热导率低的缺点。一般挤出成型工艺条件为：加料段 170℃，其他段 210℃左右，最高可达 250℃。此外，冷却条件对制品的透明性和冲击性能影响都很大。

PP 挤出制品可进行单向拉伸或双向拉伸，拉伸倍率可达 3 倍以上；拉伸后 PP 制品的强度、冲击性、透明性、耐热性、表面光泽和阻隔性都有明显的提高。表 11－10 给出了聚丙烯双轴拉伸薄膜挤出吹塑成型工艺条件。

表 11－10　聚丙烯双轴拉伸薄膜挤出吹塑成型工艺条件

工艺参数	取值范围		
	Ⅰ	Ⅱ	Ⅲ
薄膜宽度/mm	40 000	4 000	5 500
薄膜厚度/μm	16～60	16～60	16～60
挤出量/（kg·h⁻¹）	250～300	400～600	650～900

续表

工艺参数	取值范围		
	Ⅰ	Ⅱ	Ⅲ
螺杆直径/mm	150	200	250
螺杆长径比	30~32	30~32	30~32
牵引速度/（m/min）（拉伸前）	2.5~25	3~30	4~40
牵引速度/（m/min）（拉伸后）	7.5~75	10~100	15~150

11.1.3　聚氯乙烯

聚氯乙烯（Polyviny Chloride，简称 PVC）是由氯乙烯单体（$CH_2=CHCl$）经自由基聚合而成的聚合物，结构式为 $-[CH_2-CHCl]_n-$。PVC 是最早实现工业化的通用型热塑性树脂。PVC 的优点为力学强度高、硬度大、耐化学腐蚀性好、电绝缘性好、印刷和焊接性好、阻燃、价格低及力学性能可以较容易地通过配方设计可调。PVC 的缺点为热稳定性不好，加工性能不好，耐冲击性不好，耐老化及耐寒性差。

11.1.3.1　聚氯乙烯树脂的颗粒结构和型号

由于 PVC 不溶于单体氯乙烯（VC）中，在聚合过程形成较特殊的形态结构。一般认为，PVC 树脂颗粒是由微粒子、初级粒子、聚集体粒子堆砌构成的粗粒，粒径为 50~250μm。颗粒的形态、内部孔隙率、表面皮膜、颗粒大小及其分布等对 PVC 树脂的许多性能均有影响。颗粒较大、粒径分布均匀、内部孔隙率高、外层皮膜较薄时，树脂具有吸收增塑剂快、塑化温度低、熔体均匀性好、热稳定性高等优点。该类树脂我国常称为疏松型 PVC 树脂；相反则成为紧密型 PVC 树脂。疏松型和紧密型 PVC 树脂的对比如表 11-11 所示。目前工业上以生产疏松型 PVC 树脂为主。

表 11-11　疏松型和紧密型 PVC 树脂的对比

项目	疏松型	紧密型
分散剂	纤维素醚，聚乙烯醇等	明胶
初级粒子	1~5μm，不规则外形	
粉料粒径	50~150μm	20~100μm
颗粒外形	棉花球状，不规则，表面毛糙	玻璃球状，表面光滑
断面结构	疏松，多孔呈网状	无孔实心结构
吸收增塑剂	快	慢
塑化性能	塑化速度快	塑化速度慢

相对分子质量对 PVC 树脂的性能（特别是加工性能）影响较大。按相对分子质量的大小分可将 PVC 分成通用型和高聚合度型两类。通用型 PVC 的平均聚合度为 500~1500，高聚合度型的平均聚合度大于 1700 以上。常用的 PVC 树脂大都为通用型。

平均相对分子质量的表示方法很多，但都以测定聚氯乙烯溶液的黏度作为基础。欧美国家用 *K* 值表示，该值是浓度为 0.5g 聚氯乙烯/100mL 环己酮溶液在 25℃测定的黏度值。

日本用平均聚合度表示，是在浓度 0.4 g 聚氯乙烯/100mL 硝基苯溶液中 30℃测定的黏度值。我国用黏数表示，并且对疏松型树脂和紧密型分别采用新旧两个标准。其中悬浮法紧密型树脂按原化工部标准 HG2－775－74 执行，即在浓度为 1% PVC 树脂的二氯乙烷溶液，在 20℃时测定的黏度值，分为六个型号（XJ1 － XJ 6）。悬浮法疏松型树脂按国标 GB 5761—1999 执行，该标准规定 PVC 的平均相对分子质量的大小用黏数表示，即在 0.5% PVC 的环已酮溶液中于 25℃测定的黏度值。根据黏数范围把悬浮法疏松型树脂分为 SG1～SG8 共八个型号，其中数字越小相对分子质量越大，强度越高，但熔融流动越困难，加工也越困难。表 11－12 列举出了这 8 种 PVC 树脂的型号与用途。

表 11－12　疏松型 PVC 树脂型号与用途

型号		平均聚合温度/℃	黏数/η_n	K 值	聚合度（P）	用途
新 SG－	旧 XS（J）					
1		48.2	154～144	77～75	1800～1650	高级电绝缘材料
2	1	50.5	143～136	75～73	1650～1500	电绝缘材料，一般软制品
3	2	53.0	135～127	73～71	1500～1350	电绝缘材料，农膜，塑料鞋
4	3	56.5	126～118	71～69	1350～1200	一般薄膜，软管，人造革，高强度硬管
5	4	58.0	117～107	68～66	1150～1000	透明硬制品，硬管，型材
6	5	61.8	106～96	65～63	950～850	唱片，透明片，硬板焊条，纤维
7	6	65.5	95～85	62～60	850～750	吹塑瓶，透明片管件
8	—		85～75	59～57	750～650	硬质发泡型材

一般而言，绝对黏度、黏数越大的，其平均相对分子质量越高，适合加工软质制品。因为软质制品需要加入一定量的增塑剂，而增塑剂绝大部分是低相对分子质量油状液体，它带给制品一定柔软（塑）性的同时，也一会使加工性变得容易，但制品的刚性变小，而树脂相对分子质量高的刚性相对较高，两者相抵。软质制品选用高相对分子质量树脂刚性指标，如拉伸强度、撕裂强度等降低较小，例如聚氯乙烯膜使用 SG－2 树脂，加入 50～80 份的增塑剂。低黏度、低黏数树脂适合加工硬质制品，因为硬质制品不加或加入较少量的增塑剂，而低相对分子质量树脂相对高相对分子质量树脂加工性（流动性）较好。如 PVC 硬管材使用 SG－4 树脂、塑料门窗型材使用 SG－5 树脂，硬质透明片使用 SG－6 树脂、硬质发泡型材使用 SG－7、SG－8 树脂。

有时，一些 PVC 树脂厂家出厂的 PVC 树脂也按聚合度分类，如 SK－700；SK－800；SK－1000；SK－1100；SK－1200 等，其与黏数的对应关系见表 11－12。

PVC 按毒性分又可分为普通级（有毒 PVC）和卫生级（无毒 PVC）。卫生级要求复合 GB9681－88 的要求，即每千克聚氯乙烯树脂中氯乙烯（VC）含量低于 1 毫克，卫生级 PVC 可用于食品包装及医疗用品。

11.1.3.2　聚氯乙烯的性能

PVC 树脂为一种白色或淡黄色的粉末，相对密度在 1.35 ~ 1.45 g/cm^3之间，表观密度为 0.4 ~ 0.5g/cm^3，其制品的软硬程度可通过加入增塑剂的份数多少调整，制成软硬相差悬殊的制品。纯 PVC 的吸水率和透气性都很小。

（1）热稳定性

由于在 PVC 聚合过程中存在链转移反应，PVC 会有支链结构。通常在 PVC 分子中每 1000 个碳原子上具有 5 ~ 18 个支链。链终止反应可能生成末端具有 1 个氯乙烯基的双键结构，由于 PVC 大分子末端及其内部存在的双键结构，支链处存在不稳定的叔氯原子，以及大分子中的含氧基团（羰基）等“活化基团”，导致 PVC 树脂对热极不稳定。PVC 树脂在 100℃以上或受到紫外光照射时，均会引起降解脱氯化氢（HCl），在氧或空气存在下降解速度更快。温度越高，受热时间越长，降解现象越严重。另外，HCl、铁和锌对 PVC 脱 HCl 有催化作用。

PVC 受热分解析出 HCl，形成具有共轭双键的多烯结构：

$$\text{⁅}CH_2—CHCl\text{⁆}_n \longrightarrow \text{⁅}CH═CH\text{⁆}_n + nHCl \quad (11-1)$$

PVC 脱 HCl 所形成的共轭双键数在 4 个以上时即出现变色，并随共轭双键的增加由浅变深，即由无色逐渐变成淡黄、黄橙、红橙、棕褐及黑色，变色最终会影响制品的性能。

PVC 脱 HCl 反应是一种进行极快的“拉链式”反应。如果不将这种反应终止，不仅 PVC 变色，而且无法加工成有用的制品。因此，PVC 的稳定技术是极为重要的。

（2）力学性能

PVC 是一种非结晶、极性的高分子聚合物。由于带有电负性很强的氯原子，增大了分子链之间的吸引力，使分子链间的距离比 PE 小，PE 的平均链间距为 4.3×10^{-10}m，PVC 的平均链间距为 2.8×10^{-10}m，同时由于氯原子体积大，有较明显的空间位阻效应，其结果使 PVC 比 PE 具有较高的刚性、硬度、强度，而且 PVC 的玻璃化温度比聚乙烯有大幅度上升，但韧性和耐寒性下降，断裂伸长率和冲击强度均下降。

PVC 的力学强度随相对分子质量的增大而提高，但随温度的升高而下降。PVC 中加入增塑剂份数不同，对力学性能影响很大，一般随增塑剂含量增大，力学性能下降；硬质 PVC 的力学性能好，其弹性模量可达 155 ~ 330MPa；而软质 PVC 的弹性模量仅为 1.5 ~ 15MPa，但断裂伸长率高达 200% ~ 450%。

（3）电性能

PVC 具有较好的电性能，但由于 Cl—C 偶极键的存在，使材料宏观上表现出明显极性，导致材料电绝缘性比 PE、PP 有所降低。室温时 Cl—C 偶极子处于不活动状态，材料的电性能尚好，但随温度升高，偶极子活动性增大，电性能下降。在电场中偶极子会取向，取向与电场频率有关，因此 PVC 电性能受温度和频率的影响较大，本身的耐电晕性又不好，一般只适用于中低压和低频绝缘材料。PVC 的电性能与聚合方法有关，还受添加剂的种类影响较大。

（4）化学性能

在与氯原子相连的同一个骨架碳原子上相连的另一个原子是氢原子，由于氯原子的诱导效应，使 C—H 键的电子云明显向 C 原子方向偏移，而 H 原子处缺电子，成为质子。因此聚氯乙烯是质子授予体（电子接受体），这对聚合物的溶解性有颇大影响。PVC 可耐大多数无机酸和无机盐，适合作化工防腐材料。PVC 在酯、酮、芳烃及卤烃中溶胀或溶解，其中最好的溶剂为四氢呋喃和环己酮。加入增塑剂的 PVC 制品耐化学药品性一般都变差，并随使用温度的增高其化学稳定性会降低。

（5）其他性能

PVC 大分子链中含有较多的氯原子，赋予材料良好的阻燃性，其氧指数高达 47。PVC 对光、氧、热及机械作用都比较敏感，在其作用下很容易发生降解脱出 HCl。为改善这种状态，可在 PVC 配方中加入稳定剂或采用改性的方法。PVC 制品的性能因加入各种助剂和改性剂而差别很大，一些 PVC 制品的性能见表 11－13。

表 11－13　　一些 PVC 制品的性能

性能	硬质聚氯乙烯	软质聚氯乙烯	电器用软质 PVC
密度/（g/cm³）	140～160	120～160	120～160
邵氏硬度	D75～85	A50～95	A50～95
成型收缩率/%	0.6～1.6	1.5～2.5	1.5～2.5
拉伸强度/MPa	45	11～20	11～20
断裂伸长率/%	25	100～500	100～500
压缩强度/MPa	20.5	8.8	8.8
缺口冲击强度/（kJ/m²）	2.2～10.6	不断裂	不断裂
热变形温度（1.82MPa）/℃	70	－22（脆化温度）	
长期使用温度/℃	80～90	80～104	60～70
线膨胀系数/（$\times10^{-5}K^{-1}$）	5～18.5	7～25	7～25
热导率/［W/（m·K）］	0.16	0.15	0.15
体积电阻率/Ω·cm	10^{12}～10^{14}	10^{11}～10^{14}	10^{11}～10^{13}
介电常数（10^6Hz）	3.2～3.6	4～5	5～9
吸水率/%	0.07～0.4	0.25	0.15～0.79
氧指数	47	26.5	26.5

11.1.3.3　聚氯乙烯的成型加工

（1）加工特性

PVC 分子链的极性使分子链之间的相对滑动困难，树脂的黏流温度较高，熔融温度（160℃）高于分解温度（120℃），使材料的成型加工性降低。

1）PVC 的加工稳定性不好，熔融温度 160℃高于分解温度 120℃，在加工中容易分解脱出 HCl，不进行改性难以用熔融塑化的方法加工。改性方法一为在其中加入热稳定剂，以提高其分解温度，使其在熔融温度之上；二为在其中加入增塑剂，以降低其熔融温度，使其在分解温度之下。增塑剂的加入对 PVC 的力学性能影响很大，未增塑的 PVC 的拉伸强度曲线类型属于硬而较脆的材料，随增塑剂量的加大，PVC 变为软而韧的材料。一般来讲增塑剂含量 0～5 份为硬制品，5～25 份为半硬制品，大于 25 份为软制品。

2）PVC 熔体的流动特性不好，熔体强度低，易产生熔体破碎和制品表面粗糙等现象；尤其使 PVC 硬制品，此现象更突出，必须加入加工助剂，最常用的为 ACR。

3）PVC 熔体粘附金属倾向大，熔体之间以及熔体与加工设备之间摩擦力大，需加入润滑剂以克服摩擦阻力。按润滑剂与 PVC 树脂的相容性大小不同，可分为内润滑剂（相容性大）和外润滑剂。

4）PVC 的熔体属非牛顿流体，熔体黏度对剪切速率敏感，所以加工中要降低黏度，可通过提高螺杆转速来达到目的，尽可能少调温度。

5）PVC 配方中的组分十分多，主要有热稳定剂、增塑剂、改性剂、填充剂、加工助剂和色料。在加工时要充分混合均匀。一要注意加料顺序，吸油性大的填料要后加，以防吸油；润滑剂最后加，以防影响其他组分的分散；二要控制好混合温度，一般在 120℃左右。

6）PVC 遇金属离子会加速降解，加工前要进行磁选，设备不应有铁锈。

7）PVC 粉末树脂以颗粒状态存在，颗粒的大小和形态对加工方法有不同的影响。

（2）加工方法

悬浮法生产的 PVC 可用挤出、注塑、压延、吹塑、压制等方法加工成型制品，乳液法生产的 PVC 可进行搪塑、滚塑和涂布法等成型加工。

1）挤出　挤出法是应用最多、增长最快的 PVC 加工方法，可用于生产膜、片、板、管、棒、异型材及丝等制品。挤出可在单螺杆挤出机上进行，但需先将混合好的粉料预塑化造成粒料，料筒温度正向设置，即从加料段到计量短温度从低到高。随着挤出机加工技术的进步，单螺杆挤出机已逐渐被双螺杆挤出机所取代。PVC 制品的加工普遍采用异向旋转型平行双螺杆挤出机和锥型双螺杆挤出机，双螺杆挤出机可用直接使用混合好的粉料，料筒温度反向设置，从加料段到计量段从高到低，利于热能利用和有效排气。

PVC 硬制品的挤出工艺条件可参考：料筒温度 160 ~ 180℃，机头温度 180 ~ 200℃，螺杆转速 25r/min 左右。PVC 软制品的挤出工艺条件为：料筒温度 170 ~ 190 ℃ ，机头温度 190 ~ 210℃，螺杆转速 30r/min。

2）注塑　PVC 树脂可通过注塑来生产壳体、管件、阀门、泵、汽车部件、玩具和鞋类等制品。注塑的工艺条件见表 11 - 14。

表 11 - 14　　硬质 PVC 制品注塑成型工艺条件

工艺参数		取值范围	工艺参数	取值范围
料筒温度/℃	后部	160 ~ 170	注射压力/MPa	80 ~ 130
	中部	165 ~ 180	螺杆转速/(r/min)	28
	前部	170 ~ 190	模具温度/℃	30 ~ 60

3）压延　压延是 PVC 膜制品的主要生产方法，除此之外，压延还可用于片、板、人造革及壁纸等制品。压延薄皮普遍采用四辊压延机，操作时辊温一般控制为：$T_{辊Ⅲ} > T_{辊Ⅳ} > T_{辊Ⅱ} > T_{辊Ⅰ}$，辊筒的转速一般控制为：$v_{辊Ⅲ} > v_{辊Ⅳ} > v_{辊Ⅱ} > v_{辊Ⅰ}$。例如温度可选用：1 辊温 165℃、2 辊温 170℃、3 辊温 175℃及 4 辊温 170℃。

4）压制　压制多用于热固性塑料，但热塑性的 PVC 塑料也常用压制成型，主要用于生产鞋底、硬板及周转箱等形状简单的制品。PVC 压制成型的工艺为：挤出型坯——冷压——成型，一般也称为冷挤压。

5）塑料糊的成型　糊树脂的具体涂覆方法有刮涂法、滚塑法及蘸浸法等。一般将 PVC 糊树脂涂于基材上，于 90 ~ 200℃下塑化，时间 50 ~ 600s，充分熔融后压花、冷却即可。

11.1.4 聚苯乙烯

聚苯乙烯（Polystyrene，简称PS），是由苯乙烯单体经自由基聚合的聚合物，其结构式为 $\left[CH_2 - CH \right]_n$（CH上连苯环）。聚苯乙烯类树脂是大分子链中包含苯乙烯的一类树脂，其中包括苯乙烯均聚物及与其他单体的共聚物、合金等。工业化生产的苯乙烯类聚合物主要有：聚苯乙烯（PS），也称为通用型聚苯乙烯（GPPS）、高抗冲型聚苯乙烯（HIPS）、可发性聚苯乙烯（EPS）、茂金属聚苯乙烯（m－PS）等，本节主要对通用型聚苯乙烯进行介绍。

11.1.4.1 聚苯乙烯的性能

（1）力学性能

聚苯乙烯GPPS分子链两侧的侧苯基，体积较大，有较大的位阻效应，使分子链旋转困难，因而使PS呈现刚性和脆性，制品易产生内应力。对聚苯乙烯制品进行退火处理可提高力学强度。聚苯乙烯GPPS在热塑性塑料中是典型的硬而脆塑料，拉伸时无屈服现象，拉伸、弯曲等常规力学性能皆高于聚烯烃，但韧性却明显低于聚烯烃，低温韧性更差。

表11－15中示出4个品级的聚苯乙烯试样力学性能。

表11－15　　不同品级聚苯乙烯力学性能比较

性能	品级			
	通用型	高相对分子质量型	耐热型	易流动型
拉伸强度/MPa	41～49	45～52	45～52	41～49
断裂伸长率/（%）	1.0～2.5	1.0～2.5	1.0～2.5	1.0～2.5
拉伸模量/MPa	3450	3450	3790	3450
弯曲强度/MPa	62～76	69～83	76～97	62～76
筒支梁冲击强度（缺口）/（kJ/m）	1.33～1.87	1.33～1.87	1.33～1.87	1.33～1.87

（2）热性能

PS的玻璃化温度比聚乙烯、聚丙烯都大大提高，在90～100℃之间。PS大分子链段之间聚集规整性较低，基团间和分子间作用力小，故使PS耐热性低，热变形温度为70～95℃，长期使用温度不能超过80℃。聚苯乙烯的热导率较低，约为0.10～0.13W/（m·K），基本不随温度的变化而变化，是良好的绝热保温材料。聚苯乙烯泡沫是目前广泛应用的绝热材料之一。聚苯乙烯的线膨胀系数较大，为（6～8）$\times 10^5 K^{-1}$，与金属相差悬殊甚大，故制品不宜带有金属嵌件。

（3）化学性能

聚苯乙烯主链为饱和的碳—碳结构，呈惰性，但侧苯基的存在却使材料的化学稳定性受到影响。苯环所能进行的特征性反应如氯化、加氢、硝化、磺化等，聚苯乙烯都可以进行。因此，聚苯乙烯比聚乙烯、聚丙烯化学上都要活泼些。

聚苯乙烯可耐硫酸、磷酸、硼酸及 10% ~36% 的盐酸等无机酸以及浓度小于 25% 的乙酸、10% ~90% 的甲酸等有机酸的侵蚀，也可耐许多碱和盐的腐蚀，但不耐氧化酸，例如硝酸和氧化剂的腐蚀。许多化学试剂对聚苯乙烯的侵蚀具有协同效应。除脂肪烃如低级醇类不能使聚苯乙烯溶解外，芳烃，例如苯、甲苯、乙苯、氯代烃和二氯乙烷、氯苯、氯仿、酮类、酯类都可使聚苯乙烯溶解。在这些溶剂中的溶解性随聚苯乙烯相对分子质量的增大而有所减小。

（4）光学性能

一般工业化生产的聚苯乙烯以无规异构体为主，含有少量的间规异构体。由于这种构型结构的不规整性，PS 不能结晶，在室温下是无定型的、坚硬而脆的透明玻璃体。PS 的透明度可达 88% ~92%，折光率为 1.59 ~1.60，由于 PS 对可见光所有波长的高透射性和它的高折射率，使它具有良好的光泽。

（5）电性能

聚苯乙烯是非极性聚合物，具有优异的介电、电绝缘性能，几项主要的电性能指标都具有较优数值，如介电常数为 2.45 ~2.65，介质损耗因数为（1 ~4）$\times 10^{-4}$，体积电阻率大于 $10^{14}\Omega \cdot m$，介电强度超过 25 kV/mm，介电常数和介质损耗因数在 60 ~10^6Hz 电场内基本不变，仅当在 10^7Hz 时，介质损耗因数约增大 4 倍。由于吸湿率很小，电性能也不受环境湿度改变的影响。

聚苯乙烯在超过 300℃会分解放出单体苯乙烯，可防止表面碳化，这使聚苯乙烯具有良好的耐电弧性。但由于聚苯乙烯耐热性差，因此作为电绝缘材料，最高工作温度限于不超过玻璃化温度，故仅能作为 Y 级绝缘材料使用。表 11 －16 列出了聚苯乙烯类塑料的典型性能。

表 11 －16　　GPPS 的典型性质

性质		ASTM 方法	高耐热型	中等流动性型	高流动性型
MFR（g/10min）		D1238	1.6	7.5	16
维卡软化点/℃		D1525	108	102	88
在负载下的热变形温度/℃（1.82MPa）		D648	103	84	77
断裂拉伸强度/MPa		D638	56.6	44.8	35.9
断裂弯曲强度/MPa		D638	82.8	82.8	
断裂伸长率（%）		D638	2.4	2.0	1.6
拉伸模量/MPa		D638	3340	2450	3100
弯曲模量/MPa		D790	3155	3170	
缺口 lzod 冲击强度/（J/m）		D256	24	16	19
洛氏硬度 M Scale		D785	76	75	72
相对分子质量	重均		300000	225000	218000
	数均		130000	92000	74000

11.1.4.2　聚苯乙烯的成型加工

聚苯乙烯是热塑性塑料中最容易成型加工的品种之一，不仅可适用多种成型工艺，也具有许多良好的工艺特点。

（1）加工特性

1）聚苯乙烯吸湿率很小，为0.02%～0.3%，成型加工前一般不需要专门的干燥工序。

2）PS属无定形树脂，无明显熔点，存在明显的高弹态区域。PS熔融温度范围比较宽，可在130～280℃之间成为流体，分解温度在300℃以上，热稳定性较好。在熔融温度以上，PS是具有高熔体强度的黏弹性液体，容易进行挤出和注塑加工，很少有降解发生。

3）PS熔体属非牛顿流体，熔体黏度对剪切速率敏感，流动性好。

4）PS在加工中易产生内应力，除选择正确的工艺条件、改进制品设计和合理的模具结构外，还应对制品进行热处理。热处理的条件为在温度65～85℃热风循环干燥箱或热水中处理2～3h。

5）PS成型收缩率比较低，仅为0.4%～0.7%，有利于成型制品的尺寸稳定。

（2）加工方法

聚苯乙烯由于其成型加工性能好，可以采用多种方法加工成型，如注射、挤出、发泡、吹塑、热成型等。目前主要的成型方法是注射、挤出、发泡。

1）注塑　注射成型是聚苯乙烯最常用的成型方法。可采用普通注射机成型加工，制品厚度在2.3～3mm时，极限流动长度与厚度比为200:1，脱模斜度不小于1°。成型时，根据制品的形状和壁厚不同，可在较宽的范围内调整熔体温度，一般温度范围为180～220℃。注射压力30～150MPa，模具温度40～70℃，典型注射工艺见表11－17。

表11－17　典型PS制品的注射工艺

工艺参数		取值范围	工艺参数	取值范围
料筒温度/℃	后部	160～180	注射压力/MPa	30～150
	中部	180～200	螺杆转速/(r/min)	70
	前部	200～220	后处理温度/℃	70
喷嘴温度/℃		190～210	后处理时间/h	2～4
模具温度/℃		40～70		

2）挤出　可在普通的挤出机上加工，制品有管材、棒材、片材、薄膜等。挤出温度在150～200℃之间。

3）发泡成型　聚苯乙烯可通过发泡成型来制备包装材料及绝热保温材料，发泡方法有化学发泡法和物理发泡法两种。聚苯乙烯塑料泡沫制品也是其树脂的主要用途。含有发泡剂的聚苯乙烯树脂称为可发性聚苯乙烯（EPS）。可发性聚苯乙烯通过预发泡、熟化处理，最终经过模压成型制得聚苯乙烯泡沫制品，这种产品主要为厚板、包装箱等。将发泡剂与PS混合好挤出或在挤出熔融段将物理发泡剂注入PS熔体内，经挤出发泡、冷却定型即可得到片材、美术装饰板及发泡网等产品。PS泡沫塑料的一般性能见表11－18。

表 11－18　　聚苯乙烯泡沫塑料的性能

性能	数值
密度/g/cm^3	0.02
弯曲强度/MPa	0.294～0.343
压缩强度/MPa	0.088～0.108
剪切强度/MPa	1.078～1.47
拉伸强度/MPa	0.216～0.333
冲击强度/(kJ/m^2)	0.098～0.196
耐热温度(200g 负荷)/℃	80～95
吸水性/(g/m^2)	0.38

11.1.5　ABS 树脂

ABS 树脂（Acrybnltrle－Butadiene－Styrene，简称 ABS）是丙烯腈、丁二烯和苯乙烯三种单体的共聚物。其结构式为：

$$\left[CH_2-\underset{\displaystyle CN}{\underset{|}{CH}}\right]_x\left[CH_2-CH=CH-CH_2\right]_y\left[CH_2-\underset{\displaystyle C_6H_5}{\underset{|}{CH}}\right]_z$$

一般含丙烯腈 23%～41%、丁二烯 10%～30%、苯乙烯 29%～60%，三种成分的比例可根据性能的要求而改变。通常国内把 ABS 分类在五大通用树脂之中，其性能和价格介于聚丙烯等通用树脂和尼龙、聚碳酸酯等通用工程塑料之间，实际上 ABS 既可用于普通塑料又可用于工程塑料。大量的 ABS 树脂用于汽车和器具的部件及塑料管。在这些市场 ABS 与改性聚苯醚、聚碳酸酯、聚氯乙烯、聚苯乙烯和聚丙烯竞争。

11.1.5.1　ABS 树脂的性能

ABS 树脂是无定形高分子材料，外观不透明，呈浅象牙色，无毒无味，相对密度为 1.05 左右。ABS 树脂具有很高的光泽度，与其他材料的结合性好，有易于表面印刷、涂层。ABS 树脂还有很好的电镀性能，是极好的非金属电镀材料。ABS 的品种牌号很多，不同厂家生产的 ABS 因结构差异较大，所以性能差异也较大。

（1）力学性能

ABS 具有优良的力学性能，其冲击强度极好，可以在极低的温度下使用；ABS 的耐磨性优良，尺寸稳定性好，又具有耐油性，可用于中等载荷和转速下的轴承。ABS 的耐蠕变性比 PSF 及 PC 大，但比 PA 及 POM 小。ABS 的弯曲强度和压缩强度属塑料中较差的。ABS 的力学性能受橡胶（丁二烯）含量的影响较大，参见表 11－19。从表中的数据可以明显地看出，随着橡胶含量的增加，ABS 的冲击强度大幅上升而拉伸强度不断降低，剪切强度在橡胶含量为 15% 时达到最大值。

表 11-19　　橡胶含量对 ABS 力学性能的影响

性能 \ 橡胶含量/%	0	15	20	30	50
Izod 缺口冲击强度/（J/m）	26.69	165.48	272.24	400.35	352.31
拉伸强度/MPa	79.4	44.3	41.5	33.7	11.2
剪切强度/MPa	11.2	25.3	22.5	16.9	6.3

除了影响 ABS 树脂的力学性能外，橡胶含量的变化也会对材料的其他性能产生影响，具体变化如图 11-2 所示。

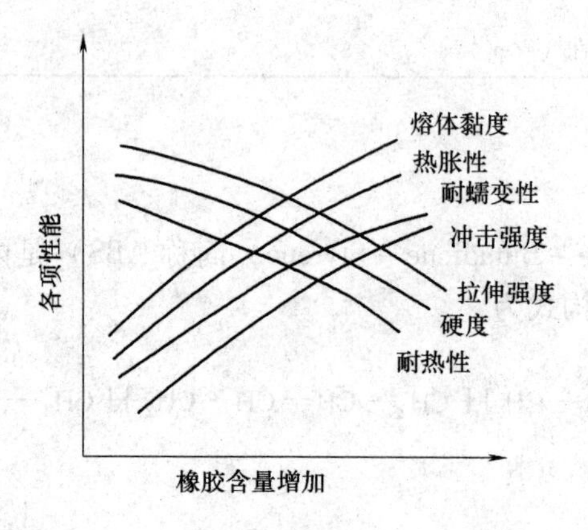

图11-2　ABS 塑料橡胶含量对各项性能的影响

从图 11-2 可以看出，随着橡胶含量的增加，ABS 的冲击强度、耐蠕变性、热胀性和熔体黏度上升而拉伸强度、硬度和耐热性不断降低。

（2）热学性能

ABS 的热变形温度为 93～118℃，制品经退火处理后还可提高 10℃左右。ABS 在 -40℃时仍能表现出一定的韧性，可在 -40～100℃的温度范围内使用。ABS 典型的热性能数据如表 11-20 所示。

表 11-20　　ABS 树脂典型的热性能

性能		品级					
		中冲击级	高冲击级	超高冲击级	高耐热级	电镀级	阻燃级
热变形温度/℃	0.45 MPa	93～105	96～102	91～96	102～121	97～103	96
	1.81 MPa	102～107	99～107	87～91	94～110	89～98	85～88
线胀系数/（$\times10^{-5}\cdot K^{-1}$）		7.9～9.9	9.5～10.6	10.4～11	6.7～9.2	6.5～8.1	—
最高连续使用温度/℃		60～75	60～75	60	60～75	60	60～80

（3）电学性能

ABS 的电绝缘性良好，并且几乎不受温度、湿度和频率的影响，可在大多数环境下使用。其电性能指标与不同品级中所含几种单体比例以及添加剂品种和数量有关。

(4) 化学性能

ABS具有较良好的耐化学试剂性，除了浓的氧化性酸之外，对各种酸、碱、盐类都比较稳定，与各种食品、药物、香精油长期接触也不会引起什么变化。醇类、烃类对ABS无溶解作用，只能在长期接触中使它缓慢溶胀，醛、酮、酯、氯代烃等极性溶剂可以使它溶解或与之形成乳浊液，冰醋酸、植物油可引起应力开裂。

ABS树脂燃烧缓慢，氧指数约为20，火焰呈黄色有黑烟，有特殊气味，无烧熔滴落，离火后仍然继续燃烧。

(5) 环境性能

ABS大分子链中的丁二烯部分含有双键，使它的耐候性较差，在紫外线或热的作用下易氧化降解。特别是对于波长不足350nm的紫外线部分更敏感。例如经过半年户外暴露的ABS试样冲击强度可下降50%。加入酚类抗氧剂或炭黑可在一定程度上改善老化性能。

11.1.5.2 ABS树脂的品级

ABS由于综合性能好，品种牌号很多，以下仅简介其主要品种。

(1) 通用型

表5－21中所列中冲击型、高冲击型、超高冲击型皆属于标准型，即通用型ABS，代表了市场上出售的ABS的绝大多数，主要供制备多数注塑和挤出制品用。通用型ABS中也有许多规格，主要是依靠调节三种单体比例达到所要求的性能平衡。

(2) 高耐热型

高耐热型ABS是将ABS中的苯乙烯，部分地或全部由a－甲基苯乙烯所代替，所得到的ABS耐热性明显提高，其他性能与通用型接近，加工性能则由于熔体黏度较高变得稍为困难。

(3) 电镀型

电镀型ABS就其基本组成而言，与通用型ABS并无区别，仅是要求其中的丁二烯含量控制在18%～23%，并采用接枝共聚工艺制得，这样可以使塑料电镀前的表面处理工艺可按易于控制的方式进行，获得塑件基体表面、表面处理层、金属镀层之间的牢固结合，也可以使材料具有较低的线胀系数，与金属镀层的线胀系数较易匹配。减小镀层在环境温度变化时的应力。

(4) 透明型

一般的ABS塑料是不透明的，透明ABS是采用甲基丙烯酸甲酯作为第四种单体与通常的ABS中所含的三种单体共聚。这种透明ABS的透光率可达72%，雾度约10%，其他性能与中冲击型的标准型ABS接近。

(5) 阻燃型

由于ABS本身可以缓慢燃烧，对于有阻燃要求的应用，必须向材料中添加卤素化合物或其他阻燃剂达到要求的阻燃标准。一般而言，阻燃级ABS具有与中冲击型ABS类似的性能平衡，某些阻燃级ABS具有比标准型ABS较高的弯曲模量和较好的耐光性。

各品级ABS树脂的典型力学性能如表11－21所示。

表 11－21　各品级 ABS 树脂的典型力学性能

性能	品级					
	中冲击级	高冲击级	超高冲击级	高耐热级	电镀级	阻燃级
拉伸强度（屈服点）/MPa	42.8～46.9	35.2～42.8	31.1～34.5	41.1～49.7	40～47.6	40～50.4
拉伸模量（屈服点）/MPa	2.346～2.622	2070～2346	1518～2070	1794～2415	2277～2898	2208～2622
弯曲强度（屈服点）/MPa	72.5～79.4	58.7～72.5	48.3～58.7	69～86.3	69～86.3	69～84.9
弯曲模量/MPa	2484～2967	1932～2484	1725～1932	2139～2622	2346～2898	2277～2760
悬梁缺口冲击强度（24℃）/（kJ/m）	7.5～21.5	21.5～32	32～49	12.3～32	27.7～37.3	12.8～21.3
洛氏硬度	R108～118	R102～113	R90～100	R108～111	R103～111	R97～102

11.1.5.3　ABS 塑料的成型加工

（1）加工特性

1）ABS 的熔体流动性比 PVC 和 PC 好，但比 PE、PS 差，与 HIPS 类似；ABS 的流动特性属非牛顿流体，其熔体黏度对加工温度和剪切速率都有关系，但对剪切速率更为敏感。

2）ABS 是无定形聚合物，无明显熔点，熔融流动温度不太高，随 ABS 品级不同，在 160～190℃范围具有充分的流动性，且热稳定性较好，不易出现降解现象，分解温度约为 285℃，因此加工温度范围较宽。

3）ABS 的吸水性较高，加工前应进行干燥处理，可使制品具有更好的表面光泽并可改善内在质量。一般制品的干燥条件为温度 80～85℃，时间 2～4h；对特殊要求的制品（电镀）的干燥条件为温度 70～80℃，时间 8～18h。

4）ABS 具有较小的成型收缩率，收缩率变化最大范围为 0.3%～0.8%，在多数情况下，其变化小于该范围。

5）ABS 制品在加工中易产生内应力，应进行退火处理，具体条件为放于 70～80℃的热风循环干燥箱内 2～4h。

（2）加工方法

ABS 有很宽的加工窗口，可用注塑、挤出、压延、吸塑、吹塑、电镀、滚塑、冷成型等方法成型加工，ABS 树脂制品容易进行机加工以及粘结、按扣、装饰、抛光等加工。

1）注射成型　注射成型是 ABS 最重要的成型方法。既可采用螺杆式注射机，也可采用柱塞式注塑机。选用柱塞式注塑机的成型温度为 180～230℃，而选用螺杆式注塑机的成型温度为 160～220℃；对表面光泽度要求高的制品模具温度为 60～80℃，而一般制品模具温度为 50～60℃即可；对薄壁制品注塑压力为 130～150MPa，而对厚壁制品注塑压力则为 60～70MPa。制品厚度在 1.5～4.5mm 时，极限流动长度与厚度比为 190∶1，脱模斜度 40′～1°20′。

2）挤出成型　挤出成型可选用通用型单螺杆挤出机。挤出机的 L/D 用为 18～30，压缩比为 2.5～3。ABS 的挤出成型的工艺条件如表 11－22 所示。

表 11-22　　ABS 树脂的挤出工艺条件

工艺参数		管材	棒材
料筒温度/℃	后部	160～165	160～170
	中部	170～175	170～175
	前部	175～180	175～180
口模温度/℃		175～180	150～160
模唇温度/℃		190～195	170～180
螺杆转速/(r/min)		10.5	11～14

3）吸塑成型　吸塑成型的加热温度可控制在 140～180℃范围内，并以 150℃最佳。

11.2　通用工程塑料的加工特性和方法

工程塑料一般是指在较广的温度范围内，在一定的机械应力和较苛刻的化学、物理环境中能长期作为结构材料使用的那些塑料。工程塑料既具有独特的力学性能，还具有耐热、耐低温、电绝缘、耐磨、耐化学腐蚀、耐气候等优良特性，因而具有广泛的用途。一般按耐热能力将工程塑料分为通用工程塑料（耐热 100～140℃）和特种工程塑料（耐热 150℃以上）两类。通用工程塑料用量大，价格适中，加工方便，多作结构材料使用；特种工程塑料价格昂贵、耐热等级高、可作结构材料或特殊用途材料，多用于国防和尖端科技领域。本章仅对聚酰胺、聚碳酸酯、聚甲醛、热塑性聚酯和改性聚苯醚五大通用工程塑料进行介绍。

11.2.1　聚酰胺

聚酰胺（Polyamide，简称 PA），俗称尼龙（Nylon），是主链链节中含有酰胺基（$-\overset{\overset{\displaystyle O}{\|}}{C}-\overset{\overset{\displaystyle H}{|}}{N}-$）的线性聚合物的总称。聚酰胺是五大通用工程塑料中开发最早，产量最大，应用最广泛的品种，其产量约占工程塑料总产量的三分之一。按组成和结构的不同，热塑性聚酰胺分为脂肪族聚酰胺、芳香族聚酰胺、半芳香族聚酰胺、脂环族聚酰胺和含杂环的聚酰胺等类型，其中，PA6 和 PA66 是两种用量最大的聚酰胺品种，大约占聚酰胺总量的 90%左右。

11.2.1.1　聚酰胺的性能

聚酰胺树脂为白色或淡黄色的颗粒，密度在 1.01～1.16g/cm^{3}之间。PA 分子中含有许多极性很强的酰胺“—NH—CO—”基团。一个分子链中酰胺基团上与氮原子相连的氢原子能与另一个分子链上羰基基团的给电子级基缔合成相当强的氢键（$\begin{matrix} \diagup & & & & \diagdown \\ CH_2 & & & & NH \\ \diagdown & & & & \diagup \\ & N-H\cdots O=C & & & \\ \diagup & & & & \diagdown \\ O=C & & & & CH_2 \\ & & & & \diagup \end{matrix}$），氢键的形成增大了分子链之间的作用力，有利于大分子

在一定程度上定向排列，所以 PA 通常都有较高的结晶度，并且氢键的形成导致 PA 熔点升高，使制品具有优良的强度、韧性、耐油和耐溶剂性及优异的力学性能。另一方面，由于所有脂肪族聚酰胺分子链都是线型结构，分子链骨架由“—C—N—”链组成，嵌入酰胺基之间的亚甲基是非极性疏水基，提供分子柔性，赋予材料良好的韧性。

（1）吸水性

聚酰胺是吸水率较大的树脂，其中酰胺基含量越大，吸水性越强。

表 11－23 给出了一些 PA 树脂的吸水率数据。

表 11－23　　常见 PA 树脂的吸水率

聚酰胺	6	66	69	610	612	1010	12
酰胺基含量/%	38	38	32	30.7	28	25.4	22
24h 吸水率/%	1.3～1.9	1.0～1.3	0.5	0.4	0.4	0.39	0.25～0.3

吸水性对材料的性能影响较大，并且对加工产生不利影响。

（2）力学性能

聚酰胺是典型的硬而韧聚合物，其拉伸强度、压缩强度、冲击强度、刚性及耐磨性都比较好，综合力学性能优于通用塑料。表 11－24 为聚酰胺树脂与金属力学性能的比较。

表 11－24　　PA 树脂与几种金属的力学性能

性能	聚酰胺				金属		
	PA－6	PA－66	PA－610	PA－12	铸铁	铜	铝
密度/(g/cm^3)	1.14	1.15	1.09	1.02	7.2	8.9	2.7
拉伸强度/MPa	76	83	60	53	170	350	350
比强度	67	72	55	52	23	39	129
拉伸模量/MPa	2600	3210	2340	1350	200000	120000	7050
比刚性	2281	2782	2147	1324	27778	13483	2611
压缩强度/MPa	84	91	66	51	530	300	—
比压缩强度	74	79	67	50	74	34	—

从表 6－2 的数据可以看出，聚酰胺的力学强度虽然不如金属，但比强度却高于金属。此外，PA 具有优良的耐摩擦性和耐磨耗特性，其中 PA1010 的耐磨耗性最好，约为铜的 8 倍。在 PA 中添加二硫化钼、石墨等填料，可进一步提高 PA 的耐磨耗性和降低 PA 的摩擦因数。聚酰胺是一种自润滑材料，做成的轴承、齿轮等摩擦零件，在 PV 值不高的条件下，可以在无润滑的状态使用。各种聚酰胺的摩擦因数没有显著的差别（摩擦因数为 0.1～0.3），油润滑时摩擦因数小而稳定。聚酰胺的结晶度越高，材料的硬度越大，耐磨性能也越好。PA 还具有良好的耐疲劳性，此项物性与铸铁和铝合金等金属相当，适宜于制作承受循环载荷部件。

聚酰胺的力学性能会受湿度影响较大。图 11－3 为聚酰胺的力学性能与吸水率的关系。从图 6－2 可以明显地看出，随着含水率的增加，聚酰胺的拉伸强度呈下降趋势，但当吸水率超过 5% 以后，材料的拉伸强度保持稳定；而聚酰胺的硬度却是随含水率的增加而直线下降的。聚酰胺的耐冲击性能很好，随着含水率的增加，其冲击强度进一步上升。

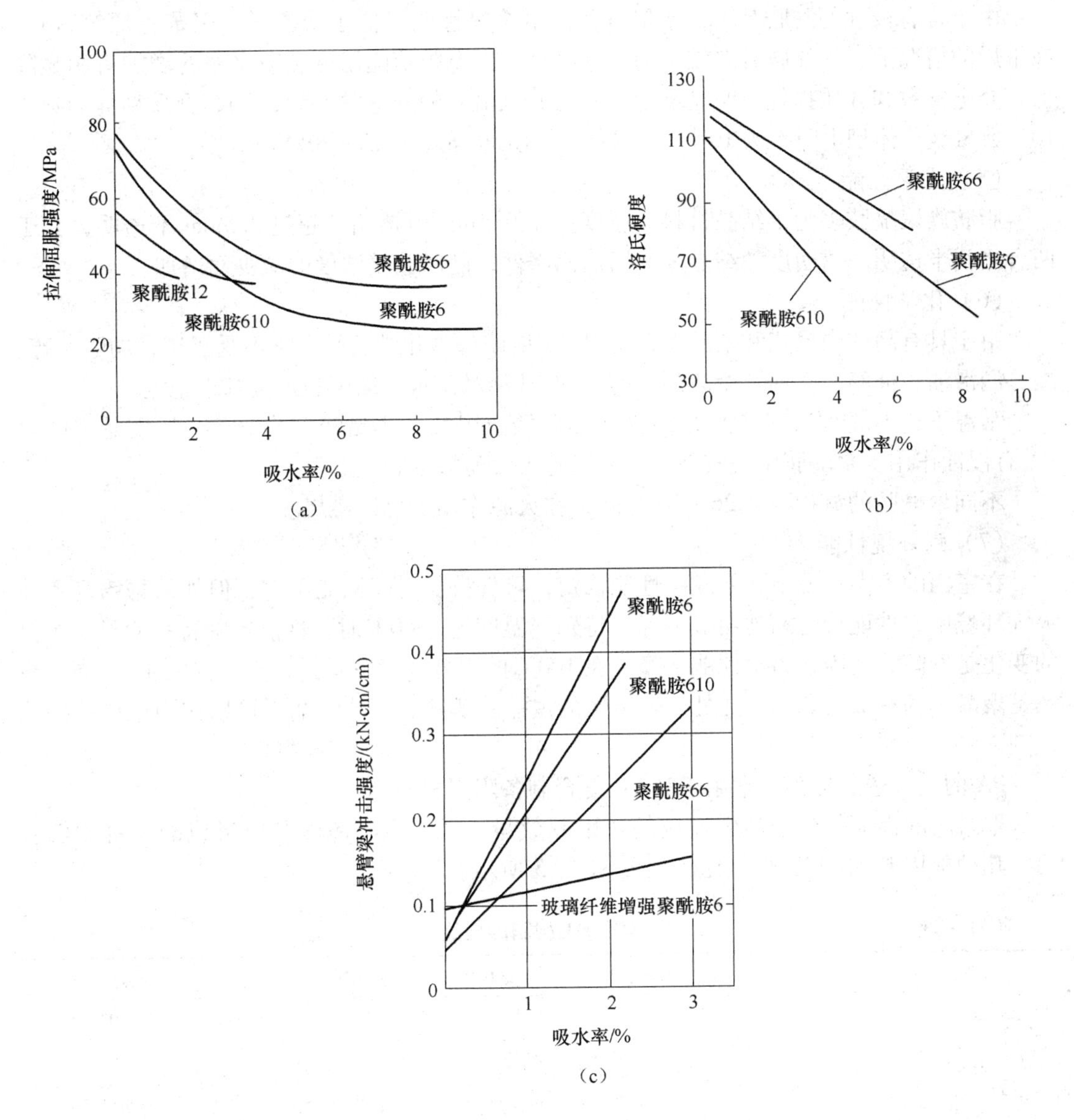

图 11－3　吸水率对聚酰胺力学性能的影响

(a) 拉伸屈服强度　(b) 硬度　(c) 悬臂梁冲击强度

(3) 热性能

聚酰胺熔融温度范围比较窄，有明显的熔点。氢键密度的增加使材料的刚性和结晶能力上升，熔点也相应提高，如 $T_{mPA46} > T_{mPA66} > T_{mPA6} > T_{mPA610} > T_{mPA1010}$。聚酰胺的热变形温度不高，一般为 80℃以下，但用玻璃纤维增强后，其热变形温度可达到 200℃，主链中导入环状和芳香族结构，将提高力学强度和耐热性，但使加工性能下降。聚酰胺的热导率很低，为 0.18～0.4W/（m·K），相当于金属的几百分之一，比热容为 1255～2092 J/(kg·K)，在塑料中分别居于中高等水平。聚酰胺的线胀系数比较大，约为金属的 5～7

倍，而且会随温度的升高而增加。

（4）电性能

由于含有极性的酰胺基团，使聚酰胺的电绝缘性明显低于聚乙烯、聚苯乙烯等材料。在干燥的情况下，聚酰胺具有较好的电绝缘性，但电阻值随温度和吸水率的增加有明显降低，介电常数和介质损耗也明显增大。脂肪族聚酰胺的介电常数为3~4，介质损耗因数为10^{-2}数量级，体积电阻率为10^{10}~10^{12}Ω·m，介电强度为15~20kV/mm。

（5）光学性能

脂肪族聚酰胺多为半结晶材料。厚度低于0.5mm时透明，超过2.5mm不透明，介于两者之间半透明。透明度随结晶度的增加而降低；随酰胺基浓度的减少而增加。

（6）化学性能

由于具有高的内聚能和结晶性，所以PA能耐许多化学药品，它不受弱碱、弱酸、醇、酯、润滑油、油脂、汽油及清洁剂等的影响。PA对盐水、细菌和霉菌都很稳定。

常温下，PA能溶解于强极性溶剂，如硫酸、甲酸、冰醋酸、苯酚等，特别是强酸对PA有侵蚀作用。聚酰胺中酰胺基分布密度越大，耐酸性越差。

不同聚酰胺的氧指数在26~30之间，在火源作用下可以燃烧。

（7）耐环境性能

在室内的室温环境下，聚酰胺性能稳定，可保持长时间性能不变，但如果暴露到室外大气环境中，性能会逐渐地明显下降，特别当温度超过60℃时，性能下降特别明显，主要的变化是发暗、变脆，力学性能下降。在100℃的户外环境下暴露，寿命仅为4~6周。炭黑是聚酰胺的有效防老剂。此外，碱金属的溴盐、碘盐、亚磷酸酯类可以作为聚酰胺的抗氧剂。

PA的氧气透过性小，常用于和PE复合制备阻隔材料。

聚酰胺的性能与分子链中连续的亚甲基数量有关，也与酰胺基所形成的氢键比例有关，几种常用PA树脂的性能比较如表11－25所示。

表11－25　常用PA树脂的性能

性　能	尼龙6	尼龙66	尼龙610	尼龙1010	尼龙11	尼龙12
密度/(g/cm^3)	1.14	1.15	1.09	1.04	1.04	1.02
熔点/℃	215	250~265	210~220	—	185	175
吸水率/%	1.9	1.5	0.4~0.5	0.39	0.4~1.0	0.6~1.5
拉伸强度/MPa	76	83	60	52~55	47~58	52
伸长率/%	150	60	85	100~250	60~230	230~240
弯曲强度/MPa	100	100~110	—	89	76	86~92
冲击强度(缺口)/(kJ/m^2)	3.1	3.9	3.5~5.5	4~5	3.5~4.8	10~11.5
压缩强度/MPa	90	120	90	79	80~100	—
硬度(洛氏)/（R）	114	118	111	—	108	106
热变形温度(1.86MPa)/℃	55~58	66~68	51~56	—	55	51~55
脆化温度/℃	−70~−30	−30~−25	−20	−60	−60	−70

续表

性　能	尼龙 6	尼龙 66	尼龙 610	尼龙 1010	尼龙 11	尼龙 12
线膨胀系数/($\times10^{-5}$/℃)	7.9 ~ 8.7	9.0 ~ 10.0	9 ~ 12	10.5	11.4 ~ 12.4	10.0
燃烧性	自熄	自熄	自熄	自熄	自熄	自熄至缓慢燃烧
介电常数 (60Hz)	4.1	4.0	3.9	2.5 ~ 3.6	3.7	—
击穿强度/(kV/mm)	22	15 ~ 19	28.5	>20	29.5	16 ~ 19
介电损耗 (60Hz)	0.01	0.014	0.04	0.020 ~ 0.026	0.06	0.04

11.2.1.2　聚酰胺的成型加工

(1) 加工特性

1) 原料吸水性大，高温时易氧化变色，因此粒料在加工前必须干燥，最好采用真空干燥以防止氧化。干燥温度为 80 ~ 90℃，时间为 10 ~ 12h，含水率 <0.1%。

2) 熔体黏度低，流动性大，因此必须采用自锁式喷嘴，以免漏料，模具应精确加工，以防止溢边。因为熔化温度范围狭窄，约在 10℃左右，所以喷嘴必须进行加热以免堵塞。

3) 收缩率大，制造精密尺寸零件时，必须经过几次试加工，测量试制品尺寸，进行修模。在冷却时间上也需给予保证。

4) 热稳定性较差，易热分解而降低制品性能，特别是明显的外观性能，因此应避免采用过高的熔体温度，且时间不宜过长。

5) 由于聚酰胺为一种结晶型聚合物，成型收缩率较大，且成型工艺条件对制品的结晶度、收缩率及性能的影响比较大。所以，合理控制成型条件可获得高质量的制品。

6) 从模中取出的聚酰胺塑料零件，如果吸收少量水分以后，其坚韧性、冲击强度和拉伸强度都会有所提高。如果制品需要提高这些性能，必须在使用之前进行调湿处理。

调湿处理是将制件放于一定温度的水、熔化石蜡、矿物油、聚乙二醇中进行处理，使其达到吸湿平衡，这样的制件不但性能较好，其尺寸稳定不变。调湿温度高于使用温度 10 ~ 20℃即可。

(2) 加工方法

PA 易于加工，具有广泛的加工范围，几乎所有常用的热塑性塑料的加工方法如注塑、挤出（管、型材、片、单丝、吹塑、薄膜、电线电缆护套、中空吹塑）、旋转成型、热成型和浇铸成型等均可加工 PA，也可以采用特殊工艺方法，如烧结成型、单体聚合成型等；还可以喷涂于金属表面作为耐磨涂层及修复用。其中以注塑、挤出最重要。

注塑成型是 PA 应用最多的成型方法，由于聚酰胺是一个大家族，不同的链段组成的聚酰胺其熔融温度差别很大，而且熔融温度范围比较窄，有明显的熔点，例如 PA1010 的熔点约 180℃，而 PA66 的熔点约 260℃，在加工中应特别注意聚酰胺种类和型号。一般来说，注射和流延成型加工温度控制应高于物料熔点的 20 ~ 40℃；例如 PA66 的注射加工料筒温度控制为 245℃、265℃、275℃，喷嘴温度在 280℃。喷嘴必须进行加热以免堵塞，应该采用自锁式喷嘴，以免漏料，模具应精确加工，以防止溢边。同时由于聚酰胺是一个结晶性极性的高分子材料，成型冷却收缩率较大，容易产生翘曲变形甚至开裂，因此在加工时控制冷却速度和冷却温度十分重要，应控制较高的模温。

PA 的挤出成型主要是利用挤出流延的方法生产薄膜，挤出成型加工温度控制应高于物料熔点10～30℃。因为熔化温度范围狭窄，约在10℃左右，所以在挤出加工中挤出机的各区温度控制应准确，不应该存在没有加热的区域，例如连接器部分、模具的各个部分。如进行PA1010的流延薄膜成型，挤出机的各区温度应控制在170℃、185℃、195℃，模具温度200℃，冷却辊温度为50～60℃。

11.2.2　聚碳酸酯

聚碳酸酯（Polycarbonate，简称PC）是指分子主链中含有$\left[O-R-O-\overset{\overset{O}{\|}}{C} \right]$链节的线性高聚物。根据重复单元中R基团种类的不同，聚碳酸酯可分为脂肪族、脂环族、芳香族和脂肪族－芳香族聚碳酸酯等多种类型。由于脂肪族和脂肪族－芳香族聚碳酸酯的耐热等级较低，目前商业化的聚碳酸酯基本为芳香族PC，而其中占主导地位的是双酚A型聚碳酸酯，故若没有特别指出，PC就是指双酚A型聚碳酸酯。

11.2.2.1　聚碳酸酯的性能

双酚A型的芳香族聚碳酸酯是无毒，无色，无味的透明固体，透明性仅次于PMMA和PS，透光率可达90%，被誉为透明金属，密度约为1.2g/cm^3，着色性好，可制成各种色彩鲜艳的制品，是产量仅次于聚酰胺的重要工程塑料品种。

（1）力学性能

PC是典型的强韧聚合物，具有良好的综合力学性能，其拉伸强度高达50～70MPa，拉伸、压缩、弯曲强度均相当于聚酰胺6、66，冲击强度高于所有脂肪族聚酰胺和大多数工程塑料，抗蠕变性也明显优于聚酰胺、聚甲醛。虽然PC能在广阔的温度范围内保持较高的力学强度，但制品的残留应力大。这是因为PC分子链在外力作用下不易滑移，一旦取向，又不易松弛，致使内应力不易消除，容易产生内应力被冻结的现象，所以PC力学性能方面的主要缺点是易产生应力开裂、耐疲劳性差、缺口敏感性高、摩擦因数较大且不耐磨损等。

PC冲击强度与相对分子质量密切相关。当相对分子质量低于2万时，PC的冲击强度较低，当相对分子质量为2.8万～3万时，其冲击强度达到最大值，相对分子质量继续增大，冲击强度将随之下降。通用PC的冲击强度比PS高18倍，比HDPE高7～8倍，是ABS的两倍。

PC的抗蠕变性能相当好，优于聚酰胺和聚甲醛。

（2）热性能

聚碳酸酯具有很好的耐高低温性能，其热变形温度达130～140℃，且受负荷大小影响不大。热变形温度和最高连续使用温度均高于绝大多数脂肪族聚酰胺，也高于几乎所有的热塑性通用塑料。聚碳酸酯没有明显的熔点，在220～230℃呈熔融状态，热分解温度为340℃。聚碳酸酯具有良好的耐寒性，脆化温度为－100℃，长期使用温度为－70～120℃。

PC的热导率及比热容在塑料材料中居中等水平。

（3）电性能

PC是弱极性聚合物，极性的存在对其电性能有些不利影响，使其电绝缘性不如PE、PS等，但仍不失为优良的电绝缘材料，并可在较宽的温度范围内保持良好的电性能。

（4）化学性能

PC 属于无定形聚合物，其内聚能密度在塑料中居中等水平，具有一定的抗化学腐蚀能力和耐溶剂性，对有机酸、稀无机盐类、脂肪烃类、油类、大多数醇类都较稳定，酮类、芳香烃类、酯类可以使它溶胀，二氯甲烷、二氯乙烷、氯仿、三氯乙烷等氯代烃是它的良溶剂。

PC 含酯基，酯基易水解，并且不耐碱，例如稀的氢氧化钠、稀氨水就可使它水解；其耐沸水性很差，仅可耐 60 ℃的水温。

聚碳酸酯可以燃烧，但燃烧缓慢，离火后缓慢熄灭。

表 11－26 是双酚 A 型聚碳酸酯树脂主要性能的测试数据。

表 11－26　　双酚 A 型聚碳酸酯的性能

性能		测试值	性能	测试值
密度/(g/cm^3)		1.20	最高连续使用温度/℃	120
吸水率/%		0.15	热分解温度/℃	340
拉伸屈服强度/MPa		60～68	脆化温度/℃	－100
拉伸断裂强度/MPa		58～74	玻璃化温度/℃	145～150
伸长率/%		70～120	热导率/(W/m·K)	0.145～0.22
拉伸弹性模量/MPa		2200～2400	比热容/(J/kg·K)	1090～1260
弯曲强度/MPa		91～120	透光率/%	85～90
压缩强度/MPa		70～100	折射率/%	1.585～1.587
简支梁冲击强度/(kJ/m^2)	缺口	45～60	介电常数/10^6 Hz	3.05
	无缺口	不断	tanδ/10^6 Hz	(0.9～1.1)×10^{-2}
布氏硬度/MPa		90～95	体积电阻率/（Ω·m）	(4～5)×10^4
热变形温度(1.81MPa)/℃		126～135	介电强度/(kV/mm)	15～22
流动温度/℃		220～230	极限氧指数	25～27

11.2.2.2　聚碳酸酯的成型加工

（1）加工特性

聚碳酸酯的熔体黏度较一般热塑性塑料高，在加工温度的条件下（240～300℃），黏度可达 10^4～10^5 Pa·s。PC 的流动特性曲线和黏度－温度关系曲线分别如图 11－4 和图 11－5所示。

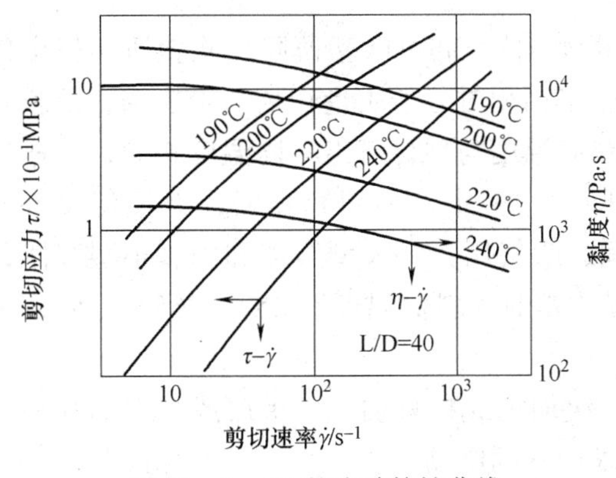

图 11－4　PC 的流动特性曲线

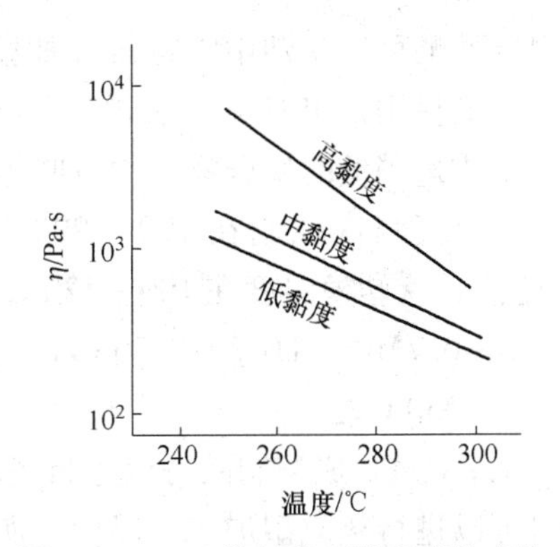

图 11－5　PC 剪切黏度随温度的变化

从图中可以看出，PC 的剪切黏度对温度敏感，对剪切应力不太敏感。这是由于聚碳酸酯属刚性链，其黏流活化能大的缘故。因此在一般情况下通过调节温度来改善其流动性，而由于 PC 黏度随温度下降很快且黏度较高，所以，宜采用高压快速进行注射成型。

虽然 PC 的热稳定性相当好，在 320℃以下很少降解，在 330～340℃才出现热降解；但 PC 对水敏感，其平衡吸水率为 0.15%～0.2%，而酯基在高温下易水解，所以加工前必须进行严格干燥，干燥条件是在 100℃烘干 4～6 h，最终控制成型物料水分含量在 0.02%以下。

聚碳酸酯收缩率及收缩率范围都不很大，在 0.5%～0.8%，与工艺条件及制品厚度有关，有利于成型高精度的制品。聚碳酸酯对金属有很强的粘附性，这要求生产结束时应很好地清理料筒。

聚碳酸酯分子链刚性大，且玻璃化温度较高，成型时进入模腔的熔体分子链被剪切取向后松弛速度慢，当熔体迅速冷却至玻璃化温度以下时，分子链来不及松弛就被冻结，造成制品内较大的内应力。减小内应力方法是尽可能提高熔体温度和模具温度（最高可达 100℃），采用高注射速率，带嵌件制品应对嵌件预热，以及制品脱模后立即进行热处理等。热处理温度一般控制在 110～120℃，处理时间视厚度而定，制品越厚，时间越长。

由于聚碳酸酯分子主链的刚性及苯环的体积效应，使它的结晶能力较差，而且 PC 成型时熔融温度和玻璃化温度皆远高于制品成型的模温，较大的温差使其很快就从熔融温度降低到玻璃化温度之下，完全来不及结晶，只能得到无定形制品。

（2）加工方法

聚碳酸酯可以采用注塑、挤出、吹塑、滚塑、热成型、发泡成型和流延等方法加工，也可进行黏合、焊接和冷加工，但主要是前三种方法。

注塑成型螺杆头部应带有止逆环，喷嘴采用延长式敞开型或大通道密闭型。用于注塑成型的聚合物数均相对分子质量在（2.7～3.4）$\times 10^4$。一般工艺条件是：料筒温度从后至前部在 250～290℃之间，相应的熔体温度在 280～300℃之间，注射压力 70～150 MPa，模温 70～100℃，螺杆转速采用 40～70 r/min，塑化压力 0.35MPa。

挤出成型所用挤出机螺杆与注塑机用螺杆基本相同，但长径比在 18～20 之间，进一步增大长径比，易引起材料降解。挤出成型所用聚合物的数均相对分子质量约在 3.4×10^4 左右。挤出料筒温度以 250～255℃为宜，机头温度 220～230℃，口模温度 210℃，螺杆转速 10.5 r/min。

聚碳酸酯可以吹塑中空容器（如饮水机水桶），亦可吹塑薄膜，吹塑所用挤出机螺杆基本上与型材用挤出机螺杆相同。中空吹塑采用相对分子质量较高的聚合物，薄膜吹塑用相对分子质量稍低的聚合物。中空吹塑的料筒温度与型材挤出料筒温度相同，吹塑较大型容器时，口模温度控制在 190～200℃之间，吹塑中、小型容器时，口模温度在 220～230℃之间，吹塑模温度在 100～120℃之间，吹气压力对大型容器和中、小型容器分别控制在 0.6～0.7MPa 和 0.3～0.35MPa。薄膜吹塑时，料筒温度在 250～265℃之间，机头温度在 240～250℃之间。

加工后的 PC 成型制品可以进行各种二次加工或精整加工。单层或多层的片材、型材或棒材可以进行热成型加工，以生产所要求形状的制品。

11.2.3　聚甲醛

聚甲醛（Polyoxymethylene，简称 POM ）是主链上以 -（CH_2O）- 重复单元为主的聚合物，又称聚亚甲基醚。聚甲醛是一种高熔点、高结晶性的热塑性工程塑料。它具有很好的力学性能，主要表现在刚性大，耐蠕变性和耐疲劳性好，并且具有突出的自润滑性和耐磨性，是工程塑料中力学性能最接近金属材料的品种之一。目前产量仅次于 PA 和 PC，占第三位。聚甲醛性能不足之处是冲击强度对缺口敏感、耐酸碱性不强，热稳定性欠佳，成型加工温度范围窄等。因此对聚甲醛的改性研究从其问世后一直持续不断。

11.2.3.1　聚甲醛的性能

聚甲醛是乳白色透明或不透明的结晶性聚合物。表面光滑、有光泽，硬而致密。均聚甲醛的密度为 1.43g/cm^3，共聚甲醛密度则为 1.41 g/cm^3。

（1）力学性能

聚甲醛具有较好的综合力学性能，是所有塑料中力学性能最接近金属的品种。POM 硬度大、模量高、刚性好、强度高，其中，均聚甲醛的抗拉、挠曲模量和剪切强度略高于共聚甲醛，其力学性能随温度的变化小。聚甲醛的冲击强度较高，但常规冲击强度比聚碳酸酯和 ABS 低，而多次反复冲击时的性能要优于聚碳酸酯和 ABS，但其冲击强度对缺口敏感，有缺口比无缺口冲击强度下降 90% 以上。

聚甲醛突出的优点是抗疲劳性好、耐磨性优异和蠕变值低。即使交变次数达 10^7 次，其疲劳强度仍保持在 35MPa，而聚碳酸酯和尼龙经 10^4 次交变试验后，疲劳强度只有 28MPa。POM 抗蠕变性优良，在 23℃，21MPa 负荷下，经过 3000h 蠕变值仅为 2.3%。

聚甲醛是耐摩擦、磨耗性很好的自润滑材料，它的摩擦因数很小，极限 PV 值很大，因此，自润滑性极佳，且无噪声。

（2）热性能

均聚物与共聚物相比，熔点较高，共聚甲醛的结晶熔点为 165℃，均聚甲醛的结晶熔点为 175℃，但均聚物热稳定性较差。当加热至 100℃ 左右时聚甲醛从端基础开始解聚，到 170 ℃左右时，可从分子链任意处发生自动催化解聚。共聚甲醛分子链中含有一定的“C—C”链，可适当阻止解聚现象。

聚甲醛负荷热变形温度较高。共聚甲醛在 114℃ 和 138℃ 分别连续使用 2000h 和 1000h 的情况下其性能仍不会有明显变化。

（3）电性能

尽管聚甲醛分子链中“—C—O—”键有一定的极性，但由于高密度和高结晶度束缚了偶极矩的变化，从而使其仍具有良好的电绝缘性能和介电性能。聚甲醛的电性能不随温度而变化，即使在水中浸泡或者在很高的湿度下，仍保持良好的耐电弧性能。所以温度和湿度对介电常数、介质损耗因数和体积电阻率影响不大，聚甲醛的电参数受湿度的影响比尼龙小。

（4）化学性能

聚甲醛是弱极性结晶型聚合物，内聚能密度高，溶度参数大，决定了它在室温下具有良好的耐溶剂性。特别是对油脂类和有机溶剂（如烃类、醇类、酮类、酯类、苯类等）具有很高的抵抗性，即使在较高温度下，经过长达半年以上的浸泡，仍能保持较高的力学强度，其质量变化率一般均在5%以下。与均聚甲醛相比，共聚甲醛的耐蚀性表现更突出，能耐强碱，而均聚甲醛只能耐弱碱。它们的共同缺点是不耐强酸和氧化剂，也不耐酚类、有机卤化物，对稀酸和弱酸有一定的抵抗性。

（5）耐环境性能

聚甲醛的耐候性不好，如长时间暴露在室外，其力学性能显著下降。若用于室外，必须加入适量的紫外线吸收剂和抗氧剂。例如，加入少量炭黑可以提高聚甲醛的耐候性。

均聚甲醛与共聚甲醛的性能对比如表11－27所示。

表11－27　均聚甲醛与共聚甲醛的性能对比

性能	均聚甲醛	共聚甲醛	性能	均聚甲醛	共聚甲醛
密度/(g/cm³)	1.43	1.41	热变形温度(1.82MPa)/℃	124	110
成型收缩率/%	2.0～2.5	2.5～3.0	洛氏硬度（M）	M94，R120	M80
吸水率(24h)/%	0.25	0.22	介电常数（10^6Hz）	3.7	3.8
拉伸强度/MPa	70	62	介电损耗（10^6Hz）	0.004	0.005
拉伸弹性模量/MPa	3160	2830	体积电阻率/(Ω·cm)	6×10^{14}	1×10^{14}
断裂伸长率/%	40	60	介电强度/kV/mm^{-1}	18	18.6
压缩强度/MPa	127	113	击穿强度/kV/mm	3×10^{13}～3×10^{15}	1×10^{13}～1×10^{1}
弯曲强度/MPa	98	91	力学强度	较高	较低
弯曲弹性模量/MPa	2900	2600	摩擦因数（动态） 钢（对磨材料）	0.1～0.3	0.15
冲击强度/(kJ·m^{-2})					
无缺口	108	95	聚甲醛（对磨材料）	—	0.35
缺口	7.6	6.5	成型加工温度范围	窄，约10℃	宽，约50℃
结晶度/%	75～85	70～75	热稳定性	差，易分解	好，不易分解
熔点/℃	175	165	化学稳定性	对酸碱稳定性略差	对酸碱稳定性较好
连续使用温度(最高)/℃	85	104			

11.2.3.2　聚甲醛的加工

（1）加工特性

1）聚甲醛的吸湿性较小，水分对于成型加工性能的影响也不大，因此一般情况下物料无须预干燥。但是，如果聚甲醛物料的造粒采用浸水冷却，或者成型精密制品，则应进行预干燥，干燥可提高制品表面光泽度。干燥条件为温度100℃，时间4h。

2）聚甲醛熔融温度范围较窄，具有明显的熔点。当成型温度低于熔点时，即使长时间加热也不会熔融；而一旦温度达到熔点，便会立即发生相转变而从固态变为熔融状态。"—C—O—"键的存在使大分子自由旋转容易，因此聚甲醛熔体的流动性好，故聚甲醛在成型时应选用突变压缩型螺杆。

聚甲醛的品级很多，流动性也各不相同，应按照不同的熔体流动速率选择不同的成型方法。

3）聚甲醛是非牛顿性较强的假塑性体，黏度对温度的依赖性较小，对剪切应力敏感。加工中在保证物料充分塑化的条件下，可提高注射速率来增加物料的充模能力。

4）聚甲醛的热稳定性较差，在成型过程中，当物料超过正常温度的上限，或在允许温度下停留时间较长，均会引起分解，逸出强烈刺激眼膜的甲醛气体，轻则使制品产生气泡或变色，重则导致爆炸事故。因此，必须严格控制成型温度和停留时间，在保证物料流动性的前提下，应尽量采用较低的成型温度和较短的停留时间。

5）由于聚甲醛的结晶能力强，凝固速率大于熔融速率，当从无定形转变为结晶态时，会产生较大的体积变化，成型收缩率较高（1%～3%），致使聚甲醛在成型时制品易出现凹陷斑纹，甚至发生变形开裂。为此，在制品成型冷却时，应使用温度较高的冷却剂或控制模具温度以放慢凝固速度。对于挤出成型来说，还应控制牵引速度，以使制品具有良好的表面光泽度。

6）聚甲醛制品易产生残余内应力，后收缩也比较明显，因此应进行后处理。一般后处理温度为100～130℃，时间不超过6h。

（2）加工方法

聚甲醛可以用一般热塑性塑料的方法成型加工，如注射、挤出、吹塑及压制等。其中又以注射成型为最常用，约占其产量的95%。挤出成型多用于板材和棒材的制造，这些型材可经过二次机械加工成制品。吹塑成型用于制造中空制品。

1）注射成型　聚甲醛具有明显的熔点，选用带有标准型螺杆头的单头、全螺纹、突变压缩型螺杆最为理想。螺杆长径比为18左右，压缩比为2～3，计量段长度为4～5*D*。为了防止料筒内部产生过量的摩擦热，螺杆转速不宜过高，一般为50～60r/min，并且应尽量减小背压，通常控制在0.6MPa左右。

注射压力的大小应视熔融物料的流动性，流道、浇口的厚度与宽度、制品的厚度以及注射机的类型而定。在通常情况下，厚壁制品可低于40MPa，而薄壁制品则需高达130MPa。柱塞式注射机从料筒到模腔的压力损失有50%～60%，而螺杆式注射机仅10%～15%，因此柱塞式比螺杆式需要更高的注射压力。聚甲醛的注射成型工艺条件见表11－28。

表11－28　　聚甲醛注射成型工艺条件

项目		制品厚度6mm以下		制品厚度6mm以上	
		柱塞式	螺杆式	柱塞式	螺杆式
料筒温度/℃	（前部）	175～195	175～185	170～185	170～180
	（中部）	—	165～175	—	160～170
	（后部）	160～175	155～165	160～170	155～160
喷嘴温度/℃		170～180		165～175	
模具温度/℃		80		80～120	
注射压力/MPa		80～120	60～130	60～120	40～100
注射时间/s		10～60		45～300	
冷却时间/s		10～30		30～120	
总周期/s		30～100		90～460	
后处理方式		水浴		空气浴	

续表

项目	制品厚度6mm以下		制品厚度6mm以上	
	柱塞式	螺杆式	柱塞式	螺杆式
后处理温度/℃	100		120～130	
后处理时间/h	0.25～1		>4	
成型收缩率/%	1.5～2.0		2.0～3.5	
模塑收缩率/%	1.5～2.0		2.0～3.5	

聚甲醛的凝固速度快，当注射压力不足时，往往在制品表面产生波纹、银丝和凹陷。注射速度过高，又容易使物料产生喷射现象，并使制品表面起雾。通常注射速度控制在5mL/s左右为宜。

聚甲醛的注射成型周期与螺杆推进时间、模具温度、制品厚度及制品形状等因素有关。聚甲醛在成型时，模具温度均应控制在80℃以上。加热模具的目的，首先是提高物料的流动性，避免过早凝固而不能充满型腔；其次是使制品内外的冷却速度尽量接近，以防止产生熔接痕、缩孔、凹陷及应力裂纹；最后，是减小模具表面与熔融物料之间的温差，以提高制品的结晶度、密度和力学强度。

对于注射成型的聚甲醛制品，成型收缩率的影响因素主要有制品厚度、浇口尺寸、注射压力、螺杆推进速度及模具温度等。在通常情况下，成型收缩率与壁厚成正比，与浇口面积成反比。增大螺杆推进速度，将减小成型收缩率。

2）挤出成型　聚甲醛挤出成型采用等距变深螺杆，长径比为20～24，计量部分约为螺杆全长的1/4，压缩比以3～4为宜。对不同的品种的原料，螺杆的结构也应略作改变，如高黏度聚甲醛物料以采用深槽螺杆为宜，中黏度聚甲醛物料则最好采用浅槽螺杆。

表11－29给出了聚甲醛挤出成型的工艺条件。挤出机与聚甲醛物料接触的部分，应避免使用钢及其他会导致热分解的合金材料。

表11－29　聚甲醛圆棒的挤出成型工艺条件

项目		数值	项目	数值
挤出机规格，mm		ϕ65	机头Ⅱ段	170～180
料筒温度/℃	前部	160～170	口模	175～180
	中部	170～190	冷却定型模温度/℃	50～60
	后部	165～175	螺杆转速/(r/min)	9.5～10.5
机头温度/℃	过滤板	170～185	挤出速度/(mL/min)	25～30
	机头Ⅰ段	170～180	生产能力/(kg/h)	9.5～10.0

3）吹塑成型　聚甲醛的吹塑成型可采用一般的吹塑机，吹塑制品主要是中空容器。一般挤出型坯螺杆的长径比为16～20，注入比要根据吹塑制品的厚度而定，一般为2.0～3.5。对于模具材料的选择，要根据制品的质量、形状、数量来决定。在吹塑成型工艺中，模具温度一般以93～127℃为宜，如低于此温度就不能制得表面有光泽的制品。吹塑空气压力的大小要视制品的壁厚而定，通常压力为0.35～1.20MPa。表11－30给出了聚甲醛吹塑成型的工艺条件。

表 11－30　　聚甲醛吹塑成型工艺条件

项目		450g 圆桶	110g 旅行袋	85g 喷雾器
长径比		20.0	13.5	20.0
压缩比		3.5	3.5	3.5
料筒温度/℃	前部	182	—	196～221
	中部	185	168	193～204
	后部	177	166	188～193
物料温度/℃		193	174	193～221
螺杆转速/(r/min)		23	30	45～72
模具温度/℃		124～127	119	119～127
合模压力/MPa		1.0～1.4	1.0～1.4	1.0～1.4
空气压力/MPa		0.1	0.3	0.3～0.7
成型周期/s		11	10～15	15

4）二次加工　聚甲醛机械加工特性类似于黄铜，具有很高的刚性，在机械加工时发热较少，即使不使用油或冷却水也能进行切削等机械加工。

聚甲醛的机械加工方法主要有车、锯、铣、钻孔、冲压、攻丝等。一般采用低速、快进或高速、慢进，均可取得良好的加工效果。

聚甲醛的连接可采用机械连接、熔接和粘接等方法。大面积熔接在 291℃，经 10～15min 即可；小面积在 260℃，经 30s，能达到原材料的 80% 强度。粘接一般采用环氧树脂。聚酯和橡胶系黏合剂，也能取得较高的强度。

11.2.4　热塑性聚酯

热塑性聚酯的结构单元由三部分组成，即柔性亚甲基链“$-(CH_2)_4-$”、刚性的苯撑基“—⟨◯⟩—”和极性的酯基“$-\overset{\overset{O}{\|}}{C}-O-$”。苯环与两侧的酯基共轭形成了一个比较庞大的刚性基团，使聚合物具有较高的力学强度，突出的耐化学溶剂性、耐热性和优良的电性能；极性酯基赋予较强的分子间作用力、较高的强度、一定的吸水性及水解性；亚甲基链使分子链具有柔性，且柔性随亚甲基数的增加而增加，这使得此族聚酯树脂具有了热塑性塑料的特征，对加工有利。

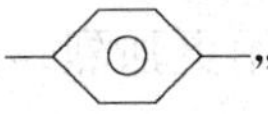

热塑性聚酯是一类颇具发展前途的重要工程塑料，目前大规模工业化生产和应用最多的是 PBT 和 PET，本节只对这两种聚合物进行介绍。

11.2.4.1　热塑性聚酯的性能

（1）PET 的结构与性能

聚对苯二甲酸乙二醇酯（Polyethylene phthalate，简称 PET），是对苯二甲酸与乙二醇直接酯化或对苯二甲酸二甲酯与乙二醇进行酯交换反应而制得的热塑性树脂，其分子结构式为：$\left[\overset{\overset{O}{\|}}{C}-C_6H_4-\overset{\overset{O}{\|}}{C}-O-(CH_2)_2-O\right]_n$

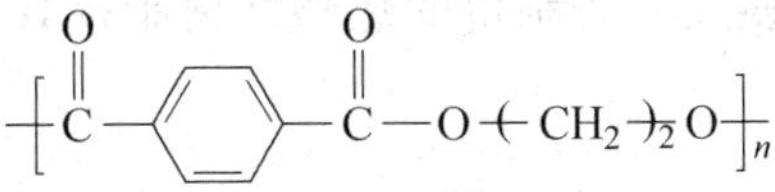

PET 为无色透明（无定形）或乳白色半透明（结晶型）的固体，无定形树脂的密度为 1.3～1.33 g/cm^3，折射率为 1.655，透射率为 90%；结晶型树脂的密度为1.33～1.40 g/cm^3。

PET 是支链度极小的线性大分子，分子的结构规整，属结晶性高聚物，结晶度可达 40%；但它的结晶速度慢，结晶温度高，所以结晶度不太高，可制成透明度很高的无定形 PET。

由于 PET 分子链含有柔性的脂肪烃基、刚性的苯撑基和极性的酯基，使 PET 具有较高的拉伸强度、刚度和硬度，良好的耐磨性、耐蠕变性，并可以在较宽的温度范围内保持这种良好的力学性能。PET 的拉伸强度与铝膜相近，是聚乙烯薄膜的 9 倍，是 PC 薄膜和聚酰胺薄膜的 3 倍。拉伸强度可达到 175～176 MPa，拉伸模量可达 3870 MPa，如果经过拉伸定向，拉伸强度可进一步增大到 280 MPa，拉伸模量增大到 6 630 MPa。该聚合物薄膜的冲击强度是其他塑料薄膜的 3～5 倍。PET 是通过增强提高性能的最有成效的工程塑料之一。玻纤增强后的 PET 呈米黄色，玻纤含量一般在 25%～45%，力学性能相当或略高于增强聚酸胺 6、增强聚碳酸酯等。玻纤增强 PET 在 100℃下，弯曲强度和弯曲弹性模量仍能保持较高水平，在 -50℃低温下，冲击强度与室温相比也仅有少量下降。

PET 的玻璃化温度约在 67～80℃之间，熔融温度为 250～260℃，最高连续使用温度 120℃，并能在 150℃下短时间使用。PET 的热变形温度为 85℃（1.82MPa）。玻纤增强后的 PET 耐热性有很大提高，热变形温度可达 220～240℃（1.82MPa），同时，PET 的结晶度也有所提高。随温度提高，力学性能下降小，在高低温交替作用下，力学性能变化小。玻纤增强 PET 具有优异的耐热老化性能。

PET 虽然是极性聚合物，但电绝缘性优良，即使在高频率下，仍具有良好的电绝缘性。这是由于它的 T_g 高于室温，室温下酯基处于不活动状态，分子偶极定向受到极大限制的缘故。随温度升高，电性能略有降低。电场频率改变对该聚合物介电性能影响不大。但作为高电压材料使用时，薄膜的耐电晕较差。

PET 对非极性溶剂如烃类、汽油、煤油、滑油等都很稳定，对极性溶剂在室温下也较稳定，例如室温下不受丙酮、氯仿、三氯乙烯、乙酸、甲醇、乙酸乙酯等的影响。由于 PET 含有酯基，在强酸、强碱或水蒸气的作用下会发生分解，氨水的作用更强烈，但在高温下可耐高浓度的氢氟酸、磷酸、甲酸、乙酸。

PET 还具有优良的耐候性，室外暴露 6 年，其力学性能仍可保持初始值的 80%。增强 PET 的耐疲劳性也非常好。

PET 的内聚能密度在聚合物中属于中等或中等略偏高的水平，溶解度参数约 21.9 $(J/cm^3)^{1/2}$。苯甲醇、硝基苯、三甲酚可以使该聚合物溶解。四氯乙烷 - 甲酚或苯酚混合液、苯酚 - 四氯化碳混合液、苯酚 - 氯苯混合液也可以使它溶解。

PET 的阻隔性能较好，对 O_2、H_2、CO_2 都有较高的阻隔性；吸水性较低，在 25℃水中浸渍一周吸水率仅为 0.6%，并能保持良好的尺寸稳定性。

（2）PBT 的结构与性能

聚对苯二甲酸丁二醇酯（polybutylene terephthalate，简称 PBT）是对苯二甲酸与乙二醇直接酯化或对苯二甲酸二甲酯与丁二醇进行酯交换反应而制得的热塑性树脂，其分子结构式为：

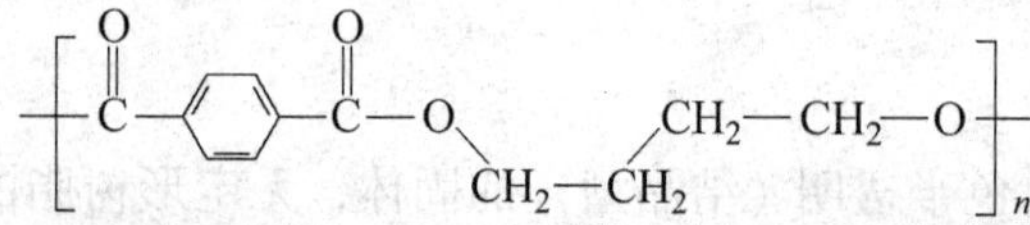

$$\left[-\overset{\overset{\displaystyle O}{\|}}{C}-C_6H_4-\overset{\overset{\displaystyle O}{\|}}{C}-O-CH_2-CH_2-CH_2-CH_2-O-\right]_n$$

PBT 为乳白色结晶固体，无味、无臭、无毒，因结晶度不同，密度可在 1.31～1.55

g/cm^{3}间变化，吸水率为0.07%，制品表面有光泽。

PBT的分子结构与PET相似，因而具有与PET相接近的性能，如较高的力学强度，突出的耐化学试剂性，耐热性和优良的电性能等。由于比PET增加了2个亚甲基单元，PBT的分子链变得更加柔顺，从而使它的结晶能力增强，结晶速度提高。由于其结晶速度快，因此只有薄膜制品为无定形态。

柔性的提高使纯PBT树脂具有优异的冲击韧性，但PBT树脂的缺口冲击强度较低，对缺口敏感性大。低温下PBT的拉伸强度和弯曲强度以及无缺口冲击强度都有所提高，但温度升高后，却略有下降，而有缺口的冲击强度却相反，随着温度的升高会有所升高。

PBT的结晶性赋予制品高强度、高刚性和抗蠕变性。目前作为工程塑料使用的PBT中80%以上是用短玻璃纤维增强的，经玻璃纤维增强后的PBT，力学性能成倍增长，而且比同样条件下的MPPO、POM、PC的各种强度都好，其中弯曲弹性模量更是随玻璃纤维含量的增加而大幅度提高。

表11-31给出了用30%玻璃纤维增强的PBT的性能与其他一些玻璃纤维增强工程塑料的比较。由表可知，用30%玻璃纤维增强的PBT的力学性能已全面超过同样用30%玻璃纤维增强的改性PPO，其长期使用温度已超过用30%玻璃纤维增强的尼龙6、聚碳酸酯和聚甲醛。

表11-31　30%玻璃纤维增强的PBT与其他一些玻璃纤维增强工程塑料性能的比较

项目	PBT	MPPO	PC	POM	PA6
密度/(g/cm^3)	1.54	1.36	1.42	1.63	1.38
拉伸强度/MPa	120	119	127	127	158
拉伸弹性模量/GPa	9.8	8.4	10.5	8.4	9.1
弯曲强度/MPa	169	141	197	204	210
弯曲弹性模量/GPa	8.4	8.1	7.7	9.8	9.1
悬臂梁缺口冲击强度/(J/m)	98	82	202	76	109
长期使用温度/℃	138	120	127	96	116
吸水率(23℃,24h)/%	0.06	0.06	0.18	0.25	0.90

PBT的玻璃化转变温度约为50℃，熔融温度为225~230℃，热变形温度为55~70℃(1.82MPa)。纯PBT树脂与其他工程塑料相比热变形温度并不高，但经过玻纤增强改性后，热变形温度可达到210℃，且增强后PBT的线膨胀系数在热塑性工程塑料中是最小的。

PBT的力学性能与PA和POM相似，摩擦因数小，自润滑性能好。PBT的热稳定性和化学稳定性好，耐老化性优良，电绝缘性能优于一般工程塑料。

11.2.4.2　热塑性聚酯的加工

(1) 加工特性

1) PET与PBT的吸水性都较小，PET吸水率是0.13%，PBT的吸水率只有0.08%~0.09%，但由于酯基的存在使其在熔融状态的温度下都容易产生水解，成型加工前必须进行干燥。干燥条件为：温度 120～140℃；时间为 2～4h。干燥温度较低时应延长干燥时间，务必使含湿量降低到 0.02% 以下。

2）PET 与 PBT 熔体都具有较明显的假塑性体特征，黏度对剪切速率有较明显的依赖关系，当剪切速率 $>10^3 s^{-1}$ 时，随剪切速率增大，黏度会明显降低。温度的改变对熔体黏度影响较小。

3）PET 具有较高的玻璃化温度和熔点，熔融 PET 在 280℃时的黏度为 250Pa·s，熔融体通过快速冷却可得到密度为 $1.33g/cm^3$ 的玻璃态，具有良好的成膜性。玻璃纤维增强 PET 在达到熔点后黏度即会迅速降低。PBT 是半结晶型聚合物，具有较明显的熔程，熔体黏度较低，具有良好的成型流动性，因此可制得厚度较薄的制品。

4）成型聚酯瓶所用的 PET 树脂，相对分子质量一般在 2.6 万～3.0 万，特性黏度在 0.73～0.90 的范围内。表 11－32 列举了不同相对分子质量 PET 树脂的熔体黏度和特性黏度。按成型方法的不同，所选用的 PET 树脂的熔融黏度也有所不同，一步法直接吹塑成型，应选用高黏度 PET 树脂。

表 11－32　不同相对分子质量 PET 树脂的熔体黏度和特性黏度

数均相对分子质量（$\overline{M}_n$）	熔体黏度（280℃）/Pa·s	特性黏度/η
2.1×10^4	3.5×10^2	0.65
2.3×10^4	5.0×10^2	0.70
3.1×10^4	10.3×10^2	0.85
4.0×10^4	29.0×10^2	1.00

5）PET 的结晶速度慢，为了促进结晶，可采用高模温，一般为 100～120℃；另外还可加入适量的结晶促进剂促进其结晶速度。常用的结晶促进剂有石墨、炭黑、高岭土、安息香酸钠等。

6）热塑性聚酯成型收缩率较大，而且制品不同方向收缩率的差别较大，这一特点比其他大多数塑料表现更明显。经玻璃纤维增强改性后可明显降低，但生产尺寸精度要求高的制品时，还应进行后处理。此外，玻璃纤维增强聚酯的成型收缩率还与模具温度及制品厚度有关。

（2）加工方法

PET 常采用挤出、吹塑、注塑等方法来加工成型。绝大部分 PBT 树脂是通过注塑工艺加工成制品。近年来 PBT 生产商开发了增加熔体黏度的技术，使有些 PBT 树脂也适用于挤出和吹塑加工。

1）注射成型　注塑成型主要用于增强 PET 的成型。通常采用螺杆式注射机，螺杆一般均需进行硬化处理，以免在长期使用后发生磨损。注射机喷嘴孔的长度应尽可能短，其直径应控制在 3mm 左右。玻璃纤维增强 PET 的熔点高达 260℃，为防止喷嘴堵塞，应安装功率较大的加热器。

增强 PET 在注射成型时，如果含水量超过 0.03%，加热熔融时将发生分解，引起制品性能的下降。因此，增强 PET 物料在成型前必须进行预干燥。玻璃纤维增强 PET 在注射成型时，料筒温度应严格控制在 300℃以下，当温度高于 304℃时，将会引起树脂的热分解。此外，为避免树脂的热分解，停留时间应尽可能短一些。

由于玻璃纤维增强 PET 在其熔点以上的温度下具有良好的流动性，因而可在较低的注射压力下成型，一般为其他玻璃纤维增强塑料注射压力的 1/2 左右。

PBT 注塑成型既可用于非增强塑料，亦可用于增强材料。非增强材料注塑的料筒温度为 230 ~270℃，喷嘴温度约 255℃，模具温度 60 ~ 80℃，注射压力仅 6 ~ 10MPa。典型 PBT 制品的注射工艺如表 11 －33 所示。

表 11 －33　　PBT 典型制品的注射成型工艺条件

项目		线圈绕线管	回扫变压器	汽车零件	照相机零件	外壳
一次成型数量/个		4	1	2	4	1
制品总质量/g		30	40	40	10	300
料筒温度/℃	前部	180	180	200	235	215
	中部	210	210	230	—	235
	后部	235	230	250	250	255
喷嘴温度/℃		230	235	240	255	240
一次注射压力/MPa		80	95	140	170	100
二次注射压力/MPa		40	—	80	40	70
螺杆转速/(r/min)		70	60	100	200	50
模具温度/℃		50	65	60	70	55
注射时间/s		8	3	10	10	30
冷却时间/s		15	20	30	10	40

2）挤出成型　PET 采用挤出成型主要是加工 PET 片材。一般采用屏障型螺杆，以防止原料在挤出过程中发生波动。PET 树脂在挤出过程中挤出机各段的温度为：加料段 210℃，塑化段 280℃，计量段 300℃。从扁平口模挤出 PET 树脂的温度 285 ~300℃，经三辊冷却压光，迅速转变为玻璃态。适于挤出片材的 PET 树脂，特性黏度 0. 62 ~0. 66。

挤出成型也用于制备 BOPET 薄膜。设备包括挤出机，拉伸辊筒、牵引机及卷取装置等。成型时先在挤出机中将聚合物熔融并挤出成薄片，再在高于玻璃化温度的条件下先纵向拉伸，然后对已部分结晶的薄膜横向拉伸。拉伸后的薄膜在 150 ~230℃的温度范围进行热定型。热定型温度为 150 ~230℃。为降低热收缩率，薄膜经热定型后，还需在稍低于热定型温度及外力很小的情况下进行热松弛处理，最后经冷却收卷得到成品。

PBT 可以挤出成型薄膜和片材。挤出时料筒温度与注塑成型大体相同，采用一般的挤出机即可得到拉伸强度高、刚性好、透明性好的薄膜。片材挤出时所采用的挤出成型温度比薄膜挤出时略低些。

3）吹塑成型　吹塑主要用于 PET 瓶的生产，通常先制成型坯，然后与薄膜一样进行双轴定向拉伸，成为中空容器。

①挤出吹塑　挤出吹塑成型宜采用高熔体黏度（HMV）PET 树脂。这种树脂的黏度较高，挤出机螺杆的长径比应大于 25∶1，以使 HMVPET 充分塑化，还要采用低阻力机头，以避免出现过大的机头压力或过高的熔体温度。

②一步法注拉吹成型　所谓一步法（又称热坯法）成型，是指联机操作，即从瓶坯的成型、拉伸吹塑到瓶子的冷却取出，各工序均在一台机器上完成。一般选用中高相对分子质量的PET。其工艺流程如图11-6。

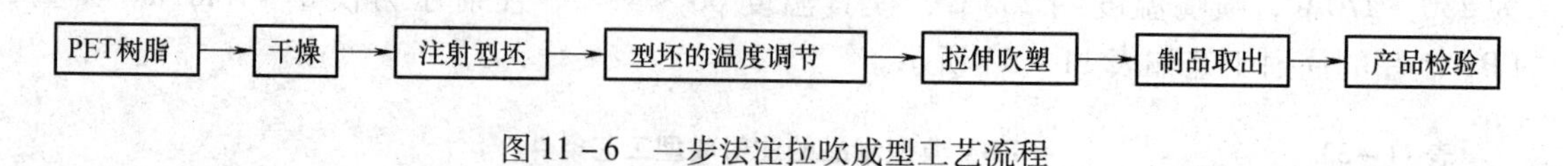

图11-6　一步法注拉吹成型工艺流程

③二步法注拉吹成型　二步法（又称冷坯法），其工艺流程与一步法基本一致，不同之处在于瓶坯的注射成型和冷却在同一台机器上完成，而二次加热和拉伸吹塑成型在另一台机器上完成。二步法的成型工艺条件参照表11-34。

表11-34　二步法成型PET的工艺条件

项目		数值	项目	数值
料筒温度/℃	后部	277	型坯加热温度/℃	100
	前部	282	第一次吹塑压力/MPa	0.75
口模温度/℃		282	第二次吹塑压力/MPa	2.00
模具温度/℃		284	型坯加热时间/s	85
注射压力/MPa		65	拉伸倍率/倍	12
螺杆转速/(r/min)		15～18		

④压拉吹成型　压制拉伸吹塑成型技术是一种新型的双向拉伸成型技术，该成型工艺不同于注拉吹成型之处在于型坯的制造。压拉吹成型PET瓶首先通过挤出加工成型板材，然后将板材冲切成圆盘状，通过射频和空气对流将圆盘状板材加热到成型状态（大约100℃左右），经压机压制成型坯，在成型型坯的同时加工瓶子颈部的螺纹，型坯成型后立即转移到拉伸吹塑成型工位，利用型坯中的残余热量进行拉伸吹塑成型。压拉吹成型工艺流程图见图11-7。

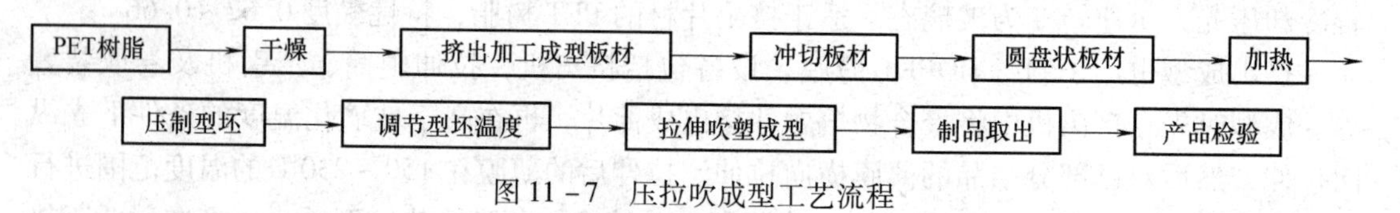

图11-7　压拉吹成型工艺流程

通用PET树脂吹塑成型方法的特点见表11-35。

表11-35　PET瓶成型工艺比较

成型方法	优点	缺点
一步法注拉吹成型	投资少，占地面积小，能耗低，省工时，自动化程度高	操作复杂，产量小，产品质量难以控制
二步法注拉吹成型	操作容易，产量大，产品质量有保证，灵活性大	占地面积大，能耗较高，自动化程度低
压制拉伸吹塑成型	成本低，产品质量稳定可靠，易于控制，废品少	占地面积大，能耗较高，自动化程度适中

从表 11 – 35 中可以看出，三种方法各有所长，应根据具体情况来选择合适的成型方法。

11. 2. 5　聚苯醚

聚苯醚简称 PPO（Polyphenylene Oxide）或 PPE（Polypheylene ether），又称为聚亚苯基氧化物或聚苯撑醚，又称聚苯撑氧，其结构式：$\left[\text{C}_6\text{H}_2(\text{CH}_3)_2\text{—O} \right]_n$。由于主链上含有大量的酚基芳香环，并且二个甲基封闭了酚基上两个邻位活性点，造成分子链本身具有较高的刚性和分子间有高的凝聚力。此外，氧原子与苯环处于 P – π 共轭状态，使氧原子提供的柔顺性受带二个甲基的苯环影响而大大降低，造成分子链段内旋转困难，使得聚苯醚分子链本身呈现较高的刚性，熔点升高，熔体黏度增加，熔体流动性差，加工困难。这种结构也导致聚苯醚的结晶能力弱，冷却时一般形成无定形产物。

11. 2. 5. 1　聚苯醚的性能

聚苯醚外观为琥珀色透明体，密度 1. 06 g/cm^3，难燃、耐磨、无毒、耐污染。PPO 是一种综合性能优良的线性非晶态热塑性工程塑料，综合性能好，突出的是电绝缘性和耐水性优异，尺寸稳定性好。

（1）力学性能

PPO 分子链中含有大量的芳香环结构，分子链刚性强，力学强度高，拉伸强度可达 70MPa，弯曲强度可达 100MPa，抗蠕变性能优良，可在较宽的温度范围（ – 160 ~ 190℃）保持较高的力学强度。

由于聚苯醚分子链的刚性大，分子链间作用力强，使聚苯醚在受力时的形变减小，尺寸稳定，造成聚苯醚具有低蠕变、高模量、高冲击强度的性能，其拉伸强度和抗蠕变性是一般工程塑料中最佳的。

（2）热性能

PPO 具有较高的耐热性，玻璃化温度高达 210℃，是一般工程塑料中最高的，马丁耐热温度为 160℃，热变形温度为 190℃，最高连续使用温度为 120℃，间断使用温度可达 205℃。PPO 的熔点为 257℃，热分解温度为 350℃，脆化温度低于 – 170℃。当有氧存在时，从 121℃起到 438℃左右可逐渐交联转变为热固性塑料；而在惰性气体中，300℃以内无明显热降解现象，350℃以上时热降解才急剧发生。

PPO 的线膨胀系数为（2. 0 ~ 5. 5）× 10^{-5}/K，在所有塑料中是最低的，与金属的接近，适合于金属嵌件的放置，其制品形状和尺寸随温度变化小，是制造精密结构零件的好材料。

PPO 分子链的端基为酚氧基，其耐热氧化性能不好，可用异氰酸酯将端基封闭或加入抗氧剂等来提高其热氧稳定性。

（3）结晶性能

PPO 的分子结构对称，聚合反应时是可以结晶的，但其玻璃化温度与熔点温度之比约为 0. 91，相差很小，所以，冷却时从熔融态到形成结晶的时间很短，结晶很难发生，因此，PPO 从熔体冷却只能得到无定形透明玻璃体。

（4）介电性能

PPO 树脂分子结构中无强极性基团，电性能稳定，可在广泛的温度及频率范围内保持良好的电性能。其体积电阻率是工程塑料中最高的，而介电常数和介电损耗角正切是工程塑料中最小的，且几乎不受温度、湿度及频率数的影响。PPO 的优异电性能使其广泛应用于生产电器产品，尤其是耐高压的部件，如彩电的行输出变压器等。

（5）耐水性

PPO 为非结晶性树脂，在通常的温度范围，分子运动少，主链中无大的极性基团，偶极矩不发生分极，耐水性非常好，是工程塑料中吸水率最低的品种。在热水中长时间浸泡，其物理性能很少下降。

（6）阻燃性能

PPO 的氧指数为 29，为自熄材料，制造阻燃等级 PPO 时，不需要添加卤素的阻燃剂，加入含磷类阻燃剂即可达到 UL94 标准，减少对环境的污染。

（7）收缩率 0.2% ~0.65%，尺寸稳定性好；无毒，密度小。

（8）耐介质性

PPO 基本不受酸、碱和洗涤剂等介质的腐蚀，在受力的情况下，矿物油及酮类、酯类溶剂会产生应力开裂；有机溶剂如脂肪烃、卤代脂肪烃和芳香烃等会使之溶胀和溶解。

（9）耐光性

PPO 弱点是耐光性差，长时间在阳光或荧光灯下使用产生变色，颜色发黄，原因是紫外线能使芳香醚的链结合分裂所致，如何改善 PPO 的耐光性成为一个课题。

对聚苯醚改性的主要目的是增加其流动性，改性聚苯醚（MPPO）的主要的品种是 PPO 和高抗冲聚苯乙烯（HIPS）的合金。当 PPO 与 HIPS 形成合金时，玻璃化温度下降，可以改善材料的加工性，不仅降低加工成本，而且不会因加工温度高使材料降解。形成合金后，尽管耐热性有所降低，但 PPO 其他性能，如优良的抗蠕变性能、尺寸稳定性、电性能、自熄性、良好的成型工艺性能等大多可以保留，而且成本降低。MPPO 长期使用温度范围为 -40 ~120℃，拉伸屈服强度略低于 PPO，但比聚碳酸酯和聚酰胺都高。在 100℃以下，其刚度和聚苯醚相近；在 -45 ~25℃范围内，缺口冲击强度不变；耐水蒸气性与聚苯醚相仿，可以反复蒸汽消毒。改性聚苯醚耐水解性较好，耐酸、耐碱，但可溶于芳香烃和氯化烃中。

高抗冲击性聚苯乙烯的氧指数为 17，属易燃性材料，二者合一制备的 MPPO 具中等程度的可燃性。

PPO 与其他工程塑料性能比较见表 11 -36。

表 11 -36　　PPO 与其他工程塑料性能比较

项目	测试方法 ASTM	改型 PPO	PPO	PSF	PC	POM	PA66
相对密度	D792	1.06	1.06	1.24	1.2	1.42	1.12
吸水率/%	D570	0.066	0.06	0.22	0.15	0.25	1.15
拉伸强度/MPa	D638	66	70 ~78	70	59	69	59
拉伸模量/GPa	D638	2.4	2.8 ~3.0	2.5	2.1	2.8	1.8 ~2.8

续表

项目	测试方法 ASTM	改型 PPO	PPO	PSF	PC	POM	PA66
伸长率/%	D638	20	50~80	50~100	80	15	60
弯曲模量/GPa	D790	2.5	2.6~2.8	2.7	2.3	2.8	2.8
弯曲强度/MPa	D790	93	96~103	106	93	47	55~96
悬壁梁缺口冲击/（J/m）	D256	69	80~101	69	300	75~123	48
洛氏硬度 R	D785	119	118~123	120	113	120	118
热变形温度 1.86MPa/℃	D648	150	190~193	174	132	124	65
介电常数 60Hz	D150	2.64	2.58	3.14	3.17	3.5	4
介电损耗 60Hz	D150	4×10^{-4}	3.5×10^{-2}	6×10^{-3}	3×10^{-3}	2×10^{-2}	1.4×10^{-2}
介电强度/（kV/mm）	D149	22	16~22	17	16	20	15
体积电阻率/Ω·cm	D275	10^{27}	10^{17}	5×10^{16}	10^{14}	10^{14}	10^{14}
成型收缩率/%		0.7	0.5~0.6	0.5~0.6	0.5~0.6	1~1.5	1.5~2

11.2.5.2 聚苯醚的加工

（1）加工特性

1）聚苯醚的吸水率低，而且不存在高温下水解的问题，一般物料不进行预干燥处理。但微量水分的存在会使制品表面出现银丝、气泡等缺陷，因此，如果制件的要求较高，加工前最好要进行干燥处理，干燥处理条件为：温度 110℃，时间 2h。干燥处理还起到了对物料的预热作用，特别是成型大面积薄壁制品更有利，有助于改善制品表面光泽。

2）聚苯醚是无定型聚合物，在熔融状态下的流变性基本接近于牛顿流体，但随熔体温度升高偏离牛顿流体的程度增大。图 11－8 所示的是聚苯醚的流变曲线。由图可见，聚苯醚熔体黏度很高，如在 354℃的温度、剪切速率为 $10^2\sim10^3s^{-1}$的条件下，熔体黏度仍处于 $10^3\sim10^4$Pa·s 的高位。同时也可以看到，熔体黏度随着剪切速率和温度的升高而降低，但黏度对剪切速率的依赖性比温度小，这是由于刚性分子黏流活化能大的缘故。鉴于此，加工时应提高温度并适当增加注射压力以提高熔体充模流动能力。纯聚苯醚加工性差，也可适当加入增塑剂如环氧辛酯、磷酸三苯酯等以改善其流动性。

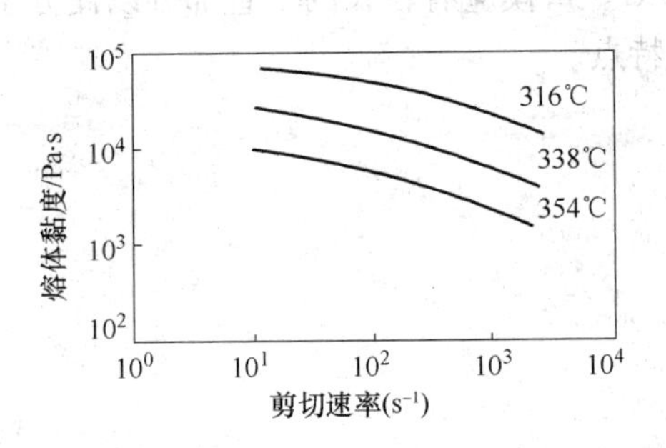

图 11－8 聚苯醚熔体黏度与剪切速率的关系

3）聚苯醚的分子链刚性大、玻璃化转变温度高，不易结晶和取向，强迫取向后很难松弛，所以制品内残余内应力高，因此在成型后需要通过后处理予以消除。后处理条件一般为 180℃油浴 4h 左右。

4）聚苯醚为无定型聚合物，成型收缩率比一般的非结晶性塑料小，一般为0.2%～0.7%。

5）聚苯醚的边角废料可重复使用，一般重复3次其物理力学性能没有明显降低，因此回收料可再用于要求不高的制品中。

（2）加工方法

聚苯醚的主要成型加工方法是注塑，其次是挤塑、吹塑和发泡。注塑成型用于加工形状复杂、带有嵌件的零部件；挤塑成型用于加工棒材、管材、片材和电线包覆层等；吹塑成型用于中空制品，尽管目前吹塑加工用得还不多，但近年来有增长的趋势；发泡成型用于加工具有高比刚度、耐热、阻燃、隔音隔热的泡沫塑料制品。

注塑一般采用螺杆式注塑机，要求长径比大于15，压缩比为1.7～4.0（一般采用2.5～3.5）；料筒温度控制在260～320℃，模温90～150℃，注射压力为120～200MPa。聚苯醚注射成型工艺条件可参看表11－37。

表11－37　聚苯醚和改性聚苯醚注射成型工艺条件

项目	PPO	改性PPO
料筒温度：前部/℃	290～320	280～290
中部	280～310	280～290
后部	260～290	260～280
喷嘴温度/℃	280～300	270～280
模具温度/℃	110～150	90
注射压力/MPa	120～200	100～140
注射时间/s	30～90	20～50
冷却时间/s	30～60	30～60
螺杆转速/（r/min）	28	73

PPO能在挤出机上加工成管、片、棒、块等产品。宜采用排气式、长径比大的挤出机，螺杆长径比为24，压缩比为2.5～3.5，渐变式，等距不等深，计量段有适当的深度。料筒温度控制在250～320℃。口模应有较长的平直部分以使分子链松弛，挤出牵引时应考虑其物料凝结温度较高的特点。

第12章　高分子材料循环利用

自20世纪下半叶以来，高分子材料呈现出飞速发展地态势，正在能源、信息、工业、农业、交通运输、宇航技术乃至生命科学等国民经济的各个领域中发挥着不可替代的作用。与此同时，大量废弃的高分子材料严重影响了人们生活生存环境；加之作为高分子材料主要原材料来源的石油资源的日渐枯竭，因此而引发的环境、资源问题日趋严重。如何变废为宝，合理地利用现有的资源，引导这个行业健康地发展，成为摆在每个从业科技工作者面前的一项紧迫任务。本章就高分子材料循环利用的相关内容进行简要介绍。

12.1　高分子材料的生产、消费与废弃状况

1900年，全球塑料的产量和消费量只有2万吨，占主要地位的热固性树脂是酚醛树脂、环氧树脂和不饱和聚酯等。20世纪80年代起，高分子材料得到大规模生产，由PVC、PS和聚烯烃领军的热塑性树脂已呈现出领导地位，其中聚烯烃已占据了世界塑料消费量的50%。世界热塑性塑料产能到1995年超过1亿吨，2015年达到约3亿吨左右，其体积相当于20亿吨钢材。近20年来世界各国和各地区热塑性塑料的产能如表12－1所示。

表12－1　　1995—2015年世界热塑性塑料产能

国家和地区	1995年		2000年		2005年		2010年		2015年	
	产能	份额/%	产能	份额/%	产能	份额/%	产能	份额/%	产能	份额/%
北美	3190	29	4050	27	4320	24	4427	19	4860	18
南美	440	4	750	5	720	4	930	4	1080	4
欧洲	3190	29	3750	25	4140	23	4430	19	4590	17
独联体	220	2	300	2	360	2	470	2	810	3
非洲	110	1	150	1	180	1	470	2	540	2
中东	330	3	600	4	1080	6	2560	11	3510	13
中国	660	6	1350	9	2520	14	4660	20	5400	20
日本	1100	10	1200	8	1080	6	1160	5	1080	4
韩国	660	6	900	6	1080	6	1160	5	1080	4
中国台湾	440	4	600	4	720	4	700	3	810	3
其余亚太国家	660	6	1500	10	1800	10	2330	10	2970	11
合计	11000	100	15150	100	18000	100	23297	100	26730	100

产量的增加是消费量上升刺激的结果。随着高分子材料在各行各业的普遍应用，其消

费量不断攀升。近20年来全球塑料消费量如表12－2所示。

表12－2　1995—2015年全球塑料消费量

材料	1995年		2000年		2005年		2010年		2015年	
	消费量	份额/%	消费量	份额/%	消费量	份额/%	消费量	份额/%	消费量	份额/%
LDPE	1400	13	1600	11	1700	9	1900	8	2100	7
LLDPE	800	7	1300	9	1800	10	2400	10	3200	11
HDPE	1600	15	2200	15	2800	15	3600	15	4500	15
PP	2000	19	3000	21	4100	22	5300	22	6800	23
PS + EPS + ABS	1500	14	1900	13	2300	12	2700	11	3100	10
PVC	2100	19	2600	18	3200	17	4000	17	4700	16
PET	300	3	800	5	1300	7	2000	8	2800	10
PMMA + PA + PC	300	3	500	4	800	4	1000	4	1300	4
热固性树脂	600	6	700	5	800	4	900	4	1100	4
合计	10600	100	14700	100	18600	100	23800	100	29600	100

由于发展水平的不同，塑料的消费量在世界各个地区和国家的分布很不平衡。表12－3为1995—2015年世界各洲、各国和地区消费量。

表12－3　1995—2015年世界各洲、各国和地区塑料消费量

国家和地区	1995年		2000年		2005年		2010年		2015年	
	消费量	份额/%	消费量	份额/%	消费量	份额/%	消费量	份额/%	消费量	份额/%
北美	3000	29	4000	27	4300	23	4900	21	5600	19
南美	500	5	800	5	1000	5	1300	5	1600	5
欧洲	3000	28	3800	26	4400	24	5300	22	6200	21
独联体	100	1	200	2	300	2	800	3	1100	4
非洲	200	2	300	2	400	2	600	3	800	3
中东	200	2	400	2	500	3	700	3	1000	3
中国	1000	10	2200	15	3800	21	5600	23	7400	25
日本	1000	9	1000	7	1100	6	1100	5	1200	4
韩国	400	4	500	3	600	3	700	3	800	3
中国台湾	400	3	400	3	400	2	500	2	600	2
其余亚太国家	900	8	1200	8	1800	9	2500	11	3500	12
合计	10600	100	14700	100	18600	100	23800	100	29600	100

从以上数据可以看出，世界塑料的产能与消费量与世界经济发展水平相一致。发达国家和地区的产量和消费量都远远高于其他国家和地区。同时，发达国家和地区的废塑料产

生量也是最高的。世界合成树脂的年消费量已接近3亿吨，大量消费后塑料的处理问题已成为当今地球环境保护的热点。作为一项节约能源、保护环境的措施，废旧塑料的回收利用受到世界各国的重视，在此方面，德国、日本、芬兰等国家走在了前面。

高分子废弃物的相对分子质量高达数万至数十万，靠自然降解往往需要几十至上百年。仅就地膜而言，直接埋入地下可形成阻隔层，使耕层土壤透气性降低，阻碍作物根系发育和对水分、养料的吸收，从而使土壤严重劣化。据专家测算，若每亩地残留塑料废弃物3.9kg，可使玉米减产11%～23%，小麦减产9%～16%，大豆减产5.5%～9%，蔬菜减产14.5%～59.2%。此外，残弃地膜不仅污染环境，而且被牛、羊等牲畜误食而造成肠梗阻和死亡的例子也不胜枚举。目前，我国地膜覆盖面积已超过7000万亩，这使我国适种地区向北推移了2°～4°（地理纬度），向高山地区推移了500～1000m海拔高度。所以，人们称它是继化肥、种子之后农业上的第三次革命，也称为“白色革命”。但是，过去的工作重点一直是推广地膜的应用，乃至现在，关于地膜的回收问题仍然没有解决好，甚至变成了“白色污染”，这对我国农业的长期发展是不利的。城市的高分子废弃物主要来自于塑料包装。由于我国没有实行严格的垃圾分类制度，再加上城市人口密度较大，因此，由废弃的塑料包装所造成的环境污染和资源浪费相当严重。因此，对高分子材料废弃物进行回收和再利用势在必行。

废旧塑料的回收利用，是变废为宝和解决生态环境污染的重要途径。例如，我国2014年的塑料使用量约为6785万吨，消费后的废弃塑料量多达4020万吨，回收再利用价值很大。按生产1吨合成树脂需要约6.28吨原油计算，即使达到一半的回收量，即2010万吨，也可减少12622万吨原油的进口，或减少等量合成树脂的进口，或比生产等量合成树脂减少巨量的能耗和排放，环境和经济效益都十分显著。

12.2　废旧高分子材料的处理原则

高分子材料的废弃物通常混入在固体垃圾中，曾经的处置方法是填埋。填埋意味着把可利用的资源全部浪费，再者高分子材料在垃圾堆中不易腐烂分解（有些高分子材料的完全分解需200年以上），因此填埋对废旧高分子材料而言不是一种科学的方法。

鉴于此，国际上对废旧高分子材料处理推崇“四R原则”即：①减少来源（Reduction at the sources）；②再使用（Reuse）；③循环（Recycling）；④回收（Recovery）。

12.2.1　减少来源

减少来源是最有效和最直接的控制高分子材料污染的方法，包括：改进产品设计和制造工艺，减少生产废料的产生；改进产品的包装设计，减少包装用量如用经济包装或用大容器包装；设计可再使用的产品，并发展耐用的和可进行再修复的产品。此外，减少或替代高分子材料中的有毒物质，如减少使用含铅和锡的添加剂，对环境保护是有利的。

但总体来看，随着经济的发展，高分子材料使用来源的减少是非常有限的（不足5%），而且若新的工业原料比再生料便宜，减少使用原料就更为困难。用传统的材料如纸取代塑料包装也存在问题，首先是重量增加，造成废料量增多；其次生产这些传统材料并不会使污染减少；第三，生产这些替代材料的能量耗费高。

12. 2. 2　再使用

毫无疑问，再使用非一次性的物品或材料是节约资源和减少废料产生的有效途径。典型的例子是再使用船用条板箱、集装箱或贮存容器，再使用餐具、旧瓶等。因此，使用可循环材料设计和生产可循环产品，可大大节省处理费用和减少污染。

12. 2. 3　循环

用废料替代原材料来制备新产品，称为“再生料”的使用，或称为循环利用。循环是减少和利用废料的一种重要方法，既保存了材料又保存了能量，是减少废料体积的理想途径，但循环不能替代减少来源。最理想的可再生材料，理论上应能再生使用而性质和数量没有大的损失。某些发达国家为了提高废料的循环量，立法要求生产部门使用一定量的再生料并发展技术以减少循环的费用，使循环产品的价格能与原始新料产品相竞争。

12. 2. 4　回收

这里所说的回收包括材料回收和能量回收。材料回收是指循环的材料从混合废料中获取，用获取到的材料再制造产品，能量回收是指将不能以其他方法加工的混合塑料或残留物进行燃烧，以利用其释放的热能。但焚烧会产生一些有毒的物质如二噁英、呋喃类化合物、氯化氢等，也产生大量二氧化碳；要消除或减少焚烧产生的污染需昂贵的燃烧器和废气处理设备，代价很高，因此焚烧在一定程度上受到限制。

12. 3　废旧高分子材料的分离

对废旧高分子材料进行分类分离成了聚合物回收的一个重要环节。各种分离技术通常是在材料的化学、光学、电学或物理性能的差别上建立起来的，由于高分子材料成分的复杂性，没有一种方法能满足所有标准的需要如不同聚合物的分拣、分离组分的纯化、产品的生产效率、设备的成本等。不同方法仅对分离不同的高分子材料有效。下面介绍几种主要的分离方法。

12. 3. 1　手工分离

手工分离适用于塑料瓶类等易于分拣的废品。当这些废品通过一个移动着的运输带时，训练有素的技工通过观察其不同的特征可将其分类整理。例如，PVC 瓶与 PET 瓶的分离既可通过外形识别也可通过光学辅助来进行。在外形上，除了有可回收标志如图 12 - 1 印在瓶上外，PVC 瓶还有许多其他特性区别于 PET 瓶，如色泽浅蓝，瓶上有脱坯时应力造成的水平形“弦月”和发白区域。借助于各种光条件可大大方便手工分离。紫外光对加速 PVC 和 PET 的分离非常有用。在光照下，PET 非常明亮，呈白炽状态，而 PVC 呈现一种暗蓝色。

手工分离废旧聚合物是一个劳动强度高、效率低下的方法。逐步上涨的劳动力费用使手工分离在经济上越来越不可行。而且，由于人工在操作中的失误往往造成费力生产出的产品只能用在价值较低的产品上。

图12－1　常用塑料的标识
1—聚对苯二甲酸乙二醇酯　2—高密度聚乙烯　3—聚氯乙烯　4—低密度聚乙烯
5—聚丙烯　6—聚苯乙烯　7—其他材料

12.3.2　密度法分离

将聚合物置于某些液体中，根据密度不同将其分离，习惯上称为密度法。密度法可适用于密度相差较大的废弃材料，如铝箔塑料和不同塑料的分离。但此法易受废弃物粒径、形状、表面污浊程度、表面改性和相互凝聚等因素的影响，特别是在塑料中有填充剂、增色剂、补强剂时，应用更受限制，因为添加剂会改变聚合物的密度。

（1）浮降法“湿分离”

浮降法分离是混合塑料片材分离的最早方法之一。它通常由一种密度介于要分离塑料中间的流体介质来完成。密度比介质小的塑料将上浮而密度大的下沉。典型的用作介质的流体是水通常用来分离聚烯烃与非聚烯烃、水/甲醇混合物和用于分离聚烯烃之类密度小于混合物的聚合物。浮降法用水作介质广泛应用于从PET和PVC中分离聚烯烃。但由于密度差别小，聚烯烃的混合物采用浮降法分离是非常困难的。

浮降法只靠塑料碎片的重力来下沉，这就导致沉降速度缓慢。湿法分离还包括大量的清洗步骤，以分离不洁净物及黏附的商标。缺点是产生大量要专门处理的废水。

（2）干法分离

干法分离采用的介质为空气。空气分离与振动传输联用可除去大颗粒物质如金属、玻璃和密度大的塑料板。例如，新颖的3层空气分离系统仅用空气就可分离4种不同组分的塑料。建立在空气淘洗基础上的分离设备可用来将聚酰胺碎片从HDPE中分离，而且还可将残留纸片从废瓶片中分离。干法分离的一个缺点是回收品种可能会有食品腐烂的味道和黏附在塑料制品上脂肪腐烂的气味。相比之下，湿法分离工艺在去除残留食物上更有效。

（3）离心分离

水旋法分离采用离心加速器的原理使聚合物的混合物与杂质分离。它通过在一个瀑布状的装置里安装大量水旋器可将最脏的聚合物分离成高纯度的组分。水旋法可将不同聚合物和杂质从粒状塑料组分中分离，而且出料量远高于浮降分离法。图12－2为一家德国公司设计的称为Censor的一种离心分离系统。工作时，装于双锥形离心分离机中的分离液由于高速旋转会形成液体环。悬浮在液体中的混合塑料通过一个静止的管沿轴向加入离心机并冲击液体环隙的表面。强烈的湍流会将颗粒分离并清除杂质，密度大于分离液的颗粒会下沉而轻质颗粒会上浮。这种设备产生的离心场是重力加速度的1000～1500倍，因此，分离所用时间很短，选择性很高，可分离密度差别为0.005g/cm^{3}的塑料。并且可在一次操作中完成混合塑料片的选择性分离、清洗和脱水工作。

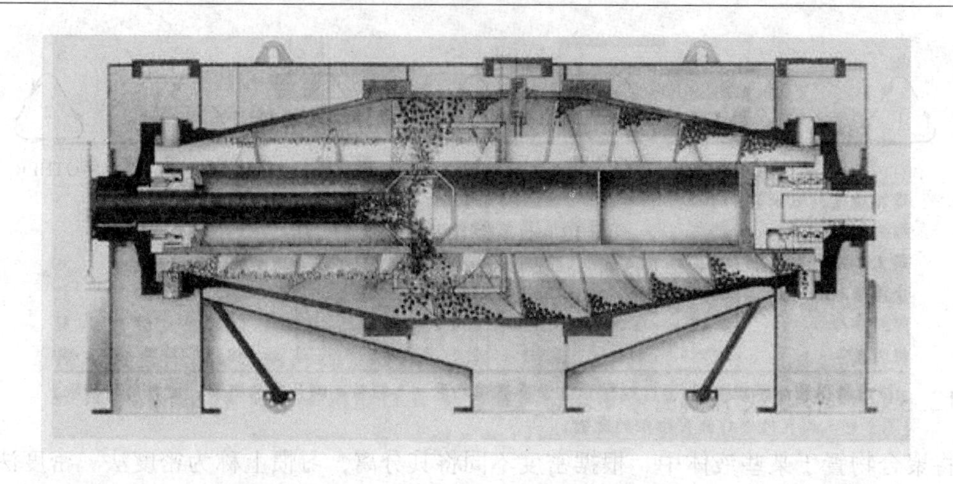

图 12－2　Censor 离心分离系统

（4）准流体分离

以密度为基础的废旧热塑性塑料分离也可用准流体来完成，如 CO_2 这种准流体可将密度差别小于 0.001g/cm^3 塑料片进行分离。

利用准流体作分离介质的优点有：CO_2 价廉，无毒、不易燃，而且方便易用；流体密度对压力的依赖使得流体密度可在很宽的范围内方便而精确的变动；流体流速小，提高了颗粒上升或下降速度，从而减少了有效完全分离所用时间等。但是，采用准流体也有不足，至少它需要高压设备。

12.3.3　静电分离

高分子材料在静电感应后会具有不同的带电特性，根据物质不同的导电性、热电效应及带电特性可使废旧高分子材料实现分离。具体地说，就是将粉碎的废旧高分子材料加上高压电使之带电，再利用电极对高分子材料的静电感应产生的吸附力进行筛选，不过这种处理要求高分子材料干燥，温度控制较严，故成本较高。

静电分离的原理如图 12－3 所示。该法已成功用于 PVC 包覆的废弃铜线中铜和 PVC

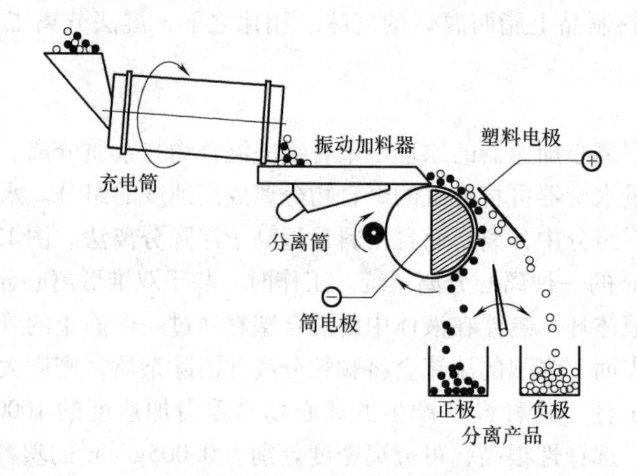

图 12－3　静电分离原理示意图

的分离，也可用于铝箔和聚苯乙烯、PVC 和 PS、橡胶与纤维纸、合成革与胶卷等的分离。温度、粒径和密度对分离效果会有影响。摩擦电筒分离的一个优点在于它是干法分离技术，无需脱水或干燥分离产品。虽然过程需要高压，但因为整个过程电流最大为 4mA，所以耗能很低。

12.3.4　熔点（软化点）分离

当聚合物的软化点差别非常显著时，可用来分离聚合物。加热带分离器就是建立在二者软化行为不同的基础上的一种物理分离方法。例如，PVC 与 PET 的软化点相差 100℃（前者 160℃，后者 260℃），在 PVC 熔点附近加热时，PVC 软化并粘在加热带上，而 PET 却仍然保持固体状态。PET 在带上运动时落下，从而被分离出来，而 PVC 被刮下。为充分分离，需将塑料絮片在带上均匀地铺成单层。

12.3.5　选择溶解分离

高分子材料的溶解性和溶解度有较大的差别，利用材料的溶解性及溶解度可将聚合物分开。分离方法有两种：①采用不同的溶剂。不同的高分子材料有不同的溶剂，利用不同溶剂可将高分子有选择地萃取出来。②采用同一种溶剂，使用不同的温度。不同高分子材料溶解度随温度改变，在不同温度下可将不同高分子材料萃取出来。材料的溶解分离可采用图 12－4 的工艺程序。

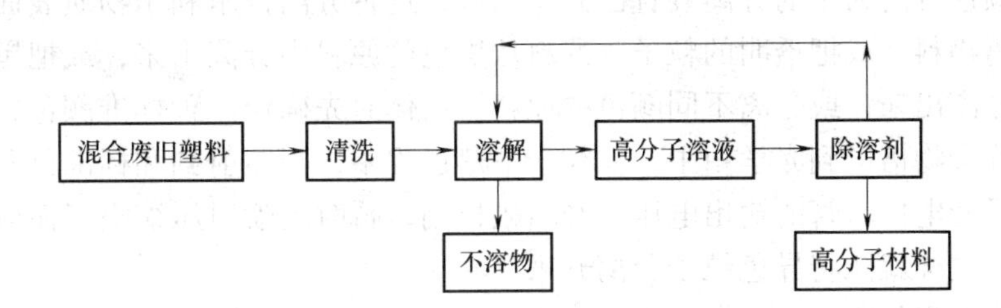

图 12－4　溶解分离法示意图

例如，由美国 Rensselaer Polytechnic Institute 设计的选择溶解工艺以二甲苯为主要溶剂，成功实现了 6 种主要聚合物 LDPE、HDPE、PP、PET、PVC 和 PS 的分批溶解回收。这种工艺的原理是建立在材料溶解过程热力学区别的基础上的。表 12－4 为其选择溶解分离工艺的溶解温度条件。

表 12－4　几种聚合物混合物选择溶解分离工艺的溶解温度

聚合物	溶剂	温度/℃	溶液浓度/%
PS	二甲苯	15	6
LDPE	二甲苯	75	10
HDPE	二甲苯	105	10
PP	二甲苯	120	10
PVC	二甲苯/环氧乙烷	120	10
PET	二甲苯/环氧乙烷	180	10

选择溶解分离工艺的优点如下：

1）可从混合物中分离出单组分塑料，包括多层塑料制品中分离单组分塑料；

2）典型杂质如脏物、泥土、残留牛奶等不影响工艺；

3）可分离一些性能紧密相关的聚合物，如 ABS 和 PS 或尼龙 6 与尼龙 66；

4）回收得到塑料化学成分及官能团均与原物质相当；

5）能回收染色和胶状塑料（其中的杂质在一般的机械回收中要引发许多问题）；

6）过滤可除去添加剂和颜料；

7）将机械回收的多步回收统一为一步；

8）所需劳动量小。

这项工艺的一个明显的缺点是受环境影响，而且溶剂用量大，回收溶剂麻烦，而且安全是一个重要因素。此外，聚合物中的残留溶剂需要仔细监测。

12.3.6 光学分离

（1）一般光学分离

对于带有各种颜色或透明性不同的废塑料，可以通过光学方法来加以分离。让光通过聚合物，测定透过或反射光的强度，可以分离出无色透明、半透明、不透明的塑料容器，如无色透明 PET、绿色 PET、半透明 HDPE 和不透明 HDPE 能被分离开来。

许多以颜色分离为主的分离装置已开发出来，这种分离技术利用物质表面光反射特性的不同来分离物料，或把透明的粒子、片料从黑色的原料中分离出来，或把黑色的料从淡颜色的料中分离出来，或分离不同颜色的原料。操作时先确定一种标准颜色，让含有标准颜色粒子的混合物倍增到光学箱中，在粒子下落过程中，当照射到和标准色不同的物质粒子时，改变了光电倍增管的输出电压并经增幅控制，瞬时地喷射压缩空气而改变异色粒子的下落方向，这样就能将异色粒子分离开来。

（2）X 光检测分离

回收 PET 瓶中的主要问题是 PVC 成分的存在。X 射线荧光法 XRF 是一个专门分离 PVC 的方法。在 X 射线的照射下，PVC 中的氯原子放射出低能 X 射线，而无氯的塑料反应就不同。由高能 X 射线组成的入射光束主光束激发目标原子，使其激发出外层电子 K 级电子，片刻之后，激发的离子回到基态，产生了与入射光谱类似的荧光谱，可以方便地用 XRF 分析设备来检测。图 12-5 为美国 National Recovery Technologies 公司开发的商业化分离设备，用以从 HDPE、PET、PVC 整瓶或碎瓶混合堆中分离出 PVC 瓶。它利用 X 射线确定哪些是用 PVC 制造的，进而采用空气吹出。首先利用 X 射线探测器检测到氯的存在，电脑计时的空气吹风机会将聚乙烯类化合物从混合塑料中分离。该系统虽然是用来分离整瓶的，但它对相对较大的碎片（大约为整瓶的 25% ~50%）也是有效的。它最小可检测到 $12mm^2$ 的 PVC。

（3）红外光检测分离

以上介绍的方法，如密度差分离往往不能形成纯的分离，由于有些高分子材料的密度相近或相同。熔融法也遇到类似的问题，溶解法对相似聚合物也无能为力，静电分离也很难得到纯的高分子。由于聚合物材料都有各自的红光特征吸收，利用这一特性，扫描测定

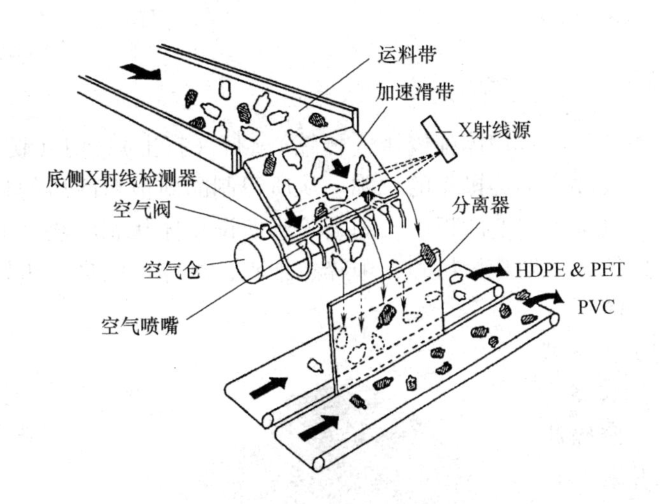

图12－5　用XRF将PVC瓶与非PVC瓶分离法示意图

物料的红外光谱，与标准图谱比较，即可判定是何种聚合物，根据判定对物料实现机械动作，从而加以分离。

1）中红外分光法（MIR）　频率在4000～700cm^{-1}的中红外反射分光法是鉴别塑料的一种完善、可靠的方法。一般聚合物的中红外分光谱是确定的，而且直接与聚合物的特定化学键相关。现代傅里叶变换红外分光器已经非常适用而且操作简单。采用中红外技术鉴别汽车工业用塑料，每次用时不足10s，这种技术已证明非常可靠，尤其适用于汽车配件中的炭黑填充聚合物（如保险杠、水箱架、仪表盘等）。中红外分离技术缺点是采用反光技术因而穿透深度小，而且涂层与表面灰尘影响测量。

2）近红外分光法（NIR）　分光范围14300～4000cm^{-1}，近红外产生光吸收是因为聚合物分子泛频或联合振动，这种吸收与中红外的基本位移相比按大小顺序减弱，可记录许多光程长的样品谱图。特定的近红外光谱有特征性C—C、O—H、N—H和C—O键，可用来鉴定大多数通用塑料。近红外吸收或反射分光器是一种快速、适于分析透明或轻度着色的聚合物仪器，用于一般日用废塑料和工业废旧塑料的鉴别效果非常显著，因此，它是一种理想的鉴别与分离塑料瓶的方法。这种鉴别方法的优点是快速、可靠，而且在物料较脏时也可正常工作，即使分离设备出现生产不稳定的情况，它仍然不受影响。但是，不适于分析深色塑料，如汽车组件。

12.4　废旧高分子材料的破碎与减容

为了便于运输、计量和下一道工艺操作，大多数废旧塑料回收工艺都需要一个减小尺寸的步骤。典型机械法减小尺寸技术包括切细、成粒、稠化、压实、凝结和粉碎等。

减小尺寸不但利于进行机械回收，在一些情况下，如PS发泡塑料的回收，减小体积还可以减少运输费用；另一些情况如塑料包装膜，如通过附聚作用减小尺寸以使它可以统一地在挤出机中进行加料处理。即使是焚烧处理，减小尺寸也是必需的步骤，因为它可使废料变为大小规则、形状一致的颗粒，以方便后续的计量和加料。用来减小尺寸的设备根据需回收处理的物质来定。

12.4.1 粉碎

广义的粉碎是指从外部对物体施以压（压缩）、打（打击）、切（切割、剪切）、摩擦等力，使物体破碎、尺寸变小等操作的总称。从所得制品即被粉碎后的粒度看，大致可分为把大尺寸物体破碎到某种程度的粗碎，和破碎到所谓粉体状态的狭义的粉碎两类。按粉碎程度的不同，可以把粉碎划分为粗碎、中碎、细碎，细碎可以进一步划分为微粉碎、超微粉碎，特超微粉碎等。

高分子材料的破碎一般在常温下进行，所用设备有撕碎机、切割机和粉碎机等。撕碎机是由重型材料做成，它可以承受硬聚合物对机器产生的巨大张应力，非常适用于硬塑料制品的尺寸减小，如图12－6所示。切割机是利用高速旋转刀上的锐利刀刃和固定刀刃将待碎物切割或剪断的设备，调节螺丝孔的大小可得到粗细不同的粉碎料。旋转刀刃与固定刀刃之间的间隙越小，则粉碎能力提高，即单位时间内的粉碎量增加。粉碎机是将材料在高速旋转刀的打击下，和固定刀、机内壁进行冲撞，加以粉碎。

图12－6 用工业撕碎机来减小聚烯烃桶的大小

高分子材料的韧性大，有时在常温下难以破碎，此外，干式常温破碎具有噪声大、振动强、粉尘多、污染环境和消耗动力大等缺点。为了解决这些问题，冷冻低温破碎技术应运而生。利用材料在低温下能发生脆化、破碎容易等特点，对那些在常温下难以破碎的固体废物，如轮胎、家用电器等进行破碎。低温冷却的介质或制冷剂常常用液氮。液氮制冷温度低、无毒、无反应、无爆炸，资源丰富，但制造液氮需消耗大量能量。能否有效益是低温破碎技术实用化的关键。目前，由于液氮的价格昂贵，因此低温破碎时对象仅限于常温破碎困难的废物。

12.4.2 固态剪切挤出

所谓固态剪切挤出是指在低于聚合物熔点的情况下，基于压力和剪切力的作用将聚合物粉碎挤出的一种加工方法。它是一个固相状态下的动力学过程，建立在高压与剪切变形同时作用时会产生更大的自由表面的原理上。通过选择压力、剪切应力和温度这3项关键的工艺参数，使未经分类的混合废聚合物材料直接变成具有高分散性的能再利用的均匀粉末。

利用该技术不仅可以将塑料工业废料及生活塑料废品与彩色原料相混合，生产出从粗大颗粒到超细粒径的均匀有色粉末，还能将各种颜色的废塑料混合物粉碎转化为色泽均一的产品；并且能迅速、有效地实现相容性差的聚合物体系的共混复合，还能够实现对韧性大的废橡胶进行精细粉碎。因此，固相剪切粉碎是一个高产值、低成本的再生颗粒的方法。

12.4.3　凝结与压实

大量包装膜和发泡废旧塑料，需要黏结成团或稠化以变成自由流动的颗粒，便于运输、计量和加料。例如，塑料薄膜或发泡品的松密度在 20 ~ 40kg/m^3，常通过凝结工艺使其密度增至 400kg/m^{3}左右。这种凝结工艺并不是将聚合物熔融，而是利用局部加热和短时加热使其发生黏结，经过凝结的废塑料可像聚合物粒料那样直接用来进行挤出操作。使废旧塑料凝结有 3 种方式，即用增稠盘、压缩和搅拌。

压实废旧塑料通常在 135 ~ 140℃进行，这是聚合物摩擦提供的热量。由于加入了熔融的聚合物，压实工艺变得不稳定，所以不能达到聚合物的熔点。

对于碎薄膜的回收，可以采用辊压的办法来压实。辊压装置的核心是一个可调的楔形输送带，将送来的薄膜集中折叠成多层碎片，然后碎片在一对压花压缩辊中间受压，变成密度足够大的易用研磨辊切成统一大小的颗粒。

凝结与压实废旧塑料的好处在于减小了储存空间，颗粒具有可流动性，改善了计量性能，使运输变得经济。

12.4.4　脱泡减容

发泡聚苯乙烯由于密度低（5kg/m^3）体积大而很难回收。为方便处理和计量，必须对其进行压实，压实操作温度为 109 ~ 115℃，如果聚合物加热超过 115℃，物料会突然从固体泡沫状态变为液体，这就降低了传统造粒机的切割速度，甚至在一些情况下还将其阻塞。在此温度下还会引起一个相关问题，那就是热降解，会导致我们不希望看到的变黄现象的发生。澳大利亚 Erema 公司采用一个剪切筒解决了这个问题。在剪切筒里，物料受高速剪切，吸收适当能量，这些能量恰好可以完成从固态到塑性形态的转变。这使物料压实到适于计量的形式，以便进入单螺杆挤出机。这种高速剪切可作为挤出机的一种无阻塞、压缩加料工具，这种工艺防止了过高温度导致 PS 热降解。

12.4.5　溶解法减小尺寸

顾名思义，这种方法就是用合适的溶剂将体积庞大的废旧塑料制品进行溶解，从而达到将其尺寸减小之目的。溶解法减小尺寸的一个应用实例是发泡 PS 和固体 PS。为了减小废旧 PS 的体积且不使用有毒溶剂，利用天然的柑橘油（主要是苧烯）是一种新思路。这种思想已用在原位循环收集机上（IFS 溶解机）。它接收 PS 堆积泡沫，首先将其切细，并自动在切细颗粒上进行溶剂喷雾，使其溶解，如此能减去 90% 的体积使其成为无毒的 PS 胶体。这种方法适合用来处理食物供应场所、自助餐厅、邮局、运货分离器等处的废 PS。回收的 PS 可用于电视、电脑等家用电器。

12.5 高分子材料循环利用原理和技术

12.5.1 高分子材料循环利用中的一些基本概念

合成高分子材料本身来源于小分子，因此，从理论层面上分析是完全可以实现循环利用的，图 12－7 描述了高分子材料循环利用的过程和途径。

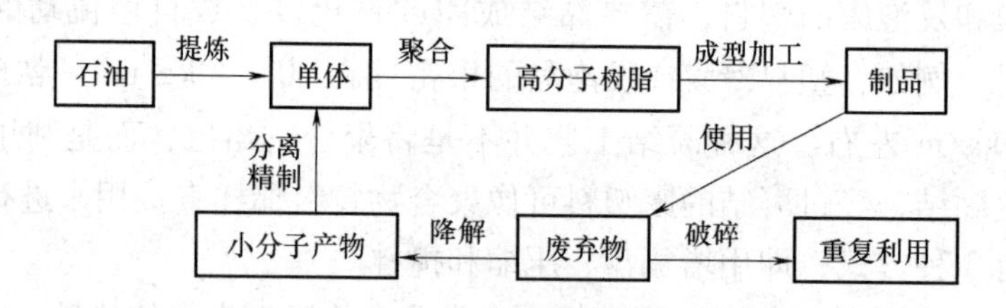

图 12－7 高分子材料的循环利用过程

可循环产品或材料（Recyclables）是指在完成使用目的后仍具有良好物理性能和化学性能的材料，能再使用或再制成新产品。

按照产品使用前后来分，高分子材料的循环利用分为消费前循环和消费后循环。消费前循环或用前循环是指利用生产制品过程中产生的边角废料等，如塑料厂将不合格制品和浇道赘物，也有的工厂称其为“水口”的物料破碎后直接利用等。消费后循环或用后循环是指将居民或商业消费使用后的废弃物（称用后废料），如塑料瓶、塑料袋及其他包装物回收进行处理和利用的过程。

按照循环利用的原理来分，高分子材料的循环利用可分为物理循环、化学循环和能量回收三种。物理循环是废旧高分子材料经收集、分离、提纯、干燥等程序之后，加入稳定剂等各种助剂，重新造粒，并进行再次加工生产的过程。目前许多高分子材料的循环利用是利用此法来实现的。化学循环是利用光、热、辐射、化学试剂等使聚合物降解成单体或低聚物的过程，其产物用作油品或化工原料（如单体可用于合成新的聚合物）。化学循环的方法有水解、醇解、裂解、加氢裂解等。人们有时把经过化学试剂处理来得到纯的高分子、助剂的过程，以及把废旧高分子材料经化学改性而制成新的材料的过程也归属化学循环。能量回收是指以高分子材料作燃料或取热或产生蒸汽，进而进行发电，或用高分子材料作助热料等过程。能量回收是高分子材料循环利用中比较重要的循环方法，但要注意其中的二次污染问题。

按照循环利用的方法来分，高分子材料的循环利用分为如下四级：

一级循环：又称封闭循环，就是使用原来废旧材料物品制造相同的产品，如瓶子制瓶子、盖制盖。

二级循环：使用循环的材料制造新的产品，具有不同的规格，如 HDPE 应用于制造容器（牛奶桶），但其再生料用于制造垃圾桶或排水管。

三级循环：是从废材料回收化学原料或能量，如回收溶剂，裂解聚合物回收油等。

四级循环：把废料进行焚烧处理，必要时可以回收能量用于加热水、发电等。

12.5.2　高分子材料循环利用技术

废旧高分子材料的回收利用途径一般有四种，即：①再生成同一品种的原料或分解成单体；②制成可综合利用的其他原料；③热裂解成油、气，再加以利用；④直接燃烧以利用热能。不同的高分子材料也有最适用于自身的回收技术。下面以用量最大的聚烯烃和回收技术较为成熟的 PET 为例来介绍几种回收技术。

12.5.2.1　直接利用

废旧聚烯烃直接利用系指将废旧聚烯烃经过清洗、破碎等工艺后，混入一定量的助剂，进行塑化加工成型或通过造粒后加工成制品，这种利用的加工技术简单，容易获益。再生塑料制品的性能往往不及新树脂制品，但通过特定的加工技术如添加某些助剂，可使性能接近新树脂的水平。例如，PE、PP、EPDM 等回收材料通过再稳定化，可大大提高其性能，但加入稳定剂的量要达到一定值才能满足使用要求。抗氧剂可选择酚抗氧剂和亚磷酸化合物，光稳定剂可选择哌啶化合物或与 UV 吸收剂混合物。

在某些情况下，如性能要求不是很严的场合，可用再生料来制造产品，尤其在农业、建筑业、渔业、日用品等领域可望有较大的应用前景。

12.5.2.2　共混利用

共混是改善聚合物性能的重要途径。共混技术对再生高分子材料有实际意义，首先再生高分子材料的性能比原始高分子材料的性能差，通过加入其他高分子材料可改善聚合物的性能；其次，回收的高分子材料往往是多种高分子材料的混合物，通过共混技术可制造性能良好的聚合物产品，并可避免高分子材料的分离问题，以进一步降低回收高分子材料的成本。共混改性的方法包括增韧改性、增强改性。

BR、EPDM、SBS 等橡胶是聚烯烃良好的增韧改性剂。橡胶不仅可提高共混物的常温耐冲击性能，而且也显著地改善聚烯烃共混物的耐低温性能。但橡胶量过多时，塑料共混物的模量下降较大。

回收 PP 的拉伸强度较低，一般制品在 18～25MPa 左右，用短玻璃纤维 SGF 增强后，拉伸强度可达 30～35MPa 左右。为了改进纤维与树脂的界面性能，常用偶联剂如 KH550、KH560、KH570 等，偶联剂的用量一般是纤维含量的 0.2%～1.5%，对不同情况有必要试验确定。作为增强材料的纤维除了玻璃纤维之外，其他合成纤维、天然纤维等都可以作为通用塑料的增强材料。

生产聚合物共混物的最简单最常用的方法是用机械混合方法，将各组分和助剂进行适当捏合后，再用双辊筒开炼机、磨炼机、单螺杆挤出机、双螺杆挤出机等进行混炼。

12.5.2.3　化学改性利用

（1）氯化

将废 PE 膜进行洗涤、脱水、粉碎后，送入反应釜与氯气进行反应，可制得氯化聚乙烯（CPE）。在 100℃左右氯化反应时间大于 1h，含氯量可达 35%，分级后的粒子具有良好的性能，可用来替代市售 CPE，用于 PVC 低发泡鞋底和硬质 PVC 的改性。

氯化聚乙烯具有阻燃、耐油、耐臭氧、耐气候、抗撕裂等良好特性，尤其是 CPE 弹性体（含氯量 35%左右），可以作为大分子增塑剂及高分子共混物的相容剂。

回收 PP 也可像回收 PE 一样进行氯化，氯化产物具有广泛的应用。如 APP 经氯化可得到氯化 APP（CAPP），它具有优良的黏结性能，可制造黏结剂，用于黏结 PE、PP、PVC、PA、金属等材料，如在包装复合膜、双层 PP 膜、PP 膜－纸、PP 膜－铝箔等中作黏合剂。此外 CAPP 也可以用作涂料、印刷油墨及极性树脂的加工助剂等。

（2）接枝

聚烯烃的化学改性还有接枝、嵌段等共聚改性。聚丙烯接枝改性的目的是为了提高聚丙烯与金属、极性塑料、无机填料的黏结性或增容性。所用的接枝单体一般是丙烯酸及其酯类、马来酸酐及其酯类、马来酰亚胺类等。接枝的方法有：①溶液法，在溶剂中加入过氧化物引发剂进行共聚；②辐射法，在高能射线下接枝；③熔融混炼法，在过氧化物存在下，于熔融态下混炼，进行接枝，常常在双螺杆挤出机中进行。接枝改性的高分子材料的性能与接枝物的物化性能有关，也与接枝物的含量、接枝链的长度等有关，其基本性能与聚丙烯相似，但与极性高分子材料、无机材料、橡胶等的相容性可大大提高，接枝 PP 的结晶度和熔点随接枝物含量的提高而下降，透明性和低温热封性却提高。

（3）交联

通过交联可以大大提高回收聚烯烃的拉伸性能、耐热性能、耐环境性能、尺寸稳定性、耐磨性和耐化学性等。化学法和辐射法是常用的两种交联方法。辐射交联是直接把聚烯烃放在辐照源下，如 α－射线或 γ－射线，照射一定时间即可得到交联聚烯烃。辐射法需要特种的辐射设备，一般不易进行。化学交联常用过氧化物，如过氧化二异丙苯、过氧化二叔丁基等进行引发生成大分子自由基，然后大分子自由基之间发生反应而得到交联结构。

聚合物的交联度可通过加交联剂的多少或辐照时间长短来控制。交联度不同，其力学性能也不同。轻度交联的聚烯烃可具有热塑性，易于加工；交联度比较高的聚合物，由于形成三维网络结构的聚合物，所以成为热固性材料。因此，这种改性加工方法有二种：①在聚合物软化点之上，加入交联剂，混合均匀，在交联剂分解温度之下进行造拉，最后成型与交联反应一步完成；②在交联剂分解温度以下成型，然后在交联温度以上完成交联。目前比较先进的技术是利用反应挤出技术，聚合物和交联剂在双螺杆挤出机中混合和交联反应，并直接制成产品如交联管材。

12.5.2.4 裂解回收利用

废旧 PE 和 PP 在高温下（>350℃）可以发生裂解，随温度不同，裂解产物有所变化。裂解温度在 600～800℃时，热分解产物以气体为主，主要成分是乙烯、丙烯和甲烷等；在中等温度 400～500℃之间，热分解产物有液体、气体、固体残留物，其中气体占 20%～40%，液体 35%～70%，残留物 10%～30%；在较低温度下裂解产生较多的高沸点的烃化合物或低聚物。聚烯烃的裂解回收技术也因产物的不同而相应地被称为产气技术、产油技术和产蜡技术。其中气体可作燃气，液体作汽油、柴油等，固体可用作铺路材料。

聚烯烃在催化剂存在下分解，不仅其分解速度大大增加，而且会改变裂解机理或裂解速度，使产物组分发生改变。如 PE 在熔融盐分解炉中，在有沸石催化剂存在下，于420～580℃分解，其分解速度提高 2～7 倍。用硅/铝粉末（SiO_2/Al_2O_3）作催化剂，在 380℃左右裂解聚丙烯，发现用液相接触催化剂方法，可得到 69*wt*% 的液体产物，而气相接触催化法只可获得 54*wt*% 液体产物，而且得到产物的速度要低得多。

研究表明，催化剂含量的提高，可以提高液体产率，而气体和残留物的量降低；催化剂的种类对产率及组成影响不大。温度对裂解反应有影响，温度提高，成液率提离，而残留物百分比降低，气体量稍有降低。裂解气氛对裂解产物有影响，在水蒸气气氛下裂解，可以提高成液率。另外，其他废塑料的混入，未发现除各聚合物自身裂解产物以外的产物，即在裂解反应中没有交互作用如协同反应等发生。

12.5.2.5　降解再利用

对于PC、PET之类的缩聚物可以在热和化学试剂作用下解聚生成小相对分子质量的产物（甚至是单体）来加以循环利用。例如，日本Victor公司与日本先进工业技术研究院（AIST）和日本清洁化中心合作，开发了从废弃光盘（PC）中回收高纯度双酚A的工艺。该新工艺使聚碳酸酯在约200℃、2MPa下和氮气氛中分解，以置于环己酮中的碳酸钠为催化剂。60 min后约78%的PC分解成粗双酚A，其中含少量其他酚类。经4步蒸馏后，双酚A纯度提高至99.9%。

PET解聚的方法主要包括甲醇解聚法、乙二醇解聚法、乙二醇分解/酯交换法、水解法以及其他解聚方法。解聚产物包括如TPA、DMT、BEHT、EG等单体或其他化学产品，产品经分离、纯化后可重新作为生产聚酯的单体或其他化工原料而被再利用。例如日本开发成功用微波炉回收利用废PET瓶的新方法，具体做法是：先用机械将塑料瓶切割成碎片，向碎片中加入NaOH和酒精类物质，再用微波炉加热1.5min。在微波的作用下，PET瓶碎片可分解为乙二醇和对苯二酸。此法不仅将PET瓶快速分解为原料，而且其能耗仅为传统分解法的1/4。

12.5.2.6　燃烧利用热能

焚烧是处理废旧高分子材料的又一方法，把有机高分子材料送入燃烧炉进行燃烧，或取热或发电。聚烯烃的燃烧值很高，为43.3MJ/kg，接近于燃料油的44.0MJ/kg，比煤29.0MJ/kg高，比木头16.0MJ/kg或纸14.0MJ/kg要高得多。能量回收是废旧高分子材料利用的一个有效途径，但焚烧会产生许多有毒的物质如二噁英、呋喃类化合物、氯化氢等，也产生大量二氧化碳，有可能会污染环境。高温焚烧易损坏炉子，维护费用较高；要消除或减少焚烧产生的污染需昂贵的燃烧器和废气处理设备，处理代价很高，因此焚烧在一定程度上受到限制。

（1）固体燃料热能利用技术（RDF）

将难以再生利用的废塑料粉碎，并与生石灰为主的添加剂混合、干燥、加压、固化成直径为20~50 mm的颗粒燃料，该固体燃料使废塑料体积缩小，且无臭，质量稳定，运输和存储方便。

RDF燃料燃烧较常规垃圾焚烧具有明显的环境效益，但初投资和生产成本较高，目前多用于经济发达国家，对广大发展中国家而言，在经济上还难以承受。

（2）高炉喷吹废塑料技术

此项技术旨在用废塑料颗粒代替焦炭作为炼铁用的还原剂。为了将废塑料顺利喷吹进入高炉，需先对废塑料进行尽量简单的预处理，即脱氯（氯可回收用作钢材的清洗剂）和造粒。例如，日本NKK公司在喷吹塑料的工艺中，首先对废塑料进行处理，去除聚氯乙烯，再经过一次破碎、二次破碎、粉碎、造粒，然后将塑料粒子随热风一起喷入高炉，入炉后，塑料立即气化。废塑料的最大理论喷吹量为200kg/t铁。NKK公司喷吹废塑料试验的结果表明：①废塑料的热量利用率达80%以上，而喷煤粉燃烧率仅为50% ~60%；②废塑料对焦炭的置换比为1:1；③CO_2的发生量减少，喷吹比为200kg/t铁时，减少12%；④无有害气体产生，副产品煤气还可用于发电。这是由于在高炉风口前2000℃的高温区和强还原性气氛下，不可能产生或少量产生二噁英、NO_X和SO_X等有毒有害气体。

从理论上说，任何废塑料不管能否用其他方法回收利用都可用来作高炉喷吹的原料，这给当前不能回收的废塑料提供了一种最佳的处理方法，其社会效益是不言而喻的。目前使用该项技术的国家主要是德国和日本。

12.5.2.7 废旧塑料的新应用

随着世界资源、能源和环境危机的加剧，低碳概念深入人心。高分子材料的循环利用被高度重视，各种新的回收利用技术不断被开发出来。例如，墨西哥一位工程师发明了一种新型建筑材料，即高密度塑料砖。他将回收的装香波、酒、矿泉水、饮料的塑料瓶，熔融混合后使用模塑工艺生产出高密度的砖块。据悉，塑料砖与普通砖相比，具有抗震、寿命长、质量轻、成本低等优点，可节省30%的建筑费用。日本和中国相继报道了用废旧聚氯乙烯塑料制备活性炭或碳纤维的技术。这种技术首先采用多步热处理脱HCl法，将PVC完全脱氯，然后将完全脱氯的PVC沥青进行纺丝，于900℃在氩气条件下炭化，再将氩气切换成水蒸气进行活化，制备了对SO_2等气体有较强吸附能力的活性炭纤维。此外，据欧洲复合物回收公司介绍，目前每年报废交通工具中所含的热固性玻璃纤维增强塑料（GRP）约17万吨，预计2015年将达到25.1万吨，同时GRP生产中的废物也将由目前的每年4.7万吨增加到每年5.3万吨。帝斯曼汽车工业宣称，未来汽车工业中约80%的热固性材料废弃物尤其是玻璃纤维增强塑料（GRP），将可以用作水泥生产的原材料和能源。因为GRP中含有较多的氧化钙、二氧化硅和氧化铝，这些都是水泥的主要成分，GRP中的树脂可以满足生产30%的能源需求。这为汽车工业废塑料的回收利用提供了新思路。

我们有理由相信，随着循环利用技术的进步，仍会有更好更经济的方法会被开发出来。

12.5.2.8 废塑料循环利用技术的发展趋势

中国人口众多，是塑料消费大国，但我国塑料原料十分短缺，进口量大而回收利用率低。为了满足市场需求，甚至要进口废旧塑料，因此，发展废旧塑料回收利用产业是解决我国塑料原料短缺以及环境问题的有效途径。

针对我国废塑料回收技术落后问题，业内专家指出，今后的发展将集中在四个研究方向：

1）废旧塑料分选、分离自动化技术装备研究。开发适合于各种废旧混合塑料的自动化分类分离装备，实行废旧塑料的高速高效自动化分离，解决传统靠人工和化学分离的低效率和高污染的问题。

2）废旧塑料生产合金材料、复合材料及功能材料关键技术设备研究。通过研究合金中的增容、增韧、原位增强、稳定化和快速结晶技术，开发出的再生塑料合金性能达到甚至超过原树脂的高质化产品，实现再生塑料合金的高质化。

3）再生塑料产品质量控制关键技术及标准化体系研究。紧密跟踪国外废旧塑料高质利用的标准化，结合我国废旧塑料回收技术和再制造技术及其产品，制定相关的国家技术标准或技术规范。

4）废旧塑料再生资源环境污染控制关键技术研究。

据统计，2015 年，我国塑料制品累计产量为 7560 万吨，若能实现 60% 的回收利用，则可产生巨大的经济社会价值。达到这一目标，既需要在技术层面开发研究，更需要国民参与，例如进行有效的垃圾分类，同时，也需要国家政策的支持，落实并完善资源综合利用和促进循环经济发展的税收政策。

主要参考文献

1. 王小妹，阮文红主编．高分子加工原理与技术［M］．北京：化学工业出版社，2006.
2. 周达飞，唐颂超主编．高分子材料成型加工［M］．北京：中国轻工业出版社，2007.
3. 励杭泉，张晨编著．聚合物物理学［M］．北京：化学工业出版社，2007.
4. 何曼君，陈维孝，董西侠编．高分子物理［M］．上海：复旦大学出版社，1991.
5. 赵素合主编，赵素合，张丽叶，毛立新合编．聚合物加工工程［M］．北京：中国轻工业出版社，2009.
6. 张留成，瞿雄伟，丁会利编著．高分子材料基础［M］．北京：化学工业出版社，2007.
7. 黄丽主编．高分子材料［M］．北京：化学工业出版社，2009.
8. 沈新元主编．高分子材料加工原理［M］，北京：中国纺织出版社，2009.
9. 凌绳，王秀芬，吴友平编著．聚合物材料［M］．北京：中国轻工业出版社，2000.
10. 方海林等编．高分子材料加工助剂［M］．北京：化学工业出版社，2007.
11. 张德庆，张东兴，刘立柱主编．高分子材料科学导论［M］．哈尔滨：哈尔滨工业大学出版社，2000.
12. 杨卫民，杨高品，丁玉梅等编著．塑料挤出加工新技术［M］．北京：化学工业出版社，2006.
13. ［美］詹姆士 F. 史蒂文森编著．刘廷华，张弓，陈利民，柳凌译．聚合物成型加工新技术［M］．北京：化学工业出版社，2004.
14. 耿孝正，张沛编著．塑料混合及设备［M］．北京：中国轻工业出版社，1992.
15. 吴其晔，巫静安．高分子材料流变学［M］．北京：高等教育出版社，2002.
16. 徐佩弦编著．高聚物流变学及其应用［M］．北京：化学工业出版社，2003.
17. 王澜，王佩璋，陆晓中编著．高分子材料［M］．北京：中国轻工业出版社，2009.
18. 黄发荣，陈涛，沈学宁编著．高分子材料的循环利用［M］．北京：化学工业出版社，2000.
19. ［澳］约翰·沙伊斯著．聚合物回收——科学、技术与应用［M］．北京：化学工业出版社，2004.
20. 陈占勋编著．废旧高分子材料资源及综合利用［M］．北京：化学工业出版社，1997.
21. 中蓝晨光化工研究院《塑料工业》编辑部．2006—2007 年世界塑料工业进展．塑料工业，2008，36（3）：1－22.
22. 中蓝晨光化工研究院《塑料工业》编辑部．2007—2008 年世界塑料工业进展．塑料工业，2009，37（3）：1－33.
23. 中蓝晨光化工研究院《塑料工业》编辑部．2008—2009 年世界塑料工业进展．塑料工业，2010，38（3）：1－35.
24. 王文广，孙立清．塑料配方设计的一些要点．塑料助剂，2006，（4）：41－45.
25. 侯红串，雷凤贞，马占峰．中国再生塑料回收利用行业状况及发展预测．再生资源研究，2006，（4）：13－15.
26. 温变英．在高分子材料专业的教学中强化学生环保和资源意识的思考与实践．中国轻工教育，

2008（3）：52－54.

27. 焦宁宁．ABS 树脂生产技术进展．弹性体，2000，10（2）：36－47.

28. 唐伟家．聚酰胺材料开发进展．上海塑料，2003，（9）：5－8.

29. 于建．聚甲醛的制备、特性及应用．工程塑料应用，2001，29（3）：41－44.

30. 张友根．我国 PET 瓶塑料成型设备的现状及发展方向．包装工程，2007，28（4）：177－181.

31. 全国塑料制品标准化委员会秘书处编．实用塑料制品标准手册．北京：中国标准出版社，2003.

32. 杨明山，赵明编．高分子材料加工工程［M］．北京：化学工业出版社，2013.

33. 杨鸣波，黄锐主编．塑料成型工艺学［M］．北京：中国轻工业出版社，2014.

34. 贾宏葛，胡玉洁，徐双平主编．塑料加工成型工艺学［M］．哈尔滨：哈尔滨工业大学出版社，2013.

35. 王兴天编．塑料机械设计与选用手册［M］．北京：化学工业出版社，2015.

36. 刘秀兰，李萍．采用挤出复合法成型铝塑复合膜工艺探讨，化学工程师，1992，29（5），51－54.

37. 叶先科．水基纸塑冷贴胶复合工艺．粘接．2002，23（2），38－39.

38. 胡圣飞，朱贤兵，刘清亭，胡伟，蔡畅，晏翎．聚丙烯挤出发泡材料的泡孔结构．高分子材料科学与工程．2014，30（4），90－94.

39. 万长征，赖小龙．3D 打印的原理及应用．数字技术与应用．2014（9），9.

40. 张云波，乔雯钰，张鑫鑫，马芳，翟莲娜，顾哲明．3D 打印用高分子材料的研究与应用进展，2015（1），1－5.

41. 温变英 主编．高分子材料成型加工新技术［M］．北京：化学工业出版社，2014.